高 等 学 校 专 业 教 材

中国轻工业"十三五"规划教材

现代食品原料学

江正强 主 编

中国轻工业出版社

图书在版编目(CIP)数据

现代食品原料学/江正强主编. —北京:中国轻工业出版社,
2024.8
高等学校专业教材　中国轻工业"十三五"规划教材
ISBN 978-7-5184-3064-2

Ⅰ.①现… Ⅱ.①江… Ⅲ.①食品-原料-高等学校-教材
Ⅳ.①TS202.1

中国版本图书馆 CIP 数据核字(2020)第 114056 号

责任编辑:伊双双　　　责任终审:张乃东　　　封面设计:锋尚设计
版式设计:锋尚设计　　　责任校对:方　敏　　　责任监印:张　可

出版发行:中国轻工业出版社(北京鲁谷东街 5 号,邮编:100040)
印　　刷:三河市万龙印装有限公司
经　　销:各地新华书店
版　　次:2024 年 8 月第 1 版第 4 次印刷
开　　本:787×1092　1/16　印张:28.75
字　　数:760 千字　　插页:2
书　　号:ISBN 978-7-5184-3064-2　定价:68.00 元
邮购电话:010-85119873
发行电话:010-85119832　010-85119912
网　　址:http://www.chlip.com.cn
Email:club@ chlip.com.cn
版权所有　侵权必究
如发现图书残缺请与我社邮购联系调换
241438J1C104ZBW

本书编委会

主　编　江正强（中国农业大学）

编　委　（按姓氏笔画排序）

丁晓春（中国科学院华南植物园）

方东路（南京农业大学）

孙京新（青岛农业大学）

师希雄（甘肃农业大学）

刘海杰（中国农业大学）

刘文俊（内蒙古农业大学）

刘　瑞（运城学院）

刘　军（中国农业大学）

汪　勇（暨南大学）

张和平（内蒙古农业大学）

张　宁（暨南大学）

肖　璐（中国科学院华南植物园）

罗永康（中国农业大学）

赵谋明（华南理工大学）

胡秋辉（南京财经大学）

段学武（中国科学院华南植物园）

洪　惠（中国农业大学）

栾广忠（西北农林科技大学）

黄　明（南京农业大学）

康壮丽（河南科技学院）

常　畅（中国农业大学）

前言 | Preface

　　改革开放以来，我国食品工业得到了长足发展，食品综合生产能力大幅提升，成为国民经济的第一大制造类产业和支柱产业，全民营养状况明显改善。随着我国社会经济发展水平的提高，居民对高品质美好生活的向往和追求不断增强，食品消费方式由温饱型向安全、营养、健康型转变。好食品是由好的食品原料加工出来的，利用合适的食品原料可加工出具有绿色天然、卫生方便、健康美味、营养丰富等优点的食品。我国是世界食品原料资源最为丰富的国家之一，食品原料大多来自农林牧渔等第一产业，其生产特点、可食部分、成分组成、营养价值、产品质量等对其正确合理利用起着至关重要的作用。现有食品原料学的一些教材、资料已不能满足日益发展的食品相关专业需要，一些数据加工、利用方法亟待完善和更新。

　　本书从直接食用和食品加工业原料需求角度，系统介绍食品原料的品种、特征、成分组成和加工利用方法等；同时，还简单介绍一些食品原料在医药、饲料等行业的用途。各部分内容注意收集和整理现代科学技术在食品原料方面应用的最新成果，对各种食品原料从它的基本属性（理化性质、营养成分）、生物或生化特征、加工利用性质和方法进行了论述。全书由十章组成，内容分别为：第一章绪论，第二章谷物食品原料，第三章豆类和薯类食品原料，第四章油脂食品原料，第五章果蔬食品原料，第六章食用菌原料，第七章畜产食品原料，第八章水产食品原料，第九章功能性食品原料，第十章水与食品原料的检验和标准。

　　本书各章节均包括：该食品原料的定义、栽培及分类、生产、消费及流通、性状和组成、加工与贮藏、用途，以及食品原料的检验和标准等，同时重点介绍常见典型食品原料。本书既有准确翔实的各大类食品原料生产、消费、流通的最新数据，又通过图例对多数食品原料进行详细描绘，图文并茂，易于理解，可读性强。本书还汇集了食品等领域的最新科研成果，特别是功能性食品原料、新食品原料以及各类食品原料的最新加工利用等，如益生菌、益生元、活性肽等的种类、生产、健康功能和应用。这些内容不仅使读者对各类食品原料有全面系统地了解，而且通过本书的学习还能了解该领域科研前沿成果，对于开发我国传统特色食品和引进国外新食品资源也有很好的指导意义。

　　本书编者来自全国食品科学领域比较有影响和雄厚教学基础的高等院校，也是这些高校从事多年相关专业教学和实践的知名教授或学术带头人，有的是留学海外了解世界相关知识前沿的青年学者。本书内容包含了参编者多年教学经验和最新研究成果，同时参考了许多国内外同类教材，汇集了大量有关农学、农产品流通、农产资源利用学和食品原料检测标准等最新资料。编写分工如下：第一章由江正强编写；第二章由江正强、刘瑞、栾广忠编写；第三章由江正强、刘海杰、栾广忠编写；第四章由汪勇、张宁编写；第五章由段学武、丁晓春、肖璐编写；第六章由胡秋辉、方东路编写；第七章由黄明、孙京新、师希雄、康壮丽编写；第八章由洪惠、罗永康编写；第九章由刘军、江正强、张和平、刘文俊、赵谋明编写；第十章由刘海杰、常畅编写。全书由江正强最终审定。

本书可作为食品科学与工程、食品质量与安全、乳品工程、粮食工程、食品营养与健康、烹调与营养教育及其他相关专业的本科生、研究生的教材或教学参考书，也可作为食品科技人员、农业品种资源开发研究人员、餐饮业及烹调技师的参考资料。

　　本书编写得到中国轻工业联合会教育工作分会的大力支持，得到中国农业大学、南京农业大学、西北农林科技大学、华南理工大学、南京财经大学、内蒙古农业大学、中国科学院华南植物园、暨南大学等院校的热情帮助，中国农业大学研究生刘宏在书稿整理、校正过程中做了大量工作，在此谨表谢意。

　　由于编者水平所限，书中错误和不妥之处在所难免，衷心欢迎读者批评指正。

江正强

目录 | Contents |

（二）按膳食宝塔分类

根据图1-1膳食宝塔可分为谷类食品原料，蔬菜和水果类食品原料，鱼、肉和蛋类食品原料，乳类和豆类食品原料，油脂类食品原料。

1. 谷类食品原料

这类食品原料是利用其种子供人类食用，包括大米、小米、大麦、小麦等，富含淀粉类，也含蛋白质、脂肪等营养物质，是人体能量、蛋白质和膳食纤维的主要来源，也是食品工业的重要原料。

2. 蔬菜和水果类食品原料

蔬菜和水果主要提供矿物质和维生素。科学研究认为，红、绿、黄色较深的蔬菜和深黄色水果含营养物质比较丰富，相对营养价值较高。

蔬菜按可食部分不同分为根菜类、茎菜类、叶菜类、花菜类和果菜类等。蔬菜中含有丰富的膳食纤维、维生素和无机盐，是人类重要的食物资源。

| 油 | 25~30g |
| 盐 | <6g |

乳类及乳制品 300g
大豆类及坚果 25~35g

畜禽肉 40~75g
水产品 40~75g
蛋类 40~50g

蔬菜类 300~500g
水果类 200~350g

谷薯类 250~400g
全谷物和杂豆 50~150g
薯类 50~100g

水 1500~1700mL

每天活动6000步

图1-1 中国居民膳食宝塔

水果可分为仁果类、核果类、浆果类、杂果类等，富含糖类、蛋白类、维生素类，是调节人体代谢的重要食物。

3. 鱼、肉和蛋类食品原料

鱼、肉和蛋主要提供动物性蛋白质和一些重要的矿物质和维生素，但它们彼此间也有明显区别，如鱼、虾及其他水产品含脂肪很低，而猪肉含脂肪较高。

4. 乳类和豆类食品原料

乳类及乳制品包含鲜牛乳和乳粉、酸乳和其他乳制品，主要提供蛋白质、钙及磷脂。豆和豆制品不仅提供蛋白质、磷脂，还提供丰富的矿物质和维生素。

5. 油脂类食品原料

油脂类食品原料包括植物种子经加工精炼的油和动物脂肪，主要提供热量、不饱和脂肪酸、维生素E等，是食品加工的重要原料。

（三）按食用目的分类

1. 按加工或食用要求

食品原料按加工方法或特殊要求可分为加工原料和生鲜食品原料。加工原料包括粮油原料、糖、畜产品、水产品等，当然，其中有些也可作生鲜食品用。粮油原料又可分为原粮、成品粮、油料、油品等。还有一些特殊用途的食品，如营养强化食品、速食食品、婴儿食品、特殊医学用途配方食品、备灾食品、功能性食品、方便食品、冷冻食品、军用食品等，它们对原料都有不同要求。

2. 按烹饪食用习惯

生活中通常将食品原料按烹饪食用习惯分为主食和副食。我国主食主要指可以作为粥、饭、馍、面条原料的，以碳水化合物为主体的米麦类、谷类；副食指可以作"菜"或"汤"的荤、素原料，我国习惯将除主食以外的餐桌食品都称作"菜"，这可能和我国大部分居民长期形成的农耕饮食文化有关，餐桌上的"菜"基本上就是蔬菜。

三、　现代食品原料学的研究内容

现代食品原料学是对各种食品原料在生产加工、利用和流通中所表现出的性质，结合现代科技手段进行综合研究的科学。它一般包括以下几方面的研究内容。

1. 食品原料的生产、消费和流通

无论是从食品加工角度，还是从利用角度，都应该首先了解食品原料的生产情况，即从生物学栽培（或养殖）学角度，学习和认识该原料的生产特点，同时基本把握其消费市场动态和流通概况。这关系到食品原料的供给保障性和经济性。

2. 食品原料的性状、成分和利用价值

这部分是食品原料学的核心部分，所研究的内容正是利用食品原料时所必须了解的基本知识。例如，只有了解各种小麦的性状、成分和利用价值，才能在加工时正确选择小麦原料，并充分发挥它的加工特性。也只有了解各种食品原料的营养成分，才能生产出营养合理的健康食品。

3. 食品原料的品质、规格和鉴定

即使同一种食品原料，由于产地、品种和处理条件的差异，也会表现出不同的加工性能和品质。研究原料的这些差异，了解其品质判断方法，对正确选用食品原料十分重要。

4. 食品原料的加工处理及其可加工的主要产品

针对不同食品原料的性质和特征，研究对它们的要求和加工工艺特点，以及利用这些原料所得到的产品情况。对于易变质的食品原料，还着重研究它们的贮藏、保鲜或保质方法。

四、　食品原料学与其他学科的关系

（一）食品原料学的学科体系

食品原料学是食品科学的重要基础和组成部分，不仅可为食品科学提供各种原料的物理、化学、生化特性等基础知识，还从营养学、医学角度，对人们在膳食中正确选用食品材料，合理利用食品的营养，保持健康的饮食生活提供原料方面的知识。

食品原料学包括比食品工艺学更广泛的内容，即为食品产业、食品流通和餐饮业等提供食品原料生产、流通、消费的基本信息，包括质量标准、流通体系等。它还从人们的膳食营养需要和食品的加工要求方面，对食品原料的生产、贮存、流通提出要求。这对农、林、牧、渔业的种植、养殖、育种、栽培和管理有着十分重要的意义。

（二）食品原料学与其他学科的关系

研究食品原料的性状、品质是食品原料学的重要内容。绝大多数生物来源的食品原料，决定其性状和品质的是它的品种、生长环境和培育方法。因此，农学与食品原料学有着密切的联系。这里的农学不仅包括一般农作物的栽培、育种科学，还包括畜牧、水产、林产、微生物等更广义的生物生产科学。通过食品原料学的学习，不仅可以了解食品原料的质量、性状和生产特性等相关知识，同时也为生物基因育种和农业措施改善的研究提供指导性建议与要求。

从食品原料的食用目的来看，该学科与营养学、医学、卫生学有着非常密切的关系。人体需要的营养物质来自食品，对食品原料的营养成分分析和评价是食品原料学最重要的内容之一。近年来，随着对医学、免疫学知识的深入研究，从食品原料中发现功能性成分，开发功能性食品，已经成为重要课题和方向，食品原料学与营养学、医学、卫生学的关系也越来越密切。

　　食品原料的品质评价是原料学的重要组成部分，其基础包括化学、生物学、物理学和数学等学科。食品感官评价是必要的和具有决定意义的评价方法。因此，原料学还与心理学、生理学、社会学有一定关联。

　　当然，食品原料学是食品工艺学的重要基础，是食品科学的重要组成部分。例如：葡萄、马铃薯、番茄、胡萝卜等果蔬加工，首先离不开对适合加工品种的选择。作为食品原料的农产品，其品质不仅与品种有关，还受栽培管理、施肥、灌溉等条件影响。许多食品原料的营养、风味、贮藏性、加工性也还与其采摘时间、成熟度和采后处理方法有关。例如：食品加工中使用的马铃薯原料，不仅要求一定品种，还要在规定的条件下栽培和管理，才能保证产品的规格化。食品原料学中所涉及的原料性状、成分等的研究，不仅为食品加工工艺提供依据，也可充分发挥原料的特长，最大限度地利用原料各组分，提高产品品质和降低成本。同时，食品加工、烹饪对原料的要求也不断对食品原料学研究提出新的课题和思路。

　　由于现代食品加工与市场、流通的关系越来越密切，因此，食品原料学也涉及经济学、市场学和关于食品流通的法律、法规方面的知识。综上所述，食品原料学不仅是食品学科的专业基础课，也是汇集了多门学科知识的交叉和综合学科。

第二节　现代食品原料学的发展现状与趋势

一、　现代食品原料学的发展现状与学科基础

　　人类食物的种类十分丰富，就其原料来说，既有人工培育和加工的，也有野生和天然的；既有植物性的，也有动物性的；既有有机的，也有无机的。然而，真正科学认识这些食品原料，成为学问也只是近代的事。人类学研究表明，无论从人的牙齿形状，还是人的肠胃构造来判断，人类在几十万年的进化过程中，基本上属于以粮谷果菜为主食的杂食性动物。原始人类的食物基本上不加工，直到大约公元前4000年，才将谷物颗粒发展到粉碎加工食物。从"茹毛饮血"到食物的火烹器盛，人类才算进入到加工食品的文明时代，而加工食品的原料也就成为人类认识世界的主要对象之一。

　　正如鲁迅所说："第一个吃螃蟹的人是可佩服的，不是勇士谁敢吃它呢？螃蟹有人吃过，蜘蛛一定也有人吃过，只不过不好吃，所以后人不吃了。像这种人我们当极端感谢的。"古人在选择食物时，肯定勇敢地尝试过许多动植物，直至"神农尝百草"，都是人类对食品原料勇敢的探索。最早的人类只是用感官来判断食物原料的好坏，出现语言和文字以后，人类才开始将食物与身体健康联系起来，形成早期关于食品原料的研究。我国早期关于食品原料研究的记载大致可分为三个阶段。

　　第一阶段，人类文明初期，主要由于生产力的发展，由自然采果发展到五谷养殖获取食物。我国古书《礼记》中，早期就有关于"燔黍捭豚"的记载；《周书》中有"黄帝始蒸为饭，烹谷为粥"的说法；《尸子》说："燧人之世，天下多水，故教民以渔"；《韩非子》中推断："上古之世，民食果蓏蚌蛤"。考证人类早期的食物，基本上囊括了现在的农、林、牧、渔各种食品原料。

　　第二阶段，公元1000年左右，史料记载了许多当时关于食物选择和烹饪的论述。例如，

《论语》（约公元前 5 世纪）中孔子关于 "食不厌精，脍不厌细，食饐而餲，鱼馁而肉败不食，色恶不食，臭恶不食，失饪不食，不时不食，割不正不食，不得其酱不食"（《论语·乡党第十》）的论述，说明这时人们对食品原料的要求不再是 "可以疗饥"（《诗经》），还要追求美味和安全等。《吕氏春秋·本味》中记载：伊尹 "善均五味" "五味调和百味香"，被认为是保存了世界上最古老的烹饪理论，提出了很广泛的食谱。从此，食品原料除作为营养源外，在调味方面的作用也引起人们的重视。北魏贾思勰的《齐民要术》、西晋的《安平公食学》、南齐的《食珍录》和北齐的《食经》等都是这一阶段关于食品原料和文化十分重要的著作。

第三阶段是食品原料与人体健康的探索阶段。除了《黄帝内经》对各种食品原料与人体营养关系的精辟总结外，我国唐代孙思邈的《千金食话》、孟诜的《食疗本草》《茶经》、元代忽思慧的《饮膳正要》、明代李时珍的《本草纲目》等都对食品原料与健康疗效的关系做了大量论述。可以说现代营养免疫学观念的形成与我国古代的这些研究成就关系很大。

古代关于食品原料的认识和论述是人类数千年经验的总结，除我国外，世界上许多国家都有自己特色的饮食文化记载。然而直到 17 世纪，以实验为基础的化学发展起来，人们才开始对食品原料的成分、特性有了真正科学意义上的认识。

19 世纪初，化学揭示了有机物与无机物两大物质形态的特征，其后有机化学发展很快，伴随其发展的分析化学为食品成分分析提供了手段。因此，人们逐渐了解构成食品的碳水化合物、蛋白质、脂质等主要成分，随后对食品组成和成分的研究成为食品科学的主要领域之一。另外，19 世纪生物学也得到快速发展，尤其是达尔文的进化论使人们对动植物的种群分类有了明确认识，由此对食品化学成分的研究有了新的飞跃。

特别是进入 20 世纪，1906 年美国国会制订了《卫生食品药品法》（*Pure Food and Drug Act*），并制订了与之相关的《食品成分分析法》（*Food Composition Analysis Act*），从而确立了食品分析方法。随之，生物化学也迅速发展，由于对动植物代谢研究的进展，进一步推动了食品化学的发展。

一个多世纪以来，全世界的食品加工由家庭作坊式生产向工业化生产迈出了很大步伐，而保证食品商业化生产的基础是卫生标准，为此联合国成立了联合国粮农组织（Food and Agricultural Organization，FAO）、世界卫生组织（World Health Organization，WHO）等机构负责制定食品国际标准（International Standard of Food）。这些标准的制定同样需要确定食品分析法和深入研究食品成分。

如前所述，古代无论是我国，还是其他国家，人们都有关于食物营养健身之道，但最早真正用科学实验探讨食物营养的是法国医学家 Francois Magendie（1783—1855），他用狗做饲喂实验，发现只用砂糖、牛油或橄榄油喂狗，都可导致狗死亡，得出狗除需要以上食物成分外，还需要其他 "维生素" 的结论。1789 年 Fourcroy 将动物组织分为三种成分，他定义含氮的成分为蛋白质。1802 年法国科学家 Proust 还发现了葡萄糖，证明它是蜂蜜的成分之一。1834 年 Prout 研究发现牛乳是一种全营养食品，同时将牛乳的成分分为三类：蛋白质、脂质和糖质，称作三大营养素。此外，Proust 还将研究扩展到食物消化与代谢领域，1824 年他发现胃液中盐酸的存在和消化酶的水解作用。1831 年 Leuchs 发现了唾液淀粉酶（Ptyalin）；1876 年 Schwann 发现了胃蛋白酶（Pepsin）；同年 Kuhne 发现了胰蛋白酶（Trypsin）；1897 年 Buchner 从酵母中发现了酿酶。法国医生 Hoppe-Seyler 在 1877 年提出生物化学（Biochemistry）概念，创立了生物化学领域，并首创蛋白质（Protein）一词。

德国化学家 Liebig 在 1842 年出版了《有机化学在生理学与病理学上的应用》专著，首次提出新陈代谢（Stoffwechsel）这个名词，对后来生理化学、碳水化合物化学的建立做出了很大贡献。在矿物质生理作用的研究方面，很早就知道人离不开食盐；17世纪人们已经发现了摄取钙的必要性；19世纪发现碘对甲状腺肿大有预防和疗效；直到20世纪初，科学家们才对各种矿物质的生理作用展开全面研究，逐步搞清楚在一些食品中含有的极少量痕量元素，对维持人的生命健康却发挥着很重要的作用。

美国生化学者Lafayette在20世纪前半期的研究结果，对建立现代营养学概念做出了开拓性贡献——他发现了维生素和蛋白质的营养价值。1913年他与McCollum、Davis合作，在鱼肝油和奶油中发现了维生素A，1915年又发现了复合维生素B。他们还证明了不同蛋白质的营养价值，决定于必需氨基酸的种类和数量。1916年他们的著作《食物供应及其与营养的关系》（*Food Supply and Its Relationship with Nutrition*）出版后，食品营养学很快发展成一门科学。近年来，营养基因组学（Nutrigenomics）、营养代谢组学、环境食品学等又成为人们对生命和食品原料关系探索的新领域。

食品原料学除在化学、化学分析、生物化学、生理化学、营养学发现的基础上逐渐确立了自己的基础外，随着食品加工技术的进步，以及对食品品质管理要求的提高，也拓展到食品原料的生产、流通领域。人类已经认识到，食物的选择不仅要考虑营养、风味，还要考虑生产这种食物的效率和对资源环境、生态可持续发展的影响。全世界近年来关于食物安全、食物生产、环境保护的国际学术交流活动和国际会议，使人们认识到食品原料学作为食品加工、流通的综合基础科学，对人类赖以生存和发展的地球环境和各国之间的合作有着十分重要的意义。

食品原料学的基础包括：食品成分组成、食品成分分析、食品营养与色香味的化学、食品微生物、食品品质标准和商品价值、食品原料的卫生管理等内容。

二、 食品原料的利用与开发

（一）食品原料的选择与利用

随着我国食品工业和食品科技的发展，对食品原料的认识与要求也在发生着变化。过去以家庭做饭为主的时代，选择食品原料比较简单，主要考虑的是可食性和经济性，即是否卫生、新鲜，价格与分量是否物有所值。然而，随着我国经济体制的改革和开放，对与食品生产相关的农业、食品工业、流通业、销售业等行业也产生了巨大影响，特别是科学技术的发展、工作和生活节奏的加快、食物结构的变化也直接影响了人们的生活意识与生活质量。因此，无论家庭作坊还是食品加工企业、餐饮业、医药保健业等都对食品原料有了更高、更严格的技术要求。

1. 家庭烹饪用食品原料

家庭烹饪用食品原料，即所谓"菜篮子"，一般都是在菜市场、食品店、超市食品柜或农贸市场交易，往往是通过居民或采购者的感官判断来挑选。这类挑选有直观、简单和在价格上比较灵活的优点，但常常难以准确判断其内在品质，例如，是否受到污染、微生物和农药残留是否超标、是否掺假等。因此，建立食品原料的品质保证体系和标准化、规格化流通体系越来越迫切。这类食品原料也称为生鲜消费用原料。

随着烹饪由经验转向科学，挑选原料就需要有物理、化学和生物学等方面的基础知识，以及原料学的专业知识，例如，选择什么样的原料，如何搭配和烹调才能最大限度发挥它的美味、营养效果等。"菜篮子"的食品原料近年也发生了许多变化，例如，许多冷冻食品、半加工品，甚至方便食品逐渐代替过去的生鲜食品原料，这些都对食品原料提出了更高要求。

2. 快餐店和连锁饮食店用食品原料

一般快餐店和连锁饮食店里菜的种类不多，为了方便、快捷和卫生，每一道菜要求服务规范、标准，因此这类饮食店对原料要求也十分严格。生鲜原料都要求专门的生产基地，而且对品种和种植（养殖）方法都有一定要求。有些原料采取加工中心集中大量生产，然后及时分发到各餐饮店做最后的烹调处理的方式。这种食品原料既有生鲜食用原料，也有一些是加工品。除了常见的肯德基、麦当劳等连锁店外，利用冷冻面团制作面包的一些面包店、连锁面食馆也迅速发展。这类餐馆运营的关键就是对原料的严格要求和规范化、标准化服务。

3. 食品工业用原料

随着现代人们生活节奏的加快，各种食品，包括餐桌食品，都将越来越趋向于工业化生产。工业化生产与手工业生产不同的是对原料要求比较严格和标准。在发达国家，食品工业用原料的农产品一般都需要培育专用品种，采用特殊的栽培方法，不仅要求原料品质指标均匀统一，而且往往还要求成熟度一致。对这类食品原料，不仅制定了较严格的品质标准，而且还开发了相应的测定仪器，如小麦粉质仪、纤维测定计、果实测定计等。近年来，近红外、超声、γ射线、核磁共振等无损伤测定方法也被大量引入食品原料的品质测定中。

（二）食品原料消费合理化

当人们处于食物匮乏的饥饿时代，对食物的要求往往注重在量上，"尽量多吃""能吃是福""多吃身体好"，成了一般人的饮食观念。然而，随着社会进步，食物丰富，由饱食、过食引发的对人体健康的危害已被越来越多的人认识。营养学研究表明，合理饮食、科学搭配各种食物是饮食健康的基本要求。我国许多传统食品往往只满足美味可口等嗜好性要求，其结果导致食用者过饱，不仅损害了健康，也浪费了食物。从营养学角度了解各种食品原料的成分和作用，就能在食品原料的烹饪和加工过程中尽可能地科学配料，合理消费，保护健康，节约资源，对我国这样人多地相对少的国家具有非常重要的现实意义。

（三）食品原料生产合理化

食品原料大多来自农作物、畜产和水产等相关产品。随着农业产业化发展，这些产品的集约化生产、批量贮运、大规模加工有扩大的趋势。因此，合理组织食品原料生产，最大限度提高生产效率，降低生产成本，减少损耗，防止污染是食品原料加工的发展方向。为此，一些先进国家建立了两种形式的加工系统。

1. 食品原料加工基地

在一些原料主产区附近的交通枢纽地区，建立食品原料生产企业集群。例如，在粮油作物产地的交通方便处可建立碾米厂、面粉厂、制油厂、植物蛋白厂、饲料厂等关联企业。粮油原料在不同的加工阶段可得到不同的产品和副产品，而这些副产品又可成为其他产品的原料。例如，碾米厂的副产品米糠，可以提取米糠油；玉米加工成淀粉的同时，从副产品胚芽中也可榨油；它们剩余的废料还可以加工成饲料。这样的联合加工企业群生产系统，不仅节约流通经费，减少公共设施投资，还可以形成加工和综合利用一条龙，最大限度地利用资源，减少污染和浪费。

2. 生鲜食品原料集散中心

为了减少中间流通环节，加强市场调节功能，在大城市周围建立原料集散中心，具有非常重要的作用。例如，在市区和城乡交界地区，近年建立了以食品原料为中心的农贸批发市场。在一些发达国家，这样的集散中心已经相当成熟，发挥着以下几方面作用：①调节供需，平抑物价；②形成市场价格，调节生产；③集散中心可以装备先进的原料分选、分级、包装系统，保证流通合理化、规格化；④设置大型完备的仓储设施，包括低温保鲜库，不仅可保证原料的品质，减少损耗，而且也成为某些生鲜食品流通冷链的重要一环。

（四）新食品原料

无论从世界食品供求还是我国食品供求来看，越来越大的人口增加压力使得食物资源日益短缺，为了满足现代食品工业的发展和人民日益增长的物质需求，寻求新的食品原料势在必行。

2007 年原卫生部发布实施了《新资源食品管理办法》，对新资源食品的定义、安全性评价、申请与审批等进行了规定。2013 年 5 月 31 日国家卫生和计划生育委员会发布《新食品原料安全性审查管理办法》，将"新资源食品"修改为"新食品原料"，自 2013 年 10 月 1 日正式施行。从此，我国新资源食品的概念正式被新食品原料所取代，并修改了审查程序、安全性评价要求。

《新食品原料安全性审查管理办法》指出，新食品原料是指在我国无传统食用习惯的以下物品：动物、植物和微生物；从动物、植物和微生物中分离的成分；原有结构发生改变的食品成分；其他新研制的食品原料。新食品原料不包括转基因食品、功能性食品、食品添加剂新品种。上述物品的管理依照国家有关法律法规执行。新食品原料应当具有食品原料的特性，符合应当有的营养要求，且无毒、无害，对人体健康不造成任何急性、亚急性、慢性或者其他潜在危害。如有下列情形之一的，国家卫生健康委员会应当及时组织对已公布的新食品原料进行重新审查：①随着科学技术的发展，对新食品原料的安全性产生质疑的；②有证据表明新食品原料的安全性可能存在问题的；③其他需要重新审查的情形。对重新审查不符合食品安全要求的新食品原料，国家卫生健康委员会可以撤销许可。

新食品原料的安全性评价必须遵循"科学公认、风险控制、安全评估、实质等同、个案分析"等进行综合判断。安全性评估不是只做毒理学实验，提供毒理学报告这样简单，需要从成分分析报告、卫生学报告、毒理学评价报告、微生物耐药性试验报告和产毒能力试验报告、安全性评估意见等方面提供安全性的依据，供评审委员会审查。

同时，对于审核批准的新食品原料，国家卫生健康委员会还要将其名单向社会进行公告。根据不同新食品原料的特点，公告内容一般包括名称、种属、来源、生物学特征、采用工艺、主要成分、食用部位、使用量、使用范围、食用人群、禁忌人群、食用量和质量标准等内容，对微生物类同时要求公告菌株号。目前来源主要有以下几类。

1. 微生物资源的开发

细菌、酵母等微生物通过培养可制成含蛋白质高达 70%以上的单细胞蛋白（SCP），SCP 氨基酸种类齐全、生物效价高，含有丰富的维生素。微生物生长、繁殖速度快，且不受地区、气候条件影响，不占用耕地，可以利用多种资源，特别是非食用和废气资源，如利用石油化工产品、工业废水、废渣、农业和林业副产品等再生资源作为培养基。我国的单细胞蛋白开发，虽然现阶段仍存在不少技术、经济上的障碍，但其利用价值高，仍然具有开发应用的前景。食用菌指可供人类食用的大型真菌，全世界估计有 10 万种真菌，但目前人工栽培的还不足 30 多种，广泛栽培的也只有 10 多种。近几十年来，全世界食用菌的产量增长了 20 倍，其发展十分迅猛。食用菌在我国历史悠久，资源非常丰富。食用菌的营养价值高，干品含蛋白质 13%~35%，还含有丰富的矿物质、维生素及多种生理活性物质。食用菌生产设备和条件简单，农林产业的废料，如干草、秸秆、果壳、木屑、废糟渣等均可作培养基原料。截至 2019 年年初，已经批准的微生物类新食品原料有：嗜酸乳杆菌（*Lactobacillus acidophilus*）DSM13241、R0052，副干酪乳杆菌（*Lactobacillus paracasei*）GM080、GMNL - 33，鼠李糖乳杆菌（*Lactobacillus rhamnosus*）R0011，植物乳杆菌（*Lactobacillus plantarum*）299V、CGMCC1258 及 ST - Ⅲ，乳酸片球菌（*Pediococcus acidilactici*），戊糖片球菌（*Pediococcus pentosaceus*），清酒乳杆菌（*Lactobacillus sakei*），产丙酸丙酸杆菌（*Propionibacterium*），茶藨子叶状层菌发酵菌丝体［*Phylloporia ribis*（*Schumach*：*Fr.*）*Ryvarden*］，广东虫草子实体（*Fruitbodies of cordyceps guangdongensis*），马克斯克鲁维酵母（*Kluyveromyces marxianus*）等。

2. 植物资源的开发

植物茎叶富含蛋白质、糖类、维生素、矿物质和生理活性物质等。植物茎叶种类繁多，如树叶、经济作物、豆科作物、蔬菜副产物等，可利用的植物种类和数量十分庞大，资源非常丰富，是目前广泛开发和利用的自然资源之一。常见的如芦荟、竹笋、蕨菜、茶叶、银杏叶、杜仲叶、金花茶、狭叶荨麻、鹿耳韭、马齿苋、蒲公英、绞股蓝等，都有食用和保健作用。许多野生植物的种子、果实是良好的食品资源，开发潜力很大。如中华猕猴桃、沙棘、刺梨、黄刺玫、沙枣、黑加仑子、越橘、山杏、橡子、榛子、余甘子、山梨等。许多植物的花富含蛋白质、糖类、脂肪酸、维生素、矿物质，目前开发利用的有鸡冠花、核桃花、鸡蛋花、杭菊、万寿菊、金银花、茉莉花、松花粉等。植物块根、块茎中通常含有大量淀粉、维生素、矿物质，可制成各种普通食品、功能性食品和食品添加剂等，在医药和食品工业中有着广泛的应用前景。具有块根、块茎的植物较多，如魔芋、蕨根、葛藤、苎麻根等。截至 2019 年年初，已经批准的植物类新食品原料有：叶黄素酯、植物甾烷醇酯、γ-氨基丁酸、共轭亚油酸、共轭亚油酸甘油酯、金花茶、诺丽果浆、显脉旋覆花（小黑药）、雪莲培养物、白子菜、蛹虫草、短梗五加和库拉索芦荟凝胶，以及茶叶籽油、杜仲籽油、甘油二酯油、植物甾醇、植物甾醇酯、花生四烯酸油脂、御米油、蔗糖聚酯、玉米低聚肽粉、磷脂酰丝氨酸、表没食子儿茶素没食子酸酯、翅果油、元宝枫籽油、牡丹籽油、玛咖粉、中长链脂肪酸食用油、小麦低聚肽、人参（人工种植）、乌药叶、辣木叶、茶树花、盐地碱蓬籽油、美藤果油、盐肤木果油、阿萨伊果、丹凤牡丹花、狭基线纹香茶菜、长柄扁桃油、光皮梾木果油、青钱柳叶、显齿蛇葡萄叶、水飞蓟籽油、柳叶腊梅、杜仲雄花、奇亚籽、圆苞车前子壳、塔罗油、线叶金雀花、茶叶茶氨酸、番茄籽油、枇杷叶、湖北海棠（茶海棠）叶、竹叶黄酮、乳木果油、宝乐果粉、顺-15-二十四碳烯酸、西蓝花种子水提物、米糠脂肪烷醇、木姜叶柯、黑果腺肋花楸果、球状念珠藻（葛仙米）等。

3. 动物资源的开发

动物性食品原料富含蛋白质，自古以来就是人类喜爱的食品资源。但是，人类目前利用的动物性食品原料仅占自然界中的极小部分，尚有大量可供人类利用的动物资源有待开发。能被大众接受、容易开发、经济价值较高的动物资源主要有：昆虫食品，在日本已经将昆虫食品的开发利用作为高新技术产业，投巨资进行研究探索，可大量开发利用的昆虫有蚕及蚕蛹、蝗虫、蚂蚁、苍蝇、蚯蚓、蜜蜂及蜂蛹、蚂蚱、蜗牛、肉芽等；畜禽副产品，主要包括畜禽的血液、骨、内脏、皮毛、蹄等。截至 2019 年年初，已经批准的动物类新食品原料有：珠肽粉、地龙蛋白、乳矿物盐、牛乳碱性蛋白、初乳碱性蛋白。

4. 海洋与水产资源的开发

海洋资源非常丰富，开发海洋资源对人类生存具有重大意义。海洋生物具有多种营养成分及保健功能。科学家预言，人类将来蛋白质的来源，80% 以上依赖海洋资源，而目前每年全球海产品的开发量仅 1 亿多 t，海洋捕捞仅 6000 多万 t，不及世界海域可捕捞范围的 1/10，可见海洋资源开发的潜力还相当广阔。海洋中除常见的鱼、贝、虾、蟹外，还存在着许多其他丰富的食物资源，如藻类、南极磷虾（Antarctic krill）、深海鱼类等。南极磷虾虽蛋白质含量不太高，但含有较多磷脂质和高度不饱和脂肪酸，尤其是维生素 A、维生素 E 含量丰富，可获量在 2500 万~5000 万 t。对于这一资源的开发，距离遥远是一大困难。深海鱼的缺点是水分多，肉质脆弱，风味差，蛋白质变性快，胶原蛋白比例高，以往不受重视，但近年人们发现深海鱼中含二十碳五烯酸（EPA）、二十二碳六烯酸（DHA）等 ω-3 型脂肪酸较多，引起广泛关注。另外海洋生物中，包括藻类在内，有些含有丰富的生理活性成分，是功能性食品的可贵原料。

无论是海洋资源还是淡水资源，单靠捕获都难以可持续发展。开展水产养殖，提高产出效率，保护自然资源，提高水产质量是水产资源开发的方向。截至 2019 年年初，已经批准的海洋与水产类新食品原料有：盐藻及提取物、鱼油及提取物、DHA 藻油、雨生红球藻、蛋白核小球藻、裸藻、磷虾油。

5. 碳水化合物资源的开发

碳水化合物包括单糖、低聚糖和多糖，单糖由 1 个单糖组成，低聚糖由 2~10 个单糖通过糖苷键连接而成，多糖则为 10 个以上的单糖通过糖苷键连接而成。碳水化合物种类很多，在天然食物中存在，也是食品工业中广泛使用的物质。尤其是不消化的碳水化合物类（膳食纤维）成为目前食品健康原料的新宠。截至 2019 年年初，我国已经批准的碳水化合物类新食品原料有：L-阿拉伯糖、塔格糖、异麦芽糖酮醇、低聚半乳糖、低聚木糖、棉籽低聚糖、低聚甘露糖、壳寡糖、菊粉、多聚果糖、酵母 β-葡聚糖、透明质酸钠、蚌肉多糖、菊芋、阿拉伯半乳聚糖、燕麦 β-葡聚糖。

随着生活水平的提高，人们从食品中获得基本营养素和摄取能量已基本满足，但出于对健康的关心，食物中价值较高的成分（对于加工原料来说，指主产品的构成成分，例如，豆腐用大豆的蛋白质成分，榨油用大豆的油脂成分）或一些具有特殊功能的生物活性物质成分，有着较大市场开发前途。利用杂交、转基因、细胞融合、基因编辑等生物工程技术开发未来食品（Future Foods）是提高食品原料和质量的重要课题。另外，利用食品原料生产包括燃料、塑料在内的工业品，即所谓清洁能源、可再生能源、无公害工业材料也成为近年来研究的热点。和其他食品原料的综合开发利用一样，解决成本和效益问题是开发的关键，要解决这些问题往往需要多学科交叉高新技术的支持。

三、 食品原料学的发展趋势

食品是人类生存的必需品，随着食品工业的快速发展和人们消费水平及对食品认识的提高，人们对食品的要求不再是单单提供新陈代谢和机体生长所必需的营养物质，而是更加关注食品调节身体功能、促进身体健康等方面的作用。人们越来越注意到饮食对自身健康水平的影响，消费趋势从色、香、味、形均佳的食品转向具有合理营养和保健功能的功能性食品。在可以预见的将来，功能性食品原料的发展前景应是十分广阔的。

食品原料学的发展趋势主要体现在如下几个方面。

（一）功能性食品原料的开发

功能因子是功能性食品的关键，开发功能因子是发展功能性食品的关键。研究者筛选功能因子主要源自传统食品原料和新食品原料两个范畴。新食品原料的拓展在很大程度上是发展功能性食品产业所驱动的。我国卫生健康委员会公告的新食品原料都可以作为功能性食品原料应用，如玛咖、辣木叶等新食品原料公告后，以这些原料生产的功能性食品掀起一个热潮。相比于目前已经审批的新食品原料，仍然有很多的新资源有亟待开发。

（二）利用生物技术生产食品原料

随着现代生物技术的飞速发展，利用生物技术生产食品原料成为趋势之一。以 DNA 重组技术为基础的现代生物技术，包括酶工程、基因工程、发酵工程等获得了长足的发展，并出现了食品合成生物学，成为提升食品工业水平和效率的高效手段，尤其提高了高附加值的功能性食品原料的生产效率。无论是新食品原料还是传统食品原料，功能因子的筛选与评价都是功能性食品原料开发的基础，利用组学技术、生物芯片技术、生物分子标记物等手段，实现高通量筛选将是该领域未来研发的重点。

（三）互联网技术和大数据的利用

互联网技术和生物传感器的突破给健康大数据的收集提供了前所未有的便捷。目前，大数据的利用大多在销售领域，在健康和功能性食品研发领域的利用刚起步，而这也正是未来功能性食品原料发展和创新的关键点。

食品原料从过去简单的营养素要求发展到对功能性的高级追求，这其中融合了食品科学、生命科学、工程学等。未来功能性食品原料的发展更是以科学技术发展为前提，相关学科，尤其是生物学和工程学的进步，将为该产业的升级提供强有力的支撑。更重要的是，大数据分析给功能性食品原料甚至是整个健康食品的研发提供了一个新的视角和工具，使得研发资源的投入更有针对性和时效性。这不仅促使食品原料产业的升级，而且能促进普通食品的健康化和功能化，对整个食品行业的升级起到至关重要的作用。

第三节　现代食品原料学的评价与研究方法

一、　现代食品原料学的评价

食品原料的品质评价是指以食品原料的用途和使用条件为出发点，对原料的食用价值进行判定。原料品质越好则食用价值越高，再结合高水平的加工技术，其成品的品质也就越好；相反则很难做出品质优良的成品。因此，现代食品原料的品质评价在食品加工和饮食活动中有着重要的现实意义。

自然界的动植物是食品原料的主要来源，影响它们品质的因素有很多，如原料的产地、收获季节、卫生状况以及加工贮存条件等。

（一）食品原料品质评价的依据和标准

1. 食品原料固有的品质

食品原料固有的品质是指原料本身的食用价值，包括原料的口味、质地、营养价值等指标。原料的食用价值越大，品质就越好。

2. 食品原料的新鲜度

食品原料的新鲜度是评价食品原料品质最基本的指标，包括原料的形态、色泽、质地、气味等。各种食品原料都会因贮存和运输条件的不同而发生不同程度的质量变化。

3. 食品原料的纯度和成熟度

食品原料的纯度是指原料中主要成分所占的比例，此指标对加工食品更为重要。食品原料的成熟度是指原料完成生长期的程度。原料成熟度与原料的生长时间、上市季节有关。食品原料的纯度越高且其成熟度恰到好处，品质就越好。

4. 食品原料的清洁卫生

食品原料必须符合食用卫生标准，凡腐败变质、污染或本身含有致病菌的，均不适合食用。

（二）食品原料品质的评价方法

食品原料的品质评价方法主要有感官鉴定法、理化鉴定法和生物鉴定法。

1. 感官鉴定法

感官鉴定法主要是通过感官指标，凭借实践经验和理性知识，通过视觉、听觉、嗅觉、味觉、触觉对食品原料的外观形态、色泽、气味、滋味、硬度、弹性、质量、声音以及包装等方面进行感官品质评价。

2. 理化鉴定法

理化鉴定法主要依据理化指标，采用各种试剂、仪器来评价食品原料的品质。它是对食品原料内部的变化进行检验，更深入地阐明食品原料的成分、性质、结构以及品质变化的因素。因其可用具体的数值来表示，所以比感官鉴定结果更为准确。理化鉴定法包括物理鉴定法和化学鉴定法。物理鉴定法主要包括用密度瓶法、密度计法测定食品密度，以及用折光法、旋光法、比色计测定液体食品浓度等。化学鉴定法是使用化学试剂鉴定食品原料中的蛋白质、还原糖、生物活性物质等的含量。

3. 生物鉴定法

生物鉴定法主要是依据生物指标，通过小型动物观察试验来进行检验。微生物检验则是通过对某种微生物在培养基中的培养，用显微镜进行观察检验。

二、 食品原料学的研究方法

食品原料学是具有基础和应用特点的学科，可以指导读者在食品加工和烹饪工艺中有效合理地利用食品原料。对本学科的研究，首先，要理论与实践相结合，包括食品原料的特征、品质、组织成分、质量标准等，通过科学分析后得到可靠的理论依据，并在实践中给予检验和证实；其次，借助食品原料和其他相关学科如生物学、食品化学、营养学等取得的研究成果来指导食品的加工实践；再次，使用近红外无损检测技术等对食品原料进行外观品质、化学物质含量的检测，如将其用于果蔬、粮食、畜产食品原料的分级、质量管理等；最后，在研究和实践过程中不断总结和再提高，使人类的食品加工技术、饮食文化内容不断发展和充实。

🔍 复习思考题

1. 什么是食品原料学？
2. 浅谈现代食品原料学的发展和现状。
3. 食品原料学的分类方法有哪些？列举每种分类方法所包含的食品原料。
4. 新食品原料的分类有哪些？
5. 浅谈现代食品原料学的发展趋势。

参 考 文 献

［1］李里特.食品原料学（第二版）.北京：中国农业出版社，2011.

［2］陈辉.食品原料与资源学.北京：中国轻工业出版社，2013.

［3］孟祥萍.食品原料学.北京：北京师范大学出版社，2010.

［4］徐诚.HACCP 管理体系在食品安全监督中的应用研究.中国市场，2018（20）：116~117.

［5］孙宝国，王静.中国食品产业现状与发展战略.中国食品学报，2018，18（8）：1~7.

［6］刘婕.浅谈 HACCP 管理体系在食品安全监督中的应用.中国食品添加剂，2015（9）：157~160.

［7］罗雪云.微生物类新资源食品调查研究.中国卫生监督杂志，2011，18（1）：59~63.

［8］胡叶梅，韩军花，杨月欣.脂类新资源食品应用研究.中国卫生监督杂志，2011，18（1）：45~50.

［9］刘兰，杨月欣.植物类新资源食品比较研究.中国卫生监督杂志，2011，18（1）：34~39.

［10］陈潇，王家祺，张婧等.国内外新食品原料定义及相关管理制度比较研究.中国食品卫生杂志，2018，30（5）：536~542.

［11］Sofi Francesco, Dinu Monica, Pagliai Giuditta, *et al*. Health and nutrition studies related to cereal biodiversity: a participatory multi-actor literature review approach. Nutrients, 2018, 10（9）：1207.

［12］Flynn Katherine, Perez Villarreal Begona, Barranco Alejandro, *et al*. An introduction to current food safety needs. Trends in Food Science & Technology, 2019, 84：1~3.

［13］Jain Shalu, Rustagi Anjana, Kumar Deepak, *et al*. Meeting the challenge of developing food crops with improved nutritional quality and food safety: leveraging proteomics and related omics techniques. Biotechnology Letters, 2019, 41：471~481.

［14］Tutu Benjamin Osei, Anfu Paulina Oforiwaa. Evaluation of the food safety and quality management systems of the cottage food manufacturing industry in Ghana. Food Control, 2019, 101：24~28.

［15］Haynes Edward, Jimenez Elisa, Angel Pardo Miguel, *et al*. The future of NGS（Next Generation Sequencing）analysis in testing food authenticity. Food Control, 2019, 101：134~143.

第二章

CHAPTER

谷物食品原料

2

[学习目标]

1. 了解谷类及杂粮生产、消费及流通的基本情况；

2. 熟悉谷物的分类，掌握稻谷、小麦、玉米及大麦、燕麦、黑麦、荞麦、粟、黍稷等杂粮的基本形态和结构特点，熟悉大米、小麦和小麦粉、玉米的分类及规格标准；

3. 掌握稻谷、小麦、玉米籽粒及大麦、燕麦、黑麦、荞麦、粟、黍稷等杂粮的化学成分、营养特点；

4. 掌握小麦品质测定及评价方法；

5. 了解大米、小麦及小麦粉、玉米、杂粮的贮藏、质量标准及品质管理方法；

6. 掌握大米、小麦、玉米、杂粮的主要利用途径。

第一节 概 论

无论从人类的营养构成，还是从饮食历史来看，谷物食品原料都是人类营养基础中最主要的食物。我国早在春秋战国时期已有"五谷为养"之说，五谷通常指：稻、黍、麦（麦类）、菽（豆类）、粟（谷子）。英语中的谷类（Cereal Grain）由古罗马传说中掌管植物的女神（Ceres）而得名。广义的谷类不仅包括"五谷"，还包括其他粮食作物。

谷类被称为世界各民族的生命之本。据考古发现，早在1万年前的新石器时代，人类已经开始了农耕种植业。从我国古代传说中的神农氏"始教耕稼"和后稷"教民稼穑"开始，即大约在5000年前，我国已将杂草驯化成作物，培养出不同于杂草的五谷，并掌握了一定的栽培技术。虽然发现数千年前人类已经开始狩猎、驯畜、食鱼、食肉，但人类不是肉食性动物，而接近以果、菜、谷为主的杂食性动物。从猿进化到人，人类祖先的主食始终都是以谷类等植物性食物为主。

人类大量摄取动物性食物是近代的事，欧美等发达国家和地区由于农业的发展带动了畜牧业，肉食在食物中占了较大比重。人们已经注意到，原本以谷物为主食的人类，一旦改变了饮食结构，便由于过度摄入动物性食物，引起了诸如心脏病、高血脂、高血压、过敏体质、癌症等代谢性疾病的多发，这使得人们重新认识膳食平衡和谷类食物的主食地位。

一、谷类的生产、消费与流通

（一）谷类的生产

谷类主要指稻米、小麦、玉米、大麦、燕麦、黑麦、粟、黍、高粱、穄子、薏苡等禾本科植物的种子，其中粟、黍、穄子、薏苡等也被称为杂谷，习惯上双子叶植物的豆类和荞麦也算作谷类，荞麦实际上是蓼科植物。双子叶植物种子如果含有大量淀粉，常用来加工食品，称为准谷类，荞麦、籽粒苋都属此类。主要粮油作物包括谷类在植物界属于被子植物门，分属两个纲，如表2-1所示。

2017年世界谷物种植面积为731541 khm²，我国谷物种植面积为102816 khm²，占世界谷物种植面积的14%。其中稻谷约占18.6%，小麦约占11.2%，玉米约占21.5%。世界和我国主要粮油作物产量及世界贸易量如表2-2所示。

表2-1 　　　　　　　　　　　　　主要粮油作物的植物学分类

纲（Class）	目（Order）	科（Family）	属（Genus）	种（Species）
单子叶植物	禾本目	禾本科	玉米属	玉米
			稻属	水稻
			小麦属	小麦
			大麦属	大麦
			狗尾草属	粟
			高粱属	高粱
双子叶植物	豆目	豆科	大豆属	大豆
			豌豆属	豌豆
			花生属	花生
	白花菜目	十字花科	芸薹属	油菜
	菊目	菊科	向日葵属	葵花籽
	锦葵目	锦葵科	棉属	棉籽
	玄参目	茄科	茄属	马铃薯
	茄目	旋花科	甘薯属	甘薯
	玄参目	胡麻科	胡麻属	芝麻
	蓼目	蓼科	荞麦属	荞麦

表2-2 　　　　　2017年世界和我国主要粮油作物产量及世界贸易量 　　　　　单位：万t

国家和地区	小麦	稻谷	玉米	大豆
世界总产量	77171.9	76965.8	113474.7	35264.4
中国	13434.1	21443.0	25923.4	1315.2

续表

国家和地区	小麦	稻谷	玉米	大豆
美国	4737.1	808.4	37096.0	11951.8
俄罗斯	8586.3	98.7	1323.6	362.1
印度	9851.0	16850.0	2872.0	1098.1
南非	153.5	0.3	1682.0	131.6
巴西	432.4	1247.0	9772.2	11459.9
世界贸易量	16600	4053	14300	12900

资料来源：联合国粮农组织（FAO）。

由表 2-2 可知，我国稻谷、小麦生产量占世界第一位。其中稻谷占世界总产量的 27.9% 左右。美国是玉米和大豆的生产大国，产量分别占世界总产量的 32.7% 和 33.9%。稻谷的主要产区在亚洲，主要稻谷生产国家包括中国和印度，2017 年，中国的稻谷产量为 21443 万 t，印度的稻谷产量为 16850 万 t。在世界贸易中小麦占有很重要的位置，小麦出口国家和地区主要有俄罗斯、欧盟、美国、加拿大、澳大利亚和乌克兰。2017 年度，俄罗斯成为头号小麦出口国家和地区，小麦和小麦粉出口量从上年的 2718.4 万 t 增至 3220 万 t；欧盟保持第二大出口国家和地区的地位，出口量达到 2850 万 t；美国为第三大出口国家和地区，出口量为 2630 万 t。由于国内小麦价格较高，2017 年小麦出口量仅为 1 万 t。

（二）谷物的消费与流通

世界各国饮食习惯差异较大，但绝大多数地区人们的主食还是以小麦和大米为主原料。除我国等少数国家，玉米主要作为饲料作物，而大豆主要作为油料作物。以大米为主食的国家有中国、印度、日本和东南亚各国，约占世界 54% 的人口。小麦消费范围较广，除亚洲部分国家外，欧洲、美洲、大洋洲的很多国家都是以小麦为主食，约占世界人口的 35.5%。美国、加拿大、澳大利亚等国是谷类的主要出口国。我国粮食基本实现自给自足，进出口主要是起着品种调剂、油料加工和丰欠调剂的作用。从进出口品种结构来看，进口的品种主要是大豆和小麦，出口的有大米等。据分析，综合粮食安全、国家经济支付、港口和运输及国际市场承受能力等多种因素，中国粮食的自给率保持在 95% 左右，进口率控制在 5% 左右是适宜的（据农业农村部发展战略研究中心分析）。

二、　谷类的性状和成分

（一）构造与组织

谷类除玉米外，谷粒外都由稃包裹，主要起保护谷粒的作用。除稃后的谷粒就是谷类的可食部分。其结构可分为胚芽、种皮和胚乳三部分。

1. 胚芽

胚芽（Embryo）对于种子来说是最重要的部分，位于谷粒的一端，是种子发芽生根的生命中枢，因此含有较高的脂类、蛋白质、可溶性糖、维生素、无机盐和矿物质。在磨制精度低的面粉时，将胚芽磨入面粉中可提高面粉的营养价值。然而，这部分成分因为与贮藏、加工或口感的要求有些矛盾，所以在精加工时往往和种皮一起作为糠麸被除去。

2. 种皮

种皮（Bran）是保护胚和胚乳的谷粒表皮，对于谷物的贮藏具有重要意义，种皮去除后的谷物在通常条件下，变质会大大加快。种皮的主要成分是纤维素和半纤维素，还含有一定量的植酸、蛋白质、脂肪、维生素和无机盐，磨粉、碾米时成为麸皮和米糠，可作为饲料和高纤维食品的原料。

3. 胚乳

胚乳（Endosperm）是种子的营养贮藏细胞。这些细胞含有大量的淀粉和一定量的蛋白质、脂肪、无机盐、维生素、纤维素等含量比较低。由于碳水化合物含量高，质地紧密，碾磨过程中容易首先被碾碎。因而当出粉率低时，胚乳所占的比重就大，淀粉含量也就高。

（二）成分与营养

常见谷类食品原料的营养成分如表 2-3 所示。可以看出，谷类中除维生素 C 和维生素 A 外，几乎含有人体所需的全部营养。维生素 A 只在麸皮、黄色玉米、小米、荞麦、莜麦面及其制品中少量存在，白色玉米中含量几乎为零。麦类、小米、黄米不仅含有较多的蛋白质，还含有较多的矿物质，尤其是麦类，其钙含量是大米的 4 倍。

1. 蛋白质

谷类中蛋白质的含量一般在 6%～14%，主要为白蛋白、球蛋白、醇溶蛋白及谷蛋白。其中大米较少，只有 7% 左右，而硬质小麦中蛋白质含量可达 13% 以上。不同谷类中蛋白质和氨基酸的组成有所不同。谷类蛋白质所含的必需氨基酸不平衡，大多数谷类中赖氨酸较少，是限制性氨基酸。玉米中的限制性氨基酸还有色氨酸，但荞麦、大豆中赖氨酸较多，蛋氨酸成为限制性氨基酸，因此谷类蛋白质的营养价值低于动物性食物蛋白质。

仅从氨基酸组成看，谷类蛋白质属于不完全蛋白质。但最近有研究表明，肠道菌群的作用可以补充人体对蛋白质营养的需要，也就是肠内有益菌可以帮助消化道将含蛋白质较低的谷类、薯类食物，经肠内发酵转化为满足人体需要的蛋白质营养。谷类含蛋白质的量不仅与其品种有关，还与产地的气象、土壤等条件有关，一般土地比较干旱、温度较高时，蛋白质含量较高；含氮较多的土壤较含氮少的土壤，其栽培的作物种子蛋白质含量要更高一些。

为了提高谷类食品蛋白质的营养价值，在食品工业中常采用氨基酸强化的方法，如在面粉、面条和面包等的生产过程中加入相关氨基酸成分，以解决氨基酸缺乏的问题；另外还可以采用蛋白质互补的方法提高其营养价值，即将两种或两种以上食物一起食用，相互补充各食物的必需氨基酸，如粮豆共食、多种谷类共食或粮肉共食等。谷类蛋白质含量虽不高，但在日常食物的总量中谷类所占的比例较高，因此谷类是膳食中蛋白质的重要来源。

2. 碳水化合物

谷类中碳水化合物的含量一般在 70% 左右，主要为淀粉，集中分布在胚乳的淀粉细胞内，是人类最理想、经济的能量来源。我国人民膳食结构中 50%～70% 的能量来自谷类的碳水化合物。不同谷物中的淀粉不仅形状、大小不同，其加工性质也有较大区别。例如，不同谷物淀粉加工的粉条感官品质各不相同。各主要谷物及作物淀粉的特征如表 2-4 所示。

谷类淀粉由一定比例的直链与支链淀粉组成，以淀粉粒的形式存在于淀粉细胞中。淀粉粒具有结晶区和非结晶区交替层的结构。其结晶区是由许多排列成放射状的微晶束构成。微晶束主要是支链淀粉分子之间以其葡萄链先端相互平行靠拢，借氢链彼此结合成簇状结构；直链淀粉分子主要在淀粉粒内部，分子间有某种结合，有的直链分子也加入到微晶束中去。未参与微晶束的部分，形成无定形状态。由于淀粉粒具有结晶胶束区，且外层是结晶部分，因此淀粉不溶于冷水。但若将淀粉悬浮液加热，达到一定温度（糊化温度）时，具有了足够的能量，破坏了结晶胶束氢键后，淀粉粒开始吸水并膨胀，结晶区消失，大部分直链淀粉溶解到溶液中，溶

表2-3　常见谷类食品原料的营养成分（每100g可食部含量）

谷物名称	热量/kJ	水分/g	蛋白质/g	脂肪/g	碳水化合物/g	不溶性纤维/g	灰分/g	维生素A₁/μgRE	维生素B₁/mg	维生素B₂/mg	维生素B₃/mg	维生素E/mg	Ca/mg	P/mg	K/mg	Na/mg	Fe/mg
小麦	1416	10.0	11.9	1.3	75.2	10.8	1.6	0	0.40	0.10	4.00	1.82	34	325	289	6.8	5.1
五谷香	1580	5.6	9.9	2.6	78.9	0.5	3.0	0	0.11	0.19	—	2.31	2	13	7	1.0	0.5
小麦粉（标准粉）	1531	9.9	15.7	2.5	70.9	—	1.0	0	0.46	0.05	1.91	0.32	31	167	190	3.1	0.6
小麦粉（特一粉）	1467	12.7	10.3	1.1	75.2	0.6	0.7	0	0.17	0.06	2.00	0.73	27	114	128	2.7	2.7
小麦粉（特二粉）	1472	12.0	10.4	1.1	75.9	1.6	0.6	0	0.15	0.11	2.00	1.25	30	120	124	1.5	3.0
小麦胚粉	1687	4.3	36.4	10.1	44.5	5.6	4.7	—	3.50	0.79	3.70	23.20	85	1168	1523	4.6	0.6
麸皮	1181	14.5	15.8	4.0	61.4	31.3	4.3	10	0.30	0.30	12.50	4.47	206	682	862	12.2	9.9
稻米	1453	13.3	7.9	0.9	77.2	0.6	0.7	0	0.15	0.04	2.00	0.43	8	112	112	1.8	1.1
粳米（标一）	1442	13.7	7.7	0.6	77.4	0.6	0.6	0	0.16	0.08	1.30	1.01	11	121	97	2.4	1.1
粳米（标二）	1454	13.2	8.0	0.6	77.7	0.4	0.5	0	0.22	0.05	2.60	0.53	3	99	78	0.9	0.4
粳米（标三）	1446	13.9	7.2	0.8	77.6	0.4	0.5	0	0.33	0.03	3.60	0.30	5	108	78	1.3	0.7
粳米（标四）	1453	13.1	7.5	0.7	78.1	0.7	0.6	0	0.14	0.05	5.20	0.39	4	123	106	1.6	0.7
粳米（特等）	1401	16.2	7.3	0.4	75.7	0.4	0.4	0	0.08	0.04	1.10	0.76	24	80	58	6.2	0.9
籼米（标一）	1454	13.0	7.7	0.7	77.9	0.6	0.7	0	0.15	0.06	2.10	0.43	7	146	89	2.7	1.3
籼米（标准）	1459	12.6	7.9	0.6	78.3	0.8	0.6	0	0.09	0.04	1.40	0.54	12	112	109	1.7	1.6
籼米（优标）	1466	12.8	8.3	1.0	77.3	0.5	0.6	0	0.13	0.02	2.60	—	8	85	64	1.2	0.5
早籼	1512	10.2	9.9	2.2	76.2	1.4	1.5	0	0.14	0.05	5.00	0.25	13	257	214	1.6	5.1
晚籼（标一）	1448	13.5	7.9	0.7	77.3	0.5	0.5	0	0.17	0.05	1.70	0.22	9	140	112	1.5	1.2
籼稻（红）	1454	13.4	7.0	2.0	76.4	2.0	1.2	0	0.15	0.03	5.10	0.19	—	—	220	22.0	5.5
黑米	1427	14.3	9.4	2.5	72.2	3.9	1.6	—	0.33	0.13	7.90	0.22	12	356	256	7.1	1.6

续表

谷物名称	热量	水分	蛋白质	脂肪	碳水化合物	不溶性纤维	灰分	维生素					矿物质				
								维生素A	维生素B$_1$	维生素B$_2$	维生素B$_3$	维生素E	Ca	P	K	Na	Fe
	/kJ	/g	/g	/g	/g	/g	/g	/μgRE	/mg	/mg	/mg	/mg	/mg	/mg	/mg	/mg	/mg
香米	1453	12.9	12.7	0.9	72.4	0.6	1.1	0	—	0.08	2.60	0.70	8	106	49	21.5	5.1
糯米	1464	12.6	7.3	1.0	78.3	0.8	0.8	0	0.11	0.04	2.30	1.29	26	113	137	1.5	1.4
玉米	469	71.3	4.0	1.2	22.8	2.9	0.7	—	0.16	0.11	1.80	0.46	—	117	238	1.1	1.1
玉米（白）	1474	11.7	8.8	3.8	74.7	8.0	1.0	—	0.27	0.07	2.30	8.23	10	244	262	2.5	2.2
玉米（黄）	1457	13.2	8.7	3.8	73.0	6.4	1.3	8	0.21	0.13	2.50	3.89	14	218	300	3.3	2.4
玉米面（白）	1475	13.4	8.0	4.5	73.1	6.2	1.0	—	0.34	0.06	3.00	6.89	12	187	276	0.5	1.3
玉米面（黄）	1483	11.2	8.5	1.5	78.4	—	0.4	3	0.07	0.04	0.80	0.98	22	196	249	2.3	0.4
大麦	1367	13.1	10.2	1.4	73.3	9.9	2.0	0	0.43	0.14	3.90	1.23	66	381	49	Tr	6.4
小米	1511	11.6	9.0	3.1	75.1	1.6	1.2	8	0.33	0.10	1.50	3.63	41	229	284	4.3	5.1
黄米	1469	11.1	9.7	1.5	76.9	4.4	0.8	—	0.09	0.13	1.30	4.61	—	—	—	3.3	—
高粱米	1505	10.3	10.4	3.1	74.7	4.3	1.5	0	0.29	0.10	1.60	1.88	22	329	281	6.3	6.3
荞麦	1410	13.0	9.3	2.3	73.0	6.5	2.4	2	0.28	0.16	2.20	4.40	47	297	401	4.7	6.2
苦荞麦粉	1320	19.3	9.7	2.7	66.0	5.8	2.3	—	0.32	0.21	1.50	1.73	39	244	320	2.3	4.4
莜麦面	1650	8.8	13.7	8.6	67.7	—	1.2	—	0.20	0.09	0.29	0.39	40	259	255	1.8	3.8
薏米	1512	11.2	12.8	3.3	71.1	2.0	1.6	—	0.22	0.15	2.00	2.08	42	217	238	3.6	3.6
薏米面	1469	10.9	11.3	2.4	73.5	4.8	1.9	—	0.07	0.14	2.40	4.89	42	134	163	2.3	7.4
荞麦面	1440	14.2	11.3	2.8	70.2	—	1.5	2	0.26	0.10	3.47	5.31	71	243	304	0.9	7.0
燕麦	1433	10.2	10.1	0.2	77.4	6.0	2.1	Tr	0.46	0.07	—	0.91	58	342	356	2.1	2.9
藜麦	1494	13.5	14.0	6.0	57.8	6.5	2.2	Tr	0.04	0.06	1.03	6.40	25	—	362	1.0	3.4

资料来源：杨月欣，《中国食物成分表（第6版，第一册）》，2018。

注："—"表示未检出。

表2-4 主要谷物及作物淀粉的特征

原料	指标						
	粒形	粒径/μm	平均直径/μm	水分/%	直链淀粉含量/%	糊化温度/℃	最高黏度/BU
甘薯	多面形，吊钟形复粒	2~40	18	18	19	70~76	685
马铃薯	球形，单粒	5~100	50	18	25	55~65	1028
玉米	多面形，单粒	6~21	16	13	25	65~75	260
小麦	凸透镜形，单粒	5~40	20	13	30	60~80	104
大米	多面形，复粒	2~8	4	13	19	59~63	680
木薯	多面形，吊钟形复粒	4~35	17	12	17	59~70	340

液黏性增加，淀粉粒破裂，形成淀粉糊。这一过程称为淀粉的糊化，也称淀粉的α-化，糊化的淀粉称为α-淀粉，与此相应的天然状态淀粉称作β-淀粉。糊化时，直链淀粉，尤其是小分子直链淀粉往往首先从淀粉颗粒中溶出，利用这一现象可以将直链淀粉分离。除热水外，淀粉遇碱溶液、高浓度盐类溶液、二甲基亚砜等强极性溶液也会发生糊化。温度继续升高，微晶束继续分离支解，淀粉糊黏度也继续增大并达到最高。继续恒温加热一段时间，并进一步搅拌淀粉使之继续破裂，黏度逐渐降低。

热的淀粉糊冷却时，分子运动减弱，一些淀粉分子重新杂乱无章以氢键缔合，形成不溶性沉淀或具有黏弹性的凝胶，这一过程称为淀粉的回生。分子质量过大或过小的直链淀粉不易回生，分子质量适中的直链淀粉易于回生，支链淀粉由于它高度的枝杈结构使空间障碍较大，不易回生。因此，当淀粉中支链淀粉的比例大时，淀粉不易回生。回生后的淀粉与生淀粉性质相似，具有不溶性的倾向，不易被淀粉酶作用，不易消化。

淀粉的代谢特点是能被人体以缓慢、稳定的速率消化、吸收与分解，最终转化成供人体利用的葡萄糖，且其能量的释放缓慢，不会使血糖突然升高，对人体健康是有益的。

除淀粉外，其他碳水化合物还有纤维素、半纤维素、糊精及少量可溶性糖。谷类的膳食纤维也比较丰富。膳食纤维虽不能被人体消化吸收和利用，但具有特殊的生理功能。它能吸水，增加肠内容物的容量，能刺激肠道，增加肠道的蠕动，加快肠内容物的通过速度，有利于肠道清理废物，减少有害物质在肠道的停留时间，从而达到预防或减少肠道疾病的功能。

3. 脂类

谷类一般脂肪含量较低，如大米、小麦只有1%~2%，玉米和小米约为4%，但燕麦例外，达6%左右，多含在胚芽中，因此在谷类加工时易损失或转入副产物中。食品加工业中常从其副产物中提取对人类健康有益的油脂等成分，如从米糠中提取米糠油、谷维素和谷固醇，从小麦胚芽和玉米中提取胚芽油等。这些油脂中不饱和脂肪酸含量达80%，其中亚油酸约占60%。在功能性食品的开发中常以这类油脂作为功能油脂替代膳食中富含饱和脂肪酸的动物油脂，可明显降低血清胆固醇含量，具有预防动脉粥样硬化的作用。

4. 矿物质与维生素

谷类中的矿物质含量为1.5%~3%，主要是钙和磷元素，并多以植酸盐的形式集中在种皮中，在人体中的消化吸收率较低。谷物中还含有铁、锌、铜及钾、镁等常量元素。谷类是膳食中B族维生素的主要来源，如维生素 B_1（硫胺素）、维生素 B_2（核黄素）、维生素 B_3（烟酸）、

维生素 B_5（泛酸）、维生素 B_6（吡哆醇）等，其中以维生素 B_1 和维生素 B_3 含量最高，主要集中在胚芽和种皮中。胚芽中还有较丰富的维生素 E。这些维生素随加工而损失，且加工越精细损失越大。精白米、精白面中的 B 族维生素可能只有原来的 10%~30%。因此，长期食用精白米、精白面，而又不注意从其他副食中补充维生素，容易引起维生素 B_1 不足或缺乏，从而导致患脚气病，并损害神经血管系统；孕妇或乳母若摄入维生素 B_1 不足或缺乏，可能会影响胎儿或婴幼儿的健康发育。谷类一般不含维生素 A、维生素 C 和维生素 D。

三、 谷类的贮藏与卫生

（一）贮藏

谷类作为人类每日不可或缺的主食，由于生产的季节性、区域性和年景差异，需要长期贮藏来调节余缺。好在谷类作为植物种子为延续后代，本身也具有较好的贮藏性能。然而，微生物和虫害是影响贮藏的主要问题，贮藏条件最重要的是温度和湿度，在合适的温度下（一般是低温 10~15℃），相对湿度为 70%~80%，谷粒可以贮藏一年至数年。但谷粒毕竟是生命体，贮藏中不可避免地还进行着一系列生理和生化活动，过长时间的贮藏会不同程度地引起营养价值或加工品质的降低。

（二）卫生

谷类的安全卫生问题主要来自两个方面：一是贮藏、流通中的霉变，有害微生物污染和有害物质的混入；二是环境污染。对于前一个问题，由于贮藏技术和管理水平的提高，比较容易解决，然而后者对谷物安全的威胁日趋严重。环境污染主要来自农药、水污染和大气污染等。为促进农作物的生长和减少病虫害，各种杀虫剂、除草剂、杀菌剂、植物生长激素等的大量使用，不仅危及谷类卫生，甚至污染到以这些谷类为饲料的畜禽产品。各种工业废水中有毒物质对农作物的污染，以及雨水从大气中带来的污染，也对谷物的食用安全性带来威胁。为此，世界各国对有机农业、生态农业十分重视，我国推行的绿色食品认证制度也是为了解决这方面的问题。

第二节　大　米

一、　大米概述

（一）大米的栽培历史

大米是指稻谷种子的籽粒。稻谷脱粒后得到带有颖壳的籽粒，通常被称作稻谷或毛稻（Paddy 或 Rough rice）；稻谷经砻谷处理，将颖壳去除后的籽粒称为糙米（Brown Rice）；糙米往往要经过碾米加工，除去部分或全部皮层才能得到通常食用的大米。为了与糙米区别，这样的大米也称白米或精白米（Milled Rice）。

稻谷属于禾本科（Gramineae），多是一年生草本植物。目前普遍栽培的稻谷为亚洲栽培稻（*Oryza sativa* L.）。此外，还有非洲栽培稻（*Oryza glaberrima*），在西非等有限范围内栽培。一般认为，稻谷是在中国、印度和印度尼西亚分别独立驯化的，形成三个地理生态种：粳型（*japonica*）、籼型（*indica*）和爪哇型（*javanica*），可通过稻谷的农艺性状和生理特性（如颖毛、粒形、叶片等）区分。近年来不断有新的考古学证据表明稻谷起源于中国。早在 7000 年前，我国就开始种植稻谷，距今 2300 年前传入日本，而在北美等地区种植时间不超过 600 年。

稻谷是世界上最重要的粮食作物之一，全世界约一半的人口以大米为主食。它是单位面积可以生产最多碳水化合物、热量的主食作物。

（二）大米的分类

按植物学分类，食用大米主要分为粳型稻的粳米（Round-Shaped Rice）和籼型稻的籼米（Long-Shaped Rice）两大类。粳型稻起源于我国云南和长江流域，目前是我国北方、朝鲜、韩国、日本等地的主要品种；籼型稻起源于印度，是东南亚、我国南方和西南地区的重要栽培品种。水稻属于自花授粉作物，一般不能杂交生育。20 世纪 70 年代，我国科学家袁隆平利用自然的雄性不育株水稻，培育出在提高单产、抗倒伏和抗病虫害等方面具有明显优势的杂交水稻。

按生长条件，稻谷还可分为普通水稻（Paddy Rice）和陆稻（Upland Rice）。陆稻也称旱稻，通常种植于热带、亚热带的山区坡地或温带旱地。它有耐旱、抗病等优点，但单产低，且比起水稻，其米粒硬度小，淀粉颗粒大，蛋白质含量也高，为 30% 左右，但因黏度小、食味较差，种植面积较小。

按淀粉组成，大米可分为普通大米和糯米（Glutinous Rice）。糯米是对直链淀粉含量极低（0~2%）的糯性大米的习惯称谓。普通大米直链淀粉含量约为 20%，其相对含量越低，即支链淀粉含量越高，米饭黏性越大，口感也越好。粳米直链淀粉含量为 17%~25%，优质品种直链淀粉含量约为 16%；籼米直链淀粉含量可达 26%~31%。除普通大米和糯米之外，我国还培育出所谓的"软米"（直链淀粉含量 2%~12%），具有很好的炊饭性。按表观直链淀粉含量将大米分为：糯米（0~2%）、极低直链淀粉米（2%~12%）、低直链淀粉米（12%~20%）、中直链淀粉米（20%~25%）、高直链淀粉米（25% 以上）等。

按米粒形状分类，虽没有统一的国际标准，但许多国家都制定了自己的规格。国际稻谷研究所（IRRI）的标准如表 2-5 所示。

表 2-5　　　　　　　　　　糙米粒形分类标准

分类依据	品种名称	分类标准
粒长	超长米	>7.50mm
	长粒米	6.61~7.50mm
	中长粒米	5.51~6.60mm
	短粒米	<5.50mm
形状（长宽比）	细长形	3
	中长形	2.1~3
	短粗形	1.1~2
	圆形	<1.0

一般认为：粳米的长宽比为 1.5~1.9，籼米的长宽比约为 2.5 以上。巴基斯坦产籼米的长宽比可达 3.5 左右。

另外按加工方法和用途，可以将精加工米的种类分为营养型（蒸谷米、留胚米、强化米）、方便型（免淘洗米、易熟米）、功能型（低变应原米、低蛋白质米）、混合型（配制米）、原料型（酿酒用米）等。蒸谷米，也称半煮米，是将清理后的净稻谷经过热水处理（浸泡、汽蒸、干燥与冷却），然后进行砻谷、碾米所得的成品米。全世界约有20%的稻谷经热水处理后加工成蒸谷米。蒸煮处理后的籽粒，砻谷效率提高，大米胚芽、皮层内富含的B族维生素和无机盐等水溶性物质大部分渗透到胚乳内部，提高了成品米的营养价值。另外，稻谷经过热水处理，杀灭了微生物与害虫，破坏了籽粒内部酶活力，减少了油脂的酸败和分解，糠层蛋白质变性更为完全，提高了米糠出油率，使稻谷易于贮藏。

我国按生长期和外观将稻谷分为五类：早籼稻谷、晚籼稻谷、粳稻谷、籼糯稻谷和粳糯稻谷。它们的特征如下：

早籼稻谷：生长期较短、收获期较早的籼稻谷，一般米粒腹白较大，角质部分较少。

晚籼稻谷：生长期较长、收获期较晚的籼稻谷，一般米粒腹白较小或无腹白，角质部分较多。

粳稻谷：粳型非糯性稻的果实，籽粒一般呈椭圆形，米质黏性较大，胀性较小。

籼糯稻谷：籼型糯性稻的果实，米粒一般呈长椭圆形或细长形，乳白色，不透明或呈半透明状，黏性大。

粳糯稻谷：粳型糯性稻的果实，米粒一般呈椭圆形，乳白色，不透明或呈半透明状，黏性大。

糯米与普通大米的外观区别在于糯米的胚乳完全不透明，这是因为其胚乳内的淀粉粒内和淀粉粒间存在着空气间隙。

一般来说，籼米米粒强度小，加工时易产生碎米，出米率低，煮饭黏度小；粳米加工时碎米少，出米率高，煮饭吸水率、膨胀率较籼米低，口感较黏；而糯米煮饭黏性很大。

二、 稻谷籽粒的形态和性状

（一）稻谷籽粒的形态和结构

图2-1所示为稻谷籽粒的形态结构。稻谷籽粒由颖壳（谷壳）和颖果（糙米）组成。

糙米包括皮层（即糠层，包括果皮、种皮、糊粉层等）、胚乳和胚。米粒有胚的一侧称为腹部，相反侧为背部，腹背间尺寸称为米的宽度，垂直方向尺寸为厚度，米粒两侧面有稍微隆起的两条纵向棱线，形成沟纹。一般表面有光泽、腹部饱满、颗粒均匀、沟纹浅的大米较好。大米腹部胚乳细胞如果不透明而发白称为腹白米，还有心白和背白米。这些称垩白现象，是胚乳淀粉细胞发育不好，细胞间有许多细小孔隙，散乱光线引起的。它是一种不良的品质性状，是籽粒结构的一种缺陷。它不但影响大米的商品外观，而且垩白米在碾米过程中容易产生碎米。

糙米中糠层占5%~6%，胚占2%~3%，胚乳占91%~92%。糊粉层（Aleurone Layer）本是胚乳的外层，主要成分为蛋白质和脂肪，碾米时果皮、种皮、糊粉层一同被除去而成为米糠。胚乳除去几乎不含淀粉的糊粉层外，由淀粉细胞从米粒中央呈同心圆状排列构成。靠中心的细胞小而致密，因此部位不同成分也不同。胚芽虽含有丰富的脂类、蛋白质和维生素B_1等，但一般在碾米时被剥落，因此米糠中通常包含有糠层、胚芽和碎米。

（二）稻谷籽粒的化学组成

稻谷籽粒各部分的化学组成如表2-6所示。

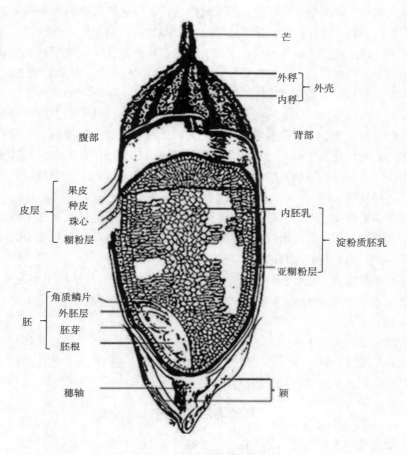

图 2-1　稻谷籽粒的形态结构

表 2-6 稻谷籽粒各部分的化学组成 单位:%

名称	水分	蛋白质	脂肪	碳水化合物	纤维素	灰分
稻谷	11.7	8.1	1.8	64.5	8.9	5.0
糙米	12.2	9.1	2.0	74.5	1.1	1.1
胚乳	12.4	7.6	0.3	78.8	0.4	0.5
胚	12.4	21.6	20.7	29.1	7.5	8.7
皮层	13.5	14.8	18.2	35.1	9.0	9.4
稻壳	8.5	3.6	0.9	29.4	39.0	18.6

　　精白的大米,其中富含蛋白质、脂肪的糠层部分被除去,因此淀粉所占比例增大。从营养角度讲,精白米的蛋白质、脂肪和其他微量成分较少。大米淀粉在谷物淀粉中粒度最小,直径为 $7\sim39\mu m$,往往由 $5\sim15$ 个淀粉单粒聚集为复合淀粉粒。这些复合淀粉粒再充填成米的淀粉细胞。充填度越好,米粒越透明,反之可能成为亚白米。大米淀粉由直链淀粉和支链淀粉组成,后者的相对分子质量约是前者的 100 倍,前者碘试验呈蓝色,后者呈红色。

　　直链淀粉含量被认为是影响大米蒸煮食用品质的最主要因素,含量越高,米饭的口感越硬，黏性越低；相反支链淀粉含量高的大米饭软黏可口。但这种影响只限于一定的范围，如直链淀粉含量相近的早籼米和晚籼米，米饭质地有明显差异。人们发现米饭的黏度与淀粉细胞的细胞壁强度有关。即蒸煮时，如果米粒外层淀粉细胞容易破裂，糊化淀粉就溢出较多，分布在米粒表面，增加了黏性感。籼米细胞壁较厚，因此其米饭散而不黏，但蛋白质含量较高。

蛋白质在胚和糊粉层含量较多，越靠近谷粒中心越少，主要以蛋白体的形式贮藏于细胞中；胚乳部分的蛋白质沿淀粉细胞的细胞壁分布，包裹淀粉。就是这些蛋白质和细胞壁影响了蒸煮时淀粉粒的溶胀和破裂，以及米饭的口感。大米蛋白质主要由谷蛋白、球蛋白、白蛋白和醇溶蛋白组成。谷蛋白是主要组分，占总蛋白质的 70%~80%。在谷类中，大米的蛋白质组成比较合理，限制性氨基酸只有赖氨酸，但精白米中总蛋白质含量较少。蛋白质含量越高，米饭的硬度越高，色泽发暗。

大米的脂类主要存在于糠层、胚芽和糊粉层中，精白米中脂类含量随加工精度的提高而降低，因此脂类含量被用来测定精米程度。白米中脂肪成分的酸败是大米贮存中风味劣变的重要原因，所以游离脂肪酸含量成为判断大米新陈的指标。

大米中不含维生素 A、维生素 D 和维生素 C。维生素 B_1 和维生素 B_2 主要在胚和糊粉层中，因此精米的维生素 B_1 和维生素 B_2 含量只有糙米的 1/3 左右。维生素 E 主要存在于糠层中，其中 1/3 是 α-生育酚。

大米所含微量成分也集中在糙米的外层或米糠中。植酸盐主要是镁盐和钾盐。值得一提的是，大米中 Mg/K 比值大的品种，食味好。研究者还发现，再加上所含蛋白质的影响，即 Mg/（K·N）值与食味关系更显著，是开发食味计的重要参数。

三、 大米的品质规格与标准

大米的品质标准可根据其用途分为以下 3 个基本类别：

食用品质：这是主要标准，也是最难评价的标准。因人们的口感差异，不同地域和不同时期人们都可能有不同的要求，不同食用方法对大米的要求也不相同。

工业用品质：着重于加工品质的要求，不同工业用途有不同的要求。我国目前尚缺乏此类标准。

饲料用品质：一般要求蛋白质含量高。

（一）大米的评价标准

从 2009 年 7 月起，我国开始实行新的国家标准《稻谷》（GB 1350—2009）取代原来的国家标准（GB 1350—1999）。其考察的指标有出糙率、整精米率、杂质含量、水分含量、黄粒米含量、谷外糙米含量、互混率、色泽和气味等。其中以出糙率和整精米率作为分级的标准，级别为 1~5 级。国外有更详尽的大米规格标准，以日本等国家较为完善。

日本对于米饭用米的评价标准，首先按米粒形状（长、中、短）、栽培条件（水稻、陆稻）和粳、糯等品种分类，再规定每一品种的毛稻、糙米、精白米的各自评价指标。其中对食味的评价更为重视，并将食味评价归纳为外观、气味、黏度、硬度和味道 5 个方面。泰国的大米标准对大米的粒形（长度）有明确的要求，对混杂成分和粒形的组成有更详细的规定。国际稻谷研究所的评价内容包括碾米品质、外观品质、蒸煮食味品质和营养品质。我国国家标准 GB/T 15682—2008《稻米蒸煮品质》和农业农村部部级标准 NY/T 83—2017《米质测定方法》则是参照国际稻谷研究所的标准制定的。

（二）大米品质检测项目和方法

1. 毛稻检测项目

与品种有关的项目：颖色、容积重、比重分布。

与品种无关的项目：含水率、受害粒（虫害粒、穗发芽粒等）、其他（茎叶、异物混入、秕谷粒）。

2. 糙米检测项目

与品种有关的项目：米色、容积重、垩白（腹白、心白）率、龟纹粒（因干燥等原因发生裂纹的米粒，也称"爆腰"）、化学成分（直链淀粉、蛋白质、脂类、维生素等）。

与品种无关的项目：含水率（规定值）、米粒质量（粒形、光泽、未熟粒、死粒、异物）、受害粒（虫害粒、霉烂等）。

3. 白米检测项目

与品种有关的项目：容积重、垩白（腹白、心白）率、千粒重、硬度、碎米率、化学成分（直链淀粉、蛋白质、维生素等）、理化特性（碱消值、淀粉粉力仪图等）、食味（感官评价、食味计测定等）。

与品种无关的项目：含水率（规定值）、白度（按纵沟深浅、糊粉层厚度调节碾米程度达到所需白度值，白度与精米率有较高相关，也作为精米率指标）。

以上主要是做米饭用的大米的检测项目，对于酿造、制作米粉等用途，对大米的要求不尽相同。

4. 测定方法

（1）外观品质（市场品质）　包括长宽比、垩白率、垩白度和透明度等，可用专门仪器测量，如谷物轮廓仪、大米透明度测定仪、白度计等，但在实践中通常采用肉眼观察方法。

（2）蒸煮食用品质　可用感官评定方法或仪器测定（糊化温度、胶稠度、直链淀粉含量）进行评价，通常采用后者。常见方法如下。

①糊化温度：糊化温度直接影响煮饭时米粒的吸水率、膨胀体积和蒸煮时间。一般采用碱消法间接测定，按大米胚乳在氢氧化钾溶液（籼米用 1.7%，粳米用 1.4%）中恒温（30℃）23h 的分解情况，与标样进行对比，将大米分为低糊化温度（55~69.5℃）、中糊化温度（70~74℃）和高糊化温度（74.5~80℃）。

②胶稠度：胶稠度常用于衡量米饭的硬度与黏性。常采用米胶延伸法测定。一定量的大米粉经稀碱热糊化成为米糊胶，冷却并水平放置，测量延伸后的米糊胶长度，称为胶稠度。根据米胶的长度可将大米分为软胶稠度（>60mm）、中等胶稠度（40~60mm）和硬胶稠度（<40mm）3 种类型。通常硬胶稠度的大米不受欢迎。

③表观直链淀粉含量：采用碘比色法测定，其测定原理是根据直链淀粉和支链淀粉与碘发生不同颜色的显色反应。

④淀粉糊化特性曲线测定：一般使用快速黏度分析仪（RVA），通过测定大米粉或大米淀粉与一定量的水在加热、冷却过程中黏度的变化，得到糊化特性曲线（图 2-2），测得淀粉的峰值黏度、谷值黏度、衰减值、最终黏度、回生值及糊化温度。

⑤食味推定经验公式：日本科学家竹生对日本粳米总结如下食味推定值计算经验公式：

$$Y = -0.1272X_1 - 0.0929X_2 + 0.0902X_3 + 0.0946X_4 - 6.595X_5 + 2.6425 \tag{2-1}$$

式中　Y——食味推定值；

X_1——蛋白质含量（干物质），g/100g；

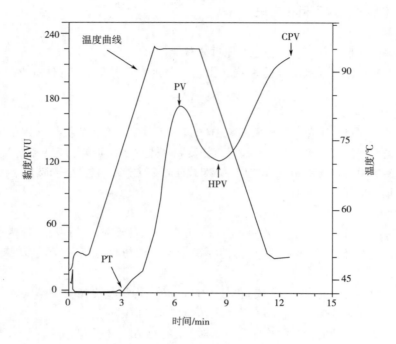

图2-2　大米淀粉的糊化曲线

CPV—最终黏度　HPV—谷值黏度　PT—糊化温度　PV—峰值黏度

注：二级指标 BD（衰减值）、SB（回生值）可分别由 PV-HPV 和 CPV-HPV 计算得出。RVA 黏度单位有两个，一个是仪器的单位 RVU（Rapid Viscosity Unit），另一个是法定计量单位 Pa·s，改变标尺设置可以选择所需的单位。

X_2——峰值黏度，Pa·s；

X_3——谷值黏度，Pa·s；

X_4——衰减值，Pa·s；

X_5——煮饭液碘呈色度。

参数的测定方法如下：

蛋白质含量：凯氏定氮法测定。

峰值黏度、谷值黏度、衰减值：由糊化特性曲线读出。

煮饭液碘呈色度：取已离心的煮饭液 5.0mL 于 50mL 蒸馏水中，加入 0.5mol/L HCl 溶液 5mL 及碘试剂（含 0.2% 的 I_2 和 2% 的 KI）1mL，定容至 100mL，在分光光度计上，于 610nm 处用 1cm 比色皿测定吸光度。

由于不同人群对米饭的嗜好习惯不同，食味经验公式的系数也应根据情况进行修正。

⑥食味计：食味计是根据大米成分与感官食味的相关关系，用近红外分析测定方法判断大米品质的仪器。近年经不断改进，已经成为日本等国家对大米品质通用测定仪器。食味计的工作方法是测出与食味相关的成分含量，主要包括大米的蛋白质含量、直链淀粉含量、水分和脂肪酸度等，利用上述成分含量与口味的关系来评价米的食味。例如，日本 SATAKE 公司生产的大米食味计的测定项目包括：食味值、蛋白质、直链淀粉、水分和脂肪酸。不能对外观和香味进行评价是现有食味计的主要缺点。

图 2-3 所示即为利用 STA1A 米饭食味计和感官品尝对籼稻米样进行食味评价，建立可见光

和近红外光谱值与籼稻米饭食味综合评分的回归方程，发现米饭食味综合评分预测值和感官品尝综合评分之间不存在显著性差异，回归方程能够很好地预测籼稻的食味品质。所以，利用STA1A米饭食味计可方便、准确、快速地测定籼稻的蒸煮食味品质。

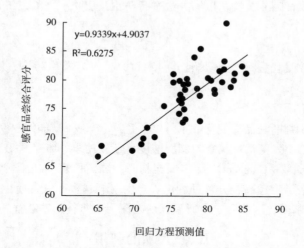

图2-3　米饭样品感官品尝综合值与预测值的相关关系

⑦米饭物理性质测定：按一定条件蒸煮熟的米饭单粒或饭团，利用流变仪进行类似咀嚼动作的测定，按所得到的黏弹性、凝聚性等指标确定米质优劣。

（3）营养品质　一般只考虑蛋白质含量，采用凯氏定氮法测定。

（4）碾磨品质（加工品质）　包括出糙率、精米度、精米率和整精米率。出糙率是指糙米占脱壳前稻谷的质量分数；精米度表示碾米时糠层和胚芽被除去的程度，除可用白度计测定外，还可用染色法测定；精米率是指精米占糙米的质量分数；整精米率是指整粒精米占糙米的质量分数。碾米时碎米越多，整精米率越低，米的品种、质量、干燥条件等对整精米率影响很大，一般细长的籼米比短圆的粳米容易破碎。实验室中分别采用小型砻谷机、精米机和整米分离机或筛子测定。

四、　大米的贮藏和品质管理

大米的贮藏形态有毛稻、糙米和精白米，前两者是有生命状态的，贮藏时间较长，后者无生命，不宜长期贮藏。大米的贮藏流通多为糙米（Cargo Rice）。

（一）贮藏条件

贮藏中影响大米品质劣变的因素主要有微生物、虫害及自身的生化变化等。其中自身的生化变化是大米劣变的主要原因，如发芽率减少、蛋白质降解和脂肪氧化等，可导致大米失去新米的清香，产生不良的"陈米臭"。贮藏中游离脂肪酸、蛋白质与淀粉相互作用可形成环状结构，加强了淀粉分子间的氢键结合，影响大米蒸煮时的膨润和软化。与新米相比，陈米做的饭硬，且黏度下降，烹煮时间延长。而要抑制这些变化，主要应考虑以下贮藏条件。

1. 水分

一般设定在相对湿度75%时，大米平衡水分14.5%为贮藏标准水分。

2. 温度

低温是抑制微生物、虫害、大米自身生化变化引起劣变的重要措施。在15℃以下，一般微生物活动得到抑制，10℃左右大米害虫几乎停止繁殖；而 20℃以上，微生物、害虫就会较快繁殖。气候较暖的地方常温贮藏 6 个月后，大米理化指标会发生大的变化；10 个月后口味明显下降；12 个月后发芽率几乎为零。如何安全度夏是大米贮藏中最重要的课题。目前仓库通常采取熏蒸的方法，家庭采取日晒或放置花椒等方法进行防虫、驱虫。15℃以下的低温贮藏显然是更安全有效的方法。

3. 米粒健全度

未熟粒、虫害粒等受伤害或发育不健全的米粒，不仅易发生劣变，还会导致正常大米的劣变。

（二）品质劣变的测定

经过贮藏的大米，判断其品质变化除了外观、色泽、气味等简单观察外，常用的检验项目有：水分变化、发芽率、发芽活性测定、脂肪酸度、还原糖量、维生素 B_1 含量、酶测定等。米的新陈常用邻甲氧基苯酚（Guaiacol）反应试验判断，测定原理是：新鲜的谷物有较强的过氧化氢酶活性，试验时酶活力越高，分解过氧化氢产生的氧越多，氧可使无色的邻甲氧基苯酚变为红色的 4-邻甲氧基苯酚，因此测定中所呈红色越深，表明谷物越新鲜。

五、 大米的利用

大米及其加工产品广泛用于食品、饲料、医药等行业，这里主要讨论大米在食品方面的用途。

（一）主食

1. 蒸煮米

我国不同地域人们对米饭口感的嗜好不同，影响米饭食味的主要是其物理性质，即米饭的黏弹性。一般来说，籼米饭口感较硬，米粒松散，迎合南方一些地区和东南亚各国人民口味，适于做烩米饭和炒米饭；粳米饭口感较软，米粒有黏性，做米饭和粥受多数人喜欢；糯米饭最为柔软，宜于做粥或花色米饭，如八宝饭等。

米饭用米通常为精白米（精米率 92%）。为了增加大米营养，国外还有半精米（精米率 96%）、7 分精米（精米率 94%）等，这些产品部分保留了大米糠层和胚芽的营养成分，但白度和口感稍差。预蒸煮米在我国不多见，经预蒸煮的大米不仅可防止虫害，有利贮藏，而且也使糊粉层、胚芽的一部分营养扩散到胚乳部分，提高了精白米的营养。蒸煮米品类中除传统大米外，各种胚芽米（尽量去掉糠层，保留 80% 胚芽的特殊加工米）、免淘米、营养强化米（强化 B 族维生素及氨基酸等）也逐渐进入普通家庭。

2. 米粉

米粉通常是以大米为原料加工成面条状食品的总称，各地名称不尽相同，如"河粉""米线"等。米粉在我国华南一带也算作主食，原料以籼米为好。

3. 大米粉

大米粉是大米的粉末制品，我国尚没有商品名称，而作为商品流通的仅有"水磨糯米粉"，其产品只有企业标准。日本由于实现了米制品工业化生产，所以有各种规格的大米粉末制品。按淀粉是否糊化，将大米粉分为"熟粉"和"生粉"。生粉又分为糯米粉（产品有"白玉粉""求肥粉"）和粳米粉（产品有"上新粉""生新粉"和"上用粉"）。"熟粉"也分糯米粉和粳米粉，前者产品有"寒梅粉""手烧味甚粉""上早粉""道明寺粉""上南粉""真挽粉"等；后者产品有"早并粉""粳上南粉"等。"白玉粉""求肥粉"虽然都是以糯米为原料磨成，但前者是湿磨而成，比较细，主要用作汤圆的原料；后者是干磨而成，粉粒度为80~100目，稍粗一些，主要用来加工豆沙馅米糕。粳米粉也可用作各种米糕、米点心的原料。

（二）大米制品

大米制品除以上主食外，其他种类也很多，主要分为米粒制品、大米粉制品、发酵制品等。

1. 米粒制品

代表性的米粒制品有粽子、八宝饭、八宝粥、爆米花、糍粑等。

2. 大米粉制品

代表性的大米粉制品有年糕、元宵、汤圆、米糕、米豆腐、米饼干、蓼花糖、锅巴等各种米膨化小食品。米饼干、蓼花糖等各种米膨化食品的原料既可以是糯米粉，也可以是普通大米粉，但糯米粉产品膨化性更好，口感比较酥脆，普通大米粉制品口感较硬。

3. 发酵制品

我国大米发酵食品具有悠久的历史，大米经过发酵后制成的食品在口感和风味上都有较大的改善。目前，大米发酵食品主要有醪糟、米酒、米醋、大米发酵酸乳、发酵型米粉、发酵米粥等产品。大米发酵食品中存在多种功能性成分，如功能性低聚糖、多肽与氨基酸、抗氧化活性物质等。

4. 其他制品

①方便米饭类：如各种速食米饭、速煮米（Quick Rice）、预煮米（Precook Rice）和冷冻米饭等。

②软包装方便米饭：如红豆米饭、咖喱饭、炒米饭等。

③米粥罐头等。

④特殊营养食品：因大米成分很少含有容易引起人们过敏的物质，且易于消化，因此还经常加工成婴儿食品和某些敏感人群食品等。

⑤米糠油：主要作为碾米厂利用米糠的副产品。米糠油虽然营养价值高，但因为米糠中含有较多脂肪氧化酶，碾米产生的糠如果24h内没有完成榨油处理，会产生大量游离脂肪酸，变得难以利用。

（三）发芽糙米

糙米是稻谷砻谷后不加工或较少加工所获得的全谷粒米，发芽糙米是将糙米经发芽至一定芽长，由幼芽和带糠层的胚乳组成的糙米制品。糙米发芽过程中由于激活许多酶，能够产生并增加大量具有生理功能的生物活性物质，如 γ-氨基丁酸、多酚及谷维素等的含量明显高于未发芽糙米，从而赋予发芽糙米抗氧化、降血脂、降血压等诸多生理功能。表2-7所示为精白米、糙米及发芽糙米中酚酸类物质含量的比较。在糙米发芽过程中，阿魏酸含量由糙米中的0.32mg/100g增加至发芽糙米中的0.48mg/100g，阿魏酸成为发芽糙米中含量最多的游离型酚酸；芥子酸含量在糙米发芽过程中也增加了近10倍；结合型酚类物质总量由发芽前的18.5mg/100g增加至发芽后的24.8mg/100g。

近年来，发芽糙米作为一种功能性食品配料越来越受到关注。虽然发芽处理一定程度上改善了糙米的口感，但其适口性仍不及精白米，加之价格原因，消费者一般不会长期将发芽糙米作为主食消费。食品企业一般将发芽糙米作为一种功能性食品配料添加到其他常见食品（如面包、馒头、面条等）中。

表 2-7　　　　　精白米、糙米及发芽糙米中酚酸物质含量　　　　　单位：mg/100g

酚酸类型	精白米		糙米		发芽糙米	
	游离型酚酸	结合型酚酸	游离型酚酸	结合型酚酸	游离型酚酸	结合型酚酸
原儿茶酸	0.01	0.17	0.04	0.17	0.05	0.19
水杨酸	0.02	—	0.04	0.16	0.01	0.28
香草酸	0.03	—	0.07	0.17	0.06	0.20
丁香酸	0.01	—	0.03	0.14	0.03	0.16
绿原酸	0.03	—	0.03	—	0.04	—
咖啡酸	0.02	—	0.02	0.22	0.05	0.22
对香豆酸	0.02	0.34	0.10	2.10	0.12	3.05
阿魏酸	0.07	5.26	0.32	15.19	0.48	20.04
芥子酸	0.01	—	0.02	0.32	0.21	0.64
阿魏酰基蔗糖	0.03	—	1.09	—	0.27	—
芥子酰基蔗糖	0.03	—	0.41	—	0.13	—
总计	0.28	5.77	2.17	18.47	1.45	24.78

注："—"表示未检出。

第三节　小麦及小麦粉

一、小麦概述

（一）小麦的栽培历史

小麦（Wheat，*Triticum aestivum* L.）属于禾本科，小麦族，小麦属，一年生或越年生草本植物。小麦适应性强，分布广，用途多，是世界上最重要的粮食作物，其分布、栽培面积及总贸易额均居粮食作物第一位，占全世界35%左右的人口以小麦为主要粮食。小麦提供了人类消费蛋白质总量的20.3%，热量的18.6%，食物总量的11.1%，超过其他任何作物。

据考古学研究，小麦栽培历史已有1万年以上，早在公元前7000年至公元前6000年，在现在的土耳其、伊朗、巴勒斯坦一带已广泛栽培小麦。小麦从上述地带传入欧洲和非洲，并向印度、阿富汗、中国传播。中国的小麦是由西域、黄河中游逐渐扩展到长江以南地区，并传入朝鲜和日本。公元15世纪至17世纪，欧洲殖民者将小麦传播至南美洲和北美洲；18世纪，小麦传播到大洋洲。我国种植小麦历史悠久，在我国黄河流域、淮河流域、长江上游部分地区，小麦栽培已有四五千年的历史。根据殷墟出土的甲骨文——武丁卜辞的"告麦"记载，公元前1238年至公元前1180年，在河南省北部一带小麦已是主要栽培作物；公元1

世纪，江南已有小麦栽培；公元 9 世纪中期，云南也有关于种植小麦的记载；南宋时期，小麦在江南各地迅速发展；到了明代，小麦已遍及全国。汉唐时代已经出现了馒头、面条和各种小麦面点。

（二）小麦的分类

小麦按生殖细胞的染色体数可分为一粒系（单粒小麦：Einkorn Wheat）、二粒系（二粒小麦：Emmer Durum Wheat）、普通系（普通小麦：Common or Bread Wheat）和提莫菲氏系（Timopheeri Wheat）四大类。但与小麦食品加工工艺有关的分类却是表 2-8 中所示的 10 种常用的分类方法，也称商品学分类。

表 2-8　　　　　　　　　　　　　　小麦的商品学分类

依据	胚乳质地	麦粒				体积质量	蛋白质	面筋性质	播种期	穗芒
		硬度	形状	大小	皮色					
分类	角质[①]	硬质	圆形种	大粒	红	丰满	多筋	强力	春	有芒
	粉质	软质	长形种	小粒	白	脊细	少筋	薄力	冬	无芒

①角质也称为玻璃质。

1. 按播种期分类

小麦可按生长时期或品种生态特点分为冬小麦（Winter Wheat）和春小麦（Spring Wheat）。冬小麦是我国主要的小麦品种，在秋天播种，生长期越冬，翌年夏天收获。春小麦是春天播种，当年秋天收获的小麦，我国种植不多，多分布在天气寒冷、小麦不易越冬的地带，如北美北部、北欧、俄罗斯等地。

2. 按皮色分类

小麦的色泽主要是谷皮和胚乳的色泽透过皮层而显示出来的。按皮色可分为红麦和白麦，还有介于其间的所谓黄麦（或称棕麦）。白麦面粉色泽较白，出粉率较高，但多数情况下筋力较红麦差一些。红麦大多为硬质麦，粉色较深，麦粒结构紧密，出粉率较低，但筋力比较强。

3. 按胚乳质地分类

按照小麦的胚乳质地可分为粉质小麦和角质小麦。一般识别方法是将小麦以横断面切开，观察其断面，如果呈粉状就称作粉质小麦，呈半透明状就称作角质或玻璃质小麦，介于两者之间的也称中间质小麦。具体判断方法是根据断面中粉质和玻璃质所占面积之比来划分：玻璃质/粉质>70% 为角质；70%>玻璃质/粉质>30% 为中间质；玻璃质/粉质<30% 为粉质。

4. 按面筋性能分类

小麦粉（面粉）从面筋性能上可分为强力粉、中力粉和薄力粉等。硬质小麦磨成的面粉称为强力粉（也称高筋粉），中间质小麦磨成的面粉称为中力粉（也称中筋粉），软质小麦磨成的面粉称为薄力粉（也称低筋粉）。国外还进一步根据面粉面筋的强弱，将小麦粉细分为特强力粉、强力粉、准强力粉、中力粉和薄力粉等品种。

我国国家标准 GB 1351—2008《小麦》根据小麦的皮色和硬度指数将小麦分为以下几类。

（1）硬质白小麦　白色或黄白色麦粒≥90%，硬度指数≥60。

（2）软质白小麦　白色或黄白色麦粒≥90%，硬度指数≤45。

（3）硬质红小麦 深红色或红褐色麦粒≥90%，硬度指数≥60。

（4）软质红小麦 深红色或红褐色麦粒≥90%，硬度指数≤45。

（5）混合小麦 不符合上述4种的小麦。

二、 小麦的形态和性状

（一）小麦籽粒的形态和结构

小麦籽粒是单种子果实，植物学名为颖果。小麦完整籽粒的结构可以分为顶毛、胚乳、麸皮和麦胚四部分，胚乳所占的质量大约为85%，麦胚约为2.5%，麸皮约占12.5%（图2-4）。

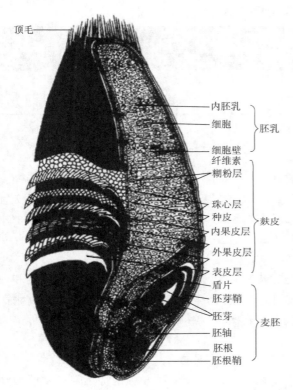

图2-4 小麦籽粒的形态结构

1. 顶毛

顶毛（Beard）在小麦籽粒一端呈细须状，在脱粒时一般都被除去。

2. 胚乳

胚乳（Endosperm）是制造面粉的主要部分。细胞极小，细胞膜很薄，内含淀粉和面筋质。越靠近麦粒中心的胚乳，面筋含量越少，但是其面筋质量越好；面筋含量最多的胚乳靠近麸皮的第六层（糊粉层）。小麦成熟胚乳主要由淀粉颗粒和蛋白质构成，还包括少量的戊聚糖和脂肪类物质。胚乳蛋白质由清蛋白、球蛋白、醇溶蛋白和谷蛋白组成，其中前两者为代谢蛋白，约占籽粒蛋白质总量的20%，决定了小麦的营养品质；后两者为种子贮藏蛋白，约占籽粒蛋白质总量的80%，决定了小麦的加工品质。淀粉颗粒在造粉体内合成，被残留的造粉体膜包围，又被连续的蛋白质基质包围，是小麦胚乳最主要的组成成分，占籽粒干重的60%～70%，由直链淀粉和支链淀粉组成。

3. 麸皮

在150倍的显微镜下观察小麦的麸皮（Bran Coat）从外向内共分为6层：第一层为表皮层（Epidermis），或称长细胞层；第二层为外果皮层（Epicarp），也称横断面细胞层；第三层为内果皮层（Endocarp），或称管形细胞层。以上外三层是小麦的外皮，合称果皮（Pericarp），其灰分含量为1.8%～2.2%，在磨粉时较易被除去。第四层为种皮（Testa），比以上三层小，质地很薄，与第五层紧密结合在一起，不渗水，包含小麦有色体的大部分，又称为色素层；第五层为珠心层（Nucellar Layer），与第四层紧密结合在一起，不易分开；第六层为糊粉层（Aleurone Layer），细胞较大，呈方形分布，灰分含量很高，体积约占麸皮总量的1/3。以上内三层合称为种子种皮（Seed Coat），灰分含量达7%～11%，所以面粉中麸皮含量可以用灰分含量表示。

小麦的麸皮主要由木质纤维及易溶性蛋白质所组成。最外层（包括表皮及外果皮）的纤维最多；中层（包括内果皮及种皮）的纤维较少，有色体成分较多；内层（包括珠心层及糊粉层）的纤维最少，蛋白质最多，但灰分含量最高。

4. 麦胚

麦胚（Germ）在麦粒的一端与顶毛相对，是发芽与生长的器官，由胚芽（Plumule）、胚轴（Hypocotyl）、胚根（Radicle）及盾片（Scutellum）四部分组成。麦胚的组织细胞小而紧密。麦胚平均长 2mm、宽 1mm、厚 0.5～0.7mm，与胚乳之间的结合较松散，水分、脂肪含量较高，大约为 10%，因而具有软、黏、不易破碎，抗压而不抗剪切，受压后易成片的特性。

麦胚占麦粒质量的 1.5%～3.9%，是整个麦粒营养价值最高的部分，含有优质的蛋白质、脂肪以及丰富的维生素、矿物质和一些微量生物活性成分，营养丰富均衡。麦胚中蛋白质不仅含量丰富，而且质量优良，蛋白质中氨基酸比例合理，是一种完全蛋白质。麦胚虽然含有小麦粒中大部分脂肪及类脂，但是其内部所含的脂肪酶、脂肪氧化酶、过氧化酶等各种酶活力也非常高，会作用于麦胚中的不饱和脂肪酸，产生自由基，导致脂肪酸氧化，从而使脂肪氧化酸败。再者麦胚营养丰富，含水量高，相当于一种天然培养基，微生物可利用并大量繁殖，导致麦胚发生霉变、发酵酸败、结团等不良现象，因此易使面粉在贮藏期变质。为解决麦胚的不稳定性，国内外研究者进行了许多研究。挤压法、微波干燥法、干热和湿热法、γ-射线辐照和红外线稳定化处理法均能在一定程度上延长麦胚贮藏期。

（二）小麦的物理与化学性质

1. 小麦的物理性质

（1）麦粒的形状和大小　作为商品的小麦，其形状和大小一般都有一定规格。将小麦粒的长度与横断面宽度相比，可分为三类：长/宽>2.2 为长型；长/宽 = 2.0～2.1 为中型；长/宽<1.9 为圆形。

（2）相对密度　小麦粒的相对密度为 1.28～1.48，硬质小麦较软质小麦的相对密度大一些。春小麦相对密度：硬质为 1.42，软质为 1.41；冬小麦相对密度：硬质为 1.42，软质为 1.40。

（3）千粒重　千粒重是粮食和油料籽粒（种子）大小、饱满度的重要标志之一。千粒重是测定小麦品质的一个标准，即 1000 粒洁净小麦的质量。其大小相差很大，一般在 25～50g，以 30～35g 居多。当然千粒重与种子大小成正比，但与水分含量也有关，所以国际上常换算成无水千粒重来表示。一般来说，籽粒越大越饱满，其千粒重越大。同种籽粒中，小麦千粒重越大，籽粒营养成分也越充足，相对的皮层含量越低，出粉率也越高。

（4）体积质量　体积质量过去称为"容重"，是指一定体积的小麦质量。由此物理量可以推知小麦的结实程度，一般说来体积质量越高的小麦，品质越好，出粉率也越高。

（5）硬度和角质率　从硬度上讲，角质粒（玻璃质粒）的硬度大，粉状质粒硬度小。这是因为充填淀粉颗粒之间空隙的蛋白质越多，淀粉之间的空隙越少，粒质组织就越致密，硬度就越大。相反，淀粉颗粒之间没有充填的蛋白质，淀粉之间的空隙就只是微小的气泡，胚乳质地就松软。所以一般也将玻璃质、中间质、粉质小麦称作硬质、中间质、软质小麦。角质率表示小麦中角质粒的多少，可以用角质率推测小麦的蛋白质含量。但是两者的数学相关性不是太高，只能作为参考，准确测定要用仪器。譬如，我国国家标准《粮油检验　小麦粗蛋白质含量测定　近红外法》（GB/T 24899—2010）中是使用近红外分析仪快速测定小麦蛋白质含量。

2. 小麦粉的物理性质

（1）颜色　小麦经磨粉机逐道研磨，使其胚乳部分磨细成面粉。胚芽和麸皮去除得比较干净的高等级小麦粉为淡乳白色，低等级小麦粉颜色较暗并略带褐色。小麦种类不同也影响颜色，例如，硬粒小麦胚乳发黄。小麦粉中的色素主要是类胡萝卜素中的叶黄素类和胡萝卜素类，这些色素主要存在于胚芽中，麸皮的色素主要在种皮部分，胚乳部分色素最少。因此，高等级面粉看起来较白，混入麸皮、胚芽多的面粉颜色较暗。由于小麦的皮色和粒质不同，面粉的颜色也有所差异。在其他条件不变的情况下，一般白小麦生产的面粉比红小麦色泽白，硬质小麦生产的面粉比软质小麦色泽要暗。

（2）粒度　小麦粉的粒度范围为粒径 $0 \sim 150 \mu m$，硬质小麦磨成的高筋粉粒度大（粒径超过 $35 \mu m$ 颗粒占85%左右），面筋蛋白越少，面粉粒度也越小，软质麦的弱筋粉粒度较细（粒径超过 $35 \mu m$ 颗粒不足60%）。面粉中较大的颗粒（粒径>35 μm）主要由蛋白质包裹的淀粉和大粒淀粉组成，含蛋白质较多；$17 \sim 35 \mu m$ 的中等颗粒主要是淀粉粒，也有少量蛋白质包裹着淀粉的细胞碎片；粒径<17 μm 的最细小的颗粒含蛋白质量最少，主要是不规则形状的蛋白质碎片，强筋粉和弱筋粉蛋白质碎片的含量分别只有3%和9%，但强筋粉蛋白质浓度最高。根据这一特点人们开发了粒度分级机（Air Classifier），对制粉时产品的面筋含量进行调整。

3. 小麦及小麦粉的化学组成

（1）水分　经过干燥的商品小麦其水分含量与当地的气温、湿度有关，一般为8%～18%。我国小麦则为11%～13%。水分太高会降低小麦的贮藏性，引起变质。而且，水分高的小麦也会给制粉带来困难。面粉的水分含量一般为13%～14%。

小麦在制粉前，一般都有一个水洗和调质的工序。这一工序的目的，除了洗去泥土、石块等异物和调节水分外，还有一个非常重要的作用，即改善小麦的制粉加工性能。调质的效果可简述如下：①使麸皮变韧，减少细小麸屑形成，增进面粉颜色；②使胚乳与麸皮易于分离，减少麸皮磨除的动力消耗；③使胚乳易于粉碎，减少细磨的动力消耗；④麸片大，使筛粉工序易于进行；⑤使成品水分含量适当；⑥提高出粉率，降低灰分含量。

（2）蛋白质　小麦所含蛋白质的多少与品种有很大关系，占全粒的8%～16%。制成面粉后蛋白质含量基本与小麦中的量成正比，为8%～15%。一般小麦蛋白质含量以硬质小麦为高，粉质的软质小麦为低。加拿大硬质春麦与美国红春麦蛋白质含量在13%～17%，普通软质小麦则在8%～12%。但从营养角度看，面粉蛋白质属于部分不完全蛋白质，因为一种重要的人体必需氨基酸——赖氨酸含量极少。

按 Osborne 的种子蛋白质分类法，小麦中所含蛋白质主要可分为麦白蛋白（清蛋白质类：Albumin）、球蛋白（Globulin）、麦醇溶蛋白（麸蛋白：Gliadin）和麦谷蛋白（Glutenin）四种。前两者易溶于水，后两者不溶于水。后两种蛋白质与其他动植物蛋白不同，最大特点是能互相黏聚在一起成为面筋（Gluten），因此也称面筋蛋白。麦谷蛋白和麦醇溶蛋白占小麦中蛋白质含量的80%左右，通常这两种蛋白质含量相当。麦谷蛋白比麦醇溶蛋白相对分子质量大得多，是由许多具有三级结构的多肽链（亚基：Subunit）分子以—S—S—键组合而成，而麦醇溶蛋白则是三级多肽链分子内的—S—S—键结合。这两种蛋白质的氨基酸组成也很相似，都含有相当多的半胱氨酸，使分子内和分子间的交联结合比较容易。麦醇溶蛋白有良好的伸展性和强的黏性，但没有弹性。麦谷蛋白富有弹性，缺乏伸展性。所以，这两种蛋白质经吸水膨润、充分搅拌后，相互结合使面团具有充分的弹性和伸展性。由于麦醇溶蛋白和麦谷蛋白都是具有—S—S—键结合的多肽链结构，因此，当分子在膨润状态下相互接触时，这些分子内的—S—S—键就会变为分子间的结合键，连成巨大的分子，形成网状结构。判断面粉加工性能时不仅要看面筋蛋白的数量，也要看其质量。如果面筋蛋白变性，—S—S—键结合受到破坏，就不会形成具有好的黏弹性、伸展性的面团。小麦糊粉层和外皮的蛋白质含量虽然很高，但由于不含面筋质，所以加工品质差。麦粒越是近中心部分，其蛋白质含量越低，但其加工品质好。

小麦蛋白质的肽链由氨基酸缩合而成，仅面筋蛋白中就有 18 种氨基酸。小麦蛋白质中主要氨基酸组成及其中的必需氨基酸与其他农产品的比较如表 2-9 所示。

表 2-9 小麦及其他农产品中蛋白质的氨基酸组成 单位:%

氨基酸	小麦			玉米[3]	大米[3]	鸡蛋[3]
	面筋蛋白	白蛋白	球蛋白			
丙氨酸（Alanine）	2.1	3.4	3.3			
精氨酸（Arginine）	2.3	5.9	8.2			
天冬氨酸（Aspartic acid）	2.8	5.9	7.1			
半胱氨酸（Cysteine）	2.0	3.7	1.9			
谷氨酸（Glutamic acid）	35.8	19.5	11.6			
甘氨酸（Glycine）	2.6	3.2	9.0			
组氨酸（Histidine）[2]	2.1	3.4	5.2			
异亮氨酸（Isoleucine）[1]	3.8	3.6		4.6	4.7	6.6
亮氨酸（Leucine）[1]	6.5	6.7	11.4	13.0	8.6	8.8
赖氨酸（Lysine）[1]	1.4	3.9	3.0	2.9	4.0	6.4
蛋氨酸（Methionine）[1]	1.8	1.8	1.1	1.9	1.8	3.1
苯丙氨酸（Phenylalanine）[1]	4.8	3.8	3.5	4.5	5.0	5.8
脯氨酸（Proline）	12.6	10.0	2.2			
丝氨酸（Serine）	4.7	4.6	6.7			
苏氨酸（Threonine）[1]	2.3	2.4	2.0	4.0	3.9	5.0
色氨酸（Tryptophane）[1]	1.0	2.8	1.2	0.6	1.1	1.7
酪氨酸（Tyrosine）	3.8	3.9	3.2	6.1	4.6	4.3
缬氨酸（Valine）[1]	3.8	5.7	4.6	5.1	7.0	7.4

注：①必需氨基酸。

②婴儿必需氨基酸。

③玉米、大米和鸡蛋只列出必需氨基酸组成。

其中与食品加工关系较大的氨基酸主要有以下几种。

①赖氨酸（Lysine）：面粉蛋白质属于不完全蛋白质，因为只含有少量的一种重要的人体必需氨基酸——赖氨酸。

②谷氨酸（Glutamic Acid）：在微生物发酵法制造味精前，制造味精的基本材料是面筋，因为面粉蛋白中含有 40%的谷氨酸残基，可供提取制造谷氨酸钠（味精）。

③半胱氨酸（Cysteine）：小麦中含有的半胱氨酸，对小麦粉的加工性能有很大影响。半胱氨酸含有巯基（—S—H），—S—H 具有和—S—S—迅速交换位置，使蛋白质分子间容易相对移动，促进面筋形成的作用，因而它的存在使面团产生黏性和伸展性。

（3）碳水化合物 小麦粉中的碳水化合物主要有淀粉、糖和（半）纤维素。小麦淀粉主要集中在麦粒的胚乳部分，糖分布于胚芽和糊粉层中。这两种碳水化合物占麦粒的 70%以上（干基），其中以淀粉为主。糖约占碳水化合物的 10%，随着小麦粒的成熟，糖大多转化为淀粉。糖所占比例虽小，然而在面团发酵时，却是酵母呼吸和发酵的基础物质。它可以由酵母直接分解为二氧化碳和醇，所以有一定重要性。小麦淀粉由直链淀粉和支链淀粉构成，前者由 50~300 个葡萄糖单元构成，后者的葡萄糖数量为 300~500 个。小麦淀粉中，直链淀粉占 19%~26%，支链淀粉占 74%~81%。直链淀粉易溶于温水，且几乎不显示黏度，而支链淀粉则容易形成黏糊。用显微镜观察小麦淀粉时可以发现其淀粉颗粒分大颗粒和小颗粒两种，没有中间粒，大的形状如鹅卵石（25~35μm），小的接近球形（2~8μm）。

面粉中的纤维素来自制粉过程中被磨细的麦皮和从麦皮刮下来的糊粉层。加工精度高，出粉率低，粗纤维含量少；反之，加工精度低，出粉率高，粗纤维含量多。纤维素属于糖类，虽然不能被人体消化吸收，但能促进胃肠蠕动，刺激消化腺分泌消化液，帮助消化其他营养成分，对预防结肠癌等有重要作用。面粉中还含有一些非淀粉多糖类物质，主要是半纤维素（戊聚糖），有水溶性及水不溶性之分。小麦不同部位的戊聚糖含量不同，其中皮层部分、糊粉层含量高，胚乳中含量较少。小麦籽粒中戊聚糖的含量一般在 5%~8%（干基），而面粉中戊聚糖的含量一般在 2%~3%（干基）。小麦中戊聚糖含量较少，但与小麦品质也有着非常密切的关系。研究发现，戊聚糖影响小麦硬度、小麦的加工品质、面团的流变学特性以及淀粉的回生等。

（4）脂类　小麦的脂肪主要存在于胚芽和糊粉层中，含量很少，只有 1%~2%，虽是营养成分，但多由不饱和脂肪酸组成，很易氧化酸败使面粉变味，所以在制粉过程中一般要将麦胚除去。但也有研究表明，面粉中含有的脂质对面粉性质有较大影响，认为大部分脂质在胚芽中，这部分脂质易酸败，属质量不好的脂质，而胚乳中的脂质是形成面筋的重要组成部分，如卵磷脂是良好的乳化剂，具有使面包组织细匀、柔软和防止老化的作用。

（5）矿物质　小麦或面粉中的矿物质（钙、钠、磷、铁等）主要以盐类的形式存在，小麦或面粉完全燃烧之后的残留物绝大部分为矿物质盐类，因而也称灰分。面粉中的灰分是很少的，灰分大部分在麸皮中，小麦粉的等级也往往以灰分分级，以表示麸皮的去除程度。

（6）维生素　小麦和面粉中主要的维生素是复合 B 族维生素（维生素 B_1、维生素 B_2、维生素 B_5 较多）和维生素 E，还含有少量的维生素 A、微量的维生素 C，但不含维生素 D。维生素大部分在皮和胚芽中，因此越是精白面粉，维生素含量越少，但比精白大米维生素含量要高。

（7）酶类　面粉中含有的酶类主要有淀粉酶、蛋白酶和脂肪酶 3 种。

①淀粉酶：面粉中含有两种非常重要的淀粉酶：α-淀粉酶和 β-淀粉酶。这两种酶可以使一部分 α 淀粉（糊精）和 β 淀粉水解转化为麦芽糖，作为供给酵母发酵的主要能量来源。但 β-淀粉酶对热不稳定，所以它的糖化水解作用都在发酵阶段。α-淀粉酶能将可溶性淀粉变为糊精，改变淀粉的胶性。α-淀粉酶的存在，大大影响了焙烤中面团的流变性，因而一般认为 α-淀粉酶在烤炉中的作用可明显改善面包的品质。

正常的面粉内含有足量的 β-淀粉酶，而 α-淀粉酶一般在小麦发芽时才产生。在良好的贮藏条件下小麦几乎不发芽，因而 α-淀粉酶很少。为此在制作面包的面粉中常添加适量的麦芽粉或含有 α-淀粉酶的麦芽糖浆。但是小麦收获季节受雨或受潮引起穗发芽，会使 α-淀粉酶异常增加，大量的淀粉链支解断裂，面团力量变弱，发黏，严重影响小麦粉质量。

②蛋白酶：面粉中的蛋白酶可分为两种，一种是能以内切方式直接作用于天然蛋白质的蛋白酶；另一种是能将蛋白质分解过程中的中间生成物多肽类再分解的多肽酶。搅拌发酵过程中

起主要作用的是蛋白酶，它的水解作用可降低面筋强度，缩短和面团的时间，使面筋易于完全扩展。

③脂肪酶：脂肪酶可分解面粉中的脂肪成为游离脂肪酸，易引起酸败，缩短贮藏时间。

三、 小麦及小麦粉的品质规格与标准

（一）小麦规格标准

我国小麦可分为硬质白小麦、软质白小麦、硬质红小麦、软质红小麦和混合小麦 5 种，各类小麦按体积质量分为 5 等，以 3 等为中等标准，低于 5 等为等外小麦，表 2-10 列出了我国小麦的等级标准。

表 2-10 我国小麦等级标准

等级	容重/（g/L）	不完善粒/%	杂质/%		水分/%	色泽、气味
			总量	矿物质		
1	≥790	≤6.0	≤1.0	≤0.5	≤12.5	正常
2	≥770					
3	≥750	≤8.0				
4	≥730					
5	≥710	≤10.0				
等外	<710	—				

注："—"为不要求。

资料来源：GB 1351—2008《小麦》。

世界上对于小麦的规格标准制定比较完善、系统的国家是美国。美国有一个国家谷物标准法（The United States Grain Standard Act），按此法将小麦分为 7 大种类，每个种类还分有亚种。这些种类有：

（1）硬红春小麦（Hard Red Spring Wheat，简称 HRS） 亚种有：北方暗春小麦（Dark Northern Spring Wheat，角质率≥75%）、北方春小麦（Northern Spring Wheat，75%>角质率≥25%）、红春小麦（red spring wheat，角质率<25%）。

（2）杜隆小麦（Durum Wheat） 亚种有：硬琥珀杜隆小麦（Hard Amber Durum Wheat，角质率≥75%）、琥珀杜隆小麦（Amber Durum Wheat，75%>角质率≥60%）、杜隆小麦（Durum Wheat，角质率<60%）。

（3）红杜隆小麦（Red Durum Wheat）。

（4）硬红冬小麦（Hard Red Winter Wheat，简称 HRW） 亚种有：暗红冬小麦（Dark Red Winter Wheat）、硬红冬小麦（Hard Red Winter Wheat）、黄硬冬小麦（Yellow Hard Winter Wheat）。

（5）软红冬麦（Soft Red Winter Wheat，简称 SRW）。

（6）白小麦（White Wheat） 亚种有：硬白小麦（Hard White Wheat，角质率≥75%）、软白小麦（Soft White Wheat，角质率<75%）、白杆小麦（White Club Wheat）、西部白小麦（Western White Wheat） 等。

（7）混合麦（Mixed Wheat，简称 MW）。

　　每个种类还分有等级。等级有数字等级（U. S. Numeral，U. S. No. 1～ U. S. No. 5）、等外级（也称标本级，U. S. Sample Grade）和特别等级（Special Grade）。数字等级从 1 等到 5 等，主要指标容重由大到小，缺陷粒的最大容许量由小到大。这里的特等与我国不同，多指不合格的小麦，如水分 13.5% 以上的小麦、黑穗病小麦、虫害小麦、容积重过重小麦等。

　　我国的面粉品种是按灰分多少、粗细度等为标准进行分类的，见表 2-11。国外一般是根据蛋白质（面筋）含量等将面粉分成许多品种，每一品种又按出粉率的多少分成几个等级。美国对小麦粉有明确定义："除硬粒系统以外的小麦，经粉碎、筛分得到的产品"，对其粒度也有规定，即用 210μm 网眼布筛筛分时，大部分能通过者才能称为"小麦粉"；比这一标准粗的粗粉分别称为"Farina"或"Semolina"，国外 Semolina 一般指用硬粒小麦磨成的小颗粒状面粉，其他小麦（如软麦粒）得到的粗粉称 Farina。也有将同一原料得到的粗颗粒粉称为 Semolina，稍细一些的粉称为 Farina。

表 2-11　　　　　　　　　　　　　　　我国小麦粉的质量标准

等级	加工精度	灰分/%（以干物计）	粗细度/%	面筋质/%（以湿重计）	含砂量/%	磁性金属物/（g/kg）	水分/%	脂肪酸值（以湿基计）	气味口味
特制一等	按实物标准样品对照检验粉色麸星	<0.70	全部通过 CB36 号筛，留存在 CB42 号筛的不超过 10.0%	>26.0	<0.02	<0.003	≤14.0	<80	正常
特制二等		<0.85	全部通过 CB30 号筛，留存在 CB36 号筛的不超过 10.0%	>25.0	<0.02	<0.003			
标准粉		<1.10	全部通过 CQ20 号筛，留存在 CB30 号筛的不超过 20.0%	>24.0	<0.02	<0.003	≤13.5		
普通粉		<1.40	全部通过 CQ20 号筛	>22.0	<0.02	<0.003			

　　注：灰分、面筋质、含砂量、水分均以质量分数（%）计。
　　资料来源：GB 1355—1986《小麦粉》。

　　长期以来，我国的面粉种类单一，各项指标并不是针对某类食品来制定的，很难适应制作不同食品的需要。目前面粉加工企业生产的面粉品种主要有标准粉、特一粉、特二粉、精制粉（统称）、强化面粉、自发粉、预混粉和专用粉等。按用途分为工业用面粉和食品专用面粉。工业用面粉一般为标准粉和特二粉，主要用于生产谷朊粉、小麦淀粉、黏结剂、浆料等。食品用面粉可以分成三大类：通用小麦粉（通用粉）、专用小麦粉（专用粉）和配合小麦粉（配合粉）。通用粉的食品加工用途比较广，习惯上所说的等级粉和标准粉都是通用粉；专用粉是按照制造食品的专门需要而加工的面粉，品种有低筋小麦粉、高筋小麦粉、面包粉、饼干粉、糕点粉、面条粉等；配合粉是以小麦粉为主，根据特殊目的添加其他一些物质调配而成的面粉，主要包括营养强化面粉、预混合面粉等。

（二）小麦品质测定及评价

1. 小麦粉的品质及影响因素

因为小麦比大米等其他谷物有更多的可食形态，加工方法也比较繁杂，所以，小麦粉品质的评价包括许多方面。

（1）加工性能　小麦粉的品质与原料有着直接的关系，因此评价小麦粉加工性能时有必要简单了解小麦的加工性能。小麦的加工性能分为一次加工性能和二次加工性能。一次加工性能是指小麦与制粉关系较大的性质，如出粉率、制粉难易程度以及粉色等；二次加工性能是指以小麦粉为原料，加工成面包、饼干、糕点、馒头、面条等食品时所表现出的性质，如小麦粉的成分，特别是蛋白质的量和质（即面筋情况）、含酶情况等。

（2）用途对品质的要求　可食形态的品种不同，对原料的性能要求也不同。大体上一次加工性能的评价对所有小麦粉制品是相通的，二次加工性能的评价对不同的制品往往有所不同。

2. 小麦的一次加工性能及测定评价方法

小麦的一次加工性能是指从小麦粒加工成面粉的性能，包括软硬度、容重、千粒重、饱满程度、皮层厚度、出粉率、制粉难易程度等。

（1）小麦粒的物理性质测定

①饱满粒率（整粒率）：以 2.0mm 网眼的筛筛分，判断饱满粒率。

②体积质量：其值与测定方法关系很大，因此，每种测定方法对使用的器具都有严格的规定，主要有美国的"Test Weight Apparatus"，欧洲、加拿大等通用的"Schopper Scale（Chondrometer）"，日本等使用的"Browel Scale"等。我国的斗和升也是以体积质量原理计量的，但不准确，现在我国粮油、油料检验体积质量测定法（GB/T 5498—2013《粮油检验　容重测定》）的单位为"g/L"。

③千粒重（Thousand Kernels Weight）：如前文"小麦的物理性质"中所述。

④玻璃质率（Vitreous Kernel Rate）：小麦以硬度为标准可分为特硬麦、硬麦、半硬麦及软麦。硬麦通常也称强力小麦，如用于制作面包的面粉，此种面粉粒度较粗，富有流动性。半硬小麦也称中力小麦，通常具有较好的香味、颜色和出粉率，用于制作面条和馒头。软麦也称薄力小麦，适于制作饼干、蛋糕等。测定小麦硬度的方法有很多，可以通过判断和计算麦粒剖面的玻璃质率来表示小麦的硬度。取 100 粒整粒小麦，用谷粒切断器或锋利刀片将每粒拦腰切断，观察其断面半透明的玻璃状部分的面积，超过端面面积 70% 的为玻璃质粒或硬质粒；玻璃状部分的面积是断面面积的 30% ~ 70% 的称为半玻璃质（中间质）粒；在 30% 以下（包括 30%）的称为粉质（软质）粒。玻璃质率的计算公式：

$$玻璃质率 = [（玻璃粒数 + 半玻璃粒数 \times 0.5）/试验粒数] \times 100\% \qquad (2\text{-}2)$$

⑤粒度指数（Fineness Number）：小麦籽粒经实验研磨后穿过 85μm 绢筛的小麦粉所占的百分比。值越高反映小麦越软。具体来说，取 10g 小麦在磨粉机（Falling Number KT30）上磨碎，用最紧的轧距磨细，西蒙筛粉机（Simon Sifter）15 号筛绢筛 2min，所产小麦粉的百分数就是粒度指数。

（2）小麦和小麦粉的组成分析

①水分（Moisture Content）：一般面粉的水分含量为 10% ~ 14%。一般测定时，面粉水分含量以 14% 为准。水分多用绝对干燥法测定，详见粮油、油料检验水分测定法（GB 5009.3—

2016《食品安全国家标准　食品中水分的测定》）。

②灰分（Ash Content）：灰分测定是取 3g 面粉先在电炉上预烤，烟尽后，将面粉置于马弗炉（600±50）℃中焚烧 3～4h，称量后计算。详见粮油、油料检验灰分测定法（GB 5009.4—2016《食品安全国家标准　食品中灰分的测定》）。

③蛋白质：常用的测定方法有化学分析法、含氮量自动分析装置测定法等。具体测定方法这里不作介绍。

（3）制粉品质　测定小麦制粉品质，最综合的评价方法是制粉试验。制粉试验采用标准制粉方法，一般是通过标准的制粉机测定的，为小麦粉的评价提供了可靠的比较基准。试验制粉机系统主要有两种：一种是德国布拉本德（Brabender）公司制造的试验磨粉机；另一种是瑞士制造的布勒（Buhler）试验磨粉机。

3. 小麦的二次加工性能及测定评价方法（即面粉的加工性能及测定评价方法）

面粉的加工性能指以面粉为原料制作具体食品时所表现出的加工特性，包括基本成分分析、粉色、面团的物理性能。

（1）成分分析　如前所述，小麦粉成分分析与小麦基本相同，主要有水分、灰分和蛋白质含量。但是，二次加工性能对蛋白质含量的测定主要是针对面筋的评价。由于面筋的质与量决定了面粉的加工性能，所以面粉的品种往往以面筋含量或蛋白质含量来划分，根据湿面筋的含量可将小麦粉分为强力粉、中力粉、薄力粉等。湿面筋含量可采用手洗法（GB/T 5506.1—2008《小麦和小麦粉面筋含量　第 1 部分：手洗法测定湿面筋》）或仪器法（GB/T 5506.2—2008《小麦和小麦粉面筋含量　第 2 部分：仪器法测定湿面筋》）测定。也有以干面筋含量划分的，因为干面筋的组成绝大部分为蛋白质，所以也可近似认为是蛋白质含量。由于手洗法的操作误差比较大，国外一般采用专用测定仪器自动操作测定。GB/T 35993—2018《粮油机械面筋测定仪》中规定，可以采用面筋测定仪对面粉中的面筋含量进行测定。一般来说，面筋不仅从数量上影响面团的加工性能，而且面筋的质量对面团的性能也有十分重要的影响。

（2）小麦粉颜色（粉色）的测定　小麦粉颜色的测定主要有肉眼观察法（Pekar test）和仪器（白度仪）测定法。利用白度仪测定白度是评价面粉色泽的一种有效方法，已广泛应用到实际工作中。

（3）面团物理性能的测定　面团物理性能的测定比较有名和广为使用的主要有布拉本德（Brabender）测定系统和肖邦（Chopin）系统。布拉本德测定系统包括了从制粉、面筋测定到面粉、面团物理性能测定的由德国 Brabender 公司生产的一整套仪器，主要有面团阻力仪（粉质仪）、面团拉力测定仪（延伸图仪）、淀粉黏焙力测定仪等。以上测定系统所测定的面团的延伸性、弹性、黏度、强度等，不是单一的物理性质，而是一个综合指标，虽然用纯物理学观点来分析这些指标也许有种种不合理的地方，但对于高分子化学也没有完全解决的面筋、淀粉等混合物——面团的复杂性质来说，这些测定仪器不失为一种有效的测定手段。在现代化的面粉食品厂，这些仪器都是质量管理必不可少的设备。此系统的测定单位都定为"Brabender Unit"，简写为 BU。这些仪器的刻度、记录纸都是统一的规格，所以很难直接换算成表示单一物理性质的单位。下面以面团阻力仪为例介绍测定方法和参数意义。

面团阻力仪（粉质仪：Farinograph）：由调粉（揉面）器和动力测定计组成。它是将小麦粉和水用调粉器的搅拌臂揉成一定硬度（Consistency）的面团，并持续搅拌一段时间，与此同时自动记录在揉面搅动过程中面团阻力的变化，以这个阻力变化曲线来分析面粉筋力、面团的形成特性和达到一定硬度时所需的水分（也称面粉吸水率）。

操作方法：称量 300g（有的仪器是 50g）的面粉（水分含量为 13.5%）放入揉面器内搅动，并从滴定管加入水（30℃）。一边加水（25s 内加完），一边观察记录器的曲线变化，加水量要使阻力曲线中心线的顶点刚好在（500±20）BU 的范围内。一般没有经验的人，一次掌握不好加水量，可反复操作，直到达到要求。这时再继续使揉面机搅动 12min 以上。记录纸得出的面团阻力曲线称为粉质曲线，如图 2-5 所示。

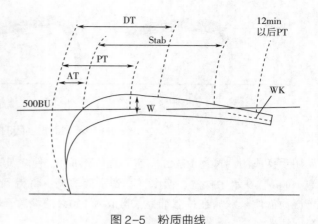

图 2-5 粉质曲线

AT—面团初始形成时间 PT—顶点时间 DT—面团形成时间
Stab—面团稳定度 W—面团宽度 WK—面团衰落度

①面团初始形成时间（AT：Arrival Time）：从面粉加水搅拌开始计时，粉质曲线中心线到达（500±20）BU 时所需时间，说明面团初步形成。此时间表示面粉吸水时间，此值越大，反映面粉吸水量越大，面筋扩展时间越长。一般调制硬式面包、丹麦式面包、炸面包圈等面团就是在此时刻结束调粉，只要面团水化作用完成，面团的软化留待发酵阶段进行。

②面团形成时间（DT：Dough Development Time）：从揉面开始至达到最高黏度的时间。但是在最高黏度值持续时，这时间是指从揉面开始至到达最高值后此值开始下降时所需的时间。也有的将这两个时间分开定义，将最初达到最高点的时间称为顶点时间（PT：Peak Time）。此时面团的外观显得硬而粗糙，面团的流动性最小，即所谓的"连续相"（Micro Plug Flow）阶段。

③面团稳定度（Stab：Stability）：阻力曲线到峰值前第一次与（500±20）BU 线相交，然后曲线下降第二次与（500±20）BU 线相交，这两个交点相应的时间差称为稳定时间。在此时间段内搅拌，面团质量不下降。因此这段时间越长，说明面团加工稳定性越好。在此阶段，面团面筋不断结合扩展，使面团成为薄的层状结构，随着搅拌臂的运动而流动，即所谓"薄层流动"（Laminar Flow）阶段，此时膜的伸展性和面团的弹性最好，最适合做面包。

④面团衰落度（WK：Weakness）：曲线从达到 PT 开始时起 12min 后曲线中心线的下降值（BU）。面团衰落度越小，说明面团筋力越强。此时已结合的面筋组织被撕裂，处于"破裂"（Break Down）阶段。

⑤面团宽度（W：Width）：粉质曲线的宽度表示面团的弹性。弹性大的面团，曲线截面则宽。

⑥综合评价值（VV：Valorimeter Value）：用面团形成时间和衰落度来综合评价的指标，是用本仪器附属的测定板在图上量出。其原理为将理想的薄力粉设定为 VV = 0，这时 DT = 0，WK = 500；理想的强力粉：VV = 100，DT = 26，WK = 0；然后将这中间划分为等份，作为评价的得分。因为 VV 含有两个因素，是二元函数，所以分析时往往与 DT 一起用来比较。一般 VV 与面包的体积、面粉的蛋白质含量等有较大的相关。强力粉在 70 以上，薄力粉在 30 以下。如图 2-6 所示，根据面团阻力曲线的形状，也可大体判断面粉的性质。

（4）小麦粉物化性能的测定

①面筋含量测定法和面筋拉力简易测定法

面筋含量测定法：准确称量 25g 面粉，将称好的面粉放入容器中加水并用玻璃棒搅拌，然

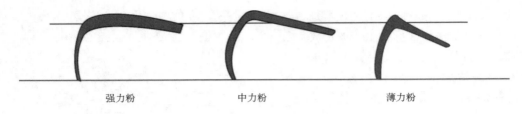

强力粉　　　　　　　　中力粉　　　　　　　　薄力粉

图2-6　不同面粉面团的阻力曲线

后用手揉成团，再揉 10min 左右（面筋形成），使之具有弹性、延伸性（用手拉试）。在水中浸泡 10min，在水中揉洗、换水，直到水变清亮。将得到的面筋放在手中，用手掌心压干水，测定湿面筋质量。放在过滤纸上，再放入 110℃的恒温干燥器中，干燥 3h 后，称干面筋质量。计算方法：

$$湿面筋含量=(湿面筋质量/使用小麦粉质量)×100\% \tag{2-3}$$

$$干面筋含量=(干面筋质量/使用小麦粉质量)×100\% \tag{2-4}$$

面筋拉力简易测定法：取 500mL 量筒 1 只，外壁贴上有刻度的纸条，口上盖一扁平的金属盖，盖的内壁中心部位有一固定的金属钩子，另外定制 1 只不锈钢或银质的具有砝码的钩子，砝码带钩子质量应是 5.5g（例如用 5.0g 的砝码）。用以上洗面筋的方法洗出湿面筋，准确称取 25g。称好面筋后用双手拉成条状，尖头向下，使搓力集中在尖头上，这样操作重复 6 次，使之成面筋球。搓成面筋球，在球的中心挂上量筒盖板的钩子，并将砝码钩子穿于同一孔内，这样上下两只钩子形成对拉的状态。将挂上面筋的金属盖板放在量筒顶部，在量筒中盛放 30℃清水至满，置于 30℃恒温箱中观察延伸情况的变化［测定每分钟延伸长度（mm）］。

②面粉及面筋的膨润性质测定法

沉淀试验（Sedimentation Test）：面粉中如果面筋含量多、品质好，那么在水中吸水多，膨润大，沉淀速度慢。将小麦粉和水（为使膨润容易）调整成 pH 为 2 的溶液，放入量筒中搅拌混合，然后静置 5min 后，测量沉淀表面的高度。将沉淀表面的高度称为沉淀值（Sedimentation Value）。

面筋膨胀力试验（Berliner Test）：即面筋膨润度（Swelling Power）的测定。面筋膨润度的测定原理与面粉的沉淀试验基本相同，只是试料为切细的湿面筋。膨润度测定中，沉淀表面的高度越高，表明面筋的性质越好。

③落下度仪（Falling Numder）：这是一种测定淀粉酶活力的落球式黏度计，也是 Brabender 公司测定系统的仪器之一。其测定虽然简单迅速，但在黏度较高的情况下不够灵敏，仅对小麦淀粉酶活力变动大的可以测出。

④淀粉粉力测定仪（Amylograph）：这是 Brabender 公司又一常用的面粉性质测定仪，属于外筒旋转扭力式黏度计的一种，主要用来综合测定淀粉的性质，包括淀粉酶的影响和酶的活力。

⑤其他测定：除了对面粉可以用前面讲过的仪器进行检测外，在设备条件差的情况下，也可以凭感官、经验来判断，当然难度比较大，需要长期的经验。

粒度检查（Particle Size）：即面粉粗细度的评价。硬质小麦淀粉粒之间充填着较多的蛋白质，在制粉过程中，由于这些蛋白质的缓冲和保护作用，得到的颗粒比较大，而软质小麦经磨粉后粒度就小一些。当然制粉工艺本身也能影响面粉粒度的大小。一般来说粒度越小，损伤淀粉粒也就越多，这样粒度大的面粉与粒度小的面粉就会有不同的加工性质。颗粒粗的面粉往往是强力粉。

筛分法和激光粒度分析法均可测定面粉的粒度分布。特别是激光粒度分析法具有测试速度快、重复性良好、操作简单等优点，能够较真实准确地体现出小麦粉的粒度分布情况。此分析法的原理是根据衍射角和粒度成正比的原理，可变量包括光的散射形式、颗粒外观和散射光的测定。

经验法（最简便方法）：抓一把面粉用手攥（捏）紧，然后松开。如果松开时手中面粉立即散开即为强力粉，如果成为一团不散开则为薄力粉。当然，散开程度和成团程度要根据经验来判定。

（5）制作试验　制作试验不仅是测定面粉性质的最终、最准确的方法，而且也是食品厂制定加工工艺的依据。制作试验就是用标准配方、标准制作方法将材料加工成成品，然后以统一的评分标准对面粉进行评价的方法，包括面包、面条、馒头、蛋糕制作试验等。

四、　小麦及小麦粉的贮藏与品质管理

（一）小麦及小麦粉的贮藏特性

小麦的耐贮藏性比较好，正常情况下 3~5 年仍能保持良好的品质。由于小麦失去了外壳保护，皮层薄，组织松软，容易感染害虫，几乎所有贮粮害虫都能侵蚀小麦，特别是玉米象和麦蛾。因此，小麦在贮藏期间要注意防虫。小麦在贮存期间有一种特殊的劣变现象即褐胚，特别是在含水量偏高、感染霉菌的情况下，小麦胚部会变成棕色、深棕色甚至黑色。褐胚的发生与酶促褐变、非酶褐变及霉菌的感染有关。出现褐胚的小麦对面粉的品质有一定影响，加工出的面粉粉色深、灰分高、筋力差，产品品质下降。

与小麦相比，小麦粉的耐贮藏性差，不能长期贮藏。小麦粉的贮藏期限主要取决于水分含量和环境温度，水分含量为 13%~14%，贮藏温度在 25℃，通常可以贮藏 3~5 个月。高温、高湿会引起面粉发热、霉变、害虫和霉菌繁殖，影响面粉的品质。但新麦加工的面粉由于蛋白质中含有较多的半胱氨酸，筋力小，弹性弱，无光泽，面团吸水率低，面团发黏，结构松散，不仅加工时不易操作，而且发酵时面团的保气力下降，导致成品品质下降。面粉经贮藏一段时期后，就不会发生上述现象。因为在贮藏过程中半胱氨酸的硫氢基会逐渐被氧化成双硫基而转化为胱氨酸，这一过程也称面粉的熟成。除了经过一段时期贮藏，使面粉自然熟成外，为了使—SH 尽快氧化为—S—S—基，也常添加氧化剂促进面粉的熟成。

（二）小麦及小麦粉的贮藏方法

新麦贮藏初期，尚处于后熟期，呼吸作用很强，会释放出大量的湿热，并易出现出汗、发热、结露、发霉等现象。小麦的水分含量、杂质含量和贮藏条件是决定小麦能否安全度过后熟期的重要因素。正常情况下，新麦在后熟期经过一段时间的升温后，一般会自行恢复正常。小麦的安全贮藏主要取决于小麦品质和水分含量，小麦品质正常，水分不超过安全水分，一般不会发生贮藏问题。在入秋后，麦堆上层部分可能会形成"闷顶"，严重时出现霉变，应加强管理。应尽量做到冬季通风降温，春暖前及时密封防止吸湿，以及加强粮情管理，采取积极的防虫措施，一般可使小麦常年安全贮藏。在实践中热密封与冷密封交替使用是行之有效的方法，可使贮藏小麦不变质、不生虫，但在贮藏量大的情况下往往受条件限制。农户少量贮藏小麦采用热密闭，易于实施。水分含量控制在 10%~12%，已低于临界水分和微生物发展的下限，使粮堆气体代谢与热量稳定，当气温高于 44℃，保持一周，杀虫效果达 100%，对小麦品质无损害。

在长期贮藏期间，面粉品质的保持主要取决于面粉的水分含量。面粉具有一定的吸湿性，因此其水分含量随面粉周围环境的相对湿度变化而变化。相对湿度为70%时，面粉的水分含量基本保持平衡不变。常温下，真菌孢子萌发所需的最低相对湿度为75%。相对湿度超过75%，面粉吸湿，如果水分含量超过规定标准，霉菌生长很快，容易霉变发热，使水溶性含氮物增加，蛋白质含量降低，面筋性质变差，酸度增加。散包装贮存的面粉，其水分含量变化的速度往往比袋装贮藏的面粉快。面粉的理想贮藏条件：相对湿度55%~65%，温度18~24℃。另外，面粉对味的吸附性很强，一旦吸附，很难除去，所以应避免其与其他有味物质一起贮藏。

1. 常规贮藏

面粉是直接食用的粮食，存放面粉的仓库必须清洁干燥、无虫。最好选择能保持低温的仓库。一般采用实垛或通风垛贮藏，可根据面粉水分含量大小，采取不同的贮藏方法，水分含量在13%以下，可用实垛贮藏；水分含量在13%~15%的采用通风垛贮藏。码垛时均应保持面袋内面粉松软，袋口朝内，避免浮面吸湿、生霉和害虫潜伏；实垛堆高12~20包，尽量排列紧密减少垛间空隙，限制气体交换和吸湿，高水分含量面粉及新出机的面粉均宜码成"井字形"或"半非字形"的通风垛；每月应搬倒、搓揉面袋，防止发热、结块；在夜间相对湿度较小时进行通风。水分含量低的面粉在入春后采取密闭、保持低温能延长贮藏期。

面粉的贮藏期限也与加工季节有关，秋凉后加工的面粉，水分含量在13%左右，可以贮藏到次年4月份；冬季加工的可贮藏到次年5月份；夏季加工的新麦粉，一般只能贮藏1个月。长期贮藏的面粉要适时翻桩倒垛，调换上下位置，防止下层结块。倒垛时应注意原来在外层的仍放在外层，以免将外层吸湿较多的面袋堆入中心，引起发热。大量贮藏面粉时，新、陈面粉应分开堆放。面粉生虫较难清除，即使重新回机过筛，虫卵和螨类仍难除净；熏蒸杀虫效果虽好，但虫尸留在粉内，影响食用品质。因此，对面粉更应严格做好防虫工作。主要办法是彻底做好原粮、面粉厂、面袋及仓房器材的清洁消毒工作，以防感染。也可用磷化氢进行熏蒸杀虫，据试验，在一般剂量范围内，熏后经7d散气，磷化氢消失，面粉可以出库供应。

2. 密闭贮藏

根据面粉吸湿性强与导热性不好的特性，可以采用低温入库、密闭保管的办法，以延长面粉的安全贮藏期。一般是将水分含量13%左右的面粉，利用自然低温，在3月上旬以前入仓密闭。根据不同情况，密闭方法可采用仓库密闭，也可采用塑料薄膜密闭，既可防潮、防霉，又能防止空气进入面粉引起氧化变质，同时也减少了害虫感染的机会。进行密闭保管，可减少搓包、倒垛环节，收到较好效果。但需注意的是，新出机的面粉不能进行密闭贮藏，特别是不能进行缺氧贮藏，必须经过一段时间的降温和完成"成熟"过程，然后再缺氧或密闭，对保持面粉的品质会有较好的效果。

经过高温季节贮藏，面粉品质均有不同程度的降低，这显然是高温的影响，因此，密闭与气调虽然在一定程度上可以防虫抑霉，延缓品质变化，延长贮藏期，但对面粉品质的保持方面效果不理想，特别是高温下的面粉，密闭贮藏后，品质仍有一定的变化，但变化幅度小于常规贮藏。

3. 低温、准低温贮藏

低温贮藏是防止面粉生虫、霉变、品质劣变、陈化的最有效途径，能保持良好的品质和口味，效果明显优于其他贮藏方法。

准低温贮藏一般是通过空调机来实现的，投资较少，安装、运行管理方便，是近年来面粉贮藏的一个发展方向。

五、 小麦及小麦粉的利用

（一）主食

小麦的主要用途是先加工成面粉，即所谓一次加工品，然后以此为原料加工成各类食品。这些食品大多是人类的主食，如馒头包子类、面条饺子类、烙饼油条类和各种面包、糕点类等。

硬质小麦含蛋白质、面筋较多，质量也较好，主要用于制作面包、高级面条等主食；而软质小麦适于制作饼干、糕点、烧饼等；我国中间质小麦最为普遍，适于制作馒头、面条和各种中式面点；硬粒小麦，适于制作意大利式面条（Spaghetti）、通心面（Macaroni）等。各类小麦粉的主要用途如表 2-12 所示。

表 2-12　　　　　　　　　　　不同小麦粉的用途

种类		强力粉（高筋粉）	准强力粉（粉心）	中力粉（中筋粉）	薄力粉（低筋粉）	特强粉（特高筋粉）
等级	灰分/%	蛋白质含量/%				
		11~13	9.5~10.5	8.5~9.5	8~8.5	11~15
特等粉	0.3~0.4	高档主食面包、高档硬式面包	高档面包卷	法式面包	蛋糕、油炸面条	高档通心面
一等粉	0.4~0.45	高档主食面包、馄饨、饺子	高档甜面包、高档挂面、馄饨、饺子、方便面	高档面条、细挂面、凉面	普通蛋糕、饼干、酥饼	
二等粉	0.45~0.65	主食面包、意大利面条	甜面包、挂面、生面条	面条、挂面	普通蛋糕、硬饼干	
三等粉	0.70~1.0	烧面筋、新蛋白食品	生面筋	糖蜜果子	油炸果子、制面糊	
等外粉	1.2~2.0	黏着剂	工业用粉		饲料	

（二）其他加工品

1. 专用粉

专用粉也称预混合粉（Prepared Mixture），是将小麦粉根据用途所需比例，预先混合好其他添加物，如砂糖、油脂、乳粉、蛋粉、食盐、膨胀剂、香料等做成的专用粉，只需添加水和必要副材料即可加工成某种成品。预混合粉在美国等发达国家的面包糕点厂中很流行，使用预混合粉可使成品质量稳定、原料损耗少、价格相对稳定，提高企业经济效益，有利于小型面包糕点厂的发展。使用预混合粉时，制作者只需要加入适量的水或牛乳就能比较有把握地制作出质量较好的某种食品，操作简单，不需要很熟练的技术，使用非常方便，深受制作者欢迎。预混合粉除供家庭使用外，因制品质量有保证，更主要的是供应小型食品企业、单位食堂、面包房、集团连锁店等使用。

主要产品有面包用粉、糕点用粉、比萨饼用粉、饺子专用粉、蛋糕专用粉等。

2. 谷朊粉和小麦淀粉

一般采用马丁法（面团洗涤法）或面浆搅打法将面筋蛋白和淀粉从小麦粉中分离出来。面筋蛋白可直接作为食品，也可添加在肉制品中。面筋蛋白经干燥粉碎可制得谷朊粉，即活性面筋，用作面包、蛋糕、传统面制品（饺子、面条）、肉肠类添加剂，也可作为食用膜的生产原料，在酿酒及饼干休闲类食品中应用。小麦淀粉一般作为谷朊粉的副产品，用作水产品、糕点添加剂或用于医药、造纸等工业用途。

3. 小麦胚芽产品

小麦胚芽含脂质 10% 左右，含蛋白质 30% 以上，必需氨基酸组成合理，因此小麦胚芽蛋白质是全价蛋白，可作为营养强化剂使用，也可制作小麦胚芽蛋白粉、小麦胚芽蛋白饮品、小麦胚芽蛋白口服液等针对特殊人群的功能性食品。将精选小麦胚通过烘焙、干燥、真空包装，可加工为麦香浓郁的小麦胚芽粉、小麦胚芽片等，既可直接食用，也可作为食品配料。1t 小麦仅可得到 100g 小麦胚芽油，比较贵重。小麦胚芽油有"液体黄金"之称，富含不饱和脂肪酸、生育酚、类胡萝卜素等，有清除自由基和抗氧化的功效。其最大优点是富含维生素 E，尤其是生理活性高的 α-生育酚含量最为丰富。小麦胚芽油除可做成胶囊产品外，也可用在调味油产品中。以小麦胚芽为配料可制作面包、饼干等；加入面粉内可制作小麦胚芽面条、小麦胚芽馒头等。小麦胚芽还可与其他食材制成复合饮料、汤料等。

4. 麸皮制品

麸皮虽然不易消化，食感不佳，是小麦粉的副产品，但它含有丰富的膳食纤维、大量的维生素（以 B 族维生素和维生素 E 为主）、蛋白质、阿拉伯木聚糖、酚类以及矿物质等营养物质，过去曾是优质饲料。近年来小麦麸皮作为健康食物纤维源颇受关注，因为小麦麸皮富含膳食纤维，人体摄入后可以降低粪便中类固醇的排出，并且使血清胆固醇下降，动脉粥样硬化的形成减慢。有研究发现，小麦麸皮对心血管疾病具有潜在的抑制效果，并且能预防某些癌症，如结肠及直肠癌。一般制粉得到的小麦麸皮很难直接作为食品加工原料，经进一步精制、处理，不仅可以作为直接食用的食物纤维，还可以作为食物纤维添加剂。据测定，其有效食物纤维含量可达 47%。添加小麦麸皮的食品有：麦麸面包、全麦黑面包、裸麦粗面包、麦麸松饼、咖啡麦麸糕等。

5. 其他用途

小麦也可以作为制作葡萄糖、白酒、酒精、啤酒、酱、酱油、醋等的原料。小麦蛋白质中含有较多的谷氨酸，过去曾是制造味精（谷氨酸钠）的主要原料。

第四节　玉　　米

玉米（*Zea mays* Linn.），学名玉蜀黍，一年生高大草本。玉米（Maize 或 Corn）在我国的别名有苞谷、苞米、棒子、玉麦、珍珠米、苞芦等。玉米原产于中美洲，由印第安人培育、驯化，已有 4000 年栽培史。玉米 16 世纪初传入中国，最早记载玉米栽培的是 1551 年（明嘉靖三十年）河南《襄城县志》，已有近 500 年栽培历史。

一、 玉米的生产、 消费与流通

（一）玉米的生产

玉米是种植最广的谷类作物，全世界有 170 多个国家种植玉米。据联合国粮农组织（FAO）统计，目前世界玉米种植规模约为 19718 万 hm^2，总产量 111000 万 t。玉米年产量最大的前 5 个国家（表 2-13）依次是美国、中国、巴西、印度及墨西哥。美国玉米产量约占世界总产量的 1/3，是世界玉米生产第一大国。玉米是谷物中单产最高的作物，美国的玉米生产水平最高，2017 年单产达 11084kg/hm^2。

表 2-13　　　　　　　　　　近十年世界主要生产国玉米产量　　　　　　　　　单位：万 t

年份	世界	美国	中国	巴西	印度	墨西哥
2009 年	83076	33192	17326	5123	1672	2014
2010 年	86557	31562	19075	5606	2173	2330
2011 年	90335	31279	21132	5627	2176	1764
2012 年	89696	27319	22956	7130	2226	2207
2013 年	104824	35127	24845	8054	2426	2266
2014 年	107337	36109	24976	7988	2417	2327
2015 年	105132	34551	26499	8529	2257	2469
2016 年	109146	38478	26361	6335	2590	2825
2017 年	113751	37110	25907	9784	2872	2776
2018 年	111718	36629	25733	8071	2850	2693

资料来源：联合国粮农组织统计数据库（FAOSTAT）。

2018 年我国玉米产量 25733 万 t，居世界第二位，占世界总产量的 23% 左右。从 2013 年起我国玉米产量超过水稻成为第一大谷类作物。我国玉米种植面积大，分布区域也很广，主要产区集中在东北、华北及西南地区，目前单产约为 6110kg/hm^2（引自 FAO 2017 年统计数据）。

2015 年年末，我国临储玉米库存约为 26000 万 t，社会总体库存约在 26000 万 t，行业产能严重过剩，造成了玉米库存量巨大，价格下跌。2016 年，农业部出台了《全国种植业结构调整规划（2016—2020 年）》，其中关于玉米的主要种植规划方向为："调减籽粒玉米，扩大青贮玉米，适当发展鲜食玉米。"重点是调减东北冷凉区、北方农牧交错区、西北风沙干旱区春玉米，以及黄淮海地区低产的夏玉米面积，大力推广适合籽粒机收割品种，推进全程机械化生产。到 2020 年，玉米面积稳定在 3333 万 hm^2 左右，重点是调减黑龙江北部、内蒙古呼伦贝尔等第四、第五积温带地区玉米面积 330 万 hm^2。根据以养带种、以种促养的要求，因地制宜发展青贮玉米，提供优质饲料来源，提高副产物转化增值。到 2020 年，青贮玉米面积达到 167 万 hm^2。适当发展鲜食玉米。适应居民消费升级的需要，扩大鲜食玉米种植，为居民提供营养健康的膳食纤维和果蔬。到 2020 年，鲜食玉米种植面积达 100 万 hm^2。

（二）消费与流通

2012—2017 年世界玉米每年总消费量在 102000 万 t 左右。世界玉米总产量的约 54.7% 用作饲料，30.3% 用作工业原料，12.7% 食用，年人均消费量 17.9kg。

玉米产量大，但口感粗糙，一般与杂粮共称为"粗粮"。20 世纪 80 年代初，由于粮食紧缺，玉米曾是我国相当多地区居民的主要口粮。虽然玉米是我国第一大产量作物，但主要用作饲料，占我国玉米总产量的约 60%，工业用玉米约占 30%，食品用玉米只占大约 5.5%，年人均消费量仅为 9.8kg，与国际平均水平均有较大差距。因此，以玉米为原料的食品产业具有较大的市场空间和发展潜力。近年来世界及中国玉米供求情况见表 2-14。

表 2-14　　　　　　　　　　　　　近年来世界及中国玉米供求情况　　　　　　　　　　单位：百万 t

年份	地区	总供应量[1]	国内供应量	产量	使用量	食品加工用量	年人均食品量/kg	饲料加工用量	其他用量
2011 年	世界	1182.1	1080.2	903.3	885.7	121.6	17.3	485.7	278.3
	中国	306.2	301.0	211.3	198.7	12.5	9.1	126.0	60.2
2012 年	世界	1194.7	1093.6	897.0	900.3	125.0	17.5	497.3	277.9
	中国	339.7	337.0	229.6	216.1	13.0	9.5	135.0	68.1
2013 年	世界	1368.9	1247.1	1048.2	982.4	127.2	17.6	552.2	302.9
	中国	375.3	372.0	248.5	227.7	13.6	9.8	142.0	72.1
2014 年	世界	1445.2	1321.1	1073.4	1009.2	130.4	17.9	566.4	312.4
	中国	402.9	397.3	249.8	226.9	13.8	9.9	137.0	76.1
2015 年	世界	1497.6	1360.0	1051.3	1036.1	132.6	18.0	582.5	321.0
	中国	444.1	440.9	265.0	243.9	14.0	10.0	150.0	79.9
2016 年	世界	1556.7	1416.5	1091.5	1072.5	134.0	18.0	604.9	333.5
	中国	466.3	463.8	263.6	256.8	14.0	10.0	160.0	82.8
2017 年	世界	1634.5	1485.5	1137.5	1109.7	137.8	18.3	625.5	346.4
	中国	472.0	468.5	259.1	266.6	14.1	10.0	165.0	87.5
2018 年[2]	世界	1640.7	1482.7	1117.2	1136.0	141.6	18.6	640.8	353.5
	中国	465.6	462.6	257.3	270.7	14.2	10.0	165.0	91.5

注：①国内供应量加进口量。
　　②估计值。

玉米在世界粮食贸易中仅次于小麦，居第二位。2012—2016 年世界玉米平均贸易总量为 13429 万~13591 万 t，占世界谷物贸易总量的 30% 左右。

世界各国玉米出口量从多到少依次为美国、巴西、阿根廷、乌克兰、法国、罗马尼亚、俄罗斯、匈牙利、印度、巴拉圭、塞尔维亚、南非、保加利亚、加拿大和墨西哥。美国是玉米第一大出口国，目前年均出口额约占世界的 30%。

2012—2016 年，世界玉米进口国主要有日本、墨西哥、韩国、中国、埃及、西班牙、伊朗和越南。其中，日本是世界第一大玉米进口国，进口量接近 1500 万 t，约占 11%。

随着我国玉米深加工产业及养殖行业的迅猛发展，玉米原料需求量非常大，出口量非常少，可以忽略不计。我国目前已由玉米的世界第三大出口国变成净进口国，2012—2016 年每年进口量大约 8000 万 t。

二、　玉米的形态和性状

（一）玉米的类型

1. 玉米的分类

按照籽粒形状、胚乳性质与有无稃壳，可以将玉米分成以下 8 大类型。

（1）硬粒型（Flint Corn）　籽粒一般呈圆形，质地坚硬平滑，顶部和四周大部分胚乳为致密、半透明的角质淀粉，使表面光泽好，籽粒中间有很少疏松、不透明的粉质淀粉。籽粒有黄、白、红、紫等色，适于高寒地区栽培，食用品质好，多作为饲料和工业原料。

（2）马齿型（Dent Corn）　籽粒顶部凹陷成坑（因此得名"Dent"），棱角较为分明，近于长方形，很像马齿。籽粒四周为一薄层角质淀粉，中间和顶部充填粉质淀粉，成熟时由于粉质淀粉收缩，造成粒顶下降呈马齿型。籽粒有黄、白等色，不透明，籽粒大，产量高，但食感较差，是栽培最多的品种。主要用作饲料、淀粉、油脂原料。后文的高油玉米、高直链淀粉玉米、高蛋白玉米、糯质玉米等变异品种多与马齿型近缘。

（3）粉质型（Soft Corn）　籽粒胚乳全部由粉质淀粉组成，表面暗淡无光泽。由于粉质淀粉质地松软，所以又可称为软质型，籽粒外形与硬粒型相似。粉质玉米产量偏低，不耐贮藏。它是较古老的类型，印第安人喜食。南美有种植，美国有零星分布，东半球罕见。中国部分省区曾有种植。

（4）爆裂型（Pop Corn）　籽粒小，坚硬光亮，胚乳全部由角质淀粉组成，遇热爆裂膨胀。有的可达原来体积的 20 倍以上。爆裂玉米有圆形和尖形两种，有黄、白、红、紫等不同粒色。这种玉米产量低，一般专做爆米花食用。

（5）甜质型（Sweet Corn）　籽粒含糖分较多，淀粉较少，成熟后外形呈皱缩或凹陷状。一般在乳熟期采摘，作为嫩玉米食用，茎叶用作青饲料。甜玉米分为普通甜玉米和超甜玉米两种。

①普通甜玉米：胚乳由角质淀粉构成，一般种皮较薄，成熟后籽粒呈半透明状。乳熟期含糖分可达 8% 左右。采摘后一部分糖分会逐渐转化为淀粉，因此甜味降低。它含有较多水溶性多糖，故有很好的风味。

②超甜玉米：这种玉米的成熟干籽粒外表褶皱凹陷，并不透明。乳熟期含糖分高达 18% ~ 20%，为普通玉米的 7~8 倍，但胚乳中缺乏水溶性多糖，种皮较厚，不宜用于制罐头。超甜玉米籽粒中糖分转化淀粉的速度比普通甜玉米慢，所以比普通甜玉米存放时间长。

（6）糯质型（Waxy Corn）　籽粒不透明，无光泽，外观似蜡状，故称蜡质玉米。它的胚乳全部由支链淀粉组成，煮熟后黏软，富于糯性，俗称黏玉米或糯玉米。糯玉米在中国常作为嫩玉米鲜食，或用于制作各种糕点，20 世纪初由我国云南传入美国，是唯一一个不是由美洲育成的商业品种。

（7）甜粉型（Starchy Sweet Corn）　籽粒上部为富含糖分的皱缩状角质，下部为粉质。比较罕见，在生产上不占地位，只在南美洲一些地方能找到。

（8）有稃型（Pod Corn）　每颗籽粒都有颖壳包裹，颖壳顶端有时有芒状物，籽粒坚硬，为原始类型，由于脱粒不便，除用于研究玉米起源和进化外，在生产中没有利用价值。

2. 特用玉米（Specialty Corn）

特用玉米是指具有较高的经济价值、营养价值或加工利用价值的玉米，其技术含量和遗传附加值较高，国外也称作遗传增值玉米。除马齿型、硬粒型等普通玉米外，其他玉米都可算作特用玉米，主要包括以下 7 种。

（1）高赖氨酸玉米 为普通玉米经过遗传改良，使籽粒中赖氨酸含量提高 70%以上的玉米，又称优质蛋白玉米或高营养玉米。高赖氨酸玉米吃起来鲜、甜、香而适口，嚼之松软而不黏牙齿。主要品种有鲁玉 13 等。

（2）高油玉米 高油玉米主要是籽粒胚芽所占比例增大，淀粉减少，含油量比普通玉米平均高 50%以上（含油量可达 20%以上），是人工育种创造的一种新型玉米。玉米油是一种高质量的食用油。目前我国推广的品种主要有高油 1 号、高油 6 号、高油 115 号、春油号等。

（3）爆裂玉米 爆裂玉米是一种专门用来制作爆米花的特用玉米。好的爆裂玉米爆裂率达 99%，膨胀倍数达 30 倍。一般家庭中用铁锅、微波炉均可加工爆米花，食用简单方便。主要品种有黄玫瑰、黄金花、炉爆 1 号、泰爆 1 号等。

（4）甜玉米 即甜质型玉米，用途和食用方法类似于蔬菜，又被称为"蔬菜玉米"。可加工成各种风味罐头。品种主要有苏甜 8 号、超甜 15 号、东农超甜、甜单 8 号等。

（5）笋玉米（Baby Corn） 即嫩穗玉米。笋玉米是指专门用来加工玉米笋的专用型品种，幼嫩果穗形似竹笋。专用型品种有鲁笋玉 1 号、冀特 3 号等。

（6）糯玉米 即糯质型玉米，籽粒中淀粉 100%为支链淀粉，具有甜、糯、香、软的特点，流通中因为可能混有其他变异种，所以交易时必须保证支链淀粉含量在 95%以上。主要品种有烟糯 5 号、鲁糯 1 号、苏糯 1 号等。

（7）青贮玉米 青贮玉米是指以新鲜茎叶（包括穗）生产青饲料或青贮饲料的玉米品种或类型，其独特之处在于完全符合饲养业的要求。专用型品种有京多 1 号等。

（二）玉米的形态和结构

1. 外部形态

玉米植株每颗结穗 1~2 个，穗实周围玉米籽粒沿轴向成偶数行密集排列（普通 8~12 行，多的 14~18 行），每行排列 40~50 粒，因此每穗有籽粒数百至 1000 粒。玉米籽粒 2000~3300 颗重 1kg，表观相对密度约 1.19，充填时空隙率约 0.40，休止角约 35°。玉米籽粒的形状、大小和色泽因类型和品种的不同而不同，如硬粒型玉米呈圆形，糯质型玉米似蜡状等。

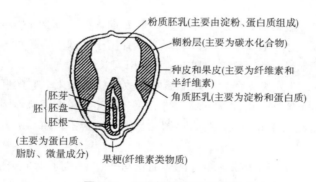

图 2-7 玉米籽粒的形态结构

2. 籽粒构造

玉米籽粒主要由种皮、果皮、胚乳和胚 4 部分组成，如图 2-7 所示。胚乳的结构随玉米的类型而有很大的不同。玉米的胚占籽粒重的 10%~20%，胚将来发育成为玉米植株，由胚芽、胚盘、胚根构成。胚芽中有 5~6 片胚叶，是叶的原始体；盾片中含有大量脂肪，普通玉米盾片中含脂肪为 35%~40%。籽粒下端有一个果梗，与种皮接连，它使籽粒能够附着于穗轴上，并保护胚。脱粒时，果梗常留在种皮上，若去掉果梗则出现黑色覆盖物（黑色层），黑色层的形成一般标志着籽粒已经成熟。

玉米的种类和用途主要取决于胚乳，淀粉是其主要成分，普通玉米胚乳中致密的角质淀粉与粉质淀粉的含量比为 2∶1。角质淀粉因包裹在蛋白质膜中，相互挤压呈稍带棱角的颗粒；粉质淀粉则近似球状。

（三）玉米的化学组成

玉米中碳水化合物含量约占 70%，其次是蛋白质及脂类，含量分别约为 8% 及 5%。

1. 淀粉

甜玉米和糯质玉米的淀粉颗粒比马铃薯、木薯、小麦的小，比大米的大一些，平均粒径 15μm，高直链淀粉玉米的淀粉颗粒稍小，形状也不规则。普通玉米淀粉中直链淀粉约占 27%，其余是支链淀粉。高直链淀粉玉米中直链淀粉占总淀粉的 50%~80%，而直链淀粉占总淀粉的百分比在小麦中为 28%，马铃薯为 21%，木薯为 21%，粳米为 17%。如前文所述，普通玉米（包括糯质种）淀粉结晶化度较高，为 A 型，直链淀粉玉米为 B 型。淀粉分子的多糖苷链卷曲成螺旋形，每一回转含 6.5 个葡萄糖残基，螺旋中包接有脂类，由直链淀粉包接。不同的淀粉含脂类不同，玉米淀粉在所有淀粉中脂类含量最多，普通玉米淀粉含量为 0.5%~1.0%。这部分脂类称为"内部油分"，它和淀粉结合紧密，一般不能用溶剂提取，含量与直链淀粉含量大体成正比，其中 50%~60% 为游离脂肪酸，还含有可溶磷脂类。不同玉米淀粉糊的加工功能特性如表 2-15 所示。

表 2-15　　　　　　　　　　　　不同玉米淀粉糊的加工功能特性

功能特性	普通玉米	糯玉米	高直链淀粉玉米
易糊化度	□	★	△
保水性	□	☆	×
抗老化性	□	☆	×
搅拌耐性	□	×	□
易凝胶化性	□	△	★
增黏效果	□	□	×
透明度	□	☆	×
胶体保护性	□	☆	×
成膜性	□	△	☆
易水解性	□	☆	△

注：符合按 ★、☆、□、△、× 顺序，表示该性质依次由强到弱。

2. 蛋白质

蛋白质在玉米籽粒中的分布为胚乳 80%、胚 16% 和种皮 4%，大部分在胚乳中，但胚芽中蛋白质浓度最高。胚乳中主要是贮藏蛋白质，几乎都以颗粒状存在，称为"Protein Body"。其余是包裹淀粉的蛋白膜［主要是玉米醇溶蛋白（Zein）］。玉米中蛋白质的成分可分为：白蛋白（Albumin，可溶于水）、球蛋白（Globulin，溶于食盐水）、醇溶谷蛋白（Prolamin，只溶于 70%~80% 的酒精，大部分为玉米醇溶蛋白）、谷蛋白（Glutelin，不溶于水、乙醇和中性盐溶液，可溶于 NaOH 等稀碱液或稀酸液）和其他蛋白质。玉米醇溶蛋白由于其不溶于水、可形成膜的特点，作为可降解包装材料，替代塑料受到关注。

胚乳蛋白质中醇溶谷蛋白（大部分为玉米醇溶蛋白）质占 45%，谷蛋白占 40%；而胚芽中白蛋白、球蛋白、谷蛋白各占 30% 左右。可见玉米中蛋白质主要是醇溶谷蛋白和谷蛋白。玉米醇溶蛋白中几乎不含赖氨酸，因此玉米蛋白质为非完全蛋白质。胚芽蛋白质构成比较合理。

3. 脂类

玉米脂类的 85% 含在胚芽中。胚芽的脂肪含量高达 30% ~ 40%，脂肪的大部分为三酸甘油酯，以直径约为 1.2μm 的脂肪球存在。脂肪酸组成中亚油酸较多，稍低于葵花籽油和红花油。然而，亚油酸含量不仅受品种影响，甚至产地的纬度影响也很大，含量范围为 19% ~ 71%，一般亚油酸含量低的，油酸含量呈比例增高。

4. 膳食纤维

玉米纤维的一半以上含在种皮中，主要由中性膳食纤维（NDF）、酸性膳食纤维（ADF）、聚糖、半纤维素、纤维素、木质素、水溶性纤维组成。种皮可作为膳食纤维的原料，其中 NDF 含量高达 10% 左右，ADF 仅占 4% 左右。

5. 其他碳水化合物

除淀粉外，玉米还含有各种多糖、寡糖和单糖，大部分在胚芽中。甜玉米是个例外，胚乳中含有大量蔗糖，这是因为其遗传基因中有抑制光合作用的基因，进而抑制糖向淀粉转化蓄积。

6. 其他微量成分

玉米中还含有多种维生素，其中黄玉米含有较多的 β-胡萝卜素。含量较丰富的还有油溶性的维生素 E、水溶性的维生素 B_1 和维生素 B_6。虽然维生素 B_5 含量也相当多，但属于结合型，单胃动物不能吸收。甜嫩玉米还含有其他谷物中不含的维生素 C。玉米矿物质含量按灰分测定在 1.1% ~ 3.9%。爆玉米花矿物质含量最高，普通玉米籽粒含量为 1.3%，加工成粉后含量减半。矿物质中含钾最多，其次为磷、镁，但不同于其他谷物的是含钙很少。

三、 玉米的品质规格与标准

（一）国际标准

根据 FAO/WHO 食品法典委员会（Codex Alimentarius Committee，CAC）制定的食品国际标准（Food International Standard）《玉米》［CODEX STAN 153—1985（1995 年修订）］，玉米的质量标准如下。

1. 水分含量

玉米水分含量的最大值为 15.5%（质量分数）。根据目的地的气候、运输和贮存期因素，可适当调低水分含量要求。采用本标准的政府应当说明在其国家强制使用该标准的理由。

2. 外来物质

外来物质是指除玉米、破碎粒、其他谷粒和污物以外的所有有机和无机物质。

（1）污物 指动物源杂质（包括昆虫尸体）。最大值为 0.1%（质量分数）。

（2）有毒或有害种子 应无以下危害人体健康的有毒或有害种子：巴豆（*Croton tiglium* L.）、麦仙翁（*Agrostemma githago* L.）、蓖麻籽（*Ricinus communis* L.）、曼陀罗籽（*Datura metel* L.）和其他公认的对健康有害的种子。

3. 其他有机外来物质

其他有机外来物质是指除食用谷粒（外来种子、茎等）外的有机成分物质，最大值为 1.5%（质量分数）。

4. 无机外来物质

无机外来物质是指任何无机物质（石块、灰尘等），最大值为 0.5%（质量分数）。《玉米》［CODEX STAN 153—1985（1995 年修订）］对相应品种玉米中其他或缺陷玉米的量也进行了限制（表2-16）。另外，对重金属、农药残留及真菌毒素等污染物及卫生、包装等方面也进行了规定。

表 2-16　　　　　　　　　　　对其他及缺陷玉米的限量值及检测方法

指标	说明	限量值/%（质量分数）	分析方法
其他颜色玉米粒	黄玉米。呈黄色或淡红色的玉米，被视为是黄玉米。黄色和暗红色相间，只要暗红色不足玉米表面积的 50%，仍视为黄玉米	最大值为：5.0，其他颜色玉米质量	目视检验
	白玉米。呈白色或淡粉红色玉米被视为白玉米。白色和粉红色相间，只要粉红色不足玉米表面积的 50%，仍视为白玉米	最大值为：2.0，其他颜色玉米质量	
	红玉米。粉红色和白色相间或暗红色和黄色相间，只要粉红色或暗红色大于或等于玉米表面积的 50%，仍视为红玉米混合玉米	最大值为：5.0，其他颜色玉米质量	
其他形状玉米粒	硬粒玉米	最大值为：5.0，其他形状玉米质量	目视检验
	白齿形玉米	最大值为：5.0，其他形状玉米质量	
	硬粒玉米和白齿形玉米	范围：5~95，硬粒玉米质量	
缺陷	瑕疵粒：虫蚀粒、污粒、病粒、变色粒、发芽粒、冻害粒或其他损坏的玉米粒	最大值为：7.0，且病粒不得超过 0.5	目视检验
破碎粒		最大值为：6.0	ISO5223：1983（4.50mm 金属筛）
	其他玉米粒	最大值为：2.0	目视检验

资料来源：CODEX STAN 153—1985（1995 年修订）《玉米》。

（二）我国玉米的等级标准

我国各类玉米按纯粮率分等级，等级指标及其他质量指标如表 2-17 所示。

表 2-17　　　　　　　　　　　我国玉米等级质量标准

等级	容重/（g/L）	不完善粒含量/%	霉变粒含量/%	杂质含量/%	水分含量/%	气味色泽
1	≥720	≤4				
2	≥690	≤6				
3	≥660	≤8	≤2.0	≤1.0	≤14.0	正常
4	≥630	≤10				
5	≥600	≤15				
等外品	<600	—				

注："—"为不要求。

资料来源：GB 1353—2018《玉米》。

四、 玉米的贮藏和品质管理

（一）玉米的贮藏特点

1. 吸湿性强、呼吸旺盛

玉米的胚是谷类中最大的，约占整粒体积的1/3，占粒重的10%~20%，含有30%以上的蛋白质和较多的可溶性多糖，所以吸湿性强，呼吸旺盛。影响其呼吸强度的因素有水分、温度和通气状况等。其中水分是影响呼吸强度的重要因素。

2. 陈化和酸败

贮藏过程中，随着时间的延长，虽未发热霉变，但由于酶的活性减弱，原生质胶体结构松弛，物理化学性质改变，生命力减弱，品质逐渐降低，这种现象称作"陈化"。高温高湿环境会促进陈化的发展，低温干燥条件可延缓陈化。另外，玉米胚芽含脂肪多，且不饱和脂肪酸多，因此易酸败。

3. 易受真菌毒素污染

黄曲霉毒素是黄曲霉（*Aspergillus flavus*）产生的次生代谢产物，是一组化学结构类似的化合物，已分离鉴定出黄曲霉毒素 B_1、B_2、G_1、G_2、M_1、M_2、P_1、Q、H_1、GM、B_{2a} 和毒醇等 12 种物质，毒性极强，其中黄曲霉毒素 B_1 被世界卫生组织划定为 1 类致癌物，是目前已知最强致癌物之一。玉米果穗周围的包皮给黄曲霉菌的生长提供了适宜的环境，昆虫是黄曲霉菌的传播媒体。尤其是在成熟期，高温干旱天气促进了黄曲霉菌的污染。此外，镰刀霉菌（*Fusarium*）产生的霉素也常给玉米的品质带来危害。

（二）安全水分

为防止贮藏中玉米的劣化霉变，最重要的措施是水分管理。在一定温湿条件下，保持玉米安全贮藏的水分含量范围称为"安全水分"。安全水分与环境温度有关，一般情况下，玉米的安全水分为12.9%，不能超过14%。

（三）玉米的贮藏方法与管理措施

玉米的贮藏方法有籽粒贮藏和果穗贮藏两种。玉米贮藏可采取低温贮藏、缺氧贮藏、低氧低药量贮藏等技术。贮藏期应降低玉米籽粒所含的水分，使新陈代谢缓慢进行，干燥防霉，并合理通风和适时密闭，而且注意防治虫害。

五、 玉米的利用

玉米已成为全世界重要的粮（食）、饲（料）、经（济）兼用作物，用途非常广泛，主要为以下四类：第一，饲用，玉米在饲料中的主导地位日益重要，我国生产的玉米55%以上供作饲料；第二，口粮，可制作玉米面条、窝窝头、粥、煎饼等主食，欧美的早餐中玉米片也很普遍；第三，小吃或菜用，如甜玉米可鲜穗嫩食，还有爆米花、玉米膨化食品、玉米羹、玉米营养粉、玉米罐头、玉米面包等；第四，工业用途。

近年来由于玉米在营养、风味和加工膨化食品方面的特性，作为调剂主食和小吃受到人们的重新认识和欢迎。如前所述，我国玉米食品年人均消费量与世界平均水平还有很大差距，大力开发玉米食品，如保鲜玉米、冷冻玉米、玉米馒头等主食、方便休闲玉米食品等具有广阔的市场前景。

特种玉米粉在食品加工中发挥着特有功能，如糯玉米粉不仅可以做成玉米糕点、面类，还是调味酱、布丁、婴儿食品的配料；高直链玉米淀粉虽然糊化困难、老化快、价格高，但利用其特殊的硬脆性和吸油少的特点，可用于炸薯片等油炸食品的包膜，增加制品脆性，减少吸油率。

玉米粉碎加工分干法和湿法加工。干法是比较古老的方法，即将整粒玉米磨碎。20世纪初开发了去胚芽加工法，可得到不同粒度的玉米粉，由大到小分别为玉米糁（Corn Grits）、玉米粗粉（Corn Meal）、玉米粉（Corn Flour）。前两者多用角质粒为原料，后者用粉质粒。玉米粉除可加工成早餐玉米片、膨化小吃、啤酒外，在美国还和大豆蛋白混合做成玉米豆奶、混合粉等。干法加工所得副产品——胚芽和皮一般作饲料。

玉米淀粉是玉米工业利用的主要途径。湿法是玉米淀粉的主要加工方法。湿法加工得到的淀粉糊，可不经干燥直接用来加工葡萄糖、麦芽糖、高果糖浆等淀粉糖，工艺过程中省去了干燥过程，工艺简单并且节能。普通玉米除得到淀粉外（约占原料的66%），还可得到玉米蛋白粉等副产物（占原料的30%）。副产物胚芽也可进一步深加工，制取玉米油及胚芽蛋白粉，约占原料的4%。

玉米淀粉除了转化为淀粉糖，可进一步经改性、发酵进行深度加工利用和转化，延伸产业链。如制备各种变性淀粉、维生素C、山梨醇、酒精等。玉米淀粉作为食品的赋型剂、增稠剂、增黏剂等广泛使用；它还是啤酒、威士忌酒的原料（如美国有名的波旁威士忌）。

玉米淀粉的非食品用途有医药、饲料、纺织、造纸、黏结剂等。近年来，玉米淀粉作为可再生资源用于开发可降解塑性材料、燃料乙醇（Gasohol）等受到关注。玉米的综合利用见表2-18。

表2-18　　　　　　　　　　　　　　　玉米的用途

部位		成分	用途
全穗		淀粉、蛋白质、脂类、纤维素、半纤维素	鲜食玉米棒以及包装、即食、煮制、冷冻等玉米棒加工品
全粒		淀粉、蛋白质、脂类、纤维素、半纤维素	饲料、各种传统食品（粥、发糕、挂面、糕点、罐头、玉米花等）、酒、酒精
干法磨碎制品（胚乳部）		淀粉、蛋白质	玉米粉、窝窝头、玉米糕等各种小吃，工业用途（黏结剂）
湿法磨碎制品	种皮	纤维素、半纤维素、色素	食用纤维、色素
	胚乳	淀粉	淀粉、各种糖化制品、低聚糖、乙醇、多元醇、糖苷、有机酸、各种化学衍生物
		蛋白质、色素	玉米醇溶蛋白、色素
	胚	蛋白质、脂类、糖、纤维素、植酸、矿物质、各种其他营养成分	高营养素食品、玉米油、磷脂质、植酸、肌醇

第五节 杂 谷 类

一、大麦

大麦（Barley）是禾本科（Gramineae）大麦属（*Hordeum*）作物的总称，具有早熟、生长期短、适应性广、丰产和营养丰富等特点。

大麦是人类栽培的远古作物之一，世界各地先后发现早在公元前 15000 年至公元前 5000 年栽培大麦的遗物。远古时期主要在东亚和西南亚的古文明区栽培，后来传至欧洲。17 世纪初引入美洲。中国也是大麦发源地之一，后来传至印度，公元 4~5 世纪由中国经朝鲜传至日本。我国大麦栽培历史悠久，5000 年前古羌族就在黄河上游栽培大麦。公元前 3 世纪《吕氏春秋·任地篇》中的"孟夏之昔，杀三叶而获大麦"开始正式有大麦这一名称。西汉以前全国各地都种有大麦，在黄河、长江流域和西北旱漠地区更广为种植。

大麦类型众多，从南纬 50°到北纬 70°的广大地区栽培，在海拔 4750m 的西藏地区也有大麦（青稞）种植，这是世界粮食作物分布的最高点。青稞是大麦的一种特殊类型，主要分布在西藏、青海、甘肃、四川等海拔较高的地区，具有生长期短、高产早熟、适应性广、特别耐寒的特性。青稞是青藏高原最具优势的粮食作物，对藏区粮食安全、维护藏区社会稳定和推动藏区经济发展具有重要意义。

（一）分类和生产

大麦属有 30 多个种，其中有栽培价值的只有普通大麦种，为二倍体（$2n = 2x = 14$），按大穗穗轴上小穗的排列条数，可分为二棱大麦和六棱大麦，其中六棱大麦中如果侧生小穗较小，也称四棱大麦。无论二棱大麦或多棱大麦都可按稃皮的有无分为皮大麦和裸大麦，也称青稞、元麦、裸麦、米大麦等。我国原有的大麦以多棱为主，皮、裸型皆有，至今均有种植。二棱大麦自 20 世纪 50 年代以来才陆续从国外大量引入，种植面积逐渐扩大。

由于饲用和酿酒用大麦需求量不断增加，世界大麦生产发展很快（表 2-19）。全球每年大麦种植面积接近 4700 万 hm^2，产量大约 14740 万 t，是除三大主粮之外的第四大谷物。俄罗斯种植面积最大，约为 784 万 hm^2，产量约为 1850 万 t。其他大麦生产国主要为澳大利亚、乌克兰、西班牙、土耳其、加拿大、哈萨克斯坦、摩洛哥、伊朗、法国和德国。

我国的大麦种植面积不到 47 万 hm^2，大麦产区分 5 个区域：①长江中下游冬大麦区；②黄河中下游春、冬大麦混种区；③青藏高原裸麦区；④北方春大麦区；⑤华南冬大麦区。我国大麦年产量不到 190 万 t，不及世界总产量的 2%，所占比重很小。

表 2-19　　　　　　　　　世界及我国大麦种植面积和产量

		2009 年	2010 年	2011 年	2012 年	2013 年	2014 年	2015 年	2016 年	2017 年
种植面积	世界	5443	4741	4844	4985	4978	4973	4873	4766	4701
/万 hm^2	中国	63	58	51	49	47	47	45	30	47
产量/万 t	世界	15078	12332	13275	13223	14348	14509	14741	14579	1474
	中国	232	197	164	163	170	181	187	132	190

资料来源：FAOSTAT。

法国近年来取代俄罗斯成为世界第一大麦出口国，其次是澳大利亚、俄罗斯、乌克兰、阿根廷和德国。我国、沙特阿拉伯、比利时、伊朗及荷兰是世界上进口大麦最多的国家。近年来我国年平均进口大麦约741万t，约是国内产量的3.5倍。

（二）性状和成分

大麦籽粒呈梭形或椭圆形（图2-8），颜色多为黄色或淡黄色，也有紫、棕、黑和绿色等。二棱大麦籽粒一般比六棱的大而饱满。千粒重六棱皮大麦25~35g，裸大麦为25~30g，二棱大麦为40~50g。

大麦籽粒含淀粉46%~68%，蛋白质7%~14%，脂肪2.0%，维生素 B_1、维生素 B_2、钙、铁含量比较丰富。六棱大麦成分虽然和小麦十分近似，但蛋白质组成主要为麦谷蛋白和大麦醇溶蛋白（Hordein），大麦醇溶蛋白缺乏麦胶蛋白的黏性，因此大麦粉不能形成面筋。

（三）品质规格和标准

我国目前大麦的国家标准主要有 GB/T 11760—2008《裸大麦》及 GB/T 7416—2008《啤酒大麦》。GB/T 11760—2008《裸大麦》适用

图2-8　大麦植株和籽粒形态
（1）大麦穗　（2）皮大麦籽粒　（3）裸大麦籽粒

于收购、贮存、运输、加工和销售的商品裸大麦（青裸、元麦、裸麦、米大麦），其质量等级标准主要指标见表2-20。

表2-20　　　　　　　　　　裸大麦等级质量标准

| 等级 | 容重/（g/L） | 不完善粒含量/% | 杂质/% | | 水分/% | 气味色泽 |
			总量	其中：矿物质		
1	≥790	≤6.0	≤1.0	≤0.50	≤13.0	正常
2	≥770	≤6.0				
3	≥750	≤6.0				
4	≥730	≤8.0				
5	≥710	≤10.0				
等外品	<710	—				

注："—"为不要求。

资料来源：GB/T 11760—2008《裸大麦》。

GB/T 7416—2008《啤酒大麦》适用于啤酒酿造专用大麦的收购、检验与销售。啤酒大麦是指适用于啤酒酿造的二棱大麦及多棱大麦。啤酒大麦根据感官要求和理化要求分为三个等级，见表2-21、表2-22和表2-23。

表 2-21 啤酒大麦感官要求

项目	优级	一级	二级
外观	淡黄色，具有光泽，无病斑粒[①]	淡黄色或黄色，稍有光泽，无病斑粒[①]	黄色，无病斑粒[①]
气味	有原大麦固有的香气，无霉味和其他异味	无霉味和其他异味	无霉味和其他异味

注：①指检疫对象所规定的病斑粒。

资料来源：GB/T 7416—2008《啤酒大麦》。

表 2-22 二棱大麦理化要求

项目		优级	一级	二级
夹杂物/%	≤	1.0	1.5	2.0
破损率/%	≤	0.5	1.0	1.5
水分/%	≤	12.0		13.0
千粒重（以干基计）/g	≥	38.0	35.0	32.0
三天发芽率/%	≥	95.0	92.0	85.0
五天发芽率/%	≥	97.0	95.0	90.0
蛋白质（以干基计）/%		10.0~12.5		9.0~13.5
饱满率（腹径≥2.5 mm）/%	≥	85.0	80.0	70.0
瘦小率（腹径<2.0 mm）/%	≤	4.0	5.0	6.0

资料来源：GB/T 7416—2008《啤酒大麦》。

表 2-23 多棱大麦理化要求

项目		优级	一级	二级
夹杂物/%	≤	1.0	1.5	2.0
破损率/%	≤	0.5	1.0	1.5
水分/%	≤	12.0		13.0
千粒重（以干基计）/g	≥	37.0	33.0	28.0
三天发芽率/%	≥	95.0	92.0	85.0
五天发芽率/%	≥	97.0	95.0	90.0
蛋白质（以干基计）/%		10.0~12.5		9.0~13.5
饱满率（腹径≥2.5mm）/%	≥	80.0	75.0	60.0
瘦小率（腹径<2.0mm）/%	≤	4.0	6.0	8.0

资料来源：GB/T 7416—2008《啤酒大麦》。

（四）用途

近年来世界大麦平均约65%用于饲料，工业用约为20%，食品用约占5%。目前我国大麦大部分用于工业（啤酒酿造），食用约占14%，饲用大麦仅占不到2%。

大麦籽粒有三种重要用途：制麦芽、食品和饲料。大麦浸渍水后发芽时会得到活力很高的淀粉酶。二棱大麦因粒形大，含蛋白质少，且发芽率高，主要用来制麦芽酿制啤酒，因此也称啤酒麦。1kg 优质大麦可产 0.7~0.8kg 麦芽，制成 5~6kg 啤酒。它也是制作威士忌的原料。

六棱大麦一般食用，可将其碾磨成大麦粉、麦渣或压成麦片，做粥饭或饭团。大麦仁粥是我国北方的传统食品；藏族人民食用的"糌粑"，就是青稞炒以后磨成粉，拌以酥油茶制成的面团。欧美各国也有制成麦片、珍珠米或大麦粉供食用。

大麦还可制麦芽糖、饴糖、醋、麦曲、酱油、味精、浓酱、点心、糖果、麦乳精和糊精等，也是生产酵母、酒精、核苷酸、乳酸钙等的原料。

在医药上大麦芽可入药，具有健胃和消食作用；焦大麦具有清暑祛湿、解渴生津作用，可作大麦茶的原料。大麦膳食纤维十分丰富，作为健康食品原料受到关注。

二、燕麦

燕麦（Oat, *Avena sativa* L.）禾本科早熟禾亚科燕麦属（*Avena*），一年生草本植物。燕麦原为谷类作物的田间杂草，约 2000 年前才被驯化为农作物。南欧首先作为饲草栽培，之后才作为谷物种植。公元前 1 世纪，罗马科学家普林尼（Pliny）记述燕麦是日耳曼民族的一种食物。根据《尔雅》《史记》等古书记载，我国燕麦的栽培始于战国时期，距今至少已有 2100 年之久，略早于其他国家。

（一）分类和生产

燕麦属内按染色体组可分为二倍体（$2n = 2x = 14$）、四倍体（$2n = 4x = 28$）和六倍体（$2n = 6x = 42$）3 个种群 23 个种。它是重要的饲草、饲料和粮食作物。按其外稃性状可分为带稃型（皮燕麦）和裸粒型（裸燕麦）两大类。世界各国最主要的栽培种是六倍体带稃型普通燕麦，其次是东方燕麦、地中海燕麦。中国以大粒裸燕麦为主，俗称莜麦、玉麦，约占燕麦种植面积的 90%，籽粒大部分可食用。

受生物学特性的影响，燕麦的分布具有较严格的局限性，主要分布在北半球的温带地区。近年来全球每年燕麦种植面积平均约为 980 万 hm^2，产量约为 2391 万 t。加拿大是最大的燕麦出口国，年均出口量约为 167 万 t，其次是芬兰、瑞典、波兰和法国。美国、德国、中国、比利时及西班牙是世界主要燕麦进口国，美国每年进口燕麦约 168 万 t，我国年进口量约为 16 万 t。

我国燕麦栽培主要分布在西北、华北、云南、贵州一带，近些年黑龙江、吉林、辽宁、安徽、湖北等省也开始种植。世界及中国燕麦种植面积和产量见表 2-24。我国燕麦的产量一直不高，2015 年开始种植面积及产量均大幅提高。2017 年种植面积为 36 万 hm^2，产量增幅明显，但总量仅为 128 万 t，不到世界总产量的 5%。

表 2-24　　　　　　　　　　　　　世界及我国燕麦种植面积和产量

		2009 年	2010 年	2011 年	2012 年	2013 年	2014 年	2015 年	2016 年	2017 年
种植面积	世界	1016	913	964	955	978	954	993	955	1019
/万 hm^2	中国	20	18	17	20	18	16	38	26	36
产量/万 t	世界	2328	1970	2261	2122	2382	2283	2333	2367	2595
	中国	58	53	74	63	60	50	126	89	128

资料来源：FAOSTAT。

（二）性状和成分

燕麦籽粒如图2-9所示，芒出自外颖背上，是燕麦的特点。带稃型燕麦籽粒紧裹在内颖与外颖之间，稃壳占种子质量的25%~40%，千粒重20~40g；裸粒型松散，种子不带皮，千粒重16~25g。

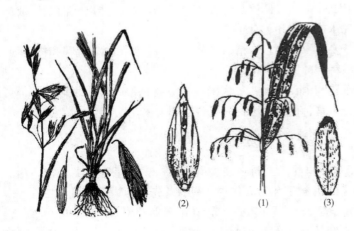

图2-9 燕麦植株和籽粒形态
（1）燕麦植株　（2）皮燕麦籽粒　（3）裸燕麦籽粒

燕麦营养价值高，普通燕麦籽粒中蛋白质含量12%~18%，淀粉21%~55%，脂肪4%~6%。我国裸燕麦粉（莜面）中含蛋白质15%、脂肪8.5%，超过小麦面粉、大米、米、高粱米、玉米粉、荞麦面粉、裸大麦7种常用粮食的一般含量。裸燕麦蛋白质中氨基酸组成合理，脂肪酸中含亚油酸38.1%~52.0%，营养价值高。燕麦籽粒中维生素B_1、钙和膳食纤维尤其丰富。膳食纤维中β-葡聚糖含量高，达3%~6%，是燕麦的特征性功能成分。

（三）品质规格与标准

1. 国际标准

根据FAO/WHO食品法典委员会制定的食品国际标准《燕麦》（CODEX STAN 201—1995），燕麦的主要质量标准如下。

（1）水分含量　最大值为14.0%（质量分数）。根据目的地的气候、运输和贮存期因素，可适当调低水分含量要求。采用本标准的政府应当说明在其国家强制使用该标准的理由。

（2）麦角　紫花洋地黄麦角菌属［*Clarieps purpurea*（Fr.）Tul］真菌含量的最大值为0.05%（质量分数）。

（3）有毒或有害种子　应无以下有害人体健康的有毒或有害种子：巴豆（*Croton tiglium* L.）、麦仙翁（*Agrostemma githago* L.）、蓖麻籽（*Ricinus communis* L.）、曼陀罗籽（*Datura metel* L.）和其他公认的对健康有害的种子。

（4）污物　指动物源杂质（包括昆虫尸体），含量的最大值为0.1%（质量分数）。

（5）其他有机外来物质　除食用谷粒（外来种子、茎等）以外的有机成分物质，含量的最大值为1.5%（质量分数）。

（6）无机外来物质　指任何无机物质（石块、灰尘等），最大值为0.5%（质量分数）。

CODEX STAN 201—1995《燕麦》对重金属、农药残留及真菌毒素等污染物及卫生、包装等方面也进行了规定。

2. 我国燕麦的质量标准

根据中华人民共和国专业标准LS/T 3102—1985《燕麦》，将燕麦按纯粮率分等。等级指标及其他质量指标见表2-25。燕麦以二等为中等标准，低于三等的为等外燕麦。

表2-25　　　　　　　　　　　　　　燕麦等级质量标准

纯粮率/%		杂质/%	水分/%	色泽、气味
等级	最低指标			
1	97 0			
2	94.0	1.5	14.0	正常
3	91.0			

资料来源：LS/T 3102—1985《燕麦》。

在中华人民共和国农业行业标准NY/T 892—2014《绿色食品　燕麦及燕麦粉》中，对燕麦的感官指标、理化指标及污染物和农药残留限量等进行了规定（表2-26和表2-27）。

表2-26　　　　　　　　　　　　　　燕麦及燕麦米的感官要求

项目	要求	检测方法
色泽	具有该产品固有的色泽	GB/T 5492
外观	粒状，籽粒饱满，无霉变粒	GB/T 5493
口味、气味	具有该产品固有的口味、气味，无异味	GB/T 5492

资料来源：NY/T 892—2014《绿色食品　燕麦及燕麦粉》。

表2-27　　　　　　　　　　　　　　燕麦及燕麦米的理化指标

项目		指标	检测方法
容重/（g/L）		≥700	GB/T 5498
水分/%		≤13.5	GB/T 5497
不完善粒/%		≤5.0	GB/T 5494
杂质	总量/%	≤2.0	GB/T 5494
	矿物质/%	≤0.5	GB/T 5494

资料来源：NY/T 892—2014《绿色食品　燕麦及燕麦粉》。

（四）用途

燕麦最主要的用途是作为饲料，国际上用作饲料的燕麦占总产量的近70%。其次是食用，约占20%。国际上年平均每人食用燕麦量约0.6kg。我国饲用燕麦占国内总产量的近80%，食用燕麦占国内总产量的30%（我国每年进口，因此国内燕麦总供应量大于总产量）。年人均食用燕麦量仅为0.12kg，为世界平均水平的20%。

欧美各国主要食用普通燕麦。燕麦经去皮、蒸煮、压扁、焙烤等工序制成燕麦片，主要作为早餐食品，可做燕麦粥也可用牛乳冲调。燕麦粉不适合做面包，是制作高级饼干、糕点、儿童食品的原料。

裸燕麦是我国燕麦主产区的粮食作物之一，因不含面筋，加工时需用开水和面，使淀粉糊化，产生黏性，从而形成面团，做成各种类似面类食品。我国最常见的吃法有：莜麦面条、莜面卷、莜面饺子等，也可制成炒面加水调食。

燕麦除作为饲料，特别是马饲料外，也是制作肥皂、化妆品的原料。涂有燕麦粉的纸张具有防腐作用，适用于包装乳制品。从绿色燕麦干草中可提取叶绿素、胡萝卜素。燕麦稃壳中含有的多缩戊糖是制作糖醛的原料，可用于石油化学工业。

三、 黑麦

黑麦（Rye，*Secale cereale* L.），是禾本科（Gramineae）小麦族（*Triticeae*）黑麦属（*Secale*）中唯一的栽培种。黑麦属已知有 7 个物种，都是二倍体，染色体数 $2n=2x=14$。

（一）分类和生产

黑麦的抗逆性比较强，主要种植在小麦、大麦栽培困难的高寒地区、瘠薄的沙性或酸性土壤上。近年来世界黑麦种植面积平均为 455 万 hm^2，产量 1362 万 t。东欧和西欧是黑麦的主要产区，如俄罗斯、波兰、德国等国都有相当大的种植面积，在有的地区甚至是主要的粮食作物。俄罗斯种植面积最大，每年平均约为 121 万 hm^2，占世界的 1/4 左右；但总产量最高的是德国，年产量约为 273 万 t，其次为俄罗斯、波兰、中国、丹麦、白俄罗斯、乌克兰、加拿大、土耳其和美国。

我国黑麦种植面积约为 34 万 hm^2，零星分布在云南、贵州、内蒙古、甘肃、新疆等省（自治区）的高寒山区或干旱地区。我国种植的黑麦品种都由国外引入，主要来源于美国、东欧和西欧，有些地方称为洋麦。近年来世界及我国黑麦种植面积和产量见表 2-28。2015 年起我国黑麦产量有较大增幅，这可能主要是由于近几年国家种植规划的调整及杂粮食品产业的快速发展。

表 2-28 世界及我国黑麦种植面积和产量

		2009 年	2010 年	2011 年	2012 年	2013 年	2014 年	2015 年	2016 年	2017 年
种植面积 /万 hm^2	世界	660	502	513	528	573	527	469	448	448
	中国	19	18	20	19	18	17	41	26	35
产量/万 t	世界	1822	1194	1310	1450	1666	1525	1376	1338	1373
	中国	63	57	75	65	62	52	131	93	133

资料来源：FAOSTAT。

（二）性状和成分

黑麦植株高约 2m，籽粒呈纺锤形，穗形瘦长，小穗数可达 40 个左右，小穗一般结两粒种子（图 2-10）。

黑麦籽粒蛋白质和钙含量稍高于小麦，其他成分与小麦类似，但面筋蛋白很少。

（三）用途

黑麦主要用于制作面包以及作为饲料和牧草。除小麦外，黑麦也适合做面包，但其面粉蛋白质中可形成面筋蛋白很少，胀发性也远不如小麦面团。由于黑麦具有独特的风味和酸味，且面粉呈褐色，故成为北欧、俄罗斯等地人们制作黑面包的原料。黑麦也用于制作酒精饮料，如黑啤酒、威士忌、伏特加等。

黑麦用于饲喂牲畜时常与其他饲料合用，其坚韧的纤维质麦秸秆很少用作饲草，多用作垫草以及作为屋顶、床垫、草帽和造纸原料，也栽培作为绿肥。黑麦植株高大，产草量高，畜牧业发达的欧美各国常用作青饲料。

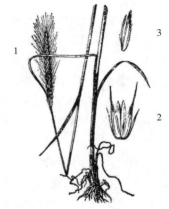

图 2-10 黑麦植株和籽粒形态
1—黑麦穗 2—小穗 3—籽粒

四、高粱

高粱〔Sorghum, *Sorghum bicolor*（L.）Moench.〕属于禾本科高粱属（*Sorghum*），一年生草本。原产地在非洲撒哈拉沙漠南缘一带，约在 4000 年以前传入亚洲。我国古名蜀黍，别名秫秫、芦粟等，明代以后统称高粱。蜀黍之名早见于公元 3 世纪的《博物志》。1548 年的《本草纲目》列举出罗秫、芦粟、木稷、获粱、高粱等作为蜀黍之释名，并且指出"按广雅获粱，木稷也。盖此亦黍稷之类而高大如芦获者。故俗有诸名"。

（一）分类和生产

高粱在世界作物中名列第五，仅次于小麦、水稻、玉米和大麦。世界高粱年种植面积约为 4229 万 hm²，产量 6349 万 t，主要生产国有美国、印度、苏丹、尼日利亚、尼日尔、埃塞俄比亚和墨西哥。种植面积上苏丹、尼日利亚和印度居前三，超过或接近 600 万 hm²，但年产量美国最高，为 1220 万 t。美国也是高粱的最大出口国，年出口量近 797 万 t。我国是高粱最大进口国，年进口高粱 778 万 t。

高粱是我国主要的农作物之一，按产量计排在三大主粮之后，为我国第四大谷物及第一大杂粮（个别年份除外）。主要分布在东北、华北地区，南方各省均属零星种植。世界及我国高粱种植面积和产量见表 2-29。我国近几年高粱种植面积年均 57 万 hm²，产量 275 万~289 万 t/年。

表 2-29　　　　　　　　　　　　世界及我国高粱种植面积和产量

		2009 年	2010 年	2011 年	2012 年	2013 年	2014 年	2015 年	2016 年	2017 年
种植面积	世界	4073	4216	4220	3926	4390	4463	4169	4538	4073
/万 hm²	中国	56	55	50	63	58	62	58	43	62
产量/万 t	世界	5670	6016	5677	5729	6186	6826	6601	6370	5670
	中国	168	246	205	256	289	289	275	195	280

资料来源：FAOSTAT。

高粱品种繁多，按用途分为粒用高粱（用作食用、饲料和工业原料）、糖用高粱（甜高粱）、饲用高粱（用作青贮饲料和青饲料）和工艺用高粱（用作工艺编织）。美国将高粱分为白高粱（带有白色或半透明表皮的高粱，其表皮上单一斑点或斑点覆盖面积小于 25%，其他色的高粱粒不超过 2%）、黄高粱（指低单宁或无单宁的高粱）、褐色高粱（指单宁含量高的高粱）和混合高粱（10% 以上的褐高粱与黄谷高粱的混合物），主要用作饲料。我国根据高粱的外种皮色泽分为三类：红高粱，种皮色泽为红色的颗粒；白高粱，种皮色泽为白色的颗粒；其他高粱，上述两类以外的高粱（参见 GB/T 8231—2007《高粱》）。

（二）性状和成分

高粱植株和籽粒形态如图 2-11 所示。

高粱籽粒的主要组成为淀粉，但与其他谷类淀粉相比，糊化率较低，不易煮熟，难以消化。高粱米的营养价值不高，易消化的碱性蛋白质含量低于大米和面粉，难消化的醇溶性蛋白质含量却高于大米和面粉；限制性氨基酸是赖氨酸。此外，高粱种皮和果皮中含有多酚有机化合物单宁（鞣酸），它与蛋白质结合成一种不易被胃肠消化吸收的络合物，大大降低了高粱蛋白质的消化率。单宁味涩，影响适口性。

（三）品质规格与标准

1. 国际标准

根据 FAO/WHO 食品法典委员会制定的食品国际标准《高粱米》［CODEX STAN 172—1989（1995年修订）］，高粱的主要质量标准如下。

（1）水分含量 最大值为 14.5%（质量分数）。根据目的地的气候、运输和贮存期因素，可适当调低水分含量要求。采用本标准的政府应当说明在其国家强制使用该标准的理由。

（2）缺陷 产品中同时包含有机外来物质和无机外来物质，本标准包含的污染物、瑕疵粒、病害粒、破碎粒和其他缺陷的总缺陷量不得大于 8.0%。

①外来物质：指除高粱米、破碎粒、其他谷粒以外的有机物质和无机物质。外来物质包括高粱种皮。高粱米中外来物质含量不得大于 2.0%，其中无机外来物质不得大于 0.5%。

②污物：包括昆虫尸体在内的动物源杂质（最大含量 0.1%，质量分数）。

图 2-11　高粱植株和籽粒形态
1—根　2—节　3—叶片　4—穗　5—籽粒

（3）有毒或有害种子 本标准规定的产品应无以下足以危害人体健康的有毒或有害种子：巴豆（*Croton tiglium* L.）、麦仙翁（*Agrostemma githago* L.）、蓖麻籽（*Ricinus communis* L.）、曼陀罗籽（*Datura metel* L.）和其他公认的对健康有害的种子。

（4）单宁含量

①未脱皮高粱米：单宁含量不得超过 0.5%，以干重计。

②脱皮高粱米：单宁含量不得超过 0.3%，以干重计。

另外，该标准对重金属、农药残留及真菌毒素等污染物及卫生、包装等方面也进行了规定。

2. 我国高粱的质量标准

根据 GB/T 8231—2007《高粱》，高粱分为三个等级，各等级要求见表 2-30。

表 2-30　　　　　　　　　　　　　高粱等级质量标准

等级	容重/（g/L）	不完善粒/%	单宁/%	水分/%	杂质/%	带壳粒/%	气味色泽
1	≥740						
2	≥720	3.0	0.5	14.0	1.0	5	正常
3	≥700						

资料来源：GB/T 8231—2007《高粱》。

（四）用途

我国高粱的主要用途是食用和饲用。国际高粱的食用及饲用各占产量的近 40%，二者共占近 80%。我国年消耗高粱超过 1000 万 t，食用及饲用分别约为 200 万 t，合计占总量的 40%。

高粱主要有以下几项用途。

①用作粮食：20世纪50年代初期，高粱籽粒曾是我国东北地区的主食。高粱米通常用于煮饭、熬粥；高粱粉制成烘饼或糕点等食品。

②用于酿酒：以高粱籽粒为主要原料酿制白酒或酒精已有悠久的历史。茅台、五粮液、汾酒等名酒，主要以高粱为原料。

③籽粒还可制作淀粉、醋、酱油、味精等。

④甜高粱的茎秆含有大量的汁液和糖分，是近年来新兴的一种糖料作物、饲料作物和能源作物。

五、荞麦

荞麦（Buckwheat）属于蓼科（*Polygonaceae*）荞麦属（*Fagopyrum*），一年生草本植物。荞麦不是禾本科植物，但习惯上也称为谷物，原产地在我国西南部，又名乌麦、花荞，部分少数民族称为"额"。近年来，因其高营养价值和含有一些生物活性成分，被当作粮、药兼用的食品原料而受到重视。

（一）分类和生产

目前栽培的荞麦主要有两种：①甜荞（Common Buckwheat），亦称普通荞麦（*Fagopyrum esculentum* Moench.），是普遍食用的一种；②苦荞（Tartary Buckwheat），亦称鞑靼荞麦［*Fagopyrum tataricum*（L.）Gaertn.］，其维生素P（芸香苷，芦丁）含量比甜荞高12倍多。苦荞中含有芦丁降解酶，可将芦丁降解为槲皮素，产生苦味，在破碎成粉及高水分含量情况下降解非常迅速。为防止苦味产生，在苦荞加工中常经过蒸煮、烘烤等加热处理钝化芦丁降解酶。

荞麦在世界各地广泛栽培，主要生产和利用国有中国、俄罗斯、乌克兰、法国、波兰等。

荞麦在我国大部分地区均有种植，尤其是高海拔高纬度地区，其垂直分布可达4400m。世界及我国荞麦种植面积和产量见表2-31。我国2015年以来荞麦种植面积及产量大幅提升，超过俄罗斯成为世界第一大荞麦生产国。我国荞麦的种植面积达到168万~187万hm²，为各种杂粮之首，但由于单产低，仅有约800kg/hm²，因此总产量仅为145万t，略高于大麦和燕麦，低于高粱和粟。

表2-31　　　　　　　　　　　世界及我国荞麦种植面积和产量

年份		2009年	2010年	2011年	2012年	2013年	2014年	2015年	2016年	2017年
种植面积	世界	203	191	234	249	226	200	335	299	394
/万hm²	中国	72	70	75	70	69	70	187	119	168
产量/万t	世界	180	145	237	226	226	192	294	300	383
	中国	57	50	78	68	63	56	142	101	145

资料来源：FAOSTAT。

（二）性状和成分

荞麦植株高40~80cm，茎部呈绿色和微红色，在成熟时茎和分枝都转成棕色，籽粒呈三棱形，是其可食部分（图2-12）。

荞麦全粉不仅蛋白质含量高，而且其蛋白质评分和氨基酸评分比所有的谷类作物都高，甚至高于大豆。荞麦蛋白质中水溶性蛋白质（白蛋白，球蛋白）占31%~47%，因此易消化吸收。

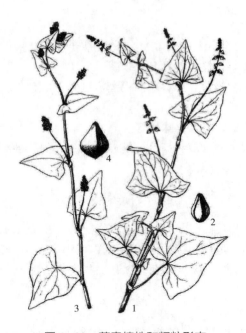

图2-12　荞麦植株和籽粒形态

1—苦荞麦植株上部　2—苦荞麦籽粒　3—甜荞麦植株上部　4—甜荞麦籽粒

荞麦淀粉颗粒小（粒径 2~15μm），易糊化，故有不加热也可消化之说。脂肪含量 1.9%~
3.1%，并富含亚油酸等不饱和脂肪酸。尤其是荞麦含有芦丁，其含量以荞麦粉干物质计约为
65mg/kg。研究表明，芦丁能影响胰岛 β 细胞的功能，促进胰岛素的分泌，从而降低血糖。同
时它还能强化血管，对脑溢血、视网膜出血等有一定预防、治疗作用，因此作为健康食品原料
受到关注。

（三）品质规格与标准

根据 GB/T 10458—2008《荞麦》中的规定，荞麦分甜荞和苦荞两类，其中甜荞又分为大粒甜
荞麦和小粒甜荞麦两类。大粒甜荞麦也称大棱荞麦，指留存在 4.5mm 圆孔筛的筛上部分不小于
70%的甜荞麦；小粒甜荞麦也称小棱荞麦，指留存在 4.5mm 圆孔筛的筛上部分小于 70%的甜荞麦。

荞麦共分 4 个等级，等级标准见表 2-32。

表2-32　　　　　　　　　　　　　　　荞麦等级质量标准

等级	容重/（g/L）			不完善粒/%	互混/%	杂质/%		水分/%	色泽、气味
	甜荞麦		苦荞麦			总量	矿物质		
	大粒甜荞麦	小粒甜荞麦							
1	≥640	≥680	≥690	≤3.0	≤2.0	≤1.5	≤0.2	≤14.5	正常
2	≥610	≥650	≥660						
3	≥580	≥620	≥620						
等外	<580	≤620	≤620	—					

注："—"为不要求。

资料来源：GB/T 10458—2008《荞麦》。

（四）用途

荞麦主要是经磨粉后食用。磨粉工程一般要经过多次研磨，初次研磨（一道辊）得到的粉是荞麦籽粒胚乳中心的部分，称内层粉；二次研磨（二道辊）后得到的是中层粉；最后研磨得到的是表层粉。内层粉最白，但缺少风味；中层粉呈淡黄色，风味、营养较好；表层粉香味最浓，略带绿色，营养价值最高，但风味、口感较差。各层荞麦粉的成分如表2-33所示。

表2-33　　　　　　　　　　　　　　荞麦粉的成分含量

成分	含量					
	内层粉		中层粉		表层粉	
	A	B	A	B	A	B
水分/%	13.78	13.83	13.85	13.33	13.11	12.61
蛋白质/%	6.88	4.97	12.21	10.05	19.12	19.95
灰分/%	0.64	0.59	1.08	1.43	3.06	3.23
芦丁/（mg/kg）	270	90	205	185	480	280
叶绿素/%	0.33	0.30	0.79	0.81	2.13	1.58

注：中层粉的A样为内层粉和中层粉各半的混合粉。

荞麦粉不仅营养价值高，而且具有特殊的风味。荞麦粉不含面筋蛋白，但因含有较多的水溶性蛋白质，加水后蛋白质溶解可产生强的黏性，加水拌和可得到黏性很大的面团。虽不能像小麦面团那样擀拉成面条，但其面团经挤压、蒸煮或添加小麦粉可做成面条类食品。早在唐宋时期我国已有荞麦面，古时称"河漏"，现在西北地区荞麦面仍是深受人们喜食的传统食品。荞麦面条在日本、韩国很受欢迎。煮荞麦面时，水溶性蛋白质易溶出，因此面汤也很有营养。以荞麦为原料的食品还有凉粉、扒糕、烙饼、蒸饺和荞麦米饭等，荞麦也可作灌肠、麦片与各种高级糕点和糖果的原料。

六、粟（谷子、小米）

粟［Millet，*Setariaitalica*（L.）］属于禾本科狗尾草属（*Setaria*），一年生。在我国北方统称谷子，南方为了区别稻谷，常称为粟谷、狗尾粟，其籽粒即可食部分称小米。我国古代甲骨文称为禾，经典著作中称为粱。汉代以后，已成为古代重要粮食作物。多数学者认为粟起源于我国，考古证明约在7500年前河南、河北已有粟的栽培。也有学者认为粟发源于欧亚大陆多个中心。

（一）分类和生产

作为五谷之一的粟曾是我国古代重要粮食作物，粟为粱的变种，穗细垂短，毛长者为粱。粟的品种繁多，世界上尚无公认的科学变种分类。米质有粳、糯两种。

世界及我国粟种植面积和产量见表2-34。近年来全世界粟的年均种植面积大约为3233万hm²，年均产量约2796万t。印度是最大粟生产国，年产量超过1000万t，其次是尼日尔、中国、马里和尼日利亚。

表 2-34　　　　　　　　　　　世界及我国粟种植面积和产量

种植面积		2009 年	2010 年	2011 年	2012 年	2013 年	2014 年	2015 年	2016 年	2017 年
种植面积 /万 hm²	世界	3387	3601	3397	3126	3123	3225	2959	3157	3124
	中国	79	81	75	74	72	77	84	60	82
产量/万 t	世界	2591	3280	2705	2664	2643	2845	2822	2766	2846
	中国	123	157	157	180	175	234	197	139	200

（二）性状和成分

粟的植株如图 2-13 所示。粟多为黄色，是谷类中最小的，球形或椭球形，尺寸 2mm×1.5mm，1000 粒重仅 1.57~2.52g。

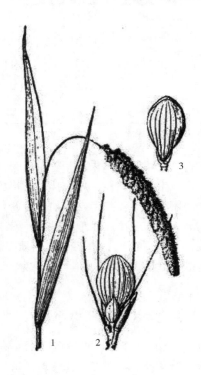

图 2-13　粟（谷子、小米）植株形态
1—植株的一部分　2—小穗簇及刚毛　3—小穗
资料来源：耿以礼，《中国主要植物图说　禾本科》，1965。

粟的成分以淀粉为主（约 63%），淀粉粒径 8~15μm，呈多角形，其淀粉糊 92℃时的黏度约是小麦粉在同样条件下的 3 倍，保温过程中有下降趋势。其蛋白质的质量优于小麦、大米和玉米，维生素 B_1 含量也很丰富。

（三）品质规格与标准

粟脱壳后称为粟米或小米。我国国家标准对粟及粟米的等级质量标准见表 2-35 及表 2-36。

表2-35　　　　　　　　　　　　　　粟的等级质量标准

| 等级 | 容重/（g/L） | 不完善粒/% | 杂质/% | | 水分/% | 色泽、气味 |
			总量	其中：矿物质		
1	≥670	≤1.5	≤2.0	≤0.5	≤13.5	正常
2	≥650					
3	≥630					
等外	<630	—				

注："—"为不要求。

资料来源：GB/T 8283—2008《粟》。

表2-36　　　　　　　　　　　　　　小米的等级质量标准

| 等级 | 加工精度/% | 不完善粒/% | 杂质/% | | | 碎米/% | 水分/% | 色泽、气味 |
| | | | 总量 | 其中： | | | | |
				粟粒	矿物质			
1	≥95	≤1.0	≤0.5	≤0.3	≤0.02	≤4.0	≤13.0	正常
2	≥90	≤2.0	≤0.7	≤0.5				
3	≥85	≤3.0	≤1.0	≤0.7				

资料来源：GB/T 11766—2008《小米》。

（四）用途

粟脱壳后的小米可供食用。因其不含面筋蛋白，不适合制作面包和馒头等。粳性小米栽培较多，除做粥饭外，与豆类混合或单独磨粉可制糕饼。糯性小米主要用于制作糕点，可代糯米、黍米用，称为小黄米。它还可酿制米酒，味美醇厚，所以酿酒用的黏谷特称酒谷。小米作为酿醋的配料，能保持产品的风味。世界上很多国家将小米粉与小麦粉配合制作面包。

七、黍稷

黍稷（*Panicum miliaceum* L.），植物学分类中正名为稷，为禾本科黍属（*Panicum*），一年生栽培草本。作为人类最早的栽培谷物之一，起源于欧亚大陆，是中国古老的具有早熟、耐瘠和耐旱特性的谷类作物。我国西北、华北、西南、东北、华南以及华东等地山区都有栽培，新疆偶见有野生的。亚洲、欧洲、美洲、非洲等温暖地区都有栽培。

（一）分类和生产

由于长期栽培选育，品种繁多，大体分为黏或不黏两类。《本草纲目》中称黏者为黍，不黏者为稷，民间又将黏的称黍，不黏的称穄。

黍稷在我国分布广泛，主产区在内蒙古、陕西、甘肃、黑龙江等省（自治区）的半干旱地区，各地名称不尽统一，其分类和名称见表2-37。

表 2-37　　　　　　　　　　　　　　　　黍稷的分类和名称

分类	作物名称		脱壳籽粒名称	备注
	古代	现代		
粳性	稷	西北：糜子 东北，南方：稷子	稷米，也称黄米或糜米	质地不黏
糯性	黍	北方：黏糜子、软糜子 南方：夏小米、黄粟 或大粟	黍米、大黄米、黄糯 米，也称黄米	米质黏而有筋性

（二）性状和成分

稷的植株如图 2-14 所示。带稃黍稷的籽粒有光泽，有黄、白、红、黑等色，脱壳的黍稷比小米稍大，1000 粒重 2.71~5.58g，米色有黄、白、淡黄等色。

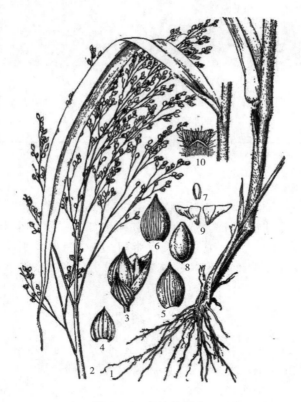

图 2-14　稷植株形态

1—植株下部分及部分叶鞘及叶片　2—花序　3—小穗　4—第一颖　5—第二颖
6—第一外稃　7—第一内稃　8—第二小花　9—鳞被　10—叶部分放大示叶舌
资料来源：钱崇澍、陈焕镛、唐进、汪发绩，《中国植物志》第 10（1）卷，2007。

黍稷的营养成分因品种、环境和管理条件而异，与小米相近。碳水化合物大部分为淀粉，淀粉粒径 4~12μm，呈多角形，其淀粉糊黏度高于大米和小麦淀粉。黍稷中蛋白质含量在谷类中较高，平均为 14% 左右，限制性氨基酸为赖氨酸，但亮氨酸、丙氨酸含量比较丰富。黄米中粗纤维含量 10% 左右，灰分 4% 左右，胆碱和亚油酸含量也较高。与小米同样是维生素 B_1 的良好来源。

（三）品质规格与标准

根据国家标准，黍 [broomcorn millet (glutinous)] 及黍米 [(milled glutinous broomcorn millet)]，以及稷 [broomcorn millet (non-glutinous)] 及稷米 [(milled non-glutinous broomcorn millet)] 的等级质量标准分别见表 2-38、表 2-39、表 2-40 和表 2-41。

表 2-38　　　　　　　　　　　　　　黍的等级质量标准

等级	容重/（g/L）	不完善粒%	杂质/%		水分/%	色泽、气味
			总量	其中：矿物质		
1	≥690					
2	≥670	≤2.0	≤2.0	≤0.5	≤14.0	正常
3	≥650					
等外	<650	—				

注："—" 为不要求。

资料来源：GB/T 13355—2008《黍》。

表 2-39　　　　　　　　　　　　　　黍米的等级质量标准

等级	加工精度/%	不完善粒/%	杂质/%			碎米/%	水分/%	色泽、气味
			总量	其中：				
				粟粒	矿物质			
1	≥80	≤2.0	≤0.5	≤0.2				
2	≥70	≤3.0	≤0.7	≤0.4	≤0.02	≤6.0	≤14.0	正常
3	≥60	≤4.0	≤1.0	≤0.7				

资料来源：GB/T 13356—2008《黍米》。

表 2-40　　　　　　　　　　　　　　稷的等级质量标准

等级	容重/（g/L）	不完善粒/%	杂质/%		水分/%	色泽、气味
			总量	其中：矿物质		
1	≥760					
2	≥740	≤3.0	≤2.0	≤0.5	≤14.0	正常
3	≥720					
等外	<720	—				

注："—" 为不要求。

资料来源：GB/T 13357—2008《稷》。

表 2-41　　　　　　　　　　　　稷米的等级质量标准

等级	加工精度/%	不完善粒/%	杂质/%				碎米/%	水分/%	色泽、气味
			总量	其中：					
				粟粒	矿物质				
1	≥75	≤2.0	≤0.5	≤0.2					
2	≥65	≤3.0	≤0.7	≤0.4	≤0.02		≤6.0	≤14.0	正常
3	≥55	≤4.0	≤1.0	≤0.7					

资料来源：GB/T 13358—2008《稷米》。

（四）用途

黍稷籽粒（黄米）富含淀粉，可供食用或酿酒，秆叶可作为牲畜饲料。糯性黄米（黍米）磨成面粉可制作油炸糕、年糕、黏豆包、黏面饼、汤圆等。也可用米粒制作腊八粥、粽子等食用，它是北方的节日佳品，也是农忙时节北方农民最喜食的耐饥食品。还可以与红小豆、饭豆混合做成小豆黏米饭，与大米混合做成"二米饭"。

粳性黄米（稷米）主要可做成炒米、涝饭、焖饭和酸粥。炒米是蒙古族喜爱的食品，稷米泡水发酵后煮成酸粥，营养丰富，既能充饥又能止渴，是一些地区农民喜爱的主食。稷米加工成面粉可以做窝窝头、煎饼和摊花。

黄米粉还是制作食品的配料，小麦粉中添加15%的黄米粉可做成花样面包；制作饼干中添加，也可改善品质、色泽和营养；加工面条中添加量不超过20%时，可改善面条的风味和色泽。

以黍米为原料酿造黄酒，在我国历史悠久，特别是在长江以北地区，山东的黄酒产量较高，如即墨老酒、兰陵美酒。

八、薏苡

薏苡（*Coixlacryma-jobi* L.）属于禾本科薏苡属（*Coix*），一年生草本植物。别名米仁、六谷子、薏苡仁、药玉米等。薏苡始见于《神农本草经》，并列为上品。古籍中还有起实、赣米、感米、薏珠子、苡米、芑实等多种名称。薏苡是一种经济价值高的谷物和药用作物，近年来作为功能性食品原料受到关注，我国卫生健康委员会将其列入《既是食品又是药品的物品名单》。

（一）分类和生产

薏苡分为糯性和粳性两类，一般糯性薏苡栽培较广泛。我国东部种植面积较大的有高秆白壳、高秆花壳、高秆黑壳以及矮秆黑壳种。

薏苡起源于亚洲东南部的热带、亚热带地区。多生于湿润的屋旁、池塘、河沟、山谷、溪涧或易受涝的农田等地，海拔 200~2000m 处常见，野生或栽培。分布于亚洲东南部与太平洋岛屿，世界的热带、亚热带地区均有种植或野生。我国辽宁、河北、山西、山东、河南、陕西、江苏、安徽、浙江、江西、湖北、湖南、福建、台湾、广东、广西、海南、四川、贵州、云南等地都有种植，其中福建、河北、辽宁等地是主产区。

（二）性状和成分

薏苡的植株如图 2-15 所示。薏苡的总苞质地较软，椭圆形，基部孔较小，颖果饱满，米质黏性，白如糯米。

薏苡籽粒为可食部分，含有丰富的蛋白质，脂类含量是禾本科谷物中最高的。且薏苡油有一定药用价值，最受关注的是其具有生物活性的成分薏苡酯（Coixenolide）、薏苡醇（Coixol）和薏苡丙酮等。

图 2-15　薏苡的植株
1—薏苡植株上部　2—薏苡总苞与雄花序

（三）用途

薏苡可作为制糖、做糕点、酿酒的原料，可做成粥、饭等食用，尤其对老弱病残者更为适宜，是很好的健康食品和特殊医学用途配方食品原料。日本、韩国已开发出薏苡功能性食品及薏苡仁半成品几十种。我国已开发出薏苡仁奶、薏苡仁糊、薏苡乳精、薏苡乳酸饮料等营养健康食品。

近年来对薏苡的生理功能又有很多新发现，主要有：辅助防治过敏症；薏苡仁油有阻止或降低横纹肌挛缩作用，对子宫有兴奋作用；薏苡仁油能使血清钙、血糖量下降，并有解热、镇静、镇痛作用；薏苡仁中所含的薏苡酯、薏苡醇、薏苡丙酮还具有抗癌作用。

九、藜麦

藜麦（Quinoa，*Chenopodium quinoa* Willd.）为藜科（Chenopodiaceae）藜属（*Chenopodium*），一年生草本，又称昆诺阿藜。

（一）分类和生产

藜麦原产于南美洲安第斯山脉，有 7000 多年历史。20 世纪 80 年代开始，世界各国从安第斯地区引种藜麦，2015 年全球种植藜麦的国家达 95 个。目前，藜麦种植主要在南美洲和北美洲，其中秘鲁和玻利维亚两个国家各自种植约 7.5 万 hm^2 和 4.5 万 hm^2，2016 年时产量分别为 7.9 万 t 和 6.5 万 t，约占全球总量的 90%以上，厄瓜多尔、智利、阿根廷、美国、加拿大等国也都有种植，亚洲、欧洲、大洋洲种植相对较少。主要的品种有 *C. quinoa* Willd、*C. pallidicaule* Aellen、*C. daylength-neutral*、*C. nuttalliae* Safford 等。

我国自 20 世纪末开始在西北地区试验种植藜麦，主要在青海、山西、甘肃、内蒙古等北方高海拔地区。从引进的 *C. quinoa* Wild 品种演化形成适合本地栽培的陇藜 1 号，培育出适合青海、山西、内蒙古等地气候的早熟或晚熟品种。截至 2017 年，我国的藜麦种植面积已达到 0.9 万 hm^2，年产藜麦 0.98 万 t。

（二）成分

藜麦籽粒中含蛋白质 16%左右，碳水化合物超过 60%，脂肪 7%，纤维和灰分都略高于 3%。

藜麦中的蛋白质主要为清蛋白和白蛋白，具有与鸡蛋蛋白质相近的高溶解性（47.0%~93.0%）及高消化率（91.6%~95.3%），一般谷物缺乏的赖氨酸、色氨酸、苏氨酸及蛋氨酸等必需氨基酸含量丰富，氨基酸符合 FAO/WHO 模式，是完全蛋白质。

　　藜麦淀粉是 A-type 晶型结构，相对结晶度 35%~43%，粒径 0.4~2μm。藜麦淀粉中直链淀粉占 4.7%~17.3%，直链淀粉的链长较短，每个直链分子有较多的单元链；而支链淀粉的链长和聚合度较高，单元链数量众多，超长支链所占比重高达 13%~19%。藜麦淀粉在不同温度下具有不同的热力学稳定性和流变性。差示热量扫描分析显示，藜麦淀粉糊化温度为 57~64℃，相变热熔值为 8.8~11.5J/g。

　　藜麦中油脂含量为 5.0%~7.2%，高于一般谷物的 2~3 倍。藜麦油脂富含不饱和脂肪酸，尤其是亚油酸和亚麻酸含量较高，其中 ω-6 和 ω-3 不饱和脂肪酸的比例约为 6∶1，总不饱和脂肪酸含量达 89%，多不饱和脂肪酸含量高达 54%~58%。

　　藜麦中维生素 E 的含量为 5.37mg/100g，维生素 B_2 为 0.39mg/100g，叶酸为 78.1mg/100g，类胡萝卜素为 1.1~1.8mg/100g，维生素 C 为 5~16.5mg/100g，维生素 B_6 为 0.2mg/100g。

　　藜麦中磷含量为 140~530mg/100g，钙为 27.5~148.7mg/100g，镁为 26~502mg/100g，钾为 7.5~1200mg/100g，铁为 1.4~16.8mg/100g，锌为 2.8~4.8mg/100g。

　　藜麦中还含有皂苷、酚类、甾醇、甜菜素和甜菜碱等生物活性物质。

（三）品质规格与标准

　　目前，我国关于藜麦的质量标准只有粮食行业标准 LS/T 3245—2015《藜麦米》。质量指标主要为：不完善粒≤3.0%；杂质总量≤1.0%，其中藜麦粒≤0.35%，矿物质≤0.02%；碎米≤3.0%；水分≤13.0%；色泽、气味正常。

（四）用途

　　藜麦是一种高蛋白质、低热量、生物活性物质丰富的新型粮食资源，在保健品和功能性食品、药品、化妆品开发等方面具有重要的研究价值。

　　藜麦的籽粒像稻米一样既可以整粒食用，也可以磨成面粉。利用各种加工技术如挤压膨化、超微粉碎、萃取蒸馏、水解、发酵、酶解、乳化等开发的藜麦产品有饮料、酒、米面制品、保健品、麦片等。近年来，藜麦叶被开发为时尚蔬菜，可以像菠菜一样食用，而且富含天然色素，略带清香。未来有望以藜麦为原料开发出更多食品或功能性产品。

十、　其他杂谷类

1. 穇子（Finger Millet）

　　穇子为一年生草本，通常称为龙爪稷、龙爪粟、鸭足稗和鸡爪谷等，是一种粒小、耐贮藏的热带耐旱谷物。起源于非洲，主产区在印度，我国以西南各省种植较多。穇子含蛋白质 7% 左右，籽粒可做饼、煮粥，酿制啤酒。

2. 食用稗（Japanese Barnyard Millet）

　　食用稗为一年生草本，在《植物名实图考》中称为湖南穇子。食用稗是一种古老的谷类作物，在亚洲、非洲、欧洲和世界其他较温暖的地区均有种植。除去谷壳后，籽粒表面光滑，颜色洁白，有光泽，用以煮粥或磨面，蒸食尤佳，稗面煎饼十分可口，也是多种食品糕点的原料。还可用于做饴糖、酿造或榨油。

3. 珍珠粟（Pearl Millet）

　　珍珠粟为一年生草本，我国又称蜡烛稗或循谷。主产区是亚洲的印度和西北非洲。我国多年来未大面积种植珍珠粟。蛋白质含量 8.3%~20.9%，平均为 16%。在一些发展中国家和地区，主要以珍珠粟的籽粒作粮食用。有些国家将珍珠粟磨成粉或湿磨成糊，做饼或面包以及其他形式的糕点。在发达国家和地区，珍珠粟籽粒主要用作家禽和牲畜饲料或饲料添加剂。

🔍 复习思考题

1. 稻谷的籽粒形态有何特点？

2. 简述大米的贮藏要求。

3. 稻谷的加工特点是什么？大米适合制作哪些产品？

4. 小麦及小麦粉的物理和化学性质有哪些？

5. 我国小麦及小麦粉的等级标准是什么？

6. 小麦的一次、二次加工性能及测定评价方法有哪些？

7. 小麦粉的用途有哪些？

8. 世界及我国玉米生产和消费的基本情况是什么？

9. 玉米的化学组成及营养特点有哪些？

10. 玉米的规格标准主要有哪些？

11. 玉米的加工利用途径有哪些？

12. 世界及我国大麦、燕麦、黑麦、荞麦、粟、黍稷等杂粮生产和消费的基本情况是什么？

13. 大麦、燕麦、黑麦、荞麦、粟、黍稷等杂粮化学组成及营养特点有哪些？主要加工利用途径是什么？

参 考 文 献

[1] 李里特. 食品原料学（第二版）. 北京：中国农业出版社，2011.

[2] 胡爱军，郑捷. 食品原料手册. 北京：化学工业出版社，2012.

[3] 杨月欣. 中国食物成分表（第六版第一册）. 北京：北京大学医学出版社，2018.

[4] Jinsong Bao, ed. Rice: chemistry and technology (fourth edition). United Kingdom: Woodhead Publishing, 2018.

[5] 赖穗春，河野元信，王志东，等. 米饭食味计评价华南籼稻食味品质. 中国水稻科学，2011，25（4）：435~438.

[6] Tian S, Nakamura K, Kayahara H. Analysis of phenolic compounds in white rice, brown rice, and germinated brown rice. Journal of Agricultural and Food Chemistry, 2004, 52 (15): 4808~4813.

[7] 张正茂，阚玲，王丽. 不同糯性谷物淀粉性质的比较研究. 现代食品科技，2019，35（1）：51~57.

[8] Francis Fleurat-Lessard. Integrated management of the risks of stored grain spoilage by seedborne fungi and contamination by storage mould mycotoxins-An update. Journal of Stored Products Research, 2017, (71): 22~40.

[9] Ashish Manandhar, Paschal Milindi, Ajay Shah. An overview of the post-harvest grain storage practices of smallholder farmers in developing countries. Agriculture, 2018, 8 (57): 2~21.

[10] 徐海泉，杜松明，卢士军，等. 我国膳食模式为什么还要以谷类为主？中国食物与营养，2017，23（1）：9~11.

[11] 李里特，江正强. 焙烤食品工艺学（第三版）. 北京：中国轻工业出版社，2019.

第三章

CHAPTER

豆类和薯类食品原料

3

[学习目标]

1. 了解豆类及薯类的生产、消费和流通基本情况；
2. 学习豆类及薯类的基本形态和结构特点、性状及成分组成、营养特点；
3. 熟悉豆类及薯类的品质规格、质量标准、品质管理方法；
4. 掌握豆类及薯类的主要利用途径。

第一节 概 论

豆类属豆科植物，以成熟的种子供食，含有丰富的蛋白质，比禾谷类粮食高 2~4 倍，比畜、禽产品的肉、蛋也高 1 倍左右。蛋白质不但含量高，而且质量好。豆类蛋白质为全价蛋白质，含人体所需氨基酸齐全，且接近人体需要的比值，在人类植物蛋白供应中起着重要作用。豆类种类很多，但作为粮食种植的品种并不太多，主要品种有大豆、绿豆、蚕豆、赤豆、饭豆等。豆类作物用途广泛，可以加工制成多种食品来满足人们膳食和营养的需要，同时还有较好的医疗保健价值。

薯类分属不同的科属，是以地下块根或地下块茎供食，包括旋花科的甘薯和茄科的马铃薯、木薯。薯类是高产作物，适应性强，适于普遍种植。薯类不仅富含碳水化合物、维生素、多种矿物质等营养成分，还对预防癌症、心脑血管疾病、动脉硬化、糖尿病有很好的作用。除可作主食外，还可以加工淀粉、酿酒和作蔬菜食用。

一、 豆类和薯类的生产、 消费与流通

（一）豆类和薯类的生产

1. 豆类的生产

按照植物学分类，豆类属于双子叶植物豆科（Leguminosae）蝶形花亚科（Papilionaceae），

多为一年生或越年生作物。食用豆类是当今人类栽培的三大类食用作物（禾谷类、豆类及薯类）之一，在农业生产和人民生活中占有重要地位。

豆类具有以下三大特点：①食用豆类作物果实为荚果，即种子成熟于荚皮之中，均有根瘤菌（*Rhizobia*）固氮，可满足食用豆类作物所需氮素的 2/3。一般豆类每年每公顷平均固氮 100kg 左右（1kg 氮相当于 3kg 尿素），豌豆每年可固氮 $75 \sim 85kg/hm^2$，蚕豆 $55 \sim 145kg/hm^2$，普通菜豆 $45 \sim 90kg/hm^2$，豇豆 $40 \sim 200kg/hm^2$，绿豆 $30kg/hm^2$。根瘤菌固氮能力最强的时期是与其共生的豆类作物的开花期。②食用豆类种子蛋白质含量高达 20% 以上，如四棱豆达 30% ~ 40%，比禾谷类高 1~3 倍，比薯类高 9~14 倍，赖氨酸含量也比谷类高 2~3 倍，并含有丰富的矿物质元素和多种维生素，用途广泛，不仅可直接食用，而且能够加工成各类食品，其副产品也可充分利用。③食用豆类品种繁多，一些豆类具有特殊的耐旱、耐阴、耐湿、耐寒和耐热性，相当多的品种生长期短、抗逆性强，能适应轮作倒茬、间作、套种等多种耕作制度，或作为速生的救灾和填闲作物。

豆类的品种繁多，我国主要生产大豆、蚕豆、豌豆、绿豆、小豆、芸豆等 20 多种食用豆。此外，还有许多种植较少，或近年从国外传入的豆类，如四棱豆、利马豆、鹰嘴豆、瓜尔豆等。与禾谷类相比，豆类种子中蛋白质含量较高，一般种子中蛋白质含量为 20% ~ 40%，而且所含氨基酸的种类比较齐全，尤其是赖氨酸含量丰富，豆类蛋白质的组成可以与谷类蛋白质互补。因此，食用豆类品种资源的研究和开发利用非常重要。

在我国，大豆和花生习惯上不包括在狭义的食用豆类之中。食用豆类按其种子营养成分含量可分成两大类：第一类为高蛋白质（35% ~ 40%）、中淀粉（35% ~ 40%）、高脂肪（15% ~ 20%），如羽扇豆、四棱豆等；第二类为高蛋白质（20% ~ 30%）、中淀粉（55% ~ 70%）、低脂肪（<5%），如蚕豆、豌豆、绿豆、小豆、豇豆、普通菜豆、多花菜豆、小扁豆、木豆、鹰嘴豆等。

食用豆类的栽培历史悠久，约从公元前 6000 年，豆类开始作为人类的食物。约在公元前 5000 年，我国就开始食用大豆。据 FAO 资料，2017 年世界各大洲食用豆类种植面积及总产量如图 3-1 所示。

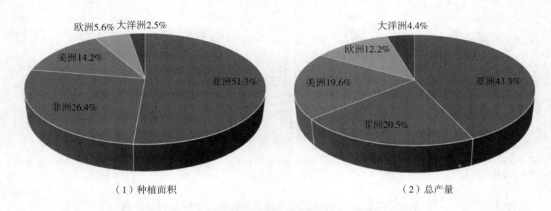

（1）种植面积　　　　　　　　　　　　（2）总产量

图 3-1　世界各大洲食用豆类种植面积和总产量

资料来源：FAO。

世界食用豆类的主要种植区在亚洲、非洲和美洲。亚洲是世界食用豆类第一大产区，非洲第二，此后依次是美洲、欧洲和大洋洲。目前亚洲的食用豆类种植面积占世界食用豆类种植面积的 51.3%，非洲食用豆类种植面积占世界食用豆类种植面积的 26.4%，美洲、欧洲和大洋洲分别占 14.2%、5.6% 和 2.5%。从食用豆类总产量来看，目前亚洲的食用豆类总产量占世界食用豆类总产量的 43.3%，非洲食用豆类总产量占世界食用豆类总产量的 20.5%，美洲、欧洲和大洋洲分别占 19.6%、12.2% 和 4.4%。

按照种植面积和总产量，世界主要食用豆类依次为：大豆、豌豆、鹰嘴豆、小扁豆、豇豆、木豆、蚕豆、羽扇豆等。世界食用豆类的生产国家和地区产量排序如表 3-1 所示。2015—2017 年世界及主产国家和地区食用豆类种植情况见表 3-2，2015—2017 年世界前 10 位食用豆类作物主产国家和地区及其总产量如表 3-3 所示。

表 3-1　　　　　　　　　　世界食用豆类的生产国家和地区产量排序

品种	排序				
	1	2	3	4	5
大豆	美国	巴西	阿根廷	中国	印度
豌豆	加拿大	俄罗斯	欧盟	中国	乌克兰
鹰嘴豆	印度	澳大利亚	缅甸	埃塞俄比亚	俄罗斯
小扁豆	加拿大	印度	美国	哈萨克斯坦	尼泊尔
豇豆	尼日利亚	尼日尔	布基纳法索	坦桑尼亚	喀麦隆
木豆	印度	缅甸	马拉维	肯尼亚	尼泊尔
蚕豆	中国	欧盟	埃塞俄比亚	澳大利亚	英国
羽扇豆	澳大利亚	欧盟	波兰	俄罗斯	摩洛哥

资料来源：FAOSTAT。

表 3-2　　　　　　2015—2017 年世界及主产国家和地区食用豆类种植情况　　　　　单位：khm²

国家	2015 年	2016 年	2017 年
世界	6020.1	5495.9	5612.0
印度	2160.8	2046.0	2149.0
俄罗斯	354.5	5.8	5.1
欧盟	312.3	292.5	384.2
尼日利亚	140.1	141.0	142.1
波兰	123.3	98.8	158.0
泰国	101.5	102.2	103.5
英国	94.0	93.0	95.0
西班牙	52.0	54.2	81.7
中国	50.0	54.5	61.2

资料来源：FAOSTAT。

表 3-3　　　　　2015—2017 年世界食用豆类作物主产国家和地区及其总产量　　　　　单位：万 t

国家	2015 年	2016 年	2017 年
印度	1731.4	1815.4	2324.1
加拿大	606.8	813.0	871.5
缅甸	629.6	657.7	705.3

续表

国家	2015 年	2016 年	2017 年
欧盟	495.0	507.2	558.8
中国	417.7	452.7	501.7
俄罗斯	246.7	294.3	426.5
澳大利亚	198.9	241.5	412.4
尼日利亚	237.1	311.5	347.6
巴西	309.6	262.3	304.6
美国	257.5	341.5	294.1

资料来源：FAOSTAT。

亚洲的印度、缅甸、中国，非洲的尼日利亚，美洲的加拿大、巴西，欧洲的欧盟、俄罗斯，大洋洲的澳大利亚等是食用豆类的生产大国和地区。印度是世界食用豆类最大的生产国，也是最大的消费国和进口国。印度的食用豆类产量占世界食用豆类生产总量的24.2%，位居世界第一；加拿大生产量占世界食用豆类生产总量的9%，位居世界第二；缅甸是世界第三大食用豆类生产国，生产量占世界食用豆类生产总量的7%。中国排名第五，生产量占世界食用豆类生产总量的5%，食用豆类种植面积占世界的3%。

2. 薯类的生产

马铃薯、甘薯和木薯被称为三大薯类。马铃薯俗称土豆、洋芋、洋山芋、山药蛋、荷兰薯等，茄科马铃薯栽培种，为一年生草本块茎类植物。原产于南美洲，约15世纪中期传入我国。世界上79%的国家种植马铃薯，仅次于小麦、水稻和玉米。甘薯又名山芋、红芋、番薯、红薯、白薯、地瓜等，旋花科甘薯属一年生或多年生蔓生草本。甘薯起源于墨西哥以及从哥伦比亚、厄瓜多尔到秘鲁一带的热带美洲，16世纪末从东南亚引入中国。木薯别称树薯、木番薯、地下部结薯等，为热带和亚热带多年生植物，温带一年生灌木。木薯起源于热带美洲，约有4000年的栽培历史。我国于19世纪20年代引种栽培，分布于淮河、秦岭一线和长江流域以南，以广东和广西的栽培面积最大，福建和台湾次之，云南、贵州、四川、湖南、江西等地也有少量栽培。

据FAO资料，2017年世界三大薯类种植面积为5484.8万hm²，总产量为79301.9万t。世界各大洲三大薯类种植面积及总产量如图3-2所示。

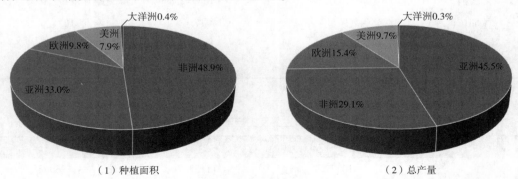

（1）种植面积　　　　　　　　　　　　　（2）总产量

图3-2　世界各大洲三大薯类种植面积和总产量

资料来源：FAO。

世界三大薯类的主要种植区在非洲、亚洲和欧洲。非洲是世界三大薯类种植的第一大区域，亚洲位列第二，此后依次是欧洲、美洲和大洋洲。目前非洲三大薯类种植面积占世界三大薯类种植面积的 48.9%，亚洲三大薯类种植面积占世界三大薯类种植面积的 33.0%，欧洲、美洲和大洋洲分别占 9.8%、7.9% 和 0.4%。从三大薯类总产量来看，目前亚洲的三大薯类总产量占世界三大薯类总产量的 45.5%，非洲三大薯类总产量占世界三大薯类总产量的 29.1%，欧洲、美洲和大洋洲分别占 15.4%、9.7% 和 0.3%。

世界三大薯类主产国家的产量排序如表 3-4 所示。

表 3-4   世界三大薯类生产国家的产量排序

品种	排序				
	1	2	3	4	5
马铃薯	中国	欧盟	印度	俄罗斯	乌克兰
甘薯	中国	马拉维	坦桑尼亚	尼日利亚	印度尼西亚
木薯	尼日利亚	刚果	泰国	印度尼西亚	巴西

资料来源：FAOSTAT。

据 FAO 统计，以每年马铃薯、甘薯、木薯的总产量为准，2015—2017 年世界前 10 位薯类主产国家和地区及其总产量如表 3-5、表 3-6 和表 3-7 所示。

表 3-5   2015—2017 年世界及主产国家和地区马铃薯总产量   单位：万 t

国家	2015 年	2016 年	2017 年
世界	37657.7	37425.2	38819.1
中国	9491.7	9570.7	9920.6
欧盟	5387.3	5637.9	6132.0
印度	4800.9	4341.7	4860.5
俄罗斯	3364.6	3110.8	2959.0
乌克兰	2083.9	2175.0	2220.8
美国	2001.3	2002.2	2001.7
德国	1037.0	1077.2	1172.0
孟加拉国	925.4	947.4	1021.6
波兰	631.4	887.2	917.2
荷兰	665.2	653.4	739.2

资料来源：FAOSTAT。

表 3-6   2015—2017 年世界及主产国家甘薯总产量   单位：万 t

国家	2015 年	2016 年	2017 年
世界	10832.7	11153.8	11283.5
中国	7135.5	7240.1	7203.2
马拉维	432.5	446.4	547.2

续表

国家	2015 年	2016 年	2017 年
坦桑尼亚	345.4	384.4	424.4
尼日利亚	384.5	393.0	401.4
印度尼西亚	230.0	216.9	202.3
埃塞俄比亚	151.2	194.0	200.8
安哥拉	193.3	181.7	185.8
乌干达	204.5	206.8	165.7
美国	140.7	143.1	161.7
印度	122.8	145.4	146.0

资料来源：FAOSTAT。

表 3-7　　　　　　　　2015—2017 年世界及主产国家木薯总产量　　　　　　　单位：万 t

国家	2015 年	2016 年	2017 年
世界	29524.3	29604.3	29199.3
尼日利亚	5764.3	5956.6	5948.6
刚果	3493.1	3402.4	3159.6
泰国	3235.8	3116.1	3097.3
印度尼西亚	2180.1	2074.5	1904.6
巴西	2306.0	2108.4	1887.6
加纳	1721.3	1779.8	1847.1
安哥拉	772.7	1018.3	1174.8
柬埔寨	909.1	983.1	1057.8
越南	1074.0	1091.0	1026.8
莫桑比克	810.3	910.0	877.4

资料来源：FAOSTAT。

我国是薯类生产大国，2017 年我国马铃薯种植面积 577 万 hm^2，年产量达 9920 万 t，占全球总产量的 25.6%；甘薯种植面积 337 万 hm^2，年产量达 7203 万 t，占全球总产量的 63.8%；木薯种植面积 29 万 hm^2，年产量达 486 万 t。其中马铃薯、甘薯的种植面积和产量均居世界首位。因此，薯类是继稻谷、玉米、小麦之后的重要作物。

（二）豆类和薯类的消费与流通

1. 豆类的消费与流通

豆类及其制品是我国传统食物，含有丰富的优质蛋白质、不饱和脂肪酸、钙及维生素 B_1、维生素 B_2、维生素 B_3 等。它不仅蛋白质含量高，而且所含氨基酸的种类比较齐全，尤其是赖氨酸含量丰富，是重要的蛋白质来源。多数豆类还含有较多的矿物质和维生素，如大豆比小麦钙含量高 15 倍，磷含量高 7 倍，铁和 B 族维生素含量高 10 倍。我国人民普遍嗜好豆类加工成的豆制品，如豆腐、豆沙、豆浆、豆皮、粉丝、豆酱、豆芽及其新鲜种子、荚果等。豆类制成的大豆蛋白粉，营养丰富，风味独特，深受大众喜爱。大豆还富含油脂，已大量用于生产食用油。

发展中国家占世界食用豆消费量的3/4，发达国家仅为1/4。世界食用豆产量约65%用作食物，约25%用作饲料。食用豆在发达国家主要用作饲料，发展中国家主要用作食物，发达国家和发展中国家的食用豆消费用途迥异。南亚是食用豆作为食物消费的最大地区，包括印度、巴基斯坦、斯里兰卡和孟加拉等。由于食用豆富含蛋白质和膳食纤维、脂肪含量低，发达国家食用豆的人均消费量呈增长的趋势。在发展中国家，印度食用豆消费增长潜力最大，其次是中国，因此亚洲地区食用豆消费将呈进一步增长态势。

我国居民豆类摄入长期以来基本保持稳定，但摄入量不足。从蛋白质的食物来源看，豆类食物对我国居民蛋白质的贡献率不足10%，远远低于粮谷类食物和动物性食物。我国成年居民豆类食物的总体消费率为62.1%，受烹饪方式和饮食习惯的影响，主要以烹调豆制品为主，大豆类和预包装豆制品的人群消费率均不足5%。从消费量来看，豆类食物人均消费量为11.3g/d。鉴于豆类食物的营养特点和健康益处，应通过制定相关政策、营养宣教和产业调整等措施提高豆类食物消费量，促进我国居民新鲜豆类食物的摄入，尤其是农村居民、女性和中老年人。

2. 薯类的消费与流通

马铃薯消费按用途可分为鲜食、饲料、加工、种用及其他用途。马铃薯由于营养全面、烹制方便、味道平和，可与各种调味料、香辛料调和，所以在俄罗斯、德国等欧洲国家，是深受欢迎的主食。国际上马铃薯主要用作食品，约占65%，其次是用作饲料，约占11%，加工约占3.6%。作为食品人均年供应量约34kg。

我国是马铃薯生产、消费及加工第一大国，年均原料供应量8640万t，其中作为食品5641万t，占65%，与世界水平相同。其次是用作饲料，占17%。用于加工的占9.6%，居于世界首位，远高于世界平均水平。作为食品人均年供应量约40kg，高于世界平均水平。

马铃薯富含淀粉、蛋白质、维生素和矿物质。马铃薯淀粉在体内吸收缓慢，不会导致血糖上升过快；膳食纤维含量较高，常吃马铃薯可促进胃肠蠕动，降低患结肠癌和心脏病的风险；马铃薯钾含量高，能够排除体内多余的钠，有助于降低血压。在西方，马铃薯素有"地下苹果"和"第二面包"的美称，是每天必不可少的食物。

20世纪70年代前，马铃薯在我国作为主粮，年人均消费量较高。80年代以后，马铃薯作为主粮的功能逐渐消失，消费量一度下降，随着新兴马铃薯消费形式的引进与开发，消费量再度增加。马铃薯食品加工的种类除传统的淀粉、粉条（丝）、粉皮外，还有速冻薯条、油炸薯片、复合薯片、薯泥、薯饼、膨化食品、以全粉为原料的各种马铃薯食品等。2016年年初，农业部发布《关于推进马铃薯产业开发的指导意见》，提出我国马铃薯主食化的发展战略，马铃薯产业发展迅速。马铃薯主食化，就是在保证营养的前提下，研发出适合国民饮食习惯的中式马铃薯主食产品如馒头、面条等，从而实现以马铃薯作为主食之一，促进马铃薯产业向马铃薯主食产业的跨越发展。

据国际马铃薯中心预计，中国未来对马铃薯的消费将以每年5%的速度增长。2017年1—11月我国马铃薯累计出口量、出口额分别为48.52万t、2.86亿美元，同比分别增加22.7%、20.1%；我国马铃薯出口市场相对集中，主要出口越南、马来西亚、日本、俄罗斯等周边国家和地区，其中越南是中国最大的马铃薯出口市场，占总出口总额的30%。2017年1—11月我国马铃薯累计进口量、进口额分别为 11.60 万 t、1.41 亿美元，同比分别减少 14.8%、14.2%；马铃薯进口来源地也比较集中，主要为美国、加拿大、比利时等国，其中美国是我国最大的马铃薯进口国，约占进口总额的 70%。

甘薯在我国曾是一种大宗粮食作物，在粮食短缺时期为解决国民温饱问题做出过巨大贡献。甘薯作为一种健康食物，已得到人们的普遍认可。甘薯的消费结构有直接消费如鲜食，间接消费如粉丝、粉条、粉皮、薯片、薯条、饮料等。甘薯膳食纤维具有预防结肠癌、减肥、改变肠道系统中微生物菌群、提高人体免疫能力的功效，并与抑制血糖升高、降低糖尿病和肥胖症的发病风险、降低血清胆固醇等有密切联系。甘薯糖蛋白具有显著降低血清胆固醇，增强免疫功能和降血糖的作用。甘薯中含有丰富的黏液蛋白，能预防心血管系统的脂肪沉积，保护动脉血管的弹性，预防肝脏和肾脏中结缔组织萎缩，促进消化道、呼吸道及关节腔的润滑。目前甘薯鲜食所占份额为 25% 左右，未来有望提高到 30% 以上。按照甘薯总产量 7500 万 t，商品率 70%，鲜食比例 30%，我国年人均甘薯消费也只有 4.2kg，而美国年人均甘薯消费量为 35kg，日本为 15kg，可见我国甘薯鲜食消费的市场潜力还很大。

木薯是世界上重要的粮食作物和经济作物。我国木薯生产规模较小，占世界份额较低，但我国是世界上最大的木薯进口国。我国木薯贸易以木薯干片和木薯淀粉为主，鲜木薯进口量较少且全部来自越南。2017 年，我国进口鲜木薯 13.22 万 t，占木薯贸易总量的 1.26%。木薯淀粉进口量为 233.10 万 t。与进口相比，我国木薯出口量非常小，其中 2006—2017 年，鲜、干木薯出口总量不到 0.1 万 t。

目前，我国木薯加工主要以淀粉和酒精为主，下游产品开发利用不足。因此，应加大木薯深加工和综合利用的开发，以现有淀粉酒精产业为基础，进行优质资源整合，以生物燃气、变性淀粉、酒精和综合利用产品为重点，研发造纸、食品、纺织、医药、建材、饲料、石油和选矿等木薯用变性淀粉新产品，让我国的木薯生产在产销与供需平衡中协调发展。

二、 豆类和薯类的性状与成分

（一）豆类的性状与成分

1. 性状

豆类果实为荚果。其中一些豆类在未成熟时荚也可以食用，但成熟后可食部分仅为荚内种子。种子的组成包括种皮、子叶和胚。种子的颜色由种皮内侧栅状组织所含的色素决定，种皮表面存在一层不透水的角质层。豆类的表皮肉眼看起来比较光滑，但其在显微镜下结构呈现网状，且有许多凹坑，凹坑可深达栅状细胞下部。这些凹坑往往是藏拙纳污且不易清洗的地方。种脐为种柄脱落留下的痕迹，往往可通过其形状、大小和颜色来鉴别不同品种。种子的一端有一凹陷的小点称为合点，另一端为珠孔，又称发芽孔，发芽时这里吸水，幼根即由珠孔伸出。

两片肥大子叶是豆类可食部分的主体。子叶约占种子的 90%，子叶的外侧为表皮和薄膜组织；内部便是蛋白质、脂肪、淀粉颗粒组成的子叶主体。

2. 成分组成与营养

常见豆类食品原料的营养成分如表 3-8 所示。豆类的主要营养成分包括碳水化合物、蛋白质和脂肪等。不同豆类的脂肪含量差异较大，其中黄豆、黑豆、青豆中脂肪含量较高（14.3% ~ 16.0%），而其他几种豆类中脂肪含量较低（0.4% ~ 4.5%）；黄豆、黑豆、青豆中蛋白质含量要明显高于其他几种豆类，达到 34.5% ~ 43.6%；黄豆、黑豆、青豆、豌豆不溶性膳食纤维含量较高，达到 10.2% ~ 15.5%。多数豆类还含有较多的矿物质和维生素。

表 3-8   常见豆类的营养成分（每100g可食部含量）

名称	热量/ kJ	水分/ g	蛋白质/ g	脂肪/ g	碳水化合物/ g	不溶性纤维/ g	灰分/ g	维生素 A/ μgRE	维生素 B₁/ mg	维生素 B₂/ mg	维生素 B₃/ mg	维生素 E/ mg	Ca/ mg	P/ mg	K/ mg	Na/ mg	Fe/ mg
													矿物质				
								维生素									
黄豆（大豆）	1631	10.2	35.0	16.0	34.2	15.5	4.6	18	0.41	0.20	2.10	18.90	191	465	1503	2.2	8.2
黑豆	1678	9.9	36.0	15.9	33.6	10.2	4.6	3	0.20	0.33	2.00	17.36	224	500	1377	3.0	7.0
青豆	1667	9.5	34.5	16.0	35.4	12.6	4.6	66	0.41	0.18	3.00	10.09	200	395	718	1.8	8.4
绿豆	1376	12.3	21.6	0.8	62.0	6.4	3.3	11	0.25	0.11	2.00	10.95	81	337	787	3.2	6.5
赤小豆	1357	12.6	20.2	0.6	63.4	7.7	3.2	7	0.16	0.11	2.00	14.36	74	305	860	2.2	7.4
芸豆（白）	1320	14.4	23.4	1.4	57.2	9.8	3.6	—	0.18	0.26	2.40	6.16	—	—	—	—	—
芸豆（红）	1384	11.1	21.4	1.3	62.5	8.3	3.7	15	0.18	0.09	2.00	7.74	176	218	1215	0.6	5.4
蚕豆	1414	13.2	21.6	1.0	61.5	1.7	2.7	—	0.09	0.13	1.90	1.60	31	418	1117	86.0	8.2
扁豆	1420	9.9	25.3	0.4	61.9	6.5	2.5	3	0.26	0.45	2.60	1.86	137	218	439	2.3	19.2
豇豆	1407	10.9	19.3	1.2	65.6	7.1	3.0	5	0.16	0.08	1.90	8.61	40	344	737	6.8	7.1
豌豆	1395	10.4	20.3	1.1	65.8	10.4	2.4	21	0.49	0.14	2.40	8.47	97	259	823	9.7	4.9
木豆	1454	10.7	19.8	4.5	58.8	3.7	6.2	—	0.66	—	—	—	231	528	—	—	12.5
鹰嘴豆	1433	11.3	21.2	4.2	60.1	11.6	3.3	7	0.41	0.25	—	11.61	150	450	830	6.0	3.4

注："—"为未检出。

资料来源：杨月欣，《中国食物成分表（第6版／第一册）》，2018。

（二）薯类的性状与成分

1. 性状

马铃薯块茎形态主要有卵形、圆形、长椭圆形、梨形和圆柱形；皮色有红、黄、白或紫色，肉有白、黄、淡紫色等。块茎与匍匐茎相连的一端为脐，相反的一端称顶部，芽眼从顶部到底部呈螺旋式分布。

甘薯根分为须根、柴根和块根。须根呈纤维状，有根毛，吸收水分和养分。柴根是须根在不良条件下形成的畸形肉质根。块根是贮藏养分的器官，也是供食用的部分，分布在 5~25cm 土层中，其形状分为纺锤形、圆筒形、球形和块形等；皮色有白、黄、红、淡红、紫红等；肉色分为白、黄、淡黄、橘红、紫晕等；具有根出芽特性，是育苗繁殖的重要器官。茎匍匐蔓生或半直立，呈绿、绿紫或紫、褐等色。聚伞花序，腋生，形似牵牛花，淡红或紫红色。

木薯高 1m 以上，叶子为深绿色，根茎形状如甘薯。

2. 成分组成与营养

三大薯类食品原料的营养成分如表 3-9 所示。薯类营养丰富，含有碳水化合物、蛋白质、膳食纤维、多种维生素以及矿物质。与谷类相比，薯类的热量更低，脂肪含量极少，且餐后的饱腹感也更强，每天食用适量的薯类，能够减少热量，从而控制甚至减轻体重。薯类含有钙、磷、钾、钠、铁等多种矿物质，且多数含量都高于蔬菜；薯类是典型的高钾低钠食品，尤其是木薯，钾含量要比马铃薯、甘薯高得多。按干重计算，薯类钾的含量是精白大米的 10 倍以上。薯类含有丰富的维生素，如脂溶性维生素 A 和维生素 E、水溶性 B 族维生素和维生素 C。薯类中维生素 C 的含量可以与叶菜相当，是苹果、葡萄的 6~20 倍；维生素 B_1 和维生素 B_2 的含量是精白大米的 6~10 倍。薯类还含有丰富的纤维素，很容易让人产生饱腹感且不易饥饿。

表 3-9　　　　　　　　　三大薯类的营养成分（每100g可食部含量）

名称	热量/kJ	水分/g	蛋白质/g	脂肪/g	碳水化合物/g	不溶性纤维/g	灰分/g
马铃薯	343	78.6	2.6	0.2	17.8	1.1	0.8
甘薯（白心）	444	72.6	1.4	0.2	25.2	1.0	0.6
甘薯（红心）	260	83.4	0.7	0.2	15.3	—	0.4
木薯	498	69.0	2.1	0.3	27.8	1.6	0.8

名称	维生素						矿物质				
	维生素 A_1/μgRE	维生素 B_1/mg	维生素 B_2/mg	维生素 B_3/mg	维生素 C/mg	维生素 E/mg	Ca/mg	P/mg	K/mg	Na/mg	Fe/mg
马铃薯	1	0.10	0.02	1.10	14.0	0.34	7	46	347	5.9	0.4
甘薯（白心）	18	0.07	0.04	0.60	24.0	0.43	24	46	174	58.2	0.8
甘薯（红心）	63	0.05	0.01	0.20	4.0	0.28	18	26	88	70.9	0.2
木薯	—	0.21	0.09	1.20	35.0	—	88	50	764	8.0	2.5

注："—"为未检出。

资料来源：杨月欣，《中国食物成分表（第6版/第一册）》，2018。

三、 豆类和薯类的品质、 规格和等级

（一）豆类的品质、规格和等级

豆类按其成分和形态可分为三大类，即以蛋白质和脂肪为主要成分的豆类（大豆），以淀粉和蛋白质为主要成分的豆类（蚕豆、豌豆、小豆、绿豆、豇豆、普通菜豆、小扁豆、饭豆等）和可作为蔬菜利用的豆类（毛豆、豆角）。本章的食用豆类主要指上述的第一和第二类。豆类品质的一般要求：没有异物或杂草种混入，种皮薄，粒形饱满，大小一致，含水率在 14%以下。异物包括：未熟种子、虫蛀粒、软质粒、腐粒、其他种子及土、石块等。一般检查评价的规格有：每升容积重、千粒重、纯粮率、粒整齐度、病虫害粒率等指标。

豆类品质管理最大的问题是霉变，尤其是大豆，如果在贮藏中受潮，很容易产生黄曲霉毒素的污染。FAO 及 WHO 规定，食物中黄曲霉毒素含量不能超过 15mg/kg。因此，贮藏豆类的关键是干燥和低温。降低豆类的含水量，是豆类安全贮藏的重中之重。豆类在加工时，消毒面临的最大问题为嗜热芽孢菌的灭菌处理。因为豆类一般可能混入从土壤中带来的芽孢菌，这些菌往往在 100℃还不能完全被杀灭。因此，在豆类的收获、贮藏、流通中，一定要注意减少微生物的污染和霉变。

（二）薯类的品质、规格和等级

1. 马铃薯

马铃薯品质的基本要求有：同一品种或相似品种，完好，无腐烂，无冻伤、黑心、发芽、绿薯，无严重畸形和严重损伤，无异常外来水分，无异味。在符合基本要求的前提下，马铃薯分为特级、一级和二级（NY/T 1066—2006《马铃薯等级规格》）。我国国家标准 GB/T 31784—2015《马铃薯商品薯分级与检验规程》规定了不同用途（鲜食、薯片加工、薯条加工、全粉加工、淀粉加工）的马铃薯各等级的质量要求、检验方法、级别判定、包装、标识等技术要求。

以马铃薯块茎质量划分为三个规格指标，分为：大（L），单薯质量>300g；中（M），单薯质量 100~300g；小（S），单薯质量<100g。

2. 甘薯

甘薯品质的基本要求有：清洁、无可见杂质，外观新鲜、硬实、无脱水、无皱缩，口感好、无异味，无腐烂和变质，无冻害、无水浸、无糠心，无黑斑病、软腐病、茎线虫病、黑痣病、干腐病、紫纹羽病。在符合基本要求的前提下，鲜食甘薯分为特级、一级和二级（NY/T 2642—2014《甘薯等级规格》）。

以鲜食甘薯薯块质量划分为四个规格指标，分为：大（L），单薯质量 500~750g；中（M），单薯质量 300~500g；小（S），单薯质量 150~300g；微型（P），单薯质量 30~150g。

3. 木薯

木薯品质的基本要求有：块根表面光滑，清洁不带杂物，不干皱，无明显缺陷，薯形较好，肉质不应有变黑的纹丝。在符合基本要求的前提下，木薯分为一等品、二等品和三等品三种规格（NY/T 1520—2007《木薯》）。

以食用木薯最大直径划分为三个规格指标，分为：大（L），木薯直径>7.0cm；中（M），木薯直径 5.1~7.0cm，小（S），木薯直径 3.0~5.0cm。

第二节 大 豆

一、 大豆的栽培历史与分类

大豆，豆科（Leguminosae）蝶形花亚科（Papilionoideae）大豆属（*Glycine*）。通常所说的大豆是指栽培大豆［*Glycine max*（L.）Merrill］。大豆起源于中国，其栽培历史至少有5000 多年，适于冷凉地域生长，公元前传播至邻国；18 世纪传入欧洲，之后扩展到中美洲和拉丁美洲，20 世纪 20 年代才广泛栽培，近 30 年开始在非洲栽培。我国的大豆种植主要集中在三个地区：一是东北春大豆区，产量占全国总产量的 40%～50%；二是黄淮流域夏大豆区，产量占 25%～30%；三是长江流域夏大豆区，产量占 10%～15%。一般东北春大豆区多种植油脂含量较高的油用大豆，南方多种植蛋白质含量较高的食用大豆。我国近年育成的优质大豆品种有：以红丰 9 为代表的高油脂品种（>23%）；以诱处 4、科新 3 为代表的高蛋白质品种（>47%）；以皖豆 10、中豆 8 为代表的油脂和蛋白质双高品种（油脂与蛋白质总含量>66%）。目前我国大豆的栽培、育种与产业化生产要求即品质的规格化、标准化要求与发达国家相比尚有不小差距。

根据用途不同，大豆可分为食用大豆和饲用大豆两类。食用大豆又可分油用大豆、粮用大豆和菜用大豆 3 类。粗脂肪含量≥16%（干基）的大豆可作为油用大豆；水溶性蛋白质含量≥30%（干基）的大豆可作为粮用大豆；菜用大豆一般要求烹调容易、味道香甜的鲜豆或青豆。颗粒小、品质差的等外大豆一般用作饲料。

根据皮色，大豆可分为 2 类：一类为黄豆，一类为杂色大豆。黄豆产量占大豆产量的 90%以上，一般所说的大豆往往是指黄豆。杂色大豆的皮色有青、黑、褐、茶或赤等色，而子叶一般仍为黄色，但有的为青色，因此有青皮青仁、青皮黄仁、黑皮青仁和黑皮黄仁大豆之分。黄豆按粒型可分为大粒、中粒和小粒黄豆，大粒主要用于煮豆产品，中粒用于制作豆腐、豆瓣酱，小粒宜于做豆豉类产品。

二、 大豆的性状与成分

（一）大豆及种子的形态、性状

大豆为一年生草本植物，茎直立或蔓生，植株一般高 0.5～1m，蔓生种长达 2m 以上，分枝发展，叶互生。其果实为荚果，荚内含种子 1～4 粒。荚的形状有扁平、半圆等类型。荚面通常有茸毛，成熟后呈草黄、灰等色。大豆植株的形态结构如图 3-3 所示。

大豆荚果脱去果荚后为大豆种子，大豆种子有球形、扁圆形等，其结构如图 3-4 所示。大豆种子上有一个长椭圆形的脐，脐的一端有珠孔，大豆发芽时，幼小的胚根由此小孔伸出，所以又称发芽孔。脐的另一端有一凹陷的小点，称为合点。不同品种的大豆，其脐的形态颜色、大小略有区别。

大豆种子的外层为种皮，其内为胚，种皮与胚之间为胚乳残存组织（图 3-4）。种皮由三层形状不同的细胞组织构成。最外层为栅状细胞组织，由一层似栅栏状并排列整齐的长条形细胞组成，细胞外壁很厚，构成大豆种子的表皮层。栅状细胞较坚硬并互相排列紧密，一般情况下水较易透过，但若它们互相排列过分紧密时，水便无法透过，这种大豆称为"石豆"，几乎不能加工利用。栅状细胞下为圆柱状细胞组织，由两头宽而中间较窄的细胞组成，细胞间有空隙。泡豆时，此细胞膨胀极大。圆柱状细胞下是海绵状组织，由6~8层薄细胞壁的细胞组成，间隙较大，泡豆时吸水剧烈膨胀。种皮约占大豆种子质量的8%，主要由纤维素、半纤维素和果胶质等组成，食品加工中一般作为豆渣除去。

图3-3　大豆植株形态

1—果枝　2—花　3—旗瓣　4—翼瓣　5—龙骨瓣
6—雄蕊　7—雌蕊　8—花萼　9—种子放大　10—根

资料来源：《中国植物志（第41卷）》，1995。

（二）化学组成与营养

大豆种子的胚由胚芽、胚轴、胚根和两枚子叶组成，各部分成分见表3-10。胚芽、胚轴和胚根3部分约占整个大豆种子质量的2%，富含异黄酮和皂苷。大豆子叶约占整个大豆种子质量的90%，是大豆种子主要的可食部分，其表层是一层近似正方形的薄壁细胞，其下为2~3层长形的栅状细胞，是大豆子叶的主体。在超显微镜下，可观察到子叶细胞内白色的细小颗粒和黑色团块。白色的细小颗粒称为圆球体，直径0.2~0.5μm，内部蓄积有中性脂肪；黑色团块称为蛋白体，直径2~20μm，其中主要为蛋白质。

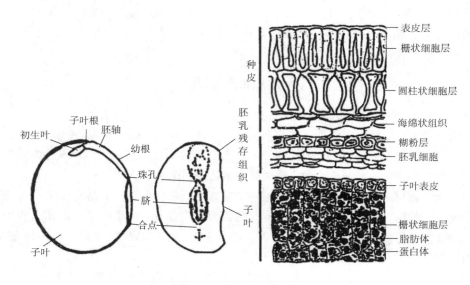

图3-4　大豆种子的结构

资料来源：李里特，《食品原料学（第二版）》，2011。

表 3-10　　　　　　　　　整粒大豆及不同部位的主要成分及含量　　　　　　　　　单位:%

部位	水分	粗蛋白[1]（N×6.25）	碳水化合物（包括粗纤维）	粗脂肪	灰分
整粒	11.0	38.8	27.3	18.5	4.3
子叶	11.4	41.5	23.0	20.2	4.4
种皮	13.5	8.4	74.3	0.9	3.7
胚（根、轴、芽）	12.0	39.3	35.2	10.0	3.9

注：①粗蛋白含量是以含氮量×6.25 计算。

除表 3-10 的主要成分外，大豆还富含矿物质、磷脂、维生素等多种营养成分。其各种成分的含量与大豆的品种、产地、收获时间等密切相关。几种国产大豆的主要营养成分见表 3-11。

表 3-11　　　　　　　国产大豆的主要营养成分（每 100g 可食部含量）

地区	热量/kcal	水分/g	蛋白质/g	脂肪/g	糖类/g	粗纤维/g	灰分/g
北京	412	10.2	36.3	18.4	25.3	4.8	5.0
陕西	263	502	6.6	0.39	—	0.24	1.6
新疆	420	7.0	35.0	13.4	31.1	4.9	4.7
江苏	428	8.7	40.5	20.2	21.0	4.6	5.0
湖南	232	518	14.9	0.12	—	0.14	1.7
贵州	403	10.1	36.9	15.8	28.4	4.5	4.4
福建	242	354	10.8	—	—	—	—
四川	407	12.0	36.6	18.2	24.5	4.6	4.4

地区	钙/mg	磷/mg	铁/mg	胡萝卜素/mg	维生素 B_1/mg	维生素 B_2/mg	维生素 B_3/mg
北京	367	571	11.0	0.40	0.79	0.25	2.1
陕西	408	10.0	39.6	17.1	23.9	5.2	4.2
新疆	325	454	10.5	0.41	0.46	0.19	1.8
江苏	190	631	10.2	—	—	—	—
湖南	404	10.0	37.8	17.2	24.6	5.0	5.4
贵州	330	480	—	0.16	0.38	0.20	3.0
福建	344	20.0	35.4	12.1	23.3	4.6	4.6
四川	240	516	10.0	0.34	—	0.25	2.3

注："—"表示未检出。

资料来源：李里特，《食品原料学（第二版）》，2011。

1. 常量成分

(1) 蛋白质 大豆中含有丰富的蛋白质，是大豆最重要的成分之一。根据品种不同，大豆中蛋白质含量也有较大差异。国产大豆的蛋白质含量一般在 40% 左右，个别品种可达 50% 以上。按含 40% 蛋白质计算，1kg 大豆的蛋白质含量相当于 2.3kg 猪瘦肉或 2kg 瘦牛肉的蛋白质含量，所以大豆被誉为"植物肉"。

根据在种子中所起的作用不同，大豆中的蛋白质一般可分为贮存蛋白、结构蛋白和生物活性蛋白，其中贮存蛋白是大豆蛋白的主体，作为食物，主要利用大豆中的贮存蛋白。这些蛋白质颗粒周围虽有磷脂质膜，但膜易破裂，所以可用水抽提。根据溶解性不同，大豆蛋白质可分为球蛋白和白蛋白（清蛋白）。大豆中 90% 以上的蛋白质为球蛋白。大豆蛋白质大部分等电点在 pH 4.3 附近，可溶于水，但受热，特别是蒸煮等高温处理，溶解度急剧下降。在豆腐和大豆分离蛋白加工中，白蛋白一般在水洗和压滤过程中流失掉。

大豆球蛋白是多组分蛋白质，根据沉降速度法将大豆球蛋白超离心分离，可得到 2S、7S、11S 和 15S 共 4 种组分。2S 组分占大豆蛋白质的 22%，7S 组分占大豆蛋白质的 37%，11S 组分占大豆蛋白质的 31%，15S 组分占大豆蛋白质的 11%，可见 7S 和 11S 为大豆蛋白质的主要成分。免疫学分析表明，大豆球蛋白至少是由大豆球蛋白（Glycinin）、β-伴大豆球蛋白（β-Conglycinin）、α-伴大豆球蛋白以及 γ-伴大豆球蛋白 4 种不同的蛋白质组成。表 3-12 所示为不同大豆球蛋白组分的含量及分子质量。

表 3-12　　　　　　　　大豆球蛋白主要组分的含量及分子质量

| 蛋白质组成 | | 含量/% | | 分子质量 |
超离心分析法	免疫分析法	超离心分析法	免疫分析法	/ (1×10^3 u)
2S 球蛋白	α-伴大豆球蛋白	15.0	13.8	18~33
7S 球蛋白	β-伴大豆球蛋白	34.0	27.9	180~210
	γ-伴大豆球蛋白		3.0	105~150
11S 球蛋白	大豆球蛋白	41.9	40	300~350
15S 球蛋白	大豆球蛋白的聚合体	9.1		600

长期以来，人们低估了大豆蛋白质的营养价值。采用较新的蛋白质消化率修正后的氨基酸得分（Protein digestibility corrected amino acid score，简称 PDCAAS）进行评价，大豆分离蛋白得满分（1.0 分），而其他植物蛋白得分较低。所以，在营养上大豆蛋白质不亚于高质量的动物蛋白。表 3-13 为人体对必需氨基酸的需求和大豆蛋白质的氨基酸组成。近年的研究表明，食用大豆蛋白质产品可预防心血管疾病和骨质疏松症，对肾脏病和高血压也十分有益。

(2) 脂类 关于大豆脂类参见本书第四章第二节各类油脂原料中的"大豆油与大豆"部分。

(3) 碳水化合物 大豆中碳水化合物的含量约为 25%，其组成成分比较复杂。一类是不溶性碳水化合物，主要指纤维素、果胶等多聚糖类，一般每 100g 大豆中含 5g 左右，主要存在于种皮。另一类是可溶性碳水化合物，主要由低聚糖（包括蔗糖、棉籽糖、水苏糖）构成，此外还含有少量的阿拉伯糖、葡萄糖等。成熟的大豆几乎不含淀粉或含量很少（为 0.4%~0.9%）。大豆低聚糖的组成（干重）及含量如表 3-14 所示。

表 3-13　　　　　　　人体对必需氨基酸的需求和大豆蛋白质的氨基酸组成　　　　　单位：mg/g

必需氨基酸	FAO/WHO 推荐摄入				大豆蛋白组分			大豆蛋白产品		
	婴儿 3~4 月	幼儿 2~5 岁	少年 10~12	成年	11S 球蛋白	7S 球蛋白		脱脂大豆粉	浓缩大豆蛋白	分离大豆蛋白
						β-伴大豆球蛋白	γ-伴大豆球蛋白			
组氨酸	26	19	19	16	26	17	28	26	25	28
异亮氨酸	46	28	28	13	49	64	44	46	48	49
亮氨酸	93	66	44	19	81	103	76	78	79	82
赖氨酸	66	58	44	16	57	70	68	64	64	64
蛋氨酸+胱氨酸	42	25	22	17	30	6	25	26	28	26
苯丙氨酸+酪氨酸	72	63	22	19	100	110	76	88	89	92
苏氨酸	43	34	28	9	41	28	42	39	45	38
色氨酸	17	11	9	5	15	3	7	14	16	14
缬氨酸	55	35	25	13	49	51	64	46	50	50

资料来源：刘志胜等 . 大豆蛋白营养品质和生理功能研究进展 . 大豆科学, 2000, 19 （3）：263-268.

表 3-14　　　　　　　大豆低聚糖的组成（干重）及含量

成分	含量/%（质量分数）	成分	含量/%（质量分数）
水苏糖	24	果糖、葡萄糖	16
棉籽糖	8	其他糖	3
蔗糖	39		

　　由于大豆低聚糖的主要成分棉籽糖和水苏糖不能被人体直接吸收，而肠内又缺少水解棉籽糖和水苏糖所必需的糖苷酶，在肠内微生物菌群的代谢下，产生二氧化碳、氢气及少量甲烷，所以食用富含大豆低聚糖的产品后往往有胀气现象，从而在一定程度上限制了大豆在食品工业中的应用。但近年来的研究表明，大豆低聚糖可促进肠内的有益菌——双歧杆菌增殖，因此国内外出现了大豆低聚糖的功能产品（详见本书第九章第三节大豆低聚糖部分）。

　　2. 微量成分

　　（1）大豆异黄酮（Isoflavone）　　自然界中异黄酮资源十分有限，大豆是唯一含有异黄酮且含量在营养学上有意义的农作物资源。大豆种子中异黄酮含量为 0.05%~0.7%。虽然大豆胚轴中异黄酮浓度约为子叶的 6 倍，但由于子叶占大豆种子重的 90% 以上，因此大豆异黄酮主要分布在大豆子叶中。目前已经分离鉴定出三种大豆异黄酮，即染料木黄酮（Genistein）、大豆苷元（Daidzein）和大豆黄素（Glycintein）。大豆种子中 50%~60% 的异黄酮为染料木黄酮，30%~35% 的异黄酮为大豆苷元，5%~15% 的异黄酮为大豆黄素。在大豆种子中，只有少量大豆异黄酮以游离形式存在，而大部分以葡萄糖苷的形式存在。

大豆异黄酮是一类具有弱雌性激素活性的化合物，具有苦味和收敛性，其阈值为 10^{-4} ~ 10^{-2} mmol/L。近年的研究表明，大豆异黄酮对癌症、动脉硬化、骨质疏松以及更年期综合征具有预防甚至治疗作用。

（2）大豆皂苷（Soybean Saponins）   大豆皂苷为苷类化合物的一种，具有溶血活性和起泡性，达到一定浓度时具有苦涩味。大豆中至少含有5种大豆皂苷元，可分别与半乳糖、鼠李糖、木糖、阿拉伯糖、葡萄糖醛酸失水缩合而成大豆皂苷。目前已经分离出至少10种重要的大豆皂苷。

大豆皂苷在大豆中的含量达 0.1%~0.5%，大豆子叶中含量为 0.2%~0.3%，下胚轴达 2%。大豆皂苷对热稳定。虽然某些植物中的皂苷对动物生长具有抑制作用，但没有证据表明大豆皂苷是抗营养素。相反，近年的研究表明，大豆皂苷具有抗高血压和抗肿瘤等活性。

（3）蛋白酶抑制剂（Protease Inhibitors）   大豆中含有一类毒性蛋白，可抑制胰蛋白酶、胰凝乳蛋白酶、弹性硬蛋白酶及丝氨酸蛋白酶的活力，统称为蛋白酶抑制剂或胰蛋白酶抑制剂（Trypsin Inhibitors）。其含量为 17~27mg/g，占大豆贮存蛋白总量的 6%~8%。迄今为止，已从大豆中分离出两类蛋白酶抑制剂，分别以 "Kunitz" 和 "Bowman-Birk" 两人的姓氏命名。前者分子质量为 20ku 左右，对热、酸不稳定；后者分子质量为 6~10ku，对热、酸比较稳定。

由于食入大豆蛋白酶抑制剂将影响动物的胰脏功能，因此在大豆食品加工中，需钝化其活性。100℃加热 10min 可钝化 80% 的活性。对于实验动物，蛋白酶抑制剂的残留率低于 40% 不会引起胰脏肿大。对于人类，此安全阈值尚未确定。目前，一般的大豆加工制品中蛋白酶抑制剂的残留率低于 20%。

（4）大豆脂肪氧化酶（Lipoxygenase）   大豆脂肪氧化酶活力很高，当大豆种子破碎后，只需少量水分存在，该酶就可以催化大豆中的亚油酸、亚麻酸等不饱和脂肪酸氧化，生成相应的氢过氧化物。氢过氧化物分解成各种挥发性化合物，形成大豆特有的风味。由于大豆特别的气味影响了大豆产品的广泛应用和食用，因此在某些地区，或对于某些大豆产品，加工时需要先加热钝化大豆脂肪氧化酶。当加热温度高于 85℃ 时，大豆脂肪氧化酶很快失活。

大豆脂肪氧化酶作用下生成的脂肪氢过氧化物对胡萝卜素有漂白作用，对蛋白质中的巯基有氧化作用，因此在小麦面粉中加入 1% 的含脂肪氧化酶活力的大豆粉，能改善面粉的颜色和质量。近年来，国内外育种专家已培育出不含大豆脂肪氧化酶或蛋白酶抑制剂的大豆品种。

（5）矿物质和维生素   大豆中无机盐也称矿物质，其种类及含量较多，且对人体的生长发育有重要作用。大豆中无机盐主要为钾、钠、钙、镁、硫、磷、氯、铁、铜、锰、锌、铝等，总含量为 4.4%~5%，其中钙含量是大米的 40 倍，铁含量是大米的 10 倍，钾含量也很高。各种矿物质的含量见表 3-15。大豆中的磷有 75% 是植酸钙镁态，13% 是磷脂态，其余 12% 是有机物和无机物。大豆在发芽过程中，植酸酶被激活，矿物质元素游离出来，从而使其生物利用率明显提高，因此可以说豆芽菜是一种非常好的蔬菜。

表 3-15   大豆中的矿物质含量   单位：mg/100g

元素	含量	元素	含量	元素	含量
钾	1670	磷	659	铜	1.2
钠	343	硫	406	锰	2.8
钙	275	氯	24	锌	2.2
铁	223	铁	9.7	铝	0.7

大豆中含有多种维生素（表3-16），B族维生素、维生素E含量丰富，维生素A较少，但B族维生素加热易被破坏。

表3-16　　　　　　　　　　　大豆中的维生素含量　　　　　　　　　单位：mg/100g

维生素	含量	维生素	含量
维生素 B$_1$	0.9~1.6	胡萝卜素	未成熟大豆 0.2~0.9
维生素 B$_2$	0.2~0.3		成熟大豆<0.08
维生素 B$_6$	0.6~1.2		其中80%是β-胡萝卜素
维生素 B$_5$	0.2~2.1	维生素 E	20
维生素 B$_3$	0.2~2	（生育酚）	其中：δ-生育酚30%
肌醇	229		γ-生育酚60%
维生素 C	2.1		α-生育酚10%

（6）其他微量成分　大豆凝集素（Soybean Lectins，Soybean Agglutinin）是大豆中另一种毒性蛋白质，湿热处理可将其同蛋白酶抑制剂一起失活，少量残留也不会对人体造成危害。此外，生大豆中还含有一种成分不明的物质，食用该物质可使动物的甲状腺肿大，称为甲状腺肿素（Goitrogens），加工中一般热处理或膳食中补碘可消除其影响。

三、大豆的品质规格与标准

在我国，GB1352—2009《大豆》中明确规定了大豆的质量要求和卫生标准，其中大豆、高油大豆、高蛋白质大豆的质量指标如表3-17、表3-18及表3-19所示。

表3-17　　　　　　　　　　　大豆质量指标

等级	完整粒率/%	损伤粒率/%		杂质含量/%	水分含量/%	气味、色泽
		合计	其中：热损伤粒			
1	≥95.0	≤1.0	≤0.2			
2	≥90.0	≤2.0	≤0.2			
3	≥85.0	≤3.0	≤0.5	≤1.0	≤13.0	正常
4	≥80.0	≤5.0	≤1.0			
5	≥75.0	≤8.0	≤3.0			

资料来源：GB 1352—2009《大豆》。

表3-18　　　　　　　　　　　高油大豆质量指标

等级	粗脂肪含量（干基）/%	完整粒率/%	损伤粒率/%		杂质含量/%	水分含量/%	色泽、气味
			合计	其中：热损伤粒			
1	≥22.0						
2	≥21.0	≥85.0	≤3.0	≤0.5	≤1.0	≤13.0	正常
3	≥20.0						

资料来源：GB 1352—2009《大豆》。

表 3-19　高蛋白质大豆质量指标

等级	粗蛋白质含量（干基）/%	完整粒率/%	损伤粒率/%		杂质含量/%	水分含量/%	色泽、气味
			合计	其中：热损伤粒			
1	≥44.0						
2	≥42.0	≥90.0	≤2.0	≤0.2	≤1.0	≤13.0	正常
3	≥40.0						

资料来源：GB 1352—2009《大豆》。

美国和日本的大豆等级标准如表 3-20 和表 3-21 所示。可以看出，与我国比较，美国更注重杂色大豆混入的防止及损伤大豆的比例。

表 3-20　美国大豆的等级质量标准

等级	单位体积大豆的质量/（g/L）	最高值					
		水分/%	破碎粒/%	全损伤粒/%	热损伤粒/%	杂色豆/%	夹杂物/%
1	730	13.0	10	2.0	0.2	1	1.0
2	700	14.0	20	3.0	0.5	2	2.0
3	670	16.0	30	5.0	1.0	5	3.0
4	625	18.0	40	8.0	3.0	10	5.0

注：破碎粒指未受损伤的大豆碎片；全损伤粒是指热损、发芽、霜害、发霉、病虫害、不良气候所引起的损伤或其他重大破损的大豆粒或碎片；热损伤粒是指由于受热而引起的严重变色或损伤的大豆粒或碎片；杂色豆是指在一种皮色大豆中含有其他皮色大豆的总和；夹杂物指所有物质，包括极易通过试验筛孔的大豆及大豆碎片，以及经筛后保留在筛上除大豆以外的所有物质。

资料来源：美国农业部联邦粮谷检验署。

表 3-21　日本大豆的等级质量标准

等级	最低值			最高值		
	整粒/%	粒度/mm	水分/%	损伤粒、未熟粒及杂色豆和夹杂物		
				总计/%	杂色豆/%	夹杂物/%
1	85	7.9	15	15	0	0
2	80	7.3	15	20	1	0
3	70	5.5	15	30	2	0
4	60	4.9	15	40	3	1

注：粒度是指质量比 70% 以上的大豆不能通过筛孔时圆筛孔的孔径；损伤粒指热损、发芽、霜害、发霉、病虫害、不良气候所引起的损害或其他重大损害的大豆粒或碎片；杂色豆指在一种皮色大豆中含有其他皮色大豆的总和；夹杂物指所有物质，包括极易通过试验筛孔的大豆及大豆碎片，以及经筛后保留在筛上除大豆以外的所有物质。

资料来源：日本农业标准（JAS）。

四、　大豆的贮藏和品质管理

影响大豆安全贮藏的 3 个主要因素是水分含量、温度和贮藏期，其中水分含量最为重要。

表 3-22 所示为温度和水分含量对大豆安全贮藏期的影响。

表 3-22　　　　　　　　　不同温度和水分含量下大豆的安全贮藏期

水分 /%	温度		
	8℃	16℃	20℃
10~11	无霉变	无霉变和昆虫	4 年
11~12	无昆虫	无昆虫	1~3 年
13~14	2 年	无昆虫	6~9 月

资料来源：李里特，《食品原料学（第二版）》，2011。

此外，GB/T 31785—2015《大豆贮存品质判定规则》规定了大豆和高油大豆贮存品质指标，见表 3-23 和表 3-24。

表 3-23　　　　　　　　　大豆贮存品质指标

项目	宜存	轻度不宜存	重度不宜存
色泽、气味	正常	正常	基本正常
粗脂肪酸值（KOH）/（mg/g）	≤3.5	≤5	>5
蛋白质溶解比率/%	≥75	≥60	<60

资料来源：GB/T 31785—2015《大豆贮存品质判定规则》。

表 3-24　　　　　　　　　高油大豆贮存品质指标

项目	宜存	轻度不宜存	重度不宜存
色泽、气味	正常	正常	基本正常
粗脂肪酸值（KOH）/（mg/g）	≤3.5	≤5	>5

资料来源：GB/T 31785—2015《大豆贮存品质判定规则》。

五、 大豆的利用

（一）油脂和植物蛋白

世界上大豆大部分用于油脂工业，其制品除大豆色拉油外，还包括人造奶油、起酥油等油脂产品。榨油后的渣粕以前主要用于饲料和肥料。随着油脂工业进步，作为油脂副产品，各种大豆蛋白制品（大豆蛋白粉、大豆浓缩蛋白、大豆分离蛋白、组织化蛋白、纺丝蛋白、水解蛋白氨基酸等）、卵磷脂、大豆低聚糖等也成为重要的大豆产品。

大豆蛋白粉，又称脱脂豆粉，是由豆粕经焙烤、粉碎制得，其蛋白质含量一般不少于50%；大豆浓缩蛋白是以豆粕为原料，经醇洗或酸洗去除低聚糖后的产品，其蛋白质含量一般不少于65%；大豆分离蛋白是以低变性豆粕为原料，先在碱性条件下使蛋白质充分溶解到水中，然后离心除去不溶性残渣，之后加酸使溶液的 pH 降低到大豆蛋白的等电点，从而沉淀分离出大豆蛋白，其蛋白质含量一般不低于90%。

由于大豆蛋白具有胶凝、乳化、起泡、持水、吸油等加工功能特性，因此大豆分离蛋白、大豆浓缩蛋白、大豆蛋白粉在国外已广泛应用于肉制品、乳制品、焙烤制品、糖果、快餐等食品中。大豆蛋白的溶解度是其品质的重要指标，常以氮溶解指数（NSI，表示大豆蛋白中可溶于纯水的氮量占全氮量的百分比）表示。例如，制造豆奶所用脱脂大豆蛋白粉要求 NSI 在 80% 以上；相反用于饲料时，为降低胰蛋白酶抑制剂活性，需湿热处理，NSI 仅有 10%～25%。

（二）大豆食品

大豆食品种类非常多，主要包括传统大豆食品和新兴大豆食品，图 3-5 所示为主要大豆食品及其加工路线。传统大豆食品又分为发酵大豆食品和非发酵大豆食品。非发酵大豆食品包括豆腐、豆浆等，基本上都经过清选、浸泡、磨浆、除渣、煮浆及成型工序，产品多呈蛋白质凝胶态。而发酵大豆食品的生产除了清选、浸泡、蒸煮过程外，均需经过一个或几个特殊的生物发酵过程，产品具有特定的形态和风味，如腐乳、豆豉、纳豆、豆酱等。随着对传统发酵大豆制品营养和功能研究的深入，腐乳、豆豉的抗氧化、降血糖、保护心血管等功能活性越来越引起关注，相关减盐、降盐研究正在进行，并开发出了相关产品。新兴大豆食品包括油脂类制品、蛋白质类制品及全豆类制品，这些产品基本上都是 20 世纪 80 年代后兴起的，其生产过程大多采用较为先进的生产技术，生产工艺合理，机械化自动化程度高。油脂类产品以大豆毛油为原料，经过特定工艺加工和精加工后，各种产品都具有各自特有的工艺性能，可以适应食品工业的各种需要。而蛋白质类产品则多以脱脂大豆为原料，充分利用了大豆蛋白质的物化特性，其产品应用于食品加工过程，不仅可以改变产品的工艺性能，而且可以提高产品的营养价值。另外，基于大豆异黄酮、大豆低聚糖、大豆皂苷等成分的健康功能，以这些成分为主的功能性食品也越来越受到人们的青睐。

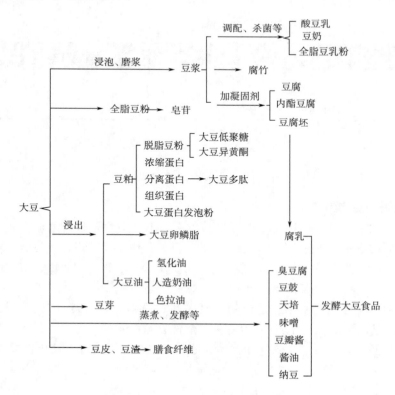

图 3-5　主要大豆食品及其加工路线

第三节　杂　豆　类

一、蚕豆

蚕豆（*Viciafaba* L.），豆科蝶形花亚科蚕豆属栽培种，越年生（秋播）或一年生（春播）草本植物。别名胡豆、罗汉豆、佛豆等，英文名 broad bean、fava bean、horse bean 等。

（一）分类和生产

根据用途可将蚕豆分为粮用、菜用、饲用和绿肥用 4 种类型；按栽培季节分为冬蚕豆和春蚕豆；以种皮颜色分为青皮蚕豆、白皮蚕豆和红皮蚕豆等。多数学者认为蚕豆起源于西亚和北非，汉代传入我国。根据 FAO 统计，亚洲 2017 年蚕豆总产量为 190 万 t，其次为非洲和欧洲。目前我国蚕豆产量约占世界 50%。我国栽培主要为冬蚕豆，以四川、云南、江苏为多。

（二）性状和成分

蚕豆通常指其荚果中的种子（图 3-6），每荚有种子 2~4 粒，长荚则有 4~6 粒。种子呈扁平的枕形，种脐较大，两瓣与叶易分开，色泽因品种而异，有青绿色、灰白色、肉红色、褐色、紫色、绿色、乳白色等。菜用蚕豆多为未熟的绿色果实，因荚皮含有特殊成分双氧苯丙氨酸（Dioxyphenylalanine），所以易被氧化变黑。普通食用则是成熟后的干蚕豆。中粒干蚕豆百粒重约 80g，大粒的可达 120~190g。蚕豆含蛋白质 25%~30%，豆类中仅次于大豆、四棱豆和羽扇豆；碳水化合物 51%~66%，脂肪约 1%。种子蛋白质组成中除色氨酸、蛋氨酸稍低外，其他人体必需氨基酸含量丰富。蚕豆含有一种称"多巴"（Dopa，3-4 二羟苯丙氨酸）的色素。蚕豆含钙达 1mg/g 左右，高于所有禾本科作物种子，嫩蚕豆还含有丰富的维生素 C。

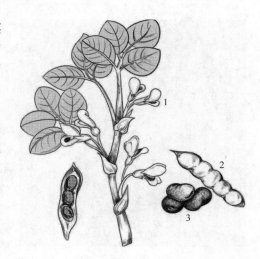

图 3-6　蚕豆植株、豆荚和种子形态
1—植株　2—豆荚　3—种子

（三）用途

蚕豆营养丰富，食用方法多样，既可作主食，又可作副食，除嫩绿蚕豆可直接用作菜品外，成熟的蚕豆可以油炸、盐炒和蒸煮腌渍，做成如油炸兰花豆、五香豆、怪味豆、糖渍蚕豆等产品；还可作为原料酿造酱油、制作甜酱、豆瓣酱等。埃及一带还将蚕豆磨碎成酱，与切碎的葱头拌成肉丸状，油炸食用。其淀粉产品有粉丝、粉皮和凉粉等。

二、豌豆

豌豆（*Pisum sativum* L.），豆科豌豆属栽培种。别名麦豌豆、雪豆、麦豆，英文名 pea、garden pea。

（一）分类和生产

一般认为豌豆原产中亚、中东和地中海一带，约在汉代传入我国。栽培豌豆分为白花豌豆和紫（红）花豌豆；按生长期长短一般可分为早熟型、中熟型、晚熟型。按用途和性状可分为两个组群，软荚豌豆组群（荚壳内层无革质膜）和硬荚豌豆（荚壳内层有革质膜）组群。每个组群还可分为薄荚壳型和厚荚壳型，按种子形状又分为光滑种子型和皱粒种子型。软荚豌豆及硬荚豌豆组群中的薄荚壳型、厚荚壳型内的皱粒种子型统称为蔬菜豌豆；硬荚豌豆组群中的光滑种子型称为谷实豌豆。也有单纯按用途将豌豆分为种谷干豌豆、嫩剥荚豌豆、罐头用豌豆和软荚豌豆（菜用豌豆角，别名荷兰豆）4 个类型。菜用豌豆品种通常有"小青荚""上海白花豆"等品种。以种子形态可分为青豌豆和干豌豆。青豌豆指在豌豆种子尚未成熟时采收的豌豆，可用青豌豆种子制作罐头或进行快速冷冻加工。另外，近年褐豌豆品种密植栽培得到的豌豆苗作为蔬菜，成为豌豆食用的另一种形式。干豌豆生产国主要为俄罗斯、中国、法国，世界种植面积 2018 年达 787.8 万 hm^2，而亚洲为 225.6 万 hm^2。青豌豆主产地主要为美国和西欧国家。豌豆在我国主要分布在中部、东北部等地区，主要产区有四川、河南、湖北、江苏、青海、江西等省。

（二）性状和成分

豌豆形状如图 3-7 所示。豌豆成熟荚按长短可分为小荚（<4.5cm）、中荚（4.6~6cm）、大荚（6.1~10.0cm）和特大荚（>10.1cm），荚中种子数量少则 3~4 粒，多则 7~12 粒。豌豆种子大小有小粒型（直径 3.5~5mm，百粒重<15.0g）、中粒型（直径 5~7mm，百粒重 15.1~25.0g）和大粒型（直径 7.1~10.5mm，百粒重>25.0g）。粒形有圆、凹圆、扁圆、方、皱缩和不规则形等。豌豆种子的煮软性与皮色有关，褐黄色种皮的豌豆煮软性最好，黄色和绿色的适中，暗色种皮豌豆煮软性差，大理石纹和皱缩的种子最难煮软。豆类的煮软性与其加工品品质关系密切，一般以脱皮、胀裂粒、软烂粒的发生率和硬度判断。即同一煮豆条件下，脱皮、胀裂、软烂粒多，硬度低的为煮软性高。煮软性与豌豆的贮藏条件关系也很大。

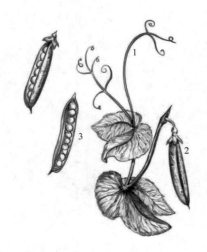

图 3-7　豌豆植株、豆荚和种子形态
1—植株　2—豆荚　3—种子

干豌豆成分与红小豆相近，含蛋白质约 22%；含碳水化合物 60% 左右，圆粒豌豆含淀粉较高，为 37%~49%，皱粒豌豆含淀粉 24%~37%，前者支链淀粉高一些，后者直链淀粉多；含脂类约 2%。豌豆含有丰富的 B 族维生素，具有较全面而均衡的营养。除含硫氨基酸外，人体 8 种必需氨基酸较丰富。菜用豌豆和青豌豆含丰富的胡萝卜素和维生素 C，特别是菜用豌豆角中胡萝卜素和维生素 C 含量分别为 6.3μg/g 和 0.55μg/g。青豌豆主要成分为糖和蛋白质，糖以淀粉和蔗糖为主。蛋白质中虽然含硫氨基酸为限制性氨基酸，但赖氨酸含量较高，全粒干豌豆可食部分赖氨酸含量达 15μg/g，接近肉类含量。豌豆中所含的胆碱以及蛋氨酸有助于防止动脉硬化；所含的植物血球凝集素与菜豆、扁豆所含的凝集素作用类似，能凝集人体的红细胞，促进有丝分裂，还可以激活肿瘤患者的淋巴细胞，产生淋巴毒素，有防治肿瘤的作用。

（三）用途

豌豆的用途主要分为粮用和菜用。粮用豌豆曾是我国的主要杂粮作物之一，豌豆粉和小麦粉混合可做杂面馒头、杂面面条等，其限制性氨基酸互补，是营养合理、风味可口的食品。豌豆黄、桃仁豌豆蓉是用豌豆做的传统点心。干豌豆经过精细磨粉得到的豌豆粉，是制作婴儿食品、功能性食品、风味食品的配料（如食用纤维粉、子叶粉、胚芽粉等）。它还可以提取浓缩蛋白和豌豆淀粉，豌豆淀粉可以制成品质极佳的粉丝、凉粉等。青豌豆可制成罐头、速冻产品以及一些小食品。嫩荚、嫩豆可炒食，嫩豆也是制罐头和速冻蔬菜的主要原料，嫩梢为优质鲜菜。豌豆的茎叶能清凉解暑并作绿肥和饲料。豌豆还有强壮体质、利尿、止泻等药用功效。

三、绿豆

绿豆（*Vigna radiata* L.），豆科豇豆属栽培种，一年生草本植物。古名文豆、植豆，英文名 mung bean、green gram。

（一）分类和生产

绿豆植株有 3 种：直立型、半蔓型与蔓生型。绿豆可按某些不同性质和要求分类，其中按种皮颜色可分为绿、黄、褐、蓝、黑 5 种；按种皮光泽可分为有光泽和无光泽 2 种；按种子大小可分为大粒型（百粒重>6g）、中粒型（百粒重 4~5g）和小粒型（百粒重<3g）3 种；按生长期长短可分为早熟型、中熟型和晚熟型。绿豆原产于东南亚，目前亚洲种植较多，主要种植国家有印度、中国、泰国等以及其他东南亚国家。绿豆在印度种植面积最大，约占世界绿豆种植面积的 75%。中国各地都有绿豆栽培，主要集中在黄河和淮河地区。

（二）形状和成分

绿豆种子为圆柱形或球形，长 3~5mm，宽 2~4mm，种皮通常为绿色，也有黄、棕、褐、黑青、蓝等色。绿豆形状如图 3-8 所示。

绿豆营养价值高，含有高蛋白质（约 24%）、中淀粉（约 53%）和低脂肪（约 1%），富含多种矿物质、多种维生素，尤其富含维生素 B_1 和维生素 B_2。绿豆蛋白质主要为球蛋白，为近全价蛋白质，其组成中富含赖氨酸（全粒干绿豆中可食部分赖氨酸含量达 18μg/g）、亮氨酸、苏氨酸，但蛋氨酸、色氨酸、酪氨酸比较少，如与小米共煮粥，则可提高营养价值。绿豆中含有较多的半纤维素、戊聚糖、半乳聚糖，它们不仅有整肠等生理功能，还可以增加绿豆粒制品的黏性。因此，绿豆是优质粉条、凉粉的理想原料。绿豆皮中含有 21 种无机元素，磷含量最高。另含有牡荆素、β-谷甾醇等功能性成分。

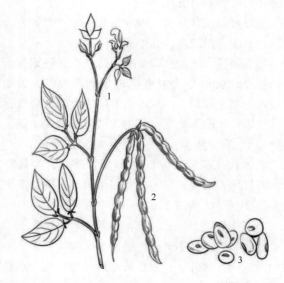

图 3-8　绿豆植株、豆荚和种子形态
1—植株　2—豆荚　3—种子

绿豆在发芽过程中，酶会促使植酸降解，释放出更多的磷、锌等矿物质，有利于人体充分利用。绿豆发芽后，所含的胡萝卜素会增加 2~3 倍，维生素 B_2 增加 2~4 倍，叶酸成倍增加，维生素 B_{12} 增加 10 倍。

（三）用途

绿豆不仅营养丰富，而且按中医理论还具有消热、解毒的药理作用，被称为"药食兼用"的豆类。近年来研究发现，绿豆具有降血脂、降胆固醇、抗过敏、抗菌、抗肿瘤、增强食欲、保肝护肾等药用功效。绿豆中的球蛋白和多糖能促进动物体内胆固醇在肝脏分解成胆酸，加速胆汁中胆盐分泌和降低小肠对胆固醇的吸收，从而起到降脂、降胆固醇的作用。绿豆含有抗过敏作用的功能成分，可辅助治疗荨麻疹等过敏反应。绿豆对葡萄球菌有抑制作用。绿豆中所含蛋白质、磷脂均有兴奋神经、增进食欲的功能。绿豆含丰富胰蛋白酶抑制剂，可以保护肝脏，减少蛋白质分解，减少氮质血症，因而保护肾脏。自古以来绿豆是我国人民餐桌的常食佳品，如绿豆稀饭、绿豆汤、绿豆糕等。

以绿豆淀粉为原料可制成上等粉丝、粉皮、凉粉等传统食品。绿豆还可酿酒、加工饮料、豆沙、糕点。另外，绿豆芽作为一种优质蔬菜，不仅美味可口，而且具有较高的营养价值。

四、 小豆

小豆（*Vigna angularis*），豆科豇豆属栽培种，一年生草本植物。别名红小豆、赤豆、赤小豆等，英文名 adzuki bean、small bean。

（一）分类和生产

小豆起源于中国，其种植也多限于我国、朝鲜、日本等东亚国家。中国也是世界生产小豆最多的国家和最主要的出口国。日本是红小豆的主要消费国和进口国。

按播种季节，小豆分为春播小豆、夏播小豆和秋播小豆；按种子大小分为大粒型（百粒重>12g）、中粒型（百粒重 6～12g）和小粒型（百粒重<6g）；按小豆种皮颜色分为红、白、橘黄、绿、黑、褐花斑小豆等；按生长习性可分为直立、蔓生和半蔓生。

（二）性状和成分

小豆蛋白质含量为 21%～24%，脂肪含量约 2.2%，碳水化合物含量较高，其中淀粉约占 64%，其余为戊聚糖、半乳聚糖、糊精和蔗糖等，几乎不含还原糖。小豆淀粉粒径约 90μm，是比较大的椭圆形颗粒，因此是制作豆沙的理想原料。小豆的氨基酸组成比较合理，赖氨酸含量丰富，限制性氨基酸为含硫氨基酸。小豆还富含维生素 B_1 和维生素 B_2。小豆种皮颜色有红、白、黄、绿、黑色和花斑等，以红色小豆为最好，尤其是有光泽、鲜红色、短圆柱形的小豆在国内外市场最受消费者欢迎。小豆形状如图 3-9 所示。

图 3-9　小豆植株、 豆荚和种子形态
1—植株　2—豆荚　3—种子

（三）用途

小豆与大米、小米、高粱米等可煮粥做饭。小豆粥被中医认为有解毒、利尿和排脓的保健功效。小豆粉还可以与小麦粉、小米面、玉米面等复配做成杂粮面。

小豆的主要用途是制作豆沙，其出沙率 75%左右。豆沙（湿沙、干沙）馅，可制作豆沙包、水晶包、油炸糕等，它也是栗羊羹、粽子等糕点的原料。小豆还可制成冰棍、冰糕、冷饮。近年来，还用大粒红小豆制作罐头。

豆类除大豆外，大多都可以做豆沙，特别是小豆，这是因为其淀粉都包裹在细胞膜中，煮

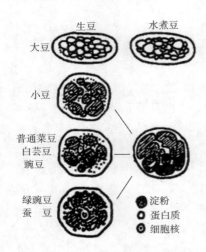

图 3-10 不同豆的贮藏细胞模式图

豆时淀粉在细胞内吸水、膨润、糊化，胀大成豆沙颗粒，如图 3-10 所示。

五、豇豆

豇豆（*Vigna unguiculata* L.），豆科豇豆属栽培种，一年生草本植物。别名蔓豆、黑脐豆等，英文名 cowpea、asparagus bean、blackeyed pea 等。

（一）分类和生产

豇豆、绿豆、小豆、黑吉豆虽然都是豇豆属，但豇豆还可分为 4 个亚种：普通豇豆（分布最广，英文名 cowpea，株型有直立、半直立、半蔓性和蔓生性）、短荚豇豆（植株多蔓生，有时有攀缘，比普通豇豆小，主要栽培于印度、斯里兰卡一带）、长豇豆（英文名 asparagus bean 或 yard longbean，多在嫩荚时作蔬菜用，其性状和成分详见第五章第三节各种常见蔬菜）、野生豇豆等。根据荚的皮色不同分成白皮豇豆、青皮豇豆、花皮豇豆、红皮豇豆等。

豇豆原产非洲，广泛分布于热带、亚热带、温带地区。主要生产国为尼日利亚，每年生产 155 万 t 左右，约占世界 3/4。我国主产地为山西、山东、河北、湖南等地。欧美等国家和地区豇豆（包括蔓）主要用作青饲料。

（二）性状和成分

豇豆种皮虽有红、白、黑、紫等色，但大多为红色，外形与小豆相似，多为肾形，也有球形或椭圆形。其特点是在种脐周围有一圈轮廓线。豇豆形状如图 3-11 所示。

普通豇豆因荚壳纤维多，一般不宜取嫩荚作鲜食菜用，主要取其种子，即所谓干豇豆。豇豆含有易于消化吸收的优质蛋白质、适量的碳水化合物及多种维生素（B 族维生素、维生素 C）、微量元素等，其氨基酸组成和小豆近似，含硫氨基酸为其限制性氨基酸，而赖氨酸含量较丰富。碳水化合物含量为 56%~68%，其中淀粉 31%~58%。另外种子中极少含有胰蛋白酶抑制剂。豇豆的磷脂有促进胰岛素分泌、参加糖代谢的作用，是糖尿病患者的理想食品。

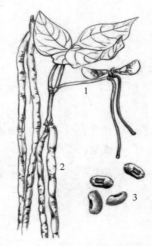

图 3-11 豇豆植株、豆荚和种子形态
1—植株 2—豆荚 3—种子

（三）用途

普通豇豆和小豆一样与谷类粮食配合利用，可以改善蛋白质质量，提高生物价。豇豆比小豆更耐煮。干豇豆除直接与大米等一起可煮粥做饭外，和小豆一样还可制成豆沙，再用豆沙作为原料之一制作其他食品，如豆沙包、豆沙冰棍等。还可制作罐头食品、豆芽蔬菜。茎叶营养丰富，其纤维易消化，是家畜的优质饲料。

豇豆还有食疗作用。豇豆性平、味甘咸，归脾、胃经，具有理中益气、健胃补肾、和五脏、调颜养身、生精髓、止消渴的功效，主治呕吐、痢疾、尿频等症。种子可以入药，能健胃补气、滋养消食。

六、 菜豆

菜豆，豆科菜豆属栽培种，一年生、缠绕或近直立草本植物。别名四季豆，英文名 green bean。菜豆属有 5 个栽培种：普通菜豆、多花菜豆、利马豆、尖叶菜豆和丛林菜豆。一般菜豆主要指普通菜豆和多花菜豆。菜豆嫩荚可用作蔬菜，其性状和成分详见第五章第三节各种常见蔬菜。在许多国家菜豆是重要的粮食作物。

（一）普通菜豆

普通菜豆（*Phaseolus vulgaris* L.），别名菜豆、四季豆、芸豆等，英文名 kidney bean、common bean、haricot bean。

1. 分类和生产

普通菜豆的种子是食用豆类中比较大的，粒长一般为 9~20mm，粒宽 3~12mm，按大小分为大粒种（百粒重 50~100g）、中粒种（百粒重 30~50g）和小粒种（百粒重<30g）。按国际贸易商品分类，普通菜豆可分为 10 大类，如表 3-25 所示。

表 3-25 普通菜豆的商品分类

种类名称	种皮色	形状	百粒重	主产地	主要品种
小白芸豆	白色	卵圆形	<25g	美国、加拿大、欧洲、东非	品芸 2 号
小黑芸豆	黑色	卵圆形	<25g	中美洲、加勒比海	海龟汤豆、北京小黑芸豆
白腰子豆	白色	肾形	45~55g	地中海一带、中国云南	F0635
红腰子豆	红色	肾形	45~55g	美国、中美洲、东非、中国	G0381、G0517
乃花芸豆	乳白底，分布红色或紫色斑纹	椭圆或球形	45~60g	美国、中美洲、东非、中国	中国奶花芸豆
红花芸豆	浅粉底，分布红色或紫色斑纹	长椭圆或肾形	45~60g	欧洲、亚洲部分地区	
黄芸豆	黄色	椭圆形	30~50g	北美洲和亚洲	五月鲜
棕色豆	棕色、褐色	卵圆、椭圆、长筒形	30~50g	欧洲、非洲	
红芸豆	红色、紫色	椭圆、扁圆、矩形	30~45g	中国、美国、中南美洲	

资料来源：李里特，《食品原料学（第二版）》，2011。

普通菜豆起源于美洲，主要分布在拉丁美洲、亚洲和非洲，主要生产国为印度、巴西、中国等，我国各地均有生产。欧洲国家菜豆主要用作蔬菜，亚洲、非洲、南美洲等地区发展中国

家主要用作粮食，是蛋白质的主要来源，非洲年
人均消费31.4kg，拉丁美洲13.3kg，我国估计只
有0.3~0.5kg。

2. 性状和成分

普通菜豆种子较大，粒色主要有花斑（虎皮
纹、鹌鹑蛋样斑）、白色和褐色，其次是黑、黄、
紫色。粒形多为椭圆形，其次为肾形。大粒多为
肾形，中粒多为椭圆形，小粒以卵圆或圆形种子
居多。普通菜豆形状如图3-12所示。未加工的菜
豆含有芸豆苷（Phaseolunatin）、胰蛋白酶抑制剂、
血细胞凝集素等热不稳定有毒物质，但加热后易
被破坏。植物血细胞凝集素具有医用价值，普通
菜豆的秸秆是家畜的良好饲料。

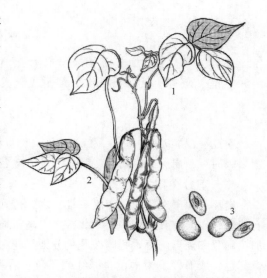

图3-12 普通菜豆植株、豆荚和种子形态
1—植株 2—豆荚 3—种子

嫩荚菜豆含丰富的维生素A，是很好的蔬菜。
干种子含蛋白质17%~23%，碳水化合物56%~
61%，脂肪1.3%~2.6%，其蛋白质、碳水化合物
组成与小豆等相近。含钙量在豆类中仅次于大豆和饭豆（1.3mg/g可食部），膳食纤维含量较
高，磷、铁等含量也比较丰富。菜豆有健脾利胃、缓解缺铁性贫血、利水消肿等功效。

3. 用途

种子可与粮谷类一起煮粥做饭，用作主食；煮软后糖渍可做成罐头，也可制成豆沙和作糕
点原料。嫩荚可作蔬菜，制罐头和快速冷冻蔬菜。

（二）多花菜豆

多花菜豆（*Phaseolus multiflorus* Willd 或 *Phaseolus coccineus* L.），一年生或多年生草本植物，
因其花多而得名。与普通菜豆同属，但种子颗粒大得多，是豆类中最大的。别名大花芸豆、大
白芸豆、大黑芸豆、红花菜豆、看花豆等，英文
名 multiflora bean、scarlet runneri、runner bean、
flower bean。

1. 分类和生产

一般可按花色和粒色分为白花菜豆（白花、
白粒）和红花菜豆（红花、黑底紫花纹）。原产
中美洲，温带地区种植普遍，属小宗食用豆类，
主产国为阿根廷、墨西哥、英国、日本等。中国
种植不多，多为房前屋后种植或与高秆作物间
作。每公顷产种子1000~3000kg，是我国重要出
口商品。

2. 性状和成分

如图3-13所示，多花菜豆呈宽肾或宽椭圆
形，种子百粒重80~160g，长18~25mm，宽
12~14mm，种皮颜色有白、紫底黑斑纹或黑底
紫斑纹等。干种子成分与普通菜豆近似。嫩荚有

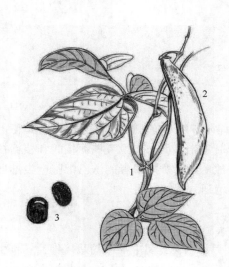

图3-13 多花菜豆植株、豆荚和种子形态
1—植株 2—豆荚 3—种子

筋，不宜去除，故菜用较少。

3. 用途

一般食用干豆粒，可煮粥或煮软后腌渍成甜、咸味食品，也可作炖煮肉汤或糕点的原料和豆馅。嫩荚、嫩豆粒可作蔬菜用或制成罐头。茎叶可作牲畜饲料。

七、 扁豆

扁豆［*Lablab purpureus*（L.）*Sweet*］，豆科扁豆属栽培种，一年生或多年生缠绕藤本植物。别名蛾眉豆、眉豆、沿篱豆、鹊豆等，英文名 haricot。

（一）分类和生产

扁豆起源于东南亚、印度一带，之后传到埃及、苏丹等热带地区。扁豆在我国大部分地区有栽培，以南方栽培较多，华北次之。高寒地区虽可开花但不结荚。扁豆可分为具钩扁豆、孟加拉扁豆和菱形扁豆。我国按花色分为红花扁豆和白花扁豆。前者花为紫红色，荚为紫红或绿带红色，成熟种子为褐色、深红或黑色；后者花白色，荚果浅绿色，种子白色、浅褐或黑色。菜用扁豆的性状和成分详见第五章第三节各种常见蔬菜。

（二）性状和成分

扁豆种子呈扁平椭圆形（图 3-14），黑褐或白色等。长 6~13mm。每100g 嫩荚含水分 90g 左右，蛋白质 2.8~3g，碳水化合物 5~6g；干种子含蛋白质 21%~29%，碳水化合物 60%，其中淀粉 39%~46%，脂肪 1% 左右。扁豆还含有钙、磷、铁等矿物质，维生素 A 原、维生素 B_1、维生素 B_2、维生素 C、氰苷、酪氨酸酶、磷脂等，其中扁豆衣的 B 族维生素含量非常丰富。因扁豆中还含有毒蛋白、凝集素、儿茶酚氧化酶等几种抗营养素及能引发溶血症的皂素，因此，烹调前应先用冷水浸泡或用沸水稍烫后再炒食。

图 3-14　扁豆植株、 豆荚和种子形态
1—植株　2—豆荚　3—种子

（三）用途

扁豆的成熟豆粒可煮食或做豆沙馅，还可做家畜饲料以及绿肥等。种子、种皮和花可入药，有消暑除湿、健脾解毒的功效。扁豆中含有血球凝集素，可增加脱氧核糖核酸和核糖核酸的合成，抑制免疫反应和白细胞与淋巴细胞的移动，故能激活肿瘤患者的淋巴细胞产生淋巴毒素，对机体细胞有非特异性的伤害作用，故有显著的消退肿瘤的作用。

八、 四棱豆

四棱豆［*Psophxarpus tetragonolobus*（L.）DC.］，豆科四棱豆属中唯一的栽培种，一年生或多年生缠绕性草本植物。因荚有四棱，故得其名。别名翼豆、四角豆，英文名 winged bean。

（一）分布和生产

四棱豆一般认为有巴布亚新几内亚、毛里求斯、马达拉斯加和印度等多个起源地，目前主

图3-15　四棱豆植株、豆荚和种子形态
1—植株　2—豆荚　3—种子

要分布在亚洲赤道地带、东南亚、非洲、南美洲等地，生产国有缅甸、印度、印度尼西亚、巴布亚新几内亚等。近年来因其蛋白质含量丰富受到重视，种子单产 750~2000kg/hm^2，嫩荚单产 2500~11000kg/hm^2。我国在云南、广西、海南等有分布，种植规模不大。

（二）性状和成分

四棱豆荚为四棱形，菜用四棱豆嫩荚的性状和成分详见第五章第三节各种常见蔬菜。种子有光泽，呈球形、椭圆形或长椭圆形（图3-15）。种子坚硬，种皮有苦味，且不易去除；粒色有奶油色、浅绿色、褐色、深紫色、黑色或有斑点等。

四棱豆成熟种子含蛋白质 30%~45%（一般 35%左右），碳水化合物 25%~37%，脂肪 17%~28%，富含维生素、多种矿物质，营养价值很高，被人们称作"绿色金子"。四棱豆含多种氨基酸，且氨基酸组成合理，其中赖氨酸含量比大豆还高，维生素 E、胡萝卜素、铁、钙、锌、磷、钾等成分的含量较为丰富，是补血、补钙、补充营养的很好来源，常食对冠心病、动脉硬化、脑血管硬化、口腔炎症、泌尿系统炎症等具有良好的辅助功效。

（三）用途

四棱豆嫩荚、块根、种子、嫩梢和叶均可食用。干豆粒可榨食用油，制豆粉、豆奶、豆豉等，也可做类似咖啡的饮料等。块根肉质脆嫩，适宜蒸、煮、烤、炒后食用。茎叶是优良的饲料和绿肥。

九、刀豆

刀豆 [*Canavalia gladiata* (Jacq) DC.]，豆科刀豆属栽培种，一年生缠绕性草本植物。别名小刀豆或海刀豆，英文名为 sword bean。

（一）分类和生产

刀豆有两个栽培种：①蔓生刀豆 [*C. gladiata* (Jarq.) DC.]，别名大刀豆、刀鞘豆等，原产亚洲和非洲；②矮生刀豆 [*C. ensiformis* (L.) DC.]，别名洋刀豆，原产西印度、中美洲和加勒比海地区。起源有亚洲热带和非洲之说，在印度广泛栽培，非洲、美洲、澳大利亚等地都有种植，主要产地在印度。中国在1500 年前已有栽培，主要分布在长江流域及其以南各省，现在栽培的品种多为蔓生刀豆。

（二）性状和成分

刀豆生长繁茂，有缠绕性，株高可达 4.5~10m，荚果大，扁平如铡刀状（图3-16），长 200~400mm，宽 35~50mm。每荚种子 8~12 粒，种子长圆形或椭圆形，粒长 25~35mm，种脐窄，深褐色，长 11~35mm，种皮很厚。干刀豆种子含蛋白质 27.1%、碳水化合物 53.9%、脂肪 0.6%。

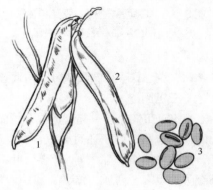

图3-16　刀豆植株、豆荚和种子形态
1—植株　2—豆荚　3—种子

（三）用途

刀豆嫩荚可炒食或腌制，是一种风味小吃。干豆粒可煮食或磨粉，但因种皮厚而粗糙，有刺激性味道，所以在我国很少食用。刀豆还可作覆盖物，保持水土，作青饲料或青贮饲料。刀豆种子可入药，有活血、补肾、散瘀的功效，是脑心血管病和肾病等疾病老年患者的主要食疗佳品。

十、 鹰嘴豆

鹰嘴豆（*Cicer arietinum* L.），豆科鹰嘴豆属栽培种，一年生或越年生草本植物。别名桃豆、鸡头豆、羊头豆、脑豆子等，英文名 chickpea、bengalgram。

（一）分类和生产

鹰嘴豆大体可分为大粒白色种（Kabuli 类型，种皮白色）和小粒褐色种（Desi 类型，种皮褐色、红色、黑色）。其中大粒白色种主要分布在地中海、欧亚一带，这些地区也是鹰嘴豆起源地，小粒褐色种主要分布在亚洲。目前印度产量占世界产量的 80% 左右，达 400 万～500 万 t。全世界种植鹰嘴豆的国家有 40 多个，平均单产约 800kg/hm²。我国在 20 世纪 80 年代从国际干旱地区农业研究中心等单位引入数百份鹰嘴豆品种，已在甘肃、青海、新疆、云南、宁夏等地试种和少量栽培，单产达 1000～1500kg/hm²，个别品种达 4500kg/hm² 以上，种植面积约有1500hm²，并有上升趋势。

图 3-17 鹰嘴豆植株、豆荚和种子形态
1—植株 2—豆荚 3—种子

（二）性状和成分

如图 3-17 所示，鹰嘴豆荚果呈偏菱形，长 14～35mm，宽 8～20mm，每荚 1～2 个种子，最多 3 个。种子形如鸟头或山羊头，在脐附近有喙状突起，由此得名。种子长 4～12mm，宽 4～8mm，百粒重在10～75g，颜色有白、黄、浅褐、深褐、黄褐、红褐、绿和黑色等。

鹰嘴豆属于高营养豆类植物。种子中蛋白质含量 17%～28%，碳水化合物 56%～61%（其中淀粉41%～51%，可溶性糖 4.8%～8.3%），脂肪 5%，膳食纤维 4%～6%。鹰嘴豆含有丰富的氨基酸，其中人体 8 种必需氨基酸全部具备，而且含量比燕麦高出 2倍以上。由于含有较多淀粉、脂肪和糖，具有板栗风味。它还含有丰富的微量元素和 B 族维生素等，富含钙、镁、铁等矿物质成分，因此，从营养物质的全面性看，鹰嘴豆大大优于其他豆类。

（三）用途

鹰嘴豆可同小麦一起磨成混合粉做主食用，加乳粉可做成豆奶粉，易消化，是老年人和婴儿的食用佳品。种子还可做豆沙、煮豆、炒豆、油炸（膨化）豆或罐头食品。青嫩豆粒、豆芽、嫩叶均可作蔬菜。鹰嘴豆茎、叶、荚的腺体分泌物对人的多种病症有辅助治疗功效，种子还有防治胆病、利尿、催乳、辅助治疗失眠、预防皮肤病等疗效。鹰嘴豆加工后的淀粉，是棉、毛、丝纺织工业原料上浆、抛光及制作工业用胶的优质原料。小粒型鹰嘴豆种子还是优良的蛋白质饲料，磨碎后是饲喂骡马的精料，茎、叶可作牛用饲草。

十一、　瓜尔豆

瓜尔豆［*Cyamopsis tetragonoloba*（L.）*Taubert*］，豆科瓜尔豆属栽培种，一年生草本植物。英文名 cluster bean、guar。

（一）分布和生产

瓜尔豆原产于非洲或亚洲的热带地区，主要用作蔬菜、饲料、绿肥等，栽培于印巴次大陆西部半干旱地区。美国于1903年开始从印度引种瓜尔豆，主要用于改良土壤和作为饲料作物，这些地区已形成规模化工业种植。早在1920年我国云南就引种过瓜尔豆，当时只作为植物新品种。直至20世纪70年代，半乳甘露聚糖胶（瓜尔豆胶）在我国得到一些应用，引起相关部门重视。1974年从巴基斯坦引进巴系17号和美国10号瓜尔豆品种正式推广试种，在云南、湖北、湖南、山东、陕西、黑龙江、新疆和广东等地试种和栽培。

（二）性状和成分

瓜尔豆通常株高0.5～3m，荚果直立，长50～120mm，顶端尖细，每荚含种子5～12粒，种子有圆形、椭圆形或近似立方形，粒径约4mm。粒色有乳白、浅灰或深灰色，种皮粗糙（图3-18）。瓜尔豆种子含蛋白质约30%，碳水化合物41.1%，脂肪2.5%。最重要的是它的胚乳约含70%半乳甘露聚糖（galactomannan），即瓜尔胶（guar gum）。瓜尔豆粉组成为：水分12.0%、蛋白质5.0%、瓜尔胶80%、脂肪1.4%、灰分0.9%。

图3-18　瓜尔豆植株、豆荚和种子
1—植株　2—豆荚　3—种子

（三）用途

在传统种植区瓜尔豆主要取嫩荚作蔬菜。但第二次世界大战后瓜尔豆作为植物胶资源引起人们重视，制成的瓜尔胶被认为是植物胶中最好的胶，除可用作食品增稠剂外，还可用于造纸、石油、医药、选矿、纺织、印染等行业。以瓜尔胶为原料，经酶水解或酸水解可得到水溶性膳食纤维，经研究证明具有多种功能活性，如改善肠道、治疗便秘、降血糖等。瓜尔豆种子还可作饲料，磨成粉后与鱼粉混合，可制成廉价的优质蛋白饲料。瓜尔豆种子也可作为绿肥作物。其部分水解物可作益生元，详见第九章第三节相关内容。

十二、　羽扇豆

羽扇豆（*Lupinus* L.），豆科羽扇豆属栽培种，一年生或多年生草本植物。别名羽扁豆、羽叶豆，英文名 lupine。

（一）分类和生产

羽扇豆可以分为5个种：白羽扇豆（种子粒形：方形或扁圆；种皮：光滑、软；平均粒重360mg）、窄叶羽扇豆（种子粒形：球形；种皮：光滑；平均粒重170mg）、黄羽扇豆（种子粒形：圆形、有棱形、压圆；种皮：光滑；平均粒重130mg）、砂质平原羽扇豆（种子粒形：圆形、四棱形、压圆；种皮：粗糙；平均粒重230mg）和南美羽扇豆（种子粒形：卵形、压圆；种皮：光滑，平均粒重200mg）。根据生物碱含量不同，分苦、甜2种类型。羽扇豆起源于地中海盆地和北非一带，主要生产国有俄罗斯、波兰、澳大利亚和意大利。羽扇豆在我国尚未正式栽培。

图 3-19　羽扇豆植株、豆荚和种子

1—植株　2—豆荚　3—种子

（二）性状和成分

羽扇豆植株和种子的形态如图 3-19 所示。白羽扇豆通常种子是软的，呈有圆角的矩形或方形，表面皱或圆滑的类型通常呈白色或白色带桃红。羽扇豆种子蛋白质含量较高，为 30%~35%，仅次于大豆，且含量较稳定；含有多种多糖、低聚糖，膳食纤维含量高达 30% 左右，淀粉含量很低或基本不含淀粉；含油脂约为 6%，且油脂中不饱和脂肪酸含量较高，营养价值较高；此外，羽扇豆中还含有黄酮、多种维生素及微量元素等。羽扇豆也含有少量抗营养素，尤其是苦的羽扇豆。

（三）用途

欧美一些地区将羽扇豆种子经浸泡和蒸煮后作食物。近年有研究表明，将羽扇豆磨成粉后添加到面包、面条、香肠等食品中，能减少能量摄入，增加饱腹感，降低血糖生成指数，具有很好的健康功效。羽扇豆的其他用途主要是用于饲料，用作牛、羊等家畜浓缩混合饲料的蛋白质来源。

第四节　薯　　类

一、马铃薯

（一）马铃薯的栽培历史与分类

1. 马铃薯的栽培历史

马铃薯（*Solanum tuberosum* L.）因外形酷似马铃铛而得名，又名洋山芋、土豆、洋番芋等。据考证，马铃薯栽培历史可追溯到 8000 多年前的新石器时代，那时人们刚刚创立农业，位于南美洲安第斯山区的印第安人已经开始使用木棒、石器等工具掘土松地栽种马铃薯了。很多世纪以来，马铃薯就一直是印第安人主要的食物来源。在西班牙探险者到达新世界时，马铃薯已经在中美洲、墨西哥和美国南部地区广泛种植。探险者很快发现了马铃薯的巨大价值，并从印第安人处获取马铃薯，作为船上的补给，将马铃薯带到了欧洲。

16 世纪，马铃薯从西班牙先被带到意大利，然后再被带到欧洲其他国家。当马铃薯传到法国时，人们迷信吃马铃薯会引起麻风病、梅毒、猝死和性狂热等。市政府发布法令禁止种植和食用马铃薯。马铃薯在传入欧洲的很长时间内没有作为食物被传播开。尽管马铃薯背负了很多疾病的恶名，在 17 世纪，马铃薯开始扭转这一形象。这得益于 1756—1763 年欧洲大陆爆发的争夺殖民地的"七年战争"。战争导致欧洲各国粮食紧缺的困境，欧洲各国很快意识到马铃薯作为粮食的巨大潜力。18 世纪和 19 世纪马铃薯成为欧洲大部分地区主要的食物来源，马铃薯在欧洲被广泛种植。

大约在 16 世纪中期，马铃薯从北路、南路等传入我国。马铃薯易于种植、抗性强、产量高、食用性好，传入我国后逐渐被推广种植，现今全国各地都有种植马铃薯。在我国无论是山区、平原或丘陵等地均能种植马铃薯，栽培方法多样，如北方、西北地区一季栽培，中原地区春秋二季栽培，南方秋冬或冬春二季栽培。

　　2. 马铃薯的分类

　　马铃薯有 150 多个野生种，栽培种 8 个，还有 1 个亚种，但只有 2 个种是现代栽培种的祖先，即普通种（亦称智利种）和安第斯栽培种，目前栽培的主要是前者。马铃薯的可食部分为其块茎，它富含优质淀粉，主要作粮食、蔬菜和饲料，也是食品工业、化学工业的原料。

　　马铃薯按消费用途分类主要有：鲜食用（一般蒸煮、烹调菜用）、加工用（炸薯片、薯条、薯泥）和淀粉用。加工用薯要求：块型大而均匀、表面光滑、干物质含量适中，一般为 20%~26%，淀粉含量高，糖含量低。淀粉用马铃薯的淀粉含量要求大于 16%，观察蒸煮熟的马铃薯内部，如果细胞颗粒有闪亮光泽，在口中表现出干面食感的称为粉质马铃薯（Floury Potato）；反之，内部有透明感，食感湿而发黏的为黏质马铃薯（Waxy Potato 或 Soggy Potato）。造成这种差异的原因主要有品种、土壤、生长季节、肥料等因素。世界主要马铃薯品种如表 3-26 所示。

表 3-26　　　　　　　　　　　　　　世界主要马铃薯品种

品种	外观	肉质	特点	用途	产地
苏佩里亚（Superior）	块茎椭圆形，块大而整齐，薯皮白色而粗糙，芽眼浅，结薯较集中	薯肉白色	食用品质好，淀粉含量 13% 左右	食用及早期炸薯片	美国
郝褐布尔班克（Russet Burbank）	薯块长形，皮厚，呈深褐色	薯肉白色	淀粉含量 14%，低糖	蒸、煮、烤食用	美国
大西洋（Atlantic）	块茎圆形，较大而整齐，薯皮淡黄色，芽眼浅	薯肉白色，结薯集中	淀粉含量高，达 18%	食用品质好，适合油炸片、条和加工淀粉	美国
H68678	块茎椭圆形，块大而整齐，大、中薯占 80% 以上，薯皮土黄色	薯肉白色	品质好	鲜食和加工用	美国
男爵	块茎椭圆形，薯皮黄白色	薯肉白色	质地密，粉质，淀粉含量 14%	鲜食烹调用	日本
农林 1 号	块茎扁球形，薯皮黄白色	薯肉白色	粉质，淀粉含量 16%	食用、淀粉兼用，宜蒸不宜煮	日本
红丸	地茎卵形，薯皮淡红色、光滑	薯肉白色	质地稍密，淀粉含量 15%，且颗粒大小、黏度皆优	主要淀粉用，但贮后甘味增，宜煮	日本
底塞尔（Desiree）	块茎长椭圆形，薯皮红色、光滑，芽眼较浅	薯肉黄色，质地细，品质好，结薯集中	淀粉含量 12.4%，干物质含量低，煮熟后无变色影响	鲜食烹调用	荷兰

续表

品种	外观	肉质	特点	用途	产地
德艾门特 （Diamant）	块茎长形或卵形，薯皮淡黄色、光滑，芽眼较浅	薯肉淡黄色	淀粉含量 16.9%，食用品质较好	鲜食烹调用	荷兰
费乌瑞它 （Favofita）	块茎椭圆形，薯皮淡黄色、光滑，块茎大而整齐，芽眼少而浅	薯肉鲜黄色	蒸食品质较好，干物质含量 17.7%，淀粉含量 12% ~ 14%	适宜炸片加工	荷兰
扑瑞米耳 （Premier）	块茎圆形或卵圆形，薯皮淡黄色、光滑，芽眼较浅	薯肉淡黄色	早熟	适合炸薯条	荷兰
诺尔契普 （Norchip）	块茎扁椭圆形，薯皮淡黄色、较粗糙，芽眼较浅	薯肉白色	中熟，耐贮性较差，淀粉含量 13%	鲜食烹调用	加拿大
贝勒斯勒 （Belleeislel）	块茎椭圆而整齐，薯皮白色而光滑，芽眼浅	薯肉白色	中熟，食用品质好，淀粉含量 12.9%	鲜食烹调用	加拿大
吉姆赛 （Jemseg）	块茎扁椭圆形，生长整齐，薯皮淡黄色、较粗糙，芽眼较浅	薯肉白色	早熟，淀粉含量 13.4%	鲜食烹调用	加拿大
克新 1 号	块茎椭圆形，薯皮光滑，芽眼深浅中等	薯肉白色	淀粉含量 14%	鲜食烹调用	中国
内薯 3 号	块茎椭圆形，薯皮淡黄色、光滑	薯肉淡黄色	干物质含量 20.1%，淀粉含量 12.7% ~ 16%	加工用	中国
虎头	块茎椭圆形，薯皮淡黄色、粗糙，芽眼深浅中等	薯肉淡黄色	蒸食品质优，干物质含量 24%，淀粉含量 18%	食用、淀粉兼用	中国
高原 3 号	块茎圆形或卵圆形，薯皮黄色	薯肉黄色	干物质含量 27.9%，淀粉含量 17.3% ~ 18.5%	淀粉用	中国
晋薯 2 号	块茎扁圆形，薯皮黄色、粗糙	薯肉淡黄色	干物质含量 25.4%，淀粉含量 19%	淀粉用	中国

（二）马铃薯的形态和性状

马铃薯植株（图3-20）由根、茎（地上茎、地下茎、匍匐茎、块茎）、叶、花、果实和种子组成。马铃薯植物学形态特征与其经济性状密切相关，如早熟品种茎秆一般比较矮小细弱；晚熟品种茎秆较高大粗壮；分枝多的品种，往往结的薯块小而数目较多；块茎大而周围疏松的

图 3-20　马铃薯植株的形态结构

1—叶　2—花冠展开去雌蕊

3—花序　4—块茎

资料来源：张泰利，《中国植物志》
第 67（1）卷，1978。

品种常易感染疮痂病。充分了解各个品种的形态结构对指导马铃薯生产具有重要意义。

马铃薯块茎的形态主要有卵形、圆形、长椭圆形、梨形和圆柱形；皮色有白、黄、红、紫。块茎与匍匐茎相连的一端为脐，相反的一端为顶部，芽眼从顶部到底部呈螺旋式分布，其顺序与叶序相同［图 3-21（1）］。芽眼在薯顶部分布较密，块茎表面分布许多皮孔，是与外界交换气体的孔道。块茎横切面由外及内，则为周皮、皮层、维管束环、外髓及内髓，见图3-21（2），内髓的细胞主要充填有淀粉。鲜马铃薯淀粉颗粒被较厚细胞壁所包裹，以细胞淀粉形式存在，即使蒸煮熟化，只要不强力搅动，糊化了的淀粉还会包裹在原来的细胞中，因此烤（蒸煮）马铃薯不仅给人以干面的口感，而且可以做成如豆沙那样的薯泥产品。用于制作薯泥的马铃薯要求收获期晚、充分成熟、高相对密度的粉质品种。无疑淀粉含量是主要影响因素，淀粉含量越大，相对密度也越大。美国有些地方用相对密度为 1.064 的食盐水判断粉质、黏质马铃薯，即在食盐水中下沉的为粉质。

（三）马铃薯的成分组成与营养

马铃薯鲜块茎含水量 79.5% 左右，碳水化合物 17.2%（糖 16.8%，膳食纤维 0.4%）、蛋白质 2.0%、脂肪

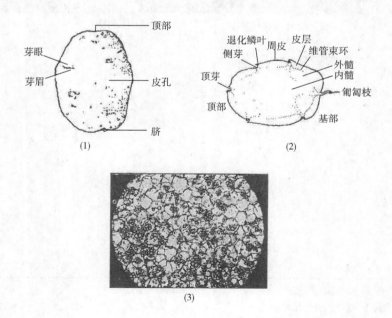

图 3-21　马铃薯块茎

（1）马铃薯块茎的外部结构　（2）马铃薯块茎的剖面结构

（3）马铃薯块茎细胞的显微结构

0.2%。糖几乎都是淀粉，有少量葡萄糖、蔗糖、果糖、戊聚糖、糊精。马铃薯淀粉平均粒径 50μm，比其他谷物淀粉大许多，卵圆形，颗粒表面有斑纹。它具有糊化温度低、黏度大、膨润力大等优良特性，尤其是其黏度在所有淀粉中最高，且是自然界唯一与磷酸盐共价结合的淀粉，不易老化，因此是食品工业用（如方便面添加）高级淀粉。另外，其细胞淀粉颗粒大小及分布状态对马铃薯烹调食品品质有很大影响。

马铃薯含蛋白质虽只有 2% 左右，但氨基酸组成比较合理，与其他来源的蛋白质比较，更容易被人和动物吸收。马铃薯中含有维生素 C、维生素 B_1、维生素 B_2、维生素 B_3 等多种维生素，尤其是含有丰富的维生素 C（0.23mg/g，约为芹菜、生菜的 4 倍，与韭菜相当），且不易受热破坏，是可贵的全面营养食品。含钙虽不及甘薯，但含钾与之相当，作为预防高血压食品，受到关注。

鲜薯中含有易使马铃薯褐变的多酚氧化酶、酪氨酸酶，因此去皮或切断加工时，暴露于空气的切面易发生褐变。加工时用亚硫酸溶液浸渍或水冲洗处理可以防止褐变。因贮藏不当，马铃薯在芽眼或绿色皮部会含有毒的龙葵素，加工时需除去。

（四）马铃薯的品质规格与标准

我国于 2006 年发布了农业行业标准（推荐标准）NY/T 1066—2006《马铃薯等级规格》，规定了鲜食马铃薯的等级、规格、包装及标识，将鲜食马铃薯分为特级、一级和二级三个等级。

2015 年发布的国家推荐标准 GB/T 31784—2015《马铃薯商品薯分级与检验规程》对鲜食、薯片加工、薯条加工、全粉加工及淀粉加工用马铃薯商品薯各等级的质量要求、检验方法、级别判定、包装、标识等进行了规定（表 3-27~表 3-31）。

表 3-27 　　　　　　　　　　　　　鲜食型马铃薯商品薯分级指标

检测项目	一级	二级	三级
质量	150g 以上≥95%	100g 以上≥93%	75g 以上≥90%
腐烂[①]/%	≤0.5	≤3	≤5
杂质	≤2	≤3	≤5
缺陷			
机械损伤/%	≤5	≤10	≤15
青皮/%	≤1	≤3	≤5
发芽[②]/%	0	≤1	≤3
畸形/%	≤10	≤15	≤20
疮痂病[③]/%	≤2	≤5	≤10
黑痣病[④]/%	≤3	≤5	≤10
虫伤/%	≤1	≤3	≤5
总缺陷/%	≤12	≤18	≤25

①腐烂：由软腐病、湿腐病、免疫病、青枯病、干腐病、冻伤等造成的腐烂。

②发芽指标不适用于休眠期短的品种。

③疮痂病：病斑占块茎表面积的 20% 以上或病斑深度达 2mm 时为病薯。

④黑痣病：病斑占块茎表面积的 20% 以上时为病薯。

注：本表中的质量指标不适用于品种特性结薯小的马铃薯品种。

资料来源：GB/T 31784—2015《马铃薯分级与检验规程》。

表 3-28 薯片加工型马铃薯商品薯分级指标

检测项目	一级	二级	三级
大小不合格率[①]/%	≤3	≤5	≤10
腐烂[②]/%	≤1	≤2	≤3
品种混杂/%	0	≤1	≤3
缺陷			
机械损伤/%	≤5	≤10	≤15
青皮/%	≤1	≤3	≤5
空心/%	≤2	≤5	≤8
内部变色/%	0	≤3	≤5
畸形/%	≤3	≤5	≤10
虫伤/%	≤1	≤3	≤5
疮痂病[③]/%	≤2	≤5	≤10
总缺陷/%	≤10	≤20	≤33

①大小不合格率：指最小直径不在 4.5~9.5cm 的块茎所占百分率。

②腐烂：由软腐病、湿腐病、免疫病、青枯病、干腐病、冻伤等造成的腐烂。

③疮痂病：病斑占块茎表面积的 20% 以上或病斑深度达 2mm 时为病薯。

资料来源：GB/T 31784—2015《马铃薯商品薯分级与检验规程》。

表 3-29 薯条加工型马铃薯商品薯分级指标

检测项目	一级	二级	三级
大小不合格率[①]/%	≤3	≤5	≤10
腐烂[②]/%	≤1	≤2	≤3
品种混杂/%	0	≤1	≤3
缺陷			
机械损伤/%	≤5	≤10	≤15
青皮/%	≤1	≤3	≤5
空心/%	≤2	≤5	≤8
内部变色/%	0	≤3	≤5
畸形/%	≤3	≤5	≤10
虫伤/%	≤1	≤3	≤5
疮痂病[③]/%	≤2	≤5	≤10
总缺陷/%	≤7	≤12	≤17
炸条颜色不合格率[④]/%	0	≤10	≤20
干物质含量/%	21.00~23.00	20.00~20.99	18.50~19.99

①大小不合格率：茎轴长度不在 7.5~17.5cm 的块茎所占百分率。

②腐烂：由软腐病、湿腐病、免疫病、青枯病、干腐病、冻伤等造成的腐烂。

③疮痂病：病斑占块茎表面积的 20% 以上或病斑深度达 2mm 时为病薯。

④炸条颜色不合格率：不合格薯条质量占总炸条质量的百分率。

资料来源：GB/T 31784—2015《马铃薯商品薯分级与检验规程》。

表 3-30　　　　　　　　　　　　全粉加工型马铃薯商品薯分级指标

检测项目	一级	二级	三级
腐烂[1]/%	≤1	≤2	≤3
杂质/%	≤3	≤4	≤6
品种混杂/%	≤5	≤8	≤10
缺陷			
机械损伤/%	≤5	≤10	≤15
青皮/%	≤1	≤3	≤5
空心/%	≤3	≤6	≤10
内部变色/%	0	≤3	≤5
畸形/%	≤3	≤5	≤10
虫伤/%	≤3	≤5	≤10
疮痂病[2]/%	≤2	≤5	≤10
总缺陷/%	≤8	≤13	≤18
干物质含量/%	≥21.00	≥19.00	≥16.00

①腐烂：由软腐病、湿腐病、免疫病、青枯病、干腐病、冻伤等造成的腐烂。
②疮痂病：病斑占块茎表面积的 20%以上或病斑深度达 2mm 时为病薯。
资料来源：GB/T 31784—2015《马铃薯商品薯分级与检验规程》。

表 3-31　　　　　　　　　　　　淀粉加工型马铃薯商品薯分级指标

检测项目	一级	二级	三级
腐烂[1]/%	≤1	≤2	≤3
杂质/%	≤3	≤4	≤6
缺陷			
机械损伤/%	≤5	≤10	≤15
虫伤/%	≤3	≤5	≤10
淀粉含量/%	≥16.00	≥13.00	≥10.00

①腐烂：由软腐病、湿腐病、免疫病、青枯病、干腐病、冻伤等造成的腐烂。
资料来源：GB/T 31784—2015《马铃薯商品薯分级与检验规程》。

（五）马铃薯的贮藏与品质管理

马铃薯由于产量大，收获期集中，消费周期长，贮藏保鲜有着重要意义。马铃薯块茎有休眠特性，为长期贮藏带来可能。在适当条件下贮藏期限可延至下次收获季。块茎收获后，经后熟、休眠、转萌发等生长变化，内部成分也不断发生变化。马铃薯贮藏的主要问题和保鲜方法如表 3-32 所示。

表 3-32　　　　　　　　　　马铃薯贮藏的主要问题和保鲜方法

主要问题	原因和危害	对策
发芽	准发芽温度 5~10℃，发芽温度≥10℃，发芽使生物碱增加，发芽处产生龙葵素	贮藏温度：种子用 0~3℃；鲜食用 1~3℃；加工用 6~8℃。如需贮藏 3 个月以上，需同时气调贮藏或放射线辐照
质量减少	温度过高或过低、湿度低可使蒸发加快	温度同上，相对湿度 90%~95%，5℃减重最少
腐败	机械损伤、高温、水滴、冻伤及其他原因的病毒、细菌污染	温度同上，调节湿度、防露水、愈伤预处理（Curing）①，库内通风
鼠虫害	引起变质、劣化	入库前剔除害果，防虫、防鼠
果肉褐变	多酚氧化酶、酪氨酸酶、氧化酶作用	库内适当换气，避免果肉受伤，接触空气
淀粉转化	贮藏温度接近 0℃时糖转化加快，还原糖增加，使油炸加工时产品褐变	加工用薯贮藏温度为 6~8℃，如需 2 个月以上贮藏，可先 5℃贮藏，加工前转 20℃贮藏 2 周
龙葵素毒	暴露于日光时皮和芽部转绿，龙葵素增加，达 0.2mg/g 时可引起食物中毒	防止光照和发芽

①愈伤预处理指马铃薯贮藏前在 13~15℃强制通风散热，吹干表皮，使伤口结痂，块茎尽快度过预备休眠期，进入深休眠阶段的处理方法。

为了保证市场马铃薯的常年平衡供应，解决马铃薯产品的地区性、季节性局部过剩与专用品种供应不足的矛盾，以得到更好的经济效益，专用马铃薯商品薯和原料薯的贮藏极其重要。另外，为了保证在需要的播种季节有适合生理时期的种薯供应，种薯的适当贮藏方法也是必需的。

马铃薯采收后，光合作用停止，但仍是一个活的有机体，其生命代谢活动仍在有序地进行。呼吸作用是马铃薯采后最主要的生理活动，是提供各种代谢活动所需能量的基本保证。在马铃薯的贮藏和运输过程中，保持其尽可能低而又正常的呼吸代谢，是保证马铃薯质量的基本原则和要求。因此，研究马铃薯贮藏期间的生理作用及其调控，不仅具有生物学的理论意义，而且对控制马铃薯采后的品质变化、生理失调、贮藏寿命、病原菌侵染、商品化处理等多方面具有重要意义。

马铃薯贮藏的目的是保持马铃薯拥有最可食和最适销状况，以及在春、秋和冬季给加工厂提供稳定的块茎供应。良好的贮藏应能防止水分过度散失、发生腐烂和芽过度生长。同时也应能防止导致加工产品颜色深暗的糖类和其他成分大量积累。

1. 马铃薯贮藏方法

马铃薯贮藏方法多样，主要分为三大类：常温贮藏、机械冷藏和其他贮藏方法。

（1）常温贮藏　常温贮藏指在构造相对简单的贮藏场所，利用环境条件中温度随季节和昼夜不同时间变化的特点，通过人为措施使贮藏场所的贮藏条件达到接近产品贮藏要求的贮藏方式，主要有堆藏、沟藏、窖藏和通风库贮藏这四种。

①堆藏：指直接将马铃薯堆放在室内或其他楼板上，特点是利用地面相对稳定的地温，加上覆盖材料，白天防止辐射升温，夜间可防冻。贮藏前期气温高时，夜间可揭开覆盖层。此法

通气性良好，但失水快。

②沟藏：指选择干燥、土质黏重、排水良好、地下水位低的地势，根据贮藏量的多少挖地沟，将马铃薯埋于地沟。用沟藏法贮藏马铃薯可利用土层变温小的特点，起到冬暖夏凉的作用。此法优于堆藏，储量大，效果好。

③窖藏：指将马铃薯置于贮藏窖中保存的方法。贮藏窖按结构可分为井窖、窑窖和棚窖三种形式。贮藏窖的特点是周围有深厚的土层包被，形成与外界环境隔离的隔热层，又是自然冷源的载体，土层温度一旦下降，上升则很缓慢，在冬季蓄存的冷空气可以周年用于调节窖温。

④通风库贮藏：是利用自然界的低温，借助于库内外空气交换达到库体迅速降温，并保持库内比较稳定和适宜的贮藏温度的一种方法。它具有较为完善的隔热建筑和较灵敏的通风设备，建筑比较简单，操作方便，贮藏量也较大。

（2）机械冷藏　机械冷藏是指在有良好隔热性能的库房中，借助机械冷凝系统的作用，将库内的热传递到库外，使库内的温度降低并保持在有利于马铃薯长期贮藏范围内的一种贮藏方式。

机械冷藏的优点是不受外界环境条件的影响，可以迅速而均匀地降低库温，库内的温度、湿度和通风都可以根据贮藏对象的要求而调节控制。但是冷库是永久性的建筑，贮藏库和制冷机械设备需要较多的资金投入，运行成本较高，且贮藏库房运行要求有良好的管理技术。世界上大部分供食用和加工用的马铃薯都不用人工制冷贮藏，但在某些情况下，如热带气候条件下要求长期贮藏，对质量有特殊要求和经济价值较高的情况下也可以用制冷来贮藏马铃薯。

（3）其他贮藏方法　其他贮藏方法有化学贮藏和辐射贮藏。化学贮藏通过添加青鲜素、萘乙酸甲酯、苯诺米乐、氨基丁烷和氯苯胺灵等植物生长调节剂处理马铃薯，以达到减少块茎在贮藏期间腐烂、萌芽的效果。应用植物生长调节剂应注意以下几点：①要掌握好药液的配制浓度，若使用浓度太低，则效果不显著，浓度过高，往往会造成药害；②要掌握好喷药时间和方法；③留作种用的块茎不能喷用抑芽素之类的药剂。

2. 贮藏对马铃薯品质的影响

（1）贮藏对块茎相对密度和加工产品品质的影响　加工用马铃薯的相对密度很重要，相对密度高的马铃薯首选做薯片、炸薯条和脱水产品。另一方面，相对密度低的马铃薯首选用于灌装产品，因为相对密度低的马铃薯加工期间散落或破碎少。贮藏温度和湿度能影响块茎的相对密度。

（2）贮藏温度对糖含量的影响　当马铃薯贮藏在相对较低温度时，其糖含量增加。贮藏期间，马铃薯中有三个过程在进行：一是呼吸，其将糖转化为水和二氧化碳；二是通过淀粉分解酶将淀粉转化成糖；三是将糖转化成淀粉。温度低时，糖增加，淀粉减少；温度高时，因为呼吸和淀粉合成，糖减少。低温贮藏期间所形成糖的量取决于品种、成熟度和贮藏前的状况及温度。遭遇高温时，马铃薯糖损失的程度也随品种和成熟度而异。总糖（特别是还原糖）大幅度增加发生在 $1.1 \sim 2.2$℃贮藏的马铃薯中。$3.3 \sim 5.6$℃时，糖增加幅度较小；而在 $10 \sim 15.6$℃贮藏时，则有可能稍有减少。15.6℃贮藏的块茎中，大部分还原糖存在于芽中。$4.4 \sim 10$℃贮藏是马铃薯相对高含糖量与相对低含糖量的分界线。

（3）贮藏对淀粉的影响　在淀粉通过淀粉分解酶转化为糖的过程中，随着贮藏温度降低，马铃薯淀粉含量降低。高温时，马铃薯中的淀粉可能因为糖被转化为淀粉而增加。$1.1 \sim 3.3$℃贮藏时，马铃薯中淀粉损失相当大。低温冷藏 $2 \sim 3$ 个月的马铃薯，其淀粉含量只有原来含量的

70%左右。温度较高时，与原来含量的差异较小。低温贮藏7~37周和室温贮藏2周后，淀粉含量增加，接近收获时的值。1.1~15.6℃贮藏时，马铃薯总碳水化合物含量按干重计算变化极小。由长时间贮藏的马铃薯生产的淀粉光泽度差，而且淀粉颗粒的表面和形状有变化。贮藏期间，所有大小不一的淀粉颗粒体积逐渐变小，直径较小的淀粉颗粒数量增加。低温时淀粉向糖的变化以及随后高温时淀粉从糖的部分再合成，可能足以改变淀粉粒的结构，以至于改变淀粉糊的特性，从而影响淀粉的品质，并因此影响烹制马铃薯的质地。

（4）贮藏对马铃薯中维生素的影响　马铃薯是维生素 C 的良好来源。但是，贮藏期间，维生素 C 含量会下降。10~15℃贮藏时，新挖未成熟或成熟马铃薯中维生素 C 含量下降。温度较低时，维生素 C 损失会更大。5℃贮藏比15℃贮藏会导致维生素 C 更快地消失，温度接近0℃比10℃损失得更快。但也有研究发现，0℃和-0.5℃比10℃或室温损失速率低。马铃薯先在10℃或更高温度下保存，然后转到0℃、1℃或5℃保存，其维生素 C 含量增加。有研究分析了种植在美国不同地方的主要马铃薯品种收获时及其在贮藏中水溶性维生素含量，发现每一种维生素含量变化都很大。长期连续贮藏对维生素 B_1 和维生素 B_2 含量的影响很小，但会导致维生素 C 含量初期急剧下降，维生素 B_3 和叶酸含量下降，维生素 B_6 含量大幅度增加。贮藏温度为3.3~7.2℃时，维生素组成不会受到影响。

（5）贮藏对马铃薯脂类和脂肪酸的影响　马铃薯中存在着少量脂类，按鲜重算，大约只占0.1%，部分马铃薯中的脂类与其他物质相结合。10℃和28℃贮藏期间，总脂肪酸含量增加，主要是在芽迅速生长阶段。0℃和4℃贮藏时，总脂肪酸含量增加，同时伴随不饱和度增加。如此增加之后，在贮藏最后的时期出现显著下降。用打破休眠的化合物处理，会导致脂类的合成与积累。

3. 马铃薯贮藏要求

（1）食用鲜薯的贮藏要求　在贮藏结束时，用于鲜薯消费的马铃薯应不发芽或几乎不发芽。长期贮藏需要4~6℃的低温，而短期贮藏可承受较高的温度。必须指出，供鲜食的马铃薯应当在黑暗条件下贮藏，否则薯块会变绿。绿色和发芽的马铃薯因产生生物碱龙葵素而有毒，不可再食用或作为饲料。

（2）种薯的贮藏要求　种薯通过贮藏应当有利于在播种时快速发芽和出苗。作为影响马铃薯生理时期的主要因素，贮藏温度应当适应贮藏期的需要，假如贮藏期（从收获到播种）为2~3个月，贮藏温度应该高一些，而长期贮藏应在3~4℃的低温条件下，或可在较高的温度下利用散射光贮藏，散射光能延缓种薯衰老。贮藏在低温散射光下的种薯通常比贮藏在较高温度黑暗条件下的种薯产生更健壮的植株。

（3）加工用原料薯的贮藏要求　贮藏期间，淀粉和糖互相转化，控制转化的酶在很大程度上受温度的影响。同样糖用于呼吸作用的反应也受温度的控制。低温贮藏时，薯块中糖发生积累，贮藏在2~4℃下的薯块可能会有甜味。温度较高时，糖的积累较少。但对加工用马铃薯来说，贮藏在5~6℃下的薯块，糖含量依然太高。糖含量较高时，炸薯片、炸薯条的颜色太深，影响产品质量，不符合市场要求。因此，加工用马铃薯的贮藏温度是：炸薯条不低于5~7℃，炸薯片不低于7~9℃。高温贮藏一般用于短期贮藏。温度在15~20℃下贮藏1~2周，可降低薯块中的含糖量，糖用于呼吸作用而被消耗（如回暖），但是回暖的结果并不总是很理想。另外，低温下贮藏的马铃薯易产生黑斑和被搓伤，因此，低温贮藏的马铃薯在加工前必须用高温处理，一般温度为15~18℃。

（六）马铃薯的利用

1. 鲜食用

鲜食用马铃薯主要用于家庭和餐馆烹调，我国主要用来炒菜、烩菜，国外除蒸烤鲜马铃薯作主食外，还有咖喱饭、炖薯块、马铃薯烧牛肉（要求耐煮的黏质种），以及色拉凉拌菜、炸肉饼等用的薯泥（要求干面的粉质种）。

2. 食品加工用

（1）方便食品、快餐食品原料　包括马铃薯粉（马铃薯经剥皮、蒸煮、干燥、粉碎制得，一般细胞被破碎，加水成糊状，不仅可添加至面包，还是马铃薯脆片的原料）、马铃薯全粉（马铃薯经剥皮、切片、加热糊化、筛滤除渣、干燥得到的细胞淀粉，片状的称为雪花全粉，粒状的称为颗粒全粉）、脱水马铃薯片（条）、速冻薯条（薯泥）、蒸薯条、罐装和去皮马铃薯等。

（2）休闲食品　如马铃薯脆片、马铃薯果脯、马铃薯膨化小食品等。

（3）发酵饲料、提取蛋白质等　马铃薯提取淀粉后的残渣可制成马铃薯发酵饲料、提取蛋白质等。

3. 淀粉用

由于马铃薯淀粉的优良特性，不仅是制作高级方便面、面类理想的原料淀粉，而且还是肉制品、鱼糜制品、鱼饲料等的添加剂或原料。马铃薯淀粉也是粉条、粉芡的优质原料。除马铃薯淀粉外，还可得到其衍生物，包括各种变性淀粉、饴糖、葡萄糖、膳食纤维等。

二、 甘薯

（一）甘薯的栽培历史与分类

甘薯是旋花科甘薯种中的一个栽培种，其他名称有：甘储、朱薯、金薯、番薯、番茹、红山药、朱薯、唐薯、玉枕薯，山芋（江苏、浙江），地瓜（辽宁、山东），山芋（河北），甜薯、红薯（山西、河南），红苕（四川、贵州），白薯（北京、天津），阿鹅（云南彝语）。我国古代的甘薯为参薯（*Dioscoreaalata* Linn.），而非本种。另外，植物学分类中甘薯属薯蓣科（*Dioscoreaceae*）薯蓣属（*Dioscorea*），拉丁学名 *Dioscorea esculenta* (Lour.) Burkill。

甘薯原产南美洲及大、小安的列斯群岛，现已在全世界的热带、亚热带地区（主产于北纬40°以南）广泛栽培，我国大多数地区普遍栽培，在一些较北的地区如黑龙江省也已栽种成功。甘薯是一种高产且适应性强的粮食作物，与工农业生产和人民生活关系密切。块根除作主粮外，也是食品加工、淀粉和酒精制造工业的重要原料，根、茎、叶又是优良的饲料。

甘薯虽然单位质量热量只有大米、小麦等谷类的1/3左右，但因为产量高，如按单位面积生产食物的热量计算，甘薯高于任何粮食作物，过去在我国被作为救荒作物。甘薯在我国除青藏高原、新疆等少数地区外，其他各省（自治区、直辖市）均有栽培，但以黄淮平原、四川长江中下游平原和东南沿海栽培面积较大。

甘薯根据用途不同可分为生鲜蒸烤用、淀粉用、糕点用等，根据烤熟后薯肉的口感可分为粉质（干面口感型）、中间质和黏质等品种。应当指出的是，我国甘薯生产在规格化、标准化方面与美国、日本等还有差距。目前世界和我国栽培甘薯的主要品种如表3-33所示。另外，美国有南瑞苕、普利苕、百年薯等品种。不同用途对甘薯的品质要求及我国主要栽培品种见表3-34。

表 3-33 世界和我国栽培甘薯的主要品种

品种	皮色	肉色	特征和食味	用途	产地
农林 1 号	红褐色	淡黄色	粉质，味甘	宜蒸烤	日本
高系 14	鲜红色	淡黄色	粉质，味甘	蒸烤及糕点用	日本
红东	紫红色	深黄色	粉质，极甜，风味好	糕点用	日本
山川紫	红色	紫红色	黏质，含花色素高	健康食品、醋等	日本
红赤	红色	鲜黄色	粉质，甘栗味	宜蒸烤	日本
遗 306	紫红色	白色	粉质，面、香	宜蒸烤	中国
苏薯 4 号	紫红色	橘红色	味中上	蒸烤或加工用	中国
台南 18	红褐色	淡黄色	食味中上	淀粉、饲料用	中国
豫薯 6 号	红色	淡黄色	味中上	淀粉、食用	中国

表 3-34 不同用途对甘薯的品质要求及我国主要栽培品种

用途	要求	我国主要栽培品种
工业原料	淀粉含量高，薯块大小均匀，蛋白质、糖分、膳食纤维、酚类含量低	浙薯 1 号、皖薯 2、遗 306、苏薯 2 号、绵粉 1 号、鲁薯 7 号、豫薯 7 号
食品用	表皮光滑，肉色杏黄或橘红，糖分、维生素 C、氨基酸含量高，膳食纤维含量低	苏薯 4 号、渝薯 34、鲁薯 2 号、苏薯 1 号、皖薯 5 号
兼用型		徐薯 18、皖薯 3 号、苏薯 3 号、豫薯 4 号

（二）甘薯的形态和性状

甘薯为根浅、叶密、茎多，匍匐生长，部分根可膨大成块根的蔓生性作物。其可食部分块根是贮藏养分的器官。因品种、土壤和栽培条件不同，块根形状有纺锤形、圆筒形、球形和块形等（图 3-22）；皮色有白、黄、红、紫红等；肉色有白、黄、橘红、紫色、紫晕等。

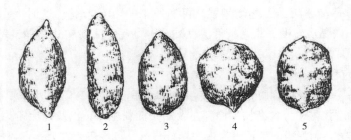

图 3-22 甘薯块根的形状
1—纺锤形 2—圆筒形 3—椭圆形 4—球形 5—块形

（三）甘薯的成分组成与营养

甘薯块根水分含量 68.2% 左右，碳水化合物 29.4%，其中以淀粉为主，一般占鲜重的 15%~20%，高的可达 24%~29%，另外甘薯含有 2%~6% 的可溶性糖，因此显甜味，但不宜作主食常食，适于作嗜好食品。其他成分依次为蛋白质（1.2%）、膳食纤维（0.7%）、脂类

（0.2%）等。因水分含量高，直接蒸烤即可食，不像谷类那样需加水才能使淀粉糊化。甘薯含有丰富的维生素 C（300mg/kg）、维生素 E（13mg/kg）和钙（320mg/kg）、钾等矿物质，且其维生素 C 加热耐性明显高于普通蔬菜，被视为碱性健康食品。甘薯淀粉含有 10%～20% 人体难以消化的以 β-糖苷形成的 β-淀粉，作为膳食纤维起到调节肠内细菌、防止便秘、预防大肠癌、降低胆固醇的作用。其膳食纤维和维生素含量可和菠菜等蔬菜媲美。

与马铃薯一样，甘薯淀粉以细胞淀粉形式存在。因此，烤（蒸煮）甘薯不仅给人以干面的口感，而且可以加工成薯泥。鲜薯的切口往往会渗出乳白汁液，其中含有紫茉莉苷（Jalapin）。

（四）甘薯的品质规格与标准

我国目前关于甘薯的标准有农业行业标准 NY/T 2642—2014《甘薯等级规格》，规定了鲜食甘薯质量要求，如表 3-35 所示。

表 3-35　　　　　　　　　　　　　　鲜食甘薯质量等级标准

等级	要求
特级	同一品种，大小均匀；表皮完整、光滑；无须根、无畸形、无开裂、无虫蚀、无发芽和无硬斑；无机械损伤
一级	同一品种，大小较均匀；表皮较完整、光滑；无须根、无明显的畸形、开裂、虫蚀、发芽和硬斑；无机械损伤
二级	同一品种或相似品种，大小基本均匀；表皮基本完整、光滑；允许有轻微的畸形、开裂、虫蚀、发芽和硬斑；允许有轻微的机械损伤，但不明显

资料来源：NY/T 2642—2014《甘薯等级规格》。

（五）甘薯的贮藏与品质管理

收获后甘薯的贮藏方法分为鲜薯贮藏和薯干贮藏 2 种。薯干贮藏是将薯块切片或刨丝晒干长期保存，不使发生霉变。鲜薯贮藏要求耐贮品种，霜前收获，薯型较小，入库时无机械损伤和病害，或对损伤处进行愈伤处理（即在环境温度 31～35℃、相对湿度 90% 以上，处理 4～6d）；适宜的贮藏温度为 12～15℃，相对湿度为 90%～95%。刚收获的甘薯 α-淀粉酶活力低，在 16℃ 贮藏 71d，α-淀粉酶活力逐渐增强，可达原来的 10～30 倍，这时大量淀粉会转变为糊精，使甘薯由粉质向黏质转变。若在较低温度贮藏，可促使淀粉转化为糖，增加甜味；当温度低于 9℃，甘薯易腐烂。

（六）甘薯的利用

鲜薯经烧、烤、蒸、煮后食用是最常见、最可口的食用方法，但因为鲜薯不易长期贮藏，故大量作为工业原料。甘薯作为食品加工原料主要用于淀粉生产，以及以淀粉为原料生产粉条类、葡萄糖、果葡糖浆等。制淀粉的渣还可发酵生产柠檬酸、乳酸等。甘薯不仅可酿酒、制醋，还可做成果脯、脱水甘薯、冷冻甘薯片、甘薯粉、甘薯糕点、油炸甘薯脆片等食品。近几年由于对甘薯健康功能的再认识，甘薯像水果一样成为餐桌佳肴。由于可以加工成薯泥，它还被制作成甘薯饼、小甜饼、果子冻、冰淇淋、果子露等。甘薯还大量用作饲料和工业原料。

三、木薯

（一）木薯的栽培与分类

木薯（*Manihot esculenta* Crantz）属大戟科（Euphorbiaceae）木薯属（*Manihot*），植物学分

类为双子叶植物纲（Botany）、蔷薇亚纲（Rosaceae）、大戟目（Euphorbia）、大戟科（Euphorbiaceae）、木薯属（*Manihot*）、木薯种（*Cassara species*），是世界上年产量超过亿吨的七大作物之一，是世界上约 8 亿人口的主要粮食来源。

木薯原产巴西，现全世界热带地区广泛栽培。我国的木薯种植已有近 200 年的历史。木薯的栽培较粗放，且产量高，是我国南部山区常见的杂粮作物。福建、台湾、广东、海南、广西、贵州及云南等地有栽培。以广西的栽培面积最大，其面积和产量均占全国的 70% 以上，其次是广东和海南，福建、云南、江西、四川和贵州等省的一些地区也有引种试种。

木薯通常有枝、叶淡绿色或紫红色两大品系，前者毒性较低。木薯的块根富含淀粉，是工业淀粉原料之一。木薯中含有亚麻苦苷，经水解后可析出游离态的氢氰酸，可致人体组织细胞窒息中毒，因此鲜木薯不宜生食，应选择适宜的品种并经去毒处理方可食用。作为食物热量来源的鲜木薯，主要品种有华南 6068、GR. 891、面包木薯、蛋黄木薯等。

（二）木薯的形态和性状

木薯为直立灌木，高 1.5~3m，植株如图 3-23 所示。

木薯块根圆柱状，肉质富含淀粉。木薯的根系稀疏，但穿透性强，有忍耐长期干旱的能力。木薯用种茎繁殖，从种茎切口处长出不定根，通常有 20~60 条，无主次之分。从粗根和块根上长出的细根称为吸收根。粗根是由不定根在分化膨大而形成块根的过程中，受不良条件的抑制使根部停止增粗膨大而形成，是已经分化了的吸收根，具有疏导作用。由吸收根分化，出现形成层，产生大量薄壁细胞，使根部不断增粗并大量积累淀粉而形成块根。一般有 5~6 条，多达 10 条以上。木薯的块根如图 3-24 所示。

图 3-23　木薯植株
1—花枝　2—雄花纵切面　3—雌花纵切面　4—果

（三）木薯的品质规格与标准

1. 国际标准

（1）苦木薯质量标准　CAC 在 CODEX STAN 300—2010《苦木薯》中对木薯的定义为：源自大戟科（Euphorbiaceae），经处理和包装后供消费者鲜食的商用苦木薯根，但不包括工业加工用木薯。苦木薯（*Manihot Utilisima* Pohl）为木薯的苦味品种，指那些含有浓度超过 50mg/kg 氰化物的品种（以鲜重计）。

该标准对苦味品种的木薯质量进行了规定，并分为三级。

①最低要求：除各等级的具体规定和容许偏差外，所有等级的木薯都必须符合以下要求：完整；完好，没有因腐烂、发霉和变质而不适于消费的产品；干净，无任何其他可见外来物体，用于延长保质期而允许使用的物质除外；没有害虫及其造成的产品外观损伤；无异常外表水分，但移除冷藏后出现的凝结水除外；无任何外来异味和/或味道；结实；基本无机械性损伤和碰伤；果肉无褪色。

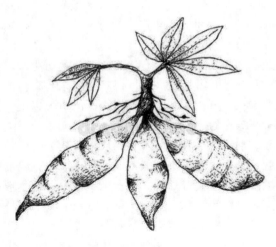

图3-24　木薯块根

木薯根部末梢切口处的直径不超过2cm。

对那些柄颈不同的木薯种类，其根柄末梢应有1~2.5cm长的干净切口。

在考虑品种特征和产地的情况下，木薯必须达到一个生理发育的适宜成熟度。木薯的生长和状态必须使其可以适于运输、装卸及被完好地运至目的地。

②分级

"特"级：本等级的木薯应具有特优品质。它应具有该品种和/或商品类型的特性，无缺陷，但不影响产品的整体外观、质量、贮藏品质和包装的非常轻微的表面瑕疵除外。

一级：本等级的木薯应具有良好品质。它应具有该品种和/或商品类型的特性，但是以下轻微瑕疵可以允许，只要这些瑕疵并不影响产品整体外观、质量、贮藏品质和包装外观：轻微形状瑕疵；不超过表面积5%的疤痕或愈合的损伤；不超过表面积10%的擦伤。任何情况下，瑕疵不能影响到果肉。

二级：本等级包括那些品质虽达不到较高等级要求，但符合上文中提出的最低质量要求的木薯。然而以下瑕疵可以允许，只要木薯仍有质量、贮藏品质和包装外观方面的主要特征：形状怪异；不超过表面积10%的疤痕或愈合的损伤。

(2) 木薯粉质量标准　CAC制定的《食用木薯粉》[CODEX STAN176—1989（1995年修订）] 中对食用木薯粉的质量进行了规定。

①定义：食用木薯粉 [Edible cassava (*Manihot esculenta* Crantz) flour] 是指将干木薯片或木薯糊捣碎、碾磨或粉碎加工后，过滤除去纤维部分制备而成的产品。若用苦木薯制备食用木薯粉时，干燥前应将整块茎、碎茎（糊）或小块茎置于水中浸泡几天进行脱毒。

②基本成分和质量指标

质量指标：一般要求

a. 应安全并适于人类食用。

b. 应无异常风味、气味和活体昆虫。

c. 应无数量上危害人类健康的污物（动物源杂质，包括昆虫尸体）。

质量指标：特殊要求

水分含量最大值为13%（质量分数）。根据目的地的气候、运输和贮存期因素，应适当调低水分含量要求。接受本标准的政府应当说明在其国家强制使用该标准的理由。

2. 我国标准

目前我国木薯的质量标准有农业行业标准 NY/T 1520—2007《木薯》，规定了食用和工业用木薯的术语和定义、要求、试验方法、检验规则、标签、包装、运输和贮存。食用及工业用木薯的基本要求、等级划分标准见表3-36、表3-37。

表 3-36　　　　　　　　　　食用和工业用木薯的基本要求

食用木薯	工业用木薯
具有本品种的特征，块根表面光滑，清洁不带杂物，不干皱，无明显缺陷①（病虫斑、腐烂、霉斑、裂薯、空腔、畸形、机械损伤），薯形③较好，肉质不应有变黑的纹丝	具有本品种的特征，块根表面光滑，清洁不带杂物，不干皱，无显著缺陷②（病虫斑、腐烂、霉斑、裂薯、空腔、畸形、机械损伤）

①病虫斑、腐烂、机械损伤为主要缺陷。

②腐烂、空腔、机械损伤为主要缺陷。

③尾部切割处的直径不应超过 2cm，与根相连的茎长应在 1~2.5cm。

资料来源：NY/T 1520—2007《木薯》。

表 3-37　　　　　　　　　　食用和工业用木薯的等级要求

等级划分	要求	
	食用木薯	工业用木薯
一等品	具有明显的品种特征 无缺陷，在不影响产品正常外观的情况下允许有非常微小的损伤	淀粉含量>25.0%
二等品	具有明显的品种特征 在不影响产品正常外观的情况下允许有下述缺陷：①外形轻微损伤；②疤痕面积不超过表面积的 5%；③坏死部分不超过表面积的 10%。产品的损伤部分不影响到果肉部分	淀粉含量为 23.0%~25.0%
三等品	保留基本的品种特征 允许存在下述缺陷：①外形损伤；②疤痕面积不超过表面积的 10%；③坏死部分不超过表面积的 20%。产品的损伤部分不影响到果肉部分	—

资料来源：NY/T 1520—2007《木薯》。

（四）木薯的贮藏与品质管理

木薯块根收获后，一般不长期贮藏鲜薯，应马上加工制取淀粉，以保证出粉率。若淀粉加工能力有限，可将木薯进行干燥处理，使薯块贮存较长的时间不致腐烂。干燥的方法可以用太阳暴晒，若收获前遇阴雨天气，可在室内烘烤干燥。鲜薯在干燥前，如经切片或剥皮处理，干燥效果更好。

木薯种茎贮藏的好坏，关系到木薯再种植再生产。因此，要做好木薯种茎的贮藏工作。不同木薯种植区域，受木薯种茎越冬气候条件影响，木薯种茎贮藏方式方法有所不同。

1. 北回归线以南木薯种茎贮藏方法

在热带地区，年平均气温在 20℃以上，气候温暖，无霜冻，木薯种茎露天越冬，一般不受霜冻危害。贮藏方法是：竖直堆放法，选择背风湿润处，用锄头锄松表土，然后直接将木薯种茎竖直堆放，使木薯种茎基部紧贴地表并适当培土。有条件的，在木薯种茎的顶部盖上稻草，以避免霜冻。二是横向堆放法。选择背风湿润处，将木薯种茎一捆一捆地扎好，有规律地横向堆放，在顶部盖上稻草或杂草或薄膜，但要注意适当通风透气，以免高温时闷坏。

2. 北回归线以北木薯种茎贮藏方法

在年气温15℃以上，20℃以下，常有霜冻或寒害发生的地区，宜采用特殊的贮藏方法。

（1）浅沟贮藏法 选择坐北朝南、排水良好的地方，就地犁沟贮藏。一般先开沟，沟宽1.5~2.5m，深0.3~0.6m，然后将砍好的木薯种茎整齐纵向放入沟内。中间堆放稍高于两边，以利于排水和雨水渗入，堆放中留3~5个通气孔。盖土4~5cm，最后顶上盖稻草。木薯发芽最低温度是14~18℃，因此要常常检查沟内温度，使其保持在14~18℃。如果温度过低，应当加厚盖土；反之，则减少盖土。同时要注意沟周围的排水工作。

（2）地窖贮藏法 在一些木薯种植边缘区域，冬天气温较低，容易发生寒害。为了避免木薯种茎受寒害，可以采用地窖贮藏方式贮藏木薯种茎，待气温回升时，出窖播种。地窖贮藏木薯种茎，要注意适当保温，同时也要注意通风透气，保持种茎的良好状态。

（五）木薯的利用

木薯的加工利用主要有以下四种方式：一是加工生产淀粉及多种衍生产品；二是食品加工；三是生产燃料乙醇，作为生物质能源利用；四是加工成饲料利用。

1. 木薯淀粉及其衍生品加工

近年来，我国淀粉的主要原料为玉米和木薯。鲜木薯块根的干物质含量为38%~45%，其中有75%~80%为淀粉。木薯块根可用来生产淀粉和变性淀粉，一般4t鲜木薯可生产1t木薯原淀粉。木薯淀粉的蛋白质含量虽比玉米淀粉要低，但其具有黏着力强、糊化温度低、糊液透明、成膜性好、渗透性强等优良的理化特征和加工特性，在某些特定行业中的作用是其他原料的淀粉难以替代的。用木薯淀粉制造的大部分变性淀粉产品，比用玉米淀粉制造的产品具有更强的质量竞争优势，其深加工产品如葡萄糖浆、味精和可降解塑料薄膜等产品的用途更广泛，其产业链长，带动性强，在国内外市场具有极大的发展潜力。

2. 木薯食品加工

我国消费的木薯食品主要是鲜薯，木薯加工食品较少。不管是食用鲜薯还是木薯加工食品都要注意清除木薯中的氢氰酸。

根据氢氰酸能溶于水以及遇热挥发的特点，可用水浸、加热等方式清除。对于氢氰酸含量高的品种其清除方法主要如下。

（1）浸水法 将剥皮鲜薯切成小段，在水中浸泡2~3d后，可除去部分氢氰酸。生薯浸水1d可除去7%，2d除去15%，3d除去30%以上。不断换水可加快去毒。

（2）煮沸法 煮沸后一般可除去氢氰酸含量的50%左右。如煮沸后冲水，再换水煮沸可除去70%左右。煮熟后再浸水一天，可除去氢氰酸90%以上。

（3）干燥法 将鲜薯切片或擦丝后晒干，在干燥过程中，由于酶的分解作用和热作用，可使氢氰酸挥发。如果磨碎或切片后，堆放1d后再干燥可挥发75%以上的氢氰酸。

木薯食品加工可分为两类：一类以木薯湿淀粉为原料，经发酵后做成木薯酱、糊、泥、饼或面包等；一类将湿木薯淀粉加热烘烤、翻炒或晒成干粉后，再制成木薯炒粉、薯花、薯米、薯团、面包、饼干等。具体木薯加工食品有蒸薯糕、煎薯饼、木薯婴幼儿食品、人造薯米等。

3. 木薯生产燃料乙醇

随着生物燃料产业的发展，更多国家倾向于发展木薯燃料乙醇产业，将木薯看作一种能源作物。据统计，1t淀粉含量30%的木薯块根可生产280L纯度为96%的乙醇。相对于粮食类作物、糖蜜等其他乙醇原料，木薯有着不可比拟的优势。一是木薯在我国属非粮作物，且对土壤的要求较低。在"不争粮、不争油、不争糖"的情况下，更可充分利用边际土地或间（套）种植模式种植，从而实现"少争地"。二是木薯制燃料乙醇的经济性很高。

4. 木薯饲料加工

木薯的块根淀粉含量很高，在混合饲料中通常用于替代玉米和小麦等价格较高的能量饲料。由于木薯的嫩茎中含有丰富的蛋白质和维生素，因此，其嫩枝叶的营养成分与优质牧草相比毫不逊色。由于在我国木薯的病虫害很少，在生产过程中几乎不需要施放农药，因此，以木薯的嫩枝叶和块根搭配作为饲料，再辅以其他一些添加剂喂养禽畜，可生产肉、蛋等产品。近年来，国际上已经较普遍地利用木薯作为禽畜饲料。

🔍 复习思考题

1. 豆类有哪三大特点？
2. 豆类的成分组成及营养价值有哪些？
3. 大豆的品质规格和标准是什么？
4. 简述大豆的利用途径有哪些？
5. 杂豆有哪些种类？各自的特点是什么？
6. 薯类的成分组成及营养价值有哪些？
7. 三大薯类的规格等级？
8. 薯类贮藏有哪些注意事项？

参 考 文 献

［1］李里特. 食品原料学（第二版）. 北京：中国农业出版社，2011.

［2］杨月欣. 中国食物成分表（第六版第一册）. 北京：北京大学医学出版社，2018.

［3］张鹏. 我国薯类基础研究的动态与展望. 生物技术通报，2015，31（4）：65～71.

［4］木泰华，陈井旺. 中国薯类加工现状与展望. 中国农业科学，2016，49（9）：1744～1745.

［5］孙建. 豆类作物的营养分析与栽培技术. 农业与技术，2017，37（3）：41～42.

［6］Li Fengjuan, Cheng Yongqiang, Yin Lijun, et al. Application of electrolyzed water to improve angiotensin I - converting enzyme inhibitory activities of fermented soybeans started with Bacillus subtilis B1. International Journal of Food Properties, 2011, 14：145～156.

［7］Chen Jing, Cheng Yongqiang, Yamaki Kohji, et al. Anti-α-glucosidase activity of Chinese traditionally fermented soybean (douchi). Food Chemistry, 2007, 103（4）：1091～1096.

［8］梁喜龙，梁鹏飞，梅宏瑶，等. 杂豆的分类、起源、种质保存、国内分布及特殊功能. 北方农业学报，2017，45（3）：36～39.

［9］Liu Xiaoyan, Wu Chenxuan, Han Dong, et al. Partially hydrolyzed guar gum attenuates D-galactose-induced oxidative stress and restores gut microbiota in rats. International Journal of Molecular Sciences, 2019, 20（19）：1～14.

［10］Archer BJ, Johnson SK, Devereux HM, et al. Effect of fat replacement by inulin or lupin-kernel fibre onsausage patty acceptability, post−meal perceptions of satiety and food intake in men. British Journal Nutrition, 2004, 91 (4): 591~599.

[11] Lee YP, Mori TA, Sipsas Sofia, *et al.* Lupin − enriched bread increases satiety and reduces energyintake acutely. American Journal of Clinical Nutrition, 2006, 84 (5): 975~980.

[12] 谭砚文, 李丛希, 曾华盛. 中国木薯生产和贸易发展分析. 世界农业, 2018 (10): 163~168.

[13] 戴起伟, 钮福祥, 孙健, 等. 我国甘薯生产与消费结构的变化分析. 中国农业科技导报, 2016, 18 (3): 201~209.

[14] 王秀丽, 马云倩, 孙君茂. 中国马铃薯消费与未来展望. 农业展望, 2016, 12 (12): 87~92.

[15] 周向阳, 张晶, 彭华, 等. 2017 年马铃薯市场形势分析及 2018 年前景展望. 中国蔬菜, 2018 (2): 6~9.

[16] Mombo S., Dumat C., Shahid M., *et al.* A socio−scientific analysis of the environmental and health benefits as well as potential risks of cassava production and consumption. Environmental Science and Pollution Research, 2017, 24 (6): 5207~5221.

[17] 刘志胜, 李里特, 辰巳英三. 大豆蛋白营养品质和生理功能研究进展. 大豆科学, 2000, 19 (3): 263~268.

[18] 威廉·F·托尔博特, 奥拉·斯密斯. 马铃薯生产与食品加工. 刘孟君译. 上海: 上海科学技术出版社, 2017.

第四章

CHAPTER

油脂食品原料

4

第一节 概 论

一、油脂食品原料的概念和分类

（一）油脂的概念

天然油脂一般为多种物质的混合物，从化学组成来看，油脂是一种由一分子甘油与三分子高级脂肪酸脱水形成的特殊酯，即甘油三酯。其中，"油"主要为含有较多不饱和脂肪酸的甘油三酯，"脂"主要为含有较多饱和脂肪酸的甘油三酯。油脂广泛存在于生物体内，在维持正常生命活动方面必不可少。油脂不仅能为人体提供必需脂肪酸、脂溶性维生素、油脂伴随物（如甾醇、磷脂、胆固醇、谷维素等）和所需的热量（热值为 39.7kJ/g，是相同单位质量蛋白质和碳水化合物的 2 倍），在食品加工中，油脂也是重要的食品原料。作为食品原料的油脂，即油和脂的总称，通常将室温状态下呈液态的称为油，呈固态的称为脂。如一日三餐用的烹调油，烘焙食品用的人造奶油和起酥油，油炸食品用的煎炸油，糖果、巧克力、冰激凌用油脂，各种酱料用油脂以及在功能性食品中用的功能性油脂等。油脂在改善食品质构、强化风味和色泽、赋予食品造型、增进食欲、引起愉悦感方面具有独特的作用。

（二）油料的概念

油脂主要来源于植物、动物和微生物。通常将含油量高于10%的动植物和微生物原料称为油料（Oil-bearing materials）。主要利用植物种子和果肉来榨取植物油脂而栽培的农作物称为油料作物，即植物油料。这些油料作物常常作为榨取油脂的主要作物，资源丰富，种类繁多。植物油料按照作物种类可分为草本油料和木本油料。草本油料有：油菜籽、芝麻、大豆、花生、棉籽、葵花籽、亚麻籽等。国际上将大豆作为油料，传统上，我国将大豆作为粮食（豆类）进行统计，国家统计局在统计油料时，不包括大豆。木本油料有：油茶籽、椰子、核桃、油橄榄等。植物油料主要利用的部分是种子和果肉。约定俗成的"油料"概念一般多指油籽（种子）原料。不同油料种子有着不同的化学成分，整体而言，油料种子中含有脂肪、蛋白质、碳水化合物、脂溶性维生素和矿物质等主要营养物质。油籽原料一般比较稳定，适合长期保存和国际贸易，如大豆、油菜籽和亚麻籽等。果肉原料一般容易腐烂变质，不适合长期保存，通过加工精炼后以油脂的形式进行流通，如棕榈果和橄榄果。米糠和玉米胚芽既不是油籽原料也不是果肉原料，它们是谷物种子加工的副产物，也是重要的油料资源。

有些油料可以直接食用或者熟制后食用，如大豆、花生、芝麻、亚麻籽、椰子、核桃等。但是部分油料由于成分复杂，含有抗营养素和有毒成分，不能直接作为食品原料。

油料作为我国食用植物油的主要来源，成为我国进口量很大的农产品。

（三）油脂的分类

天然油脂种类繁多，分类方式也很多。按照熔点不同，油脂大体上分为油和脂。按照原料来源，油脂分为植物油脂、动物油脂和微生物油脂。不饱和脂肪酸含量高的油脂暴露在空气中容易发生氧化、聚合和缩合等反应形成坚韧干膜（和干燥过程类似），植物油按照油涂布成薄膜的难易程度可以分为干性油、半干性油和不干性油。干性油主要指碘值（是油脂不饱和程度的指标，指100g油脂中碳碳双键加成反应碘的克数）在130g/100g以上的油，常见的有亚麻籽油和桐油等，含有大量多不饱和脂肪酸如亚麻酸。半干性油主要是指碘值在100~130g/100g的油，如棉籽油、菜籽油、大豆油、芝麻油、玉米油等，是食用烹调油的主要原料，含有较多不饱和脂肪酸。不干性油的碘值在100g/100g以下，含有较多的单不饱和脂肪酸如油酸以及饱和脂肪酸，常见的有茶油、橄榄油和棕榈油等，由于氧化稳定性高，它们除作为食用油脂之外，还可用作化妆品用油脂。脂按来源一般分为植物脂和动物脂，常见的植物脂有椰子油、棕榈油、可可脂等；动物脂一般有牛脂、猪脂、羊脂、乳脂等。习惯上将动物脂也称为动物油，比如将猪脂称为猪油，乳脂称为黄油，牛脂称为牛油。

按照脂肪酸组成，可以将油脂分为以下种类：

月桂酸型：椰子油、棕榈仁油等。

油酸与亚油酸型：棕榈油、橄榄油、芝麻油、红花油、玉米油、米糠油、大豆油等。

芥酸型：传统高芥酸菜籽油、芥子油等。

亚麻酸型：亚麻籽油、紫苏籽油等。

共轭酸型：桐油等。

羟基酸型：蓖麻油等。

组成油脂的常见脂肪酸种类见表4-1。商品上将油脂分为天然油脂和食品专用油脂（加工油脂），详见本章第二节。

表4-1   组成油脂的常见脂肪酸种类

分类	名称	系统命名	碳原子及双键	分子式	相对分子质量	来源
饱和脂肪酸	酪酸（Butyric acid）	丁酸	4:0	$C_4H_8O_2$	88.10	乳脂
	低羊脂酸（Caproic acid）	己酸	6:0	$C_6H_{12}O_2$	116.15	乳脂
	亚羊脂酸（Caprylic acid）	辛酸	8:0	$C_8H_{16}O_2$	144.21	乳脂、椰子油
	羊脂酸（Capric acid）	癸酸	10:0	$C_{10}H_{20}O_2$	172.26	乳脂、椰子油
	月桂酸（Lauric acid）	十二烷酸	12:0	$C_{12}H_{24}O_2$	200.31	椰子油、棕榈仁油
	豆蔻酸（Myristic acid）	十四烷酸	14:0	$C_{14}H_{28}O_2$	228.36	肉豆蔻种子油
	棕榈酸（Palmitic acid）	十六烷酸	16:0	$C_{16}H_{32}O_2$	256.42	棕榈油、牛脂
	硬脂酸（Stearic acid）	十八烷酸	18:0	$C_{18}H_{36}O_2$	284.47	所有动物脂、植物油
	花生酸（Arachidic acid）	二十烷酸	20:0	$C_{20}H_{40}O_2$	312.52	花生油中含有少量
不饱和脂肪酸	油酸（Oleic acid）	十八碳一烯酸	18:1	$C_{18}H_{34}O_2$	282.47	橄榄油、茶油、各种动植物油脂
	亚油酸（Linoleic acid）	十八碳二烯酸	18:2	$C_{18}H_{32}O_2$	280.44	大豆油、葵花籽油等多种植物油
	α-亚麻酸（α-Linolenic acid）	十八碳三烯酸	18:3	$C_{18}H_{30}O_2$	278.43	亚麻籽油，紫苏籽油
	花生四烯酸（Arachidonic acid）	二十碳四烯酸	20:4	$C_{20}H_{32}O_2$	304.46	卵黄、卵磷脂
	EPA（Eicosapentaenoic Acid）	二十碳五烯酸	20:5	$C_{20}H_{30}O_2$	302.45	深海鱼油
	DHA（Docosahexaenoic acid）	二十二碳六烯酸	22:6	$C_{22}H_{32}O_2$	328.49	深海鱼油

二、 油脂食品原料的生产

    全世界的植物油主要由棕榈油、大豆油、油菜籽油、葵花籽油、花生油、椰子油、棉籽油、橄榄油、棕榈仁油九大品种构成。国家统计局数据显示（表4-2），近10年来我国油料播种面积年均超过13000千hm²，其中2017年全国油料播种面积为13223.16千hm²。油菜籽的播种面积自2013年开始下降，2016年后降至不足7000千hm²。芝麻播种面积2016年较2015年下降了23.6%，降幅明显。胡麻籽/亚麻籽的播种面积从2008年的319.96千hm²持续下降至2017年的234.55千hm²。花生和葵花籽播种面积持续增高，分别从4362.08千hm²和963.51千hm²增长至4607.66千hm²和1170.75千hm²。大豆播种面积下降显著，从2008年的9225.39千hm²持续下降至2017年的8244.81千hm²，10年间播种面积下降了近1000千hm²。

表 4-2　　　　　　　　　　　2008—2017 年我国主要油料播种面积　　　　　　　单位：千 hm²

年份	播种面积					
	油料	油菜籽	花生	芝麻	葵花籽	胡麻籽/亚麻籽
2008 年	13232.50	6838.24	4362.08	427.63	963.51	319.96
2009 年	13444.60	7170.32	4281.40	413.20	964.86	312.47
2010 年	13695.40	7315.97	4373.85	357.29	988.94	293.26
2011 年	13471.18	7191.95	4336.23	334.95	960.69	250.22
2012 年	13434.93	7186.65	4400.80	323.63	880.61	278.75
2013 年	13437.92	7193.49	4396.09	299.93	926.09	269.24
2014 年	13394.68	7158.09	4369.7	302.59	956.45	270.97
2015 年	13314.39	7027.66	4385.52	301.23	1086.46	244.12
2016 年	13191.12	6622.80	4448.40	230.21	1278.93	243.11
2017 年	13223.16	6653.01	4607.66	227.66	1170.75	234.55

资料来源：国家统计局网站，油料包括花生、油菜籽、芝麻、葵花籽、胡麻籽（亚麻籽）和其他油料。不包括大豆、木本油料和野生油料。

由于区域加工布局的调整以及消费偏好相对稳定，我国油料生产区域比较集中。我国油料种植区域主要集中在河南、湖北、山东、四川、湖南、内蒙古、安徽等省（自治区）。近几年油料作物产量呈现增长趋势，2009—2017 年我国油料产量持续上升，2018 年产量为 3433.39 万 t，较 2017 年下降 1.2%（表 4-3）。其中花生的年产量从 2009 年的 1460.42 万 t 持续增长到 2018 年的 1733.26 万 t。花生产量的持续增加也是近年来油料作物产量持续增长的主要原因。统计显示，2013—2015 年，我国大豆年均产量不足 1300 万 t，是近 10 年来的低谷。2017 年大豆的产量为 1528.25 万 t，较 2016 年的 1359.55 万 t 增长 12.4%。

表 4-3　　　　　　　　　　　　2009—2018 年我国油料产量　　　　　　　　　　单位：万 t

年份	产量					
	油料	油菜籽	花生	芝麻	葵花籽	胡麻籽/亚麻籽
2009 年	3139.42	1353.59	1460.42	53.53	198.56	29.48
2010 年	3156.77	1278.81	1513.56	46.20	235.53	31.44
2011 年	3212.51	1313.73	1530.24	45.76	240.20	30.80
2012 年	3285.62	1340.15	1579.23	46.58	226.72	33.11
2013 年	3287.35	1352.34	1608.24	43.78	202.93	31.63
2014 年	3371.92	1391.43	1590.08	43.66	258.21	32.26
2015 年	3390.47	1385.92	1596.13	45.03	287.20	31.19
2016 年	3400.05	1312.80	1636.13	35.20	320.10	32.50
2017 年	3475.24	1327.41	1709.23	36.65	314.94	30.10 年
2018 年	3433.39	1328.12	1733.26	43.15		

资料来源：国家统计局网站，油料包括花生、油菜籽、芝麻、向日葵籽、胡麻籽（亚麻籽）和其他油料。不包括大豆、木本油料和野生油料。花生以带壳干花生计算。

2008—2017 年我国油料作物的单位面积平均产量由 2294.93kg/hm² 增加至 2628.15kg/hm²（表 4-4）。2017 年大豆单位面积产量为 1853.59kg/hm²，达到近十年来最高水平，较 2016 年的 1789.23kg/hm² 增长 3.6%。油菜籽产量第一和第二的省份分别为四川与湖北，油菜作物的生产区域进一步向长江流域集中。花生的种植与生产主要向黄淮海主产区集中，河南与山东的花生产量分别居于全国第一和第二位，产量稳步增加。油料总产量在单位面积产量逐渐增加的情况下小幅稳步提高。

表 4-4 　　　　　　　　 2008—2017 年我国主要油料作物单位面积产量 　　　　　　 单位：kg/hm²

年份	单位面积产量					
	油料	油菜籽	花生	芝麻	葵花籽	胡麻籽/亚麻籽
2008 年	2294.93	1813.80	3355.14	1205.49	2068.70	1080.01
2009 年	2335.08	1887.77	3411.08	1295.23	2057.91	943.48
2010 年	2304.99	1747.97	3460.48	1293.09	2381.69	1071.92
2011 年	2384.73	1826.67	3528.96	1366.17	2500.27	1231.06
2012 年	2445.58	1864.78	3588.51	1439.31	2574.55	1187.88
2013 年	2446.32	1879.95	3658.34	1459.68	2191.31	1174.86
2014 年	2517.36	1943.86	3638.88	1442.89	2699.68	1190.67
2015 年	2546.47	1972.09	3639.55	1494.89	2643.46	1277.58
2016 年	2577.53	1982.24	3678.02	1529.06	2502.86	1336.97
2017 年	2628.15	1995.20	3709.54	1609.83	2690.10	1283.29

资料来源：国家统计局网站，油料包括花生、油菜籽、芝麻、向日葵籽、胡麻籽（亚麻籽）和其他油料。不包括大豆、木本油料和野生油料。花生以带壳干花生计算。

2010 年以来，我国利用国产油料和进口油料合计生产的食用油产量逐年增高。其中 2011 年食用油产量为 2030.9 万 t；2018 年为 2962.6 万 t，较 2011 年增长 45.88%。花生和大豆油产量按年小幅度稳步提升，菜籽油在 2016 年和 2017 年有小幅波动，而棉籽油的产量自 2016 年以来有所下降（图 4-1）。

三、 油脂食品原料的贸易与消费

（一）油脂原料进出口贸易

受到国内外油料价格倒挂、食用植物油消费量持续增加和禽畜饲养业发展需要影响，我国油料进口规模呈现增长趋势（表 4-5）。2010—2017 年，我国油料进口量年均增长为 8.7%，从 2015 年开始增幅显著提高，高达 16.4%。2017 年我国油料进口量高达 10200.0 万 t，由于中美贸易摩擦，2018 年我国油料进口量为 9448.9 万 t，比 2017 年减少了 751.1 万 t，下降 7.36%。大豆仍然是我国最大的进口油料，2018 年进口 8803.1 万 t，占总进口量的 93.17%，较 2017 的 9552.6 万 t 减少 749.5 万 t，下降 7.85%；油菜籽居于第二位，2018 年进口 475.6 万 t，占比 5.0%，较 2017 年的 474.8 万 t 增加 0.8 万 t；亚麻籽、花生、葵花籽等进口量所占比例不足 1%。

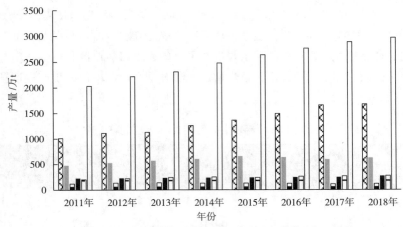

图 4-1　我国食用油生产量

资料来源：王瑞元，2018 年我国油料油脂生产供应情况浅析．中国油脂，2019，44（6）：1-5．

表 4-5　　　　　　　　　　　　　2009—2018 年我国油料进口量　　　　　　　　　　　　单位：万 t

年份	总进口	大豆	油菜籽	其他油料	芝麻	亚麻籽	花生	棉籽	葵花籽
2009 年	4633.1	4255.2	328.6	49.3	31.1				
2010 年	5704.6	5479.7	160.0	64.9	39.1			1.6	
2011 年	5481.8	5264.0	126.2	91.6	38.9			37.7	
2012 年	6228.0	5838.4	293.0	96.6	39.6	14.8		39.4	
2013 年	6783.5	6337.5	366.2	79.8	44.1	18.1		14.3	
2014 年	7751.8	7139.9	508.1	103.8	56.9	28.1		7.4	
2015 年	8757.1	8169.4	447.1	140.6	80.6	36.0	13.2	0.8	
2016 年	8952.9	8391.3	356.6	205.0	93.6	47.5	45.5	7.6	
2017 年	10200.0	9552.6	474.8	172.6	71.2	33.9	25.1	26.4	13.1
2018 年	9448.9	8803.1	475.6	170.2	83.6	39.8	12.4	11.7	13.8

资料来源：王瑞元．2018 年我国油料油脂生产供应情况浅析．中国油脂，2019，44（6）：1-5．

油脂进口情况如图 4-2 所示。2018 年我国进口食用植物油 808.7 万 t，较 2017 年的 742.8 万 t 增加 65.9 万 t，增长 8.87%。其中进口量最大的是棕榈油，为 532.7 万 t，占比 65.87%。2009—2018 年，大豆油进口量持续下降，从 2009 年的 239.1 万 t 下降至 2018 年的 54.9 万 t，下降 77.03%。葵花籽油、芝麻油、橄榄油和亚麻籽油的进口量持续增长，2018 年的进口量分别为 70.3、12.8、4.0 和 4.2 万 t。

我国油脂油料出口持续增长，2018 年油料出口量为 120 万 t，油脂 30 万 t，如图 4-3 所示。我国主要出口食用葵花籽、花生等油料，贸易合作的国家更加多元化。目前我国主要向日本与韩国等国出口芝麻，向中东地区出口食用葵花籽，花生出口至 54 个"一带一路"沿线国家，

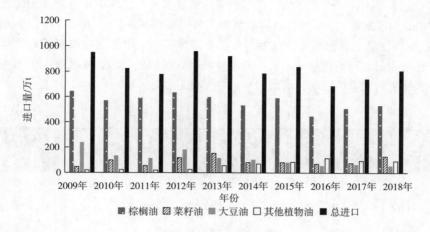

图 4-2　2009—2018 年我国油脂进口量

资料来源：王瑞元 . 2018 年我国油料油脂生产供应情况浅析 . 中国油脂，2019，44（6）：1-5.

其中主要是东南亚地区。随着"一带一路"沿线国家的消费需求持续增长，我国特色油料对外贸易的扩大将以"一带一路"沿线地区为主要对象。

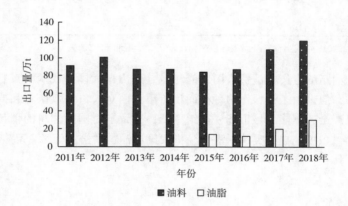

图 4-3　我国油料油脂出口量

资料来源：王瑞元 . 2018 年我国油料油脂生产供应情况浅析 . 中国油脂，2019，44（6）：1-5.

（二）油脂原料的消费现状

近 10 年来，我国居民食用油脂消费水平处于高位，但整体增速放缓。由表 4-6 可知，2018 年我国食用油脂总消费量约 3440.0 万 t，但是 2018 年我国食用油的自给率仅为 31%，人均 27.3kg，超过了世界人均 24.4kg 的水平。从消费结构来看，大豆油是我国居民消费的首要油脂，主要是因为大豆在国际市场上数量大且价格较低，同时大豆不仅仅用于食用油，豆粕也可以用于饲料。特别是随着人们生活水平的提高，食用植物油的消费增加，蛋白饲料的市场需求量大，大豆油很大程度上代替了其他油脂的消费。据国家统计局数据显示，2018 年，大豆油、菜籽油、棕榈油和花生油分别约占总消费量的 44.33%、24.85%、10.76% 和 8.08%。进口大豆主要是用于油脂和饲料原料加工。国产大豆和花生除了部分用于油脂原料外，作为食品原料加工成豆制品和花生制品等食品的比例非常高（大豆 70% 以上，花生 50% 以上）。此外，其他小品种的植物油，如葵花籽油、芝麻油、稻米油等的消费水平也呈现增长趋势。2018 年，我国居民人均食用油脂消费量超过 70g/d，远高于《中国居民膳食营养指南（2016 版）》推荐的 25~30g/d 的量，与过度摄入油脂相关的慢性疾病（心血管疾病、肥胖和糖尿病等）发病率在我国也是逐年升高。油脂人均消费量的增长一方面反映出我国居民生活水平的提高，另一方面提醒必须关注膳食油脂对健康的影响，做到"少吃油，吃好油"。

表 4-6 　　　　　　　　　　　　2011—2018 年我国食用油脂消费量　　　　　　　　　　　　单位：万 t

年份	食用油						人均/kg	总计
	大豆油	菜籽油	棉籽油	花生油	棕榈油	其他油脂		
2011 年	1000	538	120	220	440	180	20.6	2498
2012 年	1100	540	130	230	440	190	21.4	2630
2013 年	1160	528	130	238	470	210	22.5	2736
2014 年	1230	545	131	240	470	220	23.2	2836
2015 年	1320	600	132	255	420	240	24.1	2967
2016 年	1360	820	125	250	340	270	24.8	3165
2017 年	1530	865	110	262	320	290	26.6	3377
2018 年	1525	855	112	278	370	300	27.3	3440

资料来源：王瑞元 . 2018 年我国油料油脂生产供应情况浅析 . 中国油脂，2019，44（6）：1-5.

我国是油料和油脂的生产与消费大国，同时也是进出口大国。我国油菜籽、花生、芝麻等油料产量世界第一，但是由于油料作物种植面积所限，面对人口基数压力和持续不断增长的消费需求，国内油料产量远不能满足市场，自给率低，导致了对国际油料的依赖，需要大量进口大豆等油料。因此，积极挖掘各类油料潜力，扩大国产油料供给，保障食品安全任重道远。

第二节　各类油脂及油料

商品上将油脂分为天然油脂和食品专用油脂（加工油脂）。天然油脂的名称一般由来源的油料决定，如大豆油、花生油、菜籽油、牛油等。以米糠为原料的油脂，以前称为米糠油，商品上也称稻米油。以玉米胚芽制取的油脂，商品上称为玉米油。调和油是由天然油脂基于风味、营养等特性，按照一定比例调制的用于烹调的油脂。一些热带油料油脂（如棕榈油、椰子油和棕榈仁油等）可以通过分提加工得到硬脂（固体脂）和软脂（液体油）产品，用于烹调或者食品工业。在天然油脂加工和精炼过程中，按照精炼程度和加工技术分为原油（以前称为毛油）、三级油、二级油和一级油。为了满足特定食品加工需要，以多种天然油脂为原料按照一定配比，通过物理、化学或者生物加工技术，得到人造奶油、起酥油、粉末油脂、煎炸油、糖果用油脂、巧克力用油脂等食品专用油脂。随着生活水平提高和食品多样化，我国食品专用油脂（加工油脂）的需求不断增长，产品也不断细分化以满足食品加工需求。

一、天然油脂及油料

常见油料按照生物来源可以分为植物油料和动物油料。近年来，一些微生物也成为多不饱和脂肪酸等的来源。常见食用油脂主要脂肪酸组成见表4-7和表4-8。

表4-7　　　　　　　常见食用植物油脂主要脂肪酸组成（一）　　　　　单位:%

脂肪酸（名称及速记表示）	大豆油	花生油	棉籽油	葵花籽油	一般菜籽油
四碳以下脂肪酸	ND~0.1	ND~0.1	ND~0.2	ND~0.1	ND
豆蔻酸（C14:0）	ND~0.1	ND~0.1	0.6~1.0	ND~0.2	ND~0.2
棕榈酸（C16:0）	8.0~13.5	8.0~14.0	21.4~26.4	5.0~7.6	1.5~6.0
棕榈油酸（C16:1）	ND~0.2	ND~0.2	ND~1.2	ND~0.3	ND~3.0
十七烷酸（C17:0）	ND~0.1	ND~0.1	ND~0.1	ND~0.2	ND~0.1
十七碳一烯酸（C17:1）	ND~0.1	ND~0.1	ND~0.1	ND~0.1	ND~0.1
硬脂酸（C18:0）	2.5~5.4	1.0~4.5	2.1~3.3	2.7~6.5	0.5~3.1
油酸（C18:1）	17.7~28.0	35.0~67.0	14.7~21.7	14.0~39.4	8.0~60.0
亚油酸（C18:2）	49.8~59.0	13.0~43.0	46.7~58.2	48.3~74.0	11.0~23.0
α-亚麻酸（C18:3）	5.0~11.0	ND~0.3	ND~0.4	ND~0.3	5.0~13.0
花生酸（C20:0）	0.1~0.6	1.0~2.0	0.2~0.5	0.1~0.5	ND~3.0
二十碳一烯酸（C20:1）	ND~0.5	0.7~1.7	ND~0.1	ND~0.1	3.0~15.0
二十碳二烯酸（C20:2）	ND~0.1		ND~0.1		ND~1.0
山嵛酸（C22:0）	ND~0.7	1.5~4.5	ND~0.6	0.3~1.5	ND~2.0
芥酸（C22:1）	ND~0.3	ND~0.3	ND~0.3	ND~0.3	3.0~60.0
木焦油酸（C24:0）	ND~0.5	0.5~2.5	ND~0.5	ND~0.5	ND~2.0
二十二碳二烯酸（C22:2）	—		ND~0.3	ND~0.3	ND~2.0
二十四碳一烯酸（C24:1）		ND~0.3	—	ND	ND~3.0

注：ND表示未检出，定义为小于0.05%。"—"表示无。

资料来源：王兴国，《油料科学原理》，2017。

表4-8　　　　　　　常见食用植物油脂主要脂肪酸组成（二）　　　　　单位:%

脂肪酸（名称及速记表示）	芝麻油	橄榄油	椰子油	棕榈仁油	亚麻籽油
醋酸（C2:0）	—		—	<0.5	
辛酸（C8:0）	—	—	4.6~10.0	2.4~6.2	
葵酸（C10:0）	—	—	5.5~8.0	2.6~7.0	—
月桂酸（C12:0）	—	—	45.1~50.3	41.0~55.0	
豆蔻酸（C14:0）	ND~0.1	0.05	16.8~21.0	14.0~20.0	
棕榈酸（C16:0）	7.9~12.0	7.5~20.0	7.5~10.2	6.5~11.0	3.7~7.9

续表

脂肪酸（名称及速记表示）	芝麻油	橄榄油	椰子油	棕榈仁油	亚麻籽油
棕榈油酸（C16:1）	ND~0.2	0.3~3.5	—	—	—
十七烷酸（C17:0）	ND~0.2	0.3	—	—	—
十七碳一烯酸（C17:1）	ND~0.1	0.3	—	—	—
硬脂酸（C18:0）	4.5~6.7	0.5~5.0	2.0~4.0	1.3~3.5	2.0~6.5
油酸（C18:1）	34.4~45.5	55.0~83.0	5.0~10.0	10.0~23.0	13.0~39.0
亚油酸（C18:2）	36.9~47.9	3.5~21.0	1.0~2.5	0.7~5.4	12.0~30.0
α-亚麻酸（C18:3）	0.2~1.0	1.0	ND~0.2	—	39.0~62.0
花生酸（C20:0）	0.3~0.7	0.6	ND~0.2	—	—
二十碳一烯酸（C20:1）	ND~0.3	0.4	ND~0.2	—	—
二十碳二烯酸（C20:2）	—	—	—	—	—
山嵛酸（C22:0）	ND~1.1	0.2	—	—	—
芥酸（C22:1）	ND	—	—	—	—
木焦油酸（C24:0）	ND~0.3	0.2	—	—	—

注：ND 表示未检出，定义为小于 0.05%。"—"表示无。

资料来源：王兴国，《油料科学原理》，2017。

（一）植物油脂及油料

1. 大豆油与大豆

大豆的分类、性状和成分详见第三章第二节大豆。

大豆属于高蛋白质油料，含有 30%~45% 的蛋白质，含油 15.5%~22.7%。大豆主要用来提取油脂，同时得到大豆饼粕。可以通过诱变育种、转基因技术改变大豆中油脂脂肪酸组成和相关微量成分。在我国，国产非转基因大豆除了部分用于制取油脂外，大部分用于加工豆制品食用。进口的转基因大豆主要用于加工大豆油和饲用蛋白饼粕。

大豆油的主要成分是由脂肪酸与甘油形成的酯类。构成大豆油的脂肪酸种类很多，达 10 种以上。大豆油的主要特点是不饱和脂肪酸含量高，而且含有亚油酸和 α-亚麻酸等人体必需脂肪酸，同时大豆油富含维生素 E，营养价值很高。

除脂肪酸甘油酯外，大豆原油中还含有 1.1%~3.2% 的磷脂。大豆磷脂的主要成分是磷脂酰胆碱、磷脂酰乙醇胺及磷脂酰肌醇。大豆磷脂广泛用作乳化剂、抗氧化剂和营养强化剂、扩散剂、润湿剂，在食品等行业中广泛应用，是大豆加工和利用中重要的副产品。大豆油是主要的烹调油脂，同时也广泛应用于食品加工，如大豆油作为液态油脂应用于食品专用油脂，如人造奶油、酱料油脂和涂抹脂等。大豆油还用于非食用领域，如化工领域等。

2. 油菜籽油与油菜籽

油菜（*Brassica campestris* L. var. *oleifera* DC.）原产于我国，是世界范围内的油料作物，一年或两年生十字花科草本植物。油菜的果实为长角果，每个果中有油菜籽（Rapeseed）10~38 粒。成熟的油菜籽呈多位球形，直径为 1.27~2.05mm，如图 4-4 所示。油菜籽由种皮和胚组成，无胚乳。胚有两片肥大的子叶，呈黄色。油脂主要存在于子叶内，但是子叶与种皮结合紧

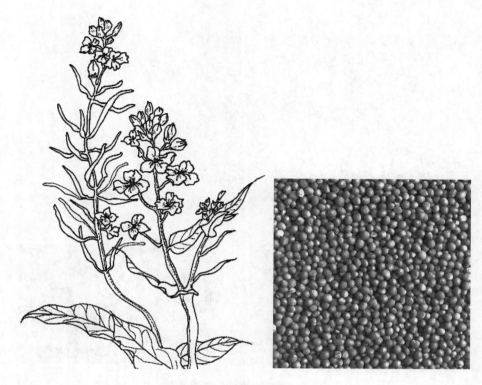

图4-4　油菜植株和油菜籽

密，在处理时脱皮比较困难。我国传统的油菜可分为三种：芥菜、甜油菜和甘蓝类。油菜籽的颜色有黄、褐及黑色等。油菜籽除了含33%~47%的油脂（芥酸含量高）外，还含有25%左右的蛋白质，4%~6%的硫代葡萄糖苷（又称芥子苷）。菜籽油含有独特的二十二碳一烯酸即芥酸，芥酸金属盐的性质与饱和脂肪酸相近，仅微溶于有机溶剂。由于芥酸特殊的结构与性能，含有高芥酸的菜籽油在润滑防水和化学中间体等领域应用广泛。菜籽油的甘油三酯结构比较特殊，其富含的芥酸主要分布在1，3位上，而2位上的芥酸含量不到总芥酸的5%，绝大部分的油酸和亚油酸分布在2位上。尽管菜籽油维生素E含量很低，但菜籽油的多不饱和脂肪酸含量不高，所以菜籽油的氧化稳定性较好。

　　去除硫代葡萄糖苷水解产物的油菜籽蛋白质具有良好的营养特性，含硫氨基酸含量高。油菜籽蛋白质具有可溶性、乳化性等特点，还可以作为食品黏结剂。该品种于20世纪50年代由加拿大培育出来，并命名为卡诺拉（Canola）油菜籽，其主要特点是低芥酸（含量<2%）和低芥子苷（含量<30μmol/g）。该油菜品种目前已在世界范围推广，卡诺拉油菜籽饼粕含硫量远低于传统油菜籽饼粕，是优良蛋白质资源，省去了脱毒工序。

　　3. 花生油与花生

　　花生［Peanut, Groundnut, （*Arachis hypogaea* L.）］，又名落花生、地豆、番豆、长生果，豆科落花生属一年生草本植物（图4-5）。花生荚果由种皮和胚组成。由于荚果子叶大，一般将花生种子分为种皮（俗称红衣）、子叶和胚（包括胚芽、胚根和胚轴）。子叶肥厚，质量占种子的90%以上。花生是大众喜爱的食品原料，不仅含有较多蛋白质和脂肪，还含有很多矿物质和维生素等多种营养素。花生可以直接食用，也是很重要的油料。花生含油量随品种不同而变化，一般含油40%~51%，油脂主要集中在子叶内。

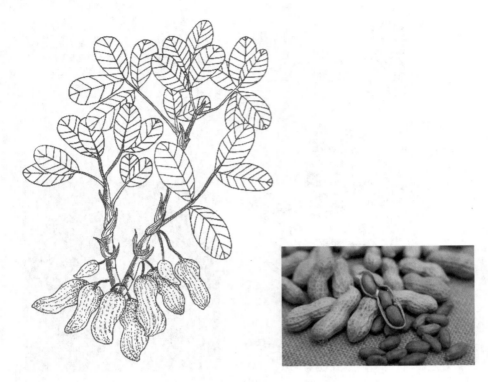

图 4-5　花生植株和花生荚果

花生油是一种不干性油，含有一种特殊的花生酸（1%~2%），所以可以根据花生酸的特点（在某些溶剂中的相对不溶性）检测鉴别花生油。花生油含有一定量的长链饱和脂肪酸［山嵛酸（C22：0）1.5%~4.5%；木焦油酸（C24：0）0.5%~2.5%］，所以花生油比其他植物油熔点更高，在低温时比较容易凝固。花生油香气独特，而花生油亚麻酸（<0.3%）含量低是其香味稳定的一个重要原因。花生油在我国主要作烹调油，同样，当花生油作煎炸油脂、起酥油等专用油脂时，能够提供很好的风味。

花生平均含蛋白质 28.5%，且花生蛋白质中含有人和动物所需的 8 种必需氨基酸，但是甲硫氨酸与赖氨酸含量较低，饲料用价值低于大豆饼粕。花生含有 5%左右的单糖以及丰富的维生素。花生还含有胰蛋白酶抑制剂、甲状腺肿素和凝集素抗营养素，但在热加工处理后易失去活性。在潮湿环境下，花生容易被黄曲霉感染，产生黄曲霉毒素。

4. 棉籽油与棉籽

棉籽（Cottonseed）是棉花的种子，棉花是锦葵科棉花属一年生草本植物（图 4-6）。棉籽由棉籽壳和种胚（仁）组成。棉籽壳较为坚硬，其中戊聚糖含量较高，戊聚糖是制取糠醛的主要原料。种胚分为子叶、胚根和胚芽，子叶呈现黄白色，是油脂主要聚集部位。轧花棉籽含短绒 5%~14%、壳 25%~45%。壳中的棉籽仁含油 28%~40%、蛋白质 30%~40%。

棉籽油主要由棕榈酸（21%~26%）、油酸（14%~21%）和亚油酸（46%~58%）组成。棉籽油与其他植物油比较，最显著的特征就是含有苹婆酸和锦葵酸等环丙烯酸。棉籽原油含有 0.5%左右的环丙烯酸，因此可用于鉴别棉籽油［哈尔分（Halphen）实验］。食品中如果存在环丙烯酸会影响动物和人体健康。比如，如果棉籽油用于鸡饲料，母鸡产下的鸡蛋蛋白会呈现粉红色，一般不能孵化成小鸡。目前通过油脂精炼加工工艺（碱炼、脱臭等）可以破坏环丙烯

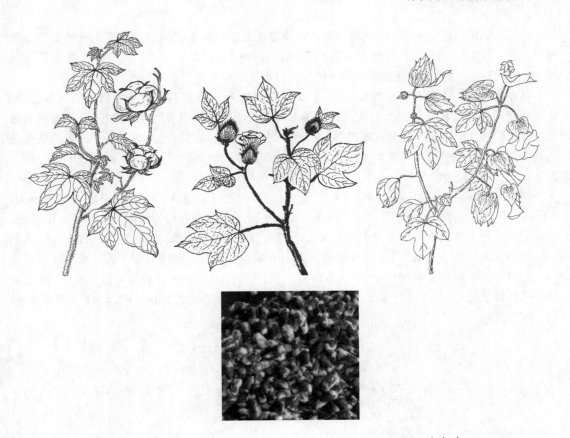

图 4-6　树棉（ *Gossypium arboreum* Linn. var. arboreum，　上左 ）、
　　　　草棉（ *Gossypium herbaceum* Linn.，　上中 ）、
　　　　陆地棉（ *Gossypium hirsutum* Linn.，　上右 ） 植株和棉籽（ 下 ）

酸，消除哈尔分显色特性。

棉籽内含有棉酚色素腺体，但棉酚含量随着棉籽品种、生长状况与成熟度不同而有所差异。通常，普通棉籽含有 0.5% 左右的游离棉酚，其中大部分在棉籽仁中，而在提取油脂时，棉酚会部分溶于油脂，一部分则会存留在棉籽粕中。棉酚有一定的毒性，因此棉籽油需要通过精炼进行去毒。

5. 葵花籽油与葵花籽

向日葵（ *Helianthus annuus* L. ）是菊科向日葵属一年生草本植物，原产自美洲。葵花籽（Sunflower seed）是向日葵的果实（图 4-7），由葵花籽壳与葵花籽仁组成，壳占总质量的 35%~60%，多呈现黑色，主要由纤维素、半纤维素和木质素组成，油脂含量少，结构疏松。仁由果皮、子叶和胚组成。葵花籽一般可分为食用型、油用型和中间型。食用型籽粒大，仁含油量 40%~50%，果皮黑底白纹，可炒制食用。油用籽粒小，出仁率高，含 45%~60% 油量，果皮多是黑色或者为灰条纹，易于榨油。

图 4-7　向日葵植株和葵花籽

葵花籽油拥有特殊气味，可以在脱臭时除去；由于富含

维生素 E，氧化稳定性较好。葵花籽油原油呈淡琥珀色，精炼后呈淡黄色。葵花籽油富含亚油酸（48%~74%），但是气候环境对葵花籽油的油酸和亚油酸含量影响较大，通常生长在北纬39°以南的葵花籽油酸含量比较高，以北的葵花籽中亚油酸含量则更高。

葵花籽仁中蛋白质含量为 20%~30%，其中球蛋白占 50% 左右；组成蛋白质的氨基酸中，除了赖氨酸含量比较低外，其他氨基酸平衡性较好。葵花籽仁含酚类化合物，可与蛋白质结合，在碱性与高温环境下，氧化成醌类，从而影响蛋白质制品的颜色。葵花籽中的绿原酸还会抑制胃蛋白酶活性，所以在提取蛋白质时需要除去酚类物质。

6. 芝麻油与芝麻

芝麻（Sesame, *Sesamum indicum* L.），又名胡麻、脂麻、油麻，胡麻科胡麻属（*Sesamum indicum* L.）草本植物，原产印度，我国汉代时引入。适宜赤道亚热带地区，抗干旱性能良好。芝麻的果实是一种蒴果，果内含有种子 40~136 粒，如图 4-8 所示。芝麻种子由种皮、胚乳和胚三部分组成；粒小，无光泽，呈扁平椭圆形，一端尖一端圆；颜色有白、黄、棕红和黑色数种。芝麻种子中油含量为 45%~63%，蛋白质含量 19%~31%，碳水化合物含量 20%~25%。此外，芝麻种子也是很好的钙、磷、钾、铁等矿物质来源，同时维生素 B_3、叶酸和维生素 E 含量也比较丰富。

图 4-8　芝麻植株和芝麻子

芝麻油香气独特，该香气由高温处理过程产生，芝麻油的不皂化物分解产生 $C_{4~9}$ 的醛类和乙酰吡嗪等挥发性成分引起。芝麻油的榨取多采用不经过精炼的水代法和压榨法方式，很少采用溶剂浸出法。水代法制作的芝麻油常称为小磨香油，色泽较深，香味浓郁，一般作为冷调（色拉）油。在亚洲和非洲，芝麻油作为烹调油和煎炸油脂的历史悠久。芝麻油脂肪酸组成比较简单，属于油酸（34%~45%）和亚油酸（36%~47%）类半干性油。芝麻油含有多种抗氧化成分，除了维生素 E 外，还含有芝麻酚、芝麻素、细辛素等，所以芝麻油的氧化稳定性很好。其中的芝麻酚可与糠醛作用显色，可以用该方法鉴定检测芝麻油。

7. 橄榄油与油橄榄（木犀榄）

油橄榄（Olive, *Olea europaea* L.）又名齐墩果、木犀榄，木犀科，常绿乔木，大多盛产于地中海沿岸国家，我国已在甘肃及四川等省规模种植。橄榄是很古老的木本油料植物，盛果期可达到 100 多年。橄榄为卵形核果，如图 4-9 所示，由外果皮、中果皮（果肉）和内果皮（木质果壳）组成，内果皮包裹着种子（果仁）。果实约由 52% 的水分、20% 的油脂、2% 的蛋白质、7% 的纤维素以及其他成分组成。橄榄油的质量和含量受油橄榄品种、生长条件等因素影响。以干基计算，果肉含油量为 70%，果仁含油量为 30% 左右。橄榄油是来源于橄榄果肉的油脂，而果仁的油脂称为橄榄仁油。橄榄油是油橄榄鲜果直接压榨制取的，一般在鲜果采收 3d 内就要压榨，否则油品质量会下降。橄榄油一般选择低温压榨，首次压榨得到的是原生油，又称初榨油，无须精炼，品质最好。

图 4-9　油橄榄果枝和橄榄果

橄榄油营养丰富，生物活性物质含量多，曾被誉为世界上最健康的油脂。橄榄油的脂肪酸组成较为简单，油酸含量最高（55%~83%）。橄榄油的非甘油三酯成分则比较复杂，其中角鲨烯含量高达 700mg/100g，这也是橄榄油氧化稳定性好的原因。另外橄榄油还含有 β-胡萝卜素和维生素 E 以及酪醇、羟基酪醇等酚类抗氧化剂，但橄榄油含有的微量叶绿素和脱镁叶绿素对贮藏不利。初榨橄榄油的营养价值最高，后续再次压榨的橄榄油品质不如初榨油，有时还需要精炼，而从饼粕中由溶剂提取的残油质量最差，精炼后也可以食用，如果用二硫化碳提取，因为会残留硫，所以只能用于非食用用途。

8. 椰子油与椰子

椰子（Coconut, *Cocos nucifera* L.）是棕榈科椰子属的常绿乔木，全年都能结果，树身细高

（达 30m 以上，直径 25cm 左右）。成熟的椰子果质量在 1kg 以上，卵形（图 4-10），呈绿色或黄色。从外到内，椰子果由光滑的外表皮、纤维中果皮、坚硬内果皮（壳）以及胚乳（果肉，也称仁）组成，其中仁内空腔还含有椰子汁（胚乳液）。

图 4-10　椰子树和椰子果

冷榨椰子油采用新鲜椰子肉为原料压榨，无高温和不使用溶剂，所以椰子油的椰香味自然，营养成分损失少，可以直接食用，且没有强烈的油腻感。椰子油与其他植物油相比，具有很高的皂化值，这是由其特殊脂肪酸组成（中短碳链脂肪酸）造成的，利用该特性也可以鉴别检测椰子油。椰子油的不饱和脂肪酸含量很低，碘值只有 7.5~10.5g/100g。由于椰子油富含月桂酸（45%~50%）和豆蔻酸（16%~21%）以及少量其他长链脂肪酸，造成其甘油三酯熔点差异较小，塑性范围较窄。椰子油含有微量维生素 E，但因为脂肪酸组成多为饱和脂肪酸，所以氧化稳定性很好。椰子油广泛应用于食品行业，因为塑性范围窄，改性后是巧克力和糖果油脂的主要基料油。此外，椰子油也应用于化妆品、日化和医药等行业。

椰子果全身都是宝，椰子果肉脱水后得到椰子干，含油量很高（约60%）；椰子油富含月桂酸，皂化值高，而折射率很低；椰肉可以加工椰子油、椰子乳、椰子粉等产品；椰子汁又是一种天然无菌的健康饮料；椰子的中果皮（椰棕）中纤维丰富，是制作床垫、席子和棕绳的材料。

9. 棕榈油与油棕

油棕（Oil palm, *Elaeis guineensis* Jacq.）是棕榈科油棕属多年生乔木，广泛分布于非洲、东南亚、南美洲和南太平洋等地区，在其他热带地区也有小面积生长。几个世纪前，油棕树还限于西非及中非地区。到 18 世纪末和 19 世纪初，油棕树的种植扩大到东南亚地区，棕榈油从此进入国际油脂市场。油棕全年开花结果，果穗呈长圆形，穗上有上千个果实即棕榈果（图 4-11），生果一般为黑色，成熟后的棕榈果为橙红色。棕榈果是高产和高含油油料，果肉和果核（含壳和仁）都富含油脂。果肉一般含油量在 46%~81%，棕榈果仁的含油量也达 42%~54%。

图 4-11 油棕树和棕榈果

棕榈果中脂肪酶活力很高，处理不当会使棕榈油的酸值过高，所以在收获时要进行灭酶处理。

棕榈油一般是指从棕榈果肉中提取的油脂，脂肪酸组成和棕榈仁油不同。棕榈油饱和脂肪酸与不饱和脂肪酸含量相当，而棕榈仁油中富含月桂酸，与椰子油类似。棕榈油中的类胡萝卜素、甾醇、维生素 E 等成分提高了棕榈油的氧化稳定性，同时也增加了其营养价值，对棕榈油的精炼也产生了相当重要的影响。未精炼的棕榈原油含有类胡萝卜素，呈红棕色。如今，棕榈油是人造奶油和起酥油等食品专用油脂的主要油脂基料，而棕榈仁油与椰子油的特性类似，是制备代可可脂、糖果冰激凌油脂和人造奶油的重要原料。

目前，棕榈油与棕榈仁油都广泛应用于食品工业，棕榈油中不同类型的甘油三酯熔点差异较大，容易通过结晶分提方法分离成硬脂、软脂和中间分提物。通过成熟的分提技术，扩大了棕榈油在食品工业等中的应用，棕榈油的分提产品在起酥油、人造奶油、煎炸油等食品专用油脂生产中广泛使用。

10. 可可脂与可可豆

可可树（*Theobroma cacao* L.）是梧桐科可可属常绿乔木，原生在热带美洲，现已广泛分布于非洲和印度西部等地区。可可树一般 3 年才能首次开花结果，第 10 年后产果量才提高，产果期可长达 40 年以上。可可树主干和大枝干上只结一个果实或荚果，荚果直径 10cm、长 20cm 左右。可可豆（Cocoa bean）是荚果果肉覆盖的豆子，一般每个荚果中有 20~40 个可可豆（图 4-12）。成熟可可豆中脂肪含量在 45%~55%，大致估算一棵可可树可产生 15kg 可可脂。可可脂存在于仁的纤维组织中，需要经过挤压研磨才可分离出脂肪。可可豆经过发酵、干燥和焙炒，产生浓郁的独特香味和苦味，颜色也会变为褐色。然后经过压碎、脱皮、遴选，使得果仁与外壳分离，再将果仁压榨后制取可可脂。

可可脂主要由棕榈酸（25%）、硬脂酸（36%）和油酸（34%）组成，其甘油三酯组成较为特殊，不饱和的油酸主要分布于 2 位，而饱和的棕榈酸和硬脂酸则主要分布于 1,3 位，形成

图4-12　可可树和可可果

sn-SUS（S代表饱和脂肪酸，U代表不饱和脂肪酸）型对称甘油三酯。该类型甘油三酯占所有甘油三酯组成的80%以上，SUS甘油三酯特殊的熔融特性决定了可可脂的熔化特性，在室温下坚硬易碎，当温度达到体温时，基本全部熔化，所以可可脂是巧克力和糖果用油脂的最佳原料。随着世界范围内巧克力和糖果需求量增加，可可脂价格逐年攀升，促进了采用油脂改性技术生产代可可脂和类可可脂产品的发展。可可脂含有大量饱和脂肪酸，同时含有甾醇（约2000mg/kg）和150~250mg/kg生育酚（γ-生育酚）等天然抗氧化成分，所以它的氧化稳定性很好。

11. 油茶籽油与油茶籽

油茶（Camellia oleifera Abel.）是山茶科山茶属常绿小乔木，适合野外生长，与椰子、橄榄、棕榈并称为世界四大木本油料，同时油茶也是我国特有树种。油茶果由茶蒲和油茶籽（Camellia seed）组成，油茶籽包裹在茶蒲中，如图4-13所示。一个茶蒲中有1~4粒油茶籽，质量约占茶果质量的40%。油茶籽是双子叶无胚乳种子，呈现茶褐色。种子由种皮（茶籽壳）和种仁组成，茶籽壳坚硬，呈棕黑色，主要由半纤维素、纤维素和木质素组成，含油少，含皂素多，所以最好是去壳制油，以免影响油脂产品得率和色泽。种仁呈白色或者淡黄色；胚微突，与种仁同色。

油茶籽含油高，整籽含油30%~40%。籽中仁占66%~72%，仁中含油可达40%~60%。此外，油茶籽含蛋白质约9%，皂素含量8%~16%。由于仁中膳食纤维含量不高，蛋白质和淀粉等物质较多，在螺旋榨油时会因为黏度大造成堵塞，因此一般会在料胚留下小部分油茶籽壳，使压榨塑性增强，有利于出油。

中国是世界上最大的油茶籽油生产国，东南亚、日本等国有极少量产量。茶籽油的脂肪酸组成与橄榄油类似，富含油酸（74%~87%）。

12. 亚麻籽油与亚麻籽

亚麻（Linum usitatissimum L.）是亚麻科一年生草本植物。原产于东印度，在汉代传入我国。亚麻依据其主要成分和用途分为麻用亚麻和油用亚麻，后者是一种重要的油料作物。我国

图 4-13 油茶植株和油茶籽

是亚麻籽生产大国，油用亚麻籽产量居世界油料产量的前十位，年产量接近 300 万 t/年，主要分布于西北及华北地区，甘肃、内蒙古、新疆、宁夏、山西等省（自治区）为主产区。

亚麻籽（Flaxseed）是一种椭圆形种子，如图 4-14 所示。亚麻籽长 4~6mm，宽约 2.3mm，厚约 0.9mm，呈棕色、褐色或金黄色，有光泽。密度约为 1.135g/cm³，主要由种皮、子叶和胚芽三部分组成。亚麻籽富含脂肪、蛋白质、纤维素、维生素和矿物质等营养成分以及 n-3 多不

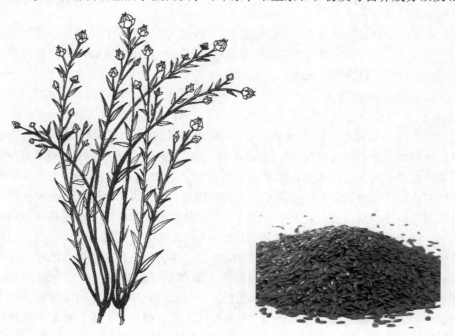

图 4-14 亚麻植株和亚麻籽

饱和脂肪酸、木酚素、膳食纤维、环肽等功能成分，具有多种营养和保健功能，可用作功能性食品配料开发，具有良好的经济价值和市场潜力。亚麻籽在西方国家一直作为食品原料，2017年亚麻籽在我国经批准可以食用，一般需经过熟制。亚麻籽油富含 $n-3$ 脂肪酸 $\alpha-$ 亚麻酸（39%~62%），同时也含有非常独特的亚麻籽环肽，目前认为环肽的氧化促进了亚麻籽油苦味的产生。

13. 米糠油

米糠（Rice bran）是稻谷脱壳后依附在糙米上的表面层，由外果皮、中果皮、交联层、种皮及糊粉层组成。米糠作为大米加工过程的副产物，含有糙米碾白过程中的皮层碎米和米胚，占大米原料的 6%~10%。米糠化学组成中多糖占 45%，脂肪占 12%~20%，蛋白质占 12% 左右，此外还含有维生素和谷维素。米糠不易贮藏，原因是脂肪酶的水解作用使米糠中脂肪酸易水解酸败。实际生产过程中，多采用热处理方法钝化酶类。我国稻米资源丰富，按照稻米产量计算，我国米糠的预计年产量可达 1300 万~1500 万 t/年，与我国大豆产量接近。目前我国米糠利用率还不到 50%，利用潜力仍很大。

商品上米糠油也称稻米油，不饱和脂肪酸含量达 80% 以上，是一种半干性油，与花生油和玉米油类似，以棕榈酸（12%~18%）、油酸（40%~50%）和亚油酸（29%~42%）为主。而且米糠油中还含有谷维素、甾醇、糠蜡、角鲨烯等功能成分，日益受到重视。

14. 玉米油

玉米油（Corn oil）又称玉米胚芽油，是从玉米胚芽中提炼出的油脂。玉米胚芽是玉米淀粉加工的副产物，得率可以达玉米原料的 9% 左右。玉米胚芽含量在 17%~45%，占玉米中油脂总量的 80% 以上。玉米油富含维生素 E 和人体必需的脂肪酸亚油酸（含量约 55%），另外还含有 25% 左右的油酸。玉米油色泽金黄透明，适合用于快速烹炒和家庭煎炸食品，在高温煎炸时，具有较好的稳定性。但玉米油中赤霉烯酮毒素的存在是值得关注的问题，可以通过油脂精炼脱除达到安全限量以下。

我国玉米年产量超过 2 亿 t。玉米淀粉生产和玉米加工中可以获得大量的玉米胚芽，估算的玉米油资源超过 200 万 t/年。我国玉米油产量稳定提高，不仅能够增加国产油脂自给率，也能够促进农村农业经济的持续健康发展。

（二）动物油脂及油料

1. 鱼油

鱼油（Fish oil）是从海洋和淡水鱼类获得的油脂的总称。由于海洋环境等生长条件的不同，海洋鱼油与淡水鱼油脂肪酸组成差异比较大。鱼的含油量受品种影响，同时同一种鱼的不同部位的含油量也不同。总体来说，海洋鱼油富含多不饱和脂肪酸且脂肪酸组成种类比较复杂。几乎所有的海洋鱼油都富含 $n-3$ 多不饱和脂肪酸，一般来说，深海鱼油的 $n-3$ 多不饱和脂肪酸含量要远远高于淡水鱼油。这主要与品种、食物和生长环境有关，如金枪鱼油的二十碳五烯酸（EPA）含量为 7.8%，二十二碳六烯酸（DHA）含量可以达到 30% 以上。典型鱼油中脂肪酸组成见表 4-9。海洋鱼油的多不饱和脂肪酸含量很高，易氧化成挥发性的小分子醛、酮和酸，发生氧化哈败产生不良风味。所以一般海洋鱼油都是以软胶囊和粉末油脂的产品形式出现，或者通过精炼后添加抗氧化剂和轻度氢化脱臭，提高氧化稳定性。绝大部分海洋鱼油是鱼粉加工的副产物，传统鱼油加工一般分为干法和湿法工艺。湿法工艺的鱼油脂肪酸组成决定于鱼种，但其他指标主要决定于鱼的新鲜程度。新鲜鱼制取的粗鱼油酸值一般在 6mg KOH/g 以下，鱼腥味较淡，但不新鲜的粗鱼油酸值一般较高，鱼腥味明显，精炼难度会加大。海洋鱼油的研究热点是进一步提高 n-3 多不饱和脂肪酸含量，用作功能性食品和医药品原料。海洋鱼油除作为食品原料外，很大一部分作为饲料原料，添加到饲料中不会影响饲养动物的风味，利用海洋鱼油饲养的家禽所产的禽蛋可成为人类 n-3 脂肪酸的来源。

表4-9 鱼油的脂肪酸组成 单位:%

脂肪酸	黄海鳀鱼油	东海金枪鱼油	东海杂鱼油	秘鲁鳀鱼油	秘鲁金枪鱼油
C14:0	7.5	7.1	7.4	6.8	7.6
C16:0	22.2	19.6	28.9	21.0	18.1
C16:1n-7	7.4	6.5	6.7	6.2	7.2
C17:0	1.0	1.0	0.8	0.4	0.2
C17:1	0.5	0.6	0.1	0.2	0.1
C18:0	4.5	4.5	4.3	3.7	2.3
C18:1n-7	3.5	2.7	3.2	3.0	3.0
C18:1n-9	12.2	13.4	15.6	15.2	12.6
C18:2n-6	1.8	1.7	2.0	1.5	1.8
C18:3n-3	1.5	1.1	1.2	0.9	0.7
C18:3n-6	1.0	0.6	0.2	0.2	0.2
C18:4n-3	2.0	1.3	1.3	2.3	2.5
C20:0	0.8	0.5	0.2	0.2	0.1
C20:1	1.1	0.9	0.6	0.8	1.9
C20:2	0.3	0.3	0.4	0.5	0.2
C20:3	1.0	0.3	0.8	0.2	0.3
C20:4n-3	2.4	1.7	2.3	2.7	1.0
C20:5n-3	7.5	7.1	5.6	20.8	6.9
C21:0	1.0	0.2	0.7	0.5	0.2
C21:5n-3	0.8	0.2	0.1	0.8	0.9
C22:5n-3	0.8	1.2	0.9	2.2	2.5
C22:6n-3	15.1	22.3	12.6	9.4	23.9
C23:0	0.5	0	0.1	0.1	0
C24:0	0.1	0.2	0.2	0.2	0.2
C24:1n-9	0.3	0.4	0.6	0.3	0.3
饱和脂肪酸	37.6	33.1	42.6	32.9	28.7
单不饱和脂肪酸	25.0	24.5	26.8	25.7	25.1
多不饱和脂肪酸	34.2	37.8	27.8	41.5	41.1
EPA+DHA	22.6	29.4	18.2	30.2	30.8

资料来源：代志凯，李祥清，陈子杰，马金萍，陈月英，许新德. 国产与进口鱼油品质分析比较. 中国油脂，2018，43（6），51-55.

比较有代表性的淡水鱼油是巴沙鱼油。巴沙鱼原产于东南亚，是湄公河流域中一种特有淡水鱼。近年来，我国进口了不少巴沙鱼油，用作食品专用油脂原料。巴沙鱼油饱和度高，脂肪酸组成和棕榈油类似，含有大量棕榈酸和油酸，熔点也接近于棕榈油，但是脂肪酸中甘油三酯的排布与棕榈油不同，是一种非常适宜制作人造奶油的油脂原料。

2. 牛脂

牛脂（Beef tallow）俗称牛油，来源于牛的脂肪组织（体膘）。牛油的脂肪酸组成同样是受牛的品种、饲料等很多因素影响。牛油碘值在 36～40g/100g，主要脂肪酸与常见植物油相比，饱和脂肪酸如棕榈酸（17%～37%）和硬脂酸（6%～40%）含量较高（表4-10）。牛的胃部含有一些特殊的微生物，会产生脂肪酸双键还原酶和移位酶，对不饱和脂肪酸会产生部分氢化的效果，使得牛油含有一定量的反式脂肪酸。食用牛油主要由牛体腔新鲜脂肪湿法熬制得到，这种工艺中，直接将蒸汽喷射到脂肪组织密封罐中，高温加压熬制牛油。牛油气味较淡，色泽呈现浅黄色，凝固后呈现白色固体状，熔点在48℃左右。牛油是制作人造奶油和起酥油等食品专用油脂的重要原料，由于牛油独特的风味，含有牛油的油脂产品制作的烘焙食品受到消费者欢迎。另外，牛油与植物油混合用于煎炸食品会有一种动物油脂的风味。

表4-10　　　　　　　　　　牛油与猪油的脂肪酸组成　　　　　　　　　　单位:%

脂肪酸	牛油	猪油
C12:0	<0.2	—
C14:0	1.4～7.8	0.5～2.5
C14:1	0.5～1.5	<0.2
C15:0	0.5～1.0	<0.1
C16:0	17.0～37.0	20.0～32.0
C16:1	0.7～8.8	1.7～5.0
C17:0	0.5～2.0	<0.5
C17:1	<1.0	<0.5
C18:0	6.0～40.0	5.0～24.0
C18:1	26.0～50.0	36.0～62.0
C18:1t	3.4～6.2	—
C18:2	0.5～5.0	3.0～16.0
C18:0	<2.5	<1.5
C20:0	<0.5	<1.0
C20:1	<0.5	<1.0
C20:2	—	<1.0
C20:4	<0.5	<1.0

资料来源：王兴国，《油料科学原理》，2017。
注："—"表示无。

3. 猪脂

猪脂（Lard）俗称猪油，根据脂肪组织不同，可以分为猪板油（腹背部皮下组织）和猪杂油（猪内脏），一般猪板油熔点更低，猪杂油的熔点较高。与牛油类似，猪油也受区域和品种影响。猪油根据使用目的，可以分为工业用猪油和食用猪油，与牛油主要脂肪酸的含量不同（表4-10）。猪板油碘值63～71g/100g，猪杂油的碘值低，为50～60g/100g。猪油脂肪酸种类和含量的差异受组织位置和饲料的影响，主要以棕榈酸（20.0%~32.0%）、硬脂酸（5%~24%）、油酸（36%~62%）和亚油酸（3%~16%）为主。猪油的甘油三酯组成造成猪油结晶倾向于 β 晶型，起酥性较差，食品工业上通过酯交换技术对猪油甘油三酯中脂肪酸重排，得到改性猪油。改性猪油含有较多的 β' 晶型，从而提高了猪油的起酥性和酪化性。猪油的加工制备主要有湿法和干法两种，湿法温度较低，提取的猪油质量比较好。由于本身天然的抗氧化物质含量很低，所以猪油的抗氧化性比较差，可作为一种研究抗氧化剂效果的基质油脂。猪油在我国以烹调油为主，有特殊香味，易于消化，能量高，一直受到大型餐饮行业欢迎。在西方国家，猪油则主要用于起酥油生产。

4. 乳脂

乳脂（Butter fat，或 Milk fat）是组成食用黄油和奶油的油脂，主要来源于牛乳的无水或者含水油脂产品。牛乳脂的脂肪酸种类比较复杂，已经检出的脂肪酸就有数百种，但是主要脂肪酸有 20 种左右（表 4-11），其中以饱和脂肪酸和单不饱和脂肪酸为主，含有一定量的中短链饱和脂肪酸。研究发现牛乳的脂肪酸含量受季节影响明显，同时脂肪酸种类也受牛品种和饲料等因素的影响。乳脂产品主要有无水乳脂和黄油等。黄油的特性是在 10℃ 左右具有涂抹性，20℃ 左右具有延展性，25℃ 左右具有保型性，30℃ 左右具有可塑性，35℃ 左右具有口融性。黄油天然风味良好，可用于加工焙烤食品、肉类煎烤等。

表 4-11　　　　　　　　　　　牛乳脂主要脂肪酸组成　　　　　　　　　　　单位:%

脂肪酸	含量	脂肪酸	含量
C4:0	—	C16:1	21.4
C6:0	2.4	C17:1	5.6
C8:0	3.6	C18:1	2.0
C10:0	—	C20:1	5.2
C12:0	8.7	单不饱和脂肪酸	34.2
C14:0	—	C18:2	8.9
C15:0	11.5	C18:3	3.6
C16:0	1.9	C20:2	6.5
C17:0	4.8	多不饱和脂肪酸	19.0
C18:0	2.4		
19:0	11.4		
饱和脂肪酸	46.7		

注："—" 表示无。

资料来源：杨月欣，《中国食物成分表（第 2 版）》，2009。

5. 羊脂

羊脂（Mutton fat）俗称羊油，其脂肪酸组成受品种、饲料、遗传、性别和气候的影响。羊油的质构一般比牛油略硬，碘值较低，在 32~38g/100g。羊油因其含有较难去除的异味，导致其在食用油脂中的应用十分受限。羊油与可可脂的脂肪酸组成和含量极为相似，主要以棕榈酸（25%~27%）、硬脂酸（25%~31%）和油酸（36%~43%）为主（表 4-12）。但是甘油酯组成的差异导致其与可可脂的理化特性差异显著，羊油因三饱和甘油三酯含量高，所以其熔点相对较高（40~55℃），而可可脂富含单饱和甘油三酯与二饱和甘油三酯，所以熔点相对较低（32~36℃），塑性范围更窄。

表 4-12　　　　　　　　　　　　　　羊油主要脂肪酸组成　　　　　　　　　　　　　（单位:%）

脂肪酸	含量	脂肪酸	含量
C12:0	Tr	C16:1	3.1
C14:0	2.0	C18:1	33.0
C15:0	0.7	C20:1	—
C16:0	18.2	单不饱和脂肪酸	36.1
C17:0	—	C18:2	2.9
C18:0	35.9	C18:3	2.4
C20:0	0.5	C20:2	—
饱和脂肪酸	57.3	多不饱和脂肪酸	5.3
未知	1.3		

注：Tr 表示含量在 10~100mg/kg，"—"表示无。

资料来源：杨月欣，《中国食物成分表（第 2 版）》，2009。

（三）微生物油脂原料

微生物油脂（Microbial oils）又称单细胞油脂（Single cell oils，SCO），是指由霉菌、酵母菌、细菌和微藻等产油微生物（Oleaginous microorganism）在一定培养条件下，利用碳源在菌体内大量合成并积累的甘油三酯、游离脂肪酸类以及其他一些脂质。微生物已经成为长链多不饱和脂肪酸花生四烯酸（ARA）、DHA 和 EPA 的重要来源，作为食品配料和添加剂应用于孕婴食品、功能性食品、水产饵料、动物饲料等。美国、加拿大、澳大利亚及一些欧洲国家于 1994 年批准将 ARA、DHA 作为食品添加剂应用于孕婴食品中。2010 年我国批准 DHA 藻油和 ARA 油脂可作为新资源食品。表 4-13 为一些常见产油微生物的油脂含量。

表 4-13　　　　　　　　　　一些常见产油微生物的油脂含量（干重）　　　　　单位:%（质量分数）

微生物种类	脂肪含量	微生物种类	脂肪含量	微生物种类	脂肪含量
酵母		**霉菌**		**藻类**	
假丝酵母（Candida）	42	短耳霉（Conidiobolus）	26	螺旋藻	22
白色隐球菌（Cryptococcus liquefaciens）	65	冠状虫霉（Erynia montana）	43	裂殖壶菌	44
土生假丝酵母（Candida humicola）	58	高大毛霉（Mucor）	60	破囊壶菌	25
产油酵母（Oleaginous yeast）	64	深黄被孢霉（Mortierella isabellina）	86	隐甲藻	50
斯达氏油脂酵母（Lipomyces starkeyi）	63	少根根霉（Rhizonus oligosporus Saito）	57		
红冬孢酵母（Rhodosporidum）	66	高山被孢霉（Mortierella alpina）	38		
黏红酵母（Rhodotorula glutinis）	72				
白吉利毛孢子菌（Trichosporon beigelii）	45				
耶罗维亚酵母（Yarrowia lipolytica）	36				

资料来源：Fereidoon Shahidi 主编，王兴国、金青哲主译，《贝雷油脂化学与工艺学（第六版）》，2016。

　　真核微生物油脂是以甘油三酯为主，与动物和植物油脂在类型和组成上相似。应用于食品中的产油微生物主要是单细胞藻类，我国相继批准了裂壶藻（*Schizochytrium sp.*）、吾肯氏壶藻（*Ulkenia amoeboida*）、寇氏隐甲藻（*Crypthecodinium cohnii*）为食用安全藻类，利用它们发酵产生的 DHA 藻油同时被批准为新食品原料。其次为产油霉菌（表 4-14），国内外大多数企业利用被孢霉属（*Mortierella*）生产亚麻酸、ARA 等微生物油脂，我国批准采用高山孢被霉（*Mortierlla alpina*）发酵生产的 ARA 为新食品原料。另一类产油微生物为酵母，一般油酸是酵母中最丰富的脂肪酸，其次是亚油酸。20 世纪 80 年代酵母发酵生产类可可脂（Cocoa butter equivalent, CBE）引起关注，但是由于市场存在充足的 CBE 资源（即从棕榈油中分馏），导致酵母 CBE-SCO 计划停止。目前应用最少的为细菌，主要有嗜酸乳杆菌（*L. acidophilus CRL*640）等。细菌产食用油脂的应用和研究不多，可以产生其他贮存类物质，如聚 β-羟基丁酸，主要用于生物材料。

表 4-14　　　　　产 γ-亚麻酸（GLA）的真菌脂肪酸组成与植物油脂对比

单位:%（质量分数）

脂肪酸组成	微生物			植物	
	卷枝毛霉（*Mucor circinelloides*）	深黄被孢霉（*Mortierella isabellina*）	拉曼孢被霉（*Mortierella ramanniana*）	月见草籽	玻璃苣籽
油脂含量	25	约 50	约 40	16	30
主要脂肪酸相对含量	22	27	24	6	10
C16:0	1	1	—	—	—
C16:1	6	6	5	2	4
C18:0	40	44	51	8	16
C18:1	11	12	10	75	40
C18:2	18	8	10	8~10	22
C18:3n-6 GLA	—	—	—	0.2	0.5
C18:3n-3	—	0.4	—	0.2	4.5
C20:1	—	—	—	—	2.5
C22:1					

注："—"表示无。

资料来源：Zvi Cohen、Colin Ratledge 主编，纪晓俊、任路静、黄和等译，《单细胞油脂》，2015。

二、加工油脂原料

　　加工油脂狭义上指用精炼天然食用油脂，经物理、化学或者生物的再次加工，获得特定的加工特性，可以用于食品工业的油脂产品，主要包括人造奶油、起酥油、糖果脂、煎炸油、粉末油脂、速冻食品用油脂、冰激凌用油脂、植脂奶油用油脂、休闲食品用油脂等。广义上加工油脂还包括通过制油技术获得的天然油脂，经过精炼加工得到的符合国家标准可以食用的油脂，主要用于烹调。

（一）起酥油

猪油和牛油等动物脂肪作为起酥油应用已有几百年历史，人们普遍认为起酥油是美国发明的，作为猪油替代品出现。最早的猪油替代品有牛油软脂，后来人们将棉籽油和牛油硬脂混合后也可以作为猪油代用品。随着油脂氢化技术的兴起，将植物油和一些动物油脂加工成可塑性脂肪，使起酥油进入了新的发展阶段。但是氢化产生的反式脂肪成为健康关注的焦点，采用酯交换技术在起酥油应用方面方兴未艾。

1. 定义与分类

起酥油（Shortening）在食品工业中可用于煎炸、烹调、焙烤，或者用作夹心、糖霜和糖果配料。起酥油名称的由来，是由于脂肪可以防止面团混合时形成相互连接的面筋网络结构，使焙烤食品变得较为酥松，这种作用称为"起酥"。日本农林标准认为起酥油为精炼油脂加入或者不加入乳化剂，经过激冷捏合或者不经过急冷捏合工艺制备而成的固态或者非固态的，具有可塑性和乳化性能的油脂产品。

传统概念中，起酥油与人造奶油的区别是不含有水相。从加工方面评价，则起酥油是由多种食用油脂的混合物，经过配制和冷却增塑以及调温处理后，工业制备的塑性油脂固体。起酥油不宜直接食用，需经过加工成食品后食用，因此与人造奶油一样，必须具有良好的加工性能。

起酥油按照原料可以分为动物起酥油、植物起酥油和动植物混合起酥油。按制造方法可以分为氢化型起酥油、混合型起酥油和酯交换型起酥油。按照用途，可以分为面包面团用起酥油、馅饼用起酥油、脱模油、西式糕点酥皮油、冷冻面团用起酥油等。随着油脂改性技术如分提和酯交换等的广泛应用，起酥油的油脂原料来源也更加丰富。通常起酥油制备过程还需要添加乳化剂、抗氧化剂、金属钝化剂、抗起泡剂、着色剂和增香剂等。

2. 起酥油的功能特性

起酥油需要具备一些功能特性，如可塑性、起酥性、酪化性、乳化性、吸水性、氧化稳定性等。主要特性如下。

（1）可塑性　起酥油的可塑性是最基本的特性。可塑性是起酥油在一定温度范围内，具备在外力作用下保持部分形变的特征。塑性的必要条件是固液脂肪并存，且比例适宜，同时精细分散、塑性范围宽的起酥油可塑性好，便于涂抹，与面团一起开酥时延展性好，不易断裂。

（2）起酥性　起酥性是指在应用过程中，起酥油阻碍面筋网络形成，降低组织黏连，使焙烤产品酥脆，起层特性好的能力。一般来说，油脂的可塑性好，起酥性也会比较好。

（3）酪化性　酪化性是反映起酥油与混合面浆在高速搅打时吸收空气泡的能力。酪化性可用酪化值表示，油脂本身具有含气性质，油脂的酪化值可以表示为100g油脂搅打时所含空气体积的毫升数。一般认为影响酪化性的因素为油脂的可塑性，其中起酥油的组分以及加工工艺条件都会影响起酥油的酪化性。

3. 起酥油的基料与辅料

（1）基料油脂　大宗动植物油脂及其氢化或酯交换油脂都可以作为起酥油的基料油脂。不同国家的起酥油生产基料油脂与本国油脂资源及国民习俗有关。目前，我国生产起酥油的基料油脂中棕榈油、大豆油等植物油占70%左右，牛油、猪油等动物脂约占30%。美国的起酥油基料油脂中植物油占60%~70%（其中大豆油占50%~60%）。而在加拿大，动物脂占40%~50%。

起酥油基料油脂中，液相油脂应该选择氧化稳定性好的，以油酸和亚油酸为主的油脂。固相油脂是起酥油功能性的基础，应选用能形成 β' 晶型的硬脂，β' 晶型可形成一种质地光滑柔和的起酥油，具有良好的塑性、起酥性和酪化性。基料油脂的稠度主要取决于其中固、液组分的比例。

（2）辅料 起酥油的辅料通常包括乳化剂、抗氧化剂、增效剂、消泡剂、着色剂和风味剂等。乳化剂是具有表面活性的化合物，能改善起酥油的晶型、结构、乳化性、分散性和酪化性。常用的乳化剂有单甘酯、蔗糖脂肪酸酯、大豆卵磷脂、丙二醇硬脂酸酯、山梨酸脂肪酸酯等。

抗氧化剂可以延缓油脂氧化、延缓不良风味和异味发生。植物油中天然含有抗氧化剂维生素 E，合成酚类抗氧化剂如特丁基对苯二酚（TBHQ）和叔丁基-4-羟基茴香醚（BHA）等也是常用的抗氧化剂。来自植物油的金属离子会诱导油脂自动氧化，金属螯合剂可以起到钝化金属离子的作用，常用的有柠檬酸、磷酸、抗坏血酸（维生素 C）、酒石酸等多元有机酸。

有些煎炸用起酥油为了安全考虑常添加消泡剂，常用的有二甲基聚硅氧烷，加热煎炸时它在起酥油表面形成单分子层，从而延缓油的氧化和起泡特性。添加量为 $0.5 \sim 3mg/kg$，高于这个浓度反而会引起迅速起泡。通常煎炸果仁和土豆片用的煎炸起酥油以及加工烘焙食品用的起酥油是不能添加消泡剂的，否则会影响食品最终的品质。

（二）人造奶油

1. 定义与分类

国际标准认为人造奶油是可塑性或液体乳化状食品，主要是油包水型。我国的专业标准定义人造奶油为精制食用油添加水及其他辅料，经乳化和急冷捏合成具有天然奶油特色的可塑性制品。日本农林标准认为人造奶油是指在食用油脂中添加水等辅料，经乳化后激冷捏合，或不经急冷捏合加工出来的具有可塑性或流动性的油脂制品。人造奶油的特性要求与起酥油有很多相似之处，不同的是人造奶油的含水量更高。人造奶油最初是为了开发天然奶油替代品而开发的，其油脂含量一般在80%以上，是含水量低于16%的油包水型（W/O 或者 O/W/O）乳化油脂体系。

人造奶油根据应用对象，可大体分为两类：家庭用人造奶油和食品工业用人造奶油。家庭用人造奶油主要在餐厅或者家庭就餐时直接涂抹于面包上食用，少量会用于烹调。食品工业用人造奶油主要用于烘焙食品的加工，除具备起酥油的加工性能外，还能够配合食盐、乳制品和其他食品增香剂等改善食品风味。食品工业用人造奶油的用量比家庭用人造奶油更大，分为通用型和专用型人造奶油。通用型属于万能型，可以用于各类烘焙食品的加工。专用型人造奶油分为面包用人造奶油、起层用人造奶油和油酥点心用人造奶油，不同专用型人造奶油的配方根据产品而不同，塑性和质构有较大差异。另外也有乳化体系为逆相 O/W 型和双重乳液型人造奶油，如 O/W/O 型。

延展性是人造奶油最为重要的品质之一，除了合适的固体脂肪指数之外，加工过程中形成的晶体网络同样也会影响人造奶油产品的延展特性、口融性与稠度。高质量的涂抹型人造奶油会在口腔迅速融化，风味物质和盐能快速释放，不产生蜡质感和糊口感，同时还要能够满足冷藏温度下的涂抹性及室温下的可塑性。人造奶油的品质主要与基料油脂的选择和组成、辅料的选用以及加工技术有关。

2. 人造奶油的功能特性

（1）延展性 延展性是人造奶油仅次于风味的重要特性之一。在使用温度下，固体脂肪指数（SFI）为 10~20 的产品具有最佳延展性。

（2）油的离析　当人造奶油中细小的油脂晶体没有足够的大小或特性来包含所有液相油脂时，就会发生油的离析，即产品外包装被油浸渍，甚至会从包装纸中渗出来。

（3）口熔性与稠度　高质量的家庭用涂抹型人造奶油在舌头上应迅速熔化并伴随着凉爽的口感，人的味蕾马上就可以察觉到风味物质和盐释放出来，毫无油腻和蜡感。油脂的熔融曲线、乳化体系的稳定性和产品的贮存条件影响人造奶油的熔融特性。人造奶油的稠度必须满足冷藏温度下的涂抹性、室温下的可塑性及口温下的迅速熔融特性。家庭用人造奶油必须在体温下完全熔融，33.3℃下固体脂肪的含量应小于 3.5%。10℃、21℃和 33.3℃下的 SFI（定义详见本章第四节）是人造奶油设计的依据，一些典型的不同用途的人造奶油制品的 SFI 见表 4-15。

表 4-15　　　　　　　　　　　　典型人造奶油制品的固体脂肪指数（SFI）

制品类型	固体脂肪指数（SFI）				
	10℃	21℃	26.7℃	33.3℃	37.8℃
硬脂	28	16	10	2	0
中稠度	20	13	9	2.5	0
软质	11	7	5	2	0.5
流体	3	2.5	2.5	2	1.5
餐用	29	17		3	0
面包用	29	18		13	5
起层用	25	20		17	14
膨化食品用	26	24		21	17

资料来源：刘元法，《食品专用油脂》，2017。

（4）结晶性　由于加工需要，人造奶油要求固体脂肪结晶晶型为 β' 型，可以增加产品的操作特性和酪化性。当主体基料油脂为 β 型油脂时，配方中必须添加一定比例的 β' 型硬脂，否则产品在贮存后期出现变硬和起砂等问题。在基料油中加入 0.5%~5% 的甘油二酯或者失水山梨醇二硬脂酸酯等抑晶剂，可以延缓部分固体脂肪晶体由 β' 型向 β 型的转变。

3. 人造奶油的基料与辅料

（1）基料油脂　人造奶油基料油脂原料比较广泛，包括：动物油脂、植物油脂、分提油脂、氢化改性油脂和酯交换油脂。最初人造奶油的原料油脂是牛油、猪油及其分提产物等动物油脂，随着油脂精炼加工技术的发展，基于植物油基及其改性油脂的人造奶油产品比例不断上升，成为人造奶油发展的一大特点。由于大众对人造奶油营养安全的问题关注，氢化改性油脂的使用越来越少，而富含不饱和脂肪酸的液态油脂比例在增加。基料油脂的晶格性质是影响人造奶油品质的一个重要因素，β' 型结晶能形成非常细密的晶体网络，比表面积较大，能够束缚液相的油水液滴。如果基料油脂在贮藏过程中出现了 β 晶型转化，会导致产品出现砂粒化，严重的还会导致"漏油"等油的离析现象，影响产品表观及操作特性。人造奶油的加工生产工艺主要包括 5 个部分：基料油脂的混合，油相、水相的混合乳化，冷却结晶，捏合均质，静置调质，如图 4-15 所示。

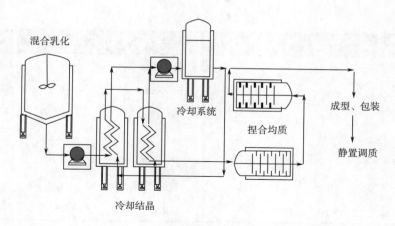

图 4-15 人造奶油生产工艺流程

（2）辅料 人造奶油的辅料包括水、蛋白质、乳化剂、调味剂、防腐剂、抗氧化剂、金属络合物、维生素和色素等。

人造奶油是含水油脂制品，配方中的水必须是纯净水或经过严格处理符合卫生标准的直接饮用水。蛋白质可以增加人造奶油产品的风味，还能螯合金属离子，延缓油脂氧化，促进乳液风味物质的释放。人造奶油中的乳化剂有多种功能，能形成稳定的乳液，防止产品在贮藏期间渗油或水相凝聚，在煎炸过程中防止水蒸气凝结和强烈爆溅。用于人造奶油的抗氧化剂有维生素 E、叔丁基对苯二酚（TBHQ）和丁基羟基茴香醚（BHA）等，金属络合剂如柠檬酸和柠檬酸盐，防腐剂如山梨酸、苯甲酸、乳酸、脱氢乙酸、苯甲酸及其钠盐等。为了提高人造奶油的营养价值，可加入维生素 A 等强化剂。许多人工合成的黄油风味物质也可应用于人造奶油中，主要成分是丁二酮、丁酸、丁酸乙酯等。

（三）煎炸油脂

食品煎炸分为深度煎炸和浅表煎炸。深度煎炸称为"油炸"，如炸薯条、油条、麻花、鸡腿、方便面等，在深锅中进行。浅表煎炸分为"油煎"和"炙烤"，一般在平锅或者铁丝网上进行。深度煎炸油脂一般是长时间使用，在油炸过程中需不断补充新油。用于深度煎炸的油脂必须拥有清淡风味和良好的氧化稳定性，在煎炸时要不易产生氧化、裂解、水解和聚合等反应，具有较高的烟点。煎炸后，加工食品吸附的油脂在产品保质期内也要保持良好的稳定性。深度煎炸油脂种类很多，如动物油脂无水黄油在欧洲可作为顶级食品油炸用油。性能稳定的精炼植物油脂，如棕榈软脂、高油酸菜籽油、玉米油、葵花籽油、棉籽油、花生油等也能用于油炸。而浅表煎炸油一般是一次性使用，氧化稳定性要求比深度煎炸油低。通常的烹调油和色拉油都可以用于浅表煎炸，也可以用黄油、人造奶油或者炙烤专用起酥油。

煎炸过程中，煎炸油不可避免地会发生各类化学反应。因此，煎炸油必须满足氧化稳定性好、新鲜油中杂质含量低等品质要求，以防止煎炸过程中的快速水解和氧化。煎炸油的氧化稳定性取决于油脂多不饱和脂肪酸的含量，主要是亚油酸和 α-亚麻酸。随着脂肪酸双键数量的增加，油脂的氧化速率呈非线性高速增加。以十八碳脂肪酸为例，α-亚麻酸、亚油酸、油酸和硬脂酸的相对氧化速率是 150：100：10：1。α-亚麻酸极易氧化，煎炸油中 α-亚麻酸含量必须很低。煎炸油必须含有较低的游离脂肪酸、过氧化值、共轭二烯、茴香胺值、甘油一酯、甘油二酯以及微量杂质如铁、磷、钙、镁等。表4-16所示为新鲜煎炸油的成分分析。

表4-16   新鲜煎炸油成分分析

成分	期望值	最大值	成分	期望值	最大值
游离脂肪酸/%	<0.03	0.05	磷/（mg/kg）	<0.5	<1.0
过氧化值/（meq/kg）	<0.5	1.0	铁/（mg/kg）	<0.2	<0.5
茴香胺值	<4.0	6.0	钙/（mg/kg）	<0.2	<0.5
共轭二烯/%	微量	<0.5	镁/（mg/kg）	<0.2	<0.5
极性物质/%	<2.0	<4.0	甘油一酯/%	<0.05	微量
聚合物/%	<0.5	<1.0	甘油二酯/%	<0.5	<1.0
叶绿素/（μg/kg）	<30	<30	烟点/℃	237	—

资料来源：刘元法，《食品专用油脂》，2017。

（四）其他加工油脂

1. 烹调油

烹调油是指用于厨房食品烹调的油脂，通常用于菜肴的爆炒、煎炸等。由于厨房食品消费周期非常短，一般氧化性能稳定的动植物油脂都能用于烹调。由于各地饮食习惯和喜好的差异，对于烹调油的要求有所不同，但是一般烹调油需具备以下特点：①理化指标和卫生指标必须符合国家标准；②由于烹调油使用温度较高，而且消费周期和货架期较长，所以烹调油氧化稳定性要求较高，不易发生氧化、热分解和聚合等反应。我国烹调油一般是大宗的植物油，如大豆油、菜籽油、花生油、葵花籽油等。

2. 色拉油

色拉油是可用于凉拌和生食的食用油。在生产时，色拉油与烹调油存在差异，如色拉油必须冷冻试验合格，色泽要更浅，风味也要更加清淡。其次，需要根据原料油中高熔点甘油三酯含量的高低来决定是否要进行脱脂处理，即冬化。比如精炼棉籽油制作色拉油需要通过冬化处理。有些植物油含有微量的蜡质，经过脱蜡后可以用作色拉油，如米糠油、葵花籽油和葡萄籽油等。由于色拉油的冷冻试验要求，很多富含多不饱和脂肪酸的植物油，如大豆油、玉米油、葵花籽油等成为制备高品质色拉油的原料。为了得到抗寒且氧化稳定性更好的色拉油，可以在精炼植物油中添加抗氧化剂，也可以采用现代加工技术，比如可以通过酯交换工艺改变原料油的甘油三酯组成，再采用油脂分提技术得到液体油。利用不同结晶特性甘油三酯的相互作用，通过复配技术改变混合色拉油结晶特性，制备高品质的色拉油。

3. 调和油

调和油是根据风味、营养或者加工要求将两种及以上的植物油或者动物油调配制成的油脂。大致分为营养型调和油、风味型调和油和加工特性调和油。营养型调和油是由营养特性组成基本符合 FAO 和 WHO 的推荐意见，或者符合各国营养学会推荐的有益于本国人群身体健康的脂质组成复配油脂。风味型调和油则是将浓香芝麻油或花生油等富含天然风味的油脂与其他烹调油复配，得到有一定香味的调和油，以迎合消费者需求。单一油脂用于食品加工时，常因物化性质缺陷，在应用上受到限制，所以需要调和使其达到某种特定加工功能，即制成加工特性调和油。

第三节 油脂的制取与精炼

一、油脂的制取

（一）植物油脂的制取

1. 预处理

在油料制油之前的所有工序都是预处理，预处理的目的是去除杂质，得到符合不同取油工艺需求的物料。该过程一般包括净化和制胚两个步骤。净化是尽可能多地除去杂质，包括贮存、清理、去壳去皮分离等工序。制胚过程则包括原料破碎、软化、轧胚、干燥、制胚等工序。油料预处理的好坏不仅影响油料结构性能而直接影响出油率，还在于对油料各成分产生作用而影响油脂产品品质和副产品质量，同时也影响了油料加工设备的处理能力和能源消耗。

依据制油方式不同，油料预处理可以分为压榨制油预处理和溶剂浸出制油预处理。压榨制油时需要保证油料蛋白质变性，凝聚油脂，胚料需承受机械压力，因此在压榨制油的预处理上，必须经过蒸炒工序，使料胚受到强化湿热处理。浸出法制油则要求料胚结构性好，油路短并且具有合适的水分，从而有利于溶剂渗透和蛋白质的低变性利用，可以使用轧胚、干燥、膨化成型等取代高温蒸炒工序。

传统的油料预处理方式因为工艺流程简单、设备投资少等优势，已经比较成熟，但也存在很多不足，如浸出制油过程存在着渗透与滴干速度慢、浸出溶剂比大、蒸发系统负荷增加、原油品质差等问题。预处理新技术主要追求工艺简化和效率提高，同时也更重视物料的结构性能和品质，并与原油及油粕的品质、精炼效能、综合利用等关联起来。油料预处理新工艺应当适应油脂工业的大规模发展，在不断提高油脂品质的前提下，研制效能更高的预处理设备。典型的大豆预处理工艺流程如图 4-16 所示，其中脱皮和挤压膨化是相对较新的技术，为可选的预处理工序。

（1）贮存 油料原料贮存的主要目的是维持生产的稳定性，该过程能够促进种子成熟，防止劣变，得到品质均一的原料或中间产品，从而改善加工产品品质。贮存期长短的关键指标是油料的水分含量。油料的临界水分为油料在空气相对湿度为 75% 时的平衡水分，当油料水分处在临界水分以下时，油料处于

清理工序

大豆油料 → 筛选 → 风选 → 比重法去石 → 磁选 → 并肩泥清选 → 除尘

→ 水分调节 → 破碎 → 脱皮 → 软化 → 轧胚 → 挤压膨化 →

溶剂浸出

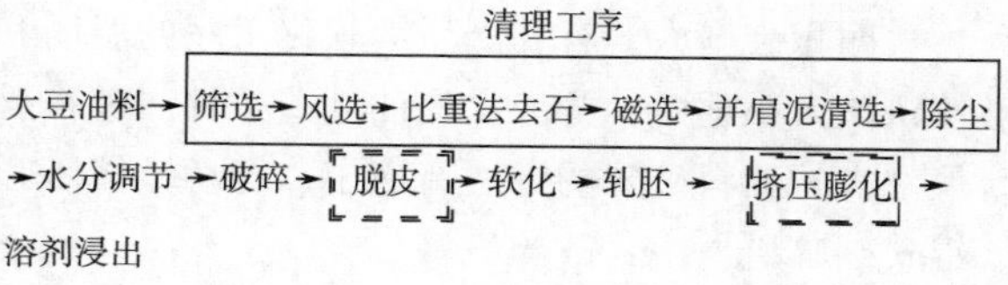

图 4-16　大豆预处理工艺流程

休眠状态，呼吸作用微弱，微生物等活动受限，贮存稳定性提高。一般油料在收货时的水分含量高，因此需要干燥至临界水分以下后才可以入仓贮存。

（2）清理 油料在收获过程中常常伴有泥土、沙石、灰尘、茎叶和皮壳、其他种子等无机和有机杂质，除此之外还可能含有未成熟粒、异种油料、破损油料、病虫害粒等含油杂质。杂质的清理能够提高后续生产率，降低设备磨损，保证制油品质。

常用的清理方法：①筛选法，利用油料与杂质之间粒度和相对密度的差异，借助筛孔分离杂质，常用的筛选设备有固定筛、振动筛等。筛选也是油料分级的过程，因此组合筛选分级常常是清理工序的首选。②风选法，利用油料与杂质之间悬浮速度和相对密度的差别，借助风力除杂，可清理轻杂质和灰尘，也能去除部分石子和土块等较重杂质。风选法也可用于去皮去壳分离。风力分选器可分为吹式和吸式。③磁选法，利用磁力清除油料中的磁性金属杂质，金属杂质在油料中存在含量较少，但是危害较大，容易造成机械设备的损坏，严重时会出现生产安全事故，必须除去。常用的有永久磁铁装置和电磁除铁装置。④筛选风选联合法，采用筛选和风选相结合的设备联合清理油料，实际生产中，多采用组合清理方法进行油料清理除杂，有些清理方式本身就包含了多种清理原理。

（3）剥壳去皮与仁壳（皮）分离 大部分油料种子都可以带壳（皮）或去壳（皮）制油。在制油时，壳（皮）会吸油而导致油量损失，因此在预处理时剥壳去皮能够提高油料的出油率，同时也提高了原油和饼粕的质量，减少了设备磨损。其次，剥壳去皮工序也使皮壳资源得到充分利用。通常，制油时油料中含壳（皮）越少越好，但脱壳（皮）率与其粉末度显著相关，随着脱壳（皮）率的增加，粉末度也会增加，会影响壳（皮）仁的分离效果，会因壳（皮）中含仁太多而导致油的损失。因此，剥壳（皮）制油时，需要综合考虑破壳（皮）率、壳（皮）中含仁率和仁中含壳（皮）率，最高的出油率是在仁壳（皮）分离程度的最佳平衡中取得的。如果旨在制取蛋白质，则必须尽可能地分离壳（皮），剥壳（皮）率可以根据粕中蛋白质的含量要求决定。

油籽壳（皮）的特性（如壳皮的薄厚程度、脆韧度、形状、大小和附着情况等）对于剥壳去皮工艺和设备的选择至关重要。常见的剥壳去皮设备有圆盘剥壳机（搓碾法）、刀板剥壳机（剪切法）、离心剥壳机（撞击法）、轧辊剥壳机（挤压法）等。剥壳去皮工艺包括剥壳（皮）和仁壳（皮）分离两个过程。在壳（皮）破碎以后，还要进行仁壳（皮）分离，分离方法主要是筛选和风选。

剥壳去皮工艺的发展关键之一是皮壳的利用途径。以大豆脱皮为例，经过脱皮，可以提高副产品大豆粕的蛋白质含量，得到的豆皮也有一定的经济价值，可以作为食品用膳食纤维的原料或者反刍动物饲料原料。大豆脱皮分为冷脱皮、温脱皮和热脱皮。

（4）破碎 破碎是通过机械方法，将油料的尺寸减小，目的是通过改变大粒油料的粒度来利于轧胚，而像菜籽、芝麻这样尺寸小的油料种子则无须进行破碎。尺寸大的油料种子经过破碎后，表面积会增大，有利于后续软化工序的温度和水分的传递。同时对于预榨饼来讲，破碎能够使饼块大小适中，为二次提油创造条件。破碎要适度，过度破碎会影响后续轧胚工序的操作。尺寸大的油料破碎的方法有撞击、剪切、挤压和碾磨等方式，常用的破碎设备有牙板破碎机、辊式破碎机、锤式破碎机等。

（5）软化 对于一些含油量较低或者含水量低的油料，一般会在预处理时进行软化，主要是调节油料的水分和温度，达到变软可塑的目的，通常油料软化温度为60℃左右。含油和含水量均低的油料，如果不进行软化，在轧胚时会产生很多粉末，不利于油脂浸出（溶剂萃取）。而含油和含水量都高的油料，如花生和新菜籽，一般不予软化，否则会造成轧胚粘辊现象。湿热处理关系到整个制油工艺，处理得当可以提高出油率和产品品质。软化锅（层式或滚筒）是最常用的软化设备。

（6）轧胚 轧胚是利用机械作用，将油料由颗粒状压成片状的工艺过程。轧胚过程中，油料的外形尺寸会发生很大变化，同时油料内部也因为轧胚发生物理化学的变化。该过程的目的是破坏油料的细胞组织，增大表面积，凝聚油脂，缩短出油距离，起到提高出油速率的作用。常用的轧胚机有卧式轧胚机和立式轧胚机，另外还有新型液压轧胚机等。

（7）干燥 为了保证制油效果，通常需要控制油料或者胚料的水分，该过程称为干燥，目的是满足浸出提油时对料胚水分的要求。对于一些直接浸出或者采用冷榨方式制油的工序，一般无须进行蒸炒，而仅仅进行生胚干燥处理。

热力干燥是普遍方式，分为辐射干燥、对流干燥、传导干燥等，或者是上述干燥方法联合的干燥方式。远红外和微波干燥是新型的油料干燥技术，具有干燥速度快、加热均匀、产品质量易控制等优势，同时还可以解决传统热处理造成的营养因子损失或者蛋白质变性的问题。最常见的油料或胚料干燥设备是回转式干燥机、振动流化床干燥机、平板干燥机、气流干燥机等。

（8）制胚 油料制胚工艺主要有两种：蒸炒制胚和挤压膨化制胚。

蒸炒是制油工艺中一个传统且重要的工序，借助水分和温度作用，使得油料内部结构改变，主要是油料细胞破坏、蛋白质凝固变性、磷脂吸水膨胀、钝化酶类等。因此，蒸炒效果直接影响出油率、油品和饼粕的质量。当然，蒸炒也带来一些副作用，如油脂高温氧化、蛋白质变性、功能性降低等，不利于油料种子的综合开发利用。

挤压膨化是一种适合多种油料成型的制胚工艺，是将生胚制成膨化颗粒物料的过程。机械挤压使油料密度不断上升，进而摩擦生热，直接通入蒸汽后使油料充分混合，加热加压，胶合糊化，组织结构发生变化，同时膨化过程中的湿热起到灭酶作用。挤压膨化的优势在于克服了蒸炒过程时间长、温度高的问题，能显著降低成本，提高产品品质，是一种非常实用的制胚工艺。

2. 制油

油料经预处理后可以进入制油工艺，目前最常用的制油工艺有三种，包括压榨制油、浸出法制油以及水剂法提油。

（1）压榨制油 通过机械作用将油料中油脂提取的过程称为压榨制油，压榨制油的方法主要有水压法和挤压法，其中最重要的是螺旋挤压法。油料在外界压力作用下，物料空隙随着压力加大而体积缩小，直到表面游离油因为压力流动，形成压榨排油。压榨制油工艺简单，适应性较好，适用于小批量加工，也可作为浸出法制油的前一步预榨油。然而压榨方法无法将油料细胞的结构油制取出来。且存在耗能较大、出油率低、油粕利用受限（油料蛋白质变性）等缺点。国内常用的榨油机单机处理量达600t/d，可以满足制油工业规模化发展的需求，但是压榨制油工艺仍然需要不断更新与完善。

机械压榨制油工艺主要有四种：一次压榨、二次压榨、预榨和冷榨。

将蒸炒处理过的熟胚，经过一次压榨达到规定残油率（8%以下）的工艺是一次压榨工艺。该工艺对油料的预处理和压榨过程要求很高，需要物料水分低、压榨过程高温高压、时间长等，运转上耗能较大，对机械的损耗较大。一次压榨适合处理规模小、含油率适中的油料。

二次压榨是对预榨饼进行破碎处理后，再次压榨到规定残油率的工艺。该方法适用于含油量高、一次压榨达不到预期残油率，且规模上不适合预榨浸油的油料。

一般含油量较高的大宗油料，如菜籽，为了能充分提取油脂，先采用预榨，通过预榨提取出大部分油脂（60%~75%）。预榨破坏了油脂细胞，形成易渗透的料胚，可以用浸出法充分提取油脂。预榨的工艺要求较宽，可以采用高水分低温入榨。

整粒油籽不经热处理进行一次压榨制油的方法是冷榨。冷榨通常也需要制胚，但是生胚一般不经过热处理，所以饼粕中蛋白质变性程度较低，油品品质好，有些冷榨油达到标准可以直接食用，或者需要稍加精炼成合格产品。利用该方法得到的饼粕也是提取植物蛋白的优良原料。但是冷榨对物料水分要求高，设备损耗也比较大，所以生产效率不高。一般冷榨饼粕中的残油都在12%以上，可以进行二次压榨或者浸出法提油。部分高附加值的特色小品种油脂可以根据市场需求采用冷榨工艺。

（2）浸出法制油　浸出法制油可以看作是一种固液萃取，主要是利用溶剂对油料不同物质具有不同溶解度的性质，将物料中有关成分加以分离的过程。该过程的推动作用是浓度差，油料与溶剂接触后，油脂分子从油料渗透扩散到溶剂中。在对流扩散中，油脂溶液以较小的体积形式进行转移，依靠液位差或者泵来进行。在浸出时，选择理想的溶剂可以提高浸出效果，改善原油和饼粕的品质，同时能够降低成本，保证安全。工业上普遍采用植物油抽提溶剂，属于己烷类，也称工业己烷，主要成分是正己烷和异己烷。己烷类溶剂能在常温下与绝大多数油脂相溶，对设备腐蚀小，毒性低。

浸出法制油的优点是出油率高（在95%以上），技术实现连续化、自动化生产，效率高。主要适合大宗含油量不高的油料，如大豆。也可以用于预榨的菜籽，进行二次浸出。但是浸出法制油也存在着萃取油脂成分复杂、原油品质较低、能耗高、饼粕溶剂残留、溶剂消耗、生产安全要求高等缺点。随着环保要求和科学研究的不断深入，混合溶剂、超/亚临界流体萃取以及越来越多的绿色环保溶剂也在逐渐应用于浸出提油工业。

（3）水剂法提油　水剂法是利用油料非油成分对水的亲和力的不同，以及密度差异将油脂与蛋白质等非油组分分离的工艺方式。该方法用水作为溶剂，结合蛋白质等亲水物质，并非对油脂进行直接萃取。水剂法一般适用于高含油的油料，通常可以分为水代法、水浸法和水酶法。我国传统的小磨麻油就是水代法，芝麻磨浆后，通过加入开水，热水与芝麻浆中亲水胶体结合并部分破乳，使得油脂从乳液中析出。水酶法是近年来制油的热点，水酶法以机械与酶解相结合降解油料细胞壁，使油脂温和释放。该方法与传统热榨方式相比，油品好，同时由于酶解在水相进行，磷脂能够进入水相，所以得到的油脂不需要进行脱胶。但是水酶法油脂得率相对较低，只适合一些特色小品种油脂的加工。

（二）动物油脂的制取

动物油脂的来源比较丰富，常见的有猪、牛、鱼、羊等。这些动物经屠宰、分离得到的脂肪组织可以用来提取得到动物油脂。与植物油脂相比，动物油脂的制取工艺相对简单。动物的脂肪一般含脂类80%左右，其他是蛋白质与水分，如牛脂肪中牛油含量65%~85%，猪脂肪中猪板油的含量可以高达92%。

动物脂肪在制油之前一般会进行预处理，即在制油之前将动物脂肪原料从动物躯体中分离并清洗。通常，动物组织会分成不同等级，一方面可以避免品质不同的原料混合，另一方面，某些组织如含骨部位需要进行切割、破碎等比较剧烈的处理工艺。熬制法是目前最常用的动物油脂制取技术，类似于蒸煮方式，本质都是热处理过程。熬制分为干法熬制与湿法熬制。干法熬制是不直接用水，在常压、减压或者加压条件下进行，将脂肪组织放入容器中加热，使得脂肪组织破裂，释放出油，再将残留物滤除。湿法熬制一般是直接将蒸汽喷射到装有脂肪组织的容器中进行加温加压处理，温度比干法低，因此该方法得到的动物油脂色泽更浅，风味也更加柔和。

制取的动物油脂原油如果达到食用标准，不需要再处理就可以作为食品原料。也可以通过进一步精炼达到食用标准。动物油脂可以进一步深加工，常用的方法有氢化、酯交换和分提等，深加工产品在食品中多用于制作食品专用油脂，如人造奶油、起酥油等。

二、油脂的精炼

经压榨、浸出或者水剂法制取的油脂是原油，原油一般都含有杂质，不能直接食用，需要精制。原油中的杂质可分为机械杂质、油溶性杂质和水溶性杂质，这些杂质影响油脂品质及安全贮藏，需要精炼去除。油脂的精炼并非将所有非甘油三酯成分去除，而是根据不同要求和用途，去除不需要的杂质，保留有益成分。我国油脂精炼技术开始片面学习西方，油脂过度精炼，产品以一级油为主。近年来，油脂精准适度加工成为我国油脂精炼的新理念和重要实践，是以营养评价为基础，以营养保留和风险控制为核心的健康油脂加工新模式。

油脂精炼是比较复杂且灵活的组合操作，精炼程度决定了成品油的等级，因此需要依据精炼要求，结合技术条件和经济效益，选择合适的方式。目前，油脂完整的精炼包括机械除杂、脱胶、脱酸、脱色、脱臭、脱蜡等工序，而且并非所有油脂都要完整精炼。根据色泽、气味、滋味、透明度、水分及挥发物、不溶性杂质、酸值、过氧化值、加热实验、含皂量、烟点、冷冻实验和溶剂残留量等指标，可以将成品油分成三个等级（一级、二级和三级）。成品大豆油的产品质量国家标准（GB/T 1535—2017《大豆油》）如表 4-17 所示，相比 2003 年国家标准，水分及挥发物含量、酸值、烟点都放宽了许多，色泽也不做定量的评价，充分体现了油脂适度精炼的理念。

表 4-17　　　　　　　　　　　　　　成品大豆油质量标准

项目	质量标准		
	一级	二级	三级
色泽	淡黄色至浅黄色	浅黄色至橙黄色	橙黄色至棕红色
透明度（20℃）	澄清、透明	澄清	允许微浊
气味、滋味	无异味，口感好	无异味，口感良好	具有大豆油固有气味和滋味，无异味
水分及挥发物含量/% ≤	0.10	0.15	0.20
不溶性杂质含量/% ≤	0.05	0.05	0.05
酸值（KOH）/（mg/g） ≤	0.50	2.0	按照 GB 2716 执行
过氧化值/（mmol/kg） ≤	5.0	6.0	按照 GB 2716 执行
加热试验（280℃）	—	无析出物，油色不变	允许微量析出物和油色变深
含皂量/% ≤	—	0.03	
冷冻试验（0℃贮藏 5.5h）	澄清、透明	—	
烟点/℃ ≥	190	—	
溶剂残留量/（mg/kg）	不得检出	按照 GB 2716 执行	

注：（1）"—"不做检测。

（2）过氧化值的单位换算：当以 g/100g 表示时，如：5.0mmol/kg = 5.0/39.4g/100g ≈ 0.13g/100g。

（3）溶剂残留量检出值小于 10mg/kg 时，视为未检出。

资料来源：GB/T 1535—2017《大豆油》。

（一）机械除杂

原油中的机械杂质（饼粕、碎屑、沙土等）可以通过沉淀、过滤或离心分离的方式去除。除杂对后续脱除磷脂工艺的影响非常大，也可以与制油时的过滤沉降预处理工艺合并进行并且予以强化，一步完成。

（二）脱胶

脱胶的方法主要有水化法、酸法和新脱胶工艺。

水化法是最常用的方式，水溶性的杂质以磷脂为主，脱胶就是使水溶性杂质凝聚成胶束，形成比油脂密度大的油脚，与油脂分离。磷脂有水化磷脂和非水化磷脂，水化磷脂含有较强的极性基团，与水接触形成水合物在水中析出。非水化磷脂主要是磷脂酸和磷脂的钙镁盐类，亲水性差。非水化磷脂在加水时，不能水化，无法脱除，它的含量受原油种类和原油品质的影响。水化脱胶得到的油脚经过干燥可以得到大豆卵磷脂副产物，有很好的应用价值。

通过向粗油中加入少量无机酸进行脱胶，一般采用柠檬酸和磷酸。磷酸和柠檬酸与金属离子螯合并使非水化磷脂转化为水化磷脂，然后再加入水，进行水化脱胶，以提高脱胶的效率。

一些新式脱胶技术如酶法脱胶、酸调节碱中和特殊脱胶、超级/联合脱胶、吸附脱胶等应运而生，用来提高油脂脱胶的效率。

（三）脱酸

脱酸是非常关键的油脂精炼工序，原油中的游离脂肪酸会造成产品酸值升高，严重影响成品油的质量。碱炼法是比较常用的脱酸方式，是用碱溶液中和游离的脂肪酸，从而形成脂肪酸盐和水，并与中性油分离。碱炼过程所用的碱有烧碱和纯碱等。我国油脂碱炼最常用的是烧碱即氢氧化钠，通过碱炼能够将油脂中的游离脂肪酸降到 0.01%~0.03%，形成的脂肪酸盐以皂脚的形式从油脂中分离。

碱炼生成的皂脚具有吸附能力，一定量的色素和其他杂质都会被皂脚吸附一起沉淀。碱炼还能进一步除去磷脂，水化脱胶未能脱除的非水化磷脂在碱炼时也会进入皂脚，所以该过程还兼具脱酸和进一步脱磷的作用。棉籽油的游离棉酚也能与烧碱反应形成酚盐，被皂脚吸附沉淀。皂脚的吸附作用同时伴随着中性油的损耗，碱炼过程也伴随着乳化损耗，主要体现在皂脚与中性油的胶溶性与吸附、残留磷脂的乳化作用等。所以，如果磷脂含量或者酸值较高，在碱炼时会导致过度乳化，增加碱炼的损耗。同时中和反应时，少量中性油也可能被皂化，形成皂化损耗。合适的技术条件能够降低中性油的损耗，提高油脂精炼得率。

碱炼时用于中和游离脂肪酸的加碱量为理论碱量，可以通过测定游离脂肪酸含量来确定，一般认为理论碱量（kg/t 油）= 0.713×酸值。但是在实际操作过程中，一般都会过量添加一些碱，对于连续式碱炼，一般增加理论碱量的 5%~10%；间歇式碱炼，过量碱一般为油质量的 0.05%~0.25%。按照原油酸值的大小，需要将碱配置成不同浓度的溶液。酸值越高，一般所需碱液浓度越大。化学碱炼脱酸的核心技术是碱液和油脂的均匀混合，由于碱液和油脂互不相溶，工业上需要通过静态混合器和动态混合器增加油碱混合程度，确保中和效果。

化学碱炼脱酸一般适合酸值小于 2.0mg/g、磷脂含量较高的植物油，如大豆油、菜籽油、葵花籽油等。对于酸值较高、磷脂含量低或者经过处理后磷含量可以降低到 5mg/kg 以下的油脂，可以采用物理脱酸，也称为水蒸气蒸馏脱酸。主要是依据油脂与游离脂肪酸在挥发度（沸点）上的差异，在较高真空度和较高温度下蒸馏，从而脱除油脂中游离脂肪酸和挥发性物质。真空度越大，蒸馏蒸汽的用量越小，同时也能够起到保护油脂不被氧化水解的作用。为了提高脱酸效率，需要在油脂中通入一定量的水蒸气。一般动物油脂和棕榈油采用物理脱酸的工艺。

物理脱酸主要包括油脂加热、水蒸气蒸馏、脂肪酸回收和油脂冷却等步骤。该方法不使用碱中和，所以中性油损耗少，精炼得率高。由于含有溶剂，体系反应黏度低，反应传质效果好，但是需要在防爆体系和设备中操作。

除了化学脱酸和物理脱酸，目前还有几种新兴的脱酸方式，尚未大规模工业化应用。比如酯化法脱酸，主要是利用游离脂肪酸和甘油或者甘油酯进行酯化合成，起到降低高酸值油脂中游离脂肪酸的作用。但是该方法易产生副反应，需要对原油进行严格脱胶与脱色，适用于利润较高的高酸值原油。溶剂法脱酸，利用甘油酯与游离脂肪酸在有机溶剂中的溶解度差异，控制萃取温度和压力等条件进行脱酸。此外，还有分子蒸馏脱酸和纳滤膜分离脱酸等。

（四）脱色

植物油一般含有色素，色素成分比较复杂，包括叶绿素、胡萝卜素等天然色素，也含有油料预处理和热榨过程中糖类、蛋白质等分解氧化以及美拉德反应产生的色素等，其中棉酚溶解在棉籽油中呈红色，具有一定毒性，通过碱炼可以除去。在精炼过程中，通过吸附作用脱除上述色素杂质的过程即为吸附脱色。油脂精炼的脱胶、碱炼和脱臭工序都能在一定程度上起到脱色效果。吸附脱色是最广泛的脱色手段，但是油脂脱色的目的并不是除去所有色素，而是希望根据市场需要改善油脂色泽，可以根据产品需求进行工艺调整。许多天然色素被证明具有很好的生物活性和抗氧化活性，应适度精炼以保留这些有益成分。

对吸附剂的要求一般是吸附力强、选择性好、吸油少、不与油脂发生反应、价格低和来源广等。目前在油脂工业中常用的吸附剂有膨润土、活性炭、凹凸棒土等，其中活性白土是膨润土的典型代表，应用较早、使用较广。天然白土经过酸处理后就是活性白土，空隙体积与比表面积都得到提升，吸附性增强。但是由于酸化，活性白土有催化油脂发生反应的特性。近年来，化学惰性强和吸附能力强的凹凸棒土日益在油脂脱色中发挥作用。吸附剂在脱色后，会吸附部分油脂，过滤后得到脱色废白土。这些废白土中的油脂具有回收价值，可以作工业用油脂。

（五）脱臭

通常将油脂中所带的各种气味统称为臭味，脱臭就是通过工艺除去油脂中的臭味。臭味主要来自小分子的醛类、酮类、烃类、小分子游离脂肪酸、甘油酯氧化产物等。其中，气味物质与游离脂肪酸之间还存在着一定相关性，当游离脂肪酸含量较低时，能相应降低油脂的臭味成分。脱臭过程能够提高油脂烟点，并伴随着部分热脱色导致油脂色泽进一步变浅。

臭味物质由于是小分子挥发物，与油脂在沸点上差异很大，因此水蒸气蒸馏过程可以达到除去臭味物质的作用，这与物理精炼脱酸的原理一样。在高真空和高温下，将蒸汽或者氮气通入含有臭味的油脂，油脂中臭味物质挥发度高，在气液表面接触时，水蒸气或者氮气将臭味物质带走，按照分压比率逸出而达到脱臭目的。目前，油脂工业十分关注脱臭过程对植物甾醇、生育酚、反式脂肪酸、缩水甘油酯、油脂氧化聚合产物的影响。精准适度精炼的出发点是最大限度地保留油脂中具有生物活性的伴随物，而降低油脂风险因子（有害成分）的生成。通过对脱臭塔结构的合理设计，结合脱臭温度和真空度的控制，可以达到上述目的。

（六）脱溶

脱除浸出法制油过程中溶剂的过程即为脱溶，一般是在浸出油之后的工序。采取一蒸、二蒸和汽提三道工序脱除溶剂，原理是使溶剂沸腾脱除。脱溶也需要较高温度，同时匹配一定的真空条件。真空一方面是提高溶剂的挥发性，提高脱溶的效率，保护油脂不被氧化；另一方面还可以起到降低加热直接蒸汽消耗的作用。

（七）冬化脱蜡

冬化脱蜡是将原油中的蜡质和少量固酯通过冷冻结晶从液体油脂中除去的工艺，是一种特殊的油脂分提工艺，通常脱除蜡质的量和固脂量低于10%。一般将冬化看作是油脂精炼的一个工序，是在脱臭之后进行。脱蜡的目的是提高油脂的耐低温特性，在冷藏时不会出现混沌现象，保持清澈透明。不是所有的动植物油脂精炼都需要脱蜡，一些含有蜡质的植物油需要脱蜡，如葵花籽油、米糠油和葡萄籽油等。

冬化方法可分为常规法、溶剂法和表面活性剂法。冬化工艺必须在低温下进行，仅仅脱蜡时，常选择15℃左右，太低的温度会造成过多固脂析出，影响蜡质品质。冷却过程一般设置三个阶段，第一阶段是0~2h的搅拌快速冷却（30~15℃），第二阶段是2~30h的结晶养晶（15~5℃），最后一个阶段是稍稍升温（5~15℃）再过滤。油脂冬化的主要设备与结晶分提设备类似，主要包括结晶罐、养晶罐和压滤机等。

第四节　食用油脂的特性与功能

一、物理特性

（一）膨胀性

塑性脂肪的塑性取决于脂肪中固体脂和液体油的比例，固体甘油三酯的结构、结晶形态、晶体大小，液体油的黏度和加工工艺等诸多因素。其中固液两相的占比影响很大，可以通过测定塑性脂肪的膨胀性来确定一定温度下固体脂的含量，了解塑性特征。

固体脂和液体油都会随着温度升高发生体积膨胀，但固体脂在吸热转变成液体油的相变过程中，体积膨胀更多，比热容变化更大。固相和液相在不发生相转变情况下的膨胀称为热膨胀，此过程固相热膨胀变化较液相小，而一旦发生相转变，固相转变为液相的膨胀即为熔化膨胀，膨胀体积变化大。所以，利用此原理可以测定塑性脂肪的膨胀特性，称为固体脂肪指数法（Solid Fat Index，SFI）。但是SFI是一种经验方法，且耗时，只能测定塑性脂肪的膨胀情况，无法测定固体脂肪含量（Solid Fat Content，SFC），而脉冲核磁共振仪（p-NMR）可以直接测定SFC。脉冲使得核磁磁场矢量旋转90°，与永磁铁产生的主磁场正交。由于自旋-自旋弛豫，固相和液相存在物理结构的不同，核磁信号衰减的时间不同。通过脉冲核磁共振仪，可以测定固-液总的核磁衰减信号以及液体衰减信号，从而计算出体系的固体脂肪含量。

（二）同质多晶

同一物质在不同结晶条件下拥有不同晶体形态的现象称为同质多晶，脂肪酸和甘油酯都是同质多晶体。物质的纯度和温度等因素都会影响同质多晶，而脂肪酸组成和脂肪酸在甘油骨架上的分布也是影响同质多晶的主要因素。

根据X射线衍射测定，甘油三酯具有三种典型的晶型，即α、β'和β，主要特征见表4-18，而在快速冷却熔融时会产生一种称作玻璃质的非晶体状态。同一甘油三酯分子结晶吉布斯自由能从低到高分别是α、β'和β晶型，意味着β晶型最稳定。

表 4-18　　　　　　　　　　　甘油三酯同质多晶型的特征

特征	α 晶型	β′ 晶型	β 晶型
短间隔/nm	0.415	0.42, 0.38	0.46, 0.39, 0.37
特征红外吸收/cm^{-1}	720	727, 719	717
密度	最小	中间	最大
熔点	最低	中间	最高
链堆积	六方型	正交	三斜

资料来源：毕艳兰，《油脂化学》，2005。

不同来源的油脂在形成晶型时的倾向不一样，如果组成甘油三酯的主要脂肪酸链长差异较大，或者脂肪酸在甘油三酯分子上分布不对称，甘油三酯分子容易形成相对稳定的 β′ 晶型，如牛油、鱼油和黄油等，而棕榈油、豆油、玉米油等则倾向于稳定的 β 晶型。其次，融化的油脂在冷却时的速率和温度也对油脂结晶晶型影响很大，油脂快速冷却时会首先形成 α 晶型，α 晶型不稳定，冷却后进一步放出热量而形成 β′ 晶型，再次加热融化逐渐冷却形成 β 晶型。但在实际加工过程中发生的油脂同质多晶现象非常复杂，主要是因为甘油酯结构的复杂性和分子种类繁多导致的。甘油三酯脂肪酸种类的不同也影响甘油三酯的结晶行为，脂肪酸链长、饱和度和甘油三酯异构体等都造成油脂同质多晶行为的复杂性。油脂的同质多晶现象对于油脂加工产品非常重要，在加工人造奶油和起酥油时，希望油脂能稳定在 β′ 晶型，具有更好的操作性能；当加工巧克力时，需要可可脂结晶为特定的 β 晶型，使其熔点接近体温，有入口即化的丝滑口感。

（三）溶解度

温度对溶解度的影响很大，一般情况溶解度是在20℃下测定的。通常情况下，脂肪酸的碳链越短，在水中的溶解度越高，随着碳链的长度增加，在水中溶解度会下降，如十二碳以下的脂肪酸可少量溶解于水。同时，水在脂肪酸中的溶解度要比脂肪酸在水中的溶解度大，而无论是油脂在水中的溶解度还是水在油脂中的溶解度都要比对应的脂肪酸小。

脂肪酸是长碳链化合物，易溶解于非极性溶剂，但其还含有极性羧基，也易溶解于极性溶剂。在温度超过油脂熔点时，油脂可以与大多数有机溶剂混溶，一些油脂易溶解于非极性溶剂。油脂与有机溶剂的溶解有两种情况：一种是完全混溶，当温度降低时，油脂结晶析出，该种溶剂称为脂肪溶剂；另一种是某些极性强的有机溶剂在高温下能与油脂混溶，当温度下降时，会出现分层，一相是油脂含少量溶剂，另一相是溶剂含有少量油脂，该类溶剂称为部分混溶溶剂。

气体在油脂中能部分溶解，氧气在油脂中会对油脂的氧化稳定性产生影响，氢气的溶解则关系到油脂氢化过程。

（四）熔点

油脂的脂肪酸组成对熔点的影响很大，而脂肪酸组成具有复杂性，同时又存在着同质多晶现象，所以油脂的熔点也比较复杂。

脂肪酸的熔点具有一定规律，一般随着碳原子数目的增加而逐渐升高，但是奇数碳原子的脂肪酸熔点要小于与它最接近的两个偶数碳原子脂肪酸的熔点。双键的增多会降低熔点，其中双键越向碳链中部移动，熔点降低越多，对于顺式脂肪酸这种影响更大。在脂肪酸链上引入羟基会使熔点上升，引入甲基则会使熔点下降。

甘油酯的熔点比同碳数的脂肪酸的熔点要低。单甘酯的熔点最高,甘油二酯次之,甘油三酯最低。而同质多晶体因为晶型不同,熔点会有区别。天然的油脂因为成分比较复杂,没有准确的熔点,而是用一个熔化范围代替。工业上对某一熔点的定性为该油脂在毛细管中开始滑动的温度,称该温度为该油脂的滑动熔点。对于绝大多数油脂来说,只有在很低的温度下才能够完全变成固体。

(五)折射率

油脂的折射率是光在空气中的速度与光在油脂中的速度的比值。因为不同脂肪酸和油脂的结构复杂,所以折射率也会存在差异:脂肪酸的折射率随着脂肪酸碳链的增长而增加,但是幅度会随着相对分子质量的增加而降低;同碳数的脂肪酸,双键越多,折射率越高;甘油酯的折射率比脂肪酸高;同种脂肪酸的单甘酯折射率高于甘油三酯。因此,折射率测定可以用于辅助检测油脂掺伪。

(六)红外光谱

红外光谱可以用来测定反式脂肪酸,因为反式双键在 970cm^{-1} 处会有显著吸收。拉曼光谱可以对不饱和键进行分析,如顺式双键在 1656cm^{-1} 处,反式双键出现在 1670cm^{-1} 处,因此拉曼光谱可以用于不饱和碳链的结构测定。甘油三酯中 C＝O 基团的伸缩振动在 1745cm^{-1} 处有明显吸收,所以该处的吸收峰可以作为测定甘油三酯总量的依据。

(七)烟点、闪点、燃烧点

1. 烟点

烟点是指在不通风的条件下加热油脂,观察到样品发烟时的温度。烟点是精制烹调油的重要指标,是指油脂受热时肉眼能看见样品的热分解物呈连续挥发的最低温度,与脂肪酸组成关系很大。脂肪酸的碳链越长,饱和度就越高,烟点也就越高,而当游离脂肪酸及其他易挥发性物质越多时,烟点会降低,由此可以判断油脂的精炼程度。

2. 闪点

闪点指在规定的加热条件下,按一定的间隔用火焰在加热油品所逸出的蒸气和空气混合物上划过,能使油面发生闪火现象的最低温度,以℃表示。油品闪点的高低表明油品的易燃程度,易挥发性化合物的含量、气化程度以及安全性油品的危险等级是根据闪点来划分的。测定油品闪点的方法有两种:闭口杯法和开口杯法。两者主要的区别是闭口闪点仪是在密闭容器中加热油气,而开口闪点仪中的油品蒸气可以自由扩散到周围空气中,因而同一油品用两种仪器测得的闪点值不同,油品的闪点越高,两者的差别越大。闭口杯法用于测定燃料和轻质油品的闪点,开口杯法则用于测定重质油品的闪点。闪点与油脂组成及油面压力有关,一般油脂的闪点不低于 225~240℃,脂肪酸的闪点要低一些。

3. 燃点

燃点又称发火点,是指油在规定的加热条件下,接近火焰后不但有闪火现象,而且还能继续燃烧 5s 以上时的最低温度。自燃点是将油品加热到很高温度后,使其与空气接触,在不用引火的条件下,油品因剧烈氧化而产生火焰自行燃烧的最低温度。自燃点与闪点、燃点的不同之处主要是不需引火,而后者则需要外部火源引燃。在各类油品中,油品越轻,其闪点与燃点越低,而自燃点却越高。一般来说,植物油的燃点要稍高于闪点。

二、化学特性

（一）化学组成

油脂是油和脂的统称。从化学成分上讲油脂都是脂肪酸与甘油形成的酯，自然界中的天然油脂是多种物质的混合物，主要成分是一分子甘油与三分子高级脂肪酸脱水形成的酯，称为甘油三酯。油脂除了95%以上是甘油三酯外，还含有少量的复杂的非甘油三酯成分，一般非甘油三酯成分又可以概括为两大类：脂溶性和脂不溶性成分，但是水分、固体杂质、蛋白质等脂不溶性成分含量甚微。所以一般非甘油三酯部分都是脂溶性的，如甘油二酯、单甘酯和脂肪酸、磷脂、色素和脂溶性维生素等。

（二）脂肪酸

脂肪酸是指一端含有一个羧基的脂肪族碳氢链，是有机物。低级脂肪酸是无色液体，有刺激性气味；高级脂肪酸是蜡状固体，无明显气味。脂肪酸是最简单的一种脂质，是许多更复杂的脂质（中性脂肪、磷脂和糖脂）的组成成分，通常以酯的形式作为各种脂质的组分。脂肪酸在自然界很少以游离形式存在，主要通过脂肪酶水解释放。它可分为饱和与不饱和脂肪酸两大类，其中不饱和脂肪酸再按不饱和程度分为单不饱和脂肪酸与多不饱和脂肪酸。单不饱和脂肪酸，在分子结构中仅有一个双键；多不饱和脂肪酸，在分子结构中含两个或两个以上双键。

（三）碘值

碘值是指在油脂脂肪酸双键上能加成的碘的质量，即每100g油脂所能吸收的碘的克数。植物油脂中的不饱和脂肪酸无论在游离状态或与甘油结合成甘油酯时，都能在双键处与卤素起加成反应，因而可以吸收一定质量的卤素。由于组成每种油脂的各种脂肪酸的含量都有一定的范围，因此，油脂吸收卤素的能力就成为它的特征常数之一。碘值的大小在一定范围内反映了油脂的不饱和程度。在油脂氢化过程中，还可以根据碘值来计算油脂氢化时所需要的氢气量，并检测油脂的氢化程度。所以，碘值的测定在油脂日常检测中具有重要意义。

（四）酸值

酸值表示中和1g油脂中游离脂肪酸所需氢氧化钾（KOH）的毫克数，是脂肪中游离脂肪酸含量的标志。油脂在长期贮藏过程中，由于微生物、酶和热的作用发生缓慢水解，产生游离脂肪酸。而油脂的品质与其中游离脂肪酸的含量有关，一般常用酸值作为衡量标准之一。在油脂加工中，酸值可作为水解程度的指标；在油脂贮藏中，则可作为酸败的指标。酸值越小，说明油脂质量、新鲜度和精炼程度越好。一般酸值的测定都是使用滴定法，目前色谱法尤其是近红外光谱法快速测定酸值已经在实际生产检测中得到了很好的应用。

（五）氧化稳定性

油脂的过氧化值是指1000g油脂中所含氢过氧化物的毫摩尔数。油脂氧化时，氢过氧化物会升高，而氢过氧化物的过氧原子很活泼，可以氧化碘离子游离出碘，所以可以用硫代硫酸钠进行滴定，在一定范围内评价油脂的氧化程度。但是油脂氧化加深，氢过氧化物会发生分解，这时过氧化值便不能准确评价油脂的氧化程度了。

油脂的氧化稳定评价一般可以通过加速氧化方法进行，其中最常见的测定方法有烘箱法、活性氧法和电导率法。

将一定质量的油脂置于干净烧杯中，烧杯盖上表面皿置于一定温度的恒温箱中，每隔一段时间对油脂过氧化值进行评价，记录达到设定过氧化值所需要的时间，时间越短，油脂稳定性越好，这种方式就称为烘箱法。

活性氧法简称 AOM，将一定质量的油脂置于试管中，在一定温度下通入干燥干净的空气，测定油脂过氧化值达到 50mmol/kg 的时间，时间越长，说明油脂稳定性越好。

目前常用的电导率法是 Rancimat，是基于活性氧法开发的，主要是将出气管通入 Zn-Cu 电极水中，测定水的电导率变化，以电导率和时间关系作图，计算诱导时间。诱导时间越长，氧化稳定性越好。

油脂氧化酸败一般是过氧化值升高，碘值下降，酸值增加，羰基价也升高。为了延缓油脂氧化，油脂要求避光并在阴凉处贮藏，在加工中还会使用尽量除去过渡态金属离子、加入抗氧化剂、降低水分含量等方法，同时去除油脂中的亲水杂质以及游离脂肪酸、微生物等，都会提高油脂的氧化稳定性。

（六）皂化值

油脂与氢氧化钠或氢氧化钾溶液在一定条件下会发生皂化反应得到高级脂肪酸的钠/钾盐和甘油。皂化值是皂化 1g 油脂所需要消耗的氢氧化钾毫克数，通过皂化值可以计算油脂的相对平均分子质量。皂化值的高低表示了组成油脂的脂肪酸分子质量的大小，皂化值越高，脂肪酸分子质量越小，油脂亲水性越强，反之脂肪酸分子质量就越大。皂化值的测定是金属加工润滑剂添加油性成分含量的一个重要标志，也是指导肥皂生产的一个重要数据，可以根据皂化值来计算皂化反应时所需要的碱量、油脂内脂肪酸含量和油脂皂化后生成的理论甘油量。

测定皂化值主要是利用酸碱中和原理，将油脂在加热条件下与过量的氢氧化钾乙醇溶液进行皂化反应，剩余的氢氧化钾用酸标准溶液进行反滴定，利用空白对照，计算皂化油脂消耗的氢氧化钾量。

（七）羰基价

油脂发生氧化生成过氧化物，过氧化物会进一步分解得到含羰基的醛酮类化合物，这些羰基化合物会和 2, 4-二硝基苯肼反应，在碱性溶液中生产褐红色或者酒红色物质，在 440nm 下有强烈吸收。测定吸光度，就可以计算出羰基价。羰基价是反映油脂进一步氧化成二级氧化产物的重要指标，单位是 meq/kg，即 1kg 油脂氧化分解得到的羰基化合物的毫摩尔当量数。大多数酸败油脂和加热劣化油的羰基价超过 50meq/kg，有明显酸败味的食品可高达 70meq/kg。测定羰基价是了解油脂的卫生状况，特别是热加工过程（如油炸）油脂质量变化的重要指标。

三、 加工特性

（一）可塑性

室温下呈固体的油脂或者脂肪，实际上是固体脂和液体油的混合物，经过加工后，使两者混合在一起，这种油脂具有可塑造性，称为塑性脂肪，可保持一定的外形不变。而在一定外力下，表观固体脂肪具有抗形变的能力。油脂的可塑性取决于：①固体脂肪含量。油脂中固液比适当时，可塑性最好。固体脂过多，则产品硬度过高，可塑性不好；液体油过多，则过软，易变形，可塑性同样不好。②脂肪的晶型。当脂肪为 β' 晶型时，可塑性最强，因为 β' 型晶体颗粒细小，在搅打时，可以包裹更多的气体，赋予产品较好的塑性和搅打裹气性质；而 β 型晶体颗粒较大，所包含的气泡少且大，可塑性较差。③熔化温度范围。从熔化开始到熔化结束之间温差越大，则脂肪的塑性范围越大，而油脂的起酥性也主要是由油脂的固脂含量决定。④裹气性和延展性。裹气性是指油脂在打发时能包裹一定的气体，产品气孔均匀，焙烤后体积增大。延展性是在裹面擀压时，油脂层能随面层擀压延展，且油面层次清晰，在烘焙时油脂融化，水分蒸发，产品层次丰富。

（二）乳化分散性

依据加工油脂的用途，含油的体系大体可分为 3 类：无水体系、油包水体系（W/O）和水包油体系（O/W）。无水体系最常见的就是类似于猪油的无水起酥油，起酥油是制备传统中式酥点（桃酥和酥饼等）的主要原料；W/O 体系的代表是人造奶油，主要替代天然黄油用于蛋糕、面包、饼干、夹心西点等烘焙产品的制作；O/W 体系主要是植脂奶油、冰激凌和蛋黄酱等，植脂奶油是稀奶油的替代品，可用于裱花以及即食的面包夹心制作，也可以通过添加淀粉等原料制作耐烘烤的面包夹心使用。蛋黄酱主要用于蔬菜色拉的调配。

总体来说，乳液体系决定了终产品的质量，它是互不相溶的两种液相组成的体系，其中一相以液滴形式分散在另一相中，液滴的直径为 $0.1 \sim 50\mu m$。以液滴形式存在的相称为"内相"或"分散相"，液滴以外的另一相就称为"外相"或"连续相"。对于 W/O 或 O/W 这种分散体系，连续相的性质决定了体系的许多重要性质。

绝大多数乳液体系都存在热力学不稳定性，会发生奥氏熟化、上浮、聚集、聚结和部分聚结等失稳现象（图 4-17）。由于食品体系主要采用甘油三酯制作乳浊液，而甘油三酯不溶于水，所以食品 O/W 型乳浊液一般不会发生奥氏熟化。奥氏熟化是一种可在固溶体或液溶胶中观察到的现象，描述了一种非均匀结构随时间流逝所发生的变化：溶质中较小型的晶体或溶胶颗粒溶解并再次沉积到较大型的晶体或溶胶颗粒上。而人造奶油等 W/O 体系可能出现奥氏熟化。通过在水相中加入适当的溶质（即不溶于油的溶质）可以有效防止这种现象。加入少量的 NaCl 也较有效，一旦小粒子发生收缩，它的盐浓度以及渗透压就会上升，这样就产生了一个驱动力促使水分子朝着相反的方向迁移，结果保证了粒径分布不变。

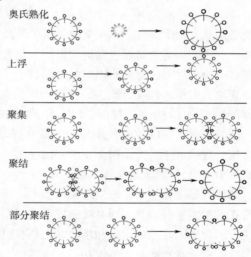

奥氏熟化

上浮

聚集

聚结

部分聚结

图 4-17 乳液不稳定类型的示意图

乳液发生上述各种物理变化的主要原因：

（1）乳液油水界面的自由能有自发减小的趋势，能抵制界面面积增加，导致液滴聚结而减少分散相界面积的倾向，从而最终导致破乳。因此需要外界施加能量才能产生新的界面，液滴越小，两液相间界面积越大，需要外界施加的能量就越大。

（2）重力作用可导致密度不同的相上浮、沉降和分层。

（3）分散相液滴表面静电荷不足，则液滴与液滴之间的排斥力不足，液滴相互聚集，但液滴的界面膜尚未破裂。

（4）两相间界面膜破裂，液滴与液滴结合，小液滴变为大液滴。

四、 营养特性与风险因子

《中国居民营养膳食指南（2016）》建议少盐少油，其中每日推荐的油脂摄入量为 25～

30g，反式脂肪酸摄入量要低于2g。各国对于每日脂肪提供人体所需热量推荐比例不同，一般地，脂肪提供的热量占每日总能量不要超过30%，饱和脂肪酸提供能量比例不要超过10%，反式脂肪酸不超过1%。

油脂的营养特性主要来源于油脂的脂肪酸组成、含量和在甘油骨架上的排布位置以及油脂中具有生理活性的油脂伴随物的种类和含量，如植物甾醇、谷维素、脂溶性维生素、角鲨烯、糖脂、磷脂等。同时油脂中也存在一些对健康有潜在危害的物质（风险因子），如来源于环境中的多环芳烃类物质、真菌毒素、重金属等，来自加工过程中的反式脂肪酸、3-氯丙醇酯、缩水甘油酯、氧化和聚合甘油酯、苯并芘等。由于篇幅有限，本节不一一列举。

（一）不饱和脂肪酸

不饱和脂肪酸按照不饱和键的多少，可以分为单不饱和脂肪酸和多不饱和脂肪酸。其中多不饱和脂肪酸又可以根据不饱和键位置不同，分为 $n-6$ 和 $n-3$ 系列，前者主要包括了亚油酸、γ-亚麻酸、ARA 等，后者包含了 α-亚麻酸、EPA 和 DHA 等。多不饱和脂肪酸对于哺乳动物都是必需的，亚油酸和 α-亚麻酸也是人们常说的必需脂肪酸。这两种脂肪酸人体自身不能合成，因此必须从食物中获取。很多研究确认了亚油酸降低血清总胆固醇的效果，但是机制尚未完全清晰，有研究认为它是通过促进胆固醇氧化为胆汁酸排出体外的。但是也并不是亚油酸摄入越多越好，摄入过多，降总胆固醇的效果就会下降，而且其中高密度脂蛋白的含量也大大下降，所以亚油酸的摄入量要合理。α-亚麻酸对儿童视网膜生长发育有特殊作用，它的功效主要是其代谢产物 EPA 和 DHA 的作用。EPA 和 DHA 的生理功效有所差异，如 EPA 能够降低血液中甘油三酯的含量，DHA 则在抗凝血和降低血液胆固醇上效果明显，尤其对儿童脑生长发育有着积极作用。进入老年，大脑脂质发生变化，尤其是 DHA 含量下降明显，记忆力衰退，所以补充一定量的 DHA 可以延缓老年痴呆的出现。

脂质代谢研究表明，适量地摄取多不饱和脂肪酸对人体脂蛋白代谢有利，有利于维持心脑血管正常功能。但是若不同时补充抗氧化剂，非常容易引起膜脂质，特别是低密度脂蛋白的过氧化，因此摄入过量多不饱和脂肪酸也具有引起动脉硬化的潜在危险。

单不饱和脂肪酸与多不饱和脂肪酸相比，在氧化稳定性上效果更好，也会使得低密度脂蛋白和高密度脂蛋白的比例朝向有益的方向改变。油酸是最重要的单不饱和脂肪酸，而橄榄油是富含油酸的一类食用油脂，地中海地区食用橄榄油人群心血管疾病率就非常低，高血脂患者在食用了橄榄油后也能够降低血脂，说明油酸的积极作用。

联合国卫生组织建议，人类膳食脂肪中，饱和脂肪酸：单不饱和脂肪酸：多不饱和脂肪酸的比例约为 1:1:1，而日本最近在修订营养量时又提高了单不饱和脂肪酸的比例，约为 1:1.5:1。

研究表明，$n-6$ 脂肪酸中的亚油酸转化为 ARA 会进一步生产促进因子二十烷酸衍生物，促进人体的炎症，从而增加患心血管疾病和癌症的可能性。而 $n-3$ 脂肪酸中的 α-亚麻酸由于竞争相关转化酶，会抑制炎症因子的产生。所以，人体摄入必需脂肪酸时，需要保持一定的平衡，推荐的 $n-6$ 和 $n-3$ 脂肪酸的比例是 $(4\sim6):1$。

（二）反式脂肪酸

天然植物油和一般动物脂肪的不饱和脂肪酸基本上都是以顺式结构存在的。但是某些动物油脂也发现少量反式脂肪酸，天然存在于乳脂中的反式脂肪酸是乳牛体内厌氧微生物对不饱和脂肪酸生物氢化的结果。油脂的反式脂肪酸是油脂在加工过程中形成的特殊异构体，主要是在部分氢化反应中形成的，少部分是在油脂精炼的高温脱臭环节产生的，典型的由油酸和亚油酸产生的反式脂肪酸如图 4-18 所示。反式脂肪酸的形成是氢化反应的副产物，和催化剂的活性密切相关。以油酸（双键位置在 C9 和 C10 位）为例，油脂加氢氢化原理如图 4-19 所示。油脂的双键及溶解于油脂的氢被催化剂表面活性点吸附，形成氢-催化剂-双键的不稳定复合体。复合体分解，氢原子与碳链结合，生产半氢化中间体。半氢化中间体通过以下四种途径发生反应：①半氢化中间体接受催化剂表面一个氢原子，形成饱和键，解吸，远离催化剂；②氢原子 H_a 回到催化剂表面，原来的双键恢复，解吸；③氢原子 H_b 回到催化剂表面，发生顺-反异构化；④若氢原子 H_c 或者 H_d 回到表面，则发生双键位置移动。

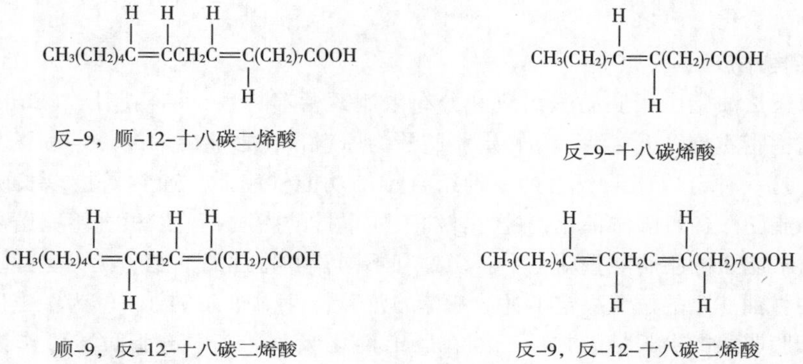

CH₃(CH₂)₄C=CCH₂C=C(CH₂)₇COOH

反-9，顺-12-十八碳二烯酸

CH₃(CH₂)₇C=C(CH₂)₇COOH

反-9-十八碳烯酸

CH₃(CH₂)₄C=CCH₂C=C(CH₂)₇COOH

顺-9，反-12-十八碳二烯酸

CH₃(CH₂)₄C=CCH₂C=C(CH₂)₇COOH

反-9，反-12-十八碳二烯酸

图 4-18　几种典型反式脂肪酸结构

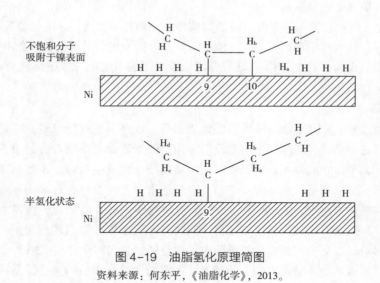

图 4-19　油脂氢化原理简图

资料来源：何东平，《油脂化学》，2013。

近年来，科学研究证明反式脂肪的摄入与人体的心血管疾病患病率有着密切关系。因此，美国食品与药品管理局（FDA）开始要求在食品中标明反式脂肪酸含量，中国食品安全风险评估委员会在 2013 年的《中国居民反式脂肪酸膳食摄入水平及风险评估》中，提到我国植物油中反式脂肪酸平均含量为 0.86g/100g，同时《食品安全国家标准　预包装食品营养标签通则》（GB 28050—2011）也明确规定了"无或不含饱和脂肪""低饱和脂肪"和"无或不含反式脂肪酸"所应遵循的标准。

2015 年美国 FDA 将人造反式脂肪酸移出 GRAS（Generally Recognized as Safe，通常被认为安全）成分名单，并于 2018 年禁止人造反式脂肪作为配料加入食品中。2018 年，WHO 也公布了反式脂肪酸的彻底"清除计划"，即 2023 年前，所有食品禁止添加人造反式脂肪。但是，反式脂肪酸的产生仅限于部分氢化的油脂，经过全氢化（全部不饱和键加氢成饱和键）的油脂由于不存在双键，就不存在反式脂肪酸的问题了。如今，全氢化技术已经非常成熟，通过选择合适的催化剂和适宜的催化工艺条件，完全可以控制氢化油脂中反式脂肪酸的含量，达到限量标准，目前一些特殊油脂如粉末油脂等就需要用到全氢化技术。另一方面，为了降低油脂中的反式脂肪酸含量，在专用油中取消部分氢化油是最直接的方法，需寻找使用其他改性方式结合的技术来替代部分氢化工艺。

（三）结构脂质

为了克服天然油脂由于脂肪酸组成和分布限制其营养特性，结构脂质（Structured Lipids）应运而生。结构脂质是以天然油脂和特定脂肪酸为原料，在甘油结构的一定位置上配置特定脂肪酸的油脂，是一种合成脂质，也是一种组合型的功能性脂质。通常是指以长碳链、短中碳链、多不饱和脂肪酸通过酶法催化，进行甘油三酯重排的脂质。可以根据不同营养需要，用酯交换等方法将油脂中的脂肪酸重新组合获得具有不同营养特性的油脂。在一定程度上，脂肪酸种类以及其在甘油三酯的位置决定了甘油三酯的营养特性，如 $sn-1，3$ 位为中链脂肪酸，$sn-2$ 位为多不饱和脂肪酸的中长链。甘油三酯在肠道消化吸收后，中链脂肪酸可作为能量快速代谢，在体内几乎不积累，而多不饱和脂肪酸如亚油酸和 α-亚麻酸作为必需脂肪酸被人体吸收。结构式为 $sn-OPO$（O 为油酸、P 为棕榈酸）的结构脂质，非常适合 6 个月之前的婴儿营养需要，可以缓解便秘和增强对钙的吸收。

结构脂质 1，3-甘油二酯，不像一般油脂那样在肠内经胰酶将 $sn-1，3$ 脂肪酸水解成 2-单甘酯再合成油脂，其水解生产的 1（3）-单甘酯会直接作为热量消耗掉，因此不会在体内积累，有减肥和降血脂的作用。目前结构脂质的合成以及营养特性已经成为油脂营养学的研究热点之一。

（四）磷脂

磷脂是生命细胞，尤其是细胞膜的重要组成部分，也是构成神经组织，特别是脑脊髓的主要成分，对人体正常活动和新陈代谢有着重要作用。磷脂还是血浆脂蛋白的重要组成成分，具有稳定脂蛋白、调节血脂的作用。组织中胆固醇等脂类在血液中运输，需要足够的磷脂才能顺利进行，其溶解、运输和排泄也都需要磷脂。磷脂通常在 β 位上结合较多的不饱和脂肪酸，在胆固醇酰基转移酶的作用下，β 位不饱和脂肪酸与游离胆固醇发生酯化，使得游离胆固醇不会在血管壁沉积，所以具有增加高密度脂蛋白，同时降低低密度脂蛋白的作用。磷脂还具有乳化效果，所以富含磷脂的高密度脂蛋白能够除去体内过剩的胆固醇和甘油三酯。

磷脂酰胆碱是人体内含量最多的一种磷脂，能够增加神经介质的生成，是神经活动的主要参与物质。食物中的磷脂酰胆碱被机体消化吸收后释放胆碱，当大脑乙酰胆碱含量增加，大脑神经细胞信息传递加快，记忆力得到增强。

（五）胆固醇

胆固醇是人体不可或缺的一类营养物质，是细胞膜的主要成分，也是合成维生素 D、固醇类等激素的重要前体物。正常人体都具有调节血液胆固醇含量的功能，使得胆固醇含量能维持在一个稳定的水平。体内总胆固醇的含量过高或者过低，都会对健康产生不利作用。

胆固醇熔点高，不溶于水，血液中的高密度脂蛋白和低密度脂蛋白是其重要的运输工具。

高密度脂蛋白的主要功能是将胆固醇从细胞运送到肝脏进而排出体外，在清除胆固醇中起作用，所以普遍认为它是有益的。而低密度脂蛋白则是将胆固醇运送到细胞内，过多的胆固醇会沉积在血管壁，使得血管丧失弹性。也有研究表明，膳食中的胆固醇与血浆总胆固醇和低密度脂蛋白胆固醇浓度是正相关的，后者与心血管疾病密切相关。血液的胆固醇来源主要有两种，来源于食物的外源性胆固醇和糖、氨基酸及脂肪酸的代谢产物在体内合成的内源性胆固醇，其中内源性胆固醇占80%左右，所以要降低血液胆固醇含量，除了限制摄入外，更重要的是如何降低内源性胆固醇的合成。基于此，2015版的《美国居民膳食指南》删除了每日摄入300mg胆固醇的限量，我国最新的居民膳食指南也没有限制胆固醇的摄入。普遍的观点是，饱和脂肪酸会促进内源性胆固醇的合成，而不饱和脂肪酸则会起到降低效果。

（六）3-氯丙醇酯和缩水甘油酯

氯丙醇是甘油 sn-1、sn-2 和 sn-3 位上的一个或两个羟基被氯取代后所产生的化合物的统称。氯丙醇酯是氯丙醇甘油骨架上的羟基部分或者全部与脂肪酸发生酯化反应的产物，其中最普遍的是3-氯-1，2-丙二醇酯。目前尚无法证实3-氯丙醇酯的毒性，但是认为3-氯丙醇酯在人体肠道内可以被水解成3-氯丙醇。3-氯丙醇具有（R）和（S）-消旋异构体，（R）-3-氯丙醇具有肾毒性，而（S）-3-氯丙醇具有生殖毒性。2001年，欧盟对食品中的3-氯丙醇限量是$2\mu g/kg$。目前对于植物油中3-氯丙醇酯的存在、产生机制以及消除非常关注。

一般认为油脂中的微量单甘酯和甘油二酯产生缩水甘油酯。在有氯离子存在时，可以直接生产3-氯丙醇单酯或二酯。缩水甘油酯在后续遇到氯离子，也会生产3-氯丙醇单酯。在精炼植物油中发现3-氯丙醇酯和缩水甘油酯有mg/kg级浓度的存在，它们的生成与原油以及精炼过程中氯离子的存在有重要关系，同时和油脂中部分酰基甘油酯的含量、脱色条件和脱臭温度有密切关系。

第五节 油脂的贮藏与品质管理

一、引起油脂变质的原因

油脂变质一般分为两种，一种是由于油脂中微生物的酶促作用使油脂水解变质，另一种是由于甘油三酯的不饱和脂肪酸与氧反应导致氧化酸败。引起油脂变质的因素主要有以下几种。

（一）油脂自身条件

油脂的脂肪酸种类不同，贮藏稳定性有明显差异。一般来说，饱和脂肪酸较不饱和脂肪酸更加稳定。不同油脂的不饱和脂肪酸含量不同，而不饱和脂肪酸中双键数目和位置影响油脂的氧化稳定性，一般双键数目越多，油脂越容易被氧化，共轭结构的不饱和脂肪酸更容易发生自动氧化。因此，油脂本身的不饱和程度是影响油脂变质的因素之一。另外，植物油一般含有一定量的天然抗氧化剂，可以提升其氧化稳定性，而动物油脂一般不含有天然抗氧化剂。

（二）氧气

空气中的氧气是引起油脂氧化变质的主要因素之一。油脂中的化合物在室温状态下会直接与空气中的氧发生反应，发生自动氧化，油脂中的不饱和脂肪酸易遭受氧化破坏，发生氧化变质。一般情况下，氧气浓度越高，油脂与氧气接触的面积越大，接触的时间越长，油脂越容易氧化。另外，在有光照和光敏剂（如叶绿素）存在时，油脂也会发生光氧化。

（三）温度

温度升高，油脂酸败速度加快，且温度持续时间越长，油脂酸败变质就越快。油脂受到长时间高温作用会发生聚合作用产生有害聚合物，如不饱和脂肪酸的极性二聚体，同时热分解与热氧化反应也会产生醛酮类有害物质。

（四）水分

油脂是疏水性物质，含水量很少。水分能够促进亲水物质（磷脂等）腐败变质，会增加酶活力，也利于微生物的繁殖与生长，微生物的酶促作用导致油脂变质。一般油脂含水量超过0.2%会引起水解作用加强，导致游离脂肪酸增加，水解变质。水分的存在使得油脂形成反相胶束，这是油脂氧化的重要场所。水分的控制，对于油脂氧化稳定性非常关键。

（五）光照

日光含有高强度的紫外线能量，会活化氧和光敏性物质，促进氢过氧化物的分解，产生游离基，加快氧化速度。同时，氧气在日光下会产生少量臭氧，油脂中的不饱和脂肪酸与臭氧作用，产生臭氧化物，在含有水分时，进一步分解为醛酮类物质使油脂酸败变味。

（六）微量金属元素

Cu^{2+}、Zn^{2+}、Fe^{3+}等较活泼的过渡态金属离子作为油脂氧化酸败的催化剂，作用机制是促进氧活化成激发态，生产自由基，从而促进油脂的自动氧化过程。

（七）杂质

未精炼的原油中杂质含量高，如磷脂、蛋白质、机械杂质等，这些杂质大多为亲水性物质，吸水后导致油脂中含有较多水分，促进微生物生长繁殖，导致油脂变质。

二、 贮藏条件对油脂变质的影响

油脂在贮藏中遇到的主要问题是油脂的酸败和氧化，不仅影响油脂的滋味与气味，对油脂的品质与营养也有一定的影响。改善油脂的贮藏条件能够有效减缓油脂变质。

（一）隔绝空气

空气中氧气的氧化作用是影响贮藏稳定性的主要原因。近年来，油脂的气调贮藏技术已成为国内外开展商业应用的绿色贮藏技术，主要采用充 N_2、CO_2 等惰性气体，置换出油脂中的空气，阻止或降低空气对油脂的自动氧化作用。另外，采用铝膜隔绝氧气的技术也有广泛应用，由于铝膜质量轻，耐压强度大，透气性小，对辐射热有强反射作用，采用铝膜隔氧能够迅速降氧，延缓油脂氧化速度。

（二）低温与避光

高温促进油脂氧化，研究表明，在 0~25℃ 条件下贮藏，温度每上升 10℃ 左右，氧化速率加快约 1 倍。低温环境下贮藏油脂，能够降低油脂的劣变速度。当进入高温季节后，应当采取有效的隔热保冷措施，如控制仓温在 15℃ 以下等。光照会加快氧化速度，贮藏油时应选择不透明的罐体并避光，减弱阳光的影响。

（三）防止金属离子污染

Cu^{2+}、Fe^{3+}、Ni^{2+}等过渡金属离子，在脂类的氧化反应中起着重要的催化作用。添加柠檬酸、多聚磷酸等抗氧化增效剂，可以螯合过渡金属离子，能够使金属元素形成较大的分子环结合，从而具有较强的稳定性，降低催化作用。

（四）添加抗氧化剂

抗氧化剂具有抑制氧化的作用。常用的油脂天然抗氧化剂有维生素 E（生育酚）、迷迭香提取物、棕榈酸抗坏血酸酯等，合成抗氧化剂有 TBHQ 和 BHA 等，可以复配使用，添加量一般很小，且必须和原料混合均匀。

（五）微胶囊化

油脂的微胶囊化主要是用某种具有保护性的壁材将含有多不饱和脂肪酸如 EPA 和 DHA 的油脂等包埋起来，形成粉末油脂，与空气和水分隔离，抑制油脂的氧化酸败。这类产品一般应用于乳粉等固体食品中。最近不少研究聚焦于开发新型的油脂包埋体系，如在体系中加入蛋白质作为分散胶体，加入多酚类物质与蛋白质相互作用，吸附在被包埋的油脂表面，起到抗氧化作用，构建包埋效率更高和抗氧化性能更好的新型微胶囊体系。

三、　油脂品质管理

（一）油脂贮藏管理措施

油脂在贮藏过程中需要加强品质控制，制定合适的品质管理措施，关键在于做好五防工作。

1. 防日晒

油脂贮藏方式一般可分为库存、棚存和露天贮存，光照会引起温度升高，桶装油品露天贮存更容易酸败，而库存受到光照的影响较小，油脂品质最高。一般贮油仓库周围应当种树，库房门窗遮盖密闭，减少日光的影响。

2. 防氧化

油脂中的化合物可与空气中的氧气发生反应，导致油脂的自动氧化，进而氧化变质。在油脂的贮藏过程中，应当随时旋紧桶盖，并减少不必要的开盖换桶。

3. 防潮湿

水分导致微生物生长繁殖，降低油脂品质。在贮藏过程中，干燥天气时可以定期对库房通风干燥，雨天不得开盖检查。

4. 防污染

油脂贮藏过程中定期进行检查，应当注意检查前后清理工具，防止用检查过变质产品的工具检查好油，同时不同油的检查工具，特别是工业用油与食用油，应当注意区分。

5. 防渗漏

油脂在贮藏期间，应该注意容器的防腐蚀防渗漏等检查工作，发现隐患，做好及时处理。

另外，为保证油脂品质更高，还应当注意适时更新我国油脂的品质指标标准，研究油料油品中有毒有害物质的含量、组成等，保障其生产安全和食用安全；同时对于超标油脂的处理，应当完善油脂的收集处理和利用措施，如自然沉淀、水化脱胶、碱液精炼等方法，对不合格产品进行简易处理。

（二）油脂贮藏检验标准

氧气、光照、高温、水分等外界条件影响油脂的氧化和酸败，因此，在检测油脂质量时应当将二者列为首要和重点检测指标，再进行其他指标的检测。

🔍 复习思考题

1. 简述油脂和油料的概念。

2. 简述近年来我国油脂原料的生产和贸易发展。

3. 列举我国世界产量位居前列的单一油料。并举例说明常见草本油料和木本油料。

4. 举例说明什么是干性油、半干性油和不干性油。

5. 简述人造奶油和起酥油的功能和应用。

6. 说明油脂中存在的食品安全隐患。

7. 常见植物油和动物油的脂肪酸组成的差异是什么？并说明脂肪酸组成对油脂理化特性和营养的影响。

8. 植物油常用的制油方法有哪些？

9. 引起油脂变质的常见因素有哪些？可以采取什么贮藏方法延缓油脂变质？

参 考 文 献

[1] 刘元法. 食品专用油脂. 北京：中国轻工业出版社，2017.

[2] 李里特. 食品原料学（第二版）. 北京：中国农业出版社，2011.

[3] 何东平. 油脂化学. 北京：化学工业出版社，2013.

[4] 毕艳兰. 油脂化学. 北京：化学工业出版社，2005.

[5] 丁芳林. 食品化学（第二版）. 武汉：华中科技大学出版社，2017.

[6] 王兴国. 油料科学原理（第二版）. 北京：中国轻工业出版社，2017.

[7] 兹斐·科恩，考林·腊特列杰. 单细胞油脂. 北京：化学工业出版社，2015.

[8] 张玉荣. 粮油品质检验与分析. 北京：中国轻工业出版社，2016.

[9] 王若兰. 粮油储藏理论与技术. 郑州：河南科学技术出版社，2015.

[10] 王若兰. 粮油储藏学（第二版）. 北京：中国轻工业出版社，2016.

[11] 仰炬，孙海鸣. 中国战略性大宗商品发展报告2017. 北京：经济管理出版社，2017.

[12] Fereidoon Shahidi. 贝雷油脂化学与工艺学. 王兴国，金青哲等译. 北京：中国轻工业出版社，2016.

[13] Abdalbasit Adam Mariod，Mohamed Elwathig Saeed Mirghani，Ismail Hussein. Unconventional oilseeds and oil sources. New York：Elsevier/Academic Press，2017.

[14] Md Monwar Hossain. Sunflower oil：interactions，applications and research. New York：Nova Science Publishers，2017.

[15] Paul Kiritsakis，Fereidoon Shahidi. Olives and olive oil as functional foods：bioactivity，chemistry and processing. New York：John Wiley & Sons，2017.

[16] 王瑞元. 2018年我国油料油脂生产供应情况浅析. 中国油脂，2019，44（6）：1~5.

[17] 张雯丽. "十三五"以来中国油料及食用植物油供需形势分析与展望. 农业展望，2018，14（11）：4~8.

[18] 张瑞娟. 2017 年经济作物生产和市场状况与未来走势分析. 山西农业大学学报（社会科学版），2018，17（11）：61~69.

[19] 中华人民共和国卫生部. 关于批准 DHA 藻油、棉籽低聚糖等 7 种物品为新资源食品及其他相关规定的公告（2010 年第 3 号）.

[20] 金青哲，王兴国. 几种重要微生物油脂在食品及饲料工业中的应用. 中国油脂，2011，36（2）：48~51.

[21] 范馨文，吕淑霞，赵雄伟等. 微生物油脂结构分析及安全性的研究进展. 食品工业科技，2016，37（10）：368~372.

[22] 柳杰，刘文慧，王晚晴等. 产油微生物及其发酵原料的研究进展. 环境工程，2017，35（3）：132~136.

第五章

CHAPTER

果蔬食品原料

5

[学习目标]

1. 学习果蔬食品原料的基本特性；
2. 学习果蔬加工的目的和主要加工途径；
3. 掌握果蔬的主要成分和食用价值；
4. 熟悉果蔬的贮藏保鲜方法和基本原理；
5. 了解我国果蔬生产的发展趋势和面临的挑战。

第一节　概　　论

一、　果蔬食品原料的特性

水果和蔬菜（简称果蔬）是人类食物的重要组成部分，也是人们日常生活中不可缺少或替代的重要食物。果蔬为人类提供丰富的营养物质，是多种维生素、矿物质、膳食纤维的主要来源，而且以其丰富多彩、天然独特的色泽、风味、香气、质地、形态赋予消费者愉悦的感官刺激和富有审美情趣的精神享受。果蔬食品原料也是食品加工原料的重要组成部分，通过果蔬贮藏和加工技术可以增加产品附加值，从而提高果蔬产品的经济效益。因此，果蔬产品物流和加工是农业再生产过程中的"二次经济"。果蔬食品原料具有以下特点。

1. 种类繁多

水果和蔬菜的品种资源繁多。全世界有野生果树 2800 种左右，重要的果树约 300 种，主要栽培的果树约 70 种。在生产和商业上，果树通常分为落叶果树（包括仁果类、核果类、坚果类、浆果类、柿果类）和常绿果树（柑果类、浆果类、荔枝类、核果类、坚果类、荚果类、聚复果类、草本类、藤本类）。中国是世界上果树资源最丰富的国家之一，世界上最重要的果树品种在我国几乎都有。世界上蔬菜品种有 860 余种，普遍栽培的有 50~60 种，根据农业生物学分类，包括白菜类、真根类、茄果类、瓜类、豆类、葱蒜类、绿叶蔬菜类、薯芋类、水生蔬菜类、芽菜类、野生蔬菜类、食用菌类。水果和蔬菜是植物性食品原料中重要的组成部分，我国是世界果蔬重要的原产地之一。

2. 具有独特的营养价值

新鲜果蔬含有大量水分，少量蛋白质、脂肪、碳水化合物、膳食纤维、有机酸、色素，微量的维生素、矿物质、芳香物质、功能活性物质等，是人们日常消费中必需的食物。果蔬中含有的芳香物质和色素，使这些产品具有特殊的香味和颜色，并赋予它们特殊的健康价值。常见绿色果蔬如青苹果、猕猴桃、青椒、菠菜、西蓝花等主要含维生素 C、维生素 B_1、维生素 B_2，还含 β 胡萝卜素和多种微量元素；部分蔬菜还含有萝卜硫素、硫氰酸盐等，可保护心脏和血管，预防癌症，提高免疫力。常见的橙色/黄色果蔬如柑橘、橙、芒果、杏、菠萝、柠檬、木瓜、哈密瓜、胡萝卜、南瓜等，主要含类胡萝卜素和维生素 E，有助于美容和消炎。常见的红色/紫色果蔬有番茄、紫甘蓝、桑葚、樱桃、西瓜、山楂、草莓、红菜薹、红萝卜、紫葡萄等，主要含花青素、胡萝卜素、番茄红素等，有助于清除体内的自由基；常见的白色果蔬有梨、白萝卜、竹笋、茭白、花菜、冬瓜、大蒜、洋葱等，含有丰富的膳食纤维和类黄酮，对维持人体肠道健康有较大帮助。

3. 生产具有一定的地域性和季节性

自然环境（温度、湿度、雨量、光照、土壤结构）的差异使得果蔬的分布和生产具有一定的地域性。如广东、广西、福建、云南和四川等亚热带地区气候温和、雨量充沛，盛产香蕉、荔枝、龙眼、柑橘、菠萝、芒果、菜心、辣椒、花椰菜、芥菜和各种食用菌；江苏、浙江、安徽、河南、湖北等地区四季分明、热量充足、降水集中，盛产西洋梨、砂梨、柿、板栗、山楂、银杏、枣、樱桃、草莓、西瓜、芦笋、番茄、马铃薯、芋类和大白菜等；新疆、青海和甘肃等地区气温温差大、日照充足、降水量少、气候干燥，盛产葡萄、杏、核桃、西瓜、甜瓜、哈密瓜等；华北、辽宁和山东一带，属暖温带季风气候，四季变化明显、降雨充足，盛产苹果、梨、桃、杏、山楂、银杏、核桃、枣、马铃薯、大白菜、芦笋、大蒜、大葱、洋葱、番茄和甜椒等。

人们对果蔬的消费需求具有周年性，但果蔬生产具有一定的季节性。例如，苹果、梨、葡萄、猕猴桃、板栗、枣等果实的成熟收获期一般在秋季；柑橘类在晚秋至次年的春季陆续收获，大白菜、甘蓝、萝卜、胡萝卜、马铃薯、大葱、生姜等蔬菜以晚秋至初冬收获为主。另外，果蔬生产如同粮食生产一样，其产量及质量严重受制于生长期的气候条件。风调雨顺的年份，加之科学的栽培管理，就能获得高产优质的果蔬；否则，有的年份遇到干旱、雨涝、花期低温、收获前长时间阴雨等自然灾害的影响，必然影响当年的果蔬收成。

果蔬生产的地域性和季节性特点，决定了其价格在淡旺季之间和产销地之间存在较大的差异，因此合理的贮藏保鲜、加工、运输流通、经营销售能增加果蔬生产的经济和社会效益。

4. 新鲜果蔬的易腐易损性

果蔬食用部分包括植物的根、茎、叶、花、果及种子等器官。收获的果蔬，虽然脱离了母体和生长的环境条件，同化作用已基本停止，但仍是活的生命个体，继续进行着呼吸作用、蒸腾作用和新陈代谢，并逐渐衰老。生理活动导致干物质和水分含量下降，颜色、风味、质地等发生相应变化，最终使产品品质下降，抗病性逐渐减弱。果蔬是高含水量的产品，营养丰富，组织脆嫩，收获后若运输和贮藏过程操作不当，极易受到机械伤和病原微生物侵染而造成大量腐烂。如荔枝是岭南四大佳果之一，白居易在《荔枝图序》中这样描述荔枝："若离本枝，一日而色变，二日而香变，三日而味变，四日五日色香味尽去矣"，可见荔枝采后品质劣变之快。

黄秋葵是重要的保健蔬菜品种，其嫩荚皮薄、气孔发达，失水及呼吸消耗极快，采收后数小时内嫩荚质量明显减轻、纤维增多、品质变劣，2~3 天即完全萎蔫或腐烂，失去商品价值。据不完全统计，发展中国家果蔬产品采后损失高达 20%~40%。因此，如何减少果蔬采后损失，是果蔬贮藏加工的重要任务之一。

二、 果蔬食品原料的加工

果蔬加工是指以新鲜的果蔬为原料，经过一定的加工工艺处理，以保持或改善果蔬的食用品质，产生不同于新鲜果蔬产品的过程。新鲜果蔬可加工成各种各样的食品，如果干、罐头、果汁、果酒、蜜饯、果脯及腌制品等。果蔬食品原料的加工利用途径如图 5-1 所示。据国家统计局公布的资料，2018 年，我国水果产量为 2.57 亿 t，蔬菜产量约为 7.03 亿 t。目前，我国果品总贮量占总产量的 25% 以上，商品化处理量约为 10%，果品加工转化能力约为 6%，蔬菜加工转化能力约为 10%。果蔬采后损耗率降至 25%~30%，基本实现大宗果蔬商品南北调运与长期供应，果蔬汁、果蔬罐头等精深加工业也得到长足的发展，步入了新的历史阶段。

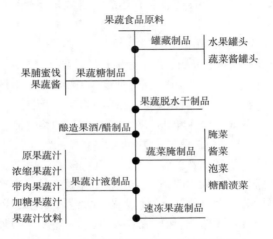

图 5-1　果蔬食品原料的加工利用途径

（一）果蔬加工利用途径

1. 罐藏制品

加工工艺流程：果蔬采收 → 浸泡、清洗 → 分类、分级 → 预煮 → 去皮去心 → 装罐 → 排气 → 密封 → 杀菌 → 冷却 → 贴标签 → 包装 → 成品。

2. 糖制品

加工工艺流程：果蔬采收 → 浸泡、清洗 → 分类、分级 → 去核、去皮、切分 → 腌制 → 硬化 → 硫处理 → 染色 → 糖制烘干 → 包装贮藏 → 果脯蜜饯。

对于果蔬酱类，经过去核、去皮、切分后的加工工艺流程：加热软化 → 加浓糖液 → 加热浓缩 → 密封装罐 → 果蔬酱。

3. 脱水干制品

加工工艺流程：果蔬采收 → 浸泡、清洗 → 分类、分级 → 去核、去皮、切分 → 硫处理 →

烘干 → 回软 → 包装贮藏 。

4. 果酒/果醋制品

加工工艺流程：水果 → 提汁 → 发酵 → 蒸馏 → 陈化 → 过滤 → 调配 → 装瓶 。

5. 汁液制品

加工工艺流程：果蔬采收 → 浸泡、清洗 → 分类、分级 → 破碎打浆 → 澄清过滤 → 脱气 → 浓缩 → 杀菌 → 装罐 。

6. 蔬菜腌制品

加工工艺流程：鲜菜 → 晾晒 → 整理 → 洗涤 → 晾干 → 加盐揉搓 → 入缸加压 → 倒缸 → 咸菜。

蔬菜原料 → 整理、清洗、切分 → 晾晒 → 入坛泡制 → 发酵 → 泡菜。

蔬菜原料 → 整理、清洗、切分 → 腌制 → 脱盐 → 整理、切分 → 酱制 → 酱菜。

蔬菜原料 → 整理、清洗、切分 → 热烫 → 冷却 → 沥水 → 盐渍 → 糖醋渍 → 糖醋菜。

7. 速冻果蔬制品

加工工艺流程：原料 → 挑选、整理 → 清洗 → 热烫 → 沥水 → 预冷 → 冻结 → 包装 → 冻藏 。

（二）果蔬食品原料的综合利用

果蔬在栽培、收获和加工过程中，产生较多的副产物，可以进一步综合利用。果蔬综合利用途径如图5-2所示，综合利用可以提取香精油、果胶、色素和膳食纤维等物质，可以防止环境污染、变废为宝，实现采后减损增值，建立现代果蔬产业化经营体系，保证农民增产增收。

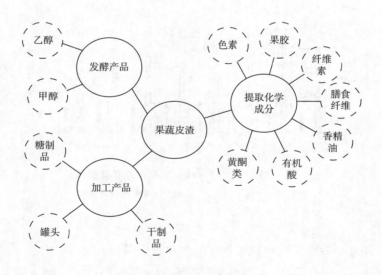

图 5-2　果蔬食品原料综合利用途径

第二节 水果类食品原料

一、 水果资源概述

（一）我国水果生产现状

1. 生产现状

我国是世界水果生产大国，栽培历史悠久，资源丰富，是世界果树起源最早、种类最多的原产地。水果产业是我国农业种植业中继粮食产业、蔬菜产业之后的第三大产业。自1993年以来，我国在世界水果生产中的排名明显上升，水果的产量显现出规模优势的特点。根据国家统计局2017年中国统计年鉴数据（http：//www.stats.gov.cn/tjsj/ndsj/，图5-3），2017年我国果园总面积为1113.6万 hm²，比上一年增加23.4万 hm²；水果总产量达到25241.9万 t，较上一年增加836.6万 t。我国主要大宗水果包括苹果、柑橘、梨、葡萄、香蕉等。2017年我国苹果总产量为4139.0万 t，产量同比增长2.47%，居世界第一；柑橘产量为3816.8万 t，同比增长6.27%；梨产量为1641.0万 t，同比增长2.80%；葡萄产量为1308.3万 t，同比增长3.59%；香蕉产量为1117.0万 t，同比增长2.10%。整体而言，我国主要水果品种产量维持增长态势。

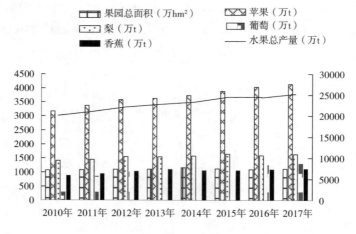

图5-3 2010—2017年中国水果产量和栽培面积

资料来源：国家统计局，《2017年中国统计年鉴》。

2. 果树分类

世界果树种类（包括原生种和栽培种、砧木和野生果树）有2792种，分属134科，659属。作为世界果树起源中心之一，我国有670余种，分布在59个科、158个属中。

目前，果树的分类方法有植物学分类、果树生态适应性分类以及果树综合分类，其中，后两种分类方法便于果树的栽培和研究。

（1）生态适应性分类

①按照叶的生长期：分为落叶果树和常绿果树两类。前者主产在温带地区，如葡萄、桃、李、杏、苹果等；后者主产于热带和亚热带地区，如柑橘类、荔枝、枇杷等。

②按照果树的生长习性：分为乔木果树，如苹果、梨、核桃等；灌木果树，如树莓、醋栗、越橘等；藤木果树，如葡萄、猕猴桃、西番莲等；多年生草本果树，如香蕉、菠萝、草莓等。

③按照果树植物适宜的栽培气候：分为热带果树、亚热带果树、温带果树。

热带果树，适宜于无霜冻地带，多数在低于 20℃ 时即停止生长，其栽培分布主要在南北纬 20° 之间。我国海南岛的热带果树有香蕉、菠萝、树菠萝、芒果、人心果、椰子、番木瓜等。

亚热带果树，生长于偶有霜冻地带。每年通过 1—2 月低于 10~13℃ 的冷凉气候的休眠期，才能很好地开花结果，栽培分布范围在南北纬 30° 之间。包括畏寒性常绿果树如荔枝、龙眼、杨桃、蒲桃、苹婆、柠檬、黄皮等，耐寒性常绿果树如枇杷、温州蜜柑、金柑、杨梅、橄榄等，落叶性亚热带果树如无花果、石榴等。

温带果树，每年需要一定的冷冻期，以保证正常开花结果。其中，暖温带果树分布范围在（北纬）31°~40° 和（南纬）31°~40°，如我国长江和黄河流域之间，有桃、李、沙梨、柿、枣、葡萄等果树。一般温带果树分布于北纬 40°~55° 和南纬 40°~55°，如我国的华北和东北地区，有秋子梨、白梨、苹果、山楂、欧洲李、核桃、醋栗、山葡萄等。

（2）综合分类法 根据果实形态结构和利用特征并结合生长习性划分为 6 大类。

①核果类：内果皮木质化构成果实中央的硬核，食用部分主要是肉质的中果皮和外果皮，有桃、李、杏、梅、樱桃、枣等。欧美许多国家将核果类果树限于蔷薇科李属（*Prunus*）。

②仁果类：梨亚科（Pomoideae）的蔷薇科果树，属于落叶乔木。食用部分主要是由肉质花托发育而成，合成心皮形成果心，有梨、苹果、花红、山楂等。其中，常绿果树枇杷的果实在形态学上虽属于仁果，但在果树园艺中多列入亚热带果树类。

③浆果类：一般具有果皮较薄、果肉多汁柔软、种子小的特点，全果或中果皮和内果皮供食用，如葡萄、草莓、越橘等。

④柑果类：果实外部是具有油泡的革质外果皮，食用部分是内果皮瘤状突起的汁泡，如柑、柚、橘、橙、柠檬等柑橘类果树。

⑤坚果类：果实外面多具有坚硬的果壳，食用部分多为种子，含水分较少而富含淀粉、脂肪和蛋白质，如核桃、山核桃、板栗、榛、香榧、银杏、扁桃、腰果等。

⑥亚热带和热带果树：栽培分布于亚热带和热带的果树，产地虽然比较相似，但果实构造相差很大，如龙眼、荔枝、芒果、椰子、香蕉、番木瓜、油梨等。

（二）我国水果流通现状

我国水果产量自 20 世纪 90 年代中期起一直居世界首位，目前产量占世界水果总量近 30%，是名副其实的生产大国。据海关数据统计（http：//www.haiguan.info/），2017 年我国水果产量 25241.9 万 t，进口量 456.27 万 t，出口量约 361.19 万 t。水果产业在我国国民经济中占有相当重要的地位，随着我国经济迅速发展，消费结构也得到了显著改善，水果已由过去的奢侈品逐渐转为人们日常饮食的必需品。

1. 我国水果的特征

（1）产量大 我国水果总产量约占世界总产量的 30%，是世界第一大水果生产国。

（2）种类多 各地区都有许多水果品种，南方以生产浆果和热带亚热带水果为主，如香蕉、柚子、橘子、椰子、菠萝、荔枝、龙眼等，而北方主要生产葡萄、苹果、梨、李、柿、枣、蜜桃、核桃、西瓜等。

（3）品种呈南北差异 南方水果种类繁多，多为热性水果（食后易上火），而北方水果相对较少，多为凉性（食后多能去火）。由于水果品种呈地域差异，水果的供求经常存在货源不稳定和需求相对稳定的现状，水果的地域性和季节性促进了果品以商品形式交流才能满足广大消费者的需求。

2. 我国水果的流通现状

目前，我国水果的流通形式主要有两种：国内流通（图5-4）和国外流通。

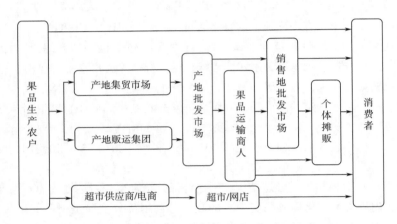

图5-4 水果国内流通形式

近年来，我国水果流通呈现出经营主体多元化、市场竞争更趋激烈、现代流通方式快速兴起等特征。主要表现在以下几个方面。

（1）多种经营主体和经营方式并行 除了传统的批发、农贸市场，近年来水果流通渠道逐渐丰富，商超、连锁专卖店、精品店、社区便利店、电商、微店、餐饮、特通等多种业态并存，极大地促进了水果从田间树上到消费者手中的流通进程，助力将"丰产"变"丰收"。

（2）生鲜电商崛起 随着互联网的发展加入，水果品牌因素的展现、传播变得容易，消费者可以便捷、系统地了解水果的产地、品质、知识等。而随着冷链物流技术的进步，水果行业吸引了众多电商进入。因水果易损耗、流通时间短的特性，缩减中间流通环节、提升行业的毛利水平成为水果行业的一个重要发展方向。

（3）品牌意识增强 对于生产端来讲，品牌代表高附加值；对于流通端来讲，品牌代表稳定的采购货源；对于消费端来讲，品牌代表优质、安全、健康以及美好的生活享受。

（4）水果深加工是发展趋势 据联合国商品贸易数据库（https：//comtrade. un. org/）和国家统计局数据2016年公布数据显示，我国用于精深加工的水果不足10%。国内人均果汁消费量仅及世界平均水平的1/10，发达国家的1/40。水果深加工将成为迎合消费升级、解决水果滞销难题的重要途径。

（三）我国水果产业发展中存在的问题

1. 国内消费增长较为缓慢

近年来，随着经济的快速增长，我国水果消费水平正在持续稳定上升，但是消费增长率的上升较为缓慢，水果行业的国内市场还有较大发展空间。另外，水果的消费结构有待转变，近年来在水果产量有较大增长的情况下，人们更加追求果品质量。优质水果、果汁等水果产品的消费开始增长，但是与发达国家相比还有较大的差距。

2. 市场销售价格较低

我国幅员辽阔，水果品种丰富，水果市场结构具有季节性、区域性等特点。总体来看，各个季节的水果市场供应较为充足，供大于求，使得水果市场的销售价格持续走低，水果产业经济效益不高。

3. 产业结构和生产方式等有待调整

目前，我国的水果种植仍以小农种植经营方式为主，管理和技术水平较低，在销售渠道、贮藏、物流等方面都存在一定的缺陷。因此，集约化经营具有较大的发展和推广空间。

4. 加工处理环节较为薄弱

我国水果生产具有较强的地域性和季节性，为了提高水果产业的经济效益，需要提高其加工处理能力。水果采后的加工处理包括三个方面：商品化处理、水果贮藏保鲜、加工。水果的商品化处理是提高水果质量，增强水果市场竞争力的有效途径。发达国家已经形成了一套包括预冷、冷藏、清洗、涂蜡、分级、冷链运输的规范化处理系统，我国水果的商品化处理水平与发达国家相比还有较大的差距，具有较大的发展空间。

二、 水果的一般性状和成分

（一）水果的一般性状

果实是由子房发育成的器官。仅由子房形成的为真果；由子房、花托、花萼和花柄等部分共同形成的果实为假果。

1. 果实的构造

由子房发育的果实，子房壁形成果皮，共分为外果皮、中果皮和内果皮3层。

外果皮：习惯上称为"果皮"，一般很薄，与中果皮有明显的界线，由表皮或与其临近的某些组织构成，多具有角质层和气孔。有的外被蜡质和果粉，如李、葡萄等；有的着生绒毛，如桃和扁桃等；有的形成囊状多汁可食的肉柱，如杨梅；有的外果皮较厚，并含有油泡，与中果皮界限不明显，如柑橘类。幼果外果皮含叶绿素，成熟时产生花色素或有色体，出现各种鲜艳的颜色。

中果皮：结构变化多样。由薄壁组织形成，习惯上称"果肉"，如桃、李和杏子等；有的薄壁组织中含有厚壁组织，如荔枝；有的在果实成熟时干缩成膜质或隔质，如杨梅；有的则呈疏松纤维状，多维管束，如柑橘海绵层；椰子中果皮发达，扁桃中果皮汁少味劣，不堪食用；有的中果皮与内果皮无明显界限，富含浆液，如葡萄。

内果皮：结构变化也很大。内果皮表皮细胞特化成大而多汁的"汁囊"，如柑橘；有石细胞构成的硬壳，如桃、李、杏、椰子等；也有果熟时内果皮细胞分离成浆状，如葡萄。

心室：位于果实中心，一至数个，每室有一至多个胚珠，发育形成种子，有时也可产生无籽果实。

2. 果实的分类及可食部分

图5-5所示为果实的主要分类、特点及典型果实种类。图5-6列举了常见水果的可食部分。

果实种类众多，起源、构造和食用部分千差万别，主要分为单果、聚合果和复果三个类型。其中单果是指多数植物一朵花中只有一个雌蕊，形成一个果实；根据果实的特点，单果又

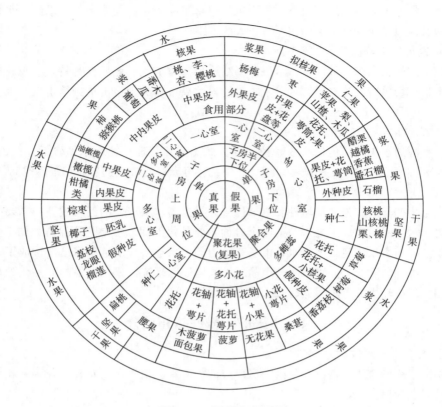

图 5-5　果实分类图谱

资料来源：中国农业百科全书总编辑委员会果树卷编辑委员会，《中国农业百科全书（果树卷）》，1993。

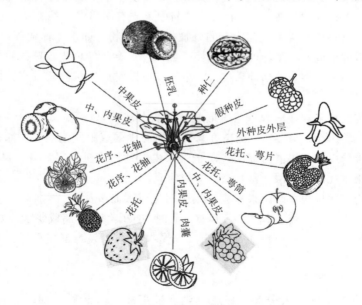

图 5-6　果实可食部分图解

资料来源：中国农业百科全书总编辑委员会果树卷编辑委员会，《中国农业百科全书（果树卷）》，1993。

分为肉质果和干果两类。其中，肉质果是指果实成熟后肉质化；根据果皮发育程度的不同，又分为浆果（Berries）、核果（Stone Fruit）、仁果（Pomaceous Fruit）和柑果（Orange Fruit）。

（二）水果的成分

果实可食部分水分含量为 85%~90%，蛋白质为 1%~5%，有机酸为 0.2%~3.0%，脂肪 0.3% 以下，矿物质 0.4% 左右，维生素中以维生素 C、维生素 A、维生素 B 为主。与水果品质和贮藏加工有关的成分如下。

1. 色素

水果因其品种和种类的不同呈现丰富多彩的色泽，果实的色泽可以刺激人的食欲和感官享受，同时在一定程度上也反映了果品的成熟度、新鲜度和品质变化等情况，是评价果实质量的重要指标。果实色素主要包括叶绿素、类胡萝卜素、花青素和类黄酮类色素。

2. 糖和有机酸

果实中各种糖和酸的组成、种类和含量形成了果实的风味特征。果实中的糖分主要是葡萄糖、果糖和蔗糖，含糖种类和数量因种类和品种而异。果实中的有机酸以柠檬酸、苹果酸、酒石酸为主。果实中糖含量和酸含量的比值为糖酸比，是评价水果品质的主要因素，最佳的糖酸比会产生令人愉悦的、和谐的滋味。

3. 果胶

果胶是植物细胞壁的重要组分，存在于相邻细胞之间，起黏着细胞的作用。果胶物质主要是 D-吡喃半乳糖醛酸以 $\alpha-1$，4-糖苷键结合的长链。植物中果胶物质有 3 种形式：原果胶（Protepectin），只存在于细胞壁中，不溶于水，水解后生成果胶；果胶，存在于植物汁液中；果胶酸（Pectin Acid），稍溶于水，遇钙、铝等生成不溶性盐类沉淀。未成熟的果实细胞间含有大量原果胶，因而组织坚硬。随着成熟的进程，原果胶在酶或酸作用下，水解成可溶于水的果胶，与纤维素分离，并渗入细胞内，果实组织变软而富有弹性；果胶产生去甲酯化作用生成果胶酸。

4. 芳香物质

果实中的芳香物质决定果实的香味，因水果品种而异，含量极少，但各有特点。柑橘的香气主要来自果皮表层细胞分泌的精油；苹果香气成分以醇、酯、醛类为主；草莓的香气成分几乎全部是酯类，易发生变化；菠萝的特征香气是较高含量的乙酸甲酯和乙酸乙酯；桃子中含量较多的 7-癸内酯，构成了桃子果实的特征香气。

三、 水果的营养价值

成熟的果实含有多种营养成分，主要含蛋白质、碳水化合物、膳食纤维、维生素 C、胡萝卜素和矿物质等。表 5-1 所示为主要水果的营养成分。

表 5-1　　　　　　　　　　　　　水果的营养成分

类别	种类	水分/%	能量/J	蛋白质/g	脂肪/g	膳食纤维/g	碳水化合物/g	胡萝卜素/μg	钙/mg	钾/mg	钠/mg	维生素C/mg
鲜果	香蕉	70	372.50	1.40	0.33	2.60	22.84	0.60	7.00	256.00	0.80	8.00
	梨	83	184.20	0.40	0.20	3.10	10.20	0.30	9.00	92.00	2.10	6.00

续表

类别	种类	水分/%	能量/J	蛋白质/g	脂肪/g	膳食纤维/g	碳水化合物/g	胡萝卜素/μg	钙/mg	钾/mg	钠/mg	维生素C/mg
	葡萄	83	180.00	0.50	0.20	0.40	9.90	0.30	5.00	0.40	1.30	25.00
	菠萝	68	171.60	0.50	0.10	1.30	10.80	20.00	12.00	113.00	0.80	18.00
	草莓	91	125.50	1.00	0.20	1.10	7.10	30.00	18.00	131.00	4.20	47.00
	西瓜	96	104.60	0.60	0.10	0.30	5.50	0.20	8.00	87.00	3.20	6.00
	柑橘	88	179.90	0.60	0.20	0.60	9.70	0.40	45.00	54.00	0	19.00
	橙	87	196.70	0.80	0.20	0.60	10.50	0.50	20.00	159.00	1.20	33.00
	杨梅	91	117.20	0.80	0.20	1.00	5.70	0.30	14.00	149.00	0.70	9.00
	樱桃	67	192.50	1.10	0.20	0.30	9.90	0.50	11.00	232.00	8.00	10.00
	柿	90	297.10	0.40	0.10	1.40	17.10	0.40	9.00	151.00	0.80	30.00
	桃	89	200.90	0.90	0.10	1.30	10.90	0.40	6.00	166.00	5.70	7.00
	荔枝	85	293.00	0.90	0.20	0.50	16.10	0.40	2.00	151.00	1.70	41.00
	芒果	82	133.90	0.60	0.20	1.30	7.00	0.30	0	138.00	11.00	23.00
	李子	68	150.60	0.70	0.20	0.90	7.80	0.30	8.00	144.00	3.80	5.00
	梨	71	117.20	0.10	0.10	6.70	6.70	0.50	22.00	79.00	3.70	0.00
	椰子	52	966.90	4.00	12.10	4.70	26.60	0.80	2.00	475.00	55.60	6.00
	苹果	86	196.70	0.40	0.10	1.50	11.00	0.30	3.00	140.00	1.70	2.00
	番木瓜	89	113.00	0.40	0.10	0.80	6.20	0.30	17.00	18.00	28.00	43.00
	甜瓜	66	108.80	0.40	0.10	0.40	5.80	0.40	14.00	139.00	8.80	15.00
	番石榴	72	171.60	1.10	0.40	5.90	8.30	0.40	13.00	235.00	3.30	68.00
	杏	80	150.60	0.90	0.10	1.30	7.80	0.50	14.00	226.00	2.30	4.00
	柠檬	91	146.50	1.10	1.20	1.30	4.90	0.50	101.00	209.00	1.10	22.00
	猕猴桃	83	234.40	0.80	0.60	2.60	11.90	0.70	27.00	144.00	10.00	62.00
	花生仁（生）	70	2356.60	24.80	44.30	5.50	16.20	2.30	39.00	587.00	3.60	2.00
	杏仁	6	2352.40	22.50	45.40	8.00	15.90	2.60	97.00	106.00	8.30	26.00
干果	山核桃（生）	50	2515.60	18.00	50.40	7.40	18.80	3.20	57.00	237.00	251.00	0
	腰果	5	2310.50	17.30	36.70	3.60	38.00	2.00	26.00	503.00	251.00	0
	松子	3	2678.90	12.60	62.60	12.40	6.60	2.80	3.00	184.00	0	0

注：100g鲜重中包含的营养成分含量。

资料来源：食品营养成分网（http://www.yingyang.com/）统计数据。

（一）碳水化合物

水果富含单糖、低聚糖和多糖等糖类。不仅赋予果实甜味的口感，也是人体能量的来源。多糖中的纤维素、半纤维素和膳食纤维等对肠道蠕动和消化有重要的作用。在食品加工业中，果胶可用于果酱、果冻、果汁粉、巧克力、糖果等食品，也作为稳定剂和乳化剂提高品质。含果胶的水果或食品，对减肥、健身有积极的作用。

（二）维生素

水果中含有丰富的维生素 C、维生素 B_1、维生素 B_2、维生素 B_5 和叶酸等，人体所需的维生素 A 和维生素 C 几乎全部或绝大部分由果蔬提供，对心血管健康、保证血液中的酸碱平衡、抗氧化、调节人体生理活动、延缓衰老等方面起重要的作用。

（三）矿物质

水果中钙、钾、镁、钠和铜等矿物质含量丰富，这些矿物质大多与人体内有机酸结合成盐类或成为有机质的组成成分，如蛋白质的硫和磷、叶绿素的镁，易被人体吸收；钙、钾、镁、钠等都为碱性，可以中和体内的酸性物质，对保持体液酸碱平衡、健美皮肤、调节生理代谢起到重要的作用。

（四）有机酸

水果中的有机酸主要是苹果酸、柠檬酸和酒石酸，这些有机酸能促进消化液的分泌，促进食物的消化。

四、　水果的贮藏与加工

近年来，我国水果产业取得了巨大成就，果树栽培面积不断扩大，果树种类和优良品种也得到充分发展。但是与快速发展的种植业相比，我国水果采后损耗十分巨大。据统计，我国水果采后损耗率为 20%～30%，而发达国家的损耗率仅为 2%～5%。水果贮藏保鲜、加工技术是提高其经济效益的最直接途径。发达国家均将果蔬产后贮藏保鲜加工放在农业的首要发展位置，如美国农业总投入的 30% 用于采前，70% 用于采后；日本采后投入则大于 70%，而我国采前和采后的投入比仅为 0.38∶1。因此，我国水果贮藏与加工业的发展具有很大的市场潜力和开发空间。

（一）水果贮藏

水果贮藏的目的是控制和防止水果腐败变质，同时保持和改善水果品质。水果贮藏是根据其自身的耐贮性、抗病性等生物特性，通过贮藏技术控制贮藏环境的温度、湿度、气体组成，调节产品采后的生理活动，尽可能延长产品寿命、保持其鲜活特性等。

1. 水果采后生理、病理与贮藏的关系

（1）呼吸作用　采后果实仍然是活的有机体，仍进行着一系列的生命活动，其中呼吸作用是最重要的生命活动之一。由于果实采后呼吸作用所需要的原料只能是本身贮存的营养物质和水分，呼吸作用导致营养物质消耗，水分减少，从而使品质逐渐下降。因此，果实贮藏最主要的措施是围绕降低果实呼吸强度而展开。

（2）乙烯作用　果实进入成熟阶段后，不断产生和释放乙烯，当乙烯含量达到一定水平时就启动果实的成熟过程，促进果实成熟。因此，乙烯被称为"成熟激素"或"催熟激素"。应用外源乙烯可诱导果实产生大量的内源乙烯，从而加速果实的后熟进程，这是人工催熟果实的理论依据；而在贮藏过程中，尽量减少和降低乙烯积累则是果实贮藏保鲜的另一重要原则。

（3）失水　新鲜水果含水量很高，可达 75%~95%，这是维持水果正常生理活动和新鲜品质的必要条件。果实采后通过蒸发作用失水，水分的丧失导致果实质量的减少，果皮皱缩萎蔫，并且代谢失调，水果的耐藏性降低。

（4）侵染性病害　由病原菌侵染引起，是果实采后损失的最重要原因。

（5）生理病害　由非生物因素造成的非侵染性病害，如冷害、二氧化碳中毒、褐变、黑心、柑橘枯水病、苹果虎皮病等。

2. 水果采后商品化处理

水果采后商品化处理包括：挑选、分级、清洗、预冷、愈伤、药物处理、吹干打蜡、催熟、脱涩、包装等，能有效减少产品采后损失、保持产品的营养和商品价值。常见的水果采后商品化处理步骤如图 5-7 所示。

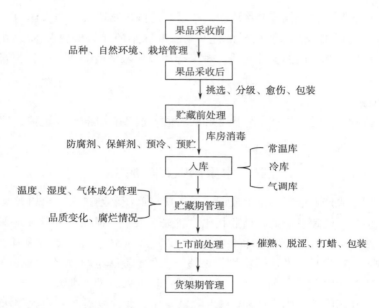

图 5-7　水果采后商品化处理步骤

3. 水果采后处理及贮藏

水果贮藏的主要目的是控制其后熟、衰老、生理性病害和腐烂等，可以通过控制贮藏条件、化学药物处理和物理处理措施实现。

（1）控制贮藏条件

①温度：温度是影响水果后熟和衰老的最主要的环境因素，在 5~35℃，温度每上升 10℃，呼吸强度就增大 1~1.5 倍。低温贮藏有利于降低水果的呼吸强度，减少呼吸消耗。对呼吸跃变型果实，降低温度不但可以降低呼吸强度，还可以减少水果中乙烯的生成，从而延缓衰老。在一定的湿度下，温度越低，水分蒸发越慢，病原微生物的生长也受到抑制。每种水果都有其最适宜的贮藏温度，在此温度下，最能发挥水果固有的耐贮性和抗病性，低于这个温度，就可能导致冷害，甚至冻害。

②湿度：控制贮藏环境适宜的相对湿度对减轻水果失水，避免因失水所引发的不良生理效应，保持水果耐贮性具有重要的作用。传统观念认为相对湿度高会增加水果的腐烂率，但最新研究表明，导致水果腐烂率增加的原因并不是相对湿度的增加，而是由于水汽在水果表面凝结

成水珠。因此，水果在低温下贮藏，应尽量控制恒定的贮藏库温，以减少或消除温差，防止凝水。另外，采用高湿贮藏条件结合防腐剂处理可以减少高湿度的不利影响。

③气体成分：适当提高贮藏环境中的 CO_2 浓度和适当降低 O_2 浓度可以有效降低水果的呼吸强度，抑制乙烯的产生和乙烯的催熟致衰作用，从而延缓水果的后熟与衰老过程，这是水果气调贮藏保鲜的基础。如在常温下，香蕉贮于正常空气中的呼吸强度比贮于 5% CO_2 和 3% O_2 中的呼吸强度高近 5 倍。此外，适宜的 CO_2 和 O_2 浓度可以抑制某些水果的生理病害和侵染性病害的发生，如气调贮藏降低了苹果虎皮病的发病率，减轻冷害的发生。表 5-2 所示为一些水果贮藏最适温度和气调条件。

表 5-2　　　　　　　　　　水果贮藏最适温度和气调条件

水果	温度/℃	O_2 浓度/%	CO_2 浓度/%
苹果	0~4	1~2	0~3
油梨	5~13	2~3	2~3
杏	0~5	2~3	2~3
香蕉	12~16	2~5	2~5
芒果	10~15	3~7	5~8
荔枝	5~12	3~5	3~5
菠萝	7~13	2~5	5~10
甜橙	5~10	5~10	0~5
番木瓜	10~15	2~5	5~8
榴莲	11~20	3~5	5~10
猕猴桃	0~5	1~2	3~5
草莓	0~5	5~10	15~20
石榴	5~10	3~5	5~10
葡萄	0~5	2~5	1~3
樱桃	0~5	3~10	10~15
番荔枝	12~20	3~5	5~10
李	0~5	1~2	0~5
油桃	0~5	1~2	3~5
柠檬	10~15	5~10	0~10
蓝莓	0~5	2~5	12~20

注：相对湿度 90%~95%。

（2）化学保鲜方法

①杀菌剂：水果采后腐烂造成的损失非常巨大，利用化学杀菌剂防腐仍是经济、高效和简便的控制采后病害的方法。根据水果的种类及发生病害的种类，选用对病菌高效、对水果无药害、对人畜低毒及价格低廉、容易获得而且使用方便的杀菌剂或混配剂。农药残留必须符合食品卫生的要求，并时刻注意病原菌迅速产生的抗药性。因杀菌剂一般不能控制水果生理的衰变，因此要结合低温储运才能达到防腐保鲜的目的。

目前常用于水果保鲜的杀菌剂：a. 苯并咪唑类，如本莱特、特克多、多菌灵、托布津、甲基托布津等，这类杀菌剂属于广谱内吸性杀菌剂，高效低毒，对多种真菌类病害如炭疽病、青绿霉病、黑星病、灰霉病等有明显的防治效果；b. 抑霉唑，为抑制麦角甾醇生物合成的杀菌剂；c. 扑海因，可有效控制黑腐病和软腐病，这两种病害是苯并咪唑类药剂不能控制的；d. 乙环唑，抑制麦角甾醇生物合成的杀菌剂；e. 普克唑，有较广的抑菌谱，对对多菌灵产生抗性的真菌有抑制作用。

②其他化学抑菌或诱导抗病性物质：随着人们对食品安全和环境条件的日益关注，寻求更加安全有效的防治水果采后病害的技术势在必行。研究表明，一些安全无毒或低毒的化学物质如一氧化氮、几丁质、硅酸盐、硼酸盐、草酸等能够有效地防治或者减轻水果采后病害。另外，一些具有生物活性的物质如水杨酸、茉莉酸、寡糖、活化酯（BTH）等能有效诱导采后水果抗病性。目前，这些具有抑菌作用或诱导抗病性的物质已被用于采后水果的防腐保鲜。

③植物生长调节物质：主要指赤霉素类以及细胞分裂素类。如用 2，4-D 溶液处理柑橘类水果，可以保持果蒂青绿，有效地防止蒂腐病和黑腐病的病菌入侵，已在生产上广泛使用。用萘乙酸（NAA）溶液浸泡菠萝，可延缓其成熟衰老，延长鲜果销售时间。赤霉素（如 920）的使用可以显著延迟番石榴、香蕉、芒果和番茄的成熟，主要是通过降低果实的呼吸强度，推迟呼吸高峰的出现和延迟变色。6-苄基腺嘌呤（6-BA）可以抑制叶绿素的降解，具有延迟黄化、延缓衰老等作用。6-BA 在控制荔枝果实腐烂上也有较好的效果。

④1-甲基环丙烯（1-methylcyclopropene，1-MCP）：1-MCP 是一种环丙烯类化合物，为近年来发现的一种新型乙烯受体抑制剂，能不可逆地作用于乙烯受体，从而阻断与乙烯的正常结合，抑制其所诱导的与果实后熟相关的一系列生理生化反应。由于其具有无毒、低量、高效等优点，在水果贮藏保鲜上有着广阔的发展前景。目前，1-MCP 已广泛应用于苹果、梨、杏、桃、柿子、香甜瓜等水果的保鲜。

⑤乙烯吸收剂：利用乙烯易被氧化的特性，以强氧化剂与乙烯发生化学反应，去除贮藏环境中的乙烯。高锰酸钾是常用的氧化剂，具有氧化能力高和成本低的特点，已广泛使用。为了增加反应面积，一般将氧化剂覆于表面积大的多孔质载体的表面，如硅藻土、珍珠岩、蛭石、沸石及膨润土等。主要是将载体浸泡于高锰酸钾饱和溶液 1h 左右后捞出阴干，装入打孔的小塑料袋或无纺布做成的小袋中即可。但要注意高锰酸钾具有一定毒性，易造成环境污染及污染水果。

⑥钙处理：钙在延缓水果衰老、提高品质和控制生理病害等方面有较好的效果。缺钙会加剧水果的成熟衰老、软化以及生理病害，如苹果苦陷病、柑橘浮皮病、油梨的褐变和冷害等。另外，还可以在一定程度上抑制呼吸作用和乙烯生成，从而延缓水果成熟和衰老。目前，主要是采用氯化钙溶液浸泡的方法，浓度一般为 2%～12%。

（3）物理保鲜方法

①辐照及静电保鲜

辐照：辐照保藏食品是继传统保藏方法后的一种发展快速的新技术、新方法。辐照可以通过延迟水果后熟衰老，减少病虫和抑制病原菌导致的水果腐烂来延长贮藏寿命。目前多用同位素 ^{60}Co 作为辐射源，辐照时根据水果与辐照源的距离和辐照时间来计算辐照剂量（Rad）。

臭氧保鲜：臭氧是一种强氧化剂，具有杀菌、漂白、脱色、除臭、去味等作用，其保鲜作用主要表现在 3 个方面：消毒杀菌；降解贮藏环境中的有害气体；诱导抗病性。臭氧保鲜具有易降解、无残留、易扩散、对所有与空气有接触的地方都有很好的消毒效果、处理时间短和效率高的优点。臭氧在水果保鲜上有非常好的应用前景。

短波紫外保鲜：短波紫外线是波长范围为200~280nm的紫外线部分，属于可杀菌波段范围，能穿透微生物的细胞膜，破坏核酸（DNA）结构。紫外线照射既可起到杀菌作用，又可起到诱导水果抗病的作用，并通过推迟完熟过程而延长货架寿命。

等离子体保鲜：等离子体是由离子、电子和中性粒子（原子或分子）组成的集合体，离子和电子所带电荷数相等，整体呈电中性。等离子体能清除乙烯，降低水果呼吸强度；对真菌等微生物有较强的抑制和杀灭作用，因此既能延缓水果生理活动，又能抑制水果腐烂，从而达到保鲜的目的。

高压静电场处理保鲜：它是采用两块平行电极板产生高压静电场，通过变压器升压而产生很高的直流电压，对处于极板间的水果进行处理。可以提高贮藏期水果的硬度、色泽等外观指标，推迟呼吸高峰期，提高水果机体内相关酶的活性，延长贮藏保鲜期。

②空气压力保鲜

差压预冷保鲜：在水果预冷的货堆内外形成一定的压力差异，使冷空气易于穿过产品，而达到快速预冷的目的。该方法具有降温速度快、冷却均匀、效率高、成本低等优点。

真空预冷保鲜：在预冷容器内形成真空，靠水分气化带走水果热量，从而达到快速降温的目的，以保持果蔬的鲜度。

减压保鲜：将水果放置于密闭容器内，在降温后或在降温过程中，抽出容器内的部分空气，使内部气压下降到一定程度，同时经压力调节器输送进新鲜高湿空气，整个系统不断地进行气体交换，以维持贮藏容器内压力的动态恒定和一定的湿度环境。在低温的基础上由于降低了内部空气的压力，也就降低了内环境的氧分压，进一步降低了水果的生理代谢活动，从而延缓了水果的成熟衰老。

③温度特殊控制保鲜

热处理：是利用热力杀死或钝化水果上的害虫或病原菌以减少腐烂，同时改变水果采后某些代谢过程，以达到水果贮藏保鲜目的的一种物理贮藏保鲜方法，具有杀菌剂、杀虫剂和保鲜剂的作用，且无化学残留，受到人们的广泛关注。热处理的方法主要有热水浸泡、饱和水蒸气及热空气处理等，方法的选用取决于水果的种类及其热处理的目的。

冰温保鲜：果实细胞中因含有多种可溶性物质，它们的冰点温度较纯水降低，其冰点一般在-3.5~-0.5℃的范围内。水果冰温保鲜是在不发生冷害和冻害的前提下，采用尽可能低的温度来有效控制水果在保鲜期内的呼吸强度，使易腐难贮水果达到缓慢而正常的代谢。冰温保鲜既可以防止水果在保鲜期内的腐烂变质，又可抑制水果的衰老，是一种非常有前途的水果保鲜技术。

④涂膜和包装

涂膜：涂膜主要有浸涂法、刷涂法和喷涂法三种。涂抹保鲜技术是在水果表面涂上一层高分子的液态膜，干燥后成为一层很均匀的膜，可以隔离水果与空气进行气体交换，从而降低果实的呼吸作用，抑制营养物质的消耗，改善水果的硬度和新鲜饱满程度，并可以减少病原菌侵染造成的腐烂。目前，涂膜处理已相当广泛地应用于柑橘类水果、苹果、梨上，在香蕉、甜瓜、芒果、番木瓜、菠萝等水果上也有一定应用，已成为提高水果品质的重要手段之一。涂膜根据功能分为防腐型、防褐变型、护绿型和增亮型，根据材料可分为果蜡、可食用膜和纤维素膜。

包装：为保证水果的良好品质与新鲜度，充分利用各种包装材料所具有的阻气、阻湿、隔热、保冷、防震、缓冲、抗菌、抑菌、吸收乙烯等特性，设计适当的容器结构，采用相应的包装方法对水果进行内外包装，在包装内创造一个良好的环境条件，可以起到简易气调效果，将水果呼吸作用降低至维持其生命活动所需的最低限度，并尽量降低蒸发、防止微生物侵染与危害，同时，也应避免水果受到机械损伤，从而达到延长水果保鲜期的效果。根据功能可分为普通包装、防霉、微孔透气、防雾、脱除乙烯等包装。另外也可与真空充气包装结合进行，以提高包装的保鲜效果，这种包装方法要求薄膜材料具有良好的透明度，对水蒸气、O_2、CO_2透过性适当，并具有良好的封口性能，安全无毒。

（4）生物保鲜方法　生物保鲜方法主要是选用有拮抗作用的微生物来抑制水果采后病原真菌的生长，并且这些微生物对产品不造成危害，同时还包括植物或动物产生的自然抗病物质的利用。另外，通过基因工程手段调节果实成熟衰老进程和抗病性也是重要的生物保鲜方法。

①利用微生物菌体及其代谢产物保鲜：这种保鲜方法可分为三类。

直接用微生物菌体保鲜：通过微生物菌体的增殖和菌体自身与有害微生物之间的竞争，从而抑制有害微生物的生长，达到防腐保鲜的目的。

菌体次生代谢产物保鲜：多种微生物发酵时的次生代谢物能抑制有害微生物的生长。

利用抗菌肽保鲜：乳链菌肽能有效抑制芽孢杆菌及梭菌的生长、繁殖，延长产品保存期。

②利用天然提取物保鲜：这种保鲜方法可分为两类。

天然成分提取物保鲜：植物（特别是香辛植物、中草药、一些菊科和豆科的植物）中含有多种具有杀菌、抑菌成分的物质，如植物精油、生物碱、黄酮类及其他次生代谢物质，将这类物质加以提取利用，可以有效防止水果腐烂，达到好的保鲜效果。

多糖类物质保鲜：广义上讲，这类物质也属于天然成分提取物，但这些物质在生物体内含量较高。在虾蟹等海洋节肢动物的甲壳、昆虫的甲壳、菌类和藻类细胞膜、软体动物的壳和骨骼及高等植物的细胞壁中存在大量甲壳素，经去酰基后得到含氮多糖类物质，即壳聚糖，由于这些多糖具有良好的成膜性与抑菌作用，因而应用于水果的保鲜。

③利用遗传基因进行保鲜：利用基因工程技术调控果实的成熟衰老进程、抗病性、品质劣变（如冷害、褐变）特性进行保鲜。目前，基因工程主要通过调节乙烯生物合成相关酶的含量或活性来阻断或减少水果中乙烯的产生，以及抑制果实软化相关酶基因的表达，最终达到延缓水果成熟与衰老的目的。

（二）水果加工

水果加工是对水果进行加工处理，以保持或改进其食用品质的工艺过程和方法。新鲜水果组织柔软，含水较多，新陈代谢旺盛，易腐烂劣变。新鲜水果经加工处理后对保存其风味和营养价值、减少采后损失、充分利用水果资源和调节市场供应有重要意义。

水果加工的范围很广，其产品种类繁多。按其加工方法和产品特点，可分为以下六类。

1. 干制果品类

干制果品类是将水果脱水干燥，制成干制果品，如葡萄干、香蕉干、荔枝干、桂圆、红枣、柿饼等。

2. 糖制果品类

糖制果品类是将水果用高浓度的糖加工处理制成。产品中含有较多的糖，属于高糖产品，如果脯、蜜饯、果泥、果冻、果酱、果丹皮等。另外，用盐、糖等多种配料加工而成的凉果类产品，如话梅、陈皮等也属于这类产品。

3. 果汁类

通过压榨获取水果汁液，经过密封杀菌或浓缩后再密封杀菌保藏，其风味和营养非常接近新鲜水果，是水果加工中最能保存天然成分的产品。根据加工工艺不同可分为澄清汁、混浊汁、浓缩汁、颗粒汁、果汁糖浆、果汁粉和固体饮料等。

4. 水果罐头类

水果经处理加工后，装入一定的容器内，脱气密封并经高温灭菌所得。因其密封性能好，微生物不能浸入，得以长期保藏。如苹果罐头、黄桃罐头、橘子罐头等是常见的水果罐头类产品。

5. 果酒类

利用自然或商品酵母，使果汁或果浆进行酒精发酵，最后产生酒精和二氧化碳，形成含酒精饮料。如葡萄酒、苹果酒、桑果酒、白兰地、香槟酒和其他果实配制酒等。

6. 果醋类

将水果经酒精和醋酸发酵，制成果醋。果醋取材十分广泛，几乎所有的水果都可以做果醋。生产中常利用次果、水果加工剩余料等酿制果醋，如苹果醋、柿子醋、枣醋等。

五、　常见水果

（一）仁果类

苹果和梨是我国主要栽培的蔷薇科仁果类果树。果实是由合生心皮下位子房与花托、萼筒共同发育而成的肉质果，属假果，主要食用部分起源于花托和萼筒，子房所占比例较小。

1. 苹果

（1）概述　苹果属于蔷薇科苹果属（*Malus* app.）多年生落叶果树，乔木（图5-8）。苹果起源于亚洲和欧洲的温带，对土壤适应性较强，是世界栽培面积和产量较大的水果之一。目前世界栽培的苹果品种根据产量大小依次为元帅系、金冠、富士系、澳洲青苹、乔纳金、嘎拉金、红伊达、红玉、瑞光、伊思达、布瑞本。苹果是我国产量最多、销售期最长的鲜果，其外观诱人、香馥浓郁、酸甜可口、果肉脆嫩、酸甜适度、营养丰富，又具有耐贮藏和可加工性，深受人们喜爱。

（2）主要品种　苹果品种繁多，我国生产上大量栽培的品种主要有中国苹果和西洋苹果。中国苹果品种群中主要是我国原产的绵苹果，特点是果实早熟或中熟、果皮薄、肉质松软、味甜浓、易发绵、抗旱力强，但全国产量不大。西洋苹果品种群，是近百年从国外引进的品种，为我国目前生产的大宗苹果。其特点是果实的成熟期早晚不同、果皮较厚、果肉脆嫩、酸甜适度，大多可以长时间贮藏。我国常见的主栽品种中，早熟品种有甜黄魁、辽伏、伏帅等；中熟品种有伏锦、祝光、旭等；中晚熟品种有红玉、富丽、金星、金冠；

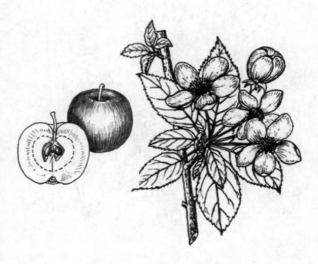

图5-8　苹果

晚熟品种有国光、富士、青香蕉、印度、秦冠、胜利、香红等。

根据大小可将苹果分为大苹果和小苹果两类。大苹果果实大，色泽艳丽，有紫、深红、红、绿、黄色等，果肉多为黄白色，肉质细而脆、汁多、芳香。小苹果果实小，果皮多为红色，肉质黄色，味酸甜且浓，如黄太平、金红等。

（3）成分 苹果果实含水量80%~85%，水分损失达到收获时质量的5%时，会直接影响苹果的新鲜度，使果实光泽消失，严重时果面出现皱缩，同时分解酶的活性大大增强，削弱了贮藏性和抗病性；糖和酸组成了果实的基本味道，糖分是构成苹果甜味的物质，有机酸则是影响苹果风味品质的重要物质。苹果中糖、酸的含量和比例不同，具有淡甜、微甜、甜、甜酸、酸甜、酸等不同的口味。苹果中总糖为9%~15%，其中果糖占50%~60%；有机酸为0.27%~0.84%，其中90%为苹果酸，其余为奎宁酸、琥珀酸、乳酸等，柠檬酸含量极低；芳香物质主要由酯组成，即醋酸酯、酪酸酯、己酸酯和辛酸酯，另有醇类，如丁醇、戊醇、己醇等。在苹果充分成熟时可以明显感受到香气的芬芳，而在衰老的时候则异臭。苹果的质地与细胞结构有关，是反映品质好坏的重要因素之一。与质地有关的化学成分有果胶、木质素、纤维素、半纤维素等。苹果果实含半纤维素和纤维素1.0%~2.0%。另外，苹果果皮含有丰富的色素，在果实未成熟时均为绿色，成熟时一般由绿变为黄、橙、紫、红等色；少数绿色品种成熟后仍为绿色。色素是鉴定苹果品质的重要指标，也是决定采收时间的依据，与贮藏质量的控制密切相关。

（4）食用价值 我国苹果产量巨大，主要以鲜食（90%）为主，用于加工的仅5%左右。目前，我国市场上苹果加工产品主要分为三大类：一是液体加工产品，如果汁产品（包括鲜榨苹果汁、苹果浓缩果汁和苹果浓缩原浆）、苹果醋以及醋饮料、苹果罐头及苹果酒等；二是固体加工产品，如苹果全粉及速溶粉、果酱、果脯、脱水苹果干、苹果脆片等；三是利用提取果胶后的二次皮渣生产的蛋白饲料、有机肥和沼气等。

苹果中含有丰富的多酚、黄酮类、粗纤维等物质，具有抗氧化、延缓衰老、促进肠道消化的作用；含有较多的钾，能与人体过剩的钠盐结合，使之排出体外，有利于平衡体内电解质；还含磷铁元素，易被肠壁吸收，起补脑养血、宁神安眠的作用；苹果的香气是治疗抑郁和压抑感的良药，具有明显的消除心理压抑感的作用。

图5-9 梨

2. 梨

（1）概述 梨属于蔷薇科梨属（*Pyrus* spp.），多年生落叶果树，乔木（图5-9）。梨属植物有30多种，原产于我国的有15种。梨也是世界主要果树之一，各大洲均有分布，亚洲、欧洲产量最多。河北、山东、安徽、陕西、青海等省是我国梨的集中产区，产量在我国水果总产量中居第三位，仅次于苹果和柑橘。

（2）主要品种

①秋子梨：主要分布于东北、华北各省和地区，果形近球形或扁圆形，果实小，石细胞多，果皮黄绿色，需后熟后才能食用。如南梨和京白梨采后通过后熟香气浓郁，食用较佳。

②白梨：主产于华北地区，果实呈倒卵形或卵形，中型果重100~250g，果皮黄色，石细胞少，脆而多汁，香气较浓，果肉白色。其优良品种主要有莱阳梨、鸭梨、酥梨、雪花梨、秋白梨、苹果梨、库尔香梨、栖露香水梨、早酥、锦丰、五九香、龙香梨等，前6种适宜制作糖水罐头。

③砂梨：主要分布于长江流域以南各省及淮河一带，果实呈球形，少数为长圆形或卵形，单果重150g以上，果皮褐色，果肉脆，味甜而淡，石细胞多，不耐贮藏。主要品种有晚三吉、明月梨以及日本梨中的六月雪、二十世纪、幸水、长十郎、金水1号等。

④西洋梨：全国各地均有栽培，果实多呈瓢形，果皮黄绿色，阳面有红晕，后熟后肉质细腻多汁，有香气，不耐贮藏。主要品种有巴梨、附加梨、贵妃梨、好本号梨。

（3）成分　梨的营养价值较高，总糖含量9%~14%，主要是转化糖，蔗糖含量少。有机酸以苹果酸为主，含酸一般0.3%左右。维生素C含量20~50mg/kg。梨的不同品种之间因果肉中石细胞量的不同，品质也不同。石细胞含量少的品质较佳。石细胞的多少可从果皮色泽上进行识别，褐色多于青皮，黄皮较少。在糖水罐头的制作过程中，要求石细胞越少越好。梨鲜食时，有些品种入口时有涩味，主要是微量多酚物质所致，一般白梨的涩味小于砂梨。

（4）食用价值　梨果肉脆而多汁、酸甜可口、风味芳香优美。富含蛋白质、脂肪、碳水化合物及多种维生素，对人体健康有重要作用。梨具有清肺养肺、助消化、消痰止咳、退热、解毒疮的功效，还有利尿、润便的作用。梨还可以加工制作梨干、梨脯、梨膏、梨汁、梨罐头等，也可用来酿酒和制醋。梨的含糖量在15%以下，糖尿病患者可以食用。梨富含膳食纤维，可帮助人们降低胆固醇含量，有助减肥。

（二）柑橘类

1. 概述

柑橘类是芸香科柑橘亚科柑橘族植物的统称，分类复杂，原产于我国，少部分产于印度，我国柑橘栽培已有3000年历史。芸香科柑橘亚科分布在北纬16°~37°，是热带、亚热带常绿果树，为世界上主要栽培果树之一。柑橘是我国南方最重要的果树，在我国总产量仅次于苹果，居第二位。柑橘类具有品种繁多、成熟早晚各异、鲜果供应期长、耐贮藏运输等特点，结合贮藏和不同地区栽培，可周年供应鲜果。

2. 主要品种

具有栽培价值的柑橘类主要有3个属，即枳属、金橘属（*Fortunella Swingle*）和柑橘属（*Citrus* L.）。枳属只有一种，即枳，常作砧木。金橘属有山金柑、牛奶金柑、圆金柑、金弹、长寿金柑、华南四季柑等，主要产于浙江、江西和福建，结果早，可鲜食和制蜜饯。中国和世界其他国家栽培的柑橘主要是柑橘属，柑橘属中的橙类、宽皮柑橘类（柑和橘）、柚类和枸橼类最具经济价值。

（1）甜橙　甜橙是世界各国主栽品种（图5-10），根据季节可以分为冬橙和夏橙，根据果实性状可以分为普通甜橙、糖橙、脐橙和血橙四个类型，主要产于四川、湖北、广东、湖南等地。果实大多为圆形、椭圆形、扁圆形。果皮深橙色，肉质细嫩，多汁化渣，味浓芳香，酸甜可口，品质优良，大多数品种耐贮藏，适宜鲜食或制汁。主要品种有先锋橙、锦橙、雪柑、香水橙、红江橙、大红甜橙、哈姆林橙、新会橙、柳橙、冰糖橙、桃叶橙、茯苓夏橙、华盛顿脐橙、罗伯逊脐橙、朋娜、新赫尔、清家、红玉血橙、荆州血橙等。

图 5-10　甜橙

图 5-11　橘

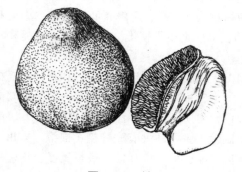

图 5-12　柚

（2）宽皮柑橘

①温州蜜柑：主产地是浙江、江西、湖北等省，是我国柑类的主要品种。果实扁圆形，中等大，橙黄或橙红色，果肉柔软多汁，味甜微酸，无核，间或有种 2~3 粒。按成熟度分为特早熟，如乔木、市丸、隆月早、国庆 1 号等，以鲜果早上市；早熟品种 10 月中下旬上市，如宫川、龟井、兴津等；普通温州蜜柑有尾张、林、南柑20 等，在 11 月中旬后成熟。早熟和普通温州蜜柑除鲜食外，大量用于制作罐头。

②蕉柑和椪柑：主产于广东、福建等地，果实近圆形或高蒂扁圆形，果皮橙黄至橙红色，果皮稍厚，果肉柔嫩多汁，化渣，味甜，品质上等，耐贮运，以鲜食为主。

③橘：橘（图 5-11）的主要品种有砂糖橘，原产广东四会，主产区广东、广西，橙黄至橙红色，果小，果顶平而微凹，易剥皮，可溶性固形物含量可达 12%~15%，含酸量0.3%，风味浓甜，汁多、化渣，耐贮性稍差；南丰蜜橘，产于江西南丰、临川，果实小而扁圆，皮薄，肉质柔嫩，风味浓甜，有香气，品质好；本地早，产于浙江黄岩、临海等地，果实中等，品质与南丰蜜橘相似；红橘，主产于四川、福建一带，为古老品种，已呈下降趋势，果大、鲜红、酸甜适度，品质中上。橘类适宜鲜食或加工糖水罐头，不耐贮。

（3）柚类

①柚：柚（图 5-12）果实大，单果重1000~2000g，多呈长颈倒卵圆形，果皮多为黄色且光滑，果肉透明、黄白或粉红色、柔软多汁、化渣，酸甜味浓（或酸甜适度或纯甜），品质优，多耐贮藏，适宜鲜食。主要种类有产于广西、广东、湖南的沙田柚；产于浙江玉环县的楚门文旦柚；福建的坪山柚；产于重庆垫江、江津的垫江白柚；产于湖南洪江市的江安白柚；主产于重庆巴南区的五布红心柚；产于台湾、四川、福建的晚白柚以及产于福建的官溪蜜柚等。

②葡萄柚：主产美国、巴西等国。果实

扁圆或圆形，常呈穗状，且有些品种有类似葡萄的风味，因此得名。果实大，果皮颜色嫩黄，按果肉色泽区分为白色果肉品种，如邓肯、马叙；粉红色果肉品种，如福斯特粉红、马叙粉红；红色果肉品种，如路比红、红晕；深红色果肉品种，如路比明星、布尔冈迪等。果实含维生素C高，具有苦而带酸的独特风味，耐贮运，是外国消费者喜欢的鲜果和制汁原料，为国际果品市场上的重要产品。

图 5-13　柠檬

（4）柠檬　柠檬（图5-13）属枸橼类，在我国四川、重庆、台湾、广东等地栽培较多，果实长圆形或卵圆形，表面粗糙，果顶端呈乳头状，淡黄色，果肉极酸，皮厚，具有浓郁芳香，被称为多用途水果，在烹调、饮料和医药化妆工业上用途较广。主要品种有尤力克、里斯本、比尔斯等。

3. 成分

柑橘果肉总糖含量8%~12%，糖的种类与品种有关。如葡萄柚中还原糖是蔗糖的2倍，而红橘中蔗糖高于还原糖。有机酸含量为1%~2%，以柠檬酸为主，有少量的苹果酸、草酸及酒石酸。随着果实的成熟，含糖量逐渐上升，含酸量下降，原果胶含量呈下降趋势。柑橘果实富含维生素C，为200~500mg/kg，不同种类柑橘维生素C含量差异较大，柠檬中所含维生素C较高，甜橙与柚类次之，柑橘类较低。此外，维生素P的含量特别丰富，果皮比果肉中多10倍。

4. 食用价值

柑橘果实含有丰富的钾、维生素C、维生素P、类黄酮、多酚、类胡萝卜素以及具有抗氧化、抗癌成分、抗过敏等活性，具有开胃理气、润肺止咳的功效，能够促进消化、润肠通便，预防高血压和脑出血等。

世界果品加工中，占首位的是柑橘汁加工，可制作原汁及多种规格的浓缩汁。我国柑橘罐头占国际市场80%以上，也是柑橘果汁、果胶、香精油和类黄酮的消费大国。2017年统计数据显示，全国每年有柑橘皮渣1300多万t，内含果胶13万t、香精油3万t、类黄酮1万t，总价值高达200亿元以上。因此，柑橘果实深加工具有重要的发展前景。

（三）核果类

1. 概述

核果类（Drupaceous Fruit）属蔷薇科，是由单心皮雌蕊、上位子房形成的果实，也有由合生心皮雌蕊或下位子房形成。其外果皮薄，中果皮肉质，内果皮坚硬、木质，形成坚硬的果核，每核内含1粒种子，如桃、杏、李和梅等。大多原产于我国，适应性强，在我国南北分布甚广，栽培历史悠久。果实外观鲜艳，风味优美，营养丰富，是消费者喜爱的鲜食水果，加工方法也较多。

2. 主要种类和品种

（1）桃　桃［*Prunus persica*（L.）Batsch，图5-14］属于蔷薇科桃属，多年生落叶果树乔木。原产中国，各省区广泛栽培。桃主要有5种，用于栽培的为普通桃和新疆桃，主产于山东、河北、河南、北京、陕西、山西、四川、江苏、浙江和上海等地；另有3个变种：蟠桃（*P. persica* var. *compressa* Bean.）、寿星桃（*P. persica* var. *densa* Makino.）和油桃（*P. persica*

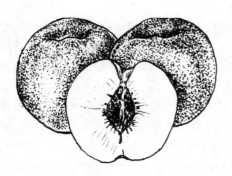

图 5-14　桃

var. *nectarina* Maxim.)。桃营养丰富，含多种营养成分。桃的品种主要有以下几种。

①北方桃品种群：果实顶端尖而突起，缝合线较深；树形较直；中、短果枝比例较大。耐旱抗寒，5—12 月陆续采收。主要分布于华北、西北和华中一带，果大、色鲜、味甜、汁多，主要品种有山东肥城桃、河北深州蜜桃、六月鲜、青州蜜桃、大甜仁桃和冬桃等。

②南方桃品种群：果实顶端圆钝，果肉柔软多汁；树冠开展；通常长枝结果；花芽多为复芽。抗旱及耐寒力较北方品种群稍弱。主要分布于华东、西南和华南等地。有三个品系：硬肉桃系、水蜜桃系、蟠桃系。其中，硬桃系肉质硬脆、汁少，主要品种有广东白饭桃、三华蜜桃、象牙白桃、贵州白花桃和四川泸定香桃等；水蜜桃系果肉柔软多汁，皮易剥，品种有春蕾、玉露、白凤、大久保和岗山白等；蟠桃系果实呈扁圆形，果肉柔软多汁，品质优良，主要品种有陈圃蟠桃、白芒蟠桃和撒花红蟠桃等。

③黄桃品种群：果皮和果肉均呈金黄色，肉质较紧密强韧，适于加工和制罐头。主要品种有云南呈贡黄离核和大黄桃，大连丰黄和连黄，灵武甘黄桃，日本罐桃 5 号、罐桃 14 号，欧美爱尔白太、红港、橙丰色、明星和 60-24-7（白肉品种）等。

（2）杏　杏（*Prunus armeniaca* L.，图 5-15）属蔷薇科杏属，以华北、西北和华东地区种植较多。杏果具有生津止渴、润肺化痰、清热解毒的医疗效用。果供生食外，可制成杏干、杏脯等加工品。杏有鲜食、仁用和仁肉兼用三大类。

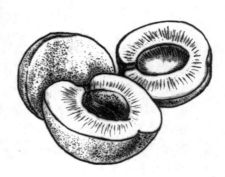

图 5-15　杏

①鲜食品种：主要有兰州大接杏、华县大接杏、仰韶黄杏、沙金红杏、红玉杏、大香白杏和阿克西米杏等，果为卵圆形，橙黄至橙红色，肉硬、质优、离核、甜仁或苦仁。

②仁用品种：主要有大扁、次扁、克孜尔库曼提、迟邦子杏和克拉拉杏，离核、仁大、仁甜，出仁率大于 30%。

③仁肉兼用的品种：主要有"山苦 2 号"，是以山杏的自然实生种中选出的优良植株为接穗，普通杏作为砧木嫁接而来的仁肉兼用的优良品种。

（3）李　李（图 5-16）属蔷薇科李属（*Peunus* spp.），为多年生落叶果树，小乔木或灌木。李属植物有 30 种以上，栽培李除中国李外，还有欧洲李（*P. domesticate* L.）、美洲李（*P. americana* March.）和加拿大李（*P. nigra* Ait.）。李栽培范围广，全国各地均有栽培。李果富含碳水化合物，味甜，多有香气，是一种很好的时令果品。李不耐贮藏运输，但品种间成熟期相

图 5-16　李

差达两个月左右，可延长鲜果供应期。李果除了鲜食外，可制干、蜜饯、糖水罐头等。

①中国李：中国李有 800 多个品种，根据果皮和果肉的颜色可以分为红皮李和黄皮李。红皮李中有黄肉和红肉，黄皮李中只有黄肉，尚未发现红肉。根据果实的软硬可以分为水蜜李和脆李。主要品种有醉李、芙蓉李、蜜李、秋李以及牛心李。此外，我国各地其他优良品种有浙江桐乡的红美人李，辽宁复县的红袍李，河北昌黎的五香李，北京近郊的晚红李、小核李，山东的郁黄李、平顶香李，安徽萧县的萧县紫李，福建连城的水李，四川江安的江安李，广东翁源的三化李等。

②欧洲李：欧洲李品种中绿皮的有 Admiral，黄皮的有 Grisborne，红皮的有 Victoria，蓝紫皮的有 Early Fovorite、Blue Rock 等。

③美洲李：美洲李品种主要有牛心李、玉皇李、樱桃李等品系。

（4）梅　梅（*Prunus mume* Sieb.）属蔷薇科杏属，多年落叶生果树，小乔木。梅主产于浙江、江苏、广东和江西等地区，主要品种有白梅、青梅和花梅 3 类。梅果营养价值高，是加工的良好原料，可制成多种加工品，如青梅酒、梅酱、蜜饯梅、糖青梅、话梅、陈皮梅、酸梅汤等传统食品，梅果还是糕点和糖果的调味品。此外，医药上用途也很广泛，例如，乌梅有止咳、止痢的作用，青梅有抗菌、驱虫、抗过敏、解酒毒、治反胃、噎膈的功效。

图 5-17　青梅

①白梅类：果实未成熟时绿色，将熟或全熟时为黄白色，质粗，味苦，核大，品质最劣，可用于制作梅干。

②青梅类：青梅（图 5-17）果实未熟和将熟时均为绿色，完熟为黄绿色，果实横切面为圆形，品质中到上，宜制糖青梅、青梅酒。品种有浙江萧山的细叶青梅、大叶青梅，余杭的升萝底梅，江苏苏州的大青梅、小青梅，湖南沅江的铜绿梅等。

③花梅类：果实未成熟时呈绿色，但向阳面已有红晕，将成熟或完熟时红色程度加深为紫色，有时占全果面三分之二，果实横切面为椭圆形，宜制话梅等。品种有浙江余杭的小叶猪肝梅、大叶猪肝梅、叶李青梅，江苏苏州的大红花梅、小红花梅，湖南沅江的胭脂梅。

3. 成分

桃：每 100g 可食部分含糖 5~15g，有机酸 0.2~0.9g，蛋白质 0.4~0.8g，脂肪 0.1~0.5g，维生素 C 3~5mg。

杏：每 100g 果肉含糖 10g 左右，蛋白质 0.9g，胡萝卜素 1.8mg 左右，维生素 B_1 0.02mg 左右，维生素 B_2 0.03mg，维生素 B_3 0.6mg，维生素 C 7mg 左右，钙 2.6mg 左右，磷 2.4mg 左右。

李：每 100g 鲜果中含水分 84%~90%，蛋白质 0.5g 左右，脂肪 0.2~0.7g，碳水化合物 8~13g，钙 17~20mg，磷 20~32mg，铁 0.5~0.8mg，胡萝卜素 0.07~0.11mg，维生素 B_2 0.01~0.02mg，维生素 B_3 0.3mg 左右，维生素 C 1mg 左右。

梅：每 100g 可食部分含总糖 2~6mg，蛋白质 0.7~0.8g，脂肪 2.8mg 左右，有机酸 0.5~3.5mg 左右。

（四）浆果类

浆果类果实属单果，由1至数个心皮组成，外果皮膜质，中果皮、内果皮均肉质化，充满汁液，内含一粒或多粒种子的肉质果。浆果种类很多，如葡萄、猕猴桃、无花果、石榴、杨桃、人心果、番木瓜、番石榴、草莓、树莓、蓝莓、桑葚等。

1. 葡萄

（1）概述　葡萄（*Vitis vinifera* L.，图 5-18）为葡萄科葡萄属木质藤本植物，多年生落叶果树。原产于黑海、地中海沿岸，是经济价值很高的果树。世界各地的葡萄约95%集中分布在北半球。葡萄在我国果树生产中具有举足轻重的地位，与苹果、柑橘、梨和香蕉并称为我国五大水果。我国主要产区有安徽的萧县，新疆的吐鲁番、和田，山东的烟台，河北的张家口、宣化、昌黎，辽宁的大连、熊岳、沈阳及河南的芦庙乡、民权、仪封等地。据国家统计局发布的《中国统计年鉴2018》显示，2017 年我国葡萄总产量为 1308.3 万 t，居世界首位。葡萄的用途很广，除鲜食外还可以制干、酿酒、制汁、酿醋、制罐头与果酱等。

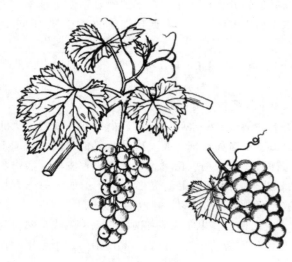

图 5-18　葡萄

（2）种类和品种　葡萄属有 70 余种，按地理和生态特点，分为 3 大种群：东亚种群、北美种群、欧亚种群。

①东亚种群：如山葡萄、刺葡萄、毛葡萄、秋葡萄等。果穗小，抗病力强，抗寒力强，分布在中亚、东亚各国，我国许多著名品种属于该群。

②北美种群：如美洲葡萄、河岸葡萄、沙地葡萄等。果小，黑色，抗寒性强、抗根瘤蚜能力强。原产于北美潮湿地区。

③欧亚种群：如白鸡心、保尔加、晚红密等。果穗大，丰产，含糖量高，但不抗真菌病害和根瘤蚜，抗寒力也较弱。欧亚种是最主要的栽培种，占世界葡萄产量的90%以上，包括世界上著名的优良鲜食、制干和酿酒品种。

根据食用和加工用途又可分为鲜食品种、酿造品种和兼用品种。鲜食品种有莎芭珍珠、乍娜、布朗无核、葡萄园皇后、巨峰、白香蕉、黑奥林、牛奶、早生高墨、国宝、龙宝、红伊豆、先锋、红瑞宝、红富士和玫瑰露等；酿造品种有法国兰、白羽、黑比诺、意斯林、雷司令、赤霞珠、北醇和公酸 2 号等，康可为制汁专用品种；兼用品种有京早晶、玫瑰香、无核白、龙眼、北醇和贝达等。

（3）成分　葡萄汁中糖类含量 12%~25%；有机酸含量 0.3%~2.1%，主要含酒石酸和苹果酸，含少量草酸；香气成分主要有糖、酸、氨茴酸盐、挥发性酯、挥发酸、乙醇和乙醛等。葡萄果皮含有大量的花青素、花黄素和鞣质，使果表面呈现各种不同的色泽。

（4）食用价值　葡萄营养价值很高，葡萄汁被誉为"植物奶"，含糖主要为葡萄糖，极易被人体吸收，可通过饮用葡萄汁来缓解低血糖；葡萄因含有丰富的花青素、白藜芦醇、多酚类等物质而具有抗氧化、预防癌症、抗衰老等作用。

2. 猕猴桃

猕猴桃（Kiwi Fruit，图 5-19）属弥猴桃科猕猴桃属（*Actinidia* spp.），多年生落叶藤本。猕猴桃原产于我国，全国有五大产区：一是大别山区，河南的伏牛山、桐柏山；二是陕西秦岭北麓（主要是西安市周至县和毗邻的宝鸡市眉县以及咸阳市武功县）；三是贵州高原及湖南省的西部；四是广东河源和平县；五是四川省的西北地区及湖北省的西南地区。其中国内陕西省西安市周至县和毗邻的宝鸡市眉县、四川省的苍溪县、安乐镇因盛产猕猴桃成为名副其实的猕猴桃之乡。

图 5-19　猕猴桃

世界猕猴桃主栽品种主要有美味猕猴桃、中华猕猴桃、红肉猕猴桃和软枣猕猴桃 4 类，其中以海沃德、秦美为代表的美味猕猴桃栽培面积占 80% 以上。按果肉颜色猕猴桃主要分为绿心、红心和黄心 3 个类别。我国绿心品种主要有秦美、海沃德、翠玉、米良 1 号、徐香；红心品种有红阳、楚红、龙藏红、晚红、红华；黄心品种有黄金果、华优、金艳等。国内猕猴桃品种中绿心品种约占总产量的 75%，黄心品种约占 8%，红心品种约占 8%，其他品种约占 9%。

猕猴桃酸甜可口、香气浓郁、营养丰富，富含维生素 C，维生素 A、维生素 E 以及钾、镁、纤维素、叶酸、维生素 B_5 等营养素，能够起到抗氧化、保肝解酒、止渴利尿、保护心脏、提高免疫力、改善消化不良等作用。猕猴桃除鲜食外，还可以制作成果汁、果粉等。

3. 小浆果类

小浆果类是多种灌木类浆果和草莓的统称，主要包括草莓、树莓、蓝莓及桑葚（图 5-20），主产于东北、华北，对丰富和调节果品市场具有积极作用。

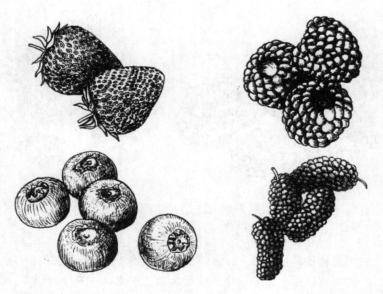

图 5-20　草莓（左上）、树莓（右上）、蓝莓（左下）和桑葚（右下）

（1）草莓　属蔷薇科草莓属（*Fragaria ananassa* Duch.），多年生草本，有 47 个种，主要种为凤梨草莓、智利草莓和深红草莓。我国引进和育成的品种有因都卡、戈雷拉、宝交早生、春香、绿色种子和红衣等。草莓除含蛋白质、糖、有机酸外，维生素 C、钾、磷、钙、镁含量较高，鲜食，也可制作酱、汁等产品。

（2）树莓　属蔷薇科悬钩子属（*Rubuscorchorifolius* L.），多年生落叶小灌木。树莓果呈深红色，香味浓甜，含糖 5.58%～10.67%，含有机酸 0.62%～2.17%，品质优良，可供鲜食、制果酱及酿酒。果、根及叶入药，有活血、解毒、止血之效；根皮、茎皮、叶可提取栲胶。主要品种有红树莓、大红树莓、双季树莓，适于鲜食。食用红树莓中的天然酚类物质鞣花单宁可改善血管功能，多糖有降血脂作用。

（3）蓝莓　属杜鹃花科越橘属（*Vaccinium* spp.），起源于北美，多年生灌木小浆果果树。果实呈蓝色，色泽美丽，蓝色被一层白色果粉包裹，果肉细腻、种子极小、甜酸适口，且具有香爽宜人的香气，为鲜食佳品。蓝莓营养丰富，富含花青素、黄酮类和多糖类化合物等营养成分，被称为"水果皇后"和"浆果之王"。

（4）桑葚　为桑科植物桑树（*Morus alba* Linn.）的成熟果穗，大多为红紫色或黑色椭圆形聚合果，汁浓似蜜，甜酸清香，营养成分丰富。富含大量游离酸和 16 种氨基酸，此外还含有人体缺少的锌、铁、钙、锰等矿物质和微量元素，以及胡萝卜素。被原国家卫生部列为"既是食品又是药品"的"药食同源"农产品之一，适鲜食，也可作调味品，制果酱、罐头等。

（五）坚果类

1. 概述

坚果类果品是闭果的一个分类，果皮坚硬，内含 1 粒或者多粒种子，常见的坚果有核桃和板栗（图 5-21），全国各地均有栽培。我国核桃主产区包括新疆、河北、甘肃、河南、陕西、广西、四川等省，以新疆、河北、甘肃、河南、陕西、广西、四川等省产量较大；板栗以山东、河北、陕西、山西、湖南等省较多。

图 5-21　核桃（左）和板栗（右）

2. 种类和品种

（1）核桃　核桃属核桃科核桃属（*Juglans* spp.）。原产于亚洲西部的伊朗，汉代张骞出使西域后带回中国。核桃与扁桃、腰果、榛子并称为世界著名的"四大干果"。据《中国核桃》一书记载，我国现有核桃植物分 3 组 8 个种，分别为：核桃组（包括核桃和铁核桃）；核桃楸组（包括山核桃、野核桃、麻核桃、吉宝核桃、心形核桃）；黑核桃组（黑核桃）。

（2）板栗　板栗（*Castanea mollissima* Blume）属山毛榉科栗属。原产于我国，我国板栗品种繁多，多达 300 余种。一般板栗按地区分为北方板栗和南方板栗两种类型。北方板栗果形少，单粒平均重 10g 左右；肉质糯性，含糖量高达 20% 左右；果肉含淀粉量低，蛋白质含量高；果皮色泽较深，有光泽；香味浓，涩皮易剥离，适于炒食，称糖炒栗子。南方板栗果形大，单粒平均重 15g 左右，最大可达 25g，但含糖量低，淀粉含量较高，肉质偏粳性，多用作菜栗。

3. 成分和食用价值

（1）核桃　核桃仁含有丰富的营养物质，每百克含蛋白质 15～20g，脂肪较多，碳水化合物 10g，并含有人体必需的钙、磷、铁等多种微量元素和矿物质，以及胡萝卜素、维生素 B_2 等多种维生素，对人体有益，是深受老百姓喜爱的坚果类食品之一。

（2）板栗　板栗富含淀粉，高达 50%～60%，蛋白质 5%～10%，脂肪 2%～7%，富含维生素 A 及钾、钙、磷等，以炒食、煮食为主，也可生食，是我国重要的外销果品之一，被誉为"东方珍珠"。

（六）热带、亚热带水果

1. 概述

荔枝、龙眼、香蕉和菠萝原产于我国，是我国南方广东、广西、海南、福建和台湾等地的主要栽培水果和特产水果。

2. 种类和品种

（1）荔枝　荔枝（*Litchi chinensis* Sonn.，图 5-22）属无患子科荔枝属。原产于我国南方，在广东、广西、福建、台湾、海南等地广泛种植。我国荔枝品种有 140 多个，优良品种有：①桂味：核小，肉厚、质爽脆、清甜多汁，具桂花香味，质优，为中晚熟品种；②糯米糍：果皮呈鲜红色，肉厚、焦核、肉质软，浓甜多汁，中晚熟，不耐贮；③怀枝：栽培最多，果肉软化多汁，有大果、小果、大核、小核、早熟、晚熟等类型；④妃子笑：果大、肉厚、色美、核小、味甜，较耐贮；⑤黑叶：果皮薄且呈暗红色，果肉乳白色，味甜带微香，肉厚、质软滑，适宜鲜食、制干及加工罐头；⑥三月红：属最早熟种，果实呈心形，上广下尖，龟裂片大小不等，皮厚，呈淡红色，肉黄白，微韧，组织粗糙，核大，味酸带甜。另外还有挂绿、香荔、大红袍和井冈红糯等品种。

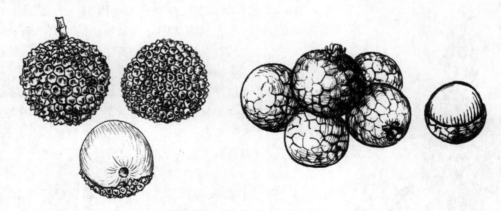

图 5-22　荔枝（左）　和龙眼（右）

（2）龙眼　龙眼（*Dimocarpus longan* Lour.，图 5-22）属无患子科龙眼属。原产于我国广东、广西、云南和越南，在广东、广西、云南、福建、台湾等地广泛种植。我国龙眼品种资源丰富，常见的优良品种有：①石峡：果皮黄褐色，果肉乳白色或浅黄白色，不透明，果肉较厚，肉质爽脆，浓甜带蜜味，果汁较少，易离核，可食率65%～70%，品质极上；②储良：果皮黄褐色带绿色，果肉白蜡色，不透明，肉质爽脆、清甜、化渣，汁少，易离核，可食率74%；③大乌圆：果皮黄褐色，果肉蜡白色，半透明，离核易，肉厚，肉质较爽脆，甜味稍淡，品质中等，平均单果重15～20g，最大可达31g，是我国最大的龙眼良种；④古山二号：果皮黄褐色，果肉蜡黄色，半透明，肉厚爽脆，离核，化渣，味清甜，不流汁，品质与石峡相似，比石峡早熟，果粒比石峡略大；⑤东壁：系著名的稀有品种，较丰产，果较大，肉厚，质脆，浓甜，鲜食为主。

（3）香蕉 香蕉（图5-23）属芭蕉科芭蕉属（*Musa* spp.），大型草本植物。我国是香蕉原产地之一，也是栽培香蕉最早的国家之一。香蕉种类繁多，大多数是原始野生种尖苞蕉（*Musa acuminata* Colla，A）和长梗蕉（*Musa balbisiana* Colla，B）的后代。香蕉（AAA）是尖苞

图5-23 香蕉

蕉演化而来成的三倍体，大蕉（ABB）、粉蕉（AAB）是两种野生蕉的杂种后代三倍体。香蕉小果弯曲，皮薄，外果皮与中果皮不易分离，无种子，是栽培面积最广的一类；大蕉小果较大而身直，棱角显著，果肉杏黄色无香，口感甜中带有微酸，皮厚，外果皮和中果皮可分离；粉蕉小果近圆形棱少，果身较短，成熟时果实饱满，果皮黄色，果肉柔软软滑，皮薄，口感酸甜，香味浓郁。

（4）菠萝 菠萝（*Ananas comosus* L.，图5-24）属凤梨科凤梨属。原产于南美洲巴西、巴拉圭的亚马孙河流域一带，16世纪从巴西传入中国。通常菠萝的栽培品种有4类，即卡因类、皇后类、西班牙类和杂交种类。①卡因类：果大，圆筒形，果肉淡黄色，汁多，甜酸适中，为制罐头的主要品种；②皇后类：果小，卵圆形，果肉黄至深黄色，肉质脆嫩，糖含量高，汁多味甜，香味浓郁，以鲜食为主，品种有巴厘、神湾和金皇后；③西班牙类：果球形，果肉橙黄色，香味浓，纤维多，供制罐头和果汁，品种有红西班牙和有刺土种等；④杂交种类：果大，果形欠端正，果肉色黄，质爽脆，纤维少，清甜可口，既可鲜食，也可加工罐头。

图5-24 菠萝

3. 成分及食用价值

（1）荔枝 荔枝营养丰富，含葡萄糖、蔗糖、蛋白质、脂肪以及维生素A、维生素B、维生素C等，并含叶酸、精氨酸、色氨酸等营养物质。荔枝具有健脾生津、理气止痛之功效，适用于身体虚弱、病后津液不足、胃寒疼痛、疝气疼痛等症。所以，荔枝自古以来就被看作是珍贵的补品。

（2）龙眼　龙眼经过处理制成果干，每100g果肉含糖74.6g，含铁（35mg）、钙（2mg）、磷（110mg）、钾（1200mg）等多种矿物质，还含有多种维生素、氨基酸、皂素、X-甘氨酸、鞣质、胆碱等，可在提高热量、补充营养的同时促进血红蛋白再生，从而达到补血的效果。

（3）香蕉　香蕉果肉香甜软滑，是人们喜爱的水果之一。香蕉果肉营养价值高，每100g果肉含碳水化合物20g、蛋白质1.2g、脂肪0.6g；此外，还含多种微量元素和维生素。其中维生素A能促进生长，增强对疾病的抵抗力，是维持正常的生殖力和视力所必需；维生素B_1能抗脚气病，促进食欲、助消化，保护神经系统；维生素B_2能促进人体正常生长和发育。香蕉除了能平稳血清素和褪黑素外，它还含有具有让肌肉松弛效果的镁元素。果实除鲜食外，还可以制成果干、果粉、果酱等，热带居民多将香蕉当作粮食。

（4）菠萝　菠萝果实营养丰富，含有大量果糖、葡萄糖、维生素B、维生素C、磷、蛋白酶等物质。菠萝含有一种称为"菠萝朊酶"的物质，能分解蛋白质，帮助消化，溶解阻塞于组织中的纤维蛋白和血凝块，改善局部血液循环；菠萝蛋白酶能有效分解食物中蛋白质，增加肠胃蠕动。此外，菠萝中所含的糖、酶有一定的利尿作用，对肾炎和高血压患者有益，对支气管炎也有辅助疗效。由于纤维素的作用，对便秘治疗也有一定的疗效。

（七）柿和枣

1. 概述

柿与枣均为我国广泛栽培的果树，原产于我国。主要产区为陕西、山西、河北、河南、山东等地，华北三省的产量占全国柿、枣总产量的80%以上。因柿和枣所要求的生态条件以及利用途径有很多相似之处，因此在这里一起介绍。

2. 种类和品种

（1）柿　柿（*Diospyros kaki* L. f.，图5-25）属柿科柿属，多年生落叶果树，乔木。我国栽培的柿树品种有800种以上。其中一些著名或优良品种有：河北、河南、山东、山西的大磨盘柿，陕西临潼的火晶柿、三原的鸡心柿，浙江的古荡柿，广东的大红柿，广西北部的恭城水柿、阳朔和临桂的牛心柿等。柿品种分为甜柿和涩柿两类，甜柿指果实成熟后在树上可完成脱涩，摘下即可脆食的一类柿品种；涩柿指成熟后仍有涩味，需经不同的方法进行脱涩后方可食用的一类柿品种。我国栽培的甜柿品种多数来自日本，主

图5-25　柿

要有阳丰、西村早生、次郎、大秋等；涩柿主栽品种有平核无、黑柿、尖柿、七月早、绕天红、火晶柿、眉县牛心等。

（2）枣　枣（*Ziziphus jujuba* Mill.，图5-26）属鼠李科枣属。我国已有3000年的栽培历史，其原生种为酸枣。在果树栽培上较重要的品种有2种：①普通枣：多为栽培种，果实大小与形状因品种而异，果多深红色、肉厚、核小、味甜、品质佳；②毛叶枣：可鲜食但味淡，多干制入药。我国枣品种有800余种，依用途可分为干制种、鲜食种和蜜饯种3种：①干制种：果肉厚，肉质致密，含糖量高，含水量低，制干率高，大多为北方枣，如圆铃枣、灰枣；②鲜食种：果皮薄，肉脆嫩，多汁，甜多酸少，如冷枣；③蜜饯种：果形大，肉厚而疏松，少汁，核小，如义乌大枣、团枣。

图 5-26 枣

3. 成分和食用价值

（1）柿　柿营养价值很高，含有丰富的蔗糖、葡萄糖、果糖、蛋白质、胡萝卜素、维生素 C、瓜氨酸、碘、钙、磷、铁。每 100g 鲜果中含有蛋白质 0.7g，糖类 11g，钙 10mg，磷 19mg，铁 0.2mg，维生素 A 0.16mg，维生素 B_3 0.2mg，维生素 C 16mg，是梨维生素 C 含量的 5 倍。柿果实除了鲜食外还可以加工成柿饼、柿干、柿脯、柿汁、柿酱、柿霜糖以及酿酒、醋等。此外，柿霜、柿蒂、柿涩汁、柿叶均可入药治病。青柿可以作油漆代用品，还有药用价值。

（2）枣　枣果实营养物质极其丰富，每 100g 鲜枣果含维生素 C 400~600mg，维生素 B_3 3.36mg，蛋白质 1.2%，脂肪 0.2%，还有钙、磷、铁等物质。枣除了鲜食之外，可加工成乌枣、蜜枣、醉枣、枣泥、枣糕，还可以制成干枣，耐贮运。枣还是重要的中药，有润心肺、止咳、补五脏、治虚损、除肠胃癖气的功效。果肉中含有降血压的有效成分芦丁。鲜食枣，应在枣果刚着色、脆熟期采收，此时汁多、味甜、质脆。而干制枣应在过熟期采收，干制后枣可较长期贮藏，是我国消费者喜爱的果干之一。

六、　其他水果

常见的水果还有很多，但由于篇幅限制无法一一列举。热带和亚热带生长的水果还有杨梅、枇杷、菠萝蜜、莲雾、榴莲、橄榄、山竹、红毛丹、芒果、油梨、杨桃、番荔枝、番木瓜、番石榴、黄皮、椰子、香榧、余甘子、人心果、苹婆、蛋黄果、木菠萝等；温带或寒温带生长的水果有银杏、山楂、樱桃等；还有许多人们喜欢的野生果，如沙棘、越橘、灯笼果、刺梨、玫瑰果、山丁子、山梨、杜梨、酸枣、黑枣、沙枣和榛子等。以上各类果实具有各自的特点和风味，很多也属于经济价值极高的果品，除鲜食外亦可加工制作各种不同的产品。部分特色和稀有水果的外观图参见本书彩图 5-1。

第三节　蔬菜类食品原料

一、　蔬菜资源概述

（一）我国蔬菜生产现状

蔬菜是可供佐餐的草本植物的总称，主要指十字花科和葫芦科的植物，也包括一部分木本植物的芽、嫩茎以及真菌、藻类和蕨类植物。蔬菜的食用器官有根、茎、叶、未成熟的花、未成熟或成熟的果实、幼嫩的种子。其中许多是变态器官，如肉质根、块根、根茎、块茎、球茎、鳞茎、叶球、花球等。这些器官不但形态解剖结构有很大变化，生理上也由原来的物质吸收、运输和光合等功能转变为物质贮藏功能。

　　我国是世界蔬菜生产第一大国，蔬菜已经成为我国种植业中仅次于粮食的第二大农作物。我国已形成华南与西南热区冬春蔬菜、长江流域冬春蔬菜、黄土高原夏秋蔬菜、云贵高原夏秋蔬菜、北部高纬度夏秋蔬菜、黄淮海与环渤海设施蔬菜六大优势产区，各产区优势品种不同、上市档期交替，形成良性互补的区域发展格局。近年来，我国蔬菜生产发展很快，种植面积由 1999 年的 1334.6 万 hm² 增加到 2018 年的 2043.8 万 hm²，产量由 1999 年的 4.05 亿 t 增加到 2018 年的 7.03 亿 t（图 5-27）。

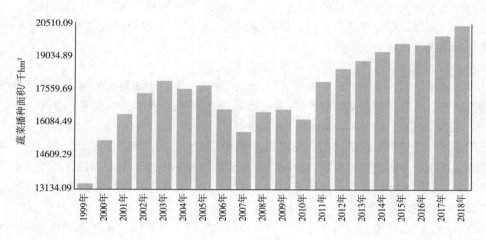

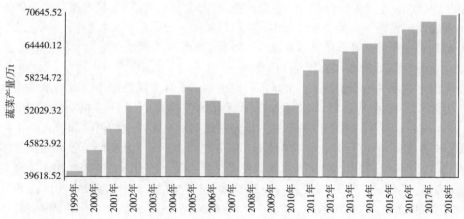

图 5-27　1999—2018 年中国蔬菜栽培面积和产量

资料来源：国家统计局，《2018 年中国统计年鉴》。

　　近年来，我国蔬菜在新品种选育、育种技术、设施栽培技术、无公害生产技术、应用现代生物技术对蔬菜品种改良及其产业化方面都发展迅猛，并取得了长足进步。此外，蔬菜病虫害综合防治、无土栽培、节水灌溉等技术也取得明显进步。科技含量的提升带来了蔬菜产量大幅增加，品种日益丰富，质量不断提高，市场体系逐步完善，总体上呈现良好的发展局面。我国蔬菜产业将呈现以下发展趋势。

　　1. 品种多元化

　　随着蔬菜消费市场的多元化发展，适应不同消费群体、不同季节、不同成熟度的蔬菜新品种不断涌现。质优味美型蔬菜、营养保健型蔬菜、天然野味型蔬菜、奇形异彩型蔬菜、绿色安全型蔬菜越来越多地进入千家万户。

2. 布局区域化

根据不同生态地区的气候特点和资源优势，形成不同蔬菜的优势产区进一步扩大。根据产业特点划定的出口蔬菜加工区、冬季蔬菜优势区、高山蔬菜、夏秋延时菜和水生蔬菜优势区有着广阔的发展前景。

3. 生产安全化

国内外都在加强蔬菜质量认证体系建设，无公害蔬菜成为我国蔬菜产品的主体，农户在生产中避免使用高毒和剧毒农药的同时，注意防止蔬菜生产中出现的硝酸盐污染和重金属污染。绿色蔬菜是未来我国蔬菜发展的方向。

4. 生产标准化、规模化、设施化和集约化

从种植技术上看，全国各地反季节栽培、无土栽培、集约化栽培及喷灌、滴灌节水等技术推广势头较好，打破了我国蔬菜淡季旺季的分界，品种结构均衡丰富，实现了周年生产。

5. 产品深加工化

蔬菜是不同于粮食的鲜活产品，在加工能力薄弱的情况下，只能以鲜菜形式销售，附加值难以提高，甚至导致蔬菜产品腐烂的状况非常突出。根据国内外消费习惯的发展变化，今后蔬菜贮藏和加工能力将大幅提高，蔬菜产业链条显著拉长，蔬菜产品附加值明显增加。

（二）我国蔬菜的流通

自 20 世纪 80 年代中期开始进行蔬菜产销体制改革以来，我国蔬菜产业快速发展，产量大幅增长，供应状况发生了根本性改变。蔬菜产业的快速发展，推动了我国蔬菜流通体制的改革和流通体系建设，促进了蔬菜产业商品化、规模化发展。但是蔬菜市场价格暴涨暴跌、食品安全事件、蔬菜卖难和买贵等问题还时有发生，需要深入研究，寻找对策。

1. 蔬菜流通受到政府和社会各界高度重视

随着人们生活水平的不断提高，大城市居民蔬菜消费数量随之增加，对质量也提出了更高的要求。近年来，国家及各级政府针对我国蔬菜的流通出台了许多措施，如 2010 年国发〔2010〕26 号文件印发了《国务院关于进一步促进蔬菜生产保障市场供应和价格基本稳定的通知》；2011 年国办〔2011〕59 号文件印发了《国务院办公厅关于加强鲜活农产品流通体系建设的意见》；2012 年国发〔2012〕39 号文件印发了《关于深化流通体系改革加快流通产业发展的意见》；商务部、原农业部、国家发展与改革委员会等政府部门也相继发布和出台了《全国蔬菜产业发展规划（2011—2020 年）》《农产品冷链物流发展规划》《关于完善价格政策促进蔬菜生产流通的通知》《商务部关于加快推进鲜活农产品流通创新的指导意见》等；再如"双百市场工程""农超对接""农产品现代流通综合试点"等。还有"农产品绿色通道"及"菜篮子工程"等措施。尽管国家和地方政府、相关机构出台和尝试了一系列农产品流通政策，但国内大多数城市的农产品供应仍没有实现均衡、平稳而有效的供给，农产品质量不安全、价格波动大等问题依然凸显。蔬菜是重要的鲜活农产品之一，也面临着一般农产品出现的流通效率低、环节烦琐、流通主体利润分配不均等问题。

2. 建立了比较完整的蔬菜流通体系

（1）以蔬菜（农产品）批发市场建设为核心的蔬菜流通设施建设不断完善　农产品批发市场数量从 1983 年的 200 个左右迅速发展到 2001 年的 4100 个左右，此后 10 年里，农产品批发市场的数量一直稳定在 4100~4300 个。各批发市场相继进行了改造升级，增加了市场的加工贮藏、信息系统、食品安全监测系统、电子交易和电子结算系统等设施和功能，单体批

发市场规模不断扩大，交易量和交易额不断提高。在零售终端，通过开展标准化菜市场建设、农超对接以及推动周末车载市场、早市、集市等多种形式的直购直销，最后一公里问题得到缓解。

（2）构建了比较完整的蔬菜物流体系，冷链物流发展迅猛　2011年，我国公路通车里程达408万公里，高速公路通车里程8.5万公里，仅次于美国处于世界第二位，完善的公路网络体系和开放的公路运输市场，构建了我国蔬菜物流体系，除极端天气外，基本没有由于物流不畅而发生蔬菜卖难的问题。2010年国家发展与改革委员会印发了《农产品冷链物流发展规划》，我国冷链物流以每年30%的速度发展，特别是各地冷库建设、农产品批发市场和蔬菜产地冷藏冷冻设施、配送中心建设等得到重视和加强。

3. 进出口量增长明显

我国是蔬菜出口大国。2010—2017年我国蔬菜进口额和出口额整体上均呈增长趋势，且持续实现贸易顺差。2010年以来，除了2012年，我国蔬菜进出口贸易顺差均逐年增长。2017年我国出口蔬菜1094.77万t，出口金额达155.2亿美元；进口蔬菜24.66万t，进口额为5.5亿美元。2017年蔬菜产业实现贸易顺差149.7亿美元，较上年增长5.5%。从产品结构来看，耐贮藏和运输的鲜冷及初加工蔬菜仍是重要出口品类，2017年出口额冷冻蔬菜占40.95%，加工保藏蔬菜占29.2%，干蔬菜占28.9%，蔬菜种子0.99%。蔬菜种子和加工保藏蔬菜则是我国蔬菜重要的进口品类，主要作为国内蔬菜品类的调剂。2017年进口额蔬菜种子占43.43%，加工保藏蔬菜占39.6%，干蔬菜占8.94%，鲜冷冻蔬菜占8.03%。从出口地区看，亚洲、欧洲和北美洲是我国蔬菜主要出口地区，2017年出口额占比分别为72.4%、11.9%和8.9%。其中日本和越南是第一、第二位的蔬菜出口市场，约占中国蔬菜出口总额的14.3%和12.9%。从进口国家来看，美国是我国进口蔬菜的主要来源国，其次是日本、泰国、印度、意大利、丹麦、新西兰等，2017年进口额占比分别为29.4%、10.8%、7.1%、4.4%、4.3%、4.2%、3.2%。

二、　蔬菜的一般性状和成分

绝大多数蔬菜具有根、茎、叶、花和果实等器官，这些器官的最基本组成单位是细胞，每一类群的细胞若生理功能和形态结构相似则为组织，它们组成了植物的营养器官（根、茎、叶）和生殖器官（花、果实、种子），这些器官在形态结构、特性和功能上均有很大的差异，也直接涉及烹饪和加工的适应性。

（一）植物学组织性状

1. 根

根是植物的一种营养器官，能使植物体固定在土壤中，吸收养分、水分和贮藏营养物质，有的根还可以进行无性繁殖。在蔬菜中有些根菜类产品是由于根的变态而形成的。作为蔬菜食用的根分为2类：①肉质的直根：是肥大的肉质根，由胚芽和胚轴共同发育而成，这些肥大根的可食部分是薄壁细胞或韧皮薄壁组织或维管束的薄壁组织，贮藏着大量营养物质；②块根：由主根或不定根或侧根经过增粗而长成的肉质根，其可食部分是薄壁细胞组织，主要贮藏淀粉类营养物质。

2. 茎

茎是植物的一种营养器官，由胚芽发育而来。下部与根相连，上部着生叶、花和果实，有输送和贮存水分、养料，并具支持植物体的作用，茎由表皮、皮层和中柱而构成。木本和草本植物的地上茎有很大的区别，可食用的多为草本植物的茎。有些蔬菜部分枝条在土壤中，变为贮藏或营养繁殖的器官，称为地下茎，虽然仍保持枝条的特征，但茎的形态特征结构常发生明显变化。作为蔬菜食用的茎主要分为5类：①根茎：在蔬菜中常见的根茎具有明显的节和节间，在节上有腋芽或产生不定根；②块茎：一种变态的地下茎，地下茎顶端积累大量的养分，膨大成为地下块茎。地下块茎顶端有顶芽，在芽眼内还有腋芽，在适当条件下萌发成为新植株；③鳞茎：是一种变态茎缩短成扁平或圆盘状，茎盘上着生多数贮有养料的鳞叶，最外层鳞叶干燥成膜状；④球茎：是一种肥而短的地下茎，内贮养分，外部有明显的节、节间，节上有芽，球茎基部有很多不定根；⑤地上茎的变态：叶卷须是枝条或叶的变态；腋芽形成的小块茎；花芽形成的小鳞茎；缩短的茎；膨大的茎；节间伸长形成花苔或花茎等。

3. 叶

叶是植物的主要营养器官，生长在茎节上一般为绿色（也有少量为白色、黄色或紫红色）。叶一般由叶片、叶柄和托叶3部分组成，具有3部分的叶称为完全叶，若缺少其中任何一部分的叶则称为不完全叶。叶片由表皮、叶肉和叶脉构成。

4. 芽

芽是尚未伸展的枝条、叶或花，即它们的原始体。茎、叶和花都是由芽发育而来的。芽具有很多分裂能力很强的细胞，形成分身组织，其代谢极旺盛，有些蔬菜是由多个叶芽或花芽形成的。

5. 花

花是种子植物的生殖器官，典型的花通常由花梗、花托、花瓣、雌蕊和雄蕊群等几部分组成。

6. 果实

植物受精以后，胚珠发育为种子，子房发育成果实，果实由果皮和种子组成，是高等植物的繁殖和贮藏器官。由于科技水平的不断提高，也有仅有果实和种子的蔬菜。

（二）分类

1. 按食用器官分类

按食用器官，蔬菜分为根菜类、茎菜类、块茎类、叶菜类、花菜类、果菜类等，各类蔬菜的特征和代表性产品如表5-3所示。

表5-3 按食用器官对蔬菜的分类

种类	亚类	特征	代表性产品
根菜类	肉质根	以种子胚根生长肥大的主根为产品	萝卜、胡萝卜、根用芥菜、芜菁甘蓝、芜菁、辣根、美洲防风
	块根类	以肥大的侧根或营养芽发生的根膨大为产品	牛蒡、豆薯、甘薯、葛根
茎菜类	肉质茎类	以肥大的地上茎为产品	莴笋、茭白、茎用芥菜、球茎甘蓝（苤蓝）
	嫩茎类	以萌发的嫩芽为产品	石刁柏、竹笋、香椿
	块茎类	以肥大的块茎为产品	马铃薯、菊芋、草石蚕、银条菜
	根茎类	以肥大的根茎为产品	莲藕、姜、蘘荷
	球茎类	以地下的球茎为产品	慈姑、芋、荸荠

续表

种类	亚类	特征	代表性产品
块茎类		以肥大的块茎为产品	红薯、茭白、姜、菱角、芡实、土豆、山药、莲藕、萝卜、芋头、大蒜、魔芋和紫薯
叶菜类	普通叶菜类		小白菜、叶用芥菜、乌塌菜、薹菜、芥蓝、荠菜、菠菜、苋菜、番杏、叶用甜菜、莴苣、茼蒿、芹菜
	结球叶菜类		结球甘蓝、大白菜、结球莴苣、包心芥菜
	辛香叶菜类		大葱、韭菜、分葱、茴香、芫荽
	鳞茎类		洋葱、大蒜、胡葱、百合
花菜类		以花器或肥嫩的花枝为产品	金针菜、朝鲜蓟、花椰菜、紫菜薹、芥蓝
果菜类	瓠果类		南瓜、黄瓜、西瓜、甜瓜、冬瓜、丝瓜、苦瓜、蛇瓜、佛手瓜
	浆果类		番茄、辣椒、茄子
	荚果类		菜豆、豇豆、刀豆、豌豆、蚕豆、毛豆
	杂果类		甜玉米、秋葵

除上述按照食用器官分类之外，还有植物学分类法和农业生物学分类法。按植物学分类，中国栽培的蔬菜有 35 科 180 多种；按农业生物学分类，可分为白菜类、甘蓝类、根菜类、绿叶菜类、葱蒜类、茄果类、豆类、瓜类、薯芋类、水生蔬菜、多年生蔬菜、野生蔬菜和食用菌共 13 类。

2. 按生产等级分类

（1）无公害蔬菜　是指不含对人体有毒、有害物质（如农药残留、重金属、亚硝酸盐等），或将其控制在安全标准以下，食用后对人体健康不造成危害的蔬菜。具体的标准是"三个不超标"：一是农药残留不超标，不能含有禁用的高毒农药，其他农药残留不超过允许量；二是硝酸盐含量不超标；三是"三废"和病原微生物等有害物质不超标。

（2）绿色蔬菜　是指遵循可持续发展的原则，在产地生态环境良好的前提下，按照特定的质量标准体系生产，并经专门机构认定，允许使用绿色食品标志的无污染的安全、优质、营养类蔬菜的总称。

（3）有机蔬菜　是指整个生产过程中严格按照有机农业的生产规程，完全不使用农药、化肥、生长调节剂等化学物质，不使用基因工程技术，同时还必须经过独立的有机食品认证机构全过程的质量控制和审查。所以有机蔬菜的生产必须按照有机食品的生产环境质量要求和生产技术规范来生产，以保证它的无污染、低能耗和高质量的特点。有机蔬菜是蔬菜生产的最高等级。

（三）组成成分

1. 碳水化合物

蔬菜中所含的碳水化合物包括淀粉、糖、纤维素和果胶。根茎类蔬菜中含有比较多的淀粉，如土豆、山药、藕、红薯等，碳水化合物的含量可达 10%～25%，而一般蔬菜中淀粉的含量只有 2%~3%；一些有甜味的蔬菜中含有少量的糖，如胡萝卜、番茄等。蔬菜是人体膳食纤维（纤维素、半纤维素、果胶）的重要来源。叶菜类和茎菜类的蔬菜中含有比较多的纤维素与半纤维素，南瓜、胡萝卜、番茄等则含有一定量果胶。

2. 无机盐与微量元素

蔬菜中含有一定量无机盐和微量元素，特别是钠、钾、钙、镁、磷等，不但可以补充人体的需要，对机体的酸碱平衡也起着重要作用。其中含钙比较多的蔬菜主要有豇豆、菠菜、油菜、小白菜、雪里蕻、苋菜、芫荽、马铃薯、荠菜、芹菜、韭菜、嫩豌豆等；含钠比较多的蔬菜主要有芹菜、马兰头、榨菜、茼蒿等；含钾比较多的蔬菜主要有鲜豆类蔬菜、辣椒、榨菜、蘑菇、香菇等。蔬菜中含有的其他微量元素主要有铁、铜、锌、碘、钼等。其中含铁量比较高的蔬菜主要有荠菜、芹菜、芫荽、荸荠、小白菜等绿叶蔬菜；含铜比较多的蔬菜有芋头、菠菜、茄子、茴香、荠菜、葱、大白菜等；含锌相对比较多的蔬菜有大白菜、萝卜、茄子、南瓜、马铃薯等。

值得注意的是，由于大多数蔬菜中含有很高的草酸及膳食纤维，会影响无机盐和微量元素的消化吸收。草酸含量高的蔬菜主要有菠菜、空心菜、苋菜、茭白、鲜竹笋、洋葱等。

3. 维生素

蔬菜中含有丰富的维生素，其中最重要的是维生素 C。维生素 A 和维生素 D 在蔬菜中含量不高。维生素 C 主要分布在代谢旺盛的叶、花、茎等组织器官中，与叶绿素的分布相似，即绿色越深，其维生素 C 的含量越丰富。青椒（青椒维生素 C 含量为 144mg/100g，柿子椒为 72mg/100g）、菜花（61mg/100g）以及叶菜类如雪里蕻（52mg/100g）、油菜（36mg/100g）等含量较高。与叶菜类相比，大多数瓜茄类（如黄瓜、番茄）和根茎类蔬菜中维生素 C 含量并不高，但由于它们可以生食，不会因烹饪过程而破坏维生素 C，因而其利用率比较高。

蔬菜中含有黄酮类物质，其中生物类黄酮属于类维生素物质，与维生素 C 有相类似的作用，并具有抗氧化作用，能保护蔬菜中的维生素 C 免受破坏。其在青椒、甘蓝、大蒜、洋葱、番茄中的含量丰富。

4. 蛋白质及脂肪

蔬菜中蛋白质含量很低，为 1%~3%，蛋白质中赖氨酸、蛋氨酸含量低。大多数蔬菜不含或仅含有微量脂肪。

5. 芳香物质

蔬菜中含有多种芳香物质，其油状挥发性化合物称为精油，主要成分为醇、酯、醛、酮、烃等。有些芳香物质是以糖或氨基酸状态存在的，需要经过酶的作用分解成精油（如蒜油）。芳香物质赋予食物香味，能刺激食欲，有利于人体的消化吸收。

6. 色素

蔬菜中含有多种色素，如胡萝卜素、叶绿素、花青素、番茄红素等，使得蔬菜的色泽五彩缤纷，既有助于烹饪配菜，也有助于增强食欲。由于蔬菜是人类膳食中的重要食物，因此蔬菜的品种选择适当与否，直接关系到日常膳食中营养物质的数量和质量。叶菜类等应在一天的膳食中占有一定比例，最好能达到蔬菜摄入量的 50%。

三、 蔬菜的营养价值

蔬菜是人们每日每餐必不可少的食物，是日常生活获得维生素、矿物质、碳水化合物及其他微量元素的重要来源。蔬菜的营养物质主要包含矿物质、维生素、纤维素等，这些物质的含量越高，蔬菜的营养价值就越高。此外，蔬菜中的水分和膳食纤维的含量也是重要的营养品质指标。通常，水分含量高、膳食纤维少的蔬菜鲜嫩度较好，其食用价值也较高。

蔬菜中含有多种维生素，如维生素 C、维生素 B_1、维生素 B_2、维生素 K、维生素 D、维生素 E 和胡萝卜素、维生素 B_3 等。由于大多数维生素在人体内不能自身合成，必须靠食物供给。如缺乏则会引起代谢紊乱，生理功能失调，使人体免疫功能下降，甚至会引起各种疾病。

人体组织中含有 20 多种矿物质，它们是人体组织的重要组成成分，也是调节生理功能和维持人体健康的必需物质，无论缺乏哪种矿物质都会致病。如缺钙引起的儿童佝偻病和老人骨质疏松，缺铁引起的贫血等。蔬菜中含有丰富的矿物质如钙、磷、铁、镁和微量元素铜、碘、铝、氟等，对维持人体正常的生理功能起着重要的作用。

蔬菜富含纤维素，其进入人体后能使肠胃中食物疏松，增加食物与消化液的接触面，促进食物的消化与吸收。且不断刺激大肠蠕动，加速粪便的排出，减轻有害物质对人体的侵染机会。再者纤维素在减少胆固醇的吸收、降低血脂、维持血糖正常等方面也起着重要作用。此外，像马铃薯、芋、山药、藕、蘑菇、荸荠等含有较高淀粉和糖类物质的蔬菜，甚至可以代替粮食。

除上述营养价值外，蔬菜还含有许多生理活性物质，对人体具有特殊的保健和疾病预防功能。如青花菜、花菜、甘蓝、叶甘蓝、芥蓝等含有吲哚类（13C）萝卜硫素、硫代葡萄糖苷类化合物、异硫氰酸盐、类胡萝卜素、维生素 C 等，对防治肿瘤、心血管病有较好的作用。豆类中含有的类黄酮、异黄酮、蛋白酶抑制剂、肌醇、大豆皂苷、维生素 B，对降低血液胆固醇、调节血糖、降低癌症发病率及防治心血管、糖尿病有良好作用。葱蒜类蔬菜含有丰富的二丙烯化合物、甲基硫化物等多种功能活性成分，有利于防治心血管疾病，常食可预防癌症，还有消炎杀菌等作用。科学家发现红薯中含有一种化学物质称为氢表雄酮，可以用于预防结肠癌和乳腺癌。

四、蔬菜的加工和贮藏

（一）蔬菜加工

蔬菜加工是以蔬菜为原料，经清洗、去皮、切分（或未经去皮、切分）和热烫等预处理后，采用物理、化学和生物的方法制成食品以利于保藏的过程。蔬菜的生产是有季节性和地区性的，将旺季过剩的新鲜蔬菜和一些地区的特产蔬菜进行适当加工，有利于调节蔬菜生产的淡旺季和不同地区蔬菜市场的需求。

蔬菜的加工产品主要有以下几种。

1. 脱水蔬菜

通过干燥处理使蔬菜脱水，体积大大缩小。以鲜葱为例，每 13t 鲜葱经干燥后仅得到 1t 脱水葱，并且不必冷藏运输，保存十分方便。干燥加工时通常采用冷冻干燥法，将蔬菜洗净后冷冻，使植株体内水分冻成冰状，而后移放于较高温度的真空干燥条件下，使冰迅速汽化为水汽而蒸发掉。经过冷冻干燥加工的蔬菜，复水性好，维生素和其他营养成分不受破坏。适于制成脱水蔬菜的品种有胡萝卜、洋葱、花椰菜、白菜、大蒜、刀豆、菠菜、马铃薯、南瓜、黄花菜、竹笋、辣椒、蕨菜等。

2. 速冻蔬菜

速冻蔬菜是将洗净整理的蔬菜，经烫漂处理后，放入零下 15~18℃环境中，经较短时间和极快的速度冷冻，并在低温下较好地保持原菜的色香味和各种有效营养成分。速冻蔬菜的特点是解冻后复原性好，近似于新鲜蔬菜。这类产品包括青豌豆、甜玉米、青刀豆、芦笋、青豆、青花菜、蒜薹等。

3. 洁净蔬菜

这种蔬菜适于在城近郊加工，方法是将收获的新鲜蔬菜经初加工，剔除残根、老叶、虫伤株，再洗净包装成干净的新鲜蔬菜上市销售。特点是新鲜洁净，消费者购买后可以直接加工食用，十分方便与快捷。

4. 鲜切蔬菜

新鲜蔬菜进行分级、整理、挑选、清洗、切分、保鲜和包装等一系列处理使产品保持生鲜状态。消费者购买这类产品后不需要再做进一步处理，可直接开袋食用或烹调。鲜切蔬菜具有新鲜、营养、方便的特点，是今后的发展方向。目前工业化生产的鲜切蔬菜品种主要有甘蓝、胡萝卜、生菜、韭菜、芹菜、马铃薯等。

5. 腌制蔬菜

腌制蔬菜是在蔬菜中加入食盐或酱、糖、醋等调味品，经发酵、微发酵或不发酵而制成的蔬菜产品。风味独特、花样繁多，对于开胃、帮助消化、调节口味起着一定作用。主要包括咸菜类（如叶用芥菜、雪里蕻等）、泡菜类（如嫩豇豆、姜、菊芋、青菜头、嫩黄瓜等）、酸菜类（如大白菜、萝卜等）和糖醋渍类（如大蒜、青菜头等）。

6. 糖制蔬菜

糖制是利用糖的高渗透压、降低水分活性等为特点，将蔬菜加工成糖产品的保藏方法。蜜饯蔬菜是最主要的糖制蔬菜，如冬瓜、荸荠、藕片、胡萝卜、南瓜、甘薯、番茄、嫩姜等蜜饯产品。

7. 罐藏蔬菜

罐藏是将新鲜蔬菜装入密闭容器内，通过排气、密封，再经过高温处理，杀死引起食品腐败以及引起人致病的微生物，破坏酶的活性，加工成一类可以在室温长期保存的蔬菜产品。该方法具有基本保持蔬菜原有的美观色泽、风味、块形，营养丰富、安全卫生、食用方便等优点。这类产品包括芦笋、番茄、花椰菜、青刀豆、竹笋、青豌豆、荸荠、蚕豆、胡萝卜等。

8. 蔬菜汁及其饮料

先将蔬菜洗净，通过研磨粉碎制取 70% ~ 80% 悬浮状蔬菜原汁，能保持蔬菜原有的风味和营养，其特点是口感好、风味独特，可与茶、酒、乳等配制成混合型饮料，是一种新型天然健康饮料。

（二）蔬菜采后处理与贮藏

蔬菜收获后到贮藏运输前，需进行各种采后处理，如整理、挑选、分级、预冷、愈伤、晾晒及化学药剂处理，这些处理措施既可改善产品外观，又可降低生命活动，对保持蔬菜的新鲜度，延长蔬菜的贮藏寿命，起到很大的作用。

蔬菜贮藏的目的是控制和减少产品腐烂，同时改善和维持产品品质。水果和蔬菜贮藏的原理有相似，但也存在不同之处。种子、芽、鳞茎、块茎类蔬菜在发育成熟后，生命活动进入相对静止状态，即休眠，打破休眠即萌发会消耗大量养分，从而降低产品品质。对于某些蔬菜如马铃薯、洋葱、大蒜等的采后处理来说，防止发芽和抽薹是需要重点考虑的因素之一。蔬菜贮藏是通过控制贮藏环境的温度、湿度、气体组成和其他外源措施，调节产品采后的生理活动，尽可能延长产品寿命、保持其鲜活特性等。

1. 整理

整理是将采收后蔬菜的非食用部分和从田间采收时带来的残枝败叶、泥土等清除去掉。对于以贮藏为目的的蔬菜，其整理更为重要。

2. 挑选与分级

挑选与分级是蔬菜采收后进入流通环节所必需的商品化处理措施。挑选是在整理的基础上，进一步剔除有病虫害、机械伤、发育欠佳的蔬菜。分级是将蔬菜依据一定的规格质量标准加以区分，是蔬菜产品进入市场的重要措施，也是质量比较和定价的基础。挑选和分级一般要结合进行。

3. 预冷

将采收后的蔬菜及时快速冷却，将其温度降到规定温度的过程称为预冷，可防止因呼吸热而造成的贮藏环境温度的升高，从而降低蔬菜的呼吸强度，减少采后损失。不同种类、不同品种的蔬菜所需的预冷温度条件不同，适宜的预冷方法也不同。

蔬菜的预冷方法主要有以下几种。

（1）自然降温预冷　将采收后的蔬菜置于阴凉通风的地方，通过自然散热达到降温的目的。该方法简便易行，不需要任何设备，但易受外界温度的限制。在北方，大白菜的贮藏一般采用这种预冷方法。

（2）冷库预冷　是将装在包装箱中的蔬菜产品堆放在冷库中，垛与垛之间要留有空隙，并与冷库通风筒的出风口方向相同，从而保证气流顺利通过时带走产品的热量。这种方法具有普适性，适用于各种蔬菜。

（3）压差预冷　是在装有蔬菜的包装箱垛的两个侧面造成不同压力的气流，使冷空气强行穿过各个包装箱，从而将产品的热量带走。该方法预冷效率高，适用于大部分蔬菜。

（4）真空预冷　是将蔬菜放在密封的容器内，迅速抽出容器中的空气，降低容器中的压力，产品表面因水分的蒸发而冷却。这种方法适用于叶菜类的预冷。

（5）冷水预冷　是将冷却的水（尽可能接近 0℃）喷淋在蔬菜上，或将蔬菜浸入流动的冷水中，以达到蔬菜降温的目的。

（6）冰水预冷　是将细碎冰块或冰盐混合物放在包装容器或汽车、火车车厢内蔬菜货物的顶部，可以降低产品的温度，同时起到预冷作用。这种方法适用于与冰接触不会产生伤害的蔬菜产品。

4. 贮藏

根据蔬菜的生理特性，以低温为主，再辅以其他贮藏措施，可以保证蔬菜在流通中有良好的品质和商品性。在我国蔬菜贮藏主要分为简易贮藏和冷藏。

（1）简易贮藏　利用自然降温维持蔬菜品质的一种简易、传统的贮藏方式。常用的自然降温贮藏主要有堆藏（垛藏）、沟藏（埋藏）、冻藏、假植贮藏和通风窖藏（窑窖、井窖）等，都是利用外界自然低温（气温或土温）来调节贮藏环境温湿度。使用时受地区和季节限制，而且不能将贮藏温度控制到理想水平。但因其设施结构简单，费用低，在缓解产品供需上又能起到一定作用，所以这种简易贮藏方式在我国许多蔬菜产区使用非常普遍。白菜、洋葱可以堆藏或垛藏；萝卜适合沟藏；假植贮藏则适用于芹菜、莴笋、菜花和大白菜等。

（2）冷藏　在具有隔热保温性能的库房中，通过人工机械冷藏的方式，将库内温度控制在设定范围内，以达到蔬菜长期贮藏的目的。机械冷藏库不仅可以控制贮藏环境的温度、湿度，还可以同时控制气体条件，即适当降低空气中的 O_2 分压和提高 CO_2 的分压，以降低呼吸强度和代谢强度，减少营养物质的消耗。这种结合冷库贮藏，人为地控制或改变贮藏环境中的气体成分（降低 O_2 浓度相，提高 CO_2 浓度）的贮藏方式称为气调贮藏（Controlled atmosphere storage，CA）。

五、常见蔬菜

蔬菜外观色泽鲜艳，并且有特殊的色、香、味、形，是人们每日必不可少的食物。蔬菜含有多种维生素、无机盐（矿物质）、纤维素及其他营养成分和大量的水分，在维持人体正常生理功能和保障人体健康方面具有无可替代的作用。按农业生物学分类可分为根菜类、白菜类、绿叶菜类、葱蒜类、甘蓝类、茄果类、豆类、瓜类、薯芋类、水生蔬菜、多年生蔬菜等。

（一）根菜类

根菜类蔬菜中栽培面积最大的是萝卜，其次是胡萝卜，还有根用芥菜、莲藕等（图 5-28）。

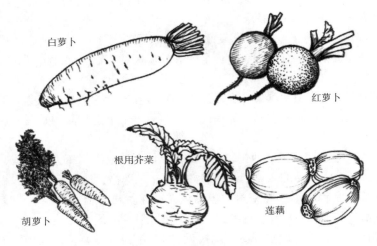

白萝卜

红萝卜

根用芥菜

胡萝卜

莲藕

图 5-28　常见根菜类蔬菜

1. 萝卜

萝卜（*Raphanus sativus* L.）属十字花科萝卜属，一年或二年生草本植物，直根肉质，有各种形状如圆锥形、圆球形、长圆锥形、扁圆形等；按外表色泽可分为白、绿、红、紫等萝卜；按收获季节可分冬、春、夏、秋和四季萝卜，是我国的主要蔬菜之一。萝卜原产我国及西亚，性喜冷凉多湿环境，世界各地都有种植。在气候条件适宜的地区，四季均可种植，多数地区以秋季栽培为主，为秋、冬季的主要蔬菜之一。萝卜主要品种：①秋萝卜有青圆脆、心里美、灯笼红、卫青萝卜、潍县青、酒罐萝卜、太潮院、大红袍、长白萝卜、浙农大红萝卜、浙大长、广东火车头、广西融安晚等；②春夏萝卜有南京泡黑红、五月红、云南沾益等；③四季萝卜肉质根较小而极早熟，主要分布在欧洲，尤以欧洲西部栽培普遍，我国栽培的四季萝卜品种有南京扬花萝卜、上海小红萝卜、烟台红丁等。萝卜可炒食和炖食，还可生食、腌渍和干制，营养丰富，含有丰富的碳水化合物、维生素 C 和淀粉酶，能帮助消化，降低胆固醇，维持血管的弹性。

2. 胡萝卜

胡萝卜（*Daucus carota* L. var. *sativa* Hoffm.）属伞形科胡萝卜属，二年生草本植物，原产中亚细亚一带，13 世纪从伊朗引入中国，发展成中国生态型，又名红根、金笋、丁香萝卜，以山东、河南、浙江、云南等省种植最多。目前较好的胡萝卜品种有日本黑田五寸、改良黑田五寸、广岛、映山红和韩国五寸等，还有我国传统农家品种小顶红、扎地红等地方胡萝卜品种。胡萝卜是一种质脆味美、营养丰富的家常蔬菜，富含糖类、脂肪、胡萝卜素、维生素 A、维生素 B_1、维生素 B_2、花青素、钙、铁等营养成分，具有增强免疫力、益肝明目等功效。

3. 根用芥菜

根用芥菜（*Brassicajuncea*）属十字花科芸薹属，一年生或二年生草本，是芥菜的变种之一，俗称大头菜，又称芜菁、芥辣、芥菜疙瘩。原产中国，主要在我国西南地区种植。芥菜肉质细密、嫩脆，是腌制蔬菜的好原料。芥菜类蔬菜含有丰富的食物纤维，可促进结肠蠕动，增进食欲，帮助消化。

4. 莲藕

莲藕（*Nelumbo nucifera Gaertn*）属莲藕属睡莲科，水生蔬菜，原产印度和中国，在我国的江苏、浙江、湖北、山东、河南、河北、广东等省均有种植。莲藕是荷的地下肥大根茎，有节，中间有管状小孔，折断后有丝相连。莲藕的栽培种可分为藕莲、子莲和花莲三大类。其中花莲属于水生花卉，藕莲和子莲属于水生蔬菜。藕莲按栽培水位深浅可分为浅水藕和深水藕。浅水藕一般为早熟品种，有苏州花藕、慢荷、武植 2 号、鄂莲 1 号、鄂莲 3 号、湖北六月报、扬藕 1 号、科选 1 号、大紫红、玉藕、嘉鱼、杭州白花藕、南京花香藕、雀子秧藕、江西无花藕等。深水藕品种一般为中晚熟品种，如江苏宝应美人红、小暗红、鄂莲 2 号、鄂莲 4 号、湖南泡子、武汉大毛节、广州丝藕、丝苗等。莲藕微甜而脆，可生食也可做菜，而且药用价值相当高。莲藕加工成粉，能消食止泻、开胃清热、滋补养性，预防内出血，是妇孺童妪、体弱多病者上好的流质食品和滋补佳珍。

（二）白菜类

常见白菜类蔬菜如图 5-29 所示。

图 5-29　常见白菜类蔬菜

1. 大白菜

大白菜（*Brassica rapapekinensis*）属十字花科芸薹属，原产我国华北，现各地广泛种植。可根据不同的供应期和上市期，选择早、中、迟熟品种进行合理搭配。早熟品种有早熟 5 号、小杂 56、鲁白六号，淮白 6 号等；中熟品种有丰抗 70、丰抗 80 等；迟熟品种有鲁白 20 号、山东 5 号、津杂系列等高产结球品种。大白菜适应性广、易于栽培、产量高、品质好、较耐贮藏且供应期长，在我国蔬菜生产中占重要地位。

2. 小白菜

小白菜（*Brassica chinensis* L.）属十字花科芸薹属，原产于我国，我国种植十分广泛。根据形态特征、生物学特性及栽培特点，可分为秋冬白菜、春白菜和夏白菜。秋冬白菜株型直立或束腰，在我国南方广泛栽培，品种多，以秋、冬季栽培为主，依叶柄色泽不同分为白梗类型和青梗类型。白梗类型的代表品种有南京矮脚黄、常州长白梗、广东矮脚乌叶、合肥小叶菜等，青梗类型的代表品种有上海矮箕、杭州早油冬、常州青梗菜等。春白菜植株多开展，少数直立或微束腰，冬性强、耐寒、丰产，按抽薹早晚和供应期又分为早春白菜和晚春白菜。早春白菜的代表品种有白梗的南京亮白叶、无锡三月白及青梗的杭州晚油冬、上海三月慢等，晚春白菜的代表品种有白梗的南京四月白、杭州蚕白菜等及青梗的上海四月慢、五月慢等。夏白菜夏秋高温季节栽培，又称"火白菜""伏菜"，代表品种有上海火白菜、广州马耳白菜、南京矮杂一号等。小白菜可煮食或炒食，也可做成菜汤或者凉拌食用。小白菜所含营养成分与大白菜相近，含蛋白质、脂肪、糖类、膳食纤维、钙、磷、铁、胡萝卜素、维生素 B_1、维生素 B_2、维生素 B_3、维生素 C 等。

3. 菜心

菜心（*Brassica campestris* L. ssp）属十字花科芸薹属，又名菜薹，一、二年生草本植物。按生长期长短和栽培季节分为早熟、中熟和晚熟等类型。品种有四九甜菜心、油绿 50 天、新加坡全年油青、农苑特级油青菜、亚蔬 1 号全年油、香江、台湾四九菜心和油青甜菜心等。菜心味甘、性辛、凉，有散血消肿之功效。滑嫩、清香，口感好，其独特的风味为人们喜爱。

（三）绿叶菜类

常见绿叶蔬菜如图 5-30 所示。

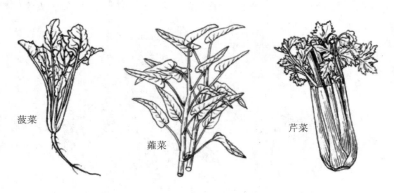

菠菜　蕹菜　芹菜

图 5-30　常见绿叶蔬菜

1. 菠菜

菠菜（*Spinacia oleracea* L.）属藜科菠菜属，又名波斯菜、赤根菜、鹦鹉菜等，一年生草本植物。植物高可达 1m，无粉。根圆锥状，带红色，较少为白色。茎直立，中空，脆弱多汁，不分枝或有少数分枝。叶戟形至卵形，鲜绿色，柔嫩多汁，稍有光泽，全缘或有少数牙齿状裂片。菠菜的种类多，按种子形态可分为有刺种与无刺种两个变种。菠菜含有丰富的维生素 A 原、维生素 C 和钙、磷、铁等矿物质，但草酸含量高，会影响人体对钙的吸收。

2. 芹菜

芹菜（*Apium graveolens* L.）属伞形科芹属，有水芹、旱芹和西芹三种，二年生或多年生草本植物。高 15~150cm，有强烈香气。根圆锥形，支根多数，褐色。茎直立，光滑，有少数分枝，并有棱角和直槽。我国南北各省区均有栽培，供作蔬菜。果实可提取芳香油，作调和香精。分布于欧洲、亚洲、非洲及美洲。芹菜富含蛋白质、碳水化合物、膳食纤维、胡萝卜素、

B族维生素、钙、磷、铁、钠等，具有平肝清热、祛风利湿、除烦消肿、凉血止血、解毒宣肺、健胃利血、清肠利便、润肺止咳、降低血压、健脑镇静等功效。常吃芹菜，尤其是吃芹菜叶，对预防高血压、动脉硬化等有裨益，并有辅助治疗作用。

　　3. 蕹菜

　　蕹菜（*Ipomoea aquatica* Forsk）属旋花科番薯属，一年生草本植物，蔓生或漂浮于水。茎圆柱形，有节，节间中空，节上生根，无毛。原产我国，现已作为一种蔬菜广泛栽培，或有时为野生状态。我国中部及南部各省常见栽培，北方比较少，宜生长于气候温暖湿润、土壤肥沃多湿的地方，不耐寒，遇霜冻茎、叶枯死。分布遍及热带亚洲、非洲和大洋洲。在福建、广西、贵州、四川称空心菜，福建称通菜蓊、蓊菜，江苏、四川称藤藤菜，广东称通菜。

　　蕹菜根据栽培条件分为水蕹菜（又称小叶种或大蕹菜）和旱蕹菜（又称大叶种或小蕹菜），根据花色分为白花种（植株绿色，花白）、紫花种（植株各部略带紫色，花淡紫）。除作蔬菜食用外，内服辅助解饮食中毒，外敷辅助治疗骨折、腹水及无名肿毒。此外，蕹菜也是一种比较好的饲料。

　　（四）葱蒜类

　　常见葱蒜类蔬菜如图 5-31 所示。

图 5-31　常见葱蒜类蔬菜

　　1. 韭菜

　　韭菜（*Allium tuberosum* Rottl. ex Spreng）属百合科葱亚科葱属，多年生草本植物。具特殊强烈气味，根茎横卧，鳞茎狭圆锥形，簇生；鳞式外皮黄褐色，网状纤维质；叶基生，条形，扁平；伞形花序，顶生。韭菜富含维生素 A、维生素 C 和钙、磷、铁等矿物质。可食用叶片、苔茎和花。韭菜适应性强，抗旱耐热，全国各地都有栽培。

　　2. 大葱

　　大葱（*Allium fistulosum*）属百合科葱属，二年生草本植物。鳞茎单生，圆柱状，根为基部膨大的卵状圆柱形，粗 1~2cm，有时可达 4.5cm；鳞茎外皮白色，淡红褐色，膜质或薄革质，不破裂。叶圆筒状，中空，向顶端渐狭，约与花葶等长，粗在 0.5cm 以上。花葶圆柱状，中空，高 30~50cm，中部以下膨大，向顶端渐狭，约在 1/3 以下被叶鞘；全国各地广泛栽培，国外也有栽培。中国葱属蔬菜有 100 多种，主要分布在西北、东北以及华北等地区。葱属蔬菜在我国蔬菜生产中占有重要地位，其栽培面积占蔬菜总播种面积的 10%，产量占总产量的 7%，是我国重要的调味料蔬菜。除作蔬菜食用，鳞茎和种子亦可入药。

　　3. 洋葱

　　洋葱（*Allium cepa* L.）属百合科葱属，多年生草本植物。原产亚洲西部，现在我国广泛栽培，是我国主栽蔬菜之一。我国洋葱产地主要有福建、山东、甘肃、内蒙古、新疆等地。主要品种有分蘖、顶生、红皮、黄皮和白皮。洋葱供食用的部位为地下的肥大鳞茎（即葱头）。在国外洋葱被誉为"菜中皇后"，营养价值较高。

4. 大蒜

大蒜（*Allium sativum* L.）属百合科葱属，为葱属中以鳞芽构成鳞茎的栽培种，二年生草本植物。原产欧洲南部和中亚，别名蒜、胡蒜，古名葫。嫩苗、花茎和鳞茎均可食用。每 100g 鲜鳞茎含水分 69.8g 左右、蛋白质约 4.4g、碳水化合物 23.6g、磷 195mg、铁 2.1mg、镁 28mg。鳞茎中含维生素 C 较少，而嫩苗中含量很高，每 100g 含 77mg。大蒜中还含有大蒜素（Allicin），是蒜氨酸经蒜氨酸酶的作用形成的一种挥发性硫化物，有特殊辛辣味，可以增进食欲，并有抑菌和杀菌作用。

（五）甘蓝类

甘蓝类蔬菜为十字花科芸薹属，一、二年生草本植物。由甘蓝演变而来，包括结球甘蓝、抱子甘蓝、花椰菜、青花菜、球茎甘蓝和芥蓝等（图 5-32）。

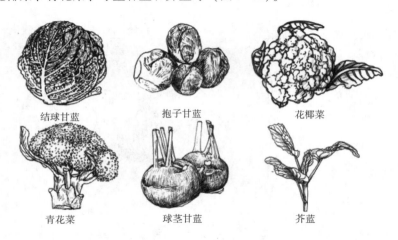

结球甘蓝　　　　　抱子甘蓝　　　　　花椰菜

青花菜　　　　　球茎甘蓝　　　　　芥蓝

图 5-32　常见甘蓝类蔬菜

1. 结球甘蓝

结球甘蓝（*Brassica oleracea* L. var. *capitata*）又称甘蓝，别名包菜、洋白菜、卷心菜、圆白菜、莲花白菜、苞子白等，属十字花科甘蓝类蔬菜，叶球供食。品种很多，依叶部形状和色泽可分为普通甘蓝、紫叶甘蓝（赤球甘蓝）和皱叶甘蓝，我国多为普通甘蓝；依叶球形状可分尖头、圆头和平头甘蓝 3 个基本类型。主要品种有夏光、中甘 11 号、京丰 1 号、西圆 3 号、西圆 4 号、秋丰、晚丰、寒光等。结球甘蓝适应性和抗逆性强、易栽培、产量高、品质好、耐贮运、营养丰富。每 100g 食用部分含水 94.4g、蛋白质 1.1g、脂肪 0.2g、碳水化合物 3.4g、粗纤维 0.5g、胡萝卜素 0.02g、维生素 B_1 0.04mg、维生素 B_2 0.04mg、维生素 B_3 0.3mg、维生素 C 38~39mg、钙 32mg、磷 24mg、铁 0.3mg，还有其他微量元素。全国普遍栽培，几乎可周年供应。

2. 抱子甘蓝

抱子甘蓝（*Brassica oleracea* L. var. *gemmifera* Zenker）是十字花科芸薹属甘蓝种中腋芽能形成小叶球的变种，二年生草本植物。别名芽甘蓝、子持甘蓝。原产欧洲、地中海沿岸，由甘蓝（*B. oleracea* L.）进化而来。自 19 世纪逐渐成为欧洲、北美洲国家的重要蔬菜之一，在英国、德国、法国等国家种植面积较大，我国台湾有小面积种植。抱子甘蓝叶稍狭，叶柄长，叶片勺子形，有皱纹。茎直立，顶芽开展，腋芽能形成许多小叶球。品种分高、矮两种类型，按叶球大小分为大抱子甘蓝和小抱子甘蓝。小叶球鲜嫩、营养丰富，每100g鲜菜中含维生素C 98～170mg，可炒食或加工罐头。

3. 花椰菜

花椰菜（*Brassica oleracea* L. var. *botrytis* L.）是十字花科芸薹属甘蓝种中以花球为食用部分的一个变种，一、二年生草本植物。别名花菜、菜花。每100g肥硕的花球含水分约92.6g、蛋白质2.4g、碳水化合物3.0g、维生素C 88mg，还含有其他维生素和矿物质。花椰菜在世界各地广泛栽培，我国福建、广东、台湾、浙江、广西等地及各大城市郊区栽培较广泛，栽培地区正迅速扩大。

4. 青花菜

青花菜（*Brassica oleracea* L. var. *italica* Plenck）是十字花科芸薹属甘蓝种中以绿或紫色花球为产品的一个变种，一、二年生草本植物。别名西蓝花。营养丰富，风味佳，每100g花球含水分89g左右、蛋白质3.6g左右、碳水化合物5.9g、维生素C约113mg以及一些矿物质。青花菜由甘蓝演化而来，栽培历史较短，但发展很快，在英国、意大利、法国、荷兰等国家广为种植。19世纪初传入美国，后传到日本，19世纪末或20世纪初传入我国，台湾栽培较为普遍，云南、广东、福建、北京、上海等地栽培较多。

5. 球茎甘蓝

球茎甘蓝（*Brassica caulorapa* Pasq.）是十字花科芸薹属甘蓝种中能形成肉质茎的变种，二年生草本植物。别名苤蓝、擘蓝、玉蔓菁等。肉质茎脆嫩，每100g球茎含水分91～94g、碳水化合物2.8～5.2g、粗蛋白1.4～2.1g、维生素C 34～64mg。可鲜食、熟食或腌制。原产地中海沿岸，由叶用甘蓝变异而来。在德国栽培最为普遍。16世纪传入我国，现全国各地均有栽培。

6. 芥蓝

芥蓝（*Brassica alboglabra* Bailey）为十字花科芸薹属中以花薹为产品的一、二年生草本植物。别名白花芥蓝。以肥嫩的花薹和嫩叶供食用，质脆嫩、清甜。芥蓝起源于我国南部，为我国特产蔬菜，主要分布广东、广西、福建和台湾等地，现已传入日本、东南亚各国以及欧洲、美洲和大洋洲。每100g芥蓝中含水分92～93g、维生素C 51～68.8mg，还含有蛋白质、碳水化合物和矿物质，具有护胃、促消化、补铁以及增强免疫力的作用。

（六）茄果类

常见茄果类蔬菜如图5-33所示。

1. 番茄

番茄（*Solanum lycopersicum*）是茄科中以成熟多汁浆果为产品的草本植物。别名西红柿、洋柿子，古名六月柿、喜报三元。果实营养丰富，具特殊风味。每100g鲜果中含水分94g左右、碳水化合物2.5～3.8g、蛋白质0.6～1.2g、维生素C 20～30mg，以及胡萝卜素、矿物盐、有机酸等营养成分，具有抗氧化、辅助降血压、防止牙龈出血等诸多功效，可以鲜食、熟食，加工制成

番茄　茄子

辣椒　甜椒

图5-33　常见茄果类蔬菜

番茄酱、汁或整果罐藏。番茄是全世界栽培最为普遍的果菜之一，美国、俄罗斯、意大利和中国为主要生产国。在欧洲、美国、中国和日本有大面积温室、塑料大棚及其他保护地设施栽培。

2. 茄子

茄子（*Solanum melongena* L.）是以浆果为产品的一年生草本植物。别名古名伽、落苏、酷酥、昆仑瓜、小菰、紫膨亨。每 100g 鲜果含水分 93~94g、碳水化合物 3.1g、蛋白质 2.3g，还含有少量特殊苦味物质茄碱甙 M（$C_{31}H_{51}NO_{12}$），有降低胆固醇、增强肝脏生理功能的作用。食用幼嫩浆果，可炒、煮、煎食、干制和盐渍。

3. 辣椒

辣椒（*Capsicum frutescens* L.）是茄科辣椒属能结辣味浆果的一年生或多年生草本植物。别名番椒、海椒、秦椒、辣茄。每 100g 鲜果含水分 70~93g、淀粉 4.2g、蛋白质 1.2~2.0g、维生素 C 73~342mg，干辣椒则富含维生素 A。食用辣椒有健胃消食、预防胆结石、改善心脏功能以及预防感冒等功效。其辛辣气味是因含有辣椒素（$C_{16}H_{27}NO_3$），辣椒素主要分布于胎座附近隔膜及表皮细胞中，以嫩果或成熟果供食，可鲜食、炒食或干制、腌制和酱渍等。

4. 甜椒

甜椒（*Capsicum frutescens* L.）是茄科辣椒属能结甜味浆果的一个亚种，一年生或多年生草本植物。别名青椒、菜椒。甜椒果肉厚而脆嫩，含有丰富的维生素 C。每 100g 青果中含水分 93.9g 左右、碳水化合物约 3.8g、维生素 C 51~272mg，每 100g 红熟果含维生素 C 170~360mg，高者 460mg，有温中散寒、开胃消食的功效。可凉拌、炒食、煮食、做馅、腌渍、加工罐头以及蜜饯。

（七）豆类

各种豆类蔬菜如图 5-34 所示。

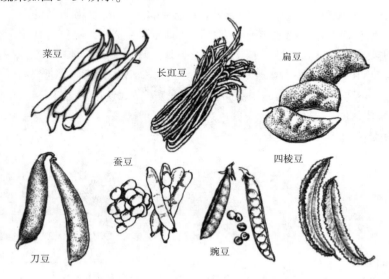

图 5-34 常见豆类蔬菜

1. 菜豆

菜豆（*Phaseolus vulgaris* L.）属一年生缠绕性草本植物。别名四季豆、芸豆、玉豆等。食用嫩荚或种子。菜豆是一年生、缠绕或近直立草本。茎被短柔毛或老时无毛。羽状复叶具 3 小叶；托叶披针形，长约 4mm。小叶宽卵形或卵状菱形，侧生的偏斜，长 4~16cm，宽 2.5~11cm，先端长渐尖，有细尖，基部圆形或宽楔形，全缘，被短柔毛。每 100g 嫩荚含水分 88~94g、蛋白质 1.1~3.2g、碳水化合物 2.3~6.5g，以及各种矿物质、维生素和氨基酸。每 100g 干种子含水分 11.2~12.3g、蛋白质 17.3~23.1g。有健脾利胃、缓解缺铁性贫血、利水消肿等作用。欧美国家大多用来速冻和加工罐头，而我国多以嫩荚食用。

2. 长豇豆

长豇豆［*Vignaunguiculata* W. ssp. *sesquipedalis*（L.）Verd.］属豇豆种中能形成长形豆荚的栽培种，一年生缠绕草本植物。别名豆角、长豆角、带豆、裙带豆。每 100g 嫩豆荚含水分 85~89g，蛋白质 2.9~3.5g，碳水化合物 5~9g，还含有各种维生素和矿物质等营养物质。嫩豆荚肉质肥厚，炒食脆嫩，也可烫后凉拌或腌泡。干种子含水分 13.4~15.5g、蛋白质约 24g、碳水化合物 50.3~54.5g、纤维素 3.8~4.7g，以及多种氨基酸、维生素和矿物质，有很好的健脾益肾的功效。干豆粒与米共煮可作主食，也可作豆沙和糕点馅料等。

3. 扁豆

扁豆［*Lablab purpureus*（L.）Sweet（syn. *Dolichos lablab* L.）］是扁豆属的一个栽培种，多年生或一年生缠绕藤本植物。别名蛾眉豆、眉豆、沿篱豆、鹊豆。主要食用扁豆的嫩荚或成熟豆粒。每 100g 嫩豆荚含水分 89~90g，蛋白质 2.8~3g、碳水化合物 5~6g。因扁豆中还含有毒蛋白、凝集素以及能引发溶血症的皂素，因此烹调前应用冷水浸泡（或用沸水稍烫）后再炒食。扁豆的种皮为白色，种子、种皮和花可入药，有消暑除湿、健脾解毒等功效。扁豆原产亚洲，印度自古栽培，之后传到埃及、苏丹等非洲热带地区。扁豆在我国大部分地区有栽培，主产于湖南、安徽、河南等地。

4. 四棱豆

四棱豆［*Psophocarpus tetragonolobus*（L.）DC.］属一年生或多年生缠绕草本植物。别名翼豆、四稔豆、杨桃豆。四棱豆荚为四棱形，多为绿色，也有桃红或紫色，种子间有隔膜。荚四角有纵向翼状物，似革质，横断面为正方形或长方形，荚长 60~350mm。四棱豆富含蛋白质、维生素、多种矿物质，营养价值极高。每 100g 嫩荚含水分 89.5~90.4g、维生素 C 20mg、纤维1.3g 和相当丰富的矿物质。每 100g 块根含碳水化合物 27~31g、粗蛋白质 11~15g，可煮食或烘烤。常食四棱豆有健脑、明目、提高免疫力、安神除烦、抗衰抗辐射、利尿消肿的功效。

豆类蔬菜中的其他种类如蚕豆、豌豆、刀豆详见本书第三章第三节。

（八）瓜类

常见瓜类蔬菜如图 5-35 所示。

1. 黄瓜

黄瓜（*Cucumis sativus* L.）是葫芦科（Cucurbitaceae）甜瓜属中幼果带刺的栽培种，一年生攀缘性草本植物。别名胡瓜。分布世界各地，我国普遍栽培。幼果脆嫩，每 100g 鲜瓜含水分 94~97g、碳水化合物 1.6~4.1g、蛋白质 0.4~1.2g、钙 12~31mg、磷 16~58mg、铁 0.2~1.5mg、维生素 C 4~25mg。适合鲜食、熟食或腌渍，是主要蔬菜之一。

2. 冬瓜

冬瓜（*Benincasa hispida* Cogn.）是葫芦科冬瓜属中的栽培种，一年生攀缘性草本植物。古名白瓜、水芝、枕瓜和蔬蓏（音 luo）。果实供食，东南亚一些地方还食用嫩茎叶。每 100g 鲜瓜含水分 95~97g、碳水化合物 1.4~2.4g、维生素 C 8~18mg。种子和外果皮可入药。我国传统医学认为冬瓜子对肠痈、肺痈、小便淋痛有疗效；外果皮辅助治疗水肿症。

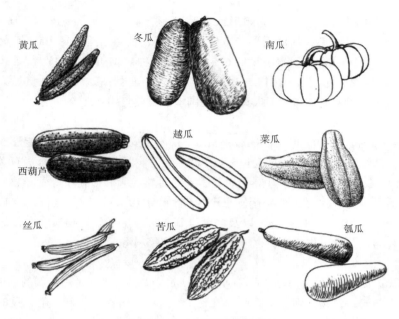

图 5-35　常见瓜类蔬菜

3. 南瓜

南瓜（*Cucurbita moschata* Duch.）是葫芦科南瓜属中叶片具白斑、果柄五棱形的栽培种，一年生蔓性草本植物。别名中国南瓜、番瓜、倭瓜、饭瓜等。嫩果或成熟果可做菜、做馅料。种子含油量达 50% 以上，可加工成干香食品，如籽、五香南瓜等。每 100g 鲜瓜含水分 91.9～97.8g、碳水化合物 1.3～5.7g、胡萝卜素 0.57～2.4mg 等营养成分。

4. 西葫芦

西葫芦（*Cucurbita pepo* L.）是葫芦科一年生蔓生草本植物，茎有棱沟，有短刚毛和半透明的糙毛。别名美洲南瓜。果实含有多种营养物质，多以嫩果炒食或做馅，种子可加工成干香食品。西葫芦原产北美洲南部，到 19 世纪中叶开始在中国栽培，现世界各地均有分布，欧洲、美洲最为普遍。

5. 越瓜

越瓜（*Cucumis melo* L. var. *conomon* Makino）是葫芦科甜瓜属甜瓜种中以嫩果生食的变种，一年生蔓性草本植物。别名梢瓜、脆瓜。嫩瓜清脆，每 100g 鲜瓜含水分 95～96g、碳水化合物 2.5～3.4g、维生素 C 4～16mg，还含有矿物质及其他维生素等，适生食，也可腌渍或炒食。主要分布于中国、日本及东南亚，我国栽培较普遍。

6. 菜瓜

菜瓜（*Cucumis melo* L. var. *flexuosus* Naud.）是葫芦科一年生匍匐或攀缘草本植物；茎、枝有棱，有黄褐色或白色的糙硬毛和疣状突起。别名蛇甜瓜。生于温热带，我国各地多有栽培，为一般大众蔬菜瓜果。因本种栽培悠久，品种繁多，果实形状、色泽、大小和味道也因品种而异，园艺上分为数十个品系，如普通香瓜、哈密瓜、白兰瓜等均属不同的品系。菜瓜甘寒，瓜肉清甜，是夏季极佳的消暑蔬菜，含丰富的矿物质钙、磷、铁，还含糖、柠檬酸和少量的维生素 A 原、B 族维生素、维生素 C 等。以嫩瓜加工腌制为主，也可炒食、凉拌及鲜食。可药用，有祛炎败毒、催吐、除湿、退黄疸等作用。

7. 丝瓜

丝瓜［*Luffa cylindrical*（L.）Roem］是葫芦科丝瓜属中的栽培种，一年生攀缘性草本植物。食用嫩果。丝瓜含蛋白质、脂肪、碳水化合物、钙、磷、铁及维生素 B_1、维生素 C，还含有皂甙、植物黏液、木糖胶、丝瓜苦味质、瓜氨酸等。每100g 鲜瓜含蛋白质 1.4~1.5g、脂肪 0.1g、碳水化合物 4.3~4.5g、粗纤维 0.3~0.5g、灰分 0.5g、钙 18~28mg、磷 39~45mg、维生素 B_2 0.03~0.06mg、维生素 B_3 0.3~0.5mg、维生素 C 5~8mg。丝瓜中含防止皮肤老化的 B 族维生素、增白皮肤的维生素 C 等成分，能保护皮肤、消除斑块，使皮肤洁白、细嫩。

8. 苦瓜

苦瓜（*Momordica charantia* L.）是葫芦科苦瓜属中的栽培种，一年生攀缘性草本植物。别名凉瓜，古名锦荔枝、癞葡萄。原产印度，现广泛栽培于世界热带到温带地区，我国南北普遍栽培。每100g 嫩果含水分约94g、蛋白质 0.7~1.0g、碳水化合物 2.6~3.5g、维生素 C 56~84mg。嫩果中糖苷含量高，味苦。随着果实成熟，糖苷被分解，苦味变淡。多食用嫩果，印度和东南亚人食用嫩梢和叶，印度尼西亚和菲律宾还取花食用。苦瓜有清热解毒、养颜嫩肤、降血糖、养血滋肝的功效。

9. 瓠瓜

瓠瓜（*Lagenaria siceraria* var hispida）是葫芦科葫芦属中的栽培种，一年生攀缘草本植物。别名瓠子、扁蒲、蒲瓜。每100g 瓠瓜可食部分含蛋白质 0.7g、脂肪 0.1g、碳水化合物 2.7g、膳食纤维 0.8g、维生素 C 11mg、钾 87mg、钙 16mg、镁 7mg 等。瓠瓜具有清热利水、止渴、解毒的作用，适用于辅助治水肿腹胀、烦热口渴、疮毒、肺炎、肠炎、糖尿病等。

（九）水生蔬菜

常见水生蔬菜如图5-36 所示。

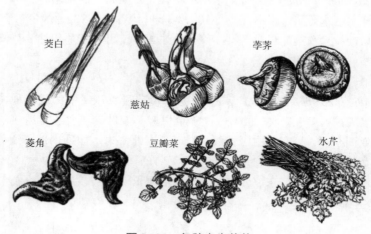

图5-36　各种水生蔬菜

1. 茭白

茭白（*Zizania caduciflora* Hand. Mazz）是禾本科（Gramineae）菰属多年生宿根水生草本植物。别名茭瓜、茭笋、菰首。可食部分为变态肉质嫩茎器官，炒食或做汤。茭白营养丰富，每100g 嫩茎含蛋白质 1.0~1.6g、碳水化合物 1.8~5.7g、粗纤维 0.7~1.1g，还含有赖氨酸等17种氨基酸。茭白风味鲜美，有利尿止渴、补虚健体以及退黄疸的功效。茭白生于湖沼水中，全国大部分地区均有栽培，秋季上市。

2. 慈姑

慈姑（*Sagittaria sagittifolia* L.）是泽泻科（Alismataceae）慈姑属中能形成球茎的栽培种，多年生草本植物。又称茨菰、慈菰，俗名剪刀草、燕尾草。每 100g 干球茎中约含淀粉 66g、蛋白质 5.6g、碳水化合物 25.7g、磷 260mg 及其他矿物质和维生素等。煮食、炒食和制淀粉，也可入药，有润肺、护心、解毒以及利尿消肿的功效和作用。慈姑原产中国，亚洲、欧洲、非洲的温带和热带均有分布。欧洲多用于观赏，中国、日本、印度和朝鲜用于蔬菜，中国分布于长江流域及其以南各省，太湖沿岸及珠江三角洲为主产区，北方有少量栽培。

3. 荸荠

荸荠［*Eleocharis tuberosa*（Roxb.）Roem. et Schult］是莎草科（Cyperaceae）荸荠属中能形成地下球茎的栽培种，多年生浅水性草本植物。别名地栗、马蹄、乌芋、凫茈。球茎质脆多汁，每 100g 新鲜球茎中含水分 74~85g、蛋白质 0.8~1.5g、碳水化合物 12.9~21.8g（其中淀粉占约 50%）及其他营养成分。可生食、炒食、煮食，也可加工罐头和提取淀粉，有健胃、祛痰、解热的功效。原产中国南部和印度。中国栽培历史悠久，在两千年前的《尔雅》中称为"芍，凫茈"。长江流域以南各省均有栽培，广西桂林、浙江余杭、江苏高邮和苏州、福建福州等地为著名产区；长江以北有少量栽培。朝鲜、日本、越南、印度、美国也有栽培。

4. 菱

菱（*Trapa bispinosa* Roxb）是菱科（Trapaceae）菱属中的栽培种，一年生蔓性水生草本植物。别名菱角、龙角、水栗，古名蓤、芰。种仁通称"菱米"或"菱肉"，生食、熟食或制菱粉。每 100g 鲜菱肉中含水分 69~81g、蛋白质 2.6~5g、碳水化合物 14.3~24g 及其他维生素和矿物质，还含有麦角甾四烯和 β-谷甾醇，具有一定的抗癌作用。茎、叶可作青饲料或沤制绿肥。

5. 豆瓣菜

豆瓣菜（*Nasturtium officinale* R. Br）是十字花科豆瓣菜属中的栽培种，一、二年生水生草本植物。别名西洋菜、水蔊菜、水田芥。每 100g 嫩茎叶约含水分 93g、维生素 C 79mg 及蛋白质和矿物质等。可做沙拉、盘菜配料或汤料。种子含油 24%，可制工业用油。豆瓣菜有通经、清燥润肺、化痰止咳、利尿的功效。

6. 水芹

水芹［*Oenanthe stolonifera*（Roxb）Wall.］是伞形花科水芹属中的栽培种，多年生水生宿根草本植物。别名刀芹、蕲、楚葵、蜀芹、紫堇。以嫩茎及叶柄供食，有退热解毒和降血压的功效。水芹原产亚洲东部，分布于中国长江流域、日本北海道、印度南部、缅甸、越南、马来亚、爪哇及菲律宾等地。中国自古食用，2000 多年前的《吕氏春秋》中称"云梦之芹"是菜中的上品。现以江西、浙江、广东、云南和贵州栽培面积较大。

（十）多年生蔬菜

1. 竹笋

竹笋是禾本科（Gramineae）竹亚科（Bambusoideae）多年生常绿木本植物可食用嫩肥短壮的芽。别名笋，古名菌、竹萌、竹芽、竹胎。每 100g 鲜竹笋含干物质 9.79g、蛋白质 3.28g、碳水化合物 4.47g、纤维 0.9g、脂肪 0.13g。竹笋性甘、微寒，能清热祛痰、解毒、利尿。

2. 香椿

香椿［*Toona sinensis*（A. Juss.）Roem.］是楝科（Meliaceae）楝属中以嫩茎叶供食的栽培种，多年生落叶乔木。古名杶、橁，别名椿芽，具芳香气味。每 100g 鲜嫩茎叶中约含水分 84g、蛋白质 9.8g、维生素 C 58mg 及钙、磷、维生素 A、维生素 B_1、维生素 B_2 等。可炒食、凉拌、油炸、干制和腌渍。有开胃健脾、清热利湿等作用。树皮、根皮和种子均可入药。中国是唯一用香椿作蔬菜的国家，山东、安徽、河南和陕西等地广泛栽培，广西北部、湖南西部和四川等地栽培也较多。

3. 黄花菜

黄花菜（*Hemerocallis citrina* Baroni）是百合科（Lilia ceae）萱草属中能形成肥嫩花蕾的宿根多年生草本。别名萱草，干制品名金针菜。每 100g 黄花菜干品中约含蛋白质 14.0g、脂肪 0.4g、碳水化合物 60.0g、钙 460mg、磷 170mg、铁 16.0mg、胡萝卜素 3.5mg、维生素 B_2 0.14mg、维生素 B_1 0.3mg、维生素 B_3 4.0mg 等。黄花菜性味甘凉，有止血、消炎、清热、利湿、消食、明目、安神等功效。适炒食、煮食或做汤，也可作花卉栽培。

4. 百合

百合是百合科百合属（*Lilium* L.）中能形成鳞茎的栽培种群，多年生宿根草本植物。古名番韭。每 100g 鳞茎含蛋白质约 3.36g、蔗糖 10.39g 左右、还原糖 3.0g、果胶 5.61g、淀粉 11.46g、脂肪 0.18g 及磷、钙、维生素 B_1、维生素 B_2 等营养物质。鳞茎供食用，也可制淀粉，花供观赏。鳞茎入药具补中益气、养阴润肺、止咳平喘等功效。

5. 石刁柏

石刁柏（*Asparagus officinalis* L.）是百合科（Liliaceae）天门冬属中能形成嫩茎的多年生宿根草本植物。别名芦笋、露笋。芦笋具有人体所必需的各种氨基酸，并含有丰富的维生素 B、维生素 A 以及叶酸、硒、铁、锰、锌等微量元素。芦笋含硒量高于一般蔬菜，与含硒丰富的蘑菇接近，甚至可与海鱼、海虾等的含硒量媲美。

6. 霸王花

霸王花［*Hylocereusundatus*（Haw.）Britt. et Rose］是仙人掌科（Cactaceae）量天尺属中以花器供食的栽培种，多年生肉质草本植物。别名剑花、量天尺、霸王鞭等。鲜花干制品是蔬菜中佳品，多作汤料，入药有清肺热和滋补功效。

7. 黄秋葵

黄秋葵（*Hibiscuse sculentus* L.）是锦葵科（Malvaceae）秋葵属中能形成嫩荚的栽培种，一年生草本植物。别名秋葵、羊角豆。黄秋葵素有蔬菜之王之称，具有极高的食用价值。黄秋葵嫩荚肉质柔嫩，含有由果胶及多糖组成的黏性物质；种子含有较多的钾、钙、铁、锌、锰等矿质元素。一般可炒食、作汤、腌渍、罐藏等。

六、野菜

野菜是非人工种植的可以食用的蔬菜，靠风力、动物等传播种子自然生长。我国地域辽阔，地形复杂，气候多样，自然环境优越，野菜资源丰富。可食用的野菜多达数百种，常见的有 100 余种，由于它们天然无公害、营养价值高、风味独特、吃法多样，且几乎所有的野菜都具有一定的医疗药用价值，近年来，野菜开发逐渐升温，有的野菜因消费者需求的增加，也逐渐转向人工栽培，如马头兰、荠菜等。

（一）特点

1. 天然可食性

野菜植物食用部分主要有茎、叶、嫩芽、地下根茎、花、果、种子。由于生长在自然状态下，野菜含有人体所需的蛋白质、脂肪、糖类、胡萝卜素、维生素、多种微量元素。野菜取之山野，风味独特。野菜中不少种类具有诱人的香味、鲜明的色泽，形态特别，食用起来常给人以"野味"之感，迎合了人们讲究特色、追新求异的心态。

2. 可再生性和有限性

野菜资源是一类有生命力的自然资源，和其他生物资源一样，同属可再生资源的范畴。但是，资源的再生、增值不是无限制的。由于人类干扰或自然灾害的影响，自然种群减少到一定数量时，某些野菜的种质就会濒临灭绝，甚至消失。认识到野菜资源的有限性，应该注意将开发利用和保护管理结合起来，进行合理的开发利用。对野菜资源不能采挖过度，要注意加强保护和人工抚育，积极研究再生技术，使有限的资源为人类永久利用。

3. 地域性和散生性

从整体看，野菜资源分布有较大的地域性，而从局部看，则又有广泛的散生性，很少见到有成片的、集中的大面积分布。

4. 多用性

野菜往往有多种用途。有许多品种既可作蔬食用，同时又可用于医药、保健、榨油、织造、日化及观赏等诸多方面。一些野菜的不同部位又往往具有不同的成分和用途，从而为野菜多方位、多目标的综合开发利用创造了条件。

5. 栽培、加工容易

与一般栽培蔬菜相比，野菜的管理较简单，病虫害较少，产量也较高。我国传统的野菜采摘、保鲜、贮藏加工技术均比较简单，所需设施较简易，在投入资金较少的情况下也能迅速发展。

（二）分类

1. 全株类

全株可食用的野菜多为草本植物。如菊科的蒲公英、苦菜，豆科的苜蓿类、歪头菜、决明，伞形科的水芹、当归，还有鱼腥草、芥菜、马齿苋、车前、升麻等。

2. 叶菜类

其幼苗、嫩芽、嫩茎叶可作蔬菜食用的植物总称叶菜类野菜。草本的如鸡眼草、藿香、轮叶党参，木本科的如刺五加、北五味子、榆、杨、柳等。

3. 根茎类

其根、茎或变态根、变态茎可作蔬菜食用的植物总称根茎类野菜。如野葛、马棘、野胡萝卜等。

4. 花菜类

其花瓣、嫩花序可作蔬菜食用的植物总称花菜类野菜。如玉兰、际百合花、野黄花、鸡冠花，豆科的槐、锦鸡儿等。

5. 果菜类

其幼果、种子可作蔬菜食用，或用其种子果实的淀粉制成豆腐、粉条供食用的植物总称果菜类野菜。如皎豆、酸浆、竹时椒、香椒子、一些仙人掌的果实、苦荞、菱角等。

6. 竹笋类

其幼芽、嫩茎可作蔬菜食用的禾本科植物总称竹笋类野菜。我国是主要的产竹国家，竹种资源丰富，用作食用的竹笋，必须组织柔嫩，无明显苦、涩味，或经过加工后可除去苦、涩味。常见的野生笋用竹有刚竹、粉绿竹、水竹、毛竹、净竹等。

（三）营养及食用方法

野菜在自然状态下生长，其营养成分大多高于栽培蔬菜，特别是维生素和无机盐的含量较为突出，有的甚至高出十倍、几十倍、甚至上百倍（表5-4）。野菜中主要含有较多的胡萝卜素

表 5-4

野菜营养成分表

普通名	别名	采食部分	水分/g	蛋白质/g	脂肪/g	碳水化合物/g	热量/kJ	粗纤维/g	灰分/g	钙/mg	磷/mg	铁/mg	胡萝卜素/mg	维生素B₁/mg	维生素B₂/mg	维生素B₃/mg	维生素C/mg
刺儿菜	小蓟、蓟蓟菜	嫩茎、叶	87.00	4.50	0.40	4.00	38.00	1.80	2.20	254.00	40.00	19.80	5.99	0.04	0.33	2.20	44.00
苦菜	苦荬菜、拒马菜	嫩叶	91.00	1.80	0.50	4.00	28.00	1.20	1.90	120.00	52.00	3.00	1.79	0.03	0.18	0.60	12.00
蒲公英	孛孛丁、黄花苗	嫩叶	84.00	4.80	1.10	5.00	49.00	2.10	3.10	216.00	93.00	10.20	7.35	0.03	0.39	1.90	47.00
苍术	山蓟、山姜	嫩茎、叶	77.00	2.90	—	—	—	4.10	—	—	—	—	3.81	—	—	8.50	49.00
清明菜	鼠曲草	嫩茎、叶	85.00	3.10	0.60	7.00	46.00	2.10	2.40	218.00	66.00	7.40	2.19	0.03	0.24	1.40	28.00
鸦葱	少立菜	嫩叶	78.00	3.10	—	—	—	3.20	—	—	—	—	6.54	—	—	1.00	51.00
菁蒿	野茼蒿	嫩茎、叶	74.00	4.50	—	—	—	2.90	—	—	—	—	5.09	—	0.33	1.20	10.00
紫苜蓿	首蓿	嫩茎、叶	82.00	5.00	0.40	8.00	58.00	2.40	2.30	332.00	115.00	8.00	3.28	0.03	0.36	0.90	92.00
		籽	11.00	36.40	8.70	28.00	336.00	12.40	4.00	595.00	520.00	59.50	—	0.41	0.21	0.70	—
槐	洋槐、豆槐	花	78.00	3.10	0.70	15.00	79.00	2.20	1.20	83.00	69.00	3.60	0.04	0.04	0.18	6.60	30.00
		果	5.00	19.30	11.60	51.00	386.00	9.50	3.70	253.00	260.00	24.10	—	—	—	—	—
野韭菜	山韭	嫩叶	86.00	3.70	0.90	3.00	35.00	4.10	2.20	129.00	47.00	5.40	1.41	0.03	0.11	0.70	21.00
小根蒜	山蒜、野蒜	全株	89.00	2.70	0.20	5.00	32.00	1.50	1.40	279.00	43.00	4.10	4.10	3.00	0.31	0.70	64.00
野葱	沙葱、麦葱	全株	89.00	2.70	0.20	5.00	32.00	1.50	1.40	279.00	43.00	4.10	4.10	3.00	0.31	0.70	64.00
玉竹	女萎	根茎	74.00	1.50	—	—	—	3.60	—	—	—	—	—	—	—	0.30	微量
刺梨	茨梨、木梨子	果	81.00	0.70	0.10	13.00	56.00	4.10	1.30	68.00	13.00	2.90	2.90	0.05	0.03	0	2585.00
龙牙草	仙鹤草	根茎、叶	71.00	—	—	—	—	—	—	—	—	—	11.20	—	—	—	150.00

续表

普通名	别名	采食部分	水分/g	蛋白质/g	脂肪/g	碳水化合物/g	热量/kJ	粗纤维/g	灰分/g	钙/mg	磷/mg	铁/mg	胡萝卜素/mg	维生素 B$_1$/mg	维生素 B$_2$/mg	维生素 B$_3$/mg	维生素 C/mg
水芹	野芹菜	嫩茎、叶	87.00	2.50	0.60	4.00	31.00	3.80	2.20	—	—	—	4.28	—	0.33	1.10	39.00
鸭儿芹	三叶芹	嫩茎、叶	83.00	2.70	0.50	9.00	51.00	2.20	2.70	338.00	46.00	20.10	7.85	0.06	0.26	0.70	18.00
酸模	猪耳朵、牛舌头	嫩叶	92.00	1.80	0.70	2.00	22.00	2.20	1.30	440.00	80.00	—	3.20	0.36	—	0.70	70.00
羊蹄	牛舌大黄、土当归	嫩叶	92.00	2.00	0.20	3.00	22.00	1.20	1.30	—	—	—	3.23	—	—	—	64.00
		根	78.00	3.00	—	—	—	2.40	2.10	—	—	—	—	—	—	—	—
藿香	兜类婆香	嫩叶	72.00	8.60	1.70	10.00	90.00	3.80	4.00	580.00	104.00	28.50	6.38	0.10	0.38	1.20	23.00
灰菜	灰条、藜	嫩茎、叶	86.00	3.50	0.80	6.00	46.00	1.20	2.30	209.00	70.00	0.90	5.36	0.13	0.29	1.40	69.00
碱蓬	棉蓬、猪毛菜	嫩茎、叶	89.00	2.80	0.30	4.00	30.00	0.90	2.70	480.00	34.00	8.30	4.00	0.26	0.28	0.70	86.00
		籽	14.00	16.20	7.90	53.00	347.00	4.50	4.70	577.00	463.00	—	—	0.04	0.17	0.30	—
蕨菜	龙头菜、鹿蕨菜	嫩茎、叶	86.00	1.60	0.40	10.00	50.00	1.30	0.40	24.00	29.00	6.70	1.68	—	—	—	35.00
		根	17.00	1.40	0.30	76.00	313.00	0.60	5.10	592.00	59.00	36.70	—	—	—	—	—
车前子	车轮菜	嫩叶、芽	79.00	4.00	1.00	10.00	65.00	3.30	2.30	309.00	175.00	25.30	5.85	0.09	0.25	—	23.00

注：100g 鲜重中包含的营养成分含量。

资料来源：食品营养成分网统计数据。

和维生素 C，另外，有些野菜还含有一般植物中所没有的维生素 D、维生素 E、维生素 B、维生素 B$_2$ 及维生素 K 等，详见表 5-4。这些野菜是开发功能性食品的宝贵资源。此外，野菜中含有多种芳香油、有机酸及多种色素等物质，是野菜具有特殊风味的主要原因；纤维素可使肠胃中食物疏松，刺激大肠蠕动，有增加食欲、帮助消化的功能。野菜的食用方法多种多样，一般烹饪时多为凉拌、炒食、蒸食、汤食。作加工品原料的有：蕨菜、山芥菜、猴腿、黄瓜香、马齿苋、唐松草、野苏子叶主要制作腌制品；薇菜、猴腿、黄瓜菜、发菜等制作干制品。除市场销售外，有些品种也出口外销。

🔍 复习思考题

1. 简述果蔬食品原料的特性。
2. 果蔬加工的途径有哪些？
3. 简述果蔬的主要成分和食用价值。
4. 水果贮藏的原理和方法有哪些？
5. 我国蔬菜生产的发展趋势有哪些？
6. 蔬菜按安全等级分为哪几类？各有什么特点？

参 考 文 献

[1] 陈杰忠. 果树栽培学各论（第二版）. 北京：中国农业出版社，2011.

[2] 李里特. 食品原料学（第二版）. 北京：中国农业出版社，2011.

[3] 刘兴华，陈维信. 果品蔬菜贮藏运销学（第三版）. 北京：中国农业出版社，2014.

[4] 蒲彪，乔旭光. 园艺产品加工工艺学. 北京：科学出版社，2012.

[5] 孙远明. 食品营养学（第三版）. 北京：中国农业大学出版社，2010.

[6] 王颉，何俊萍. 食品加工工艺学. 北京：中国农业科学技术出版社，2006.

[7] 吴锦铸，张昭其. 果蔬保鲜与加工. 北京：化学工业出版社，2001.

[8] 郗荣庭. 果树栽培学总论（第三版）. 北京：中国农业出版社，2009.

[9] 赵丽芹. 果蔬加工工艺学. 北京：中国轻工业出版社，2002.

[10] 中国农业百科全书总编辑委员会果树卷编辑委员会. 中国农业百科全书-果树卷. 北京：中国农业出版社，1993.

[11] 中国农业百科全书总编辑委员会蔬菜卷编辑委员会. 中国农业百科全书-蔬菜卷. 北京：中国农业出版社，1990.

[12] 陈鸿，陈娟. 我国蔬菜产业现状分析与发展对策. 长江蔬菜，2018（2）：81~84.

[13] 王素玲，陈明均. 我国蔬菜流通现状及发展对策. 中国蔬菜，2013（7）：1~5.

[14] 杜红平，魏国辰，付建华. 果品流通效率评价指标构建及改善建议. 商业时代，2009（10）：23~96.

[15] 李艳平，马冠生. 蔬菜、水果的营养与健康. 中国食物与营养，2002（2）：43~45.

[16] 彭海容. 我国果蔬深加工的发展趋势. 中国食品，2015（7）：76~78.

[17] 王安建，候传伟，魏书信. 生物技术在果蔬保鲜中的应用研究进展. 河南农业科学，2009

（9）：171~173.

[18] 袁巧霞，陈红. 果品采后商品化处理与我国水果业的持续发展. 粮油加工与食品机械，2002（11）：25~27.

[19] 赵国辉，高阳. 我国山野菜开发存在的问题与对策. 吉林蔬菜，2009（6）：81~82.

[20] 周艳. 我国水果生产状况分析. 南方农业，2015，9（30）：146~148.

[21] 赵松松，杨昭，张雷等. 果蔬冷链发展现状及冷激保鲜技术. 冷藏技术，2017，40（4）：52~55.

[22] 张茜，李洋，王磊明等. 生物保鲜剂在果蔬保鲜中的应用研究进展. 食品工业科技，2018（6）：308~316.

[23] 蒋宝. 臭氧处理对果实采后生理和贮藏品质影响的研究进展. 食品与机械，2018，34：196~199.

[24] Banerjee Jhumur, Singh Ramkrishna, Vijayaraghavan R, et al. Bioactives from fruit processing wastes: Green approaches to valuable chemicals. Food Chemistry, 2017, 225: 10~22.

[25] Chakraverty Amalendu, Singh R. Paul. Postharvest technology and food process engineering. Boca Raton: Critical Review in Biotechnology Press, 2016.

[26] Chen Mo, Chen Xi, Ray Soumi, et al. Stabilization and controlled release of gaseous/volatile active compounds to improve safety and quality of fresh produce. Trends in Food Science & Technology, 2020, 95: 33~44.

[27] Gao Liwei, Xu Shiwei, Li Zhemin, et al. Main grain crop postharvest losses and its reducing potential in China. Transactions of the Chinese Society of Agricultural Engineering, 2016, 32（23）: 1~11.

[28] Gowman Alison C, Picard Maisyn C, Lim Loong-Tak, et al. Fruit waste valorization for biodegradable biocomposite applications: A review. Bioresources, 2019, 14（4）: 10047~10092.

[29] Gross Kenneth C, Wang Chien Yi, Saltveit Mikal E. The commercial storage of fruits, vegetables, and florist and nursery stocks. Washington DC: United States Department of Agriculture, Agricultural Research Service, 2016.

[30] Kader A A. Increasing food availability by reducing postharvest losses of fresh produce. Proceedings of the 5th International Postharvest Symposium, 2005, 68: 2169~2175.

[31] Kitinoja L, Kader A A. Measuring postharvest losses of fresh fruits and vegetables in developing countries. Postharvest Education Foundation, 2015.

[32] Majerska Joanna, Michalska Anna, Figiel Adam. A review of new directions in managing fruit and vegetable processing by-products. Trends in Food Science & Technology, 2019, 88: 207~219.

[33] Myszka Kamila, Leja Katarzyna, Majcher Malgorzata. A current opinion on the antimicrobial importance of popular pepper essential oil and its application in food industry. Journal of Essential Oil Research, 2019, 31: 1~18.

[34] Panda Sandeep K, Ray Ramesh C, Mishra Swati S, et al. Microbial processing of fruit and vegetable wastes into potential biocommodities: A review. Critical Reviews in Biotechnology, 2018, 38: 1~16.

[35] Potter Norman N, Hotchkiss Joseph H. Food science. Dordrecht: Springer Science & Business Media, 2012.

[36] Ruan Jiazhao, Li Mengya, Jin Haihong, et al. UV-B irradiation alleviates the deterioration of cold-stored mangoes by enhancing endogenous nitric oxide levels. Food Chemistry, 2014, 169: 417~423.

[37] Soumya Mukherjee. Recent advancements in the mechanism of nitri coxide signaling associated with hydrogen sulfide and melatonin crosstalk during ethylene-induced fruit ripening in plants. Nitric Oxide-Biology and Chemistry, 2019, 82: 25~34.

[38] Van Duyn MS, Pivonka E. Overview of the health benefits of fruit and vegetable consumption for the dietetics professional: selected literature. Journal of the American Dietetic Association, 2000, 100（12）: 1511~1521.

第六章

食用菌原料

[学习目标]

1. 了解常见食用菌的基本形态特征和辨识方法；
2. 学习食用菌的主要营养和功能成分以及食药用价值；
3. 掌握食用菌加工的目的和主要加工技术及产品；
4. 熟悉食用菌的贮藏保鲜方法和基本原理；
5. 了解我国食用菌生产加工的发展趋势和面临的挑战。

第一节 概 论

一、 食用菌的概念

食用菌（Edible mushroom）是指可食用的大型真菌，包括食药兼用和药用大型真菌。它们多数为担子菌，如双孢蘑菇、香菇、草菇、牛肝菌等；少数为子囊菌，如羊肚菌、块菌等。食用菌又俗称为"菇""蕈""蘑""菌""耳""芝""伞"等，不仅味道鲜美，并且营养丰富，常被人们称为健康食品。

二、 食用菌的生产

我国食用菌资源十分丰富，也是最早栽培食用菌的国家之一。近十年来，我国食用菌的产量和产值发生了巨大变化。在我国农产品行业中，食用菌已成为继粮食、蔬菜、水果、油料之后的第五大农业产业。据中国食用菌协会统计，2018 年我国食用菌产量为 3842.04 万 t，约占世界总产量的 3/4，产值达到了 2937.37 亿元（图 6-1）。其中，产量排名前五位的品种是香菇（1043.12 万 t）、黑木耳（674.03 万 t）、平菇（642.82 万 t）、双孢蘑菇（307.49 万 t）和金针菇（257.56 万 t）。此外，食用菌工厂化企业数量也逐年上升，截至目前，食用菌工厂化企业近

600家。随着食用菌现代化栽培和管理技术不断发展，以及人们对健康饮食需求不断增加，食用菌将成为现代食品原料供应链中的重要组成部分。

图6-1 2012—2018年我国食用菌总产量与产值走势图

资料来源：中国食用菌协会，《2018年度全国食用菌统计调查结果分析》。

三、 食用菌的营养价值与消费

食用菌味道鲜美、肉质细嫩、营养全面，自古以来就被列为上等佳肴。古代因食用菌大多生长于深山之中，故有"山珍"之称。近年来，随着对食用菌基础和应用研究的不断深入，证明食用菌不仅富含蛋白质、人体必需氨基酸、多种维生素、矿物质元素，并且还含有多糖、免疫调节蛋白等生理活性物质，对人体具有良好的营养、保健和药用价值。世界蕈菌专家张树庭教授形象地描述食用菌的特点是"无叶无芽无花，自身结果；可食可补可药，周身是宝"。联合国粮食及农业组织（FAO）也提出"一荤一素一菇"是最合理的膳食结构。

新鲜食用菌含水量很高，一般在90%以上，干菇的含水量在5%~20%。从营养组成上看，食用菌子实体（干基）中碳水化合物占21%~36%，主要成分为戊糖胶（木糖、核糖）、甲基戊糖、己糖（半乳糖、葡萄糖、甘露糖）和双糖等；蛋白质占13%~46%，高于多数粮食作物、蔬菜或水果，甚至可以和大多畜禽类食品原料相媲美；氨基酸种类齐全，其中人体所需的八种必需氨基酸含量高，达到或超过了FAO/WHO提出的理想蛋白质含量；脂肪含量很低，大多数占比在2%以下；富含维生素，其中新鲜草菇的维生素C含量可以高达206.27mg/100g，新鲜香菇的维生素D含量达到246mg/100g。此外，食用菌除了一般营养成分外，还含有多糖、萜类、甾醇、嘌呤等生理活性成分。食用菌中这些活性成分表现出免疫增强、抗肿瘤、抗菌消炎、延缓衰老、调节心血管系统和神经系统功能等作用。多年来，针对食用菌中功能活性成分开发了多种功能性食品和药品。

我国食用菌以鲜食为主，采后加工率仅为5%~6%，其中精深加工占比不足10%，主要加工产品还是以脱水干制为主。而美国、日本等食用菌的加工率达70%~75%。因此，我国食用菌产业亟须从目前的初加工阶段发展步入精深加工阶段，未来发展潜力和空间巨大。本章从规模化栽培的食用菌和未驯化的野生食用菌两方面进行介绍，为现代食用菌原料开发及应用奠定基础。

第二节 规模化栽培的食用菌

一、香菇

（一）概述

香菇（*Lentinus edodes*），又名香菌、花菇、香蕈，属担子菌亚门，层菌纲，伞菌目，口蘑科，香菇属。我国是世界上最早认识和栽培香菇的国家。早在公元前239年，《吕氏春秋》中就有食用香菇的记载："味之美者，越骆之菌"。其中"越"指浙江，"菌"即香菇。此后西汉《礼记》和西晋《博物志异草木》中均有记载："食所加庶羞有芝䓴""江南诸山群中，大树断倒者，经春夏生菌，谓之堪，食之有味"。《槎东云川吴氏宗谱》记载了一位名叫吴三公的浙江农民，首次发现了味鲜无毒的香菇，并发明了香菇栽培术——"砍花法"和"惊蕈术"，被后世尊称为"菇神"。

据统计，香菇自2012年以来成为我国产量最大的食用菌，2017年香菇产量986.51万t，同比增长9.82%。目前，我国香菇主产区可分为东南（福建、浙江）、华中（湖北、河南）、东北（辽宁、吉林）和西南（四川、重庆、云南）四大产区。我国香菇栽培的工厂化比例较低，代料栽培和段木栽培仍是主要的栽培方式。代料香菇的主产区是东南和华中地区，段木栽培香菇主要集中在华中地区。

香菇按生产季节可分为秋菇、冬菇和春菇，其中以冬菇品质最优；按商品性质可分为花菇、厚菇（冬菇）、薄菇和鲜菇，前三者为干制香菇。

（二）形态与性状

如图6-2所示，香菇的子实体中等至稍大，菌盖直径4~15cm，最大可达20cm，菌盖初期呈现扁半球形，后渐平展，淡褐色、茶褐色至黑褐色，常覆有白色或褐色鳞片，呈辐射状排列，中部的鳞片颜色较深而大，边缘淡而小，有时发生龟裂，边缘初时内卷，后伸展；幼时菌盖边缘有白色至浅褐色毛绒状内菌幕，后期消失。菌肉白色，厚至稍厚，细密。菌褶白色，细密，弯曲，不等长。菌柄近圆柱形或稍扁，上部白色，下部呈褐色，弯曲，长3~6cm，粗0.5~1.5cm，菌环白色易消失，菌环以下有纤维状白色鳞片，内部实，后期近纤维质。孢子印白色，孢子无色。

图6-2 香菇

（三）品质规格与标准

参照NY/T 1061—2006《香菇等级规格》，在符合要求的前提下，香菇分为特级、一级和二级，干香菇（花菇、厚菇、薄菇）和鲜菇的等级规定见表6-1和表6-2；香菇规格按鲜、干香菇菌盖直径划分，分为小、中、大三种规格，具体见表6-3。

表 6-1　　　　　　　　　　　　　干香菇等级

项目		特级	一级	二级
干花菇	菌褶颜色	米黄色至淡黄色		淡黄色至暗黄
	形状	扁半球形稍平展或伞形，菇形规整		扁半球形稍平展或伞形
	菌盖厚度/cm	>1.0	>0.5	>0.3
	菌盖表面花纹	花纹明显、龟裂深	花纹较明显、龟裂较深	花纹较少、龟裂浅
	开伞度/分	<6	<7	<8
	虫蛀菇、残缺菇、碎菇体/%	无	<1.0	1.0~3.0
干厚菇	菌褶颜色	菌盖淡褐色至褐色，或黑褐色		
	形状	扁半球形稍平展或伞形，菇形规整		扁半球形稍平展或伞形
	菌盖厚度/cm	>0.8	>0.5	>0.3
	菌褶颜色	菌褶淡黄色	菌褶黄色	菌褶暗黄色
	开伞度/分	<6	<7	<8
	虫蛀菇、残缺菇、碎菇体/%	无	>1.0	2.0~5.0
干薄菇	菌褶颜色	菌盖淡褐色至褐色		
	形状	扁半球形平展，菇形规整		扁半球形平展
	菌盖厚度/cm	>0.4	>0.3	>0.2
	菌褶颜色	菌褶淡黄色	菌褶黄色	菌褶暗黄色
	开伞度/分	<7	<8	<9
	残缺菇、碎菇体/%	<1.5	1.5~3.0	3.0~5.0

资料来源：NY/T 1061—2006《香菇等级规格》。

表 6-2　　　　　　　　　　　　　鲜菇等级

项目	特级	一级	二级
颜色	菌盖淡褐色至褐色，菌盖乳白色略带浅黄色		
形状	扁半球形平展或伞形，菇形规整		扁半球形平展
菌盖厚度/cm	>0.4	>0.3	>0.2
菌褶颜色	菌褶淡黄色	菌褶黄色	菌褶暗黄色
开伞度/分	<7	<8	<9
残缺菇、碎菇体/%	<1.5	1.5~3.0	3.0~5.0

资料来源：NY/T 1061—2006《香菇等级规格》。

表 6-3　　　　　　　　　　　干、鲜香菇规格　　　　　　　　　　单位：cm

类别	小（S）	中（M）	大（L）
干香菇直径	<4.0	4.0~6.0	>6.0
鲜香菇直径	<5.0	5.0~7.0	>7.0

（四）营养与功能品质

香菇在民间素有"菇中皇后""山珍"的美誉。据成分分析，每100g干香菇中含有蛋白质

13g、脂肪 1.8g、糖 54g、粗纤维 7.8g、灰分 4.9g、维生素 B_1 0.07mg、维生素 B_2 1.13mg、维生素 B_3 18.9mg。此外，香菇中还含有一般蔬菜所缺少的维生素 D 源（麦角甾醇）260mg，人体吸收后，经太阳光照射后转为维生素 D，可以促进骨骼生长，预防佝偻病。

香菇中共有氨基酸 16 种，其中人体必需氨基酸 7 种。总氨基酸含量为 1379mg/100g，其中必需氨基酸总量达 318mg/100g，占氨基酸总量的 23%。我国居民膳食中小麦、大米等主食的第一限制性氨基酸是赖氨酸，赖氨酸在促进儿童生长发育方面有重要作用，因此，日常食用香菇可以达到菇粮氨基酸互补的作用。

香菇中还富含人体必需矿物质元素，其中磷含量最高，达到 415mg/kg，其次为钙（114.24mg/kg）、镁（48.13mg/kg）、铁（41.83mg/kg）、锌（32.71mg/kg）、锰（10.58mg/kg）、铜（6.66mg/kg）。此外，还含有人体必需微量元素铯（0.16mg/kg）。经常食用香菇可以增加人体必需微量元素的摄入，对人体细胞代谢、血红蛋白的合成和器官的正常发育起着重要的作用。

香菇还具有良好的药用价值，香菇中多糖、嘌呤、水溶性木质素、氯化氨甲酰胆碱、凝集素具有良好的功能，能预防和辅助治疗多种疾病。香菇多糖具有抗癌、增强免疫力、保肝和降低胆固醇的作用；香菇嘌呤能降血脂、抗血栓；双链核苷酸能诱发干扰素，抵抗病毒。

（五）贮藏与加工利用

香菇贮藏以 0~5℃为宜，气体成分为 2%~3% 的 O_2、10%~13% 的 CO_2，最适宜的空气相对湿度为 80%~90%，若湿度过低，香菇水分过度散失，导致子实体收缩而降低保鲜效果。香菇采后含水量高、质脆，贮藏中易破损，菇盖呈水渍状。香菇采后经修剪放于 30~35℃下，使其失水 20%~30%，然后即可入库贮藏。

香菇加工目前仍以初加工为主，干制品和罐头占市场香菇制品的 90% 左右，精深加工品不多，目前精深加工品主要有香菇主食化产品、香菇休闲食品、香菇饮料和香菇功能产品等。

二、双孢蘑菇

（一）概述

双孢蘑菇（*Agaricus bisporus*），又名蘑菇、洋蘑菇、白蘑菇等，属担子菌亚门层菌纲伞菌目口蘑科蘑菇属。双孢蘑菇的栽培起源于 16 世纪的法国，距今已有 400 余年的历史，在 20 世纪 30 年代初引入我国，现已在全国范围内较大规模栽培。它是目前唯一全球性栽培的食用菌，有"世界菇"之称。

现今，双孢蘑菇处于产业转型期，受到稻草等原料收集困难、劳动强度大、劳动力短缺、生产成本上涨、劳动力转移、异常气候等因素影响，特别是受其他高效益农业产业吸引，很多菇农的双孢蘑菇种植意愿不高或者改种砂糖橘，农法栽培面积迅速减小。根据中国食用菌协会统计，截至 2017 年，双孢蘑菇产量为 289.52 万 t，比 2016 年减产 13.63%，但是双孢蘑菇仍为我国食用菌产量第四大品种。

（二）形态与性状

如图 6-3 所示，双孢蘑菇子实体中等大小，菌盖宽 5~12cm，初半球形，后平展，白色，光滑，略干渐变黄色，边缘初期内卷；菌肉白色，伤后呈淡红色；菌褶初粉红色，后变褐色至黑褐色；菌柄长 4.5~9cm，粗 1.5~3.5cm，白色，光滑，具丝光，近圆柱形，内部松软或中实；菌环单

图 6-3　双孢蘑菇

层，白色，膜质，生菌柄中部，易脱落。菌柄呈现内实短粗圆柱状生长，表面略有纤毛；菌环生长在菌柄下部，是白色膜质形态。

（三）品质规格与标准

参照 NY/T 1790—2009《双孢蘑菇等级规格》，在符合基本要求的前提下，以新鲜双孢蘑菇菌盖直径来划分双孢蘑菇的规格，规格的划分依据可参考表 6-4 的要求；新鲜双孢蘑菇分为特级、一级和二级，各等级可参考表 6-5 的规定。

表 6-4　　　　　　　　　　　　　　新鲜白色双孢蘑菇规格　　　　　　　　　　　　　单位：cm

规格	小（S）	中（M）	大（L）
菌盖直径	<2.5	2.5~4.5	>4.5
同一包装最大直径和最小直径的差异	≤0.7	≤0.8	≤0.8

资料来源：NY/T 1790—2009《双孢蘑菇等级规格》。

表 6-5　　　　　　　　　　　　　　新鲜白色双孢蘑菇等级

项目	特级	一级	二级
菇体颜色	白色，无机械损伤或其他原因导致的色斑	白色，有轻微机械损伤或其他原因导致的色斑	白色或乳白色，有机械损伤或其他原因导致的色斑
菇体形状	圆形或近圆形，形态圆整，表面光滑，菇盖无凹陷；菇柄长度不大于10mm；无畸形菇、变色菇和开伞菇。无机械损伤及其他伤害	圆形或近圆形，形态圆整，表面光滑，菇盖无凹陷；菇柄长度不大于15mm；变色菇、开伞菇和畸形菇的总量小于5%。轻度机械损伤或其他伤害	圆形或近圆形，形态圆整，表面光滑；菇柄长度不大于15mm；变色菇、开伞菇和畸形菇的总量小于10%。菇体有损伤，但仍具有商品价值

资料来源：NY/T 1790—2009《双孢蘑菇等级规格》。

（四）营养与功能品质

双孢蘑菇因具有高蛋白、低脂肪等特点，已成为消费量最高的食用菌类食物之一。双孢蘑菇味道鲜美、质地柔嫩。据测定，每 100g 干菇中约含蛋白质 40g、碳水化合物 31.2g、脂肪 3.6g、磷 718mg、铁 188.5mg、钙 131mg、灰分 14.2mg、粗纤维 6g，此外还含有维生素 B_1、维生素 B_2、维生素 C、维生素 B_3 等，由于它的营养比一般蔬菜高，所以有"植物肉"之称。双孢蘑菇的蛋白质含量占鲜重的 4% 左右，另外它还含有 18 种氨基酸，其中赖氨酸含量比香菇高出两倍多。双孢蘑菇中所含多糖类物质具有抗癌作用。长期食用双孢蘑菇能有效预防坏血病、肿瘤、动脉硬化，兼有补脾、润肺、理气、化痰之功效，还能防止恶性贫血、改善神经功能、降低血脂，并能一定程度地增加饱腹感。

（五）贮藏与加工利用

双孢蘑菇的水分含量较高，所以在从产地到餐桌的一系列过程中非常容易发生品质劣变现象。因此，除了采取适当的保鲜技术外，双孢蘑菇的加工需求也越来越大。双孢蘑菇的贮藏保鲜方法较多，但考虑到口感等多种因素，可采用综合措施进行贮藏。如选择较易贮藏的品种，采菇前适宜喷水管理，尽量减少鲜菇采收时的机械损伤，贮运环境具有良好的卫生条件和通风状况，再配以低温、气调等保鲜方法，可以使双孢蘑菇的保鲜时间达一周左右。双孢蘑菇的最佳贮藏条件为贮藏温度 2.1℃、相对湿度 93%~100%、5.3% O_2、15% CO_2。目前我国双孢蘑菇主要以蘑菇罐头、蘑菇干片、盐水蘑菇等加工产品出口。

三、 金针菇

（一）概述

金针菇（*Flammulina velutipes*），又名冬菇、朴菇和毛柄金钱菌等，属担子菌亚门层菌纲伞菌目口蘑科金钱菌属。因口感清香爽口，且具有丰富的营养价值，成为亚洲国家最受欢迎的食用菌之一。金针菇为腐生营养型，不含叶绿素，所以不能进行光合作用制造碳水化合物，但可在完全黑暗的环境中生长，吸收现成的有机物质，如碳水化合物、蛋白质和脂肪的降解物，多生长于柳、榆、白杨树等阔叶树的枯树干及树桩上。

我国栽培金针菇历史悠久，20 世纪 30 年代初期我国就进行了金针菇的瓶栽试验，80 年代初开始采用丙烯塑料袋栽培金针菇，使得金针菇的单位面积产量和经济效益远高于其他菇类。金针菇的栽培材料除木屑外，还有棉籽壳、甘蔗渣等。目前，栽培方式已经从瓶栽全部转为塑料包栽培，并且利用各种自动化控制设备形成一整套工业化生产金针菇的体系。金针菇栽培原料范围广，适应性强，技术简单，既可大面积专业栽培，又能小面积家庭生产，是很有发展前途的栽培菌类品种。根据中国食用菌协会统计，2017 年全国金针菇产量为 247.92 万 t，仅次于香菇、黑木耳、平菇、双孢蘑菇位于第五位。

（二）形态与性状

金针菇由菌丝体和子实体两大部分组成。菌丝体由孢子萌发而成，在人工培养条件下，菌丝通常呈白色绒毛状，有横隔和分枝。与其他食用菌不同的是，菌丝体长到一定阶段会形成大量的分生孢子，在适宜条件下可萌发成单核菌丝或双核菌丝。研究发现，金针菇菌丝阶段的分生孢子多少与金针菇的质量有关，分生孢子多的质量差，菌柄基部颜色较深。子实体主要功能是产生孢子，繁殖后代。金针菇的子实体由菌盖、菌褶和菌柄三部分组成，多数成束生长，肉质柔软有弹性（图 6-4）。菌盖呈球形或呈扁半球形，直径 1.5～1.7cm。菌盖表面有胶质薄层，湿时有黏性，颜色从黄白到黄褐色不等；菌肉呈白色，中央厚，边缘薄；菌褶白色或象牙色，较稀疏，长短不一，与菌柄离生或弯生；菌柄呈中空圆柱状，稍弯曲，长 3.5～15cm，直径 0.3～1.5cm，基部相连，上部呈肉质，下部为革质，表面密生黑褐色短绒毛；孢子生于菌褶子实层上，呈无色圆柱形。

图 6-4 金针菇

（三）品质规格与标准

目前市场金针菇鲜品参照 NY/T 1934—2010《双孢蘑菇、金针菇贮运技术规范》，一般分为三级（表 6-6）。

表 6-6 新鲜金针菇等级

项目	一级	二级	三级
色泽	菌盖呈白色，菌盖直径不超过 1cm，盖内卷呈半球形。菌柄长 13～16cm，白色或大部分白色、少部分为淡黄色，基部修剪干净不粘连	菇体呈白色或淡黄色，菌盖直径不超 1.5cm，盖内卷呈半球形。菌柄长 10～18cm，白色或少部分白色、大部分为淡黄色或金黄色，基部修剪干净	菇体呈白色、金黄色或淡咖啡色，菌盖直径不超过 2.5cm，菌柄长 6～20cm，无明显纤维质感，基部修剪干净

续表

项目	一级	二级	三级
滋味气味	具有鲜金针菇应有的自然滋味和气味		
组织形态	菇形完整，无畸形、无病虫、无斑点、无霉烂变质及杂质	菇形完整，无畸形、无病虫害、无霉烂变质及杂质	菇形较完整，无畸形、无病虫害、无霉烂变质及杂质

资料来源：NY/T 1934—2010《双孢蘑菇、金针菇贮运技术规范》。

（四）营养与功能品质

新鲜金针菇富含碳水化合物、B族维生素、维生素C、矿物质、胡萝卜素、蛋白质、植物血凝素、多糖、牛磺酸、香菇嘌呤、麦冬甾醇、细胞溶解毒素、冬菇细胞毒素等，具有很高的营养价值。由于其富含赖氨酸和精氨酸，具有提高智力的功能，所以金针菇又被称为"益智菇"。金针菇多糖在金针菇中含量较高，具有抗氧化、抗肿瘤、免疫调节、保肝、美容等作用。

（五）贮藏与加工利用

鲜金针菇不耐贮藏，采收后需尽快处理，暂时存放应在低温黑暗处，将菇体摊薄，禁止堆积，严禁向菇体洒水。盐渍是金针菇主要的加工方法，包装方法主要有罐头包装、塑料膜真空包装等。此外，干制也是金针菇贮藏与加工的有效手段，即将新鲜金针菇晒干或烘干至含水量10%~12%。晒干的金针菇颜色较深，不耐久藏。烘干的金针菇色泽好，质量高，耐久藏，但成本较高。目前金针菇的加工利用方式主要为加工罐头或利用金针菇的发酵液制作酸乳，金针菇发酵营养液富含矿物质、糖类、蛋白质、脂肪等营养成分，且不含砷、汞等重金属和细菌病原体，是一种理想的安全健康的天然发酵液。

四、平菇

（一）概述

平菇（*Pleurotus ostreatus*），学名侧耳，又名糙皮侧耳、黑牡丹菇、蚝菇等，属担子菌亚门层菌纲伞菌目侧耳科侧耳属。狭义上平菇专指糙皮侧耳。早在六、七百年前，南宋文学家朱弁出使金国时所作的《谢崔致君饷天花》一诗中："三年北馈饱膻荤，佳蔬颇忆南州味，地菜方为九夏珍，天花忽从五台至。"就热情地歌颂了平菇，赞誉平菇味道鲜美，令人回味无穷。

平菇适应性强、生长快，栽培技术成熟，是目前我国栽培面积较大的主要食用菌之一，分布广泛。糙皮侧耳、美味侧耳、白黄侧耳、凤尾菇、佛罗里达侧耳是我国目前主要栽培的平菇种类。根据中国食用菌协会统计，2017年平菇为我国食用菌产量第三大品种，产量为546.39万t，比2016年增加了1.54%。

（二）形态与性状

平菇由菌丝体及子实体两部分组成（图6-5），菌丝体是肉眼无法直接观察到的白色丝状物，而食用的部分即为子实体。在子实体后端较薄且具有多褶皱的部分称为菌褶，上面布满着平菇孢子。子实体的发育阶段分为：原基期、分化期、成形期及成熟期。侧耳属真菌的子实体成熟时，菌柄一般为侧生或偏生，多侧生于菌盖的一侧，酷似人的耳朵，因此得名。平菇子实体伞盖大小不一，伞盖颜色由平菇种类决定，

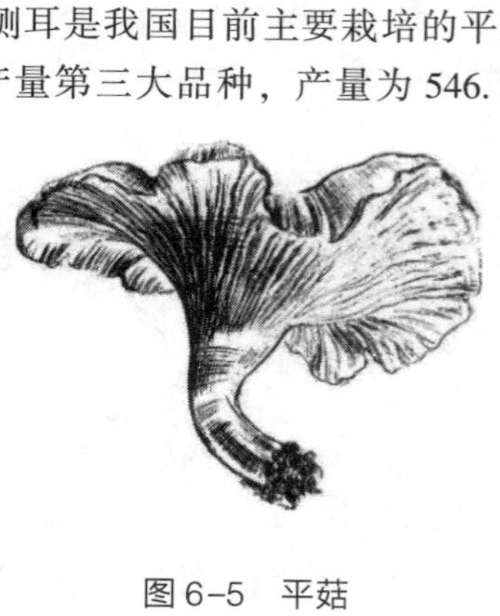

图6-5 平菇

多为灰色，也有灰白色、深灰色、褐色、黑色等品种。菌褶位于菌伞下方，排列整齐，由菌伞正中央向边缘辐射，呈刀片状。

（三）品质规格与标准

参照 NY/T 2715—2015《平菇等级规格》，在基本符合要求的前提下，以菌盖直径为指标，平菇划分为小（S）、中（M）、大（L）三种规格，规格划分可参考表6-7规定；平菇分为特级、一级和二级，各等级可参考表6-8的规定。

表6-7 　　　　　　　　　　　　　平菇规格 　　　　　　　　　单位：cm

类别	小（S）	中（M）	大（L）
糙皮侧耳	<6.0	6.0~8.0	>8.0
白黄侧耳	<2.8	2.8~4.0	>4.0
肺形侧耳	<4.0	4.0~5.0	>5.0

资料来源：NY/T 2715—2015《平菇等级规格》。

表6-8 　　　　　　　　　　　　　平菇等级

项目	特级	一级	二级
色泽	具有该品种自然颜色，且色泽均匀一致，菌盖光洁，无异色斑点	具有该品种自然颜色，且色泽较均匀一致，菌盖光洁，允许有轻微异色斑点	具有该品种自然颜色，且色泽基本均匀一致，菌盖较光洁，带有轻微异色斑点
形态	扇形或掌状形，菌盖边缘内卷，菌肉肥厚，菌柄基部切削平整，无渍水状、无黏滑感	扇形或掌状形，菌盖边缘稍平展，菌肉较肥厚，菌柄基部切削较平整，无渍水状、无黏滑感	扇形或掌状形，菌盖边缘平展，菌柄基部切削允许有不规整存在
缺残菇/%	≤8.0	≤10.0	≤12.0
畸形菇/%	无	≤2.0	≤5.0

资料来源：NY/T 2715—2015《平菇等级规格》。

（四）营养与功能品质

平菇富含大量碳水化合物、维生素、氨基酸与矿物质，具有高蛋白、低脂肪的特点。特别是平菇富含谷氨酸、鸟氨酸、胞苷酸等呈鲜或提鲜物质，因此味道极其鲜美。子实体中最重要的营养成分为蛋白质，经测定，每1kg平菇干品中，蛋白质含量为194.3g、粗脂肪17.1g、粗纤维82.1g、维生素 B_3 46.0~108.7mg、维生素 B_1 1.2~4.8mg、维生素 B_2 4.7mg，钙、钠等矿物质元素含量高，而砷、铅等有害元素含量很低。平菇还含有甘露糖醇。

平菇性温，味甘，药用价值极高，具有舒筋活络、增进食欲、补脾、养胃、除湿驱寒等功效，长期食用还可预防高血压、高血脂，降低动脉硬化的风险，对更年期综合征也有明显的调节作用。平菇中含有 β-D-葡聚糖，具有抗菌、抑制癌细胞、抗氧化及免疫调节作用；肽聚糖、植物凝集素能够抗癌。

（五）贮藏与加工利用

平菇褐变速度快，因而影响外观，从而降低品质。平菇的贮藏保鲜方法通常有气调保鲜、化学保鲜、冷藏保鲜、辐照保鲜、熏蒸贮藏保鲜等。低温可以降低平菇中多酚氧化酶、过氧化物酶等酶的活性，延缓平菇的生理生化反应，降低呼吸消耗，从而起到贮藏保鲜效果。熏蒸贮藏可以采用克霉灵熏蒸，但不能让平菇直接接触克霉灵，此法可使平菇保鲜一周左右。

目前市场上销售的主要为新鲜平菇，也有部分平菇深加工产品，如平菇肉松、平菇香肠、平菇罐头、平菇脆片、平菇挂面等，更多深加工产品还有待开发。

五、杏鲍菇

（一）概述

杏鲍菇（*Pleurotus eryngii*），又名刺芹侧耳，属担子菌亚门，层菌纲，伞菌目，侧耳科，侧耳属。杏鲍菇工厂化栽培始于 20 世纪 70 年代中期的意大利，近年来杏鲍菇人工栽培得到了快速发展，我国人工栽培杏鲍菇始于 20 世纪 90 年代后期。根据中国食用菌协会统计，2017 年全国杏鲍菇产量达到 159.71 万 t。

（二）形态与性状

杏鲍菇一般形状为菌盖中央稍凹，近圆形或漏斗形（图 6-6），表面淡黄色、淡红褐色、灰褐色，有丝状光泽，平滑，有近放射状或波浪状细条纹；菌褶延伸、乳白色、边缘及两侧平滑；菌柄偏生至侧生，表面光滑，白色或近白色，圆柱形、棒槌状、中实。

图6-6 杏鲍菇

（三）品质规格与标准

参照地方标准 DB35/504—2003《杏鲍菇》，在基本符合要求的前提下，杏鲍菇分为特级、一级和二级，见表 6-9 和表 6-10。

表6-9　　　　　　　　　　　　新鲜杏鲍菇感官指标

项目	特级	一级	二级
色泽	菌盖浅灰褐色、淡黄色，表面有丝状光泽；菌肉白色；菌褶白色或近白色；菌柄白色、近白色或淡黄色		
形状	菌盖近圆形；菇柄似圆柱形、棒槌状		
气味	杏鲍菇特有的轻微杏仁香味、无异味		
残缺菇/%≤	1.0	1.0	2.0
附着物/%≤	0.3	0.5	1.0
异物	霉烂菇、虫体、毛发、塑料碎片、金属物、沙石等不允许混入		

注：附着物指附着在杏鲍菇产品中的培养料残渣等。

资料来源：DB35/504—2003《杏鲍菇》。

表6-10　　　　　　　　　　　　干杏鲍菇感官指标

项目	特级	一级	二级
色泽	菌盖淡黄色、黄褐色或褐色		
	菌肉白色	菌肉白色或浅白色	菌肉近白色，稍带红褐色斑纹
形状	薄片状，菇片边沿厚、中间薄		
气味	杏鲍菇特有的清香味（略带酸味）、无异味		

续表

项目	特级	一级	二级
残缺菇/%≤	1.0	2.0	3.0
附着物/%≤	0.3	0.5	1.0
异物	霉烂菇、虫体、毛发、塑料碎片、金属物、沙石等不允许混入		

资料来源：DB35/504—2003《杏鲍菇》。

（四）营养与功能品质

杏鲍菇质地脆嫩，且营养丰富。100g 杏鲍菇干品含蛋白质 21.44g、脂肪 1.88g、还原糖 2.17g、总糖 36.7g、甘露糖醇 2.27g、游离氨基酸 2.36g、灰分 7.83g、水分 11.56g。与香菇、银耳和黑木耳干品相比，杏鲍菇蛋白质和矿物质（钙、镁、铜、锌等）含量较高，甘露糖醇、游离氨基酸含量也丰富，而脂肪含量和总糖含量较低。

杏鲍菇中水溶性多糖不仅能显著降低总胆固醇、血脂、胆固醇和低密度脂蛋白胆固醇，而且也会使高密度脂蛋白胆固醇增加。它可有效防止过多脂肪肝组织的形成，故水溶性多糖可用来降血脂和保肝。杏鲍菇多糖还能抑制肿瘤的生长，并且具有抗亚油酸模型系统自动氧化的保护作用，故杏鲍菇可作为天然抗氧化剂、功能性食品、食品添加剂或营养保健品的配料。

（五）贮藏与加工利用

随着人们对杏鲍菇营养价值及药用功能的认识，新鲜杏鲍菇的需求和消费量不断增加。由于其含有丰富的营养成分，含水量又很高，是天然的细菌培养基，极易腐烂，其产品的分销和营销困难重重。因此，在生产和供应链中不断探索延长采后贮藏期的相关研究是将来很长时期的课题。

在初加工方面，由于国内外文化及饮食习惯的差异，国内多数将杏鲍菇直接烹调食用，少数进行加工，如加工罐头、干制品、果脯、保健饮料、即食食品等。随着人们生活品质和健康意识的提高，将这一营养价值较高的原料应用到调味品的趋势越来越大，如制作杏鲍菇酱油、杏鲍菇精调味料产品、浓缩蘑菇汁、菇酱等。

六、草菇

（一）概述

草菇（*Volvariella volvacea*），又名兰花菇、苞脚菇、麻菇等，属担子菌亚门，层菌纲，伞菌目，光柄菇科，小苞脚菇属。为食药兼用型真菌。我国是草菇的发源地和主产国，在明末徐光启的《农政全书》中就已记载了草菇。草菇最早也称南华菇，是以广东省北部韶关附近的南华寺命名，20 世纪 30 年代由华侨传入世界各国，因此，草菇素有"中国菇"之称。草菇是一种重要的热带、亚热带菇类，被列为"21 世纪白色农业之首"。草菇是世界第三大栽培食用菌，我国草菇产量占全世界总产量的 70%～80%，居世界首位。草菇多自然生长于稻草上，是喜热、喜湿的草腐真菌。据调查，每 100kg 麦（稻）草可产鲜菇 25kg。

（二）形态与性状

草菇形态由菌丝体和子实体两部分组成。草菇菌丝由多细胞组成，细胞呈管状，壁薄、透明，细胞长度不一，长 46～400μm，直径 6～18μm。每个细胞中的细胞核数目不等，最少为 3 个，最多为 35 个，大多数为 5～15 个。菌丝细胞被隔膜分隔为多细胞菌丝，不断分枝蔓延，互相交织形成疏松网状菌丝体。草菇菌丝体白色至淡黄色，透明或半透明，有少量或极大量的厚垣孢子。

草菇成熟的子实体由菌盖、菌柄和菌托 3 部分构成。菌柄生长在菌盖下面，起支持作用。草菇的幼小子实体被菌幕包被，在菌盖展开后，菌幕部分地残留在菌柄上。菌托是外菌幕遗留在菌柄基部的袋状物。草菇子实体从分化至成熟分为针头期、纽扣期、蛋形期、伸长期和成熟期。草菇单孢子萌发形成初级菌丝，相互亲和的初级菌丝间发生质配形成次级菌丝，二者共同构成草菇菌丝体。待菌丝体达到成熟后便扭结形成针头大小的原基，菌盖和菌柄逐渐分化，进入纽扣期。此时的草菇顶端呈黑褐色，往下颜色渐浅。继续生长至分化出菌伞、菌柄等，由于被外部菌膜包裹，形似鸭蛋，故称为蛋形期。随着菌伞突破菌膜，菌柄继续伸长，草菇开伞进入成熟期。草菇的采摘通常在蛋形期和纽扣期，而此时的草菇与毒鹅膏形态相似，可以通过孢子纹的颜色区分，通常纽扣期的草菇孢子纹呈淡粉色，而毒鹅膏的孢子纹呈白色，详见彩图 6-1。

（三）品质规格与标准

参照行业标准 NY/T 833—2004《草菇》，在基本符合要求的前提下，草菇可分为特级、一级和二级，鲜草菇和干草菇的等级规定见表 6-11。

表 6-11　　　　　　　　　　　　鲜草菇和干草菇的感官要求

项目	鲜菇级别			干菇级别		
	特级	一级	二级	特级	一级	二级
形状	菇形完整、饱满，荔枝形或卵圆形		菇形完整，长圆形	菇片完整，菇身肥厚		菇片较完整
菌膜	未破裂			未破裂		
松紧度	实	较实	松	—		
直径/cm	≥2.0，均匀	≥2.0，较均匀	≥2.0，不很均匀	≥2.0，均匀	≥1.5，较均匀	≥1.0，不很均匀
长度/cm	≥3.0，均匀	≥3.0，较均匀	≥3.0，不很均匀	≥3.0，均匀	≥3.0，较均匀	≥3.0，不很均匀
颜色	灰黑色或灰褐色，灰白或黄白色（草菇的白色变种）			白色至淡黄色	深黄色	色暗
气味	有草菇特有的香味，无异味			有草菇特有的香味，无异味		
虫蛀菇/%	0	≤1		0	≤1	
一般杂质/%	0	≤0.5		0	≤0.5	
有害杂质	无			无		
霉烂菇	无			无		

资料来源：NY/T 833—2004《草菇》。

（四）营养与功能品质

草菇营养丰富，味道鲜美，肉质细腻，菇汤如奶，营养价值颇高，享有"素中之荤"的美誉。草菇富含蛋白质和 18 种氨基酸，其中必需氨基酸含量占 40.47%～44.47%，以及含有钾、钙等多种矿物质元素。每 100g 干菇含粗蛋白 28.03g，粗脂肪 1.24g，糖 2.68g，粗纤维 18.9g，灰分 9.01g。草菇性寒味甘，能消食去热，增进身体健康，提高机体对传染病的抵抗力，加速伤口和创伤的愈合。草菇的维生素 C 含量很高，可防止坏血病的发生。草菇中的嘌呤碱和氮浸出物以及葡聚糖具有抗癌的功效。现代医学表明，草菇具有免疫调节、补脾益气、保护肝脏、降低胆固醇、辅助治疗糖尿病等作用。

（五）贮藏与加工利用

草菇鲜食口感好，但其子实体采后生理代谢活动旺盛，极易老化变质，是最难保鲜贮藏的食用菌之一。草菇在 15℃ 以下或 25℃ 以上贮藏时子实体易发生自溶现象，导致品质迅速下降，从而失去商品价值。因此，草菇的保鲜一直是食用菌保鲜的难题。草菇形态指标的改变能直观地衡量草菇保鲜时的变质情况，色泽的变化可能主要与多酚氧化酶、蛋白酶和糖类作用有关。目前多采用超声波处理、辐照保鲜（^{60}Co-γ 射线处理）、化学保鲜（乙烯利和 1-甲基环丙烯处理）、表面低温风干处理、包装保鲜、涂膜保鲜、微波杀菌、臭氧处理等保鲜技术，抑制草菇的呼吸强度，杀死表面微生物，延缓衰老。近年来，随着草菇品种选育和栽培技术的快速发展，培育出低温高产的草菇菌种。草菇自溶现象涉及极为复杂的代谢过程，目前尚未有明确的解释。迄今对草菇自溶机制的研究主要集中在菌丝体，还需进一步对子实体试验以获得更多的实用价值。

草菇子实体肉质脆嫩、味道鲜美，鲜菇品质细腻，在亚洲以鲜销为主，而在西方多以罐装或干燥形式销售。干菇香味浓郁，素有"放一片，香一锅"之美誉。我国的草菇加工产品主要有速冻草菇、干制草菇、草菇罐头、草菇茶、草菇酸乳、草菇脆片和草菇调味品等。

七、黑木耳

（一）概述

黑木耳（*Auricularia auricular*），又名木耳、木蛾、树鸡、木机、云耳等，属子菌亚门，层菌纲，木耳目，木耳科，木耳属。它不仅是营养丰富的天然食用菌，又是我国传统的健康食品和出口商品。我国人民采食利用黑木耳的历史悠久，最早可追溯到公元前 73 年，在戴圣著《礼记》中，就有"食所加庶，羞有芝栭"的记载，芝栭就是指灵芝和木耳。其后，后魏末期贾思勰的《齐民要术》和唐朝苏恭所撰《唐本草注》都曾介绍有关黑木耳的烹调食用方法。医学书中对黑木耳的功效也有详细的记载，如明代李时珍在《本草纲目》中记载："木耳，生于朽木之上，性甘干，主治益气不饥，轻身强志，并有治疗痔疮、血痢下血等作用。"我国医学历来认为黑木耳有滋润强壮、清肺益气、补血活血、镇静止痛等功效，是中医用来治疗腰腿疼痛、手足抽筋麻木等病症的常用配方药物。

目前，黑木耳在我国东北、华北、中南、西南及沿海各省均有种植。2017 年黑木耳总产量为 751.85 万 t，同比增长 10.64%。其中，黑龙江省和吉林省产量分别占全国总产量的 40.51% 和 20.52%。

黑木耳按栽培方式分为人工段木栽培和代料栽培。段木生产周期为 1.5～2 年，而代料生产一般 4～5 个月就能完成，且代料栽培的产量较段木栽培可提高 5 倍以上。

（二）形态与性状

黑木耳的子实体较薄，耳形或杯状，呈胶质状，半透明，有弹性，中凹，直径 2～12cm（彩图 6-2）。新鲜时柔软有弹性，干后收缩，脆而易碎，光滑或略有皱纹，红褐色或棕褐色，干后变深褐色或黑褐色。子实体背面凸起，密生柔软的短绒毛，腹部下凹，在子实层中可弹射担孢子。孢子无色，光滑，常弯曲，腊肠形。

（三）品质规格与标准

参照 NY/T 1838—2010《黑木耳等级规格》，在基本符合要求的前提下，根据形态和质地的不同，将黑木耳分为特级、一级和二级（表 6-12，表 6-13）。

表 6-12　　　　　　　　　　　　黑木耳等级

项目	等级		
	特级	一级	二级
色泽	耳片腹面黑褐色或褐色，有光亮感，背面暗灰色	耳片腹面黑褐色或褐色，背面暗灰色	黑褐色至浅棕色
耳片形态/%	完整、均匀	基本完整、均匀	碎片≤5.0
残缺耳/%	无	<1.0	≤3.0
拳耳/%	无	无	≤1
薄耳/%	无	无	≤0.5
厚度/mm	≥1.0	≥0.7	—

资料来源：NY/T 1838—2010《黑木耳等级规格》。

表 6-13　　　　　　　　　　黑木耳规格　　　　　　　　　　单位：cm

类别	大（L）	中（M）	小（S）
单片黑木耳过圆形筛孔直径	≥2.0	1.1~2.0	0.6~1.1
朵状黑木耳过圆形筛孔直径	≥3.5	2.5~3.5	1.5~2.5

资料来源：NY/T 1838—2010《黑木耳等级规格》。

（四）营养与功能品质

黑木耳享有"素中之肉""素食之王"的美称。据测定，每 100g 干木耳中含有蛋白质 10.6g、脂肪 0.2g、碳水化合物 65.5g、纤维素 7g，还含有维生素 B_1、维生素 B_2、维生素 B_3、胡萝卜素、钙、磷、铁等多种维生素及矿物质，其中以铁的含量最为丰富，每 100g 干木耳中含铁 185mg，比叶类蔬菜中含铁量最高的芹菜还要高出 20 多倍，比动物食品中含铁量最高的猪肝高近 7 倍，故被称为食品中的"含铁冠军"。木耳中含有多种氨基酸，其中包括赖氨酸、亮氨酸等人体必需的氨基酸。黑木耳为胶质菌类，含有大量胶质，对人体的消化系统有良好的润滑作用，可以消除肠胃中的残存食物和难以消化的纤维性物质。黑木耳中的磷脂可作为人脑细胞和神经细胞的营养剂，是青少年和脑力劳动者实用而又廉价的补脑食品。

黑木耳多糖具有多种生理保健功能，包括提高机体免疫力、抗肿瘤、抗衰老、辅助降血脂血糖等作用。

（五）贮藏与加工利用

黑木耳采收后要及时干制以除去多余水分，防止腐烂变质。常用的干制方法有晒干和烘干两种。干制的黑木耳，剔除碎片、杂物等，可按大、中、小及好、中、差分装或混装。采用无毒塑料袋装好，扎紧口，密封放置在木箱或木桶内，贮藏在干燥通风处。

黑木耳的加工仍以初加工为主，近年精深加工品越来越丰富，主要有黑木耳酱、黑木耳果冻、黑木耳酸乳、黑木耳果醋、黑木耳复合饮料、黑木耳面制品、黑木耳脆片等。

八、毛木耳

（一）概述

毛木耳（*Auricularia cornea*）属担子菌门，伞菌纲，木耳目，木耳科，木耳属，是黄背毛木耳和白背毛木耳的总称。我国毛木耳人工栽培经历了两个重要时期：一是 1975—1980 年，福建省山区使用段木栽培；二是 1980 年至今，使用栽培基质代替段木。目前我国毛木耳生产主要采用以农林业副产物等代替段木栽培的代料栽培技术，是世界毛木耳生产量和出口量最大的国家。据中国食用菌协会统计，2017 年我国毛木耳产量达 168.64 万 t，其中四川省毛木耳生产规模最大。毛木耳生产经济效益高，已成为主产区农民增收致富的重要途径之一。

（二）形态与性状

毛木耳的一般形态特征为：子实体呈韧胶质，初期为耳状、叶状或不规则形，多平滑，罕有皱纹，基部明显且稍有皱纹。干后收缩并呈软骨质，上表面呈紫色至黑色，下表面呈青褐色至瓦灰色，茸毛较木耳要长得多，详见彩图 6-3。

（三）品质规格与标准

参照行业标准 NY/T 695—2003《毛木耳》，在基本符合要求的前提下，毛木耳分为一级、二级和三级，见表 6-14。

表 6-14   毛木耳感官品质分级标准

项目	一级	二级	三级
耳片色泽	耳面呈黑褐色或紫色，有光泽，耳背为密布较均匀的灰色或酱黄色茸毛	耳面呈浅褐色或紫红色，耳背布有较均匀灰白色或酱黄色茸毛	耳面呈浅褐色或紫红色，耳背布有白色或浅酱黄色茸毛
朵片大小	朵片完整，不能通过直径 4cm 的筛孔。每小包装内朵片大小均匀	朵片基本完整，不能通过直径 3cm 的筛孔。朵片大小均匀	朵片基本完整，不能通过直径 2cm 筛孔
一般杂质/%	≤0.5	≤0.5	≤1.0
拳耳/%	无	无	≤1.0
薄耳/%	无	≤0.5	≤1.0
虫蛀耳/%	无	≤0.5	≤1.0
碎耳/%	≤2.0	≤4.0	≤6.0
有害杂质 流失耳 霉烂耳	无		
气味	无异味		

注：本品不得着色，不得添加任何化学物质，一经检出，产品即判不合格。

资料来源：NY/T 695—2003《毛木耳》。

（四）营养与功能品质

每100g毛木耳干品中含粗蛋白7~9.1g，粗脂肪0.6~1.2g，碳水化合物64.6~69.2g，粗纤维9.7~14.3g。毛木耳中还含有胡萝卜素、维生素 B_2、维生素 B_3 以及维生素 C 等维生素。玉木耳是毛木耳的白色变异菌株，是由吉林农业大学李玉院士团队选育的食用菌新品种。其蛋白质、还原糖含量高于普通毛木耳，膳食纤维、蔗糖、灰分含量无显著差异。毛木耳中铁的含量高于玉木耳，玉木耳每种氨基酸含量均高于毛木耳。毛木耳中主要活性成分为多糖类，还含有少量的黄酮类。木耳多糖的生理活性主要有抗肿瘤、抗凝血、降血脂、抗氧化、保护酒精性肝损伤等。

（五）贮藏与加工利用

多年来，毛木耳食用方式比较单一，大多炒食或做汤。因此，大力开发有关毛木耳的功能性食品，对提高毛木耳的附加产值、改善膳食结构具有一定的现实意义。现阶段主要产品有毛木耳蜜饯、毛木耳果冻、毛木耳罐头、毛木耳花生乳等产品。

九、 银耳

（一）概述

银耳（*Tremella fuciformis*），又名白木耳、雪耳、菊花蘑菇、白果冻叶等，属担子菌亚门银耳纲银耳目银耳科银耳属，是我国传统的食药兼用真菌。银耳子实体被公认为是营养物质的良好来源，有"菌中之冠"的美称。银耳味淡甘、性平、无毒，富含天然植物性胶质，具有滋阴润肺、养胃生津、益气清肠等功效。我国是世界上最早人工栽培银耳的国家，银耳广泛种植于四川、云南、福建等地，其中福建古田享有"银耳之乡"的美誉。

（二）形态与性状

银耳是好气性中温型真菌，主要生长于阔叶类树木的腐烂树干上，分布于亚热带和热带地区，延伸到亚洲和北美洲的温带地区，但在寒带地区也有发现。银耳为门担子菌门真菌银耳的子实体，由10余片薄而多皱褶的扁平形瓣片组成，一般呈乳白色菊花状或鸡冠状，柔软洁白，半透明，直径长达5~10cm，富有弹性，详见彩图6-4。

（三）品质规格与标准

参照行业标准 NY/T 834—2004《银耳》，按市场销售方式和加工工艺不同可将银耳划分为片状银耳、朵型银耳和干整银耳三大类，每类又可分为三个等级，具体见表6-15和表6-16。其中，片状银耳指经消除耳基、剪切、漂洗、浸泡、日晒（增白）和烘干而成片状或连片状的干银耳；朵型银耳指经消除耳基、漂洗、浸泡、日晒（增白）和烘干而成，保持自然朵形且形态疏松的干银耳；干整银耳指鲜银耳用日晒或烘干方法进行干燥，保留自然色泽和朵型的干银耳；拳耳指在阴雨多湿季节，因晾晒或翻晒不及时，致使耳片相互黏裹而形成的状似拳头的银耳。

表6-15　　　　　　　　　　片状银耳、 朵型银耳和干整银耳的感官要求

项目	要求								
	片状银耳			朵型银耳			干整银耳		
级别	特级	一级	二级	特级	一级	二级	特级	一级	二级
形状	单片或连片疏松状，带少许耳基			呈自然近圆朵形，耳片疏松，带少许耳基			呈自然近圆朵形，耳片密实，带有耳基		

续表

项目	要求								
	片状银耳			朵型银耳			干整银耳		
色泽	耳片半透明有光泽			耳片半透明有光泽			耳片半透明，耳基呈橙黄色、橙色或垩白色		
	白	较白	黄	白	较白	黄	乳白	淡黄	黄
气味	无异味或有微酸味			无异味或有微酸味			无异味或有微酸味		
碎耳片/%	≤0.5	≤1.0	≤2.0	≤0.5	≤1.0	≤2.0	≤1.0	≤2.0	≤4.0
拳耳/%	0		≤0.5	0		≤0.5	—		
一般杂质/%	0		≤0.5	0		≤0.5	0	≤0.5	≤1.0
虫蛀耳	0		≤0.5	0		≤0.5	0		≤0.5
霉变耳	0			0			0		
有害杂质	0			0			0		

资料来源：NY/T 834—2004《银耳》。

表6-16　　　　　　　　　　　　　　银耳的理化要求

项目		指标		
		特级	一级	二级
片状银耳	干湿比	≤1:8.5	≤1:8.0	≤1:7.0
	朵片大小，长×宽/cm	≥3.5×1.5	≥3.0×1.2	≥2.0×1.0
朵型银耳	干湿比	≤1:8.0	≤1:7.5	≤1:6.5
	直径/cm	≥6.0	≥4.5	≥3.0
干整银耳	干湿比	≤1:7.5	≤1:7.0	≤1:6.0
	直径/cm	≥5.0	≥4.0	≥2.5
水分/%		≤15.0		
粗蛋白/%		≥6.0		
粗纤维/%		≤5.0		
灰分/%		≤8.0		

资料来源：NY/T 834—2004《银耳》。

（四）营养与功能品质

银耳作为东南亚著名的食用菌，也是人工栽培最受欢迎的食用菌之一。银耳是我国传统的名贵滋补佳品，每100g干银耳中含碳水化合物65.0~78.3g、蛋白质5.0~10.0g、脂肪0.6~12.8g、粗纤维2.4~2.75g和灰分3.1~5.4g。此外，银耳还含有多种人体必需氨基酸、大量维生素和钾、锌、磷、硒等微量元素，其干制品中钙和铁的含量高达357mg/100g和185mg/100g。值得注意的是，银耳富含多糖、胶质物、有机磷、黄酮类和多酚类等生物活性成分，被誉为"食用菌之王"，具有广泛的应用价值。传统中医认为银耳具有润肺生津、滋阴养胃、益气血和补脑强心等功效。现代医学研究表明，银耳具有的多种生理活性与银耳粗多糖显著相关。银耳

多糖是指主链为由 $\alpha-(1 \rightarrow 3)-$糖苷键组成的甘露聚糖，且主链的 2、4、6 位上连接有葡萄糖、木糖、岩藻糖和普通糖醛酸等残基。银耳多糖具有降血脂、降血糖、提高机体免疫力、抗肿瘤、清除体内自由基、抗氧化、神经保护、延缓衰老等功效。研究发现，银耳多糖可以保护造血系统，刺激干细胞增殖，防止辐射诱导的遗传毒性，可用作潜在的辐射防护剂。目前，银耳多糖在临床上已用于增强接受化疗或放疗的癌症患者的免疫功能和降低人体胆固醇水平的药物。

（五）贮藏与加工利用

鲜银耳味道鲜美、营养丰富，但鲜银耳在贮藏过程中易发黄、长霉，而且鲜银耳质地柔软，贮藏过程中表面易受损伤，严重影响其品质，极大地限制了它的贮运和消费。目前银耳贮藏保鲜技术主要包括低温冷藏、气调保鲜（聚乙烯膜气调保鲜或人工气调保鲜）、辐照、负离子贮藏、干制等，其中 1℃贮藏的聚乙烯膜打孔包装鲜银耳的品质最佳。银耳的进一步加工利用是提高银耳贮藏期和商业价值的理想途径。

银耳因其营养价值和诱人的风味在中国和东南亚备受欢迎，银耳及其提取物作为天然添加剂广泛应用于食品、医药和日化领域。在中国菜中，银耳传统上用于甜食。虽然它无味，但其凝胶质地以及药用功效备受瞩目。银耳常用于饮料、果脯、乳品及冰激凌等食品的加工，不仅具有增加溶液黏度及乳化稳定作用，赋予食品良好的加工特性，而且可提高食品的营养价值。

目前已开发生产的食品有即食银耳、银耳饮料、银耳粉丝、银耳果冻、速泡银耳羹、银耳颗粒、纳米银耳粉等，并从银耳中成功提取"银耳多糖"，开发了以"银耳多糖"为原料的银耳曲奇、银耳黄酒等产品。以银耳多糖、百合、橘皮等为原料制作的银耳多糖软糖，不仅风味纯正，而且形态饱满、弹性好、不粘牙。此外，银耳多糖在低脂肉制品开发中具有良好的应用前景。银耳多糖可以明显提高肌原纤维蛋白凝胶和低脂猪肌肉凝胶的性能，添加银耳多糖的猪肉饼显示出更好的风味特性。银耳多糖还可有效减少紫外照射下皮肤水分和胶原蛋白的损失，保湿抗皱，通过改善皮肤纹理，降低皮肤粗糙度。组织病理学研究表明，口服银耳多糖后，紫外线诱导的皮肤结构改变得到缓解。因此，银耳多糖在日本、韩国、法国常被用作皮肤功能保护的功能性食品补充剂和高档化妆品的天然添加剂。

十、 其他

（一）羊肚菌

羊肚菌（*Morchella deliciosa*），又名羊肚蘑、羊肚菜、狼肚等，属子囊菌门盘菌纲羊肚菌科羊肚菌属。因其菌盖表面不规则凹陷、皱褶形似羊肚而得名（图6-7）。羊肚菌味道鲜美，肉质脆嫩，风味独特，是食药兼用菌中的珍品之一。在欧洲，羊肚菌被认为是仅次于块菌的美味食用菌。羊肚菌营养丰富，蛋白质和多糖含量高达 31.9% 和 8.35%，人体必需氨基酸占总体的 49.64%，是公认高蛋白、低脂肪的健康食品。同时，它含多种维生素以及矿物质元素，其中磷、钾含量分别为 27.8~35.4mg/g。

羊肚菌的氨基酸评分、必需氨基酸指数、化学评分和生物价高于 FAO/WHO 标准模式蛋白，接近鸡蛋蛋白。羊肚菌中还含有多种生物活性物质以及风味活性物质，如羊肚菌多糖、黄酮类、

图 6-7　羊肚菌

多酚类、多不饱和脂肪酸、生育酚、呈鲜氨基酸、呈味核苷酸等。已有医学研究表明，这些生物活性物质赋予了羊肚菌调节机体免疫力、抗氧化、抗疲劳、抗炎、抗癌、抗菌、抗病毒、神经保护以及辅助治疗糖尿病等多种功效。然而，当前市场上的羊肚菌产品多为鲜品或初加工产品，如羊肚菌干制品、羊肚菌罐头等，羊肚菌深加工产品少，可见，羊肚菌深加工领域前景广阔。

近年来，羊肚菌驯化栽培技术迅猛发展，随着羊肚菌室外栽培营养添加技术的应用与推广，羊肚菌大田栽培、设施化栽培、林地栽培等多种栽培模式应运而生。2017 年，我国羊肚菌的栽培面积近 4666.7hm²，年产量近 7000t。据统计，每年全球范围内羊肚菌的需求量达 100 万 t，然而我国野生和人工栽培的羊肚菌每年总产量不足 10 万 t，市场缺口极大。

（二）灰树花

灰树花（*Grifola frondosa*），又名千佛菌、栗蘑、舞茸（日本）、林鸡（美国）等，属担子菌门蘑菇纲多孔菌目薄孔菌科树花菌属，素有"食用菌王子"之称，是一种药食兼用的珍稀食用菌。

灰树花为木质腐生菌，常寄生于橡树、板栗树等阔叶树的根部，也可生长于木屑、棉籽壳、秸秆等基质上。灰树花子实体丛径长 20~60cm，菌盖为片状，扇形或匙形，边缘有一圈不规则尖凸，多为浅褐色至灰色，叶片呈珊瑚状分枝，菇柄为白色，肉质脆嫩，重叠成丛（图 6-8）。其外观层叠似菊，远观似层层云片，"云蕈"之名也因此而得。灰树花的研究和人工栽培最早出现在日本。目前，我国灰树花的人工驯化栽培已进入产业化和规模化，南方地区多以代料栽培，北方地区则以代料埋土栽培为主。

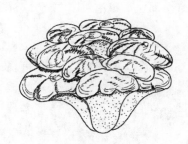

图 6-8　灰树花

灰树花不仅质地脆嫩，口感鲜美，风味独特，还富含多种营养元素。据报道，每 100g 干灰树花含水分 3.4g、蛋白质 31.5g、碳水化合物 49.69g、粗脂肪 3.3g、粗纤维 10.7g 和灰分 5.2g 以及多种维生素和微量元素。此外，灰树花中含 18 种氨基酸，包含全部人体必需氨基酸，其中色氨酸含量最高。

近年来，国内外研究者对灰树花的研究主要集中于菌种选育、药用功效、贮藏保鲜等。灰树花水提物中含有多种功能活性物质，如灰树花多糖、多肽、生理活性多酚、呋喃酮等，具有抑制 HIV 病毒、抗菌减毒、抗肿瘤、降血糖、免疫调节等药理作用。其中，灰树花多糖中的 Grifolan-D 多糖于 2005 年被列入协助治疗晚期乳腺癌的药物名单。

灰树花子实体采摘后易失水、褐变及软化。迄今，灰树花保鲜的方法主要包括物理法、化学法、生物法及综合技术保鲜等，其作用原理可以概括为以下几方面：抑制呼吸作用和新陈代谢速率；杀死表面微生物；控制环境相对湿度和细胞间水分的结构化以防止内部水分蒸发；抑制酶活力等。目前，市场上的灰树花产品包括初加工产品，如灰树花干制品等，以及深加工产品，主要有灰树花固体饮料、灰树花提取物、灰树花压片糖果、灰树花多糖冲剂、灰树花调味酱、灰树花化妆品、灰树花牙膏等。

第三节　未驯化的野生食用菌

一、块菌

（一）概述

块菌在真菌分类学上属子囊菌亚门盘菌纲块菌目块菌科块菌属。块菌是一类多与树木形成共生关系的外生菌根真菌，除个别种类在成熟时半露出土表外，大部分种类自始至终埋于地下。与其他食用菌不同，块菌子囊果呈不规则的球形、半球形或块状，其表皮上有棕色的疣突，切面呈褐色，具有白色的大理石纹。

（二）形态与性状

块菌主要分布在北半球温带地区，包括欧洲、东南亚及北美部分地区，部分种类块菌呈区域性分布，如黑孢块菌主要分布在欧洲地中海沿岸的一些国家，即法国、意大利、西班牙。另

图6-9　块菌

外，在保加利亚和葡萄牙也发现有少量的黑孢块菌存在，其他国家和地区目前尚无黑孢块菌分布的报道。1892年于印度发现的印度块菌（*Tuber indicum*）是东南亚地区最早发现的块菌种属。印度块菌又名中国块菌、中华块菌，是一种生长在特定森林地下的食药兼用真菌。块菌在外观上与其他食用菌有很大的不同（图6-9），无菌柄，无菌槽，子实体地下生，且成熟的子实体呈现出密实的木质特征，其子囊果的主要形态特征是表面光滑或具疣突；产孢组织中实，具有白色大理石花纹状菌脉；子囊中含孢子，随机排列于产孢组织中；子囊孢子表面具有刺状或蜂窝状网纹。

（三）营养与食用品质

块菌种类繁多，主要食用种类为黑孢块菌（*Tuber melanosporum*）、夏块菌（*Tuber aestivum*）和白块菌（*Tuber magnatum*）三种。因其散发的特殊气味而闻名，新鲜菌肉有山芋的清甜味，二甲基硫化物是块菌这种特殊香味的主要成分。在西餐中，为了发挥块菌独特的香气，块菌常用来做煎制牛排的酱汁，西餐厨师常将块菌切小块后浸于橄榄油中防止其香气的挥发。除了微妙的香气以外，块菌还具有很高的营养价值，这都取决于块菌中所含的蛋白质、氨基酸（包括所有的人体必需氨基酸）和不饱和脂肪酸。此外，块菌还含有丰富的矿物质和甾醇类物质，所含的神经酰胺及多糖具有保湿、诱导细胞凋亡、抗肿瘤、免疫调节等功能。

二、松口蘑（松茸）

（一）概述

松口蘑（*Tricholoma matsutake*）属担子菌亚门伞菌目口蘑科口蘑属，别称"松茸"。松茸名称的由来历史悠久，最早源于我国。大约7000年前，松茸诞生于我国横断山脉的香格里拉原始森林中。到了宋哲宗元祐年间（1086—1094），唐慎微著《经史证类备急本草》时，因该菌生于松林下，菌蕾如鹿茸，故将其命名为松茸。宋代陈仁玉著的《菌谱》中称此菌为松蕈，明代

李时珍的《本草纲目》将松蕈列在香蕈下，又称台蕈、合蕈，后经后人考证，认为松蕈即松茸。

松茸多生长在寒温带海拔3500m以上养分不多且比较干燥的林地，通常寄生于赤松、偃松、铁杉、日本铁杉的根部，一般在秋季生成。松茸对生长环境要求极为苛刻，生长过程也极为缓慢，一般需要5~6年的时间才能成熟，且无法进行人工栽培。日本在松茸人工栽培的研究领域处于世界前沿，从20世纪初研究至今，仍无法实现完全的人工栽培，目前，全世界尚无完全人工栽培松茸的成功先例。

松茸在国内外都有分布，国内主要分布于东北的黑龙江，东部的安徽、福建，西北的陕西以及西南的四川、云南、西藏等省。四川、西藏、云南等青藏高原一带是我国松茸的主要产地。近年来，由于环境的恶化和大规模掠夺式的采集，野生松茸资源日渐枯竭，全球松茸产量逐年递减，导致其经济价值不断攀升。

（二）形态与性状

松茸因子实体状如鹿茸而命名（图6-10），鲜松茸形若伞状，色泽鲜明，菌盖呈褐色，菌柄为白色，均有纤维状茸毛鳞片，菌肉白嫩肥厚，质地细密，有浓郁的特殊香气。

图6-10 松茸

（三）营养与食用品质

松茸是国际公认的天然滋补品，营养价值和药用价值很高。而且松茸拥有全球性学术组织——世界松茸协会。松茸的化学成分比较复杂，子实体中含有不饱和脂肪酸、人体必需微量元素和必需氨基酸，同时松茸子实体中还含有甾醇、三萜、酚类、蒽醌类、香豆素、萜类酯化合物、皂苷、甾体、维生素C、维生素B_1和维生素B_2，具有很高的营养价值，食用时有浓郁的特殊香味和鲜美可口的味道，因而白族地区称之为"鸡枞"，同时松茸多糖、松茸醇和松茸多肽具有强力的抗癌作用，能够增强人体免疫力。

目前松茸的加工保鲜方法主要是热风干燥和真空冷冻干燥。将松茸切片放入烘干设备中烘干，制成包装产品方便携带和保存，食用前通过温水浸泡。用于烘干的产品原料一般等级不高，且在加工过程中，如果温度超过100℃，松茸的部分营养活性物质会被破坏，故烘干松茸属于松茸产品中的中低端产品。冻干松茸为真空冷冻干燥松茸，是将新鲜松茸在-70℃的环境下，经过真空干燥技术生产的干制产品，能够保存鲜茸的大部分营养和味道。近年来，随着市场需求日益增加，松茸价格年年上涨，深加工产品也蜂拥而起。我国市场上有盐渍品、松茸速溶冲剂、罐头、酱油、醋等产品，松茸提取物已广泛应用于食品饮料生产中。

三、 牛肝菌

（一）概述

牛肝菌是一种丛生的药食兼用根菌类真菌，属担子菌亚门层菌纲伞菌目牛肝菌科、牛肝菌属。我国的牛肝菌资源十分丰富，主要分布在广西、云南、西藏、四川等地区，已发现具菌管或具菌褶的牛肝菌目种类390种以上，其中199余种可食用。云南由于具有复杂多样的地形地貌、多种多样的森林类型和土壤种类，气候温和多雨，全年气温在20~30℃，为牛肝菌的生长提供了有利条件，是我国牛肝菌种类最丰富的地区之一，其中可食用牛肝菌种类约有144种，占我国已知种类的70%以上。目前，牛肝菌是云南产量和出口量最大的食用菌之一，已出口到日本、韩国、欧洲和美国等国家和地区，成为出口创汇率较高的食用菌。

（二）形态与性状

牛肝菌是一种夏秋季生长于杂木林地上单生或群生的野生真菌，生长温度在 20~30℃，其子实体中等或较大；菌盖直径 5.5~14cm，最高可达 20cm，扁半球形或中央凸起，呈杏黄色、赭土褐色或土黄色，被绒毛，多皱，易龟裂并形成淡褐色的鳞片；菌柄长 7~14cm，粗 2~3cm，近圆柱形，基部稍膨大，杏黄色、金黄色或褐黄色，有颗粒状小点或小鳞片；菌肉白色、淡白色至淡黄色，有香味。牛肝菌中最出名的是美味牛肝菌（*Boletus edulis*），在欧洲被称作"牛肝菌之王"，该菌菌体较大，肉肥厚，柄粗壮，味道香甜可口，是一种世界性著名食用菌。

（三）营养与食用品质

牛肝菌子实体含有丰富的碳水化合物、蛋白质、纤维素、维生素 B_2 和矿物质等营养成分，还含有人体所需的氨基酸、生物碱（如腺嘌呤、腐胺和胆碱等）、酚类、萜类和甾体等活性物质。其子实体中氨基酸种类齐全，主要含丙氨酸、谷氨酸、精氨酸和谷氨酰胺。脂肪酸含量丰富，主要含亚油酸、油酸和棕榈酸。牛肝菌中维生素 E、维生素 C 和维生素 B_3 的含量均居食用菌前列，磷、钾、锌的含量也颇高。牛肝菌中还含有二萜类和倍半萜类化合物，且含有的甾体种类十分丰富。牛肝菌可提供多种必需矿物质元素，补充人体所需，对促进新陈代谢、预防疾病、防癌抗癌等有较高的利用价值。在西欧各国，牛肝菌除作为新鲜食材外，大部分通过切片干燥，加工成各种小包装，用来配制汤料或做成酱油浸膏，也有制成盐腌品食用。

🔍 **复习思考题**

1. 简述我国食用菌产业发展的现状和特点。
2. 举例说明常见规模化栽培食用菌的外形特点与营养价值。
3. 举例说明常见规模化栽培食用菌的贮藏条件和要求。
4. 举例说明常见规模化栽培食用菌的加工技术与加工产品。
5. 简述我国野生食用菌的种类和分布特点。
6. 举例说明野生食用菌的外形特点与营养价值。
7. 结合食品工业发展对食用菌未来加工利用和消费趋势进行预测。

参 考 文 献

［1］李玉. 菌物资源学. 北京：中国农业出版社，2013.

［2］黄文芳，刘庆茂. 金针菇栽培与利用. 广州：广东科技出版社，1990.

［3］庞茂旺. 香菇的食药用价值与食用方法. 农业知识（瓜果菜），2004（11）：28.

［4］张劲松. 黄芪对平菇和香菇菌丝体及子实体成分的影响. 山西大学，2018.

［5］蔡小华. 庆元香菇巡礼——兼论中国香菇业的历史文化. 浙江食用菌，2007（1）：1~4.

［6］李玉. 中国食用菌产业发展现状、机遇和挑战. 菌物研究，2018，16（3）：125~131.

［7］Phat Chanvorleak，Moon BoKyung，Lee Chan. Evaluation of umami taste in mushroom extracts by chemical analysis，sensory evaluation，and an electronic tongue system. Food Chemistry，2016，192：1068~1077.

［8］Aikaterini Sakellari, Sotirios Karavoltsos, Dimitra Tagkouli. Trace Elements in *Pleurotus ostreatus*, *P. eryngii*, and *P. nebrodensis* mushrooms cultivated on various agricultural-products. Analytical Letters, 2019, 52 (13)：2098~2116.

［9］Vaclav Vetvicka, Ofer Gover, Michal Karpovsky, et al. Immune-modulating activities of glucans extracted from *Pleurotus ostreatus* and *Pleurotus eryngii*. Journal of Functional Foods, 2019, 54：81~89.

［10］李慧. 金针菇多糖的研究进展. 科技资讯, 2012 (11)：92.

［11］李家辉. SPI/PVA/MMT 复合膜的制备及其在金针菇、白玉菇保鲜中的应用. 河北科技大学, 2018.

［12］Xu Chenghao, Xie Jie, Gong Mingfu. Probiotic Nutrition solution obtained from fermentation liquid of *Flammulina velutiper* spent mushroom substrate. Journal of Biobased Materials & Bioenergy, 2017, 11 (4)：298~302.

［13］郑丹丹. 双孢蘑菇子实体多糖与发酵多糖的免疫增强及肝保护作用的研究. 吉林农业大学, 2016.

［14］Ibtissem Kacem Jedidi, Imen Kacem Ayoub, Thonart Philippe, et al. Chemical composition and nutritional value of three Tunisian wild edible mushrooms. Journal of Food Measurement and Characterization, 2017, 11 (4)：2069~2075.

［15］Kompal Joshi, Jenna Warby, Juan Valverde, et al. Impact of cold chain and product variability on quality attributes of modified atmosphere packed mushrooms (*Agaricus bisporus*) throughout distribution. Journal of Food Engineering, 2018, 232：44~45.

［16］赵春艳, 刘蓓, 桑兰等. 2012—2014 年我国食用菌出口情况分析. 中国食用菌, 2016, 35 (3)：4~10.

［17］郭美英. 珍稀食用菌杏鲍菇生物学特性的研究. 福建农业学报, 1998 (3)：45~50.

［18］邹何, 夏雪, 王粟萍, 等. 杏鲍菇相关研究进展及其产业开发现状. 食品工业, 2019, 40 (2)：276~283.

［19］朱晓琼, 弓志青, 贾凤娟, 等. 草菇的保健功能及产品开发研究进展. 农产品加工, 2018 (4)：66~68.

［20］Zhao Xu, Song Xiaoxia, Li Yapeng, et al. Gene expression related to trehalose metabolism and its effect on *Volvariella volvacea* under low temperature stress. Scientific Reports, 2018, 8 (1)：11011.

［21］Zhu Ziping, Wu Xiao, Lv Beibei, et al. A new approach for breeding low-temperature-resistant *Volvariella volvacea* strains：Genome shuffling in edible fungi. Biotechnology and Applied Biochemistry, 2016, 63 (5)：605~615.

［22］刘雅静, 袁延强, 刘秀河, 等. 黑木耳营养保健研究进展. 中国食物与营养, 2010 (10)：66~69.

［23］李光环. 侧耳属不同品种原生质体制备再生及融合技术的应用研究. 河北工程大学, 2018.

［24］姚清华, 陈国平, 颜孙安, 等. 两种木耳营养分析与评价. 营养学报, 2018, 40 (2)：197~199.

［25］曹玉春. 玉木耳化学成分及其药理活性的研究. 吉林农业大学, 2018.

［26］王秋果, 凌云坤, 刘达玉, 等. 段木银耳与袋栽银耳营养素和安全性的对比分析. 食品工业, 2018, 39 (11)：214~217.

［27］Liu Jun, Meng Chenguang, Yan Yehua, et al. Structure, physical property and antioxidant activity of catechin grafted Tremella fuciformis polysaccharide. International Journal of Biological Macromolecules, 2016, 82：719~724.

［28］顾可飞, 周昌艳, 邵毅, 等. 云南省野生牛肝菌与羊肚菌营养成分分析. 食品研究与开发, 2017, 38 (17)：129~133.

［29］Shameem Nowsheen，Kamili Azra，Ahmad Mushtaq，et al. Antimicrobial activity of crude fractions and morel compounds from wild edible mushrooms of north western Himalaya. Microbial Pathogenesis，2017，105：356~360.

［30］Martel Jan，Ojcius David M，Chang Chih Jung，et al. Anti-obesogenic and antidiabetic effects of plants and mushrooms. Nature Reviews Endocrinology，2017，13（3）：149~160.

［31］Lee Seoung Rak，Roh Hyun-Soo，Lee Seul，et al. Bioactivity-guided isolation and chemical characterization of antiproliferative constituents from morel mushroom（Morchella esculenta）in human lung adenocarcinoma cells. Journal of Functional Food，2018，40：249~260.

［32］倪淑君，张海峰. 我国羊肚菌的产业发展. 北方园艺，2019（2）：165~167.

［33］刘佳，包海鹰，图力古尔. 灰树花化学成分及药理活性研究进展. 菌物研究，2018，16（3）：150~157.

［34］Zhang Anqiang，Deng Jiaying，Yu Shuying，et al. Purification and structural elucidation of a water-soluble polysaccharide from the fruiting bodies of the Grifola frondosa. International Journal of Biological Macromolecules，2018，115：221~226.

［35］Su Chunhan，Lai Minnan，Ng Lean-Teik. Effects of different extraction temperatures on the physicochemical properties of bioactive polysaccharides from Grifola frondosa. Food Chemistry，2017，220：400~405.

［36］Dissanayake Amila A，Zhang Chuanrui，Mills Gary L，et al. Cultivated maitake mushroom demonstrated functional food quality as determined by in vitro bioassays. Journal of Functional Foods，2018，44：79~85.

［37］Meng Meng，Cheng Dai，Han Lirong，et al. Isolation，purification，structural analysis and immunostimulatory activity of water-soluble polysaccharides from Grifola frondosa fruiting body. Carbohydrate Polymer，2017，157：1134~1143.

［38］Bo Liu，Kai Tao. New species and new records of hypogeous fungi from China. Journal of Shanxi University，1996，19（2）：184~186.

［39］李小林，陈诚，清源，等. 会东县不同品种块菌挥发性香气成分的 GC-MS 分析. 食品科学，2015，36（18）：132~136.

［40］张红，都君，陈屏，等. 块菌属真菌的化学成分及生物活性研究进展. 食品工业科技，2018，39（17）：315~318.

［41］吴琪，邢鹏，刘顺才. 姬松茸人工栽培的历史、现状与发展前景. 食药用菌，2016，24（5）：300~305.

［42］林英，张倩，班颖珏. 松茸活性成分及研究进展. 微生物学杂志，2018，38（1）：118~122.

［43］郑俏然，张恒，李敏. 松茸多糖的提取及其饮料制品的开发. 湖北农业科学，2017，56（9）：1713~1716.

［44］李泰辉，宋斌. 中国食用牛肝菌的种类及其分布. 食用菌学报，2002（2）：22~30.

［45］顾可飞，李亚莉，刘海燕，等. 牛肝菌、羊肚菌营养功能特性及利用价值浅析. 食品工业，2018，39（5）：287~291.

第七章

畜产食品原料

[学习目标]

1. 了解肉、乳和蛋品的生产与发展；
2. 学习肉用和蛋用的主要畜禽品种；
3. 重点掌握肌肉的宰后变化、蛋的结构和乳的组成；
4. 熟悉肉、乳、蛋的理化性质、加工特性以及品质管理、贮藏特性等。

第一节 概 论

一、 畜产食品的概念

畜产食品从广义上讲，是指所有能被人们作为食品而食用的畜产品，包括肉品、乳品和蛋品等。虽然有些畜产品可被人们直接利用，但是绝大多数畜产品必须经过加工处理后方可供利用，或使其利用价值提高。随着社会的发展和加工技术的进步，畜产食品则更多地是指那些经过加工处理的畜产品。

我国畜产品资源十分丰富，各族人民在生产和生活实践过程中，创造了多种多样的畜产品加工方法，制成了多种美味的畜产食品，如金华火腿、道口烧鸡、北京烤鸭、腊肉、皮蛋、糟蛋等。近 20 年来，我国畜牧业发展很快，肉和蛋的产量早已跃居世界首位，年人均占有量也已赶上或超过世界平均水平；乳品正在经历飞跃发展。但我国畜产食品加工能力和水平还很低，与经济发达国家还有很大的差距。

畜产食品加工业可使畜产品转化增值，从而促进畜牧业和种植业向优质、高效的方向发展，对促进农业产业化进程、发展农村经济具有重要的作用。畜产食品营养丰富，向人类提供自然界中全价的优质蛋白，因而发展畜产食品加工业对于改善膳食结构和营养结构，提高人民生活健康水平和增加综合国力具有重要意义。

二、 肉品的生产与发展

（一）世界肉类生产状况

世界肉类生产主要是猪肉、牛肉、羊肉和禽肉。根据 FAO 的统计，2017 年全世界肉类的生产总量约为 3.237 亿 t，与上一年基本持平。肉类的总体预期增长幅度不会超过 0.3%，家禽肉的预期总产量将会增加 1%，达到 1.162 亿 t，猪肉的产量预期会下降 0.7%，预计产量为 1.164 亿 t，猪肉以比家禽肉高 20 万 t 的产量居全球肉类市场生产总量的榜首。中国、美国和巴西是世界三大产肉国，也是世界肉类贸易中占重要地位的国家，德国、法国、俄罗斯和加拿大肉类生产量也较大。

（二）中国肉类发展概况及趋势

我国肉类总产量已经连续 20 多年居世界第一；肉类产量整体呈上升的趋势，肉类结构逐步优化。自 2014 年以来，家禽肉的总产量逐步增加，但其他肉类总产量并没有太大变化。2018年全年猪、牛、羊、禽肉产量 8517 万 t，比上年下降 0.3%，人均肉食消费量 61kg，其中，猪肉产量 5404 万 t，下降 0.9%；牛肉产量 644 万 t，增长 1.5%；羊肉产量 475 万 t，增长 0.8%；禽肉产量 1994 万 t，增长 0.6%。虽然猪肉、禽肉和牛肉是主要的消费肉类，但是各地区由于多种原因，肉类消费结构差别很大。我国肉类消费中猪肉占总量的 63.4%，其次是禽肉占 23.4%，牛肉和羊肉产量分别占 7.6% 和 5.6%。我国肉类生产区域布局为以长江中下游为中心产区并向南北两侧逐步扩散的生猪生产带，以中原肉牛带和东北肉牛带为主的肉牛产业带，以西北牧场及中原和西南地区为主的肉羊生产带，以东部省份为主的肉禽生产带和以中原省份为主的蛋禽生产带。

三、 乳品的生产与发展

（一）世界乳品生产状况

2018 年全球牛乳产量较高的国家分别是美国（9346.09 万 t）、印度（6642.35 万 t）、中国（3760.96 万 t）、德国（3512.44 万 t）、巴西（3239.5 万 t）、俄罗斯（3051.1 万 t）、新西兰（1860.69 万 t）、加拿大（1493.54 万 t）和澳大利亚（847.35 万 t）；单产量较高的国家分别是加拿大（10.82t/头）、美国（10.7t/头）、德国（7.82t/头）、中国（7.20t/头）、澳大利亚（6.14t/头）、新西兰（4.49t/头）、俄罗斯（4.42t/头）、巴西（2.31t/头）和印度（1.17t/头）。

（二）中国乳品发展概况

我国乳与乳制品食用历史相当悠久，2000 多年前就有"奶酒"的生产记载，后魏贾思勰《齐民要术》中的作酪法记载了发酵乳制品的生产。公元 641 年，唐朝文成公主进藏的民间故事中已有关于酸乳的记述，被称为古代藏族社会百科全书的史诗《格萨尔》中也有关于酸乳的记载，以此推算，酸乳在藏区问世至少也在 1000 多年以前。明朝李时珍著《本草纲目》对牛乳、羊乳、马乳、驼乳及其制品的性质和医疗效果都做了详细的阐述。以游牧为生的少数民族对乳和乳制品的利用历史更为悠久，如云南白族的乳饼、乳扇，蒙古族的奶皮子、奶豆腐、奶干子、奶酒、醍糊（奶油），藏族的酥油、奶茶，新疆的酸奶疙瘩等都是传统的乳制品。

乳业是关系国计民生的重要产业。改革开放以来，我国乳业发展迅速。2018 年全国乳制品产量 2687.1 万 t，乳制品生产企业 587 家，品牌影响力显著提升。目前，我国人均牛乳消费量仅有世界平均水平的1/3。从产品结构来看，干酪、奶油的消费量还很少。因此，乳品消费市场有很大的增长空间。

四、 蛋品的生产与发展

（一）世界蛋品的生产和发展

世界上工业化加工鸡蛋的历史已有130多年，主要生产国有美国、英国、加拿大、日本、法国等国家，生产能力约占总产量的2/3。发达国家蛋制品的比重已达20%~25%，品种多达60余种，应用于食品、医药、保健等方面，取得了巨大的经济效益和社会效益，推动了养禽业的发展。

从全球范围来看，蛋品生产以规模大、机械化程度高、生产效率高而见长。2010—2016年的平均增速是1.86%，2018年世界鸡蛋产量达6647万t，主产国是中国、美国、印度、日本和墨西哥等国家，其中占比最大的是亚洲，于1988年超过欧洲成为世界鸡蛋产量第一大洲。

近年来，随着科学技术的发展，国外纷纷集中力量开发新型蛋制品，利用禽蛋资源获得更高的经济效益。总之，以鲜蛋直接投放市场的份额正逐渐减少，很多发达国家在蛋制品深加工的研制和开发上投入了大量的资金和科技力量。

（二）中国蛋品的生产和发展

早在1929年，由于西方国家对蛋品需求旺盛，我国蛋品出口贸易量增长迅速，成为仅次于丝、茶的第三大出口商品。1985年，我国禽蛋总产量达到534.7万t，超过美国跃居世界首位，并一直保持。蛋品产业作为我国畜产食品产业中的第二大产业，在国民经济中占有重要地位。

2018年我国禽蛋产量为3128万t，比上年增长了1.0%，约占世界总产量的43.1%。我国禽蛋种类丰富，鸡蛋约占禽蛋总产量的85%，鸭蛋约占10.5%，其他约占4.5%；目前禽蛋消费仍然以鲜蛋为主，蛋品深加工率仅为7%。其中，鸭蛋深加工率约为85%。全国现有蛋品加工企业超过1800家，其中规模企业约为200家，主要加工皮蛋、咸蛋、卤蛋和咸蛋黄等再制蛋，年总产值超过1200亿元，蛋品产业已经成为一些地区的农业支柱产业。

虽然我国鸡蛋产量很大，但主要以内销为主，出口规模较小，主要出口到亚洲市场，在世界前十大蛋品进口市场中所占份额较小，而且出口中又以价格较低的低端产品为主。据统计，2018年我国所有蛋品的出口总额为1.881亿美元，与美国、德国等西方发达国家相比在世界蛋品贸易中的平均市场占有率小。2018年我国蛋品前十大出口市场的主要贸易额与占比如表7-1所示。

表7-1　　　　　　　　　　2018年中国蛋品的前十大出口市场

国家（地区）	中国对其蛋品出口贸易额/亿美元	占中国蛋品出口贸易总额的比重/%
中国香港	1.349	71.72
中国澳门	0.169	8.98
日本	0.100	5.32
美国	0.078	4.15
新加坡	0.062	3.30
加拿大	0.037	1.97
韩国	0.033	1.75

续表

国家（地区）	中国对其蛋品出口贸易额/亿美元	占中国蛋品出口贸易总额的比重/%
澳大利亚	0.019	1.01
比利时	0.012	0.64
马来西亚	0.006	0.32
合计	1.865	99.16

近 10 年来，中国商品蛋鸡养殖的规模化程度已有较大提升，据国家蛋鸡产业技术体系的调研数据显示，中国蛋鸡规模化的养殖程度已达到 70%，蛋鸡养殖朝着规模化、标准化、集约化方向发展。

第二节　肉品原料

一、　肉用畜禽品种

我国是世界上畜禽饲养量最大的国家，猪、牛、羊、兔、禽肉是人类肉食的主要来源。随着经济水平的发展，我国通过从国外引进和改良培育出不同优良品种的畜禽动物。同一物种的不同品种有不同的产肉性能。

（一）猪的品种

我国具有丰富的猪种资源，由于其起源、分布、饲养管理特点以及当地的生态条件、农作制度、经济条件等差异因素，并结合考虑其生产性能、体型和外貌特征，形成 6 大类 48 个品种。利用地方品种与国外品种杂交培育出 30 多个品种，主要品种如下。

1. 地方品种

（1）东北民猪　主要产于中国北方地区，抗寒能力强，体质强健，脂肪沉积能力强，适于放牧和粗放饲养。被毛黑色，耳大下垂，额头有皱褶，背腰较平、单脊，四肢粗壮，后躯斜窄。成年公猪体重 200kg，母猪 150kg，8 月龄肉猪体重 90kg，屠宰率 72%～75%，瘦肉率 46.1% 左右。

（2）太湖猪　广泛分布于长江下游太湖流域，属于江海型猪种，体型较大，繁殖能力强，肉脂品质好，肌肉细嫩。成年公猪体重 140kg，母猪 114kg，10 月龄肉猪体重达 90kg，屠宰率 70%～74%，瘦肉率 40% 左右。

（3）金华猪　主产于浙江金华、义乌和东阳，属于华中型猪种，皮薄骨细，早熟易肥，肉质优良，适合腌制优质火腿。原产浙江省金华市及其周边地区。毛色为"两头乌"，即头颈和臀尾为黑皮黑毛，体躯中间为白皮白毛。体型大小适中，肥瘦适度，皮薄骨细，肉脂品质好。成年公猪体重 140kg，母猪 110kg，9 月龄肉猪体重 76kg，屠宰率 72% 左右，瘦肉率 43% 左右。

（4）荣昌猪　原产重庆市荣昌县和四川省隆昌县，体型较大，头部和眼圈有黑斑，是中国地方猪种中少有的一个全白毛猪种。耐粗饲，适应性强。在较高营养水平下 6 月龄体重可达 90kg，屠宰率 70% 左右，瘦肉率 48% 左右。

（5）两广小花猪　主产于广东省和广西壮族自治区，属于华南型猪种，毛色黑白相间，生长快，早熟易肥，骨细皮薄肉嫩，肉质鲜美，但繁殖力低。屠宰率 65%～75%，瘦肉率34.2%～37.2%。

2. 培育品种

（1）哈尔滨白猪　产于黑龙江南部和中部地区，现广泛分布于省内外，是当地猪种与俄国猪、大约克猪、苏联大白猪等杂交选育而成的。毛色洁白，也有黑白相间，臀部丰满，四肢健壮，体形美，育肥快，肉质美。成年公猪体重可达 222kg，成年母猪体重 176kg，肥育猪从断奶15kg 开始到 120kg，约需 8 个月，日增重 587g，屠宰率 74.75%，瘦肉率 45%。

（2）东北花猪　产于黑龙江西部地区，是以克米洛夫猪为父本与当地改良母猪杂交而成。体质坚实，胸宽体长，背腰平直，后驱丰满，各部匀称。成年公猪体重可达 241kg，母猪体重 156kg，肥猪从 25kg 到 75kg 的日增重可达 599g，10 月龄肉猪体重可达 135.5kg，屠宰率 74.4%左右。

（3）湖北白猪　产于湖北武昌、汉口地区，是利用地方良种、长白猪与大约克猪进行三元杂交，固定选育而成的瘦肉型新品种。肥猪 20kg 到 90kg 的日增重可达 560～620g，体重 90kg 的屠宰率为 72%，瘦肉率 53.0%～62.4%。

（4）新淮猪　是用江苏省淮阴地区的淮猪与大约克夏猪杂交育成的新猪种，为肉脂兼用型品种，主要分布在江苏省淮阴和淮河下游地区，全身被毛呈黑色，头稍长，嘴平直微凹，耳中等大。成年公猪体重 230～250kg，成年母猪体重 180～190kg，体重 90kg 时，屠宰率 72%以上，腿、臀比例 27%，瘦肉率 50%以上。

3. 外来猪种

（1）大约克夏猪（Yorkshire）　原产于英国英格兰约克郡，是世界上分布最广的猪种。体型高大，背毛白色，产仔多、生长速度快，饲料利用率高，胴体瘦肉率高，肉色好，适应性强。成年公猪体重达 250～300kg，母猪体重 200kg～250kg，肥猪从断奶至 90kg，日增重可达689g，体重 90kg 的屠宰率为 71%～73%，瘦肉率 62%～64%。经产母猪平均产仔 11～12.5 头。

（2）长白猪（Landrace）　原产于丹麦，是世界上最著名的瘦肉型品种。身躯长、毛白，体质结实，抗应激能力强，生长速度快，饲料报酬高，肉质鲜美。成年公猪体重 246kg，母猪体重 219kg，肥猪从 30kg 至 90kg 的日增重可达 731g，体重 100kg 的屠宰率为 72%以上，瘦肉率达 62%以上；经产母猪平均产仔 11.33 头。

（3）杜洛克猪（Ducroc）　原产于美国，在我国常作为终端父本使用。毛色棕红，结构匀称，四肢粗壮，肌肉发达，肉质优良。成年公猪体重 340～450kg，母猪 300～390kg，体重 100kg的屠宰率为 70%以上，瘦肉率达 62%以上；经产母猪平均产仔 9.78 头。

（4）皮特兰猪　原产于比利时，是肉用型新品种。毛色灰白并带有不规则斑点，背直而宽大，背膘薄、瘦肉率高，但其产仔数少，生长发育相对缓慢，肉质欠佳，抗应激性能差。6 月猪龄体重可达 90～100kg。屠宰率 76%，瘦肉率可高达 70%。

（二）肉牛的品种

1. 肉用牛品种

（1）海福特牛（Hereford）　原产于英国西南部的海福特县，我国于 1973 年从英国引进。适应性好、抗寒、耐粗、早熟、增重快、饲料利用率高，肉质柔嫩多汁，味美可口，是生产优质高档牛肉的重要品种。成年公牛体重 800～900kg，母牛 500～600kg，犊牛初生重 28～34kg，屠宰率一般为 60%～65%，在良好育肥条件下可达 70%。

（2）安格斯牛（Angus）　原产于英国苏格兰北部，是肉用牛最受欢迎的品种之一。全身黑色，早熟、生长快，易肥育、胴体品质好，出肉率高，但其骨细，体型偏小，耐粗饲能力差。成年公牛体重为900kg，母牛为700kg，犊牛初生重为32kg，周岁体重可达400kg，最高屠宰率可达70.7%。

（3）夏洛来牛（CharoLais）　原产于法国，属于大型肉牛品种，已成为欧洲大陆最主要的肉牛品种之一。适应性强、耐粗饲、体格大、增重快、瘦肉多，脂肪少，在眼肌面积改良上作用最好，臀部肌肉发达，对生产西冷和米龙等高价分割肉块具有优势，但其肌肉的纤维较粗，大理石状纹较差。成年公牛重1100~1200kg，母牛700~800kg，犊牛出生重50kg，屠宰率达65%~68%，净肉率80%~85%。

（4）利木赞牛（Limouzin）　原产于法国中部，也是国际上常用的杂交父系之一。体格大、体躯长、结构良好、早熟、生长发育快、瘦肉多、肉质细密。成年公牛体重950kg，母牛600kg，周岁体重达450~500kg，屠宰率为63%~71%。

（5）西婆罗牛（Bosjaranicus）　是美国为适应南方炎热气候和抗蜱而培育的新品种。用西门塔尔牛与婆罗门牛及其杂交牛进行杂交，既改良了婆罗门牛肌纤维粗糙的缺点，又保留了耐高热和抗蜱的性能，在肉用性能上比夏婆罗（夏洛来、婆罗门组合）和婆罗福特（婆罗门、海福特组合）的性能都好，是适应我国南方饲养的牛种。

（6）日本和牛（Japanese wagyu）　有黑毛和牛、褐色和牛两种，是日本的优质肉用改良牛。生长快、肉质好，尤其肌间脂肪（大理石花纹）非常丰富。成年公牛体重为800kg，母牛为500kg。

2. 兼用牛品种

（1）西门塔尔牛（Simental）　原产于瑞士，是至今用于改良本地牛范围最广、数量最大、杂交最成功的一个牛种，是兼具肉牛和乳牛特点的典型品种。增重快，瘦肉多、脂肪少、肉质佳。成年公牛体重800~1200kg，母牛600~750kg，周岁体重可达478kg；屠宰率可达60%~65%，平均产乳量4000~4500kg。

（2）皮埃蒙特牛（Piemontese）　原产于意大利北部，屠宰率和瘦肉率高，眼肌面积大，脂肪含量很低，且以极细的碎点散布在肌肉纤维中，生产高档牛排的价值很大。其作为肉用牛种有较高的泌乳能力，平均产乳量为3500kg，对哺育犊牛具有很大优势。

（3）丹麦红牛（Danish red）　原产于丹麦的默黑、西兰、洛兰等岛地，性成熟早、生长速度快、耐粗、耐热、抗寒、采食快，对我国黄牛的杂交改良效果良好。成年公牛活重1000~1300kg，母牛650kg，犊牛初生重40kg；平均产乳量可达6712kg，乳含脂率4.31%，乳蛋白率3.49%；12~15日龄小公牛的平均日增重可达1.01kg，屠宰率为54%~57%。

3. 我国黄牛品种

（1）秦川牛　原产于陕西渭河流域，遗传性稳定，是理想的杂交配套品种。体格高大，肉质细嫩，容易育肥。成年公牛体高140.2cm，体重615kg，母牛体高124.9cm，体重384kg；中等营养水平屠宰率可达53.65%，净肉率45%，瘦肉率可高达76.04%，眼肌面积97.02cm^2。

（2）南阳牛　原产于河南省南阳地区，在中国黄牛中体格最高大。体长不足，后躯发育较差，肉质细嫩，颜色鲜红，大理石纹明显。成年公牛体重716.5kg，体高153.8cm，母牛体重464.7kg，体高131.9cm；强度肥育达510kg后屠宰率可达64.5%，瘦肉率56.8%，眼肌面积95.3cm^2。

（3）鲁西牛　原产于山东省西南部，是我国中原四大牛种之一，以优质育肥性能著称。体格较大，后躯欠丰满，肉质细嫩，大理石花纹明显。成年公牛体高142.82cm，体重525kg，母牛体高124.75cm，体重358kg；成年牛平均屠宰率为58.1%，净肉率50.7%，眼肌面积

$94.2cm^2$。

（4）晋南牛　原产于山西省南部，是中国四大地方良种之一。成年公牛平均体高139.7cm，体重650kg，母牛体高124.2cm，体重383kg；肥育后屠宰率为52.3%，净肉重43.4%。

（5）延边牛　原产于朝鲜和吉林省延边朝鲜族自治州，是东北地区优良地方牛种之一。公牛体高130.6cm，体重480kg，母牛体高121.8cm，体重380kg；育肥后屠宰率可达54%，净肉率达42%。

（三）肉羊的品种

1. 肉用绵羊品种

（1）夏洛莱羊　是英国、德国、比利时、葡萄牙等国家的主要肉羊品种。体型较大，耐粗饲，适应性强，与本地羊（如寒羊）的杂交效果优良，肉嫩味美，且脂肪少。成年公羊体重达100~150kg，母羊75~95kg，初生重4.2~4.3kg；早期生长发育快，120~150d羔羊体重可达50kg左右；屠宰率达55%以上。

（2）寒羊　原产于黄河中下游农业区，具有生长快、成熟早、繁殖力强、肉脂品质好等特点。初生重3.5~3.7kg；周岁公羊体重41.6kg，母羊29.2~45kg；成年公羊体重72kg，母羊52kg。屠宰率62%~69%，净肉率46%~57%。平均产羔率为205%。

（3）同羊　主产于陕西渭南、咸阳地区，毛为白色，肉质肥，肌纤维细嫩、烹之易烂。初生重3.2~3.5kg；周岁公羊体重44.7kg，母羊39.2kg；成年公羊体重52.5kg，母羊48.0kg。屠宰率52%~58%，净肉率38%~41%，脂尾可达体重的10%。

（4）阿勒泰羊　主产于新疆北部阿勒泰地区，体型大、生长快，肉脂品质好，耐粗饲，抗严寒。初生重3.5~5.0kg；周岁公羊体重50~55kg，母羊40~45kg，成年公羊体重85.6kg，母羊67.4kg。屠宰率52.8%，臀脂占胴体重的17.9%。

2. 肉用山羊品种

（1）波尔山羊　产于南非，现分布于世界各地，是著名的大型肉用山羊品种，生长发育快，适应性强，体型大，产肉多，繁殖力强。初生重3~5kg；270日龄公羊体重69kg，母羊重51kg；成年公羊体重95~110kg，母羊90~100kg。平均屠宰率为48.3%。

（2）马头山羊　主产于湘鄂西部山区，具有体型大、肥育效果好、屠宰率高、肉质好等特点，适宜往肥羔羊方向发展。初生重2~2.1kg；周岁公羊体重24.9kg，母羊23.2kg；成年公羊体重43.8kg，母羊33.7kg。屠宰率62.6%，净肉率44.5%。产羔率为191.9%~200.3%。

（3）板角山羊　主产于四川东部地区，适应性强，屠宰率高，产肉性能好。初生重1.6~1.7kg；周岁公羊体重24.6kg，母羊21.1kg；成年公羊体重40.5kg，母羊30.3kg。屠宰率55.7%，净肉率42.9%。产羔率为184%。

（4）新疆山羊　主产于新疆各地，适应性强，肉用性能好。初生重2.8~3.2kg；周岁公羊体重30.4kg，母羊25.7kg；成年公羊体重59.5kg，母羊32.4kg。屠宰率41.3%，净肉率28.9%。产羔率106.5%~138.6%。

（四）肉兔的品种

1. 新西兰兔

新西兰兔是优良的肉用品种和著名的实验用兔。体型中等，臀圆，腰部和肋丰满，四肢粗壮有力，适应性强，耐粗饲，易饲养，且受孕率高，产仔率和成活率较高，产肉力高，肉质鲜嫩。最大的特点是早期生长快（初生重68~72g，40d断奶重0.6kg，2月龄可达1.5~2kg）。成年母兔体重4.5~5.5kg，公兔4.1~5kg。

2. 加利福尼亚兔

加利福尼亚兔原产于美国加利福尼亚州，是著名的肉用品种兔之一。全身被毛白色，但两耳、鼻端、四肢下端及尾巴为灰黑色，俗称"八点黑兔"。体型中等，秀丽美观，适应性和抗病力强，耐粗饲，性温驯，繁殖力高，母性好，仔兔成活率高。3月龄体重可达 2.5kg 以上，成年兔体重3.5~4.5kg，有的高达 8kg。

3. 比利时兔

比利时兔是用原产于比利时的大型肉用品种。体长清秀，骨小肉多，腿长，适应性强，耐粗饲，易饲养，繁殖力强，泌乳力高。前期生长快，6 周龄体重可达 1.2~1.3kg，3月龄体重可达 2.8~3.2kg，成年兔体重 5.5~6kg，有的高达 8kg。

（五）肉鸡的品种

1. 黄羽肉鸡

（1）固始鸡　抗病力强，适宜野外放牧散养，是我国宝贵的家禽品种资源之一。肉质细嫩，肉味鲜美，汤汁醇厚，营养丰富，具有较强的滋补功效。母鸡长到 180d 产蛋，年产蛋130~200 枚，平均蛋重 50g，蛋黄呈鲜红色。成年公鸡体重 2.1kg，母鸡 1.5kg。

（2）崇仁麻鸡　肉嫩味鲜、营养丰富，是青脚麻鸡的典型代表。出壳体重33g 左右，2月龄体重 0.60~0.65kg，三月龄体重 0.95~1.050kg。日龄 145~155d 产蛋，500 日龄产蛋量 180~200 枚，平均蛋重 48~52g。屠宰率为 70% 左右。

（3）文昌　是海南省的地方鸡种，肉质具有皮白嫩滑、鲜香味美的特点，已有 400 多年的养殖历史。出壳体重 25g 左右，四月龄体重 1.5~1.7kg。日龄 125~135d 产蛋，平均蛋重 40~45g。屠宰率为 75% 左右。

（4）京海黄鸡　体形紧凑，肉垂椭圆形，颜色鲜红，生产性能优良。京海黄鸡的种母鸡 18 周龄体重 1.28kg，66 周龄平均产蛋数 175.4 个。商品公鸡 110 日龄体重为 1.29kg，母鸡为 1.10kg。

2. 白羽肉鸡

白羽肉鸡又称艾拔益加肉鸡，简称 AA 肉鸡，体型较大，仔鸡羽毛白色，生长发育速度快，饲养周期短，饲料转化率高，耐粗饲，适应性强。6 周龄体重 1.68kg，7 周龄体重 2.31kg，即可出栏。

3. 肉杂鸡

肉杂鸡又称 817 肉鸡，饲养周期相对较长，肉质口感好，符合中国人的饮食口味，市场需求量大，环境适应能力强。一般饲养 5~7 周，体重达到 1.3~1.8kg 即可出栏。

4. 淘汰蛋鸡

淘汰蛋鸡指产蛋率下降，蛋的质量也下降的不宜再饲养的蛋鸡。淘汰蛋鸡的价格比较便宜，体型粗壮，头粗大，个体过肥。

（六）肉鸭的品种

1. 北京鸭

北京鸭原产于北京，是世界著名肉用型品种。体形硕大丰满，挺拔美观，生长发育快，肉质好。填肥后的鸭，其脂肪分布均匀，皮下脂肪厚，适宜烤制，风味独特，为北京烤鸭原料。50 日龄体重可达 1.75~2.0kg；180 日龄公鸭体重 3.25~3.5kg，母鸭 3~3.5kg。年产蛋 200~240 枚，蛋重 90~100g。

2. 狄高鸭

狄高鸭原产于澳大利亚的标准品种。羽毛洁白，体形大，胸部肌肉丰满，生长快、早熟易肥。成年鸭体重 3.2~3.5kg，60 日龄体重可达 2.0kg 以上。年产蛋 200~230 枚，平均蛋重 88g。

3. 高邮鸭

高邮鸭原产于江苏省的地方良种，其生长发育快，成熟早，属蛋肉兼用型品种。7 周体重可达2.5~3kg，成年鸭体重 3.5~4.0kg。120~130 日龄开始产蛋，蛋重 80~85g。

4. 樱桃谷鸭

樱桃谷鸭原产于英国，全身羽毛洁白，体形硕大，是世界著名肉用型鸭种。7 周体重可达3.3kg；成年公鸭体重 4~4.5kg，母鸭 3.5~4kg。屠宰率为 72.55%。

（七）肉鹅的品种

1. 中国鹅

中国鹅分布全国，国外不少著名鹅品种都有中国鹅的血统。生长发育快，肉质鲜美，屠宰率较高，以耐粗饲、适应性广、产蛋多而著名。年产蛋 100 枚以上，蛋壳白色，蛋重 120~160g。成年公鹅体重 5~6kg，母鹅 4.5~5kg。

2. 狮头鹅

狮头鹅产于广东省，是世界著名的大型鹅种。生长快，耐粗饲。成年公鹅体重 10~12kg，母鹅 9~11kg。年产蛋 25~35 枚，蛋重 105~255g。

3. 太湖鹅

太湖鹅原产于江苏太湖地区，为地方良种，是生产肉用仔鹅较为理想的母本材料。仔鹅肉质好，加工成产品很受欢迎。成年公鹅体重 3.5~4.5kg，母鹅 3.25~4.25kg。年产蛋 60~80 枚，蛋重 135~137g。

4. 朗德鹅

朗德鹅产于法国，是世界上著名的生产肥肝的专用品种。成年公鹅体重 7~8kg，母鹅 6~7kg。肝重达 700~800g。

二、 肉的性质

（一）肉的基本性质

从食品加工的角度，将动物体可利用部位粗略地划分为肌肉组织、脂肪组织、结缔组织和骨骼组织。其构造、性质和含量直接影响着肉的质量和加工用途，各部分的组成比例因动物的种类、性别、年龄以及生长状况的不同而有所差异。

1. 肌肉组织

肌肉组织是动物的基本组织。根据肌细胞形态与分布的不同，肌肉组织分为骨骼肌、平滑肌和心肌。骨骼肌一般通过筋腱附于骨骼上，在胴体中占 50%~60%，具有较高的食用价值和商用价值，是肉的主要组成成分，而心肌分布于心脏，构成心房、心室壁的心肌层，也见于靠近心脏的大血管壁上。平滑肌分布于内脏和血管壁。通过显微镜观察骨骼肌和心肌的肌纤维，有明暗条纹的肌肉被称为横纹肌。骨骼肌的收缩受中枢神经系统的控制，又称随意肌，而心肌与平滑肌受自主性神经支配，称为非随意肌。骨骼肌与肉品加工有关，所以以下侧重介绍的肌肉就是骨骼肌。

（1）一般结构　家畜体内有 300 块以上形状、大小各异的肌肉，但其基本结构是一样的（图 7-1）。肌肉的基本构造单位是肌纤维，肌纤维之间被一层很薄的肌内膜围绕隔开。每 50~

150 条肌纤维聚集成束,称为初级肌束。初级肌束被一层肌束膜包裹,由数十条初级肌束集结在一起并由较厚的结缔组织膜包围就形成了次级肌束(或称二级肌束)。由许多二级肌束集结在一起形成肌肉块,外面包有一层较厚的肌外膜。这些分布在肌肉中的结缔组织膜既起着支架的作用,又起着保护作用,血管、神经通过三层膜穿行其中,伸入到肌纤维的表面,以提供营养和传导神经冲动。此外,还有脂肪沉积其中,使肌肉断面呈现大理石样纹理。

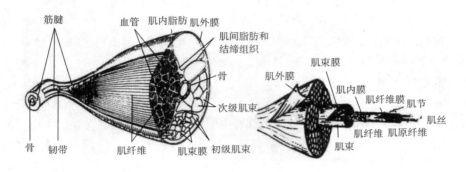

图 7-1　骨骼肌的结构示意图

资料来源:周光宏,《肉品加工学》,2008。

(2) 微观结构

①肌纤维:肌肉组织由细胞构成(图 7-2),肌肉细胞属于细长的多核纤维细胞,也称肌纤维,呈长线状,不分支,两端逐渐尖细,长度为 1~40mm,直径为 10~100μm。在显微镜下可以看到肌纤维沿细胞纵轴平行的、有规则排列的明暗条纹,其肌纤维是由肌原纤维、肌浆、肌细胞核和肌纤维膜构成。肌原纤维是肌纤维的主要组成部分,一个肌纤维含有 1000~2000 根肌原纤维。

②肌纤维膜:肌纤维外层的膜称为肌纤维膜,简称肌膜。它由蛋白质和脂质组成,因其良好的韧性,可以承受肌纤维的伸长和收缩。肌膜的构造和组成与体内其他细胞膜类似。肌纤维膜向内凹陷形成网状的管,称作横小管,也称为 T-系统或者 T 小管。

③肌原纤维:肌原纤维是肌细胞独有的细胞器,占肌纤维固形成分的 60%~70%,是肌肉的伸缩装置。它呈细长的圆筒状结构,直径 1~2μm,其长轴与肌纤维的长轴相平行并浸润于肌浆中。肌原纤维由肌丝组成,肌丝可分为粗丝和细丝。两者均平行整齐地排列于整个肌原纤维,粗丝和细丝在某一区域形成重叠,从而形成了横纹。光线较暗的区域称为暗带(A 带),A 带的中央有一条暗线称 M 线,将 A 带分为左右两半,在 M 线附近有一颜色较浅的区域,称为 H 区;光线较亮的区域称为明带(I 带),I 带的中央有一条暗线,称为 Z 线,它将 I 带从中间分为左右两半。两个相邻 Z-线间的肌原纤维称为肌节,它包括一个完整的 A 带和两个位于 A 带两侧二分之一的 I 带。肌节是肌原纤维的重复构造单位,也是肌肉收缩、松弛交替发生的基本单位。肌节的长度取决于肌肉所处的状态。当肌肉收缩时,肌节变短;当肌肉松弛时,肌节变长。哺乳动物肌肉放松典型的肌节长度是 2.5μm。

④肌浆:肌纤维的细胞质称为肌浆,填充于肌原纤维间和肌细胞核的周围,是细胞内的胶体物质。肌浆内富含肌红蛋白、酶、肌糖原及其代谢产物和无机盐类等。肌浆中有一种重要的细胞器称为溶酶体,含有多种能消化细胞和细胞内容物的酶。其中能够分解蛋白质的酶称为组织蛋白酶,一部分组织蛋白酶可以分解肌肉蛋白质,对肉的成熟、肉及肉制品的风味具有很重

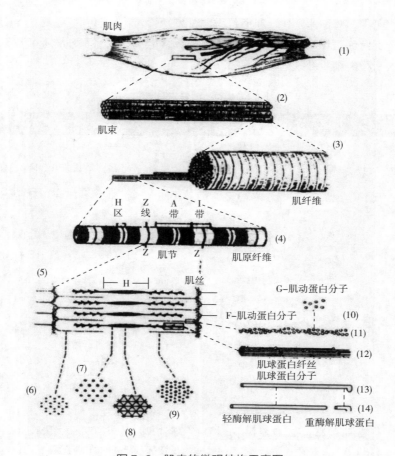

图 7-2　肌肉的微观结构示意图

注：（1）—肌肉　（2）—肌束　（3）—肌纤维　（4）—肌原纤维　（5）—肌节
（6）—肌节除 Z 线外的 I 带（由 F-肌动蛋白纤丝组成）横截面　（7）—肌节除 H 区中心外的 H 区
（由肌球蛋白纤丝组成）横截面　（8）—H 区中心横截面　（9）—肌节除 H 区外的 A 带
（由 F-肌动蛋白纤丝和肌球蛋白纤丝组成）横截面　（10）—G-肌动蛋白分子
（11）—F-肌动蛋白分子　（12）—肌球蛋白纤丝　（13）—肌球蛋白分子
（14）—分解为轻酶解肌球蛋白和重酶解肌球蛋白的肌球蛋白分子

资料来源：李里特，《食品原料学（第二版）》，2011。

要的作用。

　　⑤肌细胞核：骨骼肌纤维为多核细胞，但因其长度变化大，所以每条肌纤维所含核的数目不定，一条几厘米的肌纤维可能有数百个核。核呈椭圆形，位于肌纤维的周边，紧贴在肌纤维膜下，呈有规则的分布，核长约 $5\mu m$。

　　（3）肌纤维分类　根据肌纤维外观和代谢特点的不同，可分为红肌纤维（红肌）和白肌纤维（白肌），两种肌纤维的收缩特性、色泽、肌红蛋白含量、代谢方式等方面存在巨大差异（表 7-2）。

　　①红肌：肌红蛋白、线粒体的含量高，从而使肌肉显红色。红肌网状组织的量是白肌的 50%，与肌肉收缩密切关联的 Ca^{2+} 向网状组织内的输送以及释放也比白肌慢数倍。红肌是以持续、缓慢的收缩为主，主要有心肌、呼吸肌以及维持机体状态的肌肉。

　　②白肌：指颜色比较白的肌肉，是针对红肌而言的。特点：肌红蛋白含量少，线粒体的大

小与数量均比红肌少。收缩速度快、肌原纤维非常发达，又称快肌。

有些肌肉全部由红肌纤维或白肌纤维构成，但大多数肉用家畜的肌肉是由两种或三种肌纤维混合而成，这三种类型肌纤维的特性见表7-2。

表7-2　　　　　　　　　　　　　　肌纤维的类型及其特性

特性	红肌	中间型肌	白肌	主要指标和特性
色泽	红色	红色	白色	—
肌红蛋白含量	高	高	低	猪背最长肌0.208%，腰大肌0.135%
低离子强度可溶蛋白	低	中等	高	肌浆蛋白中：白肌52mg/g；红肌23mg/g
结缔组织	低	中等	高	胶原蛋白比率（湿重）：缝匠肌（红）1.36%，桡骨肌（白）2.63%
糖原含量	低	中等	高	兔白肌：红肌=3.7:1；猪白肌：红肌=5:1
脂质含量	高	中等	低	红肌：白肌=2.5:1
有氧代谢	高	中等	低	红肌纤维好氧
无氧酵解	低	中等	高	白肌纤维厌氧
肌纤维大小	小	中等	大	肌纤维粗细不均，但平均值白肌纤维较高
收缩特性	收缩缓慢、连续紧张、持久	收缩快、连续紧张	收缩快、断续、易疲劳	慢肌90ms，快肌40ms；红肌舒张时间比白肌短4倍
RNA含量	高	中等	低	红肌纤维RNA含量高，且蛋白质转化率是白肌纤维的2~5倍
钙含量	高	中等	低	禽胸肌（白）38.9μg/g，腿肌（红）54.6μg/g
细胞色素氧化酶活性	强	强	—	—
ATP酶活性	弱	弱	强	ATP含量快肌比慢肌高60%
线粒体的数量	多	中等	少	红肌在肌纤维间、肌膜下和I带处含有许多，白肌仅存在于Z线
线粒体的大小	大	中等	小	—

注："—"表示无或未提供。

2. 结缔组织

结缔组织分布于动物体内各个部位，构成器官、血管和淋巴管的支架；包围和支撑着肌肉、筋腱和神经束；将皮肤连接于机体。它的作用是保护机体，并使机体有一定的韧性和伸缩能力。肉中的结缔组织是由基质、细胞和细胞外纤维组成，胶原蛋白和弹性蛋白都属于细胞外纤维。胶原蛋白是结缔组织的主要结构蛋白，筋腱的主要组成成分，也是软骨和骨骼的组成成分之一。胶原蛋白的不溶性和坚韧性是由于其分子间的交联，特别是成熟交联所致。交联结构是由胶原蛋白分子通过共价化学键形成的特定结构。如果没有交联，胶原蛋白将失去力学强度，可溶解于中性盐溶液。结缔组织的化学成分主要包括胶原纤维、弹性纤维和少量的网状纤维，细胞有巨噬细胞、成纤维细胞、浆细胞、肥大细胞等。结缔组织具有很强的再生能力，创伤的愈合多通过它的增生而完成。

3. 脂肪组织

脂肪的构造单位是脂肪细胞。脂肪细胞或单个或成群地借助于疏松结缔组织联在一起，细胞中心充满脂肪滴，细胞核被挤到周边。脂肪细胞外层有一层膜，膜由胶状的原生质构成，细胞核即位于原生质中。脂肪细胞是动物体内最大的细胞，直径为 $30\sim120\mu m$，最大者可达 $250\mu m$。脂肪细胞越大，里面的脂肪滴越多，因而出油率也高。脂肪在活体组织内起着保护组织器官和提供能量的作用，其在体内的蓄积因动物种类、品种、年龄和肥育程度不同而异。脂肪蓄积在肌束内最为理想，这样的肉呈大理石样纹理，可以改善肉的品质，是评价肉品质的一个重要指标。

4. 骨组织

骨组织和结缔组织一样也是由细胞、纤维性成分和基质组成，但不同的是其基质已被钙化，起着支撑机体和保护器官的作用。猪骨占胴体的 $5\%\sim9\%$，牛占 $15\%\sim20\%$，羊占 $8\%\sim17\%$，兔占 $12\%\sim15\%$，鸡占 $8\%\sim17\%$。骨由骨膜、骨质和骨髓构成。骨的化学成分中水占 $40\%\sim50\%$，胶原蛋白占 $20\%\sim30\%$，无机质占 20%，无机质的成分主要是钙和磷。

（二）肉的理化特性

1. 物理特性

（1）密度 密度通常指每立方米体积的物质所具有的质量，一般以 kg/m^3 来表示，它因动物肉的种类、含脂肪的数量不同而异，含脂肪越多，其密度越小，含脂肪越少，其密度越大。

（2）热学性质

①肉的比热和冻结潜热：肉的比热和冻结潜热表示肉的吸热或散热能力。肉的种类和部位不同，其水和脂肪含量不同，则肉的比热和冻结潜热也不同（表7-3）。一般含水率越高，比热和冻结潜热越大；含脂肪率越高，则比热、冻结潜热越小。

表7-3　　　　　　　　　　　几种肉的比热和冻结潜热

品种	含水率 /%	冰点以上比热 /[kJ/（kg·℃）]	冰点以下比热 /[kJ/（kg·℃）]	冻结潜热 /（kJ/kg）
牛肉	62~77	2.93~3.51	1.59~1.80	204.82~259.16
猪肉	47~54	2.42~2.63	1.34~1.50	154.66~179.74
羊肉	60~70	2.84~3.18	1.59~2.13	200.64~242.44
禽肉	74	3.30	—	242.44

注："—"表示无或未提供。

②冰点：肉中水分开始结冰的温度称作冰点。它随动物种类等因素不同而不同。肉的冰点一般在 $-1.7\sim-0.8℃$。同时肉的冰点和肉中盐类浓度有关，盐类浓度越高则冰点越低。

③导热系数：肉导热系数的大小决定于冷却、冻结和解冻时温度升降的快慢，也取决于肉的组织结构、部位、肌肉纤维的方向、冻结状态等。由于冰的导热系数比水的导热系数大，故冻结的肉类更易传热。

（3）肉色 一般来说畜肉的颜色呈红色，但色调和色泽有所差异。肉的颜色主要取决于肌肉中的色素物质——肌红蛋白（Myoglobin，Mb）和残余血液中的色素物质——血红蛋白（Hemoglobin，Hb）。肌红蛋白占肉中色素的 $80\% \sim 90\%$，是决定肉色的关键物质。所以，肌红蛋白的含量和化学状态变化造成不同动物、不同肌肉的颜色不一。

肌红蛋白在不同的条件下可以使肉呈现不同的色泽。屠宰后的鲜肉由于缺少 O_2，肌红蛋白与 O_2 结合的位置被 H_2O 取代，使肌肉呈暗红色或紫红色；将肉在空气中暴露一段时间（大约30min），肉的断面会变成鲜红色，这是因为 O_2 取代 H_2O 形成氧合肌红蛋白；如果长时间放置，肉的颜色会变成褐色，这是因为形成了氧化态的高铁肌红蛋白。肌红蛋白与亚硝酸盐反应可生成亚硝基肌红蛋白，亚硝基肌红蛋白受热以后形成亚硝基血色原，呈粉红色，是蒸煮腌肉的典型色泽；有硫化物存在时，肌红蛋白还可被氧化生成硫代肌红蛋白，呈绿色，是一种异色；肌红蛋白加热后蛋白质变性形成球蛋白氯化血色原，呈灰褐色，是熟肉的典型色泽。肌肉色泽的变化受环境中含氧量、温度、pH、湿度及微生物变化的影响。环境中的含氧量高，肌肉的颜色变成鲜红色；氧含量低，肌肉的颜色变深。环境中的湿度决定了高铁肌红蛋白形成的快慢，湿度大，有水汽层在肉的表面形成，减少氧与肌肉的接触，降低肌肉的氧化速率，颜色变褐色速度变慢，如牛肉冷藏在8℃、70%相对湿度的环境，2d 变褐；100%相对湿度时，4d 变褐。

常见的异质肉色有如灰白色的 PSE（Pale，Soft and Exudative）肉、黑切牛肉（Cutting Beef，DCB）和黑色的 DFD（Dark，Firm and Dry）肉等。PSE 肉在宰后肌肉苍白、质地松软没弹性，并且肌肉表面渗出肉汁，用眼观察呈淡白色，同周围肌肉有着明显区别；其表面很湿，呈多汁状；指压无弹力，呈松软状。其机制与 DFD 肉相反，是因为肌肉 pH 下降过快蛋白质发生变性造成。容易产生 PSE 的肌肉大多是混合纤维型，其中背最长肌和股二头肌最典型。DCB 一般发生在牛屠宰后，其特征是颜色发黑、pH 高、质地硬、系水力高、氧穿透能力差、易受微生物感染等。应激是产生 DCB 的主要原因，同时，饲养场饲育情况、肉牛性别、饲养期激素注射、宰前激素注射、环境最高温度和最低温度、宰前环境温度的波动等因素也可能增加 DCB 的发生率。DFD 肉的发生与 DCB 肉类似。

（4）肉的风味 肉的风味指生鲜肉的气味和加热后肉制品的香味和滋味，是肉中固有成分经过复杂的生物化学变化，产生各种风味物质所致。其特点是成分复杂多样，含量甚微，用一般方法很难测定，除少数成分外，多数无营养价值，不稳定，加热易破坏和挥发。

①气味：影响肉类风味的因素有年龄、物种、脂肪、氧化、饲料、性别、腌制和细菌繁殖。如牲畜年龄越大，风味越浓；物种间风味差异很大，主要由脂肪酸组成差异造成，如羊膻味、猪味、鱼腥味等；氧化能够加速脂肪产生腐败味，随温度增加而加速；腌制能够抑制脂肪氧化，有利于保持肉的原味；细菌滋生，产生腐败味；性别不同，风味也有差距，如未阉割公猪，有强烈异味，公羊膻腥味较重。

②滋味：肉的鲜味成分来源于核苷酸、氨基酸、酰胺、肽、有机酸、糖类、脂肪等前体物质。将牛肉中风味的前体物质用水提取后，剩余溶于水的肌纤维部分几乎不存在香味物质。另外在脂肪中人为加入一些物质，如葡萄糖、肌苷酸、含有无机盐的氨基酸（谷氨酸、甘氨酸、丙氨酸、丝氨酸、异亮氨酸），在水中加热后，结果生成和肉一样的风味，从而证明这些物质为肉风味的前体。

（5）肉的嫩度 肉的嫩度本质上反映的是咀嚼（或切断）一定厚度肉块所需要的力量。咀嚼（或切断）过程中会受到阻力，这主要受到肌纤维、结缔组织、脂肪等的影响。这些影响可以概括为宰前因素和宰后因素，宰前因素包括动物的品种、年龄、肌肉的部位、宰前管理和营养状况等，宰后因素包括尸僵与成熟、加热温度和时间、电刺激、酶类物质等。一般幼龄动物的肉比老龄动物的肉要嫩，这是由于老龄动物肌肉中胶原蛋白交联度高，加热不易裂解。营养状况好的动物脂肪含量高，大理石花纹丰富，肉的嫩度好，而营养状况差的动物，脂肪含量少，肉质较老，脂肪含量可以冲淡结缔组织的作用。肌纤维的长度和肌纤维的直径直接影响肉的嫩度，肌纤维的直径越小，长度越短，肉的嫩度越好，反之越差。牛的腰大肌最嫩，胸头肌最老。宰后尸僵的温度过高或过低，会发生异常尸僵（热收缩和冷收缩）。热收缩导致蛋白质变性，形成 PSE 肉，进而会造成汁液损失，减少成熟作用，肉的嫩度变差；冷收缩导致肌肉严重收缩，肉的质地变硬。加热既可以使肉变嫩，又可以使肉变硬，主要取决于加热的温度和时间，在 65~75℃时，肌肉纤维的长度会收缩 25%~30%，嫩度降低，同时结缔组织逐渐转化为明胶，肉的嫩度得到改善。电刺激能够缩短尸僵时间，降低尸僵程度，加快肉的成熟，提高肉的嫩度。

2. 肉的化学组成

肉的化学成分主要包括蛋白质、水分、脂肪、碳水化合物、维生素以及矿物质等，这些成分的含量因动物的品类、年龄、性别、营养与健康状态、部位等不同而有所差异（表 7-4），而且宰后的动物肉受自身酶、微生物等的作用，会发生复杂的生化反应，影响肉的化学成分和含量。

表 7-4　　　　　　　　　　　各种畜禽肉的化学组成

名称	含量/%					热量
	水分	蛋白质	脂肪	碳水化合物	灰分	/（J/kg）
牛肉	72.91	20.07	6.48	0.25	0.92	6186
羊肉	75.17	16.35	7.98	0.31	1.19	5894
肥猪肉	47.40	14.54	37.34	—	0.72	13731
瘦猪肉	72.55	20.08	6.63	—	1.10	4870
马肉	75.90	20.10	2.20	1.88	0.95	4305
兔肉	73.47	24.25	1.91	0.16	1.52	4891
鸡肉	71.80	19.50	7.80	0.42	0.96	6354
鸭肉	71.24	23.73	2.65	2.33	1.19	5100

注："—"表示无或未提供。

（1）蛋白质　动物肌肉中蛋白质占 18%~20%，分为三类：肌原纤维蛋白、肌浆蛋白和肌基质蛋白，约占总蛋白的 55%、30% 和 15%。蛋白质含量因动物种类、部位不同而有一定差异。

①肌原纤维蛋白：肌原纤维蛋白是肌肉的主要结构蛋白，具有将化学能转化为机械能的功能，负责支撑肌纤维的形状，因此也称为结构蛋白。包括三大类：收缩蛋白、调节蛋白和支架蛋白。

a. 收缩蛋白：主要的收缩蛋白有肌球蛋白和肌动蛋白，它们直接负责肌肉的收缩以及肌纤维的支撑。

肌球蛋白是肉中含量最高的蛋白质，约占肌肉总蛋白质的三分之一，占肌原纤维蛋白的 50%~55%，是粗丝的主要成分，分子质量为 470~510ku，约 400 个肌球蛋白分子构成一条肌丝，由两条肽链相互盘旋构成。分子呈多轴状，长轴 220~240nm，短轴 2.2nm。肌球蛋白的特性之一是头部具有 ATP 酶的活性，此酶的活性受 Mg^{2+} 抑制，可被 Ca^{2+} 激活，可以分解 ATP，并能与肌动蛋白结合形成肌动球蛋白，与肌肉的收缩直接相关；另一特性是可以结合肌动蛋白形成肌动球蛋白。在胰蛋白酶的作用下，分解生成两种亚甲基，即重酶解肌球蛋白（Heavy meromyosin，HMM）和轻酶解肌球蛋白（Light meromyosin，LMM）。重酶解肌球蛋白还可被木瓜蛋白酶进一步裂解为两个亚碎片，即重酶解肌球蛋白碎片-1（HMMS-1）和重酶解肌球蛋白碎片-2（HMMS-2）。HMMS-1 具有 ATP 酶活性和与肌动蛋白结合的能力，而 HMMS-2 没有上述性质。肌球蛋白微溶于水，溶于盐类溶液中，形成结晶状，在饱和 NaCl、$(NH_4)_2SO_4$ 溶液中可盐析沉淀，等电点在 5.4 左右，当温度在 50~55℃时会发生凝固，形成黏性凝胶。肌球蛋白的溶解性和形成凝胶的能力与其所在溶液的 pH、离子强度、离子类型等有密切的关系。

肌动蛋白（Actin）约占肌原纤维蛋白的 20%，是细丝的主要成分。其分子质量为 41.8~61ku 且只有一条多肽链。肌动蛋白等电点约为 4.7，能溶于水或稀的盐溶液中，在半饱和的 $(NH_4)_2SO_4$ 溶液中可盐析沉淀。肌动蛋白以球状肌动蛋白（G-actin）和纤维状肌动蛋白（F-actin）两种形式存在，两者可以互相转化。在有少量磷酸盐存在时，G-actin 在统一方向聚拢可形成 F-actin；反之将 F-actin 放入碘化钾溶液中并有 ATP 存在的情况下，可以经过透析转化成 G-actin。G-actin 单独存在时结构为球形，分子质量为 43000u，结构直径为 5.5nm，300~400 个肌动蛋白可形成一条纤维状结构，而两条该结构的肌动蛋白相互扭合会形成纤维状肌动蛋白。后者与原肌球蛋白等结合成细丝，参与肌肉的收缩。

b. 调节蛋白：调节蛋白主要为肌原蛋白和肌原球蛋白，它们较多存在于肌动球蛋白丝或细丝上，其含量分别占总肌原纤维蛋白的 5%和 8%。肌原蛋白又称肌钙蛋白，分子质量为 69~80ku，对 Ca^{2+} 有较高的敏感性，每个蛋白质分子上有 4 个位点可用于结合 Ca^{2+}。此外，肌原纤维中还含有一些调节蛋白分布在肌丝不同的部位上。如 M 蛋白位于 M 线上，约占总肌原纤维蛋白的 2%，分子质量为 160ku，起到维持粗丝排列的作用；I-蛋白位于 A 带上，可阻止肌肉在休止状态水解 ATP。此外肌原纤维蛋白中还包括 α、β 和 γ 三种肌动素，以及一些肌酸激酶。

c. 骨架蛋白：这类蛋白质因可维持骨架结构，而称为骨架蛋白。它们为收缩蛋白以及调节蛋白，提供支撑和稳定作用。主要的骨架蛋白有连接蛋白和伴肌动蛋白。连接蛋白存在于 Z 线以外的整个肌节上，分子质量在 700~1000ku，起连接作用。

②肌浆蛋白：肌浆蛋白是指在肌纤维膜里面能在低浓度（<0.1mol/L KCl）盐溶液溶解的蛋白质，其功能是参与肌细胞物质代谢，约占成熟动物肌肉质量的 5.5%。其中主要包括肌溶蛋白、肌红蛋白、肌质网蛋白、肌粒蛋白和肌浆酶等。

a. 肌溶蛋白：肌溶蛋白位于肌纤维之间，易溶于水，易变性生成沉淀。肌溶蛋白可分为可溶性不沉淀蛋白质（即肌溶蛋白 A）和沉淀的蛋白质（即肌溶蛋白 B）。它们分别占肌浆蛋白的 1%和 3%。肌溶蛋白 A 分子质量为 150ku，等电点 pH 为 3.3。肌溶蛋白 B 分子质量为 8~9ku，等电点 pI 为 6.3，可被饱和 $(NH_4)_2SO_4$ 溶液析出。

b. 肌红蛋白：该蛋白质属于一种复合性色素蛋白，由一分子亚铁血色素和珠蛋白复合而成。其含量占肌浆蛋白的 0.3%，分子质量为 34ku，等电点 pI 为 6.78。

c. 肌质网蛋白：该蛋白质是组成肌质网的主要成分，由五种蛋白质组合而成。

d. 肌粒蛋白：主要是脂肪氧化酶及三羧基循环酶，存在于线粒体中，可溶解于离子强度 0.2 以上的盐溶液中。

③肉基质蛋白：肉基质蛋白又称结缔组织蛋白。它是构成肌内膜、肌束膜、肌外膜和筋腱的主要成分。其本身由有形成分和无形的基质组成，前者主要有三种，即胶原蛋白、弹性蛋白和网状蛋白，它们是结缔组织中主要的蛋白质。

a. 胶原蛋白：胶原蛋白主要存在白色结缔组织中，约占胶原纤维固体物的85%。胶原蛋白中含有较多的脯氨酸、甘氨酸和羟脯氨酸。可通过定量分析羟脯氨酸含量来衡量结缔组织的含量。胶原蛋白性质稳定，且有较强的延伸力，不溶于水及稀溶液，酸或碱溶液可使其膨胀。一般不易被水解，但可被胶原蛋白酶水解。胶原蛋白遇热会收缩，不同种类动物热缩温度有较大差异，哺乳动物一般为60~65℃，鱼类为45℃。当加热温度大于热缩温度时，胶原蛋白就会逐渐变为明胶，该过程使原胶原蛋白的氢键断开，其三条螺旋被解开，溶于水中，当冷却时就会形成明胶。

b. 弹性蛋白：弹性蛋白主要存在黄色结缔组织中，是构成弹力纤维的主要成分，同时胶原纤维也有约7%的弹性蛋白。弹性蛋白由含量占1/3的甘氨酸、脯氨酸以及30%~40%缬氨酸构成。它属于硬蛋白，在酸、碱、盐煮沸的条件下不能水解。

c. 网状蛋白：在肌肉中网状蛋白是肌内膜的主要成分，含10%的结合脂肪酸和4%的结合糖类。其氨基酸组成和胶原蛋白类似，可被胶原蛋白酶水解。

（2）脂肪 动物的脂肪可分为蓄积脂肪和组织脂肪两大类。蓄积脂肪包含皮下脂肪、大网膜脂肪、肾周围脂肪及肌肉块间的脂肪等，而组织脂肪则是肌肉组织内、脏器内的脂肪。不同家畜肌肉组织内的脂肪含量差异较大，少到1%，多到20%，其含量因畜禽肥育程度、解剖部位、品种、年龄等不同而有一定差异。

家畜的脂肪组织中90%为中性脂肪，7%~8%为水分，蛋白质占3%~4%，此外还有少量磷脂和固醇脂。中性脂肪又称甘油三酯，由一分子甘油与三分子脂肪酸化合而成。动物脂肪多为由饱和以及不饱和脂肪酸组合的混合甘油酯。饱和脂肪酸比例高于不饱和脂肪酸则熔点、凝固点高，反之则熔点、凝固点较低，因此脂肪酸的性质决定了脂肪的性质。肉中脂肪含有20多种脂肪酸，最主要的有4种，两种饱和脂肪酸，即棕榈酸、硬脂酸，以及两种不饱和脂肪酸，即油酸和亚油酸。一般反刍动物硬脂酸含量较高，而亚油酸含量低，所以牛、羊肉脂肪比猪、禽脂肪较坚硬。磷脂在组织脂肪中比例较高，最高可达50%以上，主要包括卵磷脂、神经磷脂、脑磷脂以及其他磷脂类。表7-5为肉和器官中多不饱和脂肪酸和胆固醇含量。

表7-5　　　　　　　　　　肉和器官中多不饱和脂肪酸和胆固醇含量

来源	多不饱和脂肪酸/（g/100g 脂肪酸）					胆固醇 /（mg/100g）
	C18：2	C18：3	C20：3	C20：4	C22：5	
猪肉	7.4	0.9	微量	微量	微量	69
牛肉	2.0	1.3	微量	1.0	微量	59
羊肉	2.5	2.5	—	—	微量	79
大脑	0.4	—	1.5	4.2	3.4	2,200
猪肾	11.7	0.5	0.6	6.7	微量	410
牛肾	4.8	0.5	微量	2.6	—	400
羊肾	8.1	4.0	0.5	7.1	微量	400
猪肝	14.7	0.5	1.3	14.3	2.3	260
牛肝	7.4	2.5	4.6	6.4	5.6	270
羊肝	5.0	3.8	0.6	5.1	3.0	430

注："—"表示无或未检测。

（3）水分　水是肉中含量最多的组分，不同组织水分含量差异较大且畜禽年龄、品种与含水量有直接的联系，其中肌肉含水量为70%~80%，皮肤为60%~70%，骨骼为12%~15%。畜禽越肥，水分含量越少，老年比幼年动物含水量少。水的存在形式大致可分为自由水、不易流动水和结合水三种，分别占总水分含量的5%、80%和15%。

（4）浸出物　浸出物是指除蛋白质、盐类、维生素外能溶于水的物质，包括含氮浸出物和无氮浸出物。

①含氮浸出物：为非蛋白质的含氮物质，如游离氨基酸、磷酸肌酸、核苷酸类、肌苷、尿素以及肌酸等，是重要的风味物质，如ATP除供给肌肉收缩的能量外，还逐级降解为肌苷酸，是肉鲜味的主要成分。煮肉过程中肌酸含量减少，肌酐量逐渐增加，增强肉的风味。100g肉中大约含有500mg含氮浸出物。

②无氮浸出物：为不含氮的可浸出性有机化合物，包括碳水化合物（糖原、葡萄糖、核糖）和有机酸（乳酸及少量的甲酸、乙酸、丁酸、延胡索酸等）。

（5）糖原　糖原主要存在于肝脏和肌肉中，肌肉中含0.3%~0.8%，肝中含量2%~8%。肌糖原含量的多少对肉的pH、保水性、颜色等均有影响，并且影响肉的品质和贮藏性。动物的应激反应和疲劳会降低肉中糖原的含量。

（6）维生素　肉中维生素主要有维生素A、维生素B_1、维生素B_2、维生素B_3、维生素B_5、生物素、叶酸等（表7-6）。其中脂溶性维生素较少，但水溶性B族维生素含量丰富。

表7-6　　　　　　　　　　不同肉中维生素含量（每100g含量）

名称	维生素A /IU	维生素B_1 /mg	维生素B_2 /mg	维生素B_3 /mg	维生素B_5 /μg	生物素 /μg	叶酸 /mg
牛肉	微量	0.07	0.2	5.0	0.4	3.0	10
猪肉	微量	1.0	0.2	5.0	0.6	4.0	3
小牛肉	微量	0.10	0.25	7.0	0.4	5.0	5
羊肉	微量	0.25	0.25	5.0	0.5	3.0	3

（7）矿物质　肌肉中所含矿物质是指肉中无机物，含量占1.5%左右。肉中主要矿物质含量见表7-7。其种类主要有钠、钾、钙、铁、氯、磷、硫等无机物，还含有微量的锰、铜、锌、镍等。这些无机盐在肉中有的以游离状态存在，如镁、钙离子；有的以螯合状态存在，如肌红蛋白中含铁。

表7-7　　　　　　　　　　不同肉中主要矿物质含量　　　　　　　　　　单位：mg/100g

名称	钠	钾	钙	镁	铁	磷	氯	硫
牛肉	84	338	12	24	4.3	495	7.6	575
猪肉	42	169	6	12	2.1	247	38	288
兔肉	67	479	26	48	8	579	51	498
鸡肉	128	560	15	61	13	580	60	292

三、肌肉的宰后变化

动物屠宰放血后，机体死亡引起血液循环中断、呼吸和氧气供应停止，肌肉内的各种需氧性生化反应停止，厌氧性活动启动。因此，肌肉死后所发生的各种反应与活体肌肉完全处于不同状态。肌肉的宰后变化主要包括各种物理变化和化学变化，进而完成从肌肉到食用肉的转变。这些变化的速度和程度在不同肌肉间存在差异，研究其变化规律有利于改善肉的品质、提高肉的加工特性。

（一）物理变化

血液是动物机体运输氧气、营养物质和代谢废物进出肌肉的主要运输工具。动物屠宰放血后切断肌肉组织与其他器官以及外界环境的一切联系，使肌肉形成新环境：氧气隔绝、糖原分解、ATP 减少和肌肉内环境变化。

刚屠宰的一小块肌肉放置后，会顺着肌纤维方向收缩变短，并且横向变粗。但若肌肉与骨骼相连，肌肉仅能发生等长性收缩，其内部产生拉力。这是由肌纤维中肌动蛋白的细肌丝与肌球蛋白的粗肌丝相对滑动而造成的，收缩原理与活体肌肉一致。肌肉的宰后缩短程度与温度有很大关系。据报道，僵直前期的牛脖肉放置在不同温度下进入僵直阶段，结果表明，温度在 $14 \sim 19 \, ℃$ 时肌肉进入僵直，收缩量最小，大约只有 10%；当温度处于 $0 \sim 10 \, ℃$，肌肉收缩程度能达到初始肌肉长度的 50%；而在高温区域，僵直前期的肌肉处于 $20 \sim 40 \, ℃$，会发生明显的收缩，收缩程度可以达到 30%。总的来说，僵直温度低于 $10 \, ℃$ 和高于 $20 \, ℃$ 时，都会导致肌肉过度收缩。目前，根据进入僵直温度不同，较低温度下（$<15 \, ℃$）时肌肉发生的过度收缩称为冷收缩，而较高温度下（$>30 \, ℃$）为热收缩。

（二）化学变化

动物死后，各组织代谢还在进行，此时肌肉不会主动收缩，能量来维持细胞的完整性，这其中会产生一系列化学反应，非收缩肌球蛋白 ATP 酶是参与这一过程的主要酶之一。放血后氧气供应停止，细胞色素系统无法运转，不能合成 ATP，非收缩肌球蛋白消耗 ATP，产生无机磷，激发糖原分解。糖酵解不能维持 ATP 正常水平，ATP 含量下降，肌动球蛋白复合体形成，尸僵开始。

1. 糖原的分解

糖原是动物细胞的主要贮能形式，按其分布可以分为肝糖原和肌糖原。肌肉中有十多种酶参与肌糖原的分解与能量产生，在活体时体内的能量代谢主要是通过有氧呼吸作用产生 CO_2、H_2O 和 ATP。但宰后肌肉细胞很快变成厌氧环境，使葡萄糖和肌糖原的有氧分解代谢转为无氧酵解，产生乳酸。

2. pH 的下降

宰后肌肉中肌糖原无氧酵解产生乳酸以及 ATP 分解产生的磷酸根离子等造成 pH 下降。通常当 pH 降到 5.4 左右时，就不再继续降。是由于 ATP 降解时产生的氨气、肌糖原无氧酵解时产生的酸抑制酶的活性，使肌糖原不再继续分解，乳酸也不能再产生。这时的 pH 是宰后肌肉的最低 pH，称为极限 pH。

3. ATP 的降解

宰后肌肉中肌糖原分解产生的能量转移给 ADP 生成 ATP。ATP 在肌浆中 ATP 酶的作用下分解成 ADP 和磷酸，同时释放出能量。而 ADP 又在肌激酶的作用下进一步水解为 AMP 并释放能量，再在脱氨酶的作用下生成次黄嘌呤核苷酸（IMP），释放氨气。IMP 是重要的呈味物质，对宰后成熟过程中风味的改善起着重要的作用。由 ATP 转化成 IMP 的反应在肌肉达到僵直以前一直在产生。IMP 的含量在僵直期达到最高峰，但其最高浓度不会超过 ATP 的浓度，IMP 脱去一个磷酸形成次黄苷，次黄苷分解成游离态的核苷和次黄嘌呤，失去呈味作用。

（三）宰后僵直

1. 宰后僵直的机制

刚刚宰后放血的肌肉由于体液平衡的破坏，供氧的停止，很快变成无氧状态，一系列的复杂生物物理变化发生。葡萄糖和肌糖原很快变化成无氧酵解产生乳酸，只能产生 3 分子的 ATP，使 ATP 的供应受阻。由于 ATP 水平的下降和乳酸的蓄积，正常的哺乳动物肌肉的 pH 从活体状态的 7.0~7.4 降低到极限 pH5.3~5.8，肌质网钙泵的功能逐渐丧失，使肌浆网中钙离子逐步释放而得不到回收，致使钙离子浓度升高，引起肌动蛋白沿着肌球蛋白的滑动收缩；另外引起肌球蛋白头部的 ATP 酶活化，ATP 的分解加速数量减少，同时 ATP 的减少又促使肌动蛋白细丝和肌球蛋白粗丝之间结合交联，形成不可逆的肌动球蛋白，从而引起肌肉的连续且不可逆的收缩，逐步失去延展性，收缩达到最大限度时即形成了肌肉的宰后僵直，也称尸僵。宰后僵直时期的肌肉不适宜肉制品加工，这是由于进行加热时肉会变硬、保水性降低、加热损失增加、风味变差。宰后僵直所需要的时间与动物的种类、肌肉的类型、性质以及宰前状态等都有一定关系，尤其与 ATP 的降解速率有密切关系。

2. 宰后僵直的过程

肌肉从屠宰至达到最大僵直的过程分为三个阶段：僵直迟滞期、僵直急速形成期和僵直后期。在屠宰的初期，肌肉内的 ATP 含量虽然减少，但在磷酸激酶作用下 ADP 再合成 ATP，在一定时间内使 ATP 含量几乎不变。正是由于 ATP 的恒定，肌球蛋白和肌动蛋白结合形成的肌动球蛋白仍可以继续解离而使肌肉舒张松弛，保持一定的伸缩性与弹性，这一时期称为僵直迟滞期，也为僵直前期。在迟滞期内磷酸肌酸体系贮存的 ATP 消耗殆尽后，ATP 的水平下降，同时乳酸浓度增加，肌浆网中的 Ca^{2+} 被释放，从而快速引起肌肉的不可逆性收缩，使肌肉的弹性逐渐消失，进入僵直急速期。当 ATP 浓度降低 20%时，这时的肌动蛋白和肌球蛋白大量迅速地结合形成肌动球蛋白。正常情况下，肌肉在 pH 5.7~5.8 时进入尸僵的急速期。当宰后肌肉的 pH 下降至 5.3~5.8 时，由于肌糖原无氧糖酵解过程中的酶被抑制失活，使肌糖原不能再继续分解产生 ATP，乳酸也不能再产生，肌肉的伸展性彻底消失，进入了僵直后期。进入僵直后期时肉的硬度要比僵直前增加 10~40 倍。

（四）解僵与成熟

解僵是指肌肉在宰后僵直达到最大程度并维持一段时间后，肌肉质地逐渐变软，解除尸僵状态的过程。解僵所需要的时间因动物种类、肌肉部位、温度等条件不同而不同。一般情况下，0~4℃条件下，鸡肉需要 3~4h，猪肉需要 2~3d，牛肉则需要 7~10d。

成熟是指尸僵完全的肉在冰点以上温度条件下放置一定时间，使其僵直解除、肌肉变软、系水力和风味得到很大改善的过程。

1. 成熟的基本机制

成熟机制的研究一直是肉品科学研究的热点之一，但成熟的机理并未完全阐明。目前普遍认为成熟过程中肉嫩度等的改善主要源于肌原纤维骨架蛋白的降解和由此引发的肌纤维结构的变化。

（1）肌原纤维结构的弱化和破坏　成熟过程中肌肉超微结构完整性发生的最主要变化是肌原纤维在 Z 线附近发生断裂。引起 Z 线降解的原因有多种。

①Ca²⁺的作用：1996年Takahashi等提出了"基于钙离子的肉品嫩化理论"，研究认为由于宰后肌浆网的崩裂，大量Ca^{2+}释放到肌浆中，使Ca^{2+}浓度从$1\times10^{-6}\,mol/L$增加到$1\times10^{-4}\,mol/L$，升高近100倍，高浓度的Ca^{2+}长期作用于Z线，使Z线蛋白变性而脆弱，会因冲击和牵引而发生断裂，Ca^{2+}完成这种作用的有效程度取决于宰后肌肉收缩产生的张力，但这个理论一直存在争议。

②钙激活酶的作用：Ca^{2+}可激活钙激活酶，有的学者又将该酶称为肌浆钙离子激活因子或依钙蛋白酶。电镜下可看到肉成熟的过程中，在肌原纤维Z线附近发生断裂，肌动蛋白离开Z线附着于肌球蛋白上，而Z盘并没有发生明显变化（图7-3）。与此同时，成熟过程中肌原纤维断裂成若干个小片段，称之为肌原纤维小片化。

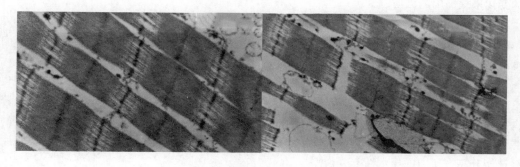

图7-3 宰后成熟过程中肌肉微观结构的变化

左图：宰后0d；右图：宰后16d

（2）结缔组织的变化　肌肉中结缔组织的结构特殊，性质稳定，仅占总蛋白含量的5%以下，但在维持肉的弹性和强度上具有非常重要的作用。在成熟过程中胶原纤维的网状结构变得松弛，由原来规则、致密的结构变成无序、松散的状态（图7-4）。造成胶原纤维蛋白结构变化的主要原因是存在于胶原纤维间以及胶原纤维上的黏多糖被分解。另外，结缔组织中的胶原蛋白的水解也导致嫩度的增加，直接引起了胶原纤维剪切力的下降，从而使整个肌肉的嫩度得以改善。

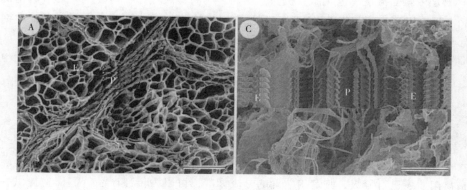

图7-4 牛肉成熟过程中结缔组织结构变化

A. 屠宰后；C. 5℃成熟28d；E. 肌内膜；P. 肌束膜

资料来源：Nishmura等，*Meat Science*，1995。

（3）肌细胞骨架及有关蛋白的水解　宰后成熟过程中部分肌肉蛋白质的水解对肉的嫩度的改善起重要作用，这些蛋白质主要包括：肌钙蛋白 T、伴肌球蛋白、伴肌动蛋白和肌间线蛋白。

（4）有关内源酶系的协同作用　酶学研究认为，肌纤维中关键蛋白质水解的程度决定了最终肉的成熟。钙激活酶虽然是宰后嫩度改善的一个主要贡献者，但不是唯一的，而是多种内源酶类协同作用的结果。有研究表明，在肌细胞中存在的可能参与成熟过程的 4 种酶系（细胞凋亡酶、钙激活酶、溶酶体组织蛋白酶、蛋白酶体）中，细胞凋亡酶主要在肌肉宰后僵直和成熟的早期过程起作用，通过钙离子和钙激活酶抑制蛋白参与钙激活酶的激活或上调其活性并对肌原纤维蛋白有限降解，一旦钙激活酶系统激活，细胞凋亡酶活性会降低或消失，钙激活酶成为降解肌原纤维的主要贡献者。钙激活酶通过对肌细胞内骨架蛋白的降解并引起肌原纤维超微结构的变化来提高肉的品质。

2. 成熟对肉质的影响

（1）嫩度的变化　从屠宰到肉的成熟过程中，肉的嫩度发生显著的变化。刚屠宰之后肉的嫩度最好，在极限 pH 时嫩度最差，成熟肉时的嫩度明显改善。

（2）保水性的变化　肉的保水性与 pH 密切相关，当 pH 从 7.0 下降到 5.0 时，保水性也随之下降，在极限 pH 时肉的保水性最差。随着肉的成熟，保水性又有所增加，这是因为随着解僵，肉的 pH 升高，偏离等电点，使肌动球蛋白解离，扩大了空间结构和极性吸引，使肉的吸水能力增强，肉汁的流失减少。此外，在肉成熟过程中，蛋白质分解为较小单位，造成肌原纤维渗透压升高，使肉的保水性部分恢复。

（3）蛋白质的变化　肉成熟时，蛋白质分解促使肌肉中盐溶性蛋白质的浸出性增加。伴随肉的成熟，蛋白质在酶的作用下，肽链解离，游离氨基增多，肉水合力增强，变得柔嫩多汁。

（4）风味的变化　成熟时肉的滋味也得到改善，香味物质主要来源于糖、蛋白质以及含氮浸出物的分解产物，主要包括两类：一类是 ATP 的降解物次黄嘌呤核苷酸（IMP），另一类是组织蛋白酶类的水解产物——氨基酸。随着成熟时，肽链内切酶分解肌浆蛋白和肌原纤维蛋白导致游离氨基酸的含量增加，多种游离氨基酸并存，但谷氨酸、精氨酸、亮氨酸、缬氨酸和甘氨酸含量较多，能够增加肉的滋味，改善肉的香气。

3. 影响肉成熟的因素

（1）物理因素　温度、电刺激、机械作用均影响肉的成熟。在保证卫生环境的情况下，适当的提高温度可以减少肉的成熟时间；电刺激可以加快肉的嫩化，缩小成熟时间；动物胴体倒挂时，部分肌肉受到拉伸作用，得到较好的嫩度。

（2）化学因素　在屠宰前注射胰岛素等加快动物活体中糖原代谢，减少宰后肌肉中糖原含量，乳酸含量降低，pH 较高，使肌肉始终保持柔软状态。

（3）其他因素　动物的种类、品种、年龄等对肉的成熟时间也有一定的影响。

四、肉的分级与品质检验

（一）畜禽肉质量的分级

对畜禽肉质量进行分级，制定出明确的分级标准，可以为传递产品价值信息提供一种通用语言。畜禽肉质量的等级直接反映畜禽的产肉性能及肉的品质优劣，无论对于生产还是消费都具有很好的规范和导向作用，有利于形成优质优价的市场规律，有助于产品向高质量的方向发展。我国目前已制定 GB/T 37061—2018《畜禽肉质量分级导则》，规定了畜禽肉质量的分级原则、分级评定方法、分级评定规则、等级标识及人员要求等，为畜禽肉在生产与流通过程中质量分级标准的制定提供依据。目前，已建立猪（NY/T 1759—2009《猪肉等级规格》、NY/T 3380—2018《猪肉分级》)、牛（NY/T 3379—2018《牛肉分级》)、羊（NY/T 630—2002《羊肉质量分级》)、鸡（NY/T 631—2002《鸡肉质量分级》)、鸭（NY/T 1760—2009《鸭肉等级规格》) 等畜禽肉质量分级标准。

（二）肉新鲜度检验

肉新鲜度的检验，一般包括感官、理化和微生物检验。

1. 感官检验

感官检验是通过检验者的视觉、嗅觉、触觉及味觉等感觉器官，对肉品的新鲜度进行检查。这种方法简便易行，一般既能反映客观情况，又能及时做出结论。感官指标是国家规定检验肉品新鲜度的标准之一，是肉品新鲜度检验最基本的方法。

感官检验主要是观察肉品表面和切面的颜色，观察和触摸肉品表面和新切面的干燥、湿润及粘手度，用手指按压肌肉判断肉品的弹性，嗅闻气味判断是否变质而发出氨味、酸味和臭味，观察煮沸后肉汤的清亮程度、脂肪滴的大小，以及嗅闻其气味，最后根据检验结果做出综合判定。

2. 理化和微生物检验

理化检验主要包括挥发性盐基氮（TVBN）、pH、粗氨、肉酸度氧化力系数和汞的测定，以及球蛋白沉淀和硫化氢试验。参照 GB 5009 系列标准相关指标进行测定与评价。

微生物检验不仅是判断肉新鲜度的依据，也能反映肉在产、运、销过程中的卫生状况，为及时采取有效措施提供依据。微生物指标一般包括：细菌总数、大肠菌群、沙门氏菌。参照 GB/T 4789.17—2003《食品卫生微生物学检验 肉与肉制品检验》相关测定方法与标准评价。

五、 原料肉的加工特性和应用

（一）原料肉的加工特性

原料肉的加工特性主要包括保水性、溶解性、凝胶性、乳化性等。影响原料肉的加工特性的因素很多，如原料肉的组成成分、肌肉蛋白在加工过程中的变化、非肉添加物等。在肉制品加工中，根据不同肉制品的加工要求选择合理的原料肉，对保证产品品质具有重要意义。

1. 保水性

肉的保水性也叫系水力或吸水性，是指当肌肉受外力作用，如切碎、加热、冷冻、解冻、腌制、加压等加工时，保持其原有水分与添加水分的能力（Water-Holding Capacity，WHC）。其对肉的品质有很大的影响，是肉质评定时的重要指标之一，有着重要的经济价值。影响肌肉保水性的因素很多，主要是宰前和宰后因素、加工条件等。宰前和宰后因素包括畜禽种类、年龄、宰前状况、屠宰工艺、肌肉部位、肌肉僵直、成熟、pH 的变化等，加工条件包括切碎、加热、冷冻、解冻、腌制、加压、干燥、包装等。不同品种动物的肌肉组成成分存在一定的差异，从而影响肌肉的保水力，就生猪而言，携带氟烷基因（Halothane 基因）或拿破基因（RN 基因）的生猪宰后胴体的 pH 均低于正常值，形成 PSE 肉，导致肌肉保水力降低。动物宰前应激是影响肉品品质的重要因素，严重应激会显著降低肌肉的保水能力，造成汁液流失，如不恰当的击晕方式会使动物产生严重的应激反应，导致肌肉保水能力下降。畜禽宰后肌糖原开始进入无氧糖酵解代谢通路产生乳酸，进一步影响肌肉内环境 pH 的高低，当 pH 在肌球蛋白等电点附近时，肌肉中蛋白的保水能力减弱。此外，宰后细胞代谢需 ATP 提供能量，ATP 酶不断水解 ATP 使肌原蛋白与肌动蛋白间形成横桥，最终导致肌肉僵直。肌肉在僵直过程中，肌球蛋白与肌动蛋白发生交联，从而抑制肌原纤维溶胀，肌丝空间变小，肌纤维中的水分被挤出至外部空间，同时肌肉内源酶系会降解细胞骨架蛋白及肌原纤维蛋白等，造成蛋白纤维网络结构破坏，形成水分运移通道，导致汁液流失，进一步影响肉的保水性。导致肌肉保水性下降的可能机制主要有以下几个方面：①细胞膜脂质氧化、冷冻形成的冰晶物理破坏或其他原因引起的细胞膜成分降解，导致细胞膜完整性破坏，为细胞内液外渗提供了便利条件；②成熟过程中细胞骨架蛋白降解破坏了细胞内部微结构之间的联系，当内部结构发生收缩时产生较大空隙，细胞内液被积压在内部空隙中，游离性增大，容易外渗成汁液损失；③温度和 pH 变化引起肌肉蛋白收缩、变性或降解，持水能力下降，在外力作用下细胞内液外渗造成汁液损失。

2. 溶解性

在特定提取条件下溶解到溶液里的肌肉蛋白质占蛋白质总量的百分比叫肌肉蛋白的溶解性，且溶解在溶液中的蛋白质在一定的离心力下不发生沉淀。肌肉蛋白质的溶解性具有重要作用，肉糜的大多数功能性质（如乳化性、凝胶性和保水性等）与盐溶性蛋白溶解性有关，且通常在高度溶解状态时才能表现出来。如肌原纤维蛋白在适当 pH 和离子强度条件下，通过剪切混合作用，肌原纤维蛋白溶解出来，能够吸附大量水分子，导致肌纤维溶胀，同时在加热过程中肌原纤维蛋白之间相互作用能够形成凝胶网络，将水分通过与蛋白质结合作用和毛细管作用保留在肉糜中。

可溶性肌肉蛋白分为水溶性蛋白和盐溶性蛋白两种，肌浆蛋白是水溶性蛋白，而盐溶性蛋白（肌原纤维蛋白）需要在较高的离子强度下（$>0.4\text{mol/L}$）通过剪切粉碎将肌肉结构破坏后才能溶解出来。肌肉蛋白质的溶解性与肌纤维类型、蛋白质结构、离子强度、磷酸盐组成等因素密切相关。

磷酸盐可改变肌球蛋白的提取方式，如在焦磷酸盐存在的情况下，肌球蛋白提取发生在 A 带的两端；在磷酸盐不存在的情况下，肌球蛋白提取发生在 A 带的中心，而肌动球蛋白的交联作用发生在 A 带两端，而非 A 带的中心位置。因此，肌动球蛋白分解为肌动蛋白和肌球蛋白后，可以促使肌球蛋白的溶解性提高。白肌的蛋白质比红肌更容易提取，且磷酸盐对白肌的提取效果更显著。主要原因是白肌的 Z 带比红肌窄，两者 Z 带上的结构蛋白存在差异，造成白肌中的一些构成 Z 带的蛋白质对宰后早期蛋白质降解更敏感。两者肌球蛋白结构存在差异，因为肌球蛋白有一系列的肌纤维特异性的异构体，不同的肌球蛋白异构体的物理化学性质、形态学、溶解度不同。pH 远离肌肉的等电点有利于提高肌肉蛋白的溶解性。在 pH 5.5 时，$0.1\sim 1\text{mol/L}$ NaCl 和 10mmol/L 焦磷酸钠对鸡肉白肌和红肌肌原纤维的膨润度和蛋白质提取方式的影响是相似的；在 pH 6.0 时，白肌肌原纤维的膨润度和蛋白质提取程度高于红肌；焦磷酸钠促进了肌动球蛋白的提取，降低了肌原纤维膨润所需的浓度。

离子强度和离子类型显著影响肌球蛋白的溶解。在低离子强度状况下，盐溶性蛋白质的溶解性对盐浓度特别敏感；当离子强度为 $0.01\sim 0.20\text{mol/L}$ 时，肌原纤维蛋白溶解度最小；当离子强度为 $0.2\sim 1.0\text{mol/L}$ 时，肌原纤维蛋白溶解度随着离子强度提高而增强；当离子强度进一步提高，由于内部渗透压增强，肌原纤维蛋白溶解度反而开始降低。氯化钠通过屏蔽和离子特异性效应，促使 Cl^- 和肌原纤维蛋白结合引起其溶胀，Na^+ 在肌原纤维蛋白分子周围可以形成电子云，增加肌原纤维蛋白之间的斥力，促进肌原纤维蛋白的溶解。Ca^{2+} 能够弱化 Z 盘，束缚肌原纤维上的负电荷，改变蛋白质分子间的相互作用，通过盐效应引起肌原纤维蛋白质的溶解。在 pH 6.0 和 6.5 时，与 Ca^{2+} 和 Mg^{2+} 相比，Zn^{2+} 抑制了肌球蛋白的提取，而且随着浓度的增加表现出更强的抑制作用，对小相对分子质量蛋白质的溶解度影响不大。可能是由于 Zn^{2+} 与肌球蛋白结合，加强了蛋白质之间的相互作用，使得蛋白质与蛋白质的互作过强，引起蛋白质凝集，从而使总蛋白质溶解度下降。

3. 凝胶特性

肌肉蛋白质具有形成凝胶的特性。溶解的肌原纤维蛋白热变性形成凝胶结构，肌球蛋白在此过程中起重要作用。在热诱导胶凝形成过程中，肌球蛋白分子通过头–头相连、头–尾相连和尾–尾相连的方式发生交联，从而形成三维网络结构。脂肪和水以物理或化学方式嵌入结合在这个蛋白质三维网络结构中。肌球蛋白在浓度很低（如 0.5%）时能够形成凝胶，而肌浆蛋白需要 3%。如果肌球蛋白和肌动蛋白混合加热形成凝胶，凝胶强度进一步增加。热诱导肌球蛋白凝胶的形成需要经历变性、聚集和交联三个过程。热诱导肌肉胶凝的形成是一个动态的动力学过程，受 pH、蛋白质浓度、离子强度及不同肌肉类型的影响。肌肉蛋白分子表面含有大量的电荷，不同的 pH 和离子强度能够改变氨基酸侧链的电荷分布，增加或降低蛋白质与蛋白质之间的相互作用，进而对肌肉蛋白的凝胶特性产生影响。当 pH 偏离等电点时，肌肉蛋白质的三级结构被破坏，但仍保持其类似天然的二级结构和致密性，处于去折叠状态，较强疏水相互作用力是蛋白质聚集的起点。pH 和离子强度决定肌球蛋白分子是否以单体结构或多聚丝状体存在。在离子强度大于 0.3，中性 pH 时，肌球蛋白分子以单体结构存在，形成粗糙、气孔较大的网络结构。在低离子强度时，肌球蛋白分子组合成多聚丝状体，如肌肉中的粗丝一样。多聚丝状体越长，形成的凝胶结构越坚固，且气孔较小、细密和均匀。pH 在 5.5~6.0 时，肌球蛋白在 0.2mol/L KCl 溶液中形成细链状凝胶结构，在 0.6mol/L KCl 溶液中形成粗糙凝聚的凝胶结构，且凝胶强度下降；pH 下降到 4.0 时，肌球蛋白在 0.6mol/L KCl 溶液中即使没有加热也能形成凝胶，加热后凝胶特征不变；pH 大于 6.0 时，肌球蛋白溶解度升高，只要保持高的离子强度和合适的 pH，肌球蛋白就呈可溶状态。

4. 乳化特性

肌肉的乳化特性对稳定乳化肉糜类制品中的脂肪具有重要作用。乳化肉糜由两种互不相溶的相组成，其中脂肪以微小颗粒或液滴形式分散在以水为主要成分的连续相中，因此，肉乳浊液也是水包油型的乳浊液。乳化剂分子的特点是具有双亲性，即分子的亲水基对水有亲和性，而疏水基对脂肪有亲和性。当乳化剂大量存在时，就会在两相间形成连续层，把两相分开，使乳浊液稳定。肌原纤维蛋白具有很强的表面活性，具有朝向脂肪球的疏水部位和朝向连续相的亲水部位，能够在脂肪液滴或颗粒表面形成界面蛋白膜，防止脂肪液滴或颗粒聚集。在肉糜加工过程中，溶解的肌原纤维蛋白分子具有降低界面张力的功能，能够吸附到水油两相界膜上，通过降低水油两相界膜的界面张力加速肉糜的乳化过程，在脂肪液滴或颗粒周围形成一层保护膜，可以保护肉糜中脂肪液滴或颗粒不被破坏，有利于粉碎、混合和乳化过程中脂肪液滴或颗粒的破碎及均一乳化脂肪液滴或颗粒的形成，也有利于肉糜的稳定。许多学者研究发现肉糜的稳定性与脂肪液滴或颗粒表面蛋白浓度和保护膜的厚度有直接的联系。经典乳状液要求分散相的直径大小在 0.1~50μm，但在肉糜乳化液中脂肪颗粒或油滴的直径往往超过 50μm，甚至高达 200μm 以上。从乳化的定义上说，大多数肉糜并非真正经典的乳状液。

（二）不同原料肉的应用

1. 牛肉

牛肉的蛋白质含量一般在 20% 以上，脂肪含量比猪、羊肉低，在 10% 左右。原料肉呈现的颜色主要取决于肉中的肌红蛋白。牛肉肉色是比猪肉深的鲜红色，每克小牛肌肉含 1~3mg 肌红蛋白，成牛肌肉是 4~10mg，老牛肉达 16~20mg，牛龄越大颜色越深，有光泽，纹理细腻，比猪肉略硬，肌肉组织弹性好。加热时肌红蛋白发生变性，使牛肉熟制后颜色褐变。一般情况下，随着加热温度的升高，肌红蛋白变性程度逐渐增加，熟制后牛肉红度值逐渐降低。熟制牛肉肉色受肌红蛋白含量、肌红蛋白化学状态、肉的 pH、高铁肌红蛋白还原力、加热的温度和时间、包装方式、贮藏的温度和时间、氧气消耗速率、微生物数量和添加剂等因素的影响，以上因素通过改变加热前或者加热过程中肌红蛋白的状态，进而改变熟制后的牛肉肉色。pH 为 5.75、5.50 和 5.20 的绞碎牛肉加热出现褐变的中心温度分别为 70℃、67℃ 和 58℃，而 pH6.60 的牛肉饼在加热时，肌红蛋白的热变性程度较低，熟制后中心色泽红于正常 pH5.70 的。当肌红蛋白处于还原态时，绞碎牛肉熟制后的肉色为正常色。

2. 猪肉

不同部位猪肉的品质和加工性能不同。一般情况下，活动最频繁的部位，含结缔组织就比较多，肉的营养价值和使用价值就会下降，如猪颈部和腹部，含有较多的结缔组织，肉质较差。猪躯体的后半部、腰部、臀部的肌肉活动量少，含结缔组织少，这些部位的肌肉细嫩而味美。所以说沿脊椎和胴体的后半部品质优良，越接近头部的肉品质越差。猪肉中的脂肪熔点低（33~38℃），油酸和亚油酸含量较高，适合用于加工乳化肉制品。另外，由于品种的差异和屠宰不当造成异质肉的产生，如 PSE 肉，在猪肉中占比较高，约 10%，给肉品行业造成了严重的经济损失。PSE 肉肌原纤维蛋白质变性严重，肌原纤维蛋白溶解度比正常肉低，蛋白提取率也低，因此，加工品质较正常肉差。在肉制品生产中，用 PSE 猪肉制作的灌肠的 pH、出品率、持水力和脂肪含量均比较低，感官性状较差，尤其是在质地和风味上不能为消费者接受。

3. 禽肉

禽肉，包括鸡肉、鸭肉、鹅肉等，市场上以鸡肉所占比例较高。近年来使用鸡肉的肉制品已经越来越多。从市场上可以采购整鸡或特定的分割部位肉，包括带皮或去皮胸肉、腿肉、翅膀、鸡爪等。鸡胸肉为白肉，色泽较淡，蛋白质和水分含量高，脂肪含量低，肌原纤维蛋白容易提取，具有良好的保水性和凝胶性能，多用于重组和乳化肉制品、调理肉制品等的加工。

禽肉加工处理的每一步工序都会影响产品的微生物污染水平，有的处理加重微生物污染，而有的则减轻污染。禽肉中的腐败菌主要来源于加工、禽体、机械等。贮藏温度为 0~4℃ 时，温度变化对不同细菌的影响不同。当温度从 4℃ 降低到 0℃ 时，乳酸菌和肠杆菌均有所下降，但是乳酸菌恢复生长所需的时间比肠杆菌短。贮藏前期生鲜鸡肉中主要的菌群为葡萄球菌、不动杆菌、假单胞菌、肉毒杆菌、气单胞菌和魏斯氏菌。0℃ 或 4℃ 时易检出希瓦氏菌和嗜冷菌。贮藏后期生鲜鸡肉中优势菌为不动杆菌、假单胞菌、肉毒杆菌、气单胞菌和魏斯氏菌。加工、贮藏、运输和销售过程中温度常常发生波动，温度不同禽肉贮藏时间也不同，如分割鸡胴体在 10.6℃、4℃ 和 0℃ 贮藏时的货架期分别是 2~3d、6~8d 和 15~18d。一般鸡胴体在 5℃ 下的货架期为 7d，温度提高到 10℃ 时腐败速率增加了一倍，15℃ 时增加了两倍。因此降低温度将减缓微生物生长，延长货架期。

六、 原料肉的贮藏保鲜

肉中营养物质丰富，如果控制不当，很容易被微生物污染，导致腐败变质。因此，原料肉的贮藏保鲜方法正确与否直接影响肉品质量。常用的贮藏保鲜方法主要有：

（一）冷却贮藏保鲜

冷却贮藏保鲜是指在一定温度范围内使肉的温度迅速下降，在肉的表面形成一层皮膜，减少水分蒸发；减弱表面微生物的生长繁殖，降低内源酶活性，延缓肌肉的成熟，从而最大限度保证肉品安全并延长其贮藏时间的保鲜方式。胴体肌肉中心温度在 24h 内降至 0~4℃，尽可能降低汁液损失和干耗、保持良好的肉品质量、节约能源和人力。经过冷却的胴体在 10~12℃ 的车间内进行分割加工，并在后续包装、贮藏、流通和销售过程中保持在 0~4℃ 的范围内。

目前，畜肉的冷却主要采用空气冷却。胴体的后腿肌肉深层中心温度在 24h 内降至 0~4℃，具体冷却时间受冷却间温度、相对湿度、冷空气流速等因素的影响。禽肉冷却通常有水冷却和空气冷却 2 种方法，美国主要采用水冷却，欧洲通常采用空气冷却，我国以水冷却为主。禽肉胴体在水冷却过程中的吸水率为 2%~4%，主要由皮肤吸收，也会造成可溶性物质损失。空气冷却是将悬挂于钩环上的胴体通过一个循环冷空气（-8~-6℃）的冷却车间，时间一般为 1~3h。两种冷却方式对禽肉胴体中的微生物状况影响不同，水冷却能将胴体表面的微生物清洗掉，胴体的微生物数量降低，但存在交叉污染的风险。

冰温保鲜技术是一种新型的冷却贮藏保鲜技术，是指从 0℃ 到肉品初始结冰的温度区域，在这温度范围内贮藏的肉品既可以保证细胞组织结构完整性，又可抑制微生物的生长，从而保证食品原有的风味、口感、色泽，延长食品货架期。贮藏温度的稳定性影响肉品质量。猪肉贮藏在稳定的 -1℃ 环境中，能维持的一级鲜度期长达 19d，而处于波动中的 -1℃ 的猪肉，其一级鲜度期仅维持 12d。

（二）冷冻贮藏保鲜

冷冻贮藏保鲜是指将肉进行冻结，使其中心温度降低到 -18℃ 以下，肉中 80% 以上的水分冻结成冰晶，并在 -18℃ 以下冷藏的方式，可实现较长时间保鲜。该方法能有效抑制微生物的生长繁殖，延缓酶、氧、热和光等因素促进的化学和生物化学变化过程，在肉类工业中广泛应用。

肉类的冻结方法多采用空气冻结法、板式冻结法、浸渍冻结法和液化气式连续冻结。其中空气冻结法和板式冻结法最为常用。冻结肉的质量与肉的状态、冻结工艺和冻藏条件密切相关。冻结温度、相对湿度和速率，冷藏温度、相对湿度和空气流速决定冻结肉的质量。

冻结对肉品品质的影响，主要在组织结构、胶体性质及感官品质等方面。首先，肌肉组织内的水分在冻结过程中体积增大 9% 左右，快速冷冻时，细胞内外都迅速结晶，冰晶小且均匀，单位面积压力不大，对肌肉组织破坏较小，解冻后，细胞液仍然留在细胞内，肉汁损失少，肉品质高。而慢速冷冻，晶核在细胞间先形成，随着温度的下降，细胞间隙的冰晶会越来越大，对细胞和组织结构造成比较严重的机械挤压和破坏，或者刺破细胞膜。由于组织结构的破坏是不可逆的，在解冻时造成大量的肉汁流失。其次，冷冻会冻结肉中的结合水，使缓冲盐溶液酸碱失衡和发生盐析作用，甚至导致蛋白变性，破坏了肉品胶体性质，降低肉品品质。最后，组织结构和化学成分的变化，必然会导致肉品相应的感官品质的变化，如变色、表面干缩、肉质变差和气味变化等。

解冻是冻结的逆过程，使冻结肉中的冰晶还原溶解成水的过程。解冻方法有空气解冻、流水解冻、真空解冻、微波解冻、低频解冻、超声波解冻、高压解冻等。解冻的目的是使冻结肉恢复到冻结前的新鲜状态，但完全恢复到冻结前状态是不可能的，随着解冻温度的升高，冰晶融化，肌肉组织受到机械损害并且脱水，其蛋白质网状结构被破坏，不能完全吸收融化的水而造成汁液流失。因此，汁液流失率是评价冷冻肉解冻后品质的一项重要指标，是解冻后与冻结前质量之差与冻结前质量之比。

（三）气调包装保鲜

气调包装（MAP）保鲜是指在食品用阻气性材料密封包装之前将食品周围的空气移除或用

其他气体或气体混合物置换的保鲜方式。在肉品保存过程中，气调包装的使用可以抑制微生物生长和酶促腐败，减少受压及液体渗出，保持色泽，延长货架期，提升食品价值。影响肉品保鲜效果的因素主要有三个：一是包装气体的初始组分，二是保鲜过程中包装气体的变化，三是保鲜的温湿度条件。肉品气调包装中的常用保护气体包括 O_2、CO_2 和 N_2 等，其中 N_2 作为惰性填充气体来防止 CO_2 溶于肉品造成包装坍塌；CO_2 是气调包装中起关键作用的气体，一般选择 25%~35% 的填充量抑制好氧微生物和霉菌的生长；为了保持肉制品颜色鲜红，需在气调包装中填充 65%~80% 的 O_2。另外，在混合气体中加入低浓度 CO 可使肉品具有樱桃红色。在实际操作中 CO_2、O_2、N_2 必须保持合适比例，才能使肉品保藏期长，且各方面均能达到良好状态。英国在 1970 年有两项专利，其气体混合比例为 70%~90% O_2 与 10%~30% CO_2 或 50%~70% O_2 与 50%~70% CO_2，而一般多用 20% CO_2+80% O_2，具有 8~14d 的保鲜效果。

（四）辐射保鲜

肉品辐射保鲜一般利用放射性元素发生的 γ 射线或利用电子加速器产生的电子束或 X 射线，在一定剂量范围内辐照肉品，杀灭肉品中的腐败菌、可能存在的寄生虫和病原菌，或抑制酶活性，从而达到保藏的目的。其具有投入少，生产率高；射线穿透力强，安全防护性好；无残留，能保持风味和品质等优点。1980 年由 FAO、国际原子能机构（IAEA）、WHO 组成的"辐照食品卫生安全性联合专家委员会"就辐照食品的安全性得出结论：食品经不超过 10kGy 的辐照，没有任何毒理学危害，也没有任何特殊的营养或微生物学问题。但对辐射场所卫生要求严格，必须确定卫生行政部门发放的卫生许可证。为延长贮藏时间，进行辐照处理的肉品的微生物数量不应超过 10^5 cfu/g，寄生虫数量不应超过 5 个/100g，包装材料应使用食品级、耐辐照、保护性材料。通常情况下，对于冷冻状态下的肉品必须在 −18℃ 以下的温度条件下进行辐照处理，最低吸收剂量不得小于 3kGy，肉品接受的总平均最高有效吸收剂量不得超过 10kGy。

（五）天然防腐剂保鲜

天然防腐剂保鲜是当前研究的一个热点，主要通过天然防腐保鲜剂的开发来实现，涉及植物源保鲜剂如黄酮类化合物、茶多酚等，动物源保鲜剂如壳聚糖、蜂胶等和微生物源保鲜剂如乳酸链球菌素、溶菌酶等。1.75% 的茶多酚可有效抑制冷鲜猪肉微生物增长，对色泽、持水性影响不大，理论上能将冷鲜肉的货架期延长 10d 左右。壳聚糖具有抗氧化和抑菌作用，涂抹于肉品表面可以交联成网状结构，形成透明的、具有多孔结构的半透性薄膜，因此，0.5% 左右的壳聚糖可抑制生猪肉中微生物的生长。乳酸链球菌素是由乳酸链球菌代谢产生的一种多肽物质，主要是对革兰氏阳性菌和部分孢子菌起抑制作用，对革兰氏阴性菌基本没有抑制作用，目前是被公认安全的、唯一作为天然食品保鲜剂而广泛应用的细菌素。

第三节 乳 品 原 料

一、 牛乳的生产

（一）泌乳

乳是哺乳动物分娩后乳房分泌的一种白色或淡黄色不透明液体。牛乳是由牛的乳腺（乳房）分泌形成的。母牛分娩后，乳房开始分泌乳汁，不同泌乳期的乳汁成分差异较大。泌乳量随着泌乳时间的延长先增加后减少，也因奶牛摄入饲料数量和质量的不同而有很大差异。奶牛通常在大约分娩10个月后停止泌乳。从分娩到干奶期所经历的时间称为泌乳期。

（二）牛乳的合成

牛乳的合成主要在乳腺的分泌细胞中，其合成过程如图7-5所示。牛乳成分的前体在乳腺分泌细胞基底端从血液中被吸收，在乳腺分泌细胞顶端被分泌到腺泡腔内。蛋白质在内质网中形成并转运至高尔基体囊泡中（其中包含大部分可溶性乳成分），这些囊泡在细胞内运输的过程中体积增大并释放内容物到腺泡腔中。甘油三酯在细胞质中合成，形成脂肪球，逐渐融合扩大并向细胞顶端移动，脂肪球被细胞外膜包裹后被排入腺泡腔内。

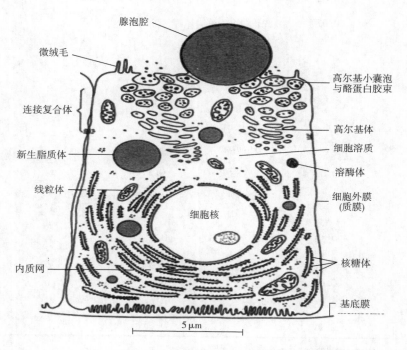

图7-5　乳腺分泌细胞示意图

牛乳中大多数成分（乳蛋白、乳脂、乳糖等）是在细胞内合成的，其他成分从血液中获得。细胞膜有限制或允许特定成分通过的功能，例如水和亲脂性小分子物质，可能或多或少不受阻碍地通过细胞膜。血清白蛋白和氯化物，可以通过分泌细胞之间的空隙从血液中进入到牛乳中。此外，一些白细胞以某种方式到达乳腺导管和腺泡腔。牛乳中主要成分的合成见表7-8。

表7-8　　　　　　　　　　　　　　牛乳中主要成分的合成

牛乳的成分		血浆中的前体		组分的合成		
名称	质量分数/%	名称	质量分数/%	在分泌细胞	牛乳特有	特定物种
水	86	水	91	否	否	否
乳糖	4.7	葡萄糖[①]	0.05	是	是	否

续表

牛乳的成分		血浆中的前体		组分的合成		
名称	质量分数/%	名称	质量分数/%	在分泌细胞	牛乳特有	特定物种
蛋白质						
酪蛋白	2.6			是	是	是[2]
β-乳球蛋白	0.32	氨基酸	0.04	是	是	是
α-乳白蛋白	0.12			是	是	是
乳铁蛋白	0.01			是	否	是
血清白蛋白	0.04	血清白蛋白	3.2	否	否	是
免疫球蛋白	0.07	免疫球蛋白（大部分）	1.5	否	否	是
酶	痕量	多种酶	—	是[3]	否[3]	是
脂类						
甘油三酯	4	乙酸	0.01			
		β-羟基丁酸甘油酯	0.006	部分	部分	
磷脂	0.03	一些脂类	0.3			
柠檬酸	0.17	葡萄糖[1]	0.05	是	否	否
矿物质		矿物质		否	否	否
Ca	0.13		0.01			
P[4]	0.09		0.01			
Na	0.04		0.34			
K	0.15		0.03			
Cl	0.11		0.35			

注："—"表示未收集到数据或没必要检测。

①葡萄糖也可以由某些氨基酸在分泌细胞中形成。

②所有的蛋白质都是物种特异性的，但是所有反刍动物的乳中都有类似的蛋白质。

③并非所有酶都适用。

④在各种磷酸盐中。

二、 牛乳的理化特性

（一）牛乳的组成及化学性质

1. 不同动物乳的主要成分及含量

乳中含有水、脂肪、蛋白质（包括免疫球蛋白）、糖、无机盐、维生素和酶等，其中糖、无机盐和水溶性维生素溶于水，蛋白质在水中呈超量微分散状，组成胶体溶液。脂肪和脂溶性维生素则以脂肪球的形式悬浮于乳中，成为悬浊液。表7-9为不同哺乳动物乳的成分及含量。

表 7-9 不同动物乳的主要成分及含量 单位:%

种类	水分	干物质	脂肪	蛋白质	乳糖	灰分
奶牛乳	87.4	12.6	3.9	3.3	4.7	0.7
水牛乳	82.1	17.9	8.0	4.2	4.9	0.8
瘤牛乳	86.5	13.5	4.8	3.3	4.7	0.7
牦牛乳	82.7	17.3	6.5	5.3	4.6	0.9
山羊乳	87.0	13.0	4.5	3.3	4.6	0.6
绵羊乳	81.6	18.4	7.5	5.6	4.4	0.9
骆驼乳	87.1	12.9	4.2	3.7	4.1	0.9
驯鹿乳	63.3	36.7	22.5	10.3	2.5	1.4
猪乳	84.0	16.0	4.6	7.2	3.1	1.1
兔乳	69.0	31.0	10.5	15.5	2.5	2.5
马乳	88.8	11.2	1.9	2.6	6.2	0.5
驴乳	90.0	10.0	1.5	1.8	6.3	0.4
人乳	87.6	12.4	3.4	1.3	7.4[1]	0.3

①碳水化合物数据。

在常见哺乳动物的乳中,驴乳的水分含量最高,但干物质含量和脂肪含量最低。驯鹿乳的水分含量最低,但干物质和脂肪含量较高。兔乳中的蛋白质含量最高。人乳中乳糖含量较高,蛋白质和灰分含量低。

2. 牛乳的化学成分及其特性

牛乳的主要化学成分占比例较大,其他成分含量较低,但其营养价值也很重要,例如,维生素含量较少,其营养价值不可替代;酶作为生化反应的催化剂,其含量虽低,但具有重要的作用。表 7-10 为牛乳中主要成分及含量。

表 7-10 牛乳的主要成分及含量

成分	牛乳中的平均含量 /(%,质量分数)	范围[1] /(%,质量分数)	干物质中平均含量 /(%,质量分数)
水	87.1	85.3~88.7	—
非脂固形物	8.9	7.9~10.0	—
干物质中的脂肪	31	22~38	—
乳糖	4.6	3.8~5.3	36
脂肪	4.0	2.5~5.5	31
蛋白质[2]	3.3	2.3~4.4	25
酪蛋白	2.6	1.7~3.5	20
矿物质	0.7	0.57~0.83	5.4
有机酸	0.17	0.12~0.21	1.3
其他	0.15	—	1.2

注:典型的低海拔地区的牛乳;"—"表示未收集到数据或没必要检测。

①很少会超过这些值。

②不包含非蛋白氮化合物。

（1）乳糖　乳糖是牛乳中主要的碳水化合物，几乎所有哺乳动物的乳中都含有乳糖，是乳汁中特有的糖类物质。乳糖只在泌乳细胞的高尔基体囊泡中合成，这是由于α-乳清蛋白改变了半乳糖基转移酶的作用，催化尿苷二磷酸半乳糖和葡萄糖形成乳糖。另外，牛乳中含有微量的其他碳水化合物，例如葡萄糖、半乳糖等。乳糖可从乳中分离，工业上可采用结晶的方法用乳清生产结晶乳糖，应用在食品和药品领域。

（2）脂肪　反刍动物的乳脂是乳中变化最大的成分，其含量受到动物种类和环境因素的影响。牛乳中几乎所有的脂肪都以脂肪球的形式存在于乳中。脂肪主要由甘油三酯组成，是一种非常复杂的混合物，组成甘油三酯的脂肪酸在碳链长度（2~20个碳原子）和饱和度（0~4个双键）上差别很大，脂肪酸是决定脂质性质的重要因素，如熔点、化学反应活性和营养价值。此外，脂肪还包括磷脂、胆固醇、游离脂肪酸、甘油单酯和甘油二酯。

（3）蛋白质　牛乳中95%的氮是以蛋白质的形式存在的。乳中蛋白质是成分复杂的混合物，单一组分难以分离。乳中蛋白质大约80%是酪蛋白，其余主要是乳清蛋白，此外，含有其他的蛋白质，例如脂肪球膜蛋白、各种酶等。

酪蛋白是指在温度20℃时调节脱脂乳至pH 4.6时沉淀的一类蛋白质。它不是单一的蛋白质，而是由α_{s1}-和α_{s2}-酪蛋白、β-酪蛋白、κ-酪蛋白以及γ-酪蛋白组成的，是典型的磷蛋白。乳中的酪蛋白与钙结合成酪蛋白酸钙，再与胶体状的磷酸钙形成酪蛋白酸钙-磷酸钙复合体，以胶体悬浮液的状态存在于牛乳中。

乳清蛋白是指溶解分散在乳清中的蛋白质，占乳蛋白的18%~20%，可分为热稳定和热不稳定的乳清蛋白两部分。热不稳定的乳清蛋白是指乳清pH 4.6~4.7时，煮沸20min沉淀的一类蛋白质，包括乳白蛋白和乳球蛋白两类。而不沉淀的蛋白质属于热稳定蛋白，包括蛋白胨和蛋白际。牛乳中的蛋白质种类及含量见表7-11。

表7-11　　　　　　　　　　牛乳中的蛋白质种类及含量

蛋白质	mmol/m³ 牛乳	g/kg 牛乳	g/100g 蛋白质	摩尔质量	凯氏因子	备注
酪蛋白	1120	26	78.3		6.36	IEP = 4.6
α_{s1}-酪蛋白	P	10.7	32	约23600	—	磷蛋白
α_{s2}-酪蛋白	110	2.8	8.4	约25200	—	相同，包含—S—S—
β-酪蛋白	360	8.6	26	23983	—	磷蛋白
κ-酪蛋白	160	3.1	9.3	约19550	—	"糖蛋白"
γ-酪蛋白	40	0.8	2.4	约20500	—	β-酪蛋白的一部分
乳清蛋白	约320	6.3	19	—	约6.3	等电点时溶解
β-乳球蛋白	180	3.2	9.8	18283	6.29	含有半胱氨酸
α-乳清蛋白	90	1.2	3.7	14176	6.25	乳糖合成酶的一部分
血清白蛋白	6	0.4	1.2	66267	6.07	血蛋白
蛋白胨	约40	0.8	2.4	4000~40000	约6.54	异构性
免疫球蛋白	约4	0.8	2.4	—	约6.20	糖蛋白类
IgG$_1$，IgG$_2$	—	0.65	1.8	约150000	—	许多种类

续表

蛋白质	mmol/m³ 牛乳	g/kg 牛乳	g/100g 蛋白质	摩尔质量	凯氏因子	备注
IgA	—	0.14	0.4	约 385000	—	
IgM	—	0.05	0.2	约 900000	—	部分是冷球蛋白
其他		0.9	2.7	—	—	
乳铁蛋白	约 1	0.1	—	86000	6.14	糖蛋白，结合铁
转铁蛋白	约 1	0.01	—	76000	6.21	糖蛋白，结合铁
膜蛋白		0.7	2		约 7.1	糖蛋白等
酶		—	—			

注：IEP 为等电点 pH；"—" 表示未收集到数据或没必要检测。

（4）酶 牛乳中含有多种酶，其中大多数是通过分泌细胞合成的，部分来自血液，例如纤溶酶，有几种酶存在于白细胞中，如过氧化氢酶等。此外，还有来源于微生物的酶，大多由微生物分泌或裂解后释放。与乳制品生产密切相关的主要有水解酶和氧化还原酶，水解酶包括脂酶、蛋白酶、磷酸酶、淀粉酶、乳糖酶等；氧化还原酶包括过氧化氢酶、过氧化物酶等。

（5）乳中的矿物质 牛乳中矿物质大部分以无机盐或有机盐形式存在，其中以磷酸盐、酪酸盐和柠檬酸盐存在的数量最多。大部分钠是以氯化物、磷酸盐和柠檬酸盐的离子溶解状态存在，而钙、镁与酪蛋白、磷酸和柠檬酸结合，一部分呈胶态，另一部分呈溶解状态。磷是乳中磷蛋白、磷脂及有机酸酯的成分。钾、钠及氯能完全解离成阳离子或阴离子存在于乳清中。在正常 pH 下，乳蛋白尤其是酪蛋白呈阴离子性质，故能与阳离子直接结合而形成酪蛋白酸钙和酪蛋白酸镁。因此，牛乳中的盐类分为可溶性盐和不溶性盐，而可溶性盐又分为离子性盐和非解离性盐。

（6）维生素 牛乳是大多数维生素的良好来源，尤其是维生素 A 和大多数 B 族维生素。维生素 C 和维生素 E 的含量相对较少。一些维生素在牛乳和乳制品中发挥着其他作用。例如胡萝卜素导致乳脂呈黄色。维生素 B_2 是一种荧光染料，是乳清呈黄色的主要原因，它参与氧化还原反应、单态氧的形成，因此，参与了脂肪氧化与光诱导异味的形成。维生素 C 也参与了氧化还原反应。生育酚是抗氧化剂，可减少脂肪中异味的形成。

（7）其他成分 有机酸：除了柠檬酸和低相对分子质量脂肪酸之外，乳汁中还含有少量其他有机酸（如微量的乳酸和丙酮酸等）。

非蛋白态含氮化合物：牛乳中大约总氮的 5% 是非蛋白氮（NPN）。包括动物蛋白质代谢的中间产物（如氨、尿素、肌酸、肌酐和尿酸）、以游离形式存在的氨基酸及其衍生物、小肽等，这些化合物可能是某些细菌的必需营养素。

核糖核酸及其降解产物：例如磷酸盐酯和有机碱等。

羰基化合物：例如丙酮，如果奶牛患有酮症，就会产生更多的羰基化合物。

气体成分：在牛乳中，含有一定量气体，主要为二氧化碳、氧气及氮气。氮气的含量约为 16mg/kg，氧气的含量约为 6mg/kg。相对于空气来说，牛乳几乎是饱和的，但是含有相对更多地以碳酸氢盐的形式存在的二氧化碳。

激素：牛乳中有几种微量激素，例如催乳素、促生长素和类固醇等。

3. 影响泌乳量及乳成分的因素

导致乳牛的泌乳量及乳成分差异的主要因素如下。

（1）品种　奶牛品种对牛乳组成的影响最大，荷兰牛的乳最稀薄，娟姗牛的乳最浓厚。我国的水牛、牦牛所产乳干物质含量最高。在干物质中，脂肪的变化量最大，蛋白质次之，而乳糖和灰分的变化很小。

（2）年龄　奶牛的年龄对泌乳量及乳的成分有明显影响。随着胎次的增加，泌乳量逐渐增加，一般第 7 胎次时达到高峰，而含脂率和非脂乳固体在初产期最高，以后逐渐下降。

（3）泌乳期　奶牛自分娩后产乳起至泌乳终止称为一个泌乳期。奶牛的泌乳期通常为250~300d。在同一个泌乳期的不同时间，初乳（乳牛分娩后最初 3~5d 所产的乳）、常乳和末乳（泌乳期结束前一周所分泌的乳）的组成、性质和产量有显著变化。

（4）疾病与药物　奶牛的健康状况对乳的产量和成分均有影响。患有一般消化道疾病或足以影响产乳量的其他疾病时，乳的成分也会发生变化，如乳糖含量减少，氧化物和灰分增加。当奶牛体温高于 39.1℃时，泌乳量和非脂乳固体均会降低，但乳脂率变化不大。

（5）饲养管理　正常的饲养管理不仅能提高产乳量，而且可以增加乳中的干物质。饲料中蛋白质含量不足时，不但会引起泌乳量下降，而且会导致乳中蛋白质含量降低。饲料对乳脂及其性质有显著影响。优良的干草可以提高乳脂率，大量饲喂新鲜牧草，则乳脂比较柔软，制成的奶油熔点低；若喂以棉籽饼，可以生成熔点很高的橡皮状奶油；多喂不饱和脂肪酸丰富的饲料，则乳脂中的不饱和脂肪酸含量增加；饲料中维生素含量不足时，不但使产乳量降低，而且使乳中维生素含量减少。经常受日光照射及放牧的奶牛，乳中维生素含量较高。饲料中无机物不足时，不但减少产乳量，而且消耗体内贮存的无机盐。

（6）挤乳操作　挤乳次数增加，产乳量增加；每天以 10h 与 14h 的间隔挤乳 2 次的奶牛，平均比12h 与 12h 的间隔挤乳的奶牛少产乳 1%；在全泌乳期每次挤乳 4min 的牛比每次挤乳 8min 的牛产乳量少，特别是在泌乳初期，每次挤乳 4min 则挤乳不完全，而每次挤乳 8min 又稍过度。通常，大多数挤乳时间在 5~6min 可得到最大的泌乳量。

（7）环境温度　乳脂肪和无脂干物质一般在冬季最高，夏季最低。在环境温度很高（超过 29.4℃）的情况下，产乳量减少，乳的含氯量有所增加而乳糖和蛋白质的含量有所减少。

（二）牛乳的物理特性

牛乳的物理性质对选择正确的工艺条件、鉴定牛乳的品质与化学性质同样具有重要的意义。

1. 牛乳的色泽

新鲜正常的牛乳呈不透明的乳白色或稍带淡黄色。牛乳的色泽是乳中酪蛋白胶粒及脂肪球等对光的不规则反射的结果。脂溶性胡萝卜素和叶黄素使乳略带淡黄色，水溶性的维生素 B_2 使牛乳清呈荧光性黄绿色。

牛乳的色泽是牛乳光学特性的反映，在波长为 578nm 时，牛乳的反射光量约 70%，较脱脂乳少，较均质乳多，透射的有效深度为 24mm，在该深度内受到照射会使牛乳的维生素 B_2、维生素 B_6、维生素 C 等损失。

牛乳的折射率由于溶质的存在而比水的折射率大，但在全乳脂肪球的不规则反射影响下，不易正确测定。由脱脂乳测得的较准确的折射率为 1.344~1.348，此值与乳固体的含量有一定比例关系，以此可判定牛乳是否掺水。

2. 牛乳的滋味与气味

牛乳中含有挥发性脂肪酸及其他挥发性物质，所以带有特殊的香味。这种香味随温度的高低变化而异，正常风味的牛乳中含有适量的甲硫醚、丙酮、醛类、酪酸以及其他微量游离脂肪酸。根据气相色谱分析结果得知，新鲜乳的挥发性脂肪酸中，以醋酸和甲酸含量较多，而丙酸、酪酸、戊酸、辛酸等含量较少。此外，羰基化合物，如乙醛、丙酮、甲醛等均与牛乳风味有关。牛乳除了原有的香味外，很容易吸收外界的各种气味，所以挤出的牛乳如在牛舍中放置时间太久则带有牛粪味或饲料味，与虾类放在一起则带有鱼腥味，还可能带有容器的金属味，消毒温度过高则产生焦糖味。新鲜纯净的牛乳稍带甜味，这是由于牛乳中含有乳糖的缘故。牛乳中除甜味外，因其中含有氯离子，稍带咸味。正常牛乳中的咸味因受乳糖、脂肪、蛋白质等所调和而不易觉察，但异常乳，如乳房炎乳氯的含量较高，故有浓厚的咸味。牛乳中的苦味来自 Mg^{2+}、Ca^{2+}，而酸味是由柠檬酸及磷酸所产生的。

3. 牛乳的比重与密度

牛乳的比重（相对密度）指乳在 15℃ 时的质量与同容积水在 15℃ 时的质量之比。正常牛乳的比重以 15℃ 为标准，平均为 $D_{15}^{15} = 1.032$。

牛乳的密度指乳在 20℃ 时的质量与同容积水在 4℃ 时的质量之比。正常牛乳的密度平均为 $D_4^{20} = 1.030$，我国乳品厂都采用这一标准。

在同等温度下，比重和密度的绝对值相差甚微，牛乳的比重比密度高 0.0019。乳制品生产中常以 0.002 的差数进行换算。牛乳的密度随温度变化而变化，温度降低，密度增高；温度升高，密度降低。

4. 牛乳的酸度与 pH

刚挤出的新鲜牛乳的酸度称为固有酸度或自然酸度，主要由牛乳中的蛋白质（含有酸性氨基酸和自由的羧基）、柠檬酸盐、磷酸盐及二氧化碳等酸性物质所构成。挤出后的牛乳在微生物的作用下发生乳酸发酵，导致牛乳的酸度逐渐升高，这部分酸度称为发酵酸度。固有酸度和发酵酸度之和称为总酸度，简称为酸度。一般以标准碱液用滴定法测定的滴定酸度表示。

滴定酸度亦有多种测定方法及其表示形式，我国滴定酸度用吉尔涅尔度或乳酸百分率来表示。

（1）吉尔涅尔度（°T）　取 10mL 牛乳，用 20mL 蒸馏水稀释，加入 0.5% 酚酞指示剂 0.5mL，以 0.1mol/L 溶液测定，将所消耗的 NaOH 体积乘以 10，即中和 100mL 牛乳所需的 0.1mol/L NaOH 体积（毫升数），每毫升为 1°T，也称为 1 度。

正常牛乳的自然酸度为 16~18°T。自然酸度主要由乳中的蛋白质、柠檬酸盐、磷酸盐及二氧化碳等酸性物质所构成，其中 3~4°T 来源于蛋白质，2°T 来源于二氧化碳，10~12°T 来源于磷酸盐和柠檬酸盐。

（2）乳酸度（乳酸，%）　用乳酸含量表示。按上述方法测定后用下列公式计算：

$$乳酸 = \frac{0.1mol/L\ NaOH\ 体积 \times 0.09}{(乳样体积 \times 比重) 或乳样质量(g)} \times 100\% \tag{7-1}$$

若以乳酸百分率计，牛乳自然酸度为 0.15%~0.18%，其中来源于二氧化碳的占 0.01%~0.02%，来源于酪蛋白的占 0.05%~0.08%，来源于柠檬酸盐的占 0.01%，其余来源于磷酸盐部分。

测定滴定酸度时，随着碱液的滴加，乳酸也继续电离，由乳酸带来的氢离子和潜在的氢离子均陆续与氢氧根离子发生中和反应。滴定酸度可以及时反映出乳酸产生的程度，所以生产中广泛地采用测定滴定酸度来间接掌握牛乳的新鲜度。

酸度可以衡量牛乳的新鲜程度，同时酸度越高，其热稳定性越低，因此测定牛乳的酸度对生产有重要意义。

5. 牛乳的黏度与表面张力

（1）黏度　牛乳基本属于牛顿流体，在25℃时其黏度为0.0015~0.0020Pa·s，并随温度升高而降低。在牛乳的成分中，脂肪及蛋白质对黏度的影响最显著。在正常的牛乳成分范围内，无脂干物质含量一定时，随着含脂率的增高，牛乳的黏度亦增高。当含脂率一定时，随着乳干物质的含量增高，黏度也增高。牛初乳、末乳的黏度都比正常乳高。

黏度在乳品加工上有重要意义。例如，在浓缩乳制品方面，黏度过高或过低都不是正常情况。以甜炼乳而论，黏度过低则可能发生分离或糖沉淀，黏度过高则可能发生浓厚化。此外，在生产乳粉时，如黏度过高可能妨碍喷雾干燥，产生雾化不完全及水分蒸发不良等现象。

（2）表面张力　牛乳的表面张力与牛乳的起泡性、乳浊状态、微生物的生长发育、热处理、均质作用及风味等有密切关系。测定表面张力的目的是鉴别牛乳中是否混有其他添加物。

牛乳表面张力在20℃时为0.04~0.06N/cm，随温度的上升而降低，随含脂率的减少而增大。乳经均质处理，则脂肪球表面积增大，由于表面活性物质吸附于脂肪球界面处，从而增加了表面张力。但如果不将脂肪酶先经热处理而使其钝化，均质处理会使脂酶活性增加，使乳脂水解生成游离脂肪酸，表面张力降低。表面张力与牛乳的起泡性有关。

6. 牛乳的热学性质

牛乳的热学性质主要包括有冰点、沸点及比热容。按照拉乌尔定律，牛乳比水表现出冰点下降与沸点上升的特性。

（1）冰点　牛乳冰点的变动范围为-0.565~$-0.525℃$，平均为$-0.542℃$。作为溶质的乳糖与盐类是决定乳汁冰点的主要因素，由于它们的含量较稳定，所以正常新鲜牛乳的冰点较稳定。如果在牛乳中掺水，可导致冰点升高。经验表明，掺水10%牛乳冰点约上升0.054℃。可根据冰点的变动用下列公式来推算掺水量，即：

$$\omega = \frac{t-t'}{t} \times (100-\omega_s) \times 100\% \tag{7-2}$$

式中　ω——以质量分数计的加水量，%；

　　　　t——正常乳的冰点，℃；

　　　　t'——被检乳的冰点，℃；

　　　　ω_s——被检乳的乳固体含量，%。

以上计算对新鲜牛乳是有效的，但酸败牛乳冰点会降低。另外贮藏与杀菌条件对牛乳的冰点也有影响，所以测定冰点必须是对酸度在20°T以下的新鲜牛乳。

（2）沸点　牛乳的沸点在101.33kPa（1个大气压下）约为100.55℃。牛乳的沸点受乳中干物质含量影响，如在浓缩过程中因水分不断减少干物质含量增高而使沸点不断上升，当浓缩至原容积的一半时，牛乳的沸点约上升到101.05℃。

（3）比热容　牛乳的比热容一般约为3.89kJ/（kg·K），是乳中各成分比热之和。乳中主要成分的比热容分别是：乳脂肪4.09kJ/（kg·K）、乳蛋白2.42kJ/（kg·K）、乳糖1.25kJ/（kg·K）、盐类2.93kJ/（kg·K）。

乳的比热容与其主要成分的比热容及其含量有关，尤其与乳脂肪有关，同时也受温度影响。在14~16℃，乳脂肪的一部分或全部处于固态，在加热时有一部分热能要消耗在熔解潜热上，而不表现在温度上升。在此温度下，若使乳温上升1℃，则其脂肪含量越多，所需要的热量越大，比热容也相应地增大。在其他温度范围内，则与此相反。

7. 牛乳的电学性质

牛乳的电学性质主要有电导率与氧化还原电势。

（1）电导率 乳并不是电的良导体，由于乳中含有盐类，因此具有导电性，可以传导电流。通常电导率依乳中的离子数量而定，但离子数量取决于乳的盐类和离子形成物质的量，因此乳中的盐类受到任何破坏，都会影响电导率。与乳电导率关系最密切的离子为 Na^+、K^+、Cl^- 等。正常牛乳的电导率在 25℃ 时为 $0.004 \sim 0.005S/m$。

乳房炎牛乳中 Na^+、Cl^- 等增多，电导率上升。一般电导率超过 $0.006S/m$，即可认为是病牛乳，故可通过电导率仪进行乳房炎牛乳的快速检测。

（2）氧化还原电势 乳中含有很多具有氧化或还原作用的物质，乳进行氧化还原反应的方向和强度取决于这类物质的含量。这类物质有维生素 B_2、维生素 C、维生素 E、酶类、溶解态氧、微生物代谢产物等。

乳中氧化还原过程与电子传递及化合物的电荷有关，可用氧化还原电势来表示。一般牛乳的氧化还原电势 E_h 为 $+0.23 \sim +0.25V$。牛乳经过加热，则产生还原性强的硫基化合物，而使 E_h 降低；铜离子存在可使 E_h 上升；而被微生物污染后随着氧的消耗和产生还原性代谢产物，使 E_h 降低。若与甲基蓝、刃天青等氧化还原指示剂共存时，可使指示剂褪色，利用此原理可检验牛乳被微生物污染的程度。

三、 牛乳的品质管理

（一）原料乳的质量指标

原料乳送到工厂必须进行质量检验，按质论价分别处理。我国规定生鲜牛乳收购应符合《食品安全国家标准 生乳》（GB 19301—2010），包括感官指标、理化指标及微生物指标等。

1. 感官指标

正常牛乳呈白色或略带黄色，不得含有肉眼可见的异物，不得有红色、绿色或其他异常颜色，不能有苦味、咸味、涩味和饲料味、青贮味、霉味等异常味。详见表 7-12。

表 7-12 生牛乳感官要求

项目	要求	检测方法
色泽	呈乳白色或微黄色	取适量试样置于 50mL 烧杯中，在自然光下观察色泽和组织状态。闻其气味，用温开水漱口，品尝滋味
滋味、气味	具有乳固有的香味，无异味	
组织状态	呈均匀一致液体，无凝块，无沉淀，无正常视力可见异物	

2. 理化指标

我国颁布标准规定原料乳验收时的理化指标如表 7-13 所示，理化指标必须符合标准。

表 7-13 生牛乳理化指标

项目	指标	检测方法
相对密度（20℃/4℃）≥	1.027	GB 5009.2—2016
冰点[1][2]/℃	$-0.560 \sim -0.500$	GB 5413.38—2016

续表

项目		指标	检测方法
脂肪/（g/100g）≥		3.10	GB 5009.6—2016
蛋白质/（g/100g）≥		2.8	GB 5009.5—2016
杂质度/（mg/kg）≤		4.0	GB 5413.30—2016
非脂乳固体/（g/100g）≥		8.1	GB 5413.39—2010
酸度/°T	牛乳[②]	12~18	GB 5009.239—2016
	羊乳	6~13	

①挤出 3h 检测。

②仅适用于荷斯坦奶牛。

3. 污染物限量

污染物限量应符合 GB 2762—2017《食品安全国家标准　食品中污染物限量》的规定。

4. 真菌毒素限量

真菌毒素限量应符合 GB 2761—2017《食品安全国家标准　食品中真菌毒素限量》的规定。

5. 微生物限量

微生物限量菌落总数≤$2×10^6$CFU/g（mL），检验方法参见 GB 4789.2—2016《食品安全国家标准　食品微生物学检验　菌落总数测定》。

（二）原料乳的品质管理

1. 挤乳

挤乳卫生管理对原料乳的质量和加工性能以及制品的保质期限有着直接的影响。挤乳卫生可分为：挤乳前卫生措施、挤乳器具和设备的清洗消毒、挤乳后乳头消毒等几个方面。各个环节的卫生措施对控制和预防乳腺疾病的发生十分重要。

2. 原料乳的贮藏与运输

牛乳被挤出时，其温度为 32~36℃，是微生物最易生长繁殖的温度范围。如果这样的牛乳不及时处理，牛乳中微生物将大量繁殖，酸度迅速增高，降低牛乳的品质，使牛乳变质，因此刚挤出的牛乳应迅速冷却，以保持牛乳的新鲜度。

（1）牛乳的冷却

①牛乳的抗菌性：从乳腺中刚挤出的鲜牛乳中含有多种天然抗菌物质，对微生物有一定的杀灭和抑制作用。该抑菌特性与乳温、菌数及处理有关，低温保藏可延长该特性的保持时间，通常新挤出的牛乳迅速冷却到 0℃后，其抗菌作用可维持大于 48h。鲜牛乳的天然抗菌作用与温度的关系见表 7-14。

表 7-14　　　　　　　　　鲜牛乳的天然抗菌作用与温度的关系

乳温/℃	抗菌特性作用时间	乳温/℃	抗菌特性作用时间
37	2h 以内	5	36h 以内
30	3h 以内	0	48h 以内
25	6h 以内	-10	240h 以内
10	24h 以内	-25	720h 以内

　　随着牛乳中天然抗菌物质的作用减弱，其中污染的微生物会很快进入快速生长阶段。因此，新鲜牛乳应在挤出不久，就应采取有效的冷却手段将其温度迅速降到 4~7℃，这样才能保持鲜牛乳的品质。

　　②牛乳的冷却方法：原料乳不经过高温处理而延长贮藏时间的最好办法就是拥有良好的冷却设备。具备冷却条件的牧场，在挤乳后将鲜牛乳直接冷却到 4℃以下，并在该温度下运输到加工厂。但是，在有些中小型奶牛场，还在利用较简便的水池式冷却方法。

　　③冷却过程中牛乳的变化：鲜牛乳在冷却中，主要是脂肪由液态转为固态结晶、无机盐形态的变化等。低温条件已使大多数微生物的生长受到抑制，主要是嗜低温细菌的生长，使菌数有所增加，同时菌体释放的胞外酶导致乳中蛋白质和脂肪的分解，由此产生不愉快的臭味或苦味。随着牛乳冷却贮藏设备的普及，特别是小型直冷式牛乳冷却罐的推广使用，将会大大提高鲜乳的质量。另外，嗜低温细菌对冷藏过程中牛乳的质量影响越来越显得重要。

　　（2）原料乳的预杀菌　为了避免牛乳在冷藏情况下的变质，保证最终产品的风味和质量，常常采取对牛乳进行预杀菌的方法，以降低原料乳中微生物数量和酶活性。由于多次热处理对原料乳成分有一定的影响，因此预杀菌的时间要掌握好，不能作用时间过长，在不到低温短时间巴氏杀菌程度就应停止，并快速冷却到 4℃以下。常用的预杀菌条件为 63~65℃下保持约 15s。

　　原料乳预杀菌的主要目的是杀死牛乳中低温性细菌，因为牛乳长时间在低温下贮藏，使得有些低温性细菌大量的繁殖，产生大量的耐热解脂酶和蛋白酶。这些在牛乳贮藏过程中导致酸度的上升以及异味的产生。原料乳在经过预杀菌之后，需要迅速地冷却到 4℃以下，否则可能使有些芽孢杆菌的芽孢萌发，导致牛乳质量的下降。预杀菌只是在例外情况下所采取的补救措施。一般情况下，收后的原料乳在 24h 内应进行巴氏杀菌处理，进入乳制品的加工工序。

　　（3）原料乳的贮藏与运输　通常情况下，农户或奶牛场挤出的新鲜牛乳，应就地冷却等待运输车的到来收购。运输车或直接运输到加工厂或通过贮运站转到工厂。因此，在就地冷却和保持较低温度状态（通常为 0~5℃）下运输是至关重要的问题。冷却贮藏的牛乳能够在一定时间内保证其新鲜度，不至于影响加工处理和造成危害。

第四节　禽蛋类原料

一、蛋禽品种

（一）蛋鸡品种

蛋鸡品种按蛋壳颜色可分为白壳蛋系、褐壳蛋系、粉壳蛋系等。

1. 白壳蛋鸡特点及主要品种

白壳蛋鸡体型小，吃料少，产蛋量高，适应能力强。因此，适于集约化、工厂化笼养。不足之处是白壳蛋鸡对各种应激的反应敏感，蛋重较小，啄癖较严重，死亡淘汰率较高。

（1）京白 904　由北京市种禽公司育成的北京白鸡系列中产蛋性能最好的配套系。其特点是早熟、高产、蛋大、生命力强、饲料报酬高。0~20 周龄成活率 92%；20 周龄体重 1.5kg；群体 150 日龄开产蛋（产蛋率达 50%），72 周龄平均产蛋数 289 枚，平均蛋重约 59g，总蛋重 17kg

左右，料蛋比 2.3∶1；产蛋期成活率 89%。

（2）海兰白　由美国海兰国际公司培育的四系配套优良品种。现有两个白壳配套系：海兰 W-36 和海兰 W-77，其特点是体型小、性情温顺、饲料报酬高、抗病力强、产蛋多、成活率高。其中，海兰 W-36 蛋鸡 0～20 周龄成活率达 98%，0～18 周龄耗料量 5.6kg；153 日龄达 50%产蛋率，高峰期产蛋率 93%～94%，入舍鸡 80 周龄产蛋数 330～339 枚，产蛋期成活率 96%，料蛋比 1.9∶1。

2. 褐壳蛋鸡特点及主要品种

褐壳蛋鸡体型较大，单位面积的饲养量比白鸡约少 1/4，耗料较高，性情温顺，对应激反应敏感性偏低，蛋价较高，笼养、平养都能适应，有较稳定的性能表现。褐壳蛋鸡能通过羽色自别雌雄，可省去雏鸡鉴别的费用。褐壳蛋鸡产蛋量比白鸡略低，但蛋重大，较受欢迎。

（1）依莎褐　由法国伊沙公司育成的四系配套的杂交品种，是目前国际上最优秀的高产褐壳蛋鸡品种之一。其特点是高产、品质好、蛋重适中、整齐度好、饲料转化率高、适应性强、性情温驯、易于饲养。商品代 0～20 周龄成活率达 98%；20 周龄体重 1.6kg；23 周龄达 50%产蛋率，25 周龄进入产蛋高峰期，高峰期产蛋率 93%，76 周龄平均产蛋数达 292 枚，平均蛋重 62.5g，总蛋重 18.2kg，料蛋比（2.4～2.5）∶1；产蛋期末母鸡体重 2.3kg，成活率 93%。

（2）海兰褐　由美国海兰国际公司培育的四系配套优良蛋鸡品种，具有饲料报酬高、产蛋多和成活率高等优点。商品代 0～18 周龄成活率为 96%～98%，体重 1.55kg，每只鸡耗料量 5.7～6.7kg；高峰期产蛋率 94%～96%，入舍母鸡产蛋数至 80 周龄时为 344 枚；21～74 周龄料蛋比 2.1∶1；72 周龄体重为 2.3kg。

3. 粉壳蛋鸡特点及主要品种

粉壳蛋鸡是由洛岛红品种与白来航品种间正交或反交所产生的后代。其蛋壳颜色介于褐壳蛋与白壳蛋之间，呈浅褐色，严格说属于褐壳蛋，国内一般称其为粉壳蛋。其羽色以白色为背景，有黄、黑、灰等杂色羽斑，又与褐壳蛋鸡不相同。因此，就将其分成粉壳蛋鸡，粉壳蛋鸡所产粉壳鸡蛋。

（1）农大 3 号　由中国农业大学育成的小型蛋鸡配套系，具有体型小、占地面积小、耗料少、饲料转化率高、抗病力较强等特点。产蛋期的平均日采食量只有 90g 左右，比普通蛋鸡少约 20%；料蛋比一般在 2.0∶1，甚至可达到 1.9∶1，比普通鸡的饲料利用率高 15% 左右。

（2）京白 939　由北京种禽公司培育的粉壳蛋鸡高产配套系，具有产蛋多、耗料少、体型小、抗逆性强等特点。商品代 0～20 周龄成活率为 95%～98%，20 周龄体重 1.5kg；达 50%产蛋率平均日龄 155～160d；进入产蛋高峰期 24～25 周龄，高峰期最高产蛋率 97%；72 周龄产蛋数 270～280 枚，成活率达 93%，产蛋量 16.7～17.4kg；21～72 周龄成活率 92%～94%，平均料蛋比（2.3～2.4）∶1。

（二）蛋鸭品种

1. 金定鸭

金定鸭是优良的高产蛋鸭品种，因中心产区位于福建省龙海市紫泥乡金定村而得名。金定鸭结构紧凑、举动轻快、适应性强、耐粗饲，是我国适于滩涂地区饲养放牧的优良蛋用型麻鸭，也可圈养。其生长快、产蛋期长、终年不停产，产蛋性能高且稳定。成年公鸭体重 1.80kg，母鸭 1.88kg。母鸭开产蛋日龄为 110～120d，一般年产蛋 280～300 枚，舍饲条件下，平均年产蛋 313 枚，平均蛋重 70～72g，最高年产蛋 360 枚；产蛋期料蛋比（以产蛋率 5%计）为 3.4∶1，壳色以青壳蛋为主，约占 95%。

2. 绍兴鸭

绍兴鸭又称绍兴麻鸭，是著名的高产蛋鸭品种，因原产地位于浙江旧绍兴府所辖的绍兴、萧山、诸暨等县而得名。其具有体型小、成熟早、产蛋多、耗料少、生命力强、宜于放牧和舍饲等特点，也具有理想的蛋用鸭体形。经过长期的提纯复壮、纯系选育，形成了带圈白翼梢（WH）系和红毛绿翼梢（RE）系两个品系，产蛋期料蛋比 2.6∶1 左右，产蛋期存活率 92% 以上。成年公鸭体重 1.35kg，母鸭体重 1.25kg，140~150 日龄群体产蛋率可达 50%，年产蛋 250 枚，经选育后年产蛋平均近 300 枚，平均蛋重为 68g。蛋形指数 1.4，壳厚 0.354mm，蛋壳为玉白色，少数为白色或青绿色。公鸭性成熟日龄为 110d 左右。

3. 卡基-康贝尔鸭

卡基-康贝尔鸭有黑色、白色和黄褐色 3 个变种，我国从荷兰引进的是黄褐色康贝尔鸭。其产蛋性能好，肉质鲜美，性情温驯，不易应激，适于圈养，是目前国际上优秀的蛋鸭品种之一，现已在全国各地推广。其体型大，外貌与我国的蛋用品种鸭有明显的区别，成年公鸭体重 2.1~2.3kg，成年母鸭体重 2.0~2.2kg。开产蛋日龄 130~140d，300 日龄蛋重 71~73g，500 日龄产蛋量 270~300 枚，产蛋总重 18~20kg。蛋壳颜色为白色。公母配种比例为 1∶（15~20）。种蛋受精率为 85% 左右。

二、 蛋的结构和理化性质

（一）蛋的结构

1. 蛋的形成过程

各种禽蛋的形成过程是大致相同的，在母禽卵巢内形成的成熟卵子（卵黄、蛋黄），落入输卵管漏斗部，经过膨大部、峡部、子宫部，逐步形成蛋白（卵清）、蛋壳膜（蛋白膜及内蛋壳膜）、蛋壳和外蛋壳膜，最后通过阴道排出体外。

2. 蛋的结构

禽蛋由蛋壳、蛋白和蛋黄三大部分组成，各部有其不同形态结构和生理功能，蛋的结构如图 7-6 所示。

（1）外蛋壳膜 新鲜的蛋壳表面覆盖着一层黏液形成的膜，又称外蛋壳膜，也称壳上膜、壳外膜或角质层。它是由一种无定型结构、透明的胶质黏液干燥后形成的膜，平均厚度为 10~30μm。完整的壳膜能透气、透水。外蛋壳膜具有封闭气孔的作用，可以阻止蛋内水分蒸发以及微生物入侵，但它不耐摩擦，易受潮脱落。例如有机酸、磷酸盐溶液等均能引起外蛋壳膜结构的分解，使微生物更容易入侵蛋内。

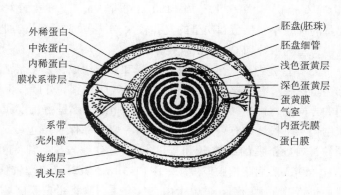

图 7-6 蛋的结构示意图

（2）蛋壳 蛋壳由泡沫状的角质层、碳酸钙或者碳酸盐层以及两层薄膜组成，具有固定形状并起着保护蛋白、蛋黄的作用，但质脆不耐碰或挤压。

①蛋壳的结构：蛋壳由两部分组成，即基质和间质方解石晶体组成，两者的比例为1∶50。基质由交错的蛋白质纤维和蛋白质团块构成，分为乳头层和海绵层。

②蛋壳的厚度：蛋壳厚度根据禽蛋种类的不同，其厚度有所差异。一般来说，鸡蛋壳最薄，鸭蛋较厚，鹅蛋壳最厚。同种类的禽蛋，由于品种、饲料等不同，蛋壳的厚度也有所差别。就每枚蛋而言，其壳厚度也不一样。蛋的小头部分壳厚，大头部分壳要薄一些，蛋壳厚度与蛋壳强度呈正相关。不同种类、不同品种的蛋壳厚度见表7-15、表7-16。

表7-15　　　　　　　　　　　　不同禽蛋种类商品蛋蛋壳厚度

禽蛋种类	测定枚数	厚度/mm		
		最低	最高	平均
鸡蛋	1070	0.22	0.42	0.36
鸭蛋	561	0.35	1.57	0.47
鹅蛋	201	0.49	1.60	0.81

表7-16　　　　　　　　　　　　不同品种鸡蛋蛋壳厚度

品种	厚度/mm	品种	厚度/mm
吐鲁番鸡蛋	0.3477	芦花鸡蛋	0.3185
固始鸡蛋	0.3381	新狼山鸡蛋	0.3157
油鸡蛋	0.3323	仙居鸡蛋	0.3021
萧山鸡蛋	0.3257	泰和鸡蛋	0.2870
白来航鸡蛋	0.3200		

③蛋壳上的气孔：蛋壳上有许多肉眼看不见、不规则呈弯曲形状的细孔（每枚7000~17000个，约130个/cm²），称为气孔。蛋壳上气孔的分布是不均匀的，钝端气孔较多（300~370个/cm²），尖端气孔较少（150~180个/cm²）。气孔的大小也不一致，直径范围为1~40μm，鸡蛋的气孔小，鸭蛋和鹅蛋的气孔较大。气孔的作用是沟通蛋的内外环境，空气可由气孔进入蛋内，蛋内水分和CO_2可由气孔排出。

（3）蛋壳内膜　蛋壳内膜由内膜和外膜组成，位于蛋清蛋白和蛋壳内表面之间。内膜，也称为蛋白膜，有三层纤维，与壳平行并彼此垂直。外膜，也称为内蛋壳膜，有六层纤维面向不同的方向交替排列。两层膜的结构大致相同，都是由长度和直径不同的角质蛋白纤维交织成网状结构。每根纤维有一个纤维核心和一层多糖保护层包裹，其保护层厚为0.1~0.17μm，所不同的是内蛋壳膜的纤维较粗，网状结构空隙较大，细菌可直接通过进入蛋内，该膜较厚，4.41~60μm。而蛋白膜厚度12.9~17.3μm，其纤维纹理较紧密细致，网间空隙较小，微生物不能通过蛋白膜上的细孔进入蛋内，只有蛋白酶将蛋白膜破坏后，微生物才能进入蛋内。这两层膜的透过性比蛋壳小，对微生物均有阻止通过的作用，可保护蛋内容物不受微生物侵蚀，并保护蛋白不流散。蛋壳内膜不溶于水、酸和盐类溶液，能透水透气。

（4）气室　在蛋的钝端，蛋白膜和内蛋壳膜两层膜分开，形成一个双凸透镜似的气室，里面贮存着一定的气体。由于蛋的钝端部分比尖端部分与空气的接触面广，气孔分布多而大，外界空气易进入蛋内，所以蛋的气室只在钝端形成。

（5）蛋白　蛋白膜之内就是蛋白，也称为蛋清，占蛋总质量的45%~60%，它是一种透明胶体黏稠半流动性的液体物质，其颜色微黄，并以不同浓度分层分布于蛋内。多数学者将蛋白的结构由外到内分为4层：第一层外层稀薄蛋白（外稀蛋白），占总蛋白体积的23.3%；第二层中层浓厚蛋白（中浓蛋白），占总蛋白体积的57.3%；第三层内层稀薄蛋白（内稀蛋白），占总蛋白体积的16.8%；第四层系带层浓厚蛋白，占总蛋白体积的2.7%。由此可见，蛋白按照形态分为两种，即稀薄蛋白与浓厚蛋白。新鲜的蛋，浓厚蛋白含量占全部蛋白的50%~60%，浓厚蛋白的含量与家禽的品种、年龄、产蛋季节、饲料和蛋贮存的时间、温度有密切关系。

（6）系带　在蛋白中，位于蛋黄的两端各有一条浓厚的白色的带状物，叫作系带。系带是由浓厚蛋白构成的，新鲜蛋的系带很粗，有弹性，含有丰富的溶菌酶。系带的一端与浓厚蛋白相连，另一端与卵黄膜连接，系带起着固定蛋黄的作用。随着鲜蛋存放时间的延长和温度的升高，系带受酶的作用会发生水解，逐渐变细，甚至完全消失。

（7）蛋黄　蛋黄由蛋黄膜、蛋黄内容物和胚盘3个部分组成，是位于蛋的中心的一个球形。

①蛋黄膜：蛋黄膜是一层凝胶状的薄膜，包裹着蛋黄。其主要功能是阻止卵黄、蛋清融合，同时是防止微生物侵入的最后一道屏障。蛋黄膜共分为3层，内层和外层由黏蛋白组成，中层由角蛋白组成。新鲜蛋的蛋黄膜有韧性和弹性，当蛋壳破碎时，内容物流出，蛋黄仍然完整不散，就是因为有这层膜包裹的缘故。随着贮存时间的延长，蛋黄的体积会因蛋白中水分的渗入而逐渐增大，会导致蛋黄膜破裂，使蛋黄内容物外溢，形成散黄蛋。所以，从蛋黄膜的紧张度可以推知蛋的新鲜度。

②蛋黄内容物：蛋黄内容物包裹在蛋黄膜下，是一种浓稠不透明的半流动黄色乳状液，是蛋中最富营养的部分。新鲜蛋黄内容物由深浅两种不同黄色的蛋黄（浅色蛋黄层、深色蛋黄层）交替组成，由外向内可分数层。蛋黄之所以呈现颜色深浅不同的轮状，是由于在形成蛋黄时，昼夜新陈代谢速度的不同，白天比黑夜有更多的蛋黄色素沉积在蛋黄内。蛋黄色泽由3种色素组成，即叶黄素、β-胡萝卜素以及黄体素。由于饲料中的色素物质含量不同，蛋黄颜色分别呈橘红、浅黄或淡绿。

③胚盘：在蛋黄表面上有一颗乳白色的小点，未受精的呈圆形，叫胚珠，受精的呈多角形，叫胚盘（或胚胎），直径2~3mm。在胚盘的下部至蛋黄中心有一细长近似白色的部分，称为胚盘细管。未受精的蛋耐贮藏，而受精蛋的胚盘很不稳定，会降低蛋的质量和耐贮性。

（二）蛋的理化性质

1. 物理特性

（1）蛋的黏度　蛋白中的稀薄蛋白是均一溶液，而浓厚蛋白具有不均匀的特殊结构，所以蛋白是一个完全不均匀的悬浊液。蛋黄也是个悬浊液，因此，鲜蛋蛋白、蛋黄的黏度不同。新鲜鸡蛋白黏度为0.0035~0.0105Pa·s，蛋黄为0.11~0.25Pa·s。蛋在存放过程中，由于蛋白质分解及溶剂化减弱，使蛋白、蛋黄黏度下降。

（2）蛋的加热凝固点和冻结点　鲜鸡蛋蛋白的加热凝固温度为62~64℃，平均为63℃；蛋黄为68~71.5℃，平均为69.5℃；混合蛋为72~77.0℃，平均为74.2℃。蛋白的冻结点（冰点）为-0.48~-0.41℃，平均为-0.45℃，蛋黄的冻结点为-0.617~-0.545℃，平均为-0.6℃。随着贮存时间延长，蛋白冰点降低，蛋黄冰点则提高，这与蛋白内水分向蛋黄渗透，蛋黄内盐类向蛋白渗透有关。蛋的冰点对蛋在冷藏时有特别重要的意义，应当控制适宜的低温，以防止蛋壳冻裂。表7-17是蛋的冰点与蛋的日龄关系。

表 7-17　　　　　　　　　　　　　　　蛋的冰点与蛋的日龄关系

蛋的日龄/d	蛋白冰点/℃	蛋黄冰点/℃
20	-0.455	-0.500
50	-0.480	-0.536
80	-0.500	-0.480

（3）蛋的耐压度　蛋的耐压度与蛋的形状、大小、蛋壳厚度以及蛋壳的致密度有关。一般圆形蛋耐压度最大，椭圆形者适中，长条形者最小；蛋壳越厚耐压度越大，反之耐压度变小。蛋壳的厚薄与壳色有关，一般是色浅的蛋壳薄，耐压度小；色深的蛋壳厚，耐压度大。蛋壳的厚薄也与季节有关，冬季比夏季的蛋壳厚。不同种类的禽蛋耐压度也是不同的，见表 7-18。

表 7-18　　　　　　　　　　　　　　　不同禽蛋的耐压度

蛋别	蛋重/g	耐压度/MPa
鸡蛋	60	0.4
鸭蛋	85	0.6
鹅蛋	200	1.1
天鹅蛋	285	0.2
鸵鸟蛋	1400	5.5

（4）蛋的透光性　蛋具有透光性，其大小可用折射率表示。蛋的折射率与蛋白、蛋黄全固形物浓度约是直线关系，蛋白各部分的折射率稍有不同。折光率用于产品检验，是反映蛋液是否纯正的特征指标之一，若该项指标超标，说明该商品中有掺杂。

（5）蛋液的表面张力　表面张力是分子间吸引力的一种量度。表面张力程度是乳化力和起泡力大小的重要因素。在蛋液中存在大量蛋白质和磷脂，由于蛋白质和磷脂可以降低表面张力和界面张力，因此，蛋白和蛋黄的表面张力低于水的表面张力。蛋液表面张力受温度、pH、干物质含量及存放时间影响。温度高，干物质含量低，蛋存放时间长而蛋白分解，则表面张力下降。

（6）蛋的扩散和渗透性　蛋内容物并不是均匀一致的，蛋白分几层结构，蛋黄也同样有不同结构，在这些结构中，化学组成有差异。因此蛋在放置过程中，高浓度部分物质向低浓度部分运动，这种扩散逐渐使蛋内各结构中所含物质均匀一致，如蛋白在贮存时蛋白层消失。

蛋还具有渗透性，在蛋黄与蛋白之间，隔着一层具有渗透性的蛋黄膜，两者之间所含的化学成分不同，特别是蛋黄中含有的钾、钠、氯等离子的含量比蛋白相对高。因此，蛋黄为一个高浓度的盐液，这样蛋黄与蛋白之间形成了一定的压差，两者之间为了趋于平衡，蛋黄中的盐类便不断地渗透到蛋白中来，而蛋白中的水分不断地渗透到蛋黄中去，蛋的这种渗透性与蛋的质量有着密切的关系。这种渗透作用与蛋的存放时间、存放温度成正比。

（7）蛋壳的颜色和厚度　蛋壳的色泽由家禽的种类及品种决定，鸡蛋有白壳蛋和褐壳蛋；鸭蛋有白色和青色；鹅蛋有暗白色和浅蓝色。壳质坚实的蛋，一般不易破碎并能较久地保持其内部品质，一般鸡蛋壳厚度不低于 0.33mm，深色蛋壳厚度高于白色的蛋壳，鸭蛋壳平均厚 0.40mm。

（8）蛋的 pH　由于蛋黄和蛋白的化学组成不同，其 pH 也不相同。新鲜蛋黄的 pH 为

6.32，蛋白的 pH 稍高些，蛋黄和蛋白混合后的 pH 约为 7.5。鸡蛋在贮藏期间，由于蛋白内部 CO_2 气体的逸出，pH 逐渐升高，最高可达 9.0~9.7。新鲜蛋黄贮藏期间变化缓慢，最高可上升到 6.4~6.9，当脂肪酸腐败后，pH 则呈逐渐下降趋势。

其他如蛋重、蛋形、蛋的密度等物理特性详见本节"四、禽蛋的品质检验（一）禽蛋的质量指标"部分。

2. 化学组成及性质

（1）蛋的一般化学组成　禽蛋的化学组成极为复杂，除含有水分、蛋白质、脂肪、矿物质外，还含有维生素、碳水化合物、色素、酶等。禽蛋的化学组成主要取决于禽类的品种、年龄、蛋的大小、产蛋率和饲养条件等方面，主要受品种、饲料、产蛋期等多种因素的影响。不同禽蛋的化学成分见表 7-19。

表 7-19　　　　　　　　　　　　　　不同禽蛋的化学成分　　　　　　　　　　　　　　单位：%

蛋别	水分	固形物	蛋白质	脂肪	灰分	碳水化合物
鸡全蛋	72.5	27.5	13.3	11.6	1.1	1.5
鸭全蛋	70.8	29.2	12.8	15.0	1.1	0.3
鹅全蛋	69.5	30.5	13.8	14.4	0.7	1.6
鸽蛋	76.8	23.2	13.4	8.7	1.1	—
火鸡蛋	73.7	25.7	13.4	11.4	0.9	—
鹌鹑蛋	67.5	32.3	16.6	14.4	1.2	—

注："—"表示未提供。

（2）蛋壳的化学成分　蛋壳的主要成分为无机物，占整个蛋壳的 96.8%。其中碳酸钙约占 93%，碳酸镁约占 1%，还有少量磷酸钙、磷酸镁及色素（共计约占 2.8%）。在蛋壳中，有机物约占蛋壳总质量的 3.2%，主要为蛋白质，其中约有 16% 的氮，3.5% 的硫，另外还有一定量的水及少量的脂质（约占 0.003%）。禽蛋的种类不同，蛋壳的化学组成也各有差异，如表 7-20 所示。

表 7-20　　　　　　　　　　　　　　蛋壳的化学成分　　　　　　　　　　　　　　单位：%

种类	有机成分	碳酸钙	碳酸镁	磷酸钙及磷酸镁
鸡蛋	3.2	93.0	1.0	2.8
鸭蛋	4.3	94.4	0.5	0.8
鹅蛋	3.5	95.3	0.7	0.5

（3）蛋白的化学成分　若不计蛋壳的质量，禽蛋蛋白部分质量占整个内容物质量的三分之二，其中近 90% 的质量是水，其他成分包括：蛋白质、脂肪、维生素、微量的矿物质以及糖。禽蛋（鸡蛋和鸭蛋）蛋白的化学成分如表 7-21 所示。

表 7-21　　　　　　　　　　　　　　禽蛋蛋白的化学成分　　　　　　　　　　　　　　单位：%

蛋的种类	水分	蛋白质	无氮浸出物	葡萄糖	脂肪	矿物质
鸡蛋	87.3~88.6	10.8~11.6	0.80	0.10~0.50	极少	0.6~0.8
鸭蛋	87.0	11.5	0.65	—	0.03	0.8

注："—"表示未检测。

①蛋白中的水分：水分是蛋白中的主要成分，其中少部分水与蛋白质结合，以结合水形式存在，大部分水以溶剂形式存在。蛋白中的水分又会因为蛋白各层中有机物稠薄程度的不同而在各层中分布有所区别，外层稀薄层水分含量为89.1%，中层浓厚层为87.75%，内层稀薄层为88.35%，膜状系带层的水分含量为82%。

②蛋白中的蛋白质：蛋白中蛋白质的含量为11%~13%，目前在蛋白中已经发现40多种蛋白质，其中蛋白质的种类有卵白蛋白、卵球蛋白、卵黏蛋白、卵类黏蛋白和卵伴白蛋白等。这些蛋白质可以归纳为两类，即简单蛋白类和糖蛋白类。简单蛋白类有卵白蛋白、卵球蛋白和卵伴白蛋白，糖蛋白类包括卵糖蛋白、卵类黏蛋白等。蛋白中含量较多的主要蛋白质类型及其主要特征见表7-22。

表7-22　　　　　　　　　　　　　蛋白中蛋白质的种类和性质

蛋白质类型	含量/%	等电点（pI）	相对分子质量	糖类/%	生物学性质
卵白蛋白	54.0	4.5~4.8	45000	3	磷脂糖蛋白
卵伴白蛋白	12~13	6.05~6.6	70000~78000	2	与 Fe、Cu、Zn 结合，抑制细菌
卵类黏蛋白	11.0	3.9~4.3	28000	22	抑制胰蛋白酶
卵抑制剂	0.1~1.5	5.1~5.2	44000~49000	6	抑制蛋白酶，包括胰蛋白酶和糜蛋白酶
无花果蛋白酶抑制物	0.05	5.1	12700	0	抑制蛋白酶，包括木瓜蛋白酶和无花果蛋白酶
卵黏蛋白	3.5	4.5~5.1	—	19	抗病毒的血凝集作用
溶菌酶	3.4~3.5	10.5~11.0	14300~17000	0	分裂特定的 β-（1，4）-D-葡萄糖胺，溶解细菌
卵糖蛋白	0.5~1.0	3.0	24400	16	糖蛋白
黄素蛋白	0.8	3.9~4.1	32000~36000	14	结合维生素 B_2
卵巨球蛋白	0.05	4.5~4.7	760000~900000	9	热抗性极强
抗生物素蛋白	0.05	9.5	53000	8	结合维生素 B_2
卵球蛋白 G_2	4.0	5.5	36000~45000	—	发泡剂
卵球蛋白 G_3	4.0	5.8	36000~45000	—	发泡剂

注："—"表示无或未提供。

③蛋白中的碳水化合物：蛋白中的碳水化合物主要以两种状态存在，一种是同蛋白质结合，以结合态存在，在蛋白中含0.5%，例如与卵黏蛋白和卵类黏蛋白结合的碳水化合物；另一种是呈游离状态存在，在蛋白中含0.4%。游离的糖中98%是葡萄糖，其余是果糖、甘露糖、阿拉伯糖、木糖和核糖。虽然蛋白中碳水化合物的含量很少，但在蛋品加工中，尤其是加工蛋白粉、蛋白片等产品中，对产品的色泽有很大影响。几种禽蛋中的葡萄糖含量如表7-23所示。

表 7-23　　　　　　　　　几种禽蛋中葡萄糖含量　　　　　　　　　　单位:%

种类	鸡蛋	鸭蛋	鹅蛋
全蛋	0.34	0.41	0.36
蛋白	0.41	0.55	0.51

④蛋白中的脂质:新鲜蛋白中含极少量的脂质,大约为 0.02%,其中中性脂质和复合脂质的组成是:(6:1)~(7:1),主要含有的脂肪酸为棕榈酸、油酸、亚油酸、花生四烯酸以及硬脂酸。中性脂质以脂肪、游离脂肪酸和醇为主要成分,而复合脂质以神经鞘磷脂和脑磷脂为主要成分。

⑤蛋白中的无机成分:蛋白中的无机成分含量较少,种类却较多,主要有钾、钠、镁、钙、氯等,而磷、钙和镁含量较低。这些无机成分的具体含量如表 7-24 所示。

表 7-24　　　　　全蛋、蛋清和蛋黄中的无机成分含量　　　　　单位:mg/100g

无机成分	钙	氯	铜	碘	铁	镁	锰	磷	钾	钠	硫	锌
全蛋	292	96.0	0.033	0.026	1.080	6.330	0.021	111	74	71	90	0.72
蛋清	3.8	66.1	0.009	0.001	0.053	4.150	0.002	8	57	63	62	0.05
蛋黄	25.2	29.9	0.024	0.024	1.020	2.150	0.019	102	17	9	28	0.66

⑥蛋白中的酶:禽蛋之所以能发育形成新的生命个体,除含有多种营养成分和化学成分外,还含有许多酶类。蛋白中除了含有溶菌酶外,还含有蛋白酶、磷酸酶、过氧化氢酶、糖苷酶、氨肽酶等多种酶。

⑦蛋白中的维生素及色素:蛋白中的维生素比蛋黄中略少,其主要种类有维生素 B_2、维生素 B_3,维生素 B_1 等,其中的维生素 B_2 又称核黄素,因此干燥后的蛋白呈浅黄色。禽蛋蛋白中的维生素含量见表 7-25。

表 7-25　　　　　　禽蛋蛋白中的维生素含量（每100g含量）

种类	维生素 A/μg	维生素 B_1/mg	维生素 B_2/mg	维生素 B_3/mg	维生素 E/mg
鸡蛋白	微量	0.04	0.31	0.2	0.01
鸭蛋白	23	0.01	0.07	0.1	0.16
鹅蛋白	7	0.03	0.04	0.3	0.34

（4）系带及蛋黄膜的化学成分

①系带和膜状系带层:膜状系带层占全部蛋白的 2%,系带占全部蛋白的 0.2%~0.8%。系带是一种卵黏蛋白,其中含氮 13.3%、硫 1.08%、胱氨酸 4.10%、葡萄糖胺 11.4%。系带上结合着较多溶菌酶,在系带固形物中溶菌酶的百分含量约相当于卵白固形物中溶菌酶的百分含量的 3 倍。

②蛋黄膜:蛋黄膜是包围卵黄的半透明膜,具有一定的韧性,可耐受卵白和卵黄之间的渗透压差。蛋黄膜的平均质量为 51mg,含水量为 88%,脱脂的膜干重约 7mg。蛋黄膜可分为内层和外层两层:内层紧贴蛋黄,外层紧贴着蛋白;内外层的主要成分都是糖蛋白;外层和内层质量比约为 2:1。除了水分之外的干重中,己糖占 8.5%,己糖胺占 8.6%,唾液酸占 2.9%,内层的己糖和 N-乙酰己糖胺共为 4.0%,而外层则分别为 5.4% 和 7.3%。

（5）蛋黄的化学成分　蛋黄的化学成分极其复杂，除了 50% 的水分，大部分是脂肪（65%~70%）和蛋白质（大约 30%），其中脂肪主要以脂蛋白的形式存在。此外还含有糖类、矿物质、维生素、色素等。禽蛋蛋黄的化学成分含量见表 7-26。

表 7-26			禽蛋蛋黄的化学成分含量			单位：%	
种类	水分	脂肪	蛋白质	卵磷脂	脑磷脂	矿物质	葡萄糖及色素
鸡蛋	47.2~51.8	21.3~22.8	15.6~15.8	8.4~10.7	3.3	0.4~1.3	0.55
鸭蛋	45.8	32.6	16.8	—	2.7	1.2	—

注："—"表示无或未检测。

蛋黄有白色蛋黄和黄色蛋黄之分，白色蛋黄约占整个蛋黄的 5%，其余为黄色蛋黄，两者的化学组成见表 7-27。

表 7-27		白色蛋黄与黄色蛋黄的化学组成				单位：%
类别	水分	蛋白质	脂肪	磷脂	浸出物	灰分
白色蛋黄	89.70	4.60	2.39	1.13	0.40	0.62
黄色蛋黄	45.50	15.04	25.20	11.15	0.36	0.44

①蛋黄中的蛋白质：蛋黄中蛋白质的生理功能几乎和蛋白中蛋白质一样，其大多为磷蛋白和脂肪结合而成的脂蛋白。蛋黄中的蛋白质大部分是脂质蛋白质，包括低密度脂蛋白（65.0%）、高密度脂蛋白（16.0%）、卵黄球蛋白（10.0%）、卵黄高磷蛋白（4.0%）和其他（5.0%）等。

低密度脂蛋白（LDL）是蛋黄中存在量最多的蛋白质，占蛋黄总蛋白质的 65%。低密度脂蛋白的脂质含量非常高，含 30%~89%，因此，也称为卵黄脂蛋白。而对于其中的脂质，74% 为中性脂肪，26% 是磷脂。

高密度脂蛋白（HDL）也称为卵黄脂磷蛋白（Lipovitellin），占蛋黄总蛋白质含量的 16%，包括 α-卵黄脂磷蛋白和 β-卵黄脂磷蛋白（含量比为 1:1.8）。HDL 中所含脂质大部分存在于分子内部，且含量较 LDL 脂质含量低，约为 20%，其中 60% 为磷脂（主要为卵磷脂），约 40% 为甘油三酯以及少量的胆固醇、鞘磷脂以及其他的脂质。HDL 存在于颗粒中，与卵黄高磷蛋白形成复合体。

卵黄球蛋白（Livetin）约占蛋黄总固体的 10.6%，主要存在于蛋黄浆液中，分别含 0.1% 的磷和丰富的硫。卵黄球蛋白经电泳可得到三种在组分，即 α、β、γ 蛋黄球蛋白。

卵黄高磷蛋白（Phosvitin）是卵黄颗粒中存在的一种磷酸化糖蛋白，占蛋黄中蛋白含量的 4%~10%，含有 12%~13% 的氮及 9.7%~10% 的磷，占蛋黄总磷量的 80%，并含有 6.5% 的糖，分子质量为 36k~40ku，氨基酸的组成中含有 31%~54% 的丝氨酸，其中的 94%~96% 与磷酸根相结合。

核黄素结合性蛋白质（YRBP）仅占蛋黄中蛋白质总量的 0.4%，与核黄素（维生素 B_2）以 1:1 形成复合体，在 pH 为 3.8~8.5 的范围内稳定，在 pH 3.0 以下核黄素离解，其分子质量为 36ku，含糖量 12%。

②蛋黄中的脂质：蛋黄中的脂质广义通常指蛋黄油，约占蛋黄总重的 30%，其中以甘油三酯为主的中性脂肪约为 65%，磷脂质约为 30%。蛋黄脂肪的理化常数见表 7-28。

表 7-28   蛋黄脂肪的理化常数

理化指标	理化常数	理化指标	理化常数
相对密度	0.918	碘价	69.3~70.3
熔点/℃	16~18	水溶性挥发脂肪酸数	0.62
凝固点/℃	−5~7	非水溶性挥发脂肪酸数	0.28
皂化值	190.2	折射率（25℃）	1.4660
酸价	4.47	折射率（40℃）	1.4616~1.4634

真脂：蛋黄中的真正脂肪，由不同的脂肪酸和甘油所组成，在鸡蛋黄中约占脂质的62.3%。蛋黄真脂中各种脂肪酸的含量（%）：油酸34.55、软脂酸29.77、硬脂酸9.26、花生四烯酸0.07、十六碳烯酸12.26、亚油酸10.09、十四碳酸2.05。

磷脂：磷脂由甘油、脂肪酸、磷脂类、胆碱组成，蛋黄中约含有蛋重10%的磷脂，主要包括卵磷脂和脑磷脂两类，这两种磷脂占总磷脂含量的88%。蛋黄中磷脂的含量及组成见表7-29、表7-30。

表 7-29   蛋黄中磷脂的含量（占蛋重）   单位：%

蛋类	鸡蛋黄	鸭蛋黄	鸽蛋黄	孔雀蛋黄
卵磷脂	7.5	8.0	5.8	8.6
脑磷脂	3.3	2.7	4.3	1.9

表 7-30   蛋黄中磷脂的组成   单位：%

成分	含量	成分	含量
磷脂酰胆碱	73.0	神经鞘磷脂	2.5
溶血磷脂胆碱	5.8	磷脂酰肌醇	0.6
磷脂酰乙醇胺	15.0	缩醛磷脂	0.9
溶血磷脂酰乙醇胺	2.1		

类固醇：蛋黄中的类固醇几乎都是胆固醇，其余的固醇大部分是动物性固醇类，也存在一部分 β-谷固醇和 Δ-甲基胆固烯醇之类的植物性固醇等（表7-31）。

表 7-31   蛋黄类固醇的组成   单位：mg/100g 卵黄

固醇成分	含量	固醇成分	含量
胆固醇	1404.0	Δ^7-甲基胆固烯醇	0.7
链固醇（24-脱氢胆固醇）	7.6	4,4α-二甲基-$\Delta^{7,24}$-胆固二烯-3β-醇	0.5
胆固烯醇	4.9	二羟基羊毛固醇	0.4
麦角固醇	3.7	48-甲基胆固烯醇	微量
β-谷固醇	3.3	4α-甲基-$\Delta^{8,24}$-胆固二烯-3β-醇	微量
Δ^7-胆固烯醇	3.2	4α-甲基-$\Delta^{7,21}$-胆固二烯-3β-醇	微量
羊毛固醇	1.6		

神经鞘脂质：蛋黄中的神经鞘脂质分为神经酰胺、脑苷脂类和神经鞘磷脂，并以 1：2：7 的比例存在。

③蛋黄中的色素：蛋黄中含有较多的色素，使蛋黄呈黄色和橙黄色。蛋黄中的色素大部分是脂溶性的，如 β-胡萝卜素、叶黄素、玉米黄素等；少部分是水溶性的。

④蛋黄中的维生素：鲜蛋中的维生素主要存在于蛋黄中，蛋黄中的维生素不仅种类多，而且含量丰富，以 μg/100g 计，其中维生素 A（200～1000）、维生素 E（15000）、维生素 B_2（84）、维生素 B_6（58.5）、维生素 B_5（580）含量较高。

⑤蛋黄中的矿物质：蛋黄中含 1.0%～1.5% 的矿物质，其中以磷为最丰富，可占其无机成分总量的 60% 以上，钙次之，占 13% 左右。此外，还含有铁、硫、钾、钠、镁等。蛋黄中的铁易被吸收，而且也是人体必要的无机成分。

⑥蛋黄中的酶：蛋黄中也含有许多的酶，如淀粉酶、甘油三丁酸酯酶、蛋白酶、肽酶、磷酸酶、过氧化氢酶等。禽蛋在较高温度下容易腐败变质，这与其中酶的活性增强有着密切关系。

⑦蛋黄中的碳水化合物：蛋黄中的碳水化合物占蛋黄重的 0.2%～1.0%，以葡萄糖为主，也有少量的乳糖存在，其碳水化合物主要与蛋白质结合存在。

三、 蛋的加工特性及利用

（一）加工特性

1. 蛋的凝固性或凝胶化

凝固性是蛋白质的重要特性。当卵蛋白受热、盐、酸或碱及机械作用，则会发生凝固；这是卵蛋白质分子结构变化的结果，使蛋液变稠，由流体（溶胶）变成固体或半流体（凝胶）状态。影响蛋白凝胶特性的因素有内部和外部因素，包括蛋白质浓度、静电作用、氢键、二硫键、pH、加热温度、加热时间等因素。

（1）蛋的凝固性　伴白蛋白热稳定性最低，其凝固温度是 57.3℃，卵球蛋白和卵白蛋白凝固温度是 72℃ 和 71.5℃，卵黏蛋白和卵类黏蛋白热稳定性最高，不发生凝固，而溶菌酶凝固后强度最高。这些蛋白相互结合，彼此影响凝固特性，使得蛋清（pH 9.4）在 57℃ 长时间加热开始凝固，58℃ 即呈现浑浊，60℃ 以上即可由肉眼看出凝固，70℃ 以上则由柔软的凝固状态变为坚硬的凝固状态。蛋白热凝固和凝胶化过程与水化和离子作用有关。

热凝固蛋白的可溶性部分主要含有单体，当凝胶或凝块没形成时，热处理蛋清的蛋白质可溶部分含有高分子量可溶性凝集物。蛋黄在 65℃ 开始凝固，70℃ 失去流动性，并随温度升高而变得坚硬。

蛋的稀释使蛋白质浓度下降，引起热凝固点升高，甚至不发生凝固，并且凝固物的剪切力减小。在蛋中添加盐类可以促进蛋的凝固，这是由于盐类能够降低蛋白质分子间的排斥力。因此，禽蛋在盐水中加热，蛋凝固完全且易去壳。在蛋液中加糖可使凝固温度升高，凝固物变软。蛋的很多加工方法都利用了蛋的热凝固性，如煮蛋、炒蛋。但在蛋液加工中如巴氏杀菌过程要防止热凝性。人们常在蛋液中加糖、表面活性剂，增加了蛋白的热稳定性。

（2）蛋的酸碱凝胶化　蛋在一定的 pH 条件下会发生凝固，众多学者研究了蛋白在碱、酸作用下的凝胶化现象，发现蛋白在 pH 2.3 以下或 pH 12.0 以上会形成凝胶。在 pH 2.3～12.0 则不能发生凝胶化。这对以鸡蛋蛋白为原料的加工食品如面包、糕点等的加工有很大的指导意义。据报道，蛋的碱性凝胶化是因为蛋白质分子的凝集所致，但这也与蛋白质成分间相互作用有关。

卵白蛋白或伴白蛋白与蛋清中其他蛋白在碱性条件下结合可提高凝胶强度，这是由于卵白蛋白和伴白蛋白用碱处理时，其蛋白质的分子构型受碱作用而展开，然后再相互凝结成立体的网状结构，并将水吸收而形成透明凝胶，这种凝胶可发生自行液化，而酸性条件下的凝胶呈乳浊色，不会自行液化。

蛋白碱性凝胶形成时间及液化时间受 pH、温度及碱浓度影响。如果碱浓度过高，松花蛋腌制时很容易烂头，甚至液化，这时如果热处理则蛋白发生凝固而制成热凝固皮蛋。

（3）蛋的冷冻凝胶化　蛋黄在冷冻时黏度剧增，形成弹性胶体，解冻后也不能完全恢复蛋黄原有状态，这使冻蛋黄在食品中的应用受到很大限制。这种现象发生在蛋黄于-6℃以下冷冻或者贮藏时，在一定温度范围，温度越低则凝胶化速度越快，主要由于蛋黄由冰点-0.58℃降至-6℃时，水形成冰晶，其未冻结层的盐浓度剧增，促进蛋白质盐析或者变性，其中卵黄磷蛋白凝集。为了抑制蛋黄的冷冻凝胶化，可在冷冻前添加2%食盐或者8%蔗糖、糖浆、甘油及磷酸盐类，而用蛋白分解酶（以胃蛋白酶最好）、脂肪酶处理蛋黄可抑制蛋黄冷冻凝胶化；机械处理如均质、胶体研磨可降低蛋黄黏度，也可减缓蛋黄冷冻凝胶程度化。

2. 蛋黄的乳化性

禽蛋的乳化性表现在蛋黄，蛋黄具有优异的乳化性，它本身既是分散于水中的液体，又可作为高效乳化剂用于许多食品如蛋黄酱、蛋糕、面糊中。目前已知卵磷脂、胆固醇、脂蛋白与蛋白质均为蛋黄中具有乳化能力的成分。蛋黄的乳化性受加工方法的影响，蛋黄经稀释其黏度降低，会减少乳浊液的稳定性。向蛋黄中添加少量盐、糖，可提高其乳化容量。

3. 蛋的起泡性

将蛋清搅打时，空气进入蛋液中形成泡沫。在起泡过程中，气泡逐渐变小而数目增多，最后失去流动性，通过加热使之固定，蛋清的这种特性在某些食品如糖饰、蛋糕等中得到应用。蛋清的发泡能力受很多加工因素的影响，当蛋清搅拌到相对密度为 0.15～0.17 时，泡沫既稳定，又可使蛋糕体积变大，加工时均质会延长搅打时间，降低蛋糕体积。蛋白经加热（>58℃）杀菌后，会不可逆地使卵黏蛋白与溶菌酶形成的复合体变性，延长起泡所需时间，降低发泡力。

（二）蛋制品种类

1. 鲜蛋产品

我国仍然以鲜蛋消费为主，产品形式有普通壳蛋、清洁蛋和营养强化蛋 3 种。近年来，随着禽蛋消费安全意识的增强，清洁蛋的生产消费在快速增长。

2. 传统蛋制品

传统蛋制品又称为腌蛋制品，主要品种有皮蛋、咸蛋、卤蛋、咸蛋黄、糟蛋（酒糟腌制）、醉蛋（酒类腌制）等多种类型。

3. 蛋液产品

蛋液产品主要是液体蛋和蛋液加工的产品。主要有全蛋液、蛋清液、蛋黄液以及烹调蛋液、功能蛋液等。

4. 干蛋品

蛋液经过多种形式的干燥工艺，加工成为干蛋品。主要品种有干蛋白片、蛋粉（全蛋粉、蛋清粉、蛋黄粉）、专用蛋粉等。近年来，由于新技术与市场需求的推动，专用蛋粉发展很快。

5. 蛋品饮料产品

我国蛋品饮料研究开发的产品很多，但实际工业化生产的品种较少。主要品种有蛋白发酵饮料、蛋乳发酵饮料、蛋蔬复合饮料、醋蛋饮料、全蛋多肽饮料、蛋清肽饮料、鸡蛋酸乳、全蛋饮料、蛋乳饮料、蛋黄饮料等。

6. 蛋调味品

蛋调味品是近几年来开发生产的产品，主要有蛋黄酱、皮蛋酱、咸蛋酱、调理蛋制品等。蛋黄酱在我国北方加工较多。

7. 蛋罐头

以禽蛋加工的罐头有玻璃瓶装罐头、听装罐头，也有软包装罐头。主要产品类型有各种鸡蛋罐头、鹌鹑蛋罐头、水煮蛋罐头等。

8. 方便蛋制品类

主要是采用真空软包装的产品。产品有鸡蛋干、蛋脯、蛋松、蛋果冻、茶蛋、特色风味酱卤蛋、五香卤蛋、香酥蛋松等。

9. 蛋肠类

用人工肠衣或蛋白肠衣加工制作的蛋肠类产品也开始在市场出现，主要产品有皮蛋肠、风味蛋肠、复合蛋菜肠、鸡蛋素食肠等。

10. 蛋内功能成分

由于蛋内有几百种蛋白质和几十种脂质成分，主要产品种类有溶菌酶、免疫球蛋白、蛋黄油、卵磷脂、蛋清肽、卵黄高磷蛋白、蛋清白蛋白等。其中，溶菌酶、免疫球蛋白、蛋黄油、卵磷脂等工业化发展较快，生产较多。

11. 新型蛋制品

新型蛋制品正在快速崛起，主要品种有富硒禽蛋、DHA 鸡蛋、改变营养和蛋黄颜色的 β-胡萝卜素鸡蛋等。

四、 禽蛋的品质检验

（一）禽蛋的质量指标

衡量鲜蛋品质的主要标准是其新鲜程度和完好性。为了准确掌握、判断这一标准，需全面观察分析蛋壳以及内部（气室、蛋白、系带、蛋黄、胚胎等）情况来确定鲜蛋的质量等级。鲜鸡蛋和鲜鸭蛋的品质分级要求如表 7-32 所示。

表 7-32　　　　　　　　　　　鲜鸡蛋和鲜鸭蛋的品质分级要求

项目	指标		
	AA 级	A 级	B 级
蛋壳	清洁、完整，呈规则卵圆形，具有蛋壳固有的色泽，表面无肉眼可见污物		
蛋白	黏稠、透明，浓蛋白、稀蛋白清晰可辨	较黏稠、透明，浓蛋白、稀蛋白清晰可辨	较黏稠、透明
蛋黄	居中，轮廓清晰，胚胎未发育	居中或稍偏，轮廓清晰，胚胎未发育	居中或稍偏，轮廓较清晰，胚胎未发育

续表

项目	指标		
	AA 级	A 级	B 级
异物	蛋内容物中无血斑、肉斑等异物		
哈夫单位	≥72	≥60	≥55

资料来源：SB/T 10638—2011《鲜鸡蛋、鲜鸭蛋分级》。

1. 禽蛋的一般质量指标

（1）蛋形指数　蛋形指数表示蛋的形状，指蛋的纵径与横径之比，或者用蛋的横径与纵径之比的百分率表示，用蛋形指数测定仪测定并计算（彩图 7-1）。蛋的形状有椭圆形、圆筒形、蚕豆形、球形等，甚至有的一端突出或凹陷。其中，椭圆形为正常形状，蛋形指数为 1.30～1.35 或 72%～76%。不同种类的蛋，蛋形指数不同，鸡蛋为 1.30～1.35，鸭蛋为 1.20～1.40，鹅蛋为 1.25～1.54。高于上限的为细长形，小于下限的为球形。小于或者大于正常值的蛋，都不符合要求，一般称为"畸形蛋"。形状不正常的蛋，其耐压程度是不同的，圆筒形蛋耐压程度最小，球形蛋耐压程度最大。

（2）蛋重　蛋重指包括蛋壳在内的蛋的质量，它是评定蛋的等级（表 7-33）、新鲜度和蛋的结构的重要指标。蛋重与家禽种类、品种、日龄、气候、饲料和蛋的贮藏时间有密切关系。一般来说，平均蛋重鸡蛋为 52g（32～65g）、鸭蛋为 85g（70～100g）、鹅蛋为 180g（160～200g）；鸡蛋蛋重的国际质量标准为每枚 58g。同一个品种家禽所产的蛋，其初产蛋小，而体重大的禽产的蛋也大。贮藏期间，由于蛋内水分通过蛋壳气孔不断向外蒸发而使禽蛋的质量减轻，所以蛋重是评定蛋的等级、新鲜度和蛋的结构的重要指标。

表 7-33　　　　　　　　　　　　鲜鸡蛋的重量分级要求

级别		单枚鸡蛋蛋重范围/g	每 100 枚鸡蛋最低蛋重/kg
XL		≥68	≥6.9
L	L（+）	≥63 且<68	≥6.4
	L（-）	≥58 且<63	≥5.9
M	M（+）	≥53 且<58	≥5.4
	M（-）	≥48 且<53	≥4.9
S	S（+）	≥43 且<48	≥4.4
	S（-）	<43	—

注：在分级过程中生产企业可根据技术水平将 L、M、S 进一步分为"+"和"-"两种级别。

资料来源：SB/T 10638—2011《鲜鸡蛋、鲜鸭蛋分级》。

（3）蛋的密度　蛋的密度指单位体积的蛋重。蛋的密度与蛋的新鲜度有密切关系。禽蛋存放时间越长，蛋内水分蒸发越多，气室越大，内容物质量减轻，其密度变小，蛋就越不新鲜。新鲜鸡蛋的密度为 1.080～1.090g/cm^3，新鲜火鸡蛋、鸭蛋和鹅蛋的密度约为 1.085g/cm^3，陈蛋的密度为 1.025～1.060g/cm^3。蛋的密度与蛋壳厚度有一定的相关性，一般蛋壳越厚，蛋的密度越大。

（4）蛋的容积　蛋的容积指蛋具有的体积。蛋的容积与蛋壳厚度呈正相关。

2. 禽蛋的内部品质指标

（1）气室高度 气室高度是评价鸡蛋新鲜度的一个重要指标，它受鸡蛋质量和贮藏的相对湿度影响。新鲜蛋的气室很小，存放越久，水分蒸发越多，气室越大。气室过大者为陈旧蛋。光透视最新鲜蛋时，全蛋呈红黄色，蛋黄不显影，内容物不转动，气室高度在 3mm 以内。光透视产后约 14d 内的新鲜蛋时，全蛋呈红黄色，蛋黄处颜色稍浓，内容物略转动，气室高度在 5mm 以内。美国农业部规定鸡蛋气室高度 AA 级为 3.2mm 及以下，A 级为 4.7mm 及以下，B 级为 >4.7mm。

（2）蛋白指数 一般用蛋白指数来衡量蛋白状况。蛋白指数是指浓厚蛋白与稀薄蛋白的质量之比。新鲜蛋浓厚蛋白与稀薄蛋白之比为 6∶4 或 5∶5。浓厚蛋白越多则蛋越新鲜。将所有蛋清过检验筛（40 目），2min 内稀薄蛋白通过检验筛滤去，浓厚蛋白留在检验筛上，分别测定两者质量后进行计算。

（3）蛋黄指数 蛋黄指数是指蛋黄高度与蛋黄直径的比值，表示蛋黄的品质和禽蛋的新鲜程度。新鲜蛋的蛋黄膜弹性大，蛋黄高度高，直径小。随着存放时间的延长，蛋黄膜松弛，蛋黄平塌，高度下降，直径变大。正常新鲜蛋的蛋黄指数为 0.38~0.44，合格蛋的蛋黄指数为 0.30 以上。当蛋黄指数小于 0.25 时，蛋黄膜破裂，出现"散黄"现象，这是质量较差的陈旧蛋。

（4）哈夫单位 哈夫单位是根据蛋重和浓厚蛋白的高度，按公式 $[Hu = 100 \times lg (H - 1.7W^{0.37} + 7.57)$，$H$ 为浓蛋白高度，mm；W 为蛋重] 计算出的指标（彩图 7-2），可以衡量蛋白质与蛋的新鲜度，它是现代国际上评定蛋品质量的重要指标和常用方法。新鲜蛋的哈夫单位在 72 以上，随着存放时间的延长，由于蛋白质的水解，会使浓厚蛋白变稀，蛋白高度下降，哈夫单位变小。美国农业部根据哈夫单位对禽蛋等级的划分见表 7-34。

表 7-34　　　　　　　　　　美国农业部根据哈夫单位划分的禽蛋等级

哈夫单位	状态与用途
72 以上 AA 级	食用蛋：蛋白微扩散，蛋黄呈圆形，高高地在中间，浓厚蛋白高而围绕蛋黄，水样蛋白较少
72~60　A 级	食用蛋：蛋白微扩散，蛋黄呈圆形，高高地在中间，浓厚蛋白高而围绕蛋黄，水样蛋白较少
60~30　B 级	加工蛋：蛋白有较大面积，蛋黄稍平，浓厚蛋白低，水样蛋白多
30 以下 C 级	仅部分供加工用：蛋白扩散极广，蛋黄扁平，浓厚蛋白几乎没有，仅见水样蛋白

（5）血斑和肉斑率 血斑和肉斑率指含血斑和肉斑的蛋数占总蛋数的比率。血斑是由于排卵时滤泡囊的血管破裂或输卵管出血，血黏附在蛋黄上而形成的，呈红色小点。肉斑是卵子进入输卵管时因黏膜上皮组织损伤脱落混入蛋白中而造成的，呈白色不规则形状。蛋中可能含有一个或更多的血斑和肉斑，直径超过 3.2mm 的称为"大血斑"或"大肉斑"，小于 3.2mm 的称为"小血斑"或"小肉斑"。

（6）蛋黄百分率 蛋黄百分率为蛋黄重占蛋重的百分率。蛋的大部分固形物、所有的维生素、微量元素、油脂等均在蛋黄内。蛋黄百分率越高，蛋的营养价值也越高。蛋重越大，蛋黄百分率越低。老的品种如褐色来航、新汉夏等的蛋重为 53.1~53.7g，蛋黄百分率为 27.7%~30.1%；现代商品系褐壳蛋鸡 35 周龄蛋重为 61.1g，蛋黄百分率仅 22.2%。

（7）蛋黄色泽　蛋黄色泽是指蛋黄颜色的深浅。国际上通常用罗氏比色扇（Roche Color Fan，彩图7-3）的16种不同黄色色调等级比色，要求出口鲜蛋和再制蛋的蛋黄色泽达到8级以上，还要统计每批蛋各色级的数量和百分比。饲料是影响蛋黄色泽的主要因素。

（8）内容物的气味和滋味　质量正常的蛋，打开后没有异味，有时有轻微腥味，这与饲料有关，可以食用。若有臭味，则是轻微腐败蛋。如果在蛋壳外面便闻到蛋内容物分解的氨及硫化氢的臭气味，则是严重腐坏蛋。煮熟后，质量新鲜的蛋无异味，蛋白色白无味，蛋黄呈黄色并且具有蛋香味。

（9）蛋白状况　质量正常的蛋，其蛋白状况是浓厚蛋白含量多，占全蛋的50%~60%，无色、透明，有时略带淡黄绿色。随着贮藏时间延长，浓厚蛋白逐渐变稀。

（10）系带状况　正常蛋的蛋黄两端紧贴着粗白而有弹性的系带。系带变细并同蛋黄脱离甚至消失的蛋，属质量低劣的蛋。

（二）禽蛋的品质鉴定方法

禽蛋的品质鉴定是禽蛋生产、经营、加工中的重要环节之一，直接影响到禽蛋的商品等级、市场竞争力和经济效益。严格鉴定鲜蛋的质量，对鲜蛋的收购、包装、运输、保藏和蛋品加工有着重要的意义。常用的禽蛋鉴定方法有感官鉴定法、光照鉴定法、荧光鉴定法、相对密度鉴定法以及一些新型的鉴定方法，必要时还可进行微生物学鉴定。

1. 感官鉴定法

感官鉴定法主要是凭检验人员的技术和经验来判断，通过眼看、耳听、手触和鼻嗅等方法来鉴定蛋的质量。

（1）视觉鉴定　视觉鉴定是用肉眼观察蛋壳的色泽、形状、清洁度及蛋的大小、壳上膜的完整情况。新鲜蛋的蛋壳比较粗糙，表面干净、完整、坚实，附有一层霜状胶质薄膜。如果胶质膜脱落、不清洁、呈乌灰色或有霉点则为陈蛋。出口鲜蛋，应拣出不清洁蛋、蛋壳不完整蛋、畸形蛋、外蛋壳膜脱落蛋，其他蛋按大小和颜色不同分开，以便进行光照鉴定和分级。

（2）听觉鉴定　听觉鉴定是通过鲜蛋相互碰撞的声音进行鉴别。新鲜蛋发出的声音坚实，似有碰击砖头的声音；裂纹蛋发音沙哑，有啪啦声；空头蛋的大头端有空洞声；钢壳蛋发音尖脆，有叮叮响声；贴皮蛋、臭蛋发声像敲瓦片声；用指甲竖立在蛋壳上敲击，有吱吱声的是雨淋蛋。振摇鲜蛋时，没有声响的为好蛋，有声响的是散黄蛋。

（3）触觉鉴定　触觉鉴定是根据蛋壳上有无胶质薄膜附着和蛋内水分有无蒸发来区分禽蛋品质的方法。新鲜蛋拿在手中有"沉"的压手感觉。孵化过的蛋外壳发滑，分量轻。霉蛋和贴皮蛋外壳发涩。

（4）嗅觉鉴定　新鲜鸡蛋没有气味，新鲜鸭蛋有轻微的鸭腥味。有些蛋，虽然蛋白、蛋黄正常，但有特异气味，是异味污染蛋；有霉味的是霉蛋，有臭味的是坏蛋，这些蛋在加工和贮藏中都必须剔除。

感官鉴定法虽然是一种有科学依据的方法，但必须有一定的经验。因此，经常配合其他方法使用。

2. 光照鉴定法

光照鉴定法是根据禽蛋蛋壳具有的透光性及蛋内容物发生变化而形成的不同质量状况，在光透视下以观察蛋壳、气室高度、蛋白、蛋黄、系带和胚胎的状况鉴别蛋的品质，做出综合评定。此法简便易行、准确和快速。我国蛋品加工普遍采用这种方法，用以补充感官鉴定的不足。

光照鉴定法通常分日光鉴定和灯光鉴定两种方式，有条件的可采用机械传送照蛋或电子自动照蛋等方式。

（1）日光鉴定　日光鉴定方式主要是借用太阳光鉴定蛋的品质。具体方法分为暗室照蛋和纸筒照蛋两种，大多采用暗室照蛋。日光鉴定方式受日光强弱的影响，不能全日采用，也不能每天都采用。因此，大批验蛋时，用灯光代替。

（2）灯光鉴定　灯光鉴定方式要求鲜蛋必须在特制的照蛋器上进行，并且要将照蛋器安装在暗室内（彩图7-4）。

（3）机械传送照蛋　机械传送照蛋主要有两种，一种是全机械化方式，采用由电机传动的长条形输送带传送，在输送带的两侧装上照蛋的灯台；另一种是半机械化方式：利用输送机械进行连续性人工照蛋，其基本工艺流程是：上蛋→槽带输送→吸风除草→输送→人工照蛋→下蛋斗→装箱→自动过秤（彩图7-5）。

（4）电子自动照蛋　电子自动照蛋（彩图7-6）是运用光学原理，采用光电元件组装代替人眼照蛋，以机械手代替手工操作，以机械运输代替人力搬运，自动进行鲜蛋的鉴定。具体有两种方式，是应用光谱变化的原理进行的。一种是根据鲜蛋腐败后氨气增加而引起的光谱变化特性，如使用荧光灯照验鲜蛋，新鲜蛋发出深红、红、淡红色的光线，而变质的蛋则发出紫、青、淡紫色的光线。另一种是根据鲜蛋质量变化特性，在光照下，它的透光性有差异，就可根据不同的光通量来分辨鲜蛋质量的好坏。

不同品质鲜蛋在灯光透视下表现不同的特征，如表7-35所示。

表7-35　　　　　　　　　　不同品质鲜蛋的光照透视特征

类别	光照透视特征	产生原因	食用性
新鲜蛋	蛋壳无裂纹，蛋体全透光，呈浅橘红色，新鲜蛋蛋黄呈暗影，浮映于眼前，转蛋时蛋黄随之转动。蛋白无色，无斑点及斑块，气室很小	存放时间短	供食用
陈蛋	壳色转暗，透光性差，蛋黄呈明显阴影，气室大小不定，不流动	放置时间久，未变质	可食用
散黄蛋	蛋体呈雾状或暗红色，蛋黄形状不正常，气室大小不定，不流动	受震动后，蛋黄膜破裂，蛋白同蛋黄相混	未变质者可食用
贴皮蛋	贴皮处能清晰见到蛋黄呈红色。气室大，或者蛋黄紧贴蛋壳不动，一面呈红色，一面呈白色，贴皮处呈深黄色，气室很大	贮藏时间太长且未加工翻动	能食用和加工
热伤蛋	气室较大，胚盘周围有小血圆点或黑丝黑斑	未受精的蛋受热后胚盘膨胀增长	轻者可食用
霉蛋	蛋体周围有黑斑点	受潮或破裂后霉菌侵入所致	霉菌未进入蛋内，可食用
腐败蛋	全蛋不透光，蛋内呈水样弥漫状，蛋黄、蛋白分不清楚	蛋内细菌繁殖所致	不能食用
活仁蛋	气室位置不定，有气泡	气室移动	可食用

3. 荧光鉴定法

荧光鉴定法是利用紫外光照射，观察蛋壳光谱的变化来鉴别蛋的新鲜程度。蛋的鲜/陈由荧光强度的强弱反映出来，质量新鲜的蛋，荧光强度弱，而越陈旧的蛋，荧光强度越强。新鲜蛋发出深红色荧光，因蛋的存放逐渐减弱，即由深红色变为红色，再变为淡红色，到了 $10\sim14d$ 的蛋，则变为紫色荧光，更陈的蛋则呈现淡紫色。

4. 相对密度鉴定法

相对密度鉴定法是用不同饱和度的食盐水溶液测定蛋的相对密度，推测蛋的新鲜度。将蛋置于食盐水溶液中，蛋不漂浮的食盐水溶液比重即为该蛋的相对密度。新鲜蛋相对密度为 1.08 以上，低于 1.05 者为陈腐蛋。

5. 新型鉴定法

新型鉴定法中多鉴定技术的集成应用克服了单一技术特异性不高、数据单一的缺点，促进了多品质质量指标的综合检测，并提高了禽蛋分级的准确性和可靠性。表 7-36 对禽蛋品质质量指标参数获取技术的基本原理、鉴定方法、难易程度和适用指标等信息进行了整理。

表 7-36   禽蛋品质质量指标参数获取技术的应用

技术	基本原理	鉴定方法	难易程度	适用指标
声学特性鉴定	样品对声波的反射、吸收等频谱与样品品质关系	通过频谱分析声波与某一分级指标的关系	较易获取，易损坏蛋品	破损度
电特性鉴定	样品电磁特性差异，导电率与样品品质关系	分析导电率、介电特性与品质指标的关系	较易获取，受蛋形和禽蛋数量影响	蛋黄系数、气室高度
动力学鉴定	样品强迫振动特性与样品品质关系	分析强迫振动下自由振动衰减曲线与指标关系	较易获取，易损坏蛋品	哈夫单位
光谱鉴定	样品对不同波段光的透射等光谱与样品品质关系	建立鸡蛋光谱数据与鸡蛋品质的关系	难获取，受环境影响大，数据需要处理与提取，受算法影响	异物、胚胎发育、蛋白状态、哈夫单位
计算机视觉鉴定	采集样品图像后，计算机进行图像处理、识别的信号与样品品质关系	利用鸡蛋光学图像观测或将图像处理后提取像素并通过算法识别禽蛋内外部品质	较难获取，受环境、图像分辨率影响，需要图像去噪	蛋形、清洁度、破损度、异物、哈夫单位、蛋重
气味特性鉴定	样品气味或挥发性成分经气相色谱指纹反映或模拟人类嗅觉信号与样品品质关系	利用蛋类挥发性成分指纹信息或模拟转换信号判定、识别蛋内外部品质	较难获取，受环境和设备精度影响	哈夫单位

6. 微生物学鉴定法

发现禽蛋有严重问题，需深入进行研究，查找原因时，可进一步进行微生物学检查。主要鉴定蛋内有无霉菌和细菌污染现象，特别是沙门氏菌污染状况、蛋内菌数是否超标等。

五、 禽蛋的贮藏保鲜

（一）禽蛋腐败变质的原因

禽蛋腐败变质是微生物污染、环境因素和禽蛋本身的特性三者相互影响、综合作用的结果，主要原因是微生物的侵入。一般情况下，侵入蛋内的微生物有多种，会引起复杂的腐败变质反应；有利于微生物生长繁殖的环境则会加快此过程。这些腐败微生物主要是非致病性细菌和霉菌。分解蛋白质的微生物主要有梭状芽孢杆菌、蜡样芽孢杆菌、假单胞菌属、变形杆菌、液化链球菌、青霉菌以及肠道菌科的各种细菌等；分解脂肪的微生物主要有荧光假单胞菌、沙门菌属、产碱杆菌属等；分解糖的微生物有大肠杆菌、枯草杆菌、丁酸梭状芽孢杆菌等。环境因素主要包括温度、湿度、氧气等。禽蛋本身的特性是营养丰富，含有较多的活性酶类，蛋白的 pH 为 8.6~8.8，蛋黄的 pH 为 6.0~6.4。因此，需要对禽蛋进行有效的贮藏管理和保鲜。

（二）禽蛋的贮藏保鲜方法

1. 冷藏法

冷藏法就是利用低温来抑制微生物的生长繁殖和降低蛋内酶的活性，延缓蛋内的生理呼吸和其他生化变化，使鲜蛋在较长时间内能较好地保持原有的品质，从而延长贮藏期达到保鲜的目的。冷藏法是目前国内外广泛使用的一种贮藏保鲜方法。冷藏法保存鲜蛋，最适宜的温度为-1℃左右，不得低于-2.5℃，相对湿度以 80%~85% 为宜，冷藏时间为 6~8 个月。

2. 气调法

气调法是一种贮藏期长、效果好，既可少量也可大批量的贮藏保鲜方法。常用气体有 CO_2、N_2、O_3 等，利用气体来抑制微生物的活动，减缓蛋内容物的各种变化，从而保持蛋的新鲜。

（1）CO_2 气调法　是把鲜蛋置于一定浓度的 CO_2 气体中，使蛋内自身所含的 CO_2 不易散发并能够得以补充，从而使鲜蛋内酶的活性降低，减缓代谢速度，保持蛋的新鲜。适宜的贮存蛋的 CO_2 浓度为 20%~30%。

（2）化学保鲜剂气调法　是利用化学保鲜剂通过化学脱氧作用而获得气调效果，达到贮存保鲜的目的。化学保鲜剂一般是由无机盐、金属粉末、有机物质组成，主要作用是将贮存蛋的食品袋中氧气含量在 24h 内降到 1%，同时也具有杀菌、防霉、调整 CO_2 含量、湿度等作用。

（3）臭氧气调法　是根据臭氧的物理化学性质，将其用于禽蛋保鲜。目前，国内外主要是在贮藏禽蛋的冷库中安装臭氧发生器，采用连续应用或（和）间断应用方法对蛋库进行消毒灭菌。

3. 浸泡法

浸泡法是指将蛋浸泡在适宜的溶液中，使蛋与空气隔绝，阻止蛋内的水分向外蒸发，避免细菌污染，抑制蛋内 CO_2 溢出，达到保鲜保质的一种方法。浸泡法最常用的是石灰水和水玻璃，有时还采用混合浸液，是比较经济可行的保鲜方法之一。

（1）石灰水浸泡法　利用蛋内呼出的 CO_2 与石灰水中 Ca（OH）$_2$ 互相作用，生成不溶性的碳酸钙微粒，沉积在蛋壳表面，闭塞气孔，从而阻止蛋内水分蒸发以及微生物感染，达到保鲜效果。

具体做法：选择优质的新鲜生石灰块与洁净清水，以 3：100 的比例加入到干净容器中，使石灰块充分溶解，静置澄清后，取出上清液备用。将经过检验合格的鲜蛋轻轻地放入盛有上清液的容器中，使其慢慢下沉，至液面高出蛋面 15~20cm 为止。经 2~3d，液面上将形成硬质的碳酸钙薄膜。贮藏期内，控制室温在 3~23℃，控制水温在 1~20℃。定期检查，发现石灰水溶液浑浊、发绿、有臭味应及时处理，及时捞出上浮蛋、破壳蛋、臭蛋，注意保持液面上的碳酸钙薄膜完整。

（2）水玻璃浸泡法　水玻璃是硅酸钠（Na_2SiO_3）和硅酸钾（K_2SiO_3）的混合溶液。水玻璃遇水后生成偏硅酸或多聚硅酸胶体物质，附在蛋壳上面闭塞气孔，减弱蛋内的呼吸作用和生理、生物化学变化等，同时阻止微生物的入侵；而溶液本身呈碱性，也具有一定的杀菌作用。

具体方法：市售水玻璃的浓度有波美40°、45°、50°、52°和56°五种，鲜蛋贮藏大多采用波美3.5°~4.0°。因此，原溶液必须加入软水稀释，配制成符合要求的浓度，其加水稀释公式：

$$加水量 = 原水玻璃溶液浓度/要求配制溶液浓度 - 1$$

（7-3）

例如用波美40°的水玻璃溶液配制波美4.0°的溶液，其加水量为（40/4）-1=9，即在1kg、波美40°的水玻璃溶液中加入9kg软水，得到波美4.0°的水玻璃溶液。具体配制时，先用少量的水将原浓度水玻璃溶液全部溶解，再加入其余的水，搅拌均匀，用"波美氏"密度计进行浓度确认，过高过低，可酌情加水或原浓度水玻璃溶液。

贮藏时，将检验合格、洗净、晾干的鲜蛋轻轻浸入水玻璃稀释液，液面高于蛋面10cm左右。控制水玻璃溶液的温度保持在0~18℃。及时剔除上浮蛋、裂壳蛋、臭蛋。此法贮藏期可达4~5个月，食用时用15~20℃温水将蛋壳表面的水玻璃洗去。

4. 涂膜法

涂膜法是将一种或几种无色、无味、无毒的涂膜剂（液体石蜡、动植物油脂、聚乙烯醇、蔗糖脂肪酸酯等）配成溶液，均匀地涂抹覆盖（浸渍或喷雾均可）在蛋壳表面，晾干后形成一层均匀致密的"人工保护膜"，可以闭塞气孔，防止微生物侵入，减少蛋内水分蒸发，使膜内CO_2的浓度提高，从而抑制了蛋内酶的活性，减慢了鲜蛋内生化反应速率，由此达到保持蛋的新鲜及品质、营养价值等目的。由于涂膜材料的不同，保鲜性能也各有不同，按照材料的性质分为如下3类。

（1）化工产品类　以石油化工或其他有机化工产品为涂膜材料，如石蜡、凡士林、复合化工材料等。

①液体石蜡涂膜保鲜：液体石蜡又称石蜡油，是一种无色、无味、无毒害作用的油状液体物质，与水和酒精不相溶，性质稳定，成膜致密性较强，防水性能好，且不需要特别处理就可作为保鲜剂直接使用。

②凡士林涂膜保鲜：凡士林又称石油脂、黄石脂，是石油蒸馏后得到的一种烃的半固体混合物，无臭、无味、无毒，同时不酸败，不溶于水。其熔点为38~60℃，熔化后薄层透明，与蛋壳贴在一起，不易吸收，并带有润滑感。经凡士林涂膜后的蛋品大头向上放置，贮存温度低于20℃，可保鲜5个月。

③聚乙烯醇涂膜保鲜：聚乙烯醇是一种用途较广的水溶性高分子聚合物，具有半渗透作用，细菌和霉菌不能通过，但水分和气体可有少量渗透，其水溶液具有很好的成膜性、气体阻绝性和乳化稳定性，透明度高，黏着力强等。

④环氧乙烷高级脂肪醇涂膜保鲜：环氧乙烷高级脂肪醇（OHAA）又称脂肪醇聚乙烯醚，是以脂肪醇（亲油基）和环氧乙烷（亲水基）为原料，经逐步加合反应获得。OHAA无味，无臭，具有良好的扩散润湿及发泡等优点，涂膜后能够明显阻止水分蒸发，减少贮藏期间质量损失，同时又可使CO_2、O_2通过，不会影响蛋的呼吸作用，从而起到了保鲜作用。

（2）油脂类在蛋壳表面涂抹　油脂可形成一层油膜，进而来保鲜蛋，如动物油中的猪脂、羊脂等，植物油中的橄榄油、菜籽油、棕榈油等，都可作涂膜材料。

（3）其他可食性物质及其复合材料　近年来，食品安全问题越来越受到重视，所以一直在寻求用可食性物质或其复合材料来涂膜。

①蜂胶涂膜保鲜：蜂胶本身含有多种化学成分，是蜜蜂通过采集植物树脂，并混入自身分泌物而成的，具有很强的抗菌作用、抗氧化活性；将蜂胶与酒精或乙醚混成溶液后，成膜性能良好。

②壳聚糖涂膜保鲜：壳聚糖是 D-氨基葡萄糖经过 β-1，4 键连接而成的一种天然的线性阳离子生物聚合物，具有无毒、无害、可食用、安全可靠、易于生物降解等特点。目前将壳聚糖与纳米银复合对鸡蛋进行涂膜，将纳米粒子添加到壳聚糖中，可增强壳聚糖涂膜的水蒸气阻隔性和结构稳定性，从而提高其保鲜效果。

5. 巴氏杀菌法

利用巴氏杀菌法贮藏鲜蛋，将蛋壳表面的大部分细菌杀死，并能在蛋内壳膜与蛋白处形成一层极薄膜，这样既可防止细菌侵入，也可防止蛋内水分蒸发和 CO_2 逸出，减少蛋的干耗和延缓变质。

其做法是：先将鲜蛋放入特制的铁丝筐内，然后浸入 95~100℃ 热水中，浸泡 5~7s，立即取出，待蛋壳表面水分干燥，蛋温降低后，即可放入阴凉、干燥的库房中存放。采用这种方法，鲜蛋在室内一般可保存 3 个月。如能配合以各种固体或液体物质中保存，便会收到更好的贮藏效果。

6. 辐射法

辐照法是用一定剂量射线辐射鲜蛋，可有效地抑制蛋内酶的活性，延缓蛋自身的新陈代谢，同时具有防霉、消毒和灭菌等作用。常用的放射源有 ^{60}Co 或 ^{137}Cs 等同位素释放的 γ 射线，或是电子加速器产生的电子束流。鲜蛋用 ^{60}Co 释放的 γ 射线，按 10KGy 计，可将壳内、外存在的微生物杀灭，在室温下保存 12 个月。采用在线电子加速器辐照是未来发展方向，鸡蛋是否允许辐照须经所售国家批准，并要标示。

🔍 复习思考题

1. 简述肌肉的构造。
2. 肌肉中的蛋白质分为哪几类？各有何特性？
3. 影响肉嫩度的因素有哪些？简述肉多汁性产生的原因。
4. 何谓肉的成熟？影响肉成熟的因素有哪些？
5. 简述肉在干制过程中色泽发生的变化及其原因。
6. 简述肉类腌制方法及其各自优缺点。
7. 简述肉品保鲜方法及原理。
8. 试述牛乳的形成，简述牛乳的理化特性。
9. 影响乳成分的因素有哪些？
10. 简述原料乳的质量指标与品质管理。
11. 禽蛋有哪些结构？每层结构有何特点？
12. 禽蛋的物理化学性质包括哪些？
13. 禽蛋为何具有功能特性？在蛋制品加工过程中如何运用这些特性？
14. 禽蛋的各种质量指标是什么？
15. 禽蛋贮藏的主要方法有哪些？哪些具有好的发展前景？

参 考 文 献

［1］周光宏. 肉品加工学. 北京：中国农业出版社，2008.

［2］徐幸莲，彭增起，邓尚贵. 食品原料学. 北京：中国计量出版社，2006.

［3］郝修震，申晓琳. 畜产品工艺学. 北京：中国农业出版社，2015.

［4］徐幸莲. 冷却禽肉加工技术. 北京：中国农业出版社，2014.

［5］蒋爱民，赵丽芹. 食品原料学. 南京：东南大学出版社，2007.

［6］李里特. 食品原料学（第二版）. 北京：中国农业出版社，2011.

［7］孙京新. 调理肉制品加工技术. 北京：中国农业出版社，2014.

［8］张兰威. 乳与乳制品工艺学. 北京：中国农业出版社，2006.

［9］骆承庠. 乳与乳制品工艺学（第二版）. 北京：中国农业出版社，2014.

［10］马美湖. 现代畜产品加工学. 长沙：湖南科学技术出版社，1997.

［11］朱宁. 中国蛋鸡产业经济. 北京：中国农业出版社，2017.

［12］周永昌. 蛋与蛋制品工艺学. 北京：中国农业出版社，1995.

［13］马美湖. 动物性食品加工学. 北京：中国轻工业出版社，2003.

［14］迟玉杰. 蛋制品加工技术. 北京：中国轻工业出版社，2009.

［15］李晓东. 蛋品科学与技术. 北京：化学工业出版社，2005.

［16］马美湖. 禽蛋制品生产技术. 北京：中国轻工业出版社，2003.

［17］王宝维. 动物源食品原料生产学. 北京：化学工业出版社，2015.

［18］孔保华，罗欣，彭增起. 肉制品工艺学（第二版）. 哈尔滨：黑龙江科学技术出版社，2001.

［19］国家蛋鸡产业技术体系. 中国现代农业产业可持续发展战略研究（蛋鸡分册）. 北京：中国农业出版社，2016.

［20］Kerry Jos，Kerry Joh，Lawrie D. Meat Processing Improving Quality. Cambridge：Woodhead Publishing Limited，2002.

［21］Owens Casey M，Alvarado Christine Z，Sams Alan R. Poultry meat processing（second edition）. Boca Raton：CRC Press of Taylor & Francis Group，2010.

［22］Lawrie R. A，Ledward D. A. Lawrie's meat science（seventh edition）. Cambridge：Woodhead Publishing Limited，2006.

［23］Walstra Pieter，Wouters Jan T. M，Geurts Tom J. Dairy science and technology（second edition）. NewYork：Marcel Dekker Inc，2005.

［24］迟玉杰，高兴华，孔保华. 鸡蛋清中溶菌酶的提取工艺研究. 食品工业科技，2002（3）：44~46.

［25］李勇. 鸡蛋蛋黄的功能及其制品. 中国食品添加剂，2002（2）：89~95.

［26］杨东群，李先德，秦富. 世界蛋品生产和贸易形势分析. 世界农业，2009（10）：9~13.

［27］迟玉杰. 浅析中国蛋品加工行业现状及发展方向. 中国家禽，2014，36（12）：2~5.

［28］刘合光，王静怡，陈珏颖. 2015 年中国蛋品贸易形势及 2016 年发展建议. 农业展望，2016，12（2）：65~68.

［29］王喜琼，刘旭明，李凤宁等. 我国液蛋生产情况调研报告. 中国畜牧杂志，2018，54（10）：134~137.

［30］宁中华，吴常信，杨宁等．节粮小型蛋鸡-农大 3 号的培育．农业生物技术学报，2013，21（6）：753~758.

［31］孙从佼，秦富，杨宁．2018 年蛋鸡产业发展概况、未来发展趋势及建议．中国畜牧杂志，2019，55（3）：119~123.

［32］王超颖，姚丽君，蒋盼盼等．鸡蛋和鸭蛋蛋液加工特性的研究．中国家禽，2019，41（23）：40~43.

［33］Zhang Wangang, Naveena B. Maheswarappa, Jo Cheorun, et al. Technological demands of meat processing-An Asian perspective. Meat Science, 2017, 132: 35~44.

［34］黄明，赵莲，徐幸莲等．钙离子和钙激活酶外源抑制剂对牛肉钙激活酶活性和超微结构的影响．南京农业大学学报，2004，27（4）：101~104.

［35］Arriola Apelo S I, Knapp J R, Hanigan, M D. Invited review: Current representation and future trends of predicting amino acid utilization in the lactating dairy cow. Journal of Dairy Science, 2014, 97（7）：4000~4017.

［36］Niozas G, Tsousis G, Malesios C, et al. Extended lactation in high-yielding dairy cows. II. Effects on milk production, udder health, and body measurements. Journal of Dairy Science, 2019, 102（1）：811~823.

［37］Convey EM. Serum hormone concentration in ruminants during mammary growth, lactogenesis, and lactation: A review. Journal of Dairy Science, 1974, 57（8）：905~917.

［38］Liu Shuaiwang, Zhang Runhou, Kang Rong, et al. Milk fatty acids profiles and milk production from dairy cows fed different forage quality diets. Animal Nutrition, 2016, 2（4）：329~333.

［39］Mather IH, Jacks LJW. A review of the molecular and cellular biology of butyrophilin, the major protein of bovine milk fat globule membrane. Journal of Dairy Science, 1993, 76（12）：3832~3850.

［40］Erb RE. Harmonal control of mammogenesis and onset of lactation in cows-a review. Journal of Dairy Science, 1977, 60（2）：155~169.

［41］Khedid K, Faid M, Mokhtari A A, et al. Characterization of lactic acid bacteria isolated from the one humped camel milk produced in Morocco. Microbiological Research, 2009, 164（1）：81~91.

［42］Claeys WL, Verraes C, Cardoen S, et al. Consumption of raw or heated milk from different species: An evaluation of the nutritional and potential health benefits. Food Control, 2014, 42: 188~201.

CHAPTER

第八章

水产食品原料

8

[学习目标]

1. 了解水产资源的分类和特性；
2. 学习我国主要鱼类品种的形态和食用特征；
3. 了解我国主要虾蟹类品种的形态和食用特征；
4. 掌握水产食品原料的营养特征；
5. 熟悉鱼类鲜度的评价方法。

第一节 概　　论

一、水产品资源概述

　　水产品资源是水域中具有开发利用价值的经济动植物（鱼类、头足类、贝类、甲壳类、藻类）种类和数量的总和。按水域可分为海洋渔业资源和内陆水域渔业资源。2019 年我国水产品总产量达 6480.36 万 t，占世界水产品总产量的 1/3 左右，连续 29 年居世界首位。其中，淡水渔业产量 3197.87 万 t，占总产量的 49.35%，约占世界淡水渔业产量的 2/3；海水渔业产量 3282.50 万 t，占总产量的 50.65%。我国养殖产量居世界首位，达 5079.07 万 t，占我国水产品产量的 78.38%；捕捞产量 1401.29 万 t，占总产量的 21.62%；我国远洋渔业产量为 217.02 万 t，占海水渔业产量的 6.61%。我国水产品产量变化趋势如图 8-1 所示。

　　（一）我国海洋渔业资源

　　我国海域辽阔，环列于大陆东南面有渤海、黄海、东海和南海 4 大海域，大陆海岸线长达 18000 多千米，如果加上 5000 多座大小岛屿的海岸线，总长 32000 多千米，可管辖海域 47.3 万 km^2，蕴藏着丰富的海洋渔业资源。我国海域地处热带、亚热带和温带 3 个气候带，水产品种类繁多，仅鱼类就有冷水性鱼类、温水性鱼类、暖水性鱼类、大洋性长距离洄游鱼类、定居短

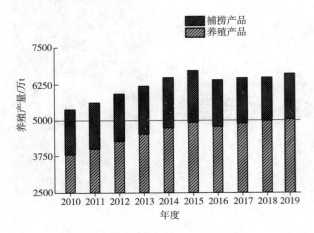

图 8-1 我国水产品产量变化趋势

资料来源：《中国渔业统计年鉴 2010—2019》。

距离鱼类等许多种类。我国海域的大陆架又极为宽阔，是世界上最宽的大陆架海域之一，各海域平均深度较浅，沿岸有众多江河径流入海，带入大量营养物质，为海洋渔业资源的生长、育肥和繁殖提供了优越的场所，为发展人工增殖资源提供了有利条件。

我国海洋鱼类有 1700 余种，经济鱼类约 300 种，其中最常见且产量较高的约有六七十种。此外，还有藻类约 2000 种，甲壳类近 1000 种，头足类约 90 种。在我国沿岸和近海海域中，底层和近底层鱼类是最大的渔业资源类群，产量较高的鱼种有带鱼、马面鲀、大黄鱼、小黄鱼等。其次是中上层鱼类，广泛分布于黄海、东海和南海。产量较高的鱼种有太平洋鲱、日本鲭、蓝圆鲹、鳓、银鲳、蓝点马鲛、竹荚鱼等，各海域都还有不同程度的潜力可供开发利用。

甲壳类分布在我国海域，不仅种类繁多，而且生态类型也具有多样性，有个体小、游泳能力弱的浮游甲壳类和常栖息于水域底层的底栖甲壳类 2 大种群。在甲壳类动物中，目前已知的有蟹类 600 余种，虾类 360 余种，磷虾类 42 种。其中有经济价值并形成捕捞对象的有四五十种，主要为对虾类、虾类和梭子蟹科。其主要品种有中国对虾、中国毛虾、三疣梭子蟹等。

贝类有 8800 种左右生活于海洋中，占现存贝类总数的 80%，常见的有牡蛎、扇贝、贻贝、蛏子、花蛤、鲍鱼、江珧、泥螺、泥蚶等经济食用品种。

藻类植物的种类繁多，目前已知有 3 万种左右。我国所产的大型食用藻类有 50~60 种，经济食用藻类主要是海产藻类，如海带、紫菜、裙带菜、石花菜、石莼、礁膜等。

头足类是软体动物中经济价值较高的种类，我国近海约有 90 种，主要包括乌贼科、枪乌贼科及柔鱼科，种类主要有曼氏无针乌贼（俗称墨鱼）、中国枪乌贼、太平洋褶柔鱼、金乌贼等。头足类资源与出现衰退的经济鱼类相比，是一种具有较大潜力、开发前景良好的海洋渔业资源。

（二）我国内陆水域渔业资源

我国是世界上内陆水域面积最大的国家之一。在我国广阔的土地上，分布着众多的江河、湖泊、水库、池塘等内陆水域，总面积 2700 余万 hm²，占国土总面积的 2.8%，其中江河面积约 1200 万 hm²，湖泊面积 752 万 hm²，800 万余座水库，总面积 230 万 hm²，池塘总面积 192 万 hm²。江河湖泊及水库既是渔业捕捞场所，又是水生经济动植物增殖、养殖的基地。全国的内陆水域可供渔业养殖的水面为 675 万 hm²，现已养殖使用的水面为 536 万 hm²。此外，通过适当改造可用于养鱼的沼泽地、废旧河道、低洼易涝地和滨河、滨湖的滩涂等面积颇大，是我国内陆发展渔业的潜在水域资源。我国内陆水域定居繁衍的鱼类有 770 余种，其中不入海的纯淡水鱼 709 种，入海洄游性淡水鱼 64 种，主要经济鱼类 140 余种。由于我国大部分国土位于北温带，所以内陆水域中的鱼类以温水性种类为主，其中鲤科鱼类约占我国淡水鱼总量的 1/2，鲇科和鳅科合占约 1/4，其他各种淡水鱼约占 1/4。在我国淡水渔业中，占比重相当大的鱼类有青、草、鲢、鳙、鲤、鲫、鳊（武昌鱼）、罗非鱼等。其中青、草、鲢、鳙是我国传统的养殖鱼类，被称为"四大家鱼"。它们生长快、适应性强，在湖泊中摄食生长，到江河中去生殖，属半洄游性鱼类。在部分地区水产品占比重较大的有江西的铜鱼、珠江的鲮、黄河的花斑裸鲤、黑龙江的大马哈鱼、乌苏里江的白鲑等。也有些鱼类个体虽小，但群体数量大或经济价值高，如长江中下游河湖名产银鱼，产于黑龙江、图们江、鸭绿江的池沼公鱼，产于青海湖的青海湖裸鲤。有的鱼类虽群体小，但个体大，而且是名特产品和珍稀鱼类，如长江中下游的中华鲟、白鲟、胭脂鱼等。此外，白鱀、白鳍豚、扬子鳄、大鲵等是国家重点保护的水生生物。从国外引进、推广并养殖较多的鱼类有非鲫、尼罗非鲫、淡水白鲳、革胡子鲇、加州鲈、云斑鮰等，主要在长江中下游及广东、广西等省区生产，虹鳟、德国镜鲤等在东北、西北等地区养殖。

我国内陆水域渔业资源除上述鱼类外，还有虾、蟹、贝类资源。我国所产淡水虾有青虾、白虾、糠虾和米虾等。蟹类中的中华绒螯蟹在淡水渔业中占重要地位，是我国重要的出口水产品之一。贝类主要有螺、蚌和蚬，淡水蚌中的有些种类还可用来培育珍珠，供药用或作贵重装饰品外销。淡水藻类有莼菜（又名蓴菜、马蹄菜、湖菜等）、地木耳（地衣）、发菜等。

二、 水产品资源的特性

（一）种类多

我国水产品资源丰富，水产食品原料品种多，分布广。有海洋和内陆水域的鱼类、甲壳动物中的虾蟹类、软体动物中的头足类、贝类和藻类等。以鱼类为例，我国常见的经济鱼类有200多种，有海水鱼和淡水鱼之分。我国黄海、渤海海域以暖温性鱼类为主；东海、南海以及台湾以东海域主要是暖水性鱼类。淡水鱼也有冷水性、冷温性、暖水性鱼类之分。在海水鱼中，按肌肉颜色又可以分成两大类：一类是体内肌红蛋白、细胞色素等色素蛋白含量较高，肉带红色的红肉鱼类，如鲐、沙丁鱼、金枪鱼等洄游性鱼类；另一类是肌肉中仅含少量色素蛋白，肉色近乎白色的白肉鱼类，如鳕、鲷等游动范围较小的鱼类。近年来，随着我国养殖技术的发展，从国外引进一系列水产养殖新品种，并形成了一定的养殖规模，丰富了我国水产品的种类。改革开放以来，先后从孟加拉、日本、埃及、美国、泰国、越南、非洲、墨西哥、苏联、印度、澳大利亚、英国等引进了上百种水产养殖新品种。引进的主要虾类品种有罗氏沼虾、日本对虾、南美白对虾和斑节对虾等；贝类品种主要有海湾扇贝、虾夷扇贝和太平洋牡蛎等；鱼类主要品种有大菱鲆、罗非鱼、欧洲鳗、斑点叉尾鮰和美国石首鱼等，在引进的淡水养殖品种中，最有代表性的是罗非鱼。2019年，全国养殖罗非鱼达164万t，是农业部重点扶持的6个出口产品之一。在海水养殖中，扇贝、牡蛎养殖最具有代表性。海湾扇贝引进后，我国的扇贝养殖发展极为迅速。扇贝养殖原来不足10万t，而到了2019年，扇贝养殖总产量已达182.8万t，扇贝不再是高档海珍品，而成为广大群众喜爱的大众水产品。牡蛎养殖更是如此，1991年，全国牡蛎养殖总产量为8.7万t，而到了2019年，全国牡蛎产量已高达522.6万t。

（二）再生性

水产品资源是能自行增殖的生物资源。通过生物个体或种群的繁殖、发育、生长和新老替代，使资源不断更新，种群不断获得补充，并通过一定的自我调节能力而达到数量上的相对稳定。如果环境适宜，开发利用适当，注意资源保护，禁止过度捕捞，则水产资源会自行繁殖，扩大再生产；如果环境不良或酷渔滥捕，则水产资源遭到严重破坏，其更新再生受阻，种群数量急剧下降，资源趋于衰弱。因此对水产资源的利用必须适度，以保持其繁衍再生和良性循环。1982年联合国公布《联合国海洋法公约》，其后各沿海国家和地区相应地制定了维护近海水产品资源的法规和措施，规定捕捞配额和期限，纳税捕鱼，以及限制捕捞力量等。1995 年我国沿海各海域已开始实行伏季休渔制度，以减少幼鱼的海捕产量。海域的休渔时间通常为 5 月 1 日开始，休渔期时间不少于三个月。

（三）不稳定性

水产品原料的稳定供应，是水产食品加工生产的首要条件。但是，鱼类等水产品的渔获受季节、渔场、海况、气候和环境生态等多种因素的影响，难以保证一年中稳定供应，使水产食品的加工生产具有季节性。特别是人为捕捞因素，更会引起种群数量剧烈变动，甚至引起整个水域种类组成的变化。如我国原来的四大海产经济鱼类中的大黄鱼、小黄鱼和带鱼，由于资源的变动和酷渔滥捕等原因，产量日益下降；而某些低值鱼类，如鲐、沙丁鱼和鳀等产量大幅度上升。随着我国远洋渔业的发展，鱿鱼和金枪鱼的渔获量正在逐年增加。1999 年我国农业部决定，海洋捕捞计划产量实行"零增长"，为渔业的持续发展奠定基础，并逐步向科学管理、合理利用水产资源的方向发展。

（四）共享性

由于渔业资源广泛分布，有些水产资源栖息于公海，或还具有一定规律的洄游习性，如溯河洄游产卵的大马哈鱼及大洋性金枪鱼类等，其整个生活过程不只是在 1 个国家或 2 个国家管辖的水域栖息，而是洄游在几个国家管辖的水域。有的幼鱼在某个国家专属经济区内生长，而成鱼则在另一个国家专属经济区或专属经济区以外的海域生活。因此这些种类的水产品资源为几个国家共同开发利用，具有资源共享性，并需要国际间的合作。

第二节　鱼类食品原料

一、鱼类的特点

（一）食鱼的历史与鱼类

1. 食鱼的历史

鱼类是终生生活在水中，用鳃呼吸，用鳍辅助运动与维持身体平衡，大多被鳞片的变温脊椎动物，属脊索动物门、脊椎动物亚门，是该亚门最原始和低级的一大类群动物。鱼肉蛋白质的氨基酸组成类似畜禽肉类，营养价值较高，并因其结缔组织少、含水量高、质地柔软，易被人体消化吸收。

自公元前 3500 年起，我国已开始在缫丝厂内凿湖畜养鲤鱼，并以蚕的幼虫及排泄物饲养，该养殖模式逐渐发展为桑基鱼塘。鲤鱼原产于我国，嗜吃而易圈养、繁衍力强又不食自系幼苗，故使鱼苗生长更快速，为渔户带来丰厚利润。鲤鱼自古除属于美食之外，还是中华文化中吉祥的象征，且鲤鱼的"鲤"和"利"谐音，故有"渔翁得利""家家得利"之说，坊间更广泛流传鲤跃龙门的传说。而有关鲤鱼的诗词可追溯至范蠡于公元前 475 年所撰之《养鱼经》，原稿现藏于大英博物馆。

唐朝（618—907 年），因皇室为李姓，鲤与李同音，养鲤随即遭禁。但此举带来的效果却是正面的，正是此举促使了人工池塘的鱼类品种多样化，促进了青鱼、草鱼、鳙鱼、鲢鱼的养殖。唐代又意外地促成了鲤鱼进化成金鱼。自 1368 年始，明朝鼓励渔户为鲜鱼贸易供应活鱼，时至今日，成为我国鱼类贸易最重要的一环。从 1500 年起，由河流等自然环境捕获鱼苗再作人工养殖的技术广泛采用，池塘培养幼鱼普及化。

鱼类是人类重要的动物性蛋白来源，也是理想的食品原料。但是鱼类是易腐食品原料，需要进行各种处理才能保藏、运输，有时还要适应人们的饮食习惯和嗜好，采用不同的调理和加工方法，制成具有各种风味特征的产品。为此，掌握水产食品原料中鱼类自身的特点，对有效合理地加工利用十分必要。

2. 鱼类的特点

（1）多样性　鱼类一般可分为无颌类和有颌类，其中有颌类又分为软骨鱼和硬骨鱼（图8-2）。现知全世界共有鱼类 21700 余种，分属于 51 目 445 科。我国有鱼类 2800 余种。我国黄海、渤海海域以暖温性鱼类为主，东海、南海以及台湾以东海域主要是暖水性鱼类。淡水鱼也有冷水性、冷温性、暖水性鱼类之分。不仅分类上有多样性，而且在鱼体各部分的化学成分方面，也具有明显差异。

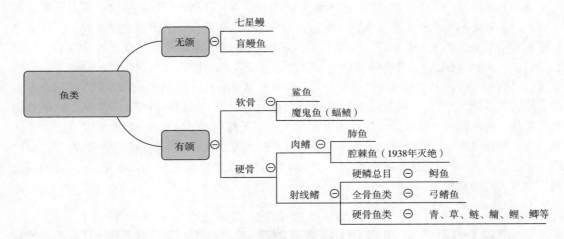

图 8-2　鱼的分类

（2）易腐性　鱼类作为低等、水生生物资源，易于腐败变质，其原因主要有两个方面。一是原料的组织结构、化学组成的特点。鱼类与畜禽类相比，其组织柔软，肌肉组织水分含量高，肌基质蛋白较少，脂肪含量低，死后僵硬、解僵及自溶的进程快，表面组织脆弱，鳞片易于脱落，容易受损而遭细菌侵入。二是其作业方式、运销模式的特点。鱼类除消化道外，鳃及体表也附有各种细菌，而体表的黏性物质更起到培养基的作用，是细菌繁殖的良好场所。用底拖网、延绳网、刺网等捕捞时，易使鱼体受伤，水中细菌侵入鱼体机会增多。此外，鱼类捕获后，除金枪鱼之类大型鱼外，很少立即进行原料处理，而是带着易于腐败的内脏、鳃等运输、销售。

（3）捕获量的多变性　原料的稳定供应是产品生产的首要条件，但是鱼类的捕获受季节、渔场、海况、气候、环境生态等多种因素的影响，难以保证周年稳定供应，使水产食品的加工生产具有季节性。另外，鱼类资源的年际波动大，也给水产原料的稳定供应带来困难。然而，近年随冷冻技术的进步以及冷冻设施的增加，鱼类可作较长期的贮藏，从而调节原料供应。

（4）鱼肉的成分变化　鱼肉的主要成分如水分、蛋白质、脂肪等，以及呈味成分随季节（渔期）、环境生态或饲养状况等而变化，其中尤以脂肪的变化为甚。鱼体的不同部位鱼肉成分也有一定差异，而脂肪的差异也最为明显。此外，鱼龄、鱼体大小对成分也有影响。

（二）鱼类的生产史

捕捞是利用渔具直接获取鱼类的生产方式。捕捞的产生和发展，促进了渔船、渔具及材料、渔用仪器、渔港建设以及水产品加工的相应发展。我国古代的水产捕捞，经历了内陆水域捕捞和海洋沿岸捕捞两个阶段。唐宋是我国传统渔业发展的高峰，主要捕捞区域在长江和珠江的中下游地区；宋代以后，随着东南沿海地区经济的开发及航海技术的提高，大量海洋经济鱼类得到开发利用，浙江杭州湾外是重要的石首鱼渔场。19 世纪下半期，西方国家将工业革命以来出现的动力机器应用于渔业生产，推动渔业向工业化迈进。我国开始利用机动渔船进行捕鱼生产，海洋捕捞生产规模不断扩大，大宗捕捞除石首鱼外，还有带鱼、鳓、比目鱼、鲳等经济鱼类，捕捞技术也从原来的延绳钓捕向围网捕鱼发展。20 世纪初，随着内燃机渔船的推广应用，开始使用拖网作业，使海洋捕捞得到迅速发展。

（三）鱼类的食用价值

1. 鱼类在日常生活中的地位

鱼类是我国水产品中产量最大、品种众多的生物资源。它是人们摄取动物性蛋白质的主要来源之一。鱼类不仅营养丰富、味道鲜美，而且是营养平衡性很好的天然食品原料，所含蛋白质是营养价值很高的完全蛋白质。海产鱼类脂质中还含 $\omega-3$ 系列的二十碳五烯酸（EPA）和二十二碳六烯酸（DHA），具有降低血脂、预防心血管疾病和提高智力的作用。在当今生活质量日益提高的同时，消费者对鱼类等水产品的需求量迅速增长。以 2015—2016 年主要国家鱼类供应量为例（表 8-1），我国鱼类 2016 年供应量为 4040 万 t，居世界首位。近年来，水产品的外贸交易十分活跃，可从我国水产品的进出口贸易情况得到印证（表 8-2）。西方传统以食红肉为主的饮食习惯正在发生变化，欧美人开始将新鲜鱼及鱼制品视为健康食品，提倡"减少红肉，多吃鱼类"，并预言鱼类将成为 21 世纪最珍贵的食品。由此可见，鱼类正备受人们青睐，因为它与人类的健康、长寿有着密切的关系。

表 8-1　　　　　　　　　2015—2016 年世界主要国家鱼供应量

国家	内陆渔业产量/t		海洋捕捞产量/t	
	2015 年	2016 年	2015 年	2016 年
中国	27150075[①]	28155446[①]	9053722	9185202
印度	1346104	1462063	3497284	3599693
印尼	472911	432475	6216777	6109783
泰国	184101	187300	1317217	1343283
墨西哥	151416	199665	1315851	1311089
菲律宾	203366	159615	1948101	1865213
俄罗斯	285065	292828	4172073	4466503
美国	—	—	5019299	4897322
总和	4920262	5051992	38800602	38839120

①内陆淡水鱼养殖产量。

注："—"无报道数据。

资料来源：世界鱼供应量数据引自 FAO，2018；中国数据引自《中国渔业统计年鉴（2017）》。

年份	出口量/万 t	出口值/亿美元	进口量/万 t	进口值/亿美元
2003	210.0	54.9	233.0	24.8
2008	296.5	106.1	388.4	54.0
2017	433.9	211.5	489.7	113.5

表 8-2 我国水产品的进出口贸易情况

资料来源：《中国渔业年鉴（2008）》，《中国渔业年鉴（2018）》。

2. 鱼类的营养价值

鱼类作为食物所能提供营养物质的种类和数量及其在满足人体营养需要上的作用称为鱼类的营养价值。鱼类的身体结构见图 8-3，包括肌肉及其他可食部分，除碳水化合物含量很少外，富含人体必需的蛋白质，并含有脂肪、多种维生素和矿物质，对人类调节和改善食物结构，提供人体健康所必需的营养素有重要作用。

鱼肉所含蛋白质是营养价值很高的完全蛋白质。大黄鱼的蛋白质含量与牛肉相近，高于鸡蛋和猪肉。鱼肉的结缔组织比畜禽肉少，含水量又较高，故鱼肉柔软，蛋白质容易被人体消化吸收，其消化率达 97%～99%，与蛋、乳相同，高于畜产肉类。此外，鱼肉中脂肪含量少，在干物质中蛋白质含量高达 60%～90%；而猪、牛、羊肉除去脂肪后，干物质中蛋白质含量仅为 15%～60%。因此，鱼类是一种高蛋白、低脂肪和低热量的食品。

鱼肉中还含有一种称为牛磺酸的特殊氨基酸，对人体的肝脏具有解毒作用，并能适当控制胆固醇的合成、分解，预防动脉硬化，还具有调节人体血压的作用。牛磺酸在水产品中的含量如表 8-3 所示。

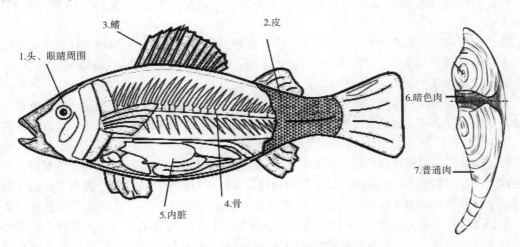

图 8-3 典型鱼类的身体结构示意图

1. 头、眼睛周围——含有多糖体，能使血管皮肤变得柔软；

2. 皮——比鱼肉含有更多的胶原蛋白、维生素 A_1、维生素 B_2，黑色鱼皮维生素 B_2 含量更高；

3. 鳍——可制成骨粉；

4. 骨——含有钙等矿物质，还含有胶原蛋白，可制成骨粉；

5. 内脏——含有大量维生素和矿物质，皮下脂肪中含有高度不饱和脂肪酸；

6. 暗色肉——含蛋白质外，还含有较多脂类、维生素、营养价值很高；

7. 普通肉——含优质蛋白质。

表 8-3　　　　　　　　　　　　水产品中牛磺酸的含量　　　　　　　单位：mg/100g 鲜重

物种	牛磺酸含量	物种	牛磺酸含量
扇贝	827	枢机主教鱼（Cardinal Fish）	70
淡菜	655	野生鲑鱼	60
蛤蜊	520	养殖鲑鱼	60
牡蛎	396	双鳍鲟鳕	57
鱿鱼	356	鲨鱼	51
长鳍金枪鱼	176	牙鳕	40
白鱼	151	虾（中等）	39
高眼鲽	146	金枪鱼	39
鳕鱼	108	格陵兰大比目鱼	32
风帆鲽鱼	95	黑线鳕	28
鲭鱼	78	深水红鱼	27

鱼体中脂肪的含量依鱼种、年龄、食饵、季节的不同而异。脂肪含量的多少直接影响鱼的风味和营养价值，通常是含脂肪多的鱼肉能给人以细腻、肥腴的口感。根据脂肪的含量，鱼类可分为特多脂鱼（15%以上，如鲟、八目鳗）、多脂鱼（5%~15%，如鲥、带鱼）、中脂鱼（1%~5%，如鲳、鲤）和少脂鱼（1%以下，如鳕、银鱼）4 类。某些鱼类（如鲨鱼）肌肉中含脂量很少，但肝脏含脂量很高，其中含有大量维生素 A、维生素 D，是提取鱼肝油制品的重要原料。鱼类脂肪的组成与其他动物性食品不同，大部分是高度不饱和脂肪酸，如 EPA、DHA 等。

鱼体中还含有丰富的钙质、维生素 A、维生素 D 及 B 族维生素、矿物质等。特别是微量元素碘的含量很高，在海水鱼中含碘 500~1000μg/kg，所以海水鱼是人类摄取碘的主要来源。

3. 鱼类的加工利用

新鲜鱼类可作为原料加工成各种水产食品，如干制品、腌制品、烟熏制品、罐头食品、冷冻食品、鱼糜制品等，满足人民的需要，特别是边疆、内陆、高山军民的需要，丰富人民的饮食生活。

鱼类除加工一般水产食品外，鱼体的每一部位均可以利用。例如：鱼皮可制成明胶；鱼鳞可制成鱼鳞胶；鲨鱼的鳍条可加工成名贵的鱼翅；鱼鳔可制成鱼肚；鲨鱼、黄鱼、鳕鱼等的肝脏可提取鱼肝油；鱼卵可提取卵磷脂或加工成营养价值很高的食品；鱼精可提取脱氧核糖核酸、鱼精蛋白等。鱼类经过加工利用，不仅大大提高了鱼的经济价值，有些产品对治疗某些疾病有较显著的疗效。例如从鱼中提取的鸟嘌呤，不仅可制成咖啡因和多种嘌呤试剂，而且经化学合成制成的 6-硫代鸟嘌呤是治疗白血病疗效较好的一种药物。又如从魟、鳐的肝中提取的油，经化学处理制成鱼肝油酸钠注射液，是治疗血管瘤、内痔和下肢静脉曲张较为理想的药品。即使是头、尾等副产物，也可加工成饲料鱼粉，供鸡、猪等家禽、家畜养殖业作为饲料用，并可对外出口。

（四）鱼类的食用特征

1. 鱼类的体形

鱼体由头、躯干、尾、鳍 4 部分组成。鱼类的体形一般呈纺锤形，两侧稍扁平，是一种在水中游动时阻力尽可能减少的体形，典型的如金枪鱼、鲣等。也有与此基本体形稍有差异的，如鲷、石斑鱼等。还有像比目鱼那样，身体扁平，双眼均在一侧的体形。鳗、鳝等鱼类，则体形细长，呈圆筒形。

2. 鱼体的主要器官和组织

（1）皮肤与体色　鱼皮是鱼类维持体内渗透压稳定、保护鱼体免受外部伤害的重要器官。其由数层上皮细胞构成，最外层覆有薄的胶原层。表皮下面有真皮层，鱼鳞从真皮层长出。鱼鳞主要由胶原与磷酸钙组成，起到保护鱼体的作用。鱼鳞形成的成长线与树木年轮相当，读取其成长线数可知鱼的大概年龄。真皮层具有色素细胞，含有体现鱼体颜色的红、橙、黄、蓝、绿等各种色素。鱼的体色与栖息的生态环境密切关联，与射入水中的日光有强烈的补色倾向，而且表现与栖息海底相似色彩的倾向，即色素细胞具备形成"保护色的功能"。另外，体表的鸟嘌呤细胞中沉积着主要由鸟嘌呤和尿酸构成的银白色物质，它强烈反射光线，使鱼体呈现银光闪亮。

（2）骨骼　鱼有硬骨鱼和软骨鱼之分。硬骨，其骨化作用充分，主要成分中含有有机成分如胶原蛋白、骨黏蛋白、骨硬蛋白等，它的无机物质与哺乳类相比，碳酸钙较少，几乎全是磷酸钙。软骨，存在于鲨鱼和鳐鱼中，其骨化作用处于不完全阶段。硬骨与软骨的水分和无机物的含量有较大差别。

（3）鳍　鱼鳍按照所处部位可分为5种，即背鳍、腹鳍、胸鳍、尾鳍和臀鳍。有些鱼类缺少其中几种，也有些鳍与鳍之间连续、不分开，鳍是运动时保持身体平衡的器官。鱼在水底游动时，扇动鱼鳍掘起泥沙，既可觅食又可隐藏身躯。某些鱼种带有吸盘状的鱼鳍，可吸附在物体上；也有一些鱼的鳍基部具有毒腺。

（4）内脏　鱼的内脏大致与陆生哺乳动物相似，参见图8-4。但是，有些鱼没有胃，有的鱼则胃壁特别厚而强，也有些鱼的胃壁后端具有许多细长状的幽门垂，幽门垂起到分泌消化酶和吸收消化物的作用。肾脏一般长在沿脊椎骨的位置，呈暗红色。有些鱼，如鲫和鲤，其肝和胆是互不分开成为一体的。除了某些硬骨鱼类及板鳃鱼类外，几乎所有的鱼类具有由银白色薄膜构成的鱼鳔，

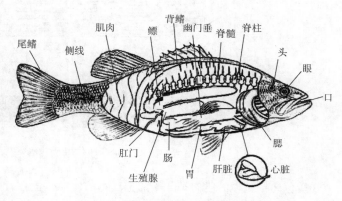

图8-4　典型鱼类的各器官示意图

依靠调节其中的气体量，鱼类进行上浮下沉的运动，鱼鳔可做菜肴，也可作为鱼胶的原料。

（5）肌肉组织　鱼体肌肉组织是鱼类的主要可食部分，对称地分布在脊骨的两侧，一般称为体侧肌。运动中可通过左右体侧纵向纤维的伸缩，使鱼体摆动前进。体侧肌又可划分成背肌和腹肌，在鱼体横断面中分别呈同心圆排列着，参见图8-5。从除去皮层后的鱼体侧面肌肉，可看到从前部到尾部连续排列着很多呈"W"形的肌节。每一肌节由无数平行的肌纤维纵向排列构成。肌节间由结缔组织膜连接。各种鱼体中所有的肌节数量是一定的。

①肌纤维：鱼肉的肌节是由无数与体轴平行的肌纤维所构成。每根肌纤维的外部有一层肌纤维膜，很多根肌纤维由结缔组织膜使之相互结合形成肌纤维束。多数肌纤维束再集合构成肌

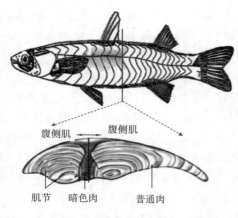

腹侧肌　腹侧肌

肌节　暗色肉　　普通肉

图 8-5　鱼类的体侧肌组织断面图

节。肌纤维为一种多核的细胞组织，由很多带明暗条纹、平行排列的肌原纤维所组成，故又称横纹肌。在肌原纤维之间充满肌浆，并有线粒体、脂肪球、糖原颗粒等存在。肌纤维的长度几毫米至十几毫米，直径为 $50 \sim 100 \mu m$，比畜肉短而粗。

②肌原纤维：肌纤维是由很多肌原纤维所构成。肌原纤维的直径为 $1 \sim 2 \mu m$，在电子显微镜下观察，它是由很多沿长轴方向平行排列的肌球蛋白粗丝和肌动蛋白细丝前后交叉构成（图 8-6）。粗丝相当于肌原纤维的暗带部分，亦称 A 带。细丝相当于肌原纤维的明带部分，亦称 I 带。鱼类运动肌肉收缩主要在这部分。肌原纤维间的肌浆是胶体溶液，它与肌原纤维的代谢和神经刺激的传导有关，并含有参与糖代谢的多种酶类。肌浆中含有的肌红蛋白，是使肌肉呈红色的主要成分。

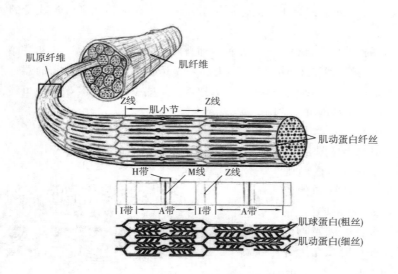

肌原纤维　　　　　　肌纤维

Z线　　肌小节　　Z线

肌动蛋白纤丝

H带　M线　　Z线

I带　A带　I带　A带

肌球蛋白(粗丝)

肌动蛋白(细丝)

图 8-6　肌纤维的超微结构

③暗色肉：鱼类的肌肉类似于陆上动物的肌肉，但在背部肉和腹部肉的连接处有一种暗色肉的肌肉组织存在。它呈深暗红色，与普通鱼肉颜色有明显区别。究其原因是暗色肉比普通肉含有较多血红蛋白、肌红蛋白等呼吸色素蛋白质的缘故。鱼体暗色肉的多少和分布状况因鱼种而异，大致可分为图 8-7 所示的 3 种类型。一般活动性强的中上层鱼类，如鲐、鲣、金枪鱼、沙丁鱼等暗色肉多，不仅鱼体表层部分有，内部伸向背骨部分也有。活动性不强的底层鱼类，如鳕、鲽、真鲷等暗色肉少，而且仅分布在体表部分。暗色肉中除含有较多色素蛋白质外，还含有较多的脂质、糖原、维生素和酶等，在生理上可适应缓慢而持续性的洄游运动。普通肉则与此相反，主要适于猎食、跳跃、避敌等急速运动。在食用价值和加工贮藏性能方面，暗色肉低于白色肉。

3. 鱼肉的化学成分

鱼体的主要可食部分是鱼肉，占体重的 $45\% \sim 70\%$，如带鱼 72%、马鱼 70%、黄鲷 50%、

图8-7　不同鱼种暗色肉的类型

1—鳕鱼　2—竹荚鱼　3—扁舵鲣

鳙46%。鱼肉中化学成分的含量范围大多是水分70%～85%、蛋白质10%～20%、碳水化合物1%以下、无机盐1%～2%（表8-4）。与陆生动物肉相比，鱼肉的水分含量多、脂肪含量少，蛋白质含量则相对多于陆生动物。

表8-4　　　　　　　　　　　　　　　常见鱼类一般化学组成　　　　　　　　　　　　　单位:%

种类	名称	水分	蛋白质	脂肪	碳水化合物	无机盐
海水鱼类	大黄鱼	81.1	17.6	0.8	—	0.9
	带鱼	74.1	18.1	7.4	—	1.1
	鲥	73.2	20.2	5.9	—	1.1
	鲐	70.4	21.4	7.4	—	1.1
	海鳗	78.3	17.2	2.7	0.1	1.7
	牙鲆	77.2	19.1	1.7	0.1	1.0
	鲨鱼	70.6	22.5	1.4	3.7	1.8
	马面鲀	79.0	19.2	0.5	0	1.7
	蓝圆鲹	71.4	22.7	2.9	0.6	2.4
	沙丁鱼	75.0	17.0	6.0	0.8	1.2
	竹荚鱼	75.0	20.0	3.0	0.7	1.3
	真鲷	74.9	19.3	4.1	0.5	1.2
淡水鱼类	鲤	78.9	15.34	0.96	0	1.0
	鲫	74.1	17.0	1.72	0	1.23
	青鱼	74.5	19.5	5.2	0	1.1
	草鱼	80.4	16.7	0.12	0	1.1
	鲢鱼	73.4	15.7	1.9	0	1.2
	鳙鱼	78.9	17.9	0.12	0	1.1
	鲂	73.7	18.5	6.6	0.2	1.0
	鲥	64.7	16.9	17.0	0.4	1.0
	大马哈鱼	76.0	14.9	8.7	0	1.0
	鳗鲡	74.4	19.0	7.8	0	1.0

资料来源：中国农业百科全书总编辑委员会水产业卷编辑委员会.《中国农业百科全书：水产业卷（下）》，2000。

注："—"无数据报道。

（1）蛋白质　蛋白质是组成鱼类肌肉的主要成分。按其在肌肉组织中的分布大致分为 3 类：构成肌原纤维的蛋白质称为肌原纤维蛋白；存在于肌浆中的各种相对分子质量较小的蛋白质，称肌浆蛋白；构成结缔组织的蛋白质，称肉基质蛋白。这几种蛋白质与陆生动物中的种类组成基本相同，但在数量组成上存在差别。鱼类肌肉的结缔组织较少，因此肉基质蛋白的含量也少，占肌肉蛋白质总量的 2%~5%（鲨鱼等软骨鱼类稍多，参见表 8-5）。鱼肉中肌原纤维蛋白的含量较高，达 60%~75%，肌浆蛋白含量大多在 20%~35%。从表 8-5 也可看出，暗色肉含量高的中上层鱼类（鲐、远东拟沙丁鱼）肌肉中，肌浆蛋白所占的比率要明显大于暗色肉含量少的底层鱼类（鳕），这也是特征之一。表 8-6 所示是白鲢背肌蛋白质组成。

表 8-5 　　　　　　　　　　　　　　 鱼类肌肉的蛋白质组成 　　　　　　　　　　　　　　 单位：%

种类	肌浆蛋白	肌原纤维蛋白	肌基质蛋白
鲐	38	60	1
远东拟沙丁鱼	34	62	2
鳕	21	70	3
星鲨	21	64	7
鲤	33	60	4
鳙	28	63	4
团头鲂	32	59	4
乌贼	12~20	71~85	2~3

表 8-6 　　　　　　　　　　　　　　 鲢背肌蛋白质的组成

项目	总氮	非蛋白质	蛋白质			
			水溶性蛋白质	盐溶性蛋白质	碱溶性蛋白质	肌基质蛋白质
蛋白质含量/（mg/kg）	27790	2064	5408	1589	800	3632
占鱼肉/%	17.37	1.29	3.38	9.93	0.5	2.27
占蛋白质比/%	100	7.43	19.46	57.18	2.88	13.07

资料来源：叶桐封，《淡水鱼加工技术》，1993。

（2）脂质　鱼类脂质的种类和含量因鱼种而异。鱼体组织脂质的种类主要有三酯酰甘油（甘油三酯）、磷脂、蜡脂以及不皂化物中的固醇（甾醇）、烃类、甘油醚等。脂质在鱼体组织中的种类、数量、分布还与脂质在体内的生理功能有关。存在于细胞组织中具有特殊生理功能的磷脂和固醇等称为组织脂质，在鱼肉中的含量基本是一定的，为 0.5%~1%（表 8-7）。多脂鱼肉中的大量脂质主要为三酰甘油，是作为能源的贮藏物质而存在，一般称为贮藏脂质。在饵料多的季节含量增加，在饵料少或产卵洄游季节，即被消耗而减少。此外，一些少脂鱼类的肌肉中贮藏脂质不多，但却大量贮存在肝脏或腹腔，如鲨鱼、鳕、马面鲀等肝脏中肝脏油和鲢、鲤、草鱼等多数鲤科鱼类的腹腔脂肪块都是贮藏脂质，数量多并随季节而增减变化。

表 8-7　　　　　　　　　　　　　　　　鱼类肌肉脂肪含量

种类	总脂质/%	中性脂/（mg/kg）			极性脂/（mg/kg）		
		三脂酰甘油（甘油三酯）	游离脂肪酸	甾醇甾醇脂	磷脂酰乙醇胺磷脂酰丝氨酸	磷脂酰胆碱（卵磷脂）	鞘磷脂
大马哈鱼	7.4	527	—	93	11	36	5
虹鳟	1.3	30.2	2	25	16.6	41.4	—
鲱							
普通肉	7.5	566.6	46.5	35.5	20.8	47	—
暗色肉	23.8	1815.6	101.6	84.7	90.4	127.6	—
竹荚鱼							
普通肉	7.4	617	6.4	—	14	41	7.1
暗色肉	20.0	1680	20	—	54	97	11
金枪鱼	1.6	73	6.9	13.4	17.1	36.6	
狭鳕	0.8	6	—	9	17	33	
牙鲆	1.6	74	—	24	18	29	
鲍鱼	1.1	—	—	12	22	25.1	1.3

注："—"无报道数据。

　　鱼类脂质的脂肪酸组成和陆生动物不同，二十碳以上的脂肪酸较多，其不饱和程度也较高。表 8-8 所列是主要鱼类体内高度不饱和脂肪酸的含量。海水鱼脂质中的 C18、C20 和 C22 不饱和脂肪酸较多，也含有较多的 C16 饱和酸和 C18 饱和酸。EPA 和 DHA 等 $\omega-3$ 系列多烯酸具有防治心脑血管疾病和促进幼小动物成长发育等功效，具有重要的开发利用价值。

表 8-8　　　　　　　鱼体内高度不饱和脂肪酸的含量（每 100g 鱼体含量）

种类	脂肪酸含量/g	EPA 含量/mg	DHA 含量/mg
金枪鱼	20.12	1972	2877
鰤	12.48	893	1784
鲐	13.49	1214	1781
秋刀鱼	13.19	844	1398
鳝	19.03	742	1332
沙丁鱼	10.62	1381	1136
虹鳟	6.34	247	983
鲑	6.31	492	820
竹荚鱼	5.16	408	748
鲣	1.25	78	310
鲷	2.7	157	297
鲤	4.97	159	288
鲽	1.42	210	202
乌贼	0.39	56	152

资料来源：铃木平光，《吃鱼健脑》，1991。

（3）糖类　鱼类中糖类的含量很少，一般都在1%以下。鱼类肌肉中，糖类是以糖原的形式存在，红色肌肉比白色肌肉含量略高。

（4）矿物质　鱼体中的矿物质是以化合物和盐溶液的形式存在。其种类很多，主要有钾、钠、钙、磷、铁、锌、铜、硒、碘、氟等人体需要的微量元素，含量一般较畜肉高。钙、铁是婴幼儿、少年及妇女营养上容易缺乏的物质，钙日需量为700~1200mg，鱼肉中钙的含量为60~1500mg/kg，较畜肉高；铁日需量为10~18mg，鱼肉中铁含量也较高。锌的日需量为10~15mg，鱼类的平均含量为11mg/kg。硒是人体必需的微量元素，日需量为0.05~0.2mg，鱼肉中的含量达1~2mg/kg（占干物质重），较畜肉含量高1倍以上，较植物性食品含量更高，是人类重要的硒的来源。

（5）维生素　鱼类的可食部分含有多种人体营养所需要的维生素，包括脂溶性维生素A、维生素D、维生素E，水溶性维生素B族和维生素C。含量的多少依种类和部位而异。维生素一般在肝脏中含量多。在海鳗、河鳗、油鲨、银鳕等肌肉中含量也较高，可达10000~100000IU/kg。维生素D同样存在于鱼类肝脏中。长鳍金枪鱼维生素D的含量高达250000IU/kg。肌肉中含脂量多的中上层鱼类高于含脂量少的底层鱼类，如远东拟沙丁鱼、鲣、鲐、鲕、秋刀鱼等的含量在3IU/g以上。鱼类肌肉中含维生素B_1、维生素B_2较少，但在鱼的肝脏、心脏及幽门垂中含量较多。鱼类维生素C含量很少，但鱼卵和脑中含量较多。

（6）其他

①色素：不少鱼类具有色彩缤纷的外观。不仅体表、肌肉、体液，连鱼骨及卵巢等内脏也有鲜艳的颜色，其色调与各部位含有的色素有关。鱼类有鳕、鲽等白色肉鱼类，也有鲣、金枪鱼等红色肉鱼类，除鲑、鳟类外，肌肉色素主要是由肌红蛋白和血红蛋白构成，其中大部分是肌红蛋白。红色肉鱼类的肌肉，以及白色肉鱼类的暗色肌，所呈红色主要由所含肌红蛋白产生，也与毛细血管中的血红蛋白有一定关系。鱼肉中肌红蛋白的含量，在红色肉鱼类（如金枪鱼）的普通肉中约为0.5%，而白色肉鱼类的普通肉中几乎检测不到。

鲑、鳟类的肌肉色素为类胡萝卜素，大部分是虾黄质。这种色素广泛分布于鱼皮中，虾黄质能与脂肪酸结合生成色蜡，能与蛋白质结合生成色素蛋白。

鱼类的血液色素与哺乳动物相同，是含铁的血红蛋白，即血红素和珠蛋白结合而成的化合物。软体动物的血液色素是含铜的血蓝蛋白，还有含钒、锰的，其中主要是氧化型血蓝蛋白。还原型血蓝蛋白是无色的，氧化型血蓝蛋白呈蓝色。软体动物的乌贼、章鱼都具有这样的血液。

鱼类的皮中存在着黑色色素细胞、黄色色素细胞、红色色素细胞、白色色素细胞等，由于它们的排列、收缩和扩张，使鱼体呈现微妙的色彩。鱼皮的主要色素是黑色素、各种类胡萝卜素、胆汁色素、蝶呤等。有些鱼类的表皮呈银光，主要是混有尿酸的鸟嘌呤沉淀物，因光线折射之故，这种鸟嘌呤，可用作人造珍珠的涂料。

黑色素是广泛分布于鱼的表皮和乌贼墨囊中的色素，它是酪氨酸经氧化、聚合等过程生成的复杂化合物，在体内与蛋白质结合而存在。由于氧化、聚合的程度不同，其呈现褐色乃至黑色。有时因其他色素的存在，也会呈现蓝色。

乌贼和章鱼的表皮色素是眼色素，与昆虫中的眼色素相同。眼色素的母体是以色氨酸为出发物质的3-羟基犬尿氨酸，眼色素用碱抽出呈葡萄酒色。活乌贼表皮有很多褐色的色素细胞存在，死后因色素细胞收缩而呈白色，以后随着鲜度的下降逐渐带上红色，这是由于眼色素溶解于微碱性的体液中之故。煮熟的章鱼呈红色，也是眼色素溶出染着皮肤的缘故。

鱼皮红色和黄色的呈色物质主要是类胡萝卜素，红色的有虾黄质，黄色的有叶黄素，此外，还有蒲公英黄质和玉米黄质等。

蝶呤类是一种发出蓝色荧光并带黄色的色素，它有好几个同族体，在鱼皮中同时存在数种，目前还尚未很好研究。秋刀鱼鱼鳞的绿色色素、腭针鱼皮和骨的绿色色素，以及偶尔见到的金枪鱼骨的蓝色物质等，都是胆汁色素的胆绿素，在组织中与蛋白质结合而存在。

②呈味成分：鱼肉的呈味成分是鱼类肌肉中能在舌部产生味感的物质。主要是肌肉中的水溶性低分子化合物，它和各种与嗅感有关的挥发物质以及与口感有关的质地和弹性等共同形成鱼肉的风味特色。近年来，各种色谱和质谱分析技术的发展应用使各种水产品风味物质的研究不断取得进展。特别是呈味物质方面，通过对鱼类肌肉提取物的全面分析和味感的测定研究，确定了一些具有主要呈味物质的种类和作用性质，但也有一些需要进一步研究的成分。

各种鱼类都含有谷氨酸，谷氨酸钠（MSG）是具有鲜味的物质，在鱼肉中其阈值为 0.03%，它与死后肌肉中核苷酸分解蓄积的肌苷酸（IMP）两者有相乘作用，所以如有 IMP 存在，即使含量在阈值以下，仍能产生鲜味。核苷酸类中的 IMP、鸟苷酸（GMP）是重要的鲜味物质。前者 $IMP \cdot Na \cdot 7.5H_2O$ 的阈值为 0.025%，后者 $GMP \cdot Na \cdot 7H_2O$ 的阈值为 0.0125%，两者的阈值都很低。当它们中任一种与 MSG 共同存在时，两者之间有相乘效果，使 MSG 的鲜味成倍增加。此外，腺苷酸（AMP）本身几乎无味，但与 MSG 共存时，同样具有相乘作用。鱼类肌肉中含量最多的是 IMP，AMP 和 GMP 的含量较少，但在 MSG 存在的情况下，AMP 仍能起到增加鲜味的作用。

脯氨酸是一种甜味物质，其阈值为 0.3%。组氨酸是鲐、鲣、金枪鱼等红肉鱼类肌肉中含量较高的一种氨基酸。在鲣节等产品中组氨酸含量多，它与乳酸、KH_2PO_4 等发生协同作用，具有增味效果。氧化三甲胺（TMAO）是具有甜味的物质，大量存在于底层海水鱼类和软骨鱼类的肌肉中。

无机盐的 Na^+、K^+、Cl^-、PO_4^{3-} 等离子与呈味有关，特别是 Na^+ 和 Cl^- 对呈味极为重要。在一些水产品提取物人工合成实验中发现，只有在 Na^+、K^+、Cl^-、PO_4^{3-} 等无机离子存在时，有机呈味成分才能发挥它应有的呈味效果。

一般认为，鱼类所具有的固有味道是它的肌肉提取物中各种呈味成分综合作用的结果。因此，对某种鱼类的肌肉提取物进行全面分析，按分析结果的呈味成分种类用同样的化合物进行人工复配，即有可能得到具有与天然味道相同的人工合成肌肉提取液。

③气味成分：鱼类的气味成分是存在于鱼类本身或贮藏加工过程中各种具有臭气或香气的挥发性物质。其与鱼肉呈味物质一起构成鱼类及其制品风味的重要成分。这类挥发性物质的种类很多，但含量极微，主要有含氮化合物、挥发性酸类、含硫化合物、羰基化合物及其他化合物等。

含氮化合物主要是氨、三甲胺（TMA）、二甲胺（DMA）以及丙胺、异丙胺、异丁胺和一些环状胺类的化合物。氧化三甲胺（TMAO）是海鱼的主要成分，在水中的阈值为 0.6mg/L。TMA 来源于海水鱼肉中存在的 TMAO，在细菌作用下生成，当海鱼鲜度下降时，就可以感知。鱼类罐头食品在高温加热时，TMAO 可还原分解生成 TMA 和 DMA。氨也是鱼肉鲜度下降时产生腐败臭的物质，在水中的阈值为 110mg/L。鱼体死后初期，ATP 分解的关联产物——腺苷酸转化成肌苷酸的过程中即有氨生成。更多的氨则来自鱼肉中氨基酸的脱氨基作用。此外，鲨、鳐等软骨鱼类肌肉中存在大量尿素，在细菌脲酶的作用下，会生产大量的氨。环状含氮化合物的哌啶存在于鱼皮中，是一种带有腥气的化合物，它的一些衍生物被认为是构成淡水鱼类腥气的主要成分，存在于鱼类体表黏液中的δ-戊氨酸和δ-氨基戊醛同样是呈臭味的物质。色氨酸在细菌腐败分解中生成吲哚、甲基吲哚（粪臭素），也是鱼肉鲜度下降时的臭气物质。在鱼肉及其加工制品中还有丙胺、异丙胺、异丁胺等胺类成分检出。各种胺类物质的挥发，与鱼肉的pH有关。pH在6以下时一般不易挥发，而在pH 7左右时则容易挥发，产生臭气。

挥发性酸类主要是低级脂肪酸，如甲酸、乙酸、丙酸、戊酸、己酸等，它们本身都具有令人不愉快的臭味。在鱼体鲜度下降过程中，因细菌分解使氨基酸脱氨基，生成与之相对应的挥发性脂肪酸。其含量是随鱼类鲜度的下降而增加。在鱼类的生干品、盐干品中，也存在这些挥发性酸类。

含硫化合物主要是硫化氢、甲硫醇、甲硫醚等，是在细菌腐败分解或加工中的加热分解作用下，由鱼肉中的含硫氨基酸生成。鱼类罐头加热生成的硫化氢会在开罐时带来不愉快气味。

羰基化合物主要是5个碳原子以下的醛类和酮类化合物，如甲醛、乙醛、丙醛、丁醛、异丁醛、戊醛、异戊醛、丙酮等。大多存在于不新鲜的鱼类或烹调加工食品中，由不饱和脂肪酸的氧化分解或加热分解生成。鳕在冻藏中常见的冷冻鱼臭，被认为与几种7个碳原子的不饱和醛，特别是顺-4-烯庚醛有关。

其他化合物主要有醇类、酯类、酚类、烃类等，存在于各种加热和加工处理的鱼肉中，如远东拟沙丁鱼中存在甲酸和乙酸乙酯及烃类。冷冻鳕中存在2~8个碳原子的醇、苯乙醇、14种烃、2种酚、2种呋喃化合物。一些酚类和酚的酯类是熏制品和鲣节的主要香气成分。

④毒素：鱼类毒素是指鱼体内含有的天然有毒物质，包括由鱼类对人畜引起食物中毒的自然毒和通过外部器官刺咬传播的刺咬毒。引起食物中毒的鱼类毒素有河豚毒、雪卡毒和鱼卵毒等；刺咬毒素则存在于某些鱼类，例如魟科、鲉科鱼类，其放毒器官是刺棘，毒素成分主要是蛋白质类毒素。通过刺咬使对象中毒，产生剧痛、麻痹、呼吸困难等各种不同症状，严重的可导致死亡。

河豚毒是存在于河豚体内的剧毒物质。经过提纯后称为河豚毒素（Puffer fish poison, tetrodotoxin, TTX），是一种强力的神经毒素，目前并没有有效的解毒剂，它会与神经细胞的细胞膜上的快速钠离子通道结合，令神经中的动作电位受阻截，对白鼠的最低致死量为$10\mu g/kg$。1972年人工合成河豚毒素成功。由于其在人体内具有阻碍神经组织兴奋传导的作用，成为肌肉生理和药理研究上的有用试剂。河豚鱼类食物中毒的死亡率很高，中毒症状主要是感觉神经和运动神经麻痹，以致最后呼吸器官衰竭而死。我国有毒河豚鱼类有7个科40余种。体内毒素分布以肝脏和卵巢的毒性最强，其次是皮和肠。肌肉和精巢除少数种类外，大都无毒。研究发现，河豚毒素由鱼体内一种名为河鲀毒素假交替单胞菌（*Pseudoalteromonas tetraodonis*）的细菌所产生。

雪卡毒素（Ciguatoxin）是存在于热带、亚热带珊瑚礁水域某些鱼类的有毒物质。食用这些鱼类会引起一种死亡率并不高的食物中毒，称为雪卡中毒。它是加勒比海、中太平洋到西南太平洋热带至亚热带海岛地区常见的食物中毒症。我国南海诸岛以及广东、台湾等地分布的海鳝科、鲹科、笛鲷科、鰕虎鱼科和蛇鲭科中存在一些含雪卡毒素品种。雪卡毒素并不是单一物质，有脂溶性和水溶性的，毒性强弱也不同。其化学结构尚不清楚。一般认为，鱼类引起雪卡中毒的毒素来源于有毒藻类，由食物链进入藻食性鱼类，再转到肉食性鱼类，经过食物链向上层积聚，从而影响到人。一般这些鱼类内脏毒性高于肌肉。雪卡中毒症状比较复杂，主要是对温度的感觉异常。如手在热水中感觉是冷的，并有呕吐腹泻、神经过敏、步行困难、头痛、关节痛等，死亡率不高，但恢复期长，可达半年甚至1年以上。

4. 影响鱼肉化学成分变化的因素

我国鱼类种类很多，不同鱼类之间的肌肉化学组成有着不同的特点；鱼体的不同部位、不同年龄、不同季节等影响鱼肉的化学组成。

（1）种类 在鱼类中，海洋洄游性中上层鱼类，如金枪鱼、鲱、鲐、沙丁鱼等的脂肪含量大多高于鲆、鳕、鲷、黄鱼等底层鱼类。前者一般称为多脂鱼类，其脂肪含量高时可达 20%～30%；后者称为少脂鱼类，脂肪含量多在 5% 以下，鲆、鲽和鳕则低达 0.5%。鱼类的脂肪含量也与水分含量呈负相关，水分含量少的脂肪含量多，反之则少。不同鱼类间的蛋白质含量一般在 15%～22%。此外，鱼肉中含有的碳水化合物主要是极少量的糖原，它与无机盐含量一样，在不同种类间差别很小。

（2）鱼体部位和年龄 同一种鱼类肌肉的化学组成，因鱼体部位、年龄和体重而异，一般头部、腹部和鱼体表层肌肉的脂肪含量，多于尾部、背部和鱼体深层肌肉的脂肪含量，如西伯利亚鲟鱼肌肉的不同部位化学组成见表 8-9。年龄、体重大的鱼肉中的脂肪含量多于年龄、体重小的。与此相对应的是脂肪含量多的部位和年龄、体重大的鱼肉中，其水分含量就比较少；而蛋白质、糖原、无机盐等成分相差很少。此外，暗色肉的脂肪含量高于白色肉。

表 8-9 西伯利亚鲟鱼肌肉的不同部位化学组成 单位:%

部位	水分	脂肪	蛋白质	灰分
背部	65.91	14.21	17.63	1.09
腹部	64.16	20.37	14.02	1.37
尾部	67.72	15.03	16.78	1.61

（3）季节 鱼类由于一年中不同季节的温度变化，以及生长、生殖、洄游和饵料来源等生理生态上的变化不同，会造成脂肪、水分甚至蛋白质等成分的明显变化。鱼类中洄游性多脂鱼类脂肪含量的季节变化最大。一般在温度高、饵料多的季节，鱼体生长快，体内脂肪积蓄增多，到冬季则逐渐减少。此外，生殖产卵前的脂肪含量高，产卵后大量减少。

（五）鱼类的鲜度、鉴定与等级

1. 鱼类的鲜度变化

鱼类的新鲜度越高，其风味和质量也越好。刚捕获的新鲜鱼，具有明亮的外表，表面覆盖着一层透明均匀的稀黏液层。眼球明亮突出，鳃为鲜红色，没有任何黏液覆盖。肌肉组织柔软可弯，鱼的气味新鲜，或有一种"海藻味"。对多脂鱼来说，还有诱人的脂香。因此，新鲜鱼是很受消费者欢迎的。但是鱼类也是最不容易保存、极易腐败的食品原料之一。特别是夏季，有些鱼类很难保存到 1d 以上。因此，鱼类保鲜是渔业生产很重要的问题。

鱼体死后会发生一系列生物化学和生物学的变化，整个过程可分为初期生化变化和僵硬、解僵和自溶、细菌腐败三个阶段。

（1）初期生化变化和僵硬 鱼体死后，在停止呼吸与断氧条件下，肌肉中糖原酵解生成乳酸。与此同时，ATP（三磷酸腺苷）分解，发生以下转换：ATP-ADP（二磷酸腺苷）-AMP（一磷酸腺苷）-IMP（肌苷酸）-HxR（次黄嘌呤核苷）-Hx（次黄嘌呤）。随着 ATP 分解，并放出能量，肌球蛋白与肌动蛋白相结合，生成肌动球蛋白，导致肌小节缩短，肌肉收缩变硬，鱼体进入僵硬状态。其特征是肌肉缺乏弹性，如用手指压，指印不易凹下；手握鱼头，鱼尾不会下弯；口紧闭，鳃盖紧合，整个躯体挺直。随着乳酸在鱼体内的生成和蓄积，鱼肉 pH 不断下降，其最终可接近肌球蛋白的等电点（5.4~5.5），这是死后僵硬的最盛期，不仅肌肉收缩剧烈，而且保水性也下降。有时不带骨的鱼肉片还会产生裂口，并有液汁从鱼肉中渗出。

死后僵硬是鱼类死后的早期变化。鱼体进入僵硬期的早晚和持续时间的长短，取决于鱼的种类、死前生理状态、致死方法和贮藏条件等各种因素。一般讲扁体鱼类较圆体鱼类僵硬开始得迟，因为体内酶的活性较弱，但进入僵硬后其肌肉的硬度更大。不同大小、年龄的鱼也表现出很大的差别。小鱼、喜动的鱼比大鱼更快进入僵硬期，持续时间也短。处在僵硬期的鱼体仍然是新鲜的，因此人们常常把死后僵硬作为判断鱼类鲜度良好的重要标志。

（2）解僵和自溶　鱼体僵硬持续一定时间后，其僵硬又缓慢地解除，肌肉重新变得柔软，但却失去了僵硬前的弹性，并使感官和商品质量下降。解僵的原因，一般认为和肌肉中组织蛋白酶类对蛋白质分解的自溶作用有关，组织蛋白酶主要有酸性肽链内切酶和中性肽链内切酶。参加鱼类死后蛋白质分解作用的酶类中，除自溶酶类之外，还有可能来自消化道的胃蛋白酶、胰蛋白酶等消化酶类，以及细菌繁殖过程中产生的胞外酶。因此，鱼类死后的解僵和自溶作用阶段，在各种蛋白分解酶的作用下，一方面造成肌原纤维中结合在一起的肌球蛋白和肌动蛋白的分离、Z线断裂，结缔组织发生变化，使肌肉组织变软和解僵；另一方面也使肌肉中的蛋白质分解产物和游离氨基酸增加。解僵和自溶给鱼体鲜度质量带来各种感官、风味上的变化，同时其分解产物——氨基酸和低分子的氮化合物为细菌的生长繁殖创造了有利条件，因而加速了鱼体腐败的进程。一般认为，鱼体解僵自溶过程，是由良好鲜度逐步过渡到细菌腐败的中间阶段。

（3）细菌腐败　鱼类在微生物的作用下，鱼体中的蛋白质、氨基酸及其他含氮物质被分解为氨、三甲胺、吲哚、硫化氢、组胺等小分子产物，使鱼体产生具有腐败特征的臭味，这种过程就是细菌腐败。主要表现在鱼体表面、眼球、鳃、腹部、肌肉的色泽、组织状态以及气味等方面。鱼体死后的细菌繁殖来自鱼体死前的细菌污染，因此，细菌繁殖和鱼死后的生化变化、僵硬以及解僵等同时进行。但是在死后僵硬期中，细菌繁殖处于初期阶段，分解产物增加不多。因为蛋白质中的氮源不能直接被细菌所利用，另外僵硬期鱼肉 pH 下降，酸性条件不宜细菌生长繁殖，故对鱼体质量无明显影响。当鱼体进入解僵和自溶阶段，随着细菌繁殖数量的增多，各种腐败变质现象逐步出现。

鱼类所带的腐败细菌主要来自水中细菌，多数为需氧性细菌，有假单胞菌属、腐败希瓦氏菌、无色杆菌属、黄色杆菌属、小球菌属等。这些细菌在鱼类生活状态时就存在于鱼体表面的黏液、鱼鳃及消化道中。细菌侵入鱼体的途径主要为两条，一是体表污染的细菌，温度适宜时在黏液中繁殖起来，使鱼体表面变得浑浊，并产生不快的气味。细菌进一步侵入鱼皮，使固着鱼鳞的结缔组织发生蛋白质分解，使得鱼鳞易于脱落。当细菌从体表黏液进入眼部组织时，眼角膜变得浑浊，并使固定眼球的结缔组织分解，因而眼球陷入眼窝。由于大多数情况下鱼是窒息而死，鱼鳃充血，给细菌繁殖创造了有利条件。鱼鳃在细菌酶的作用下，失去原有的鲜红色而变成褐色乃至灰色，并产生臭味。细菌还会通过鱼鳃进入鱼的组织。另一途径是腐败细菌在肠内繁殖，它穿过肠壁进入腹腔各脏器组织，在细菌及其酶的作用下，蛋白质发生分解并产生气体，使腹腔的压力升高，腹腔膨胀甚至破裂，部分鱼肠可能从肛门脱出。细菌进一步繁殖，逐渐侵入沿着脊骨行走的大血管，并引起溶血现象，把脊骨旁的肌肉染红，进一步可使脊骨上的肌肉脱落，形成骨肉分离的状态。腐败过程向组织深部推移，是沿着鱼体内结缔组织和骨膜，波及一块又一块的新组织。其结果是鱼体组织的蛋白质、氨基酸以及其他一些含氮物被分解为氨、三甲胺、硫化氢、吲哚、组胺等腐败产物，如图 8-8 所示。

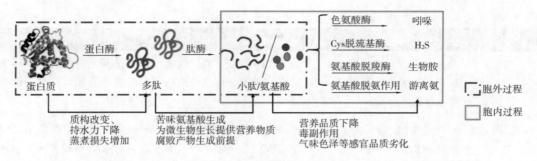

图 8-8　鱼肉蛋白质降解过程

当上述腐败产物积累到一定程度，鱼体即产生具有腐败特征的臭味而进入腐败阶段。与此同时，鱼体肌肉的 pH 升高，并趋向于碱性。当鱼肉腐败后，就完全失去食用价值，误食后还会引起食物中毒。例如鲐、鲹鱼等中上层鱼类，死后在细菌的作用下，鱼肉汁液中的主要氨基酸——组氨酸迅速分解，生成组胺，超过一定量后人食用，容易发生荨麻疹。腐败变质的海产鱼类，食后容易引起副溶血性弧菌食物中毒。

由于鱼的种类不同，鱼体带有腐败特征的产物和数量也有明显差别。例如 TMA 是海产鱼类腐败臭的代表物质。因为海产鱼类大多含有 TMAO，在腐败过程中被细菌还原成 TMA，同时还有一定数量的 DMA 和甲醛存在，是海鱼腥臭味的主要成分。又如鲨鱼、鳐等板鳃鱼类，不仅含有 TMAO，还含有大量尿素，在腐败过程中被细菌分解成氨，因而带有明显的氨臭味。鲐、鲣等中上层鱼类，在腐败过程中组胺是主要分解产物。此外，多脂鱼类因含有大量高度不饱和脂肪酸，容易被空气中的氧氧化，生成过氧化物后进一步分解其分解产物为低级醛、酮、酸等，使鱼体具有刺激性的酸败味和腥臭味。

2. 鲜度鉴定

鲜度鉴定是按一定质量标准，对鲜鱼的鲜度质量作出判断所采用的方法和行为。捕捞和养殖生产的鲜鱼在体内生化变化及外界生物和理化因子作用下，其原有鲜度逐渐发生变化，并在不同方面和不同程度上影响它作为食品原料以至商品的质量。因而对鱼类在生产、贮藏、运输和销售过程中的鲜度质量鉴定十分重要。鉴定方法分为感官、微生物、化学和物理方法，总的要求是正确、简便、迅速。由于鱼的种类众多，组织分解复杂，即使同一鱼体内不同部位变化也有显著差异，仅用一个指标或特性来鉴定鱼类鲜度是不充分的，往往需要采用 2~3 个指标结合起来进行综合鉴定。

（1）感官鉴定　通过人的五官对事物的感觉来鉴别鱼类鲜度优劣的一种鉴定方法。可以在实验室或现场进行，是一种比较正确、快速的鉴定方法，现已被世界各国广泛采用和承认。由于感官鉴定能较全面地直接反映鱼类鲜度质量的变化，故常被确定为各种微生物、化学、物理鉴定指标标准的依据。但人的感觉或认识总是不完全相同的，容易造成人与人之间的差异，因此，对鉴定人员、环境和鉴定方法均有一定的要求。表 8-10 所示是一般鱼类鲜度的感官鉴别特征。

表 8-10　　　　　　　　　　　　　　一般鱼类鲜度的感官鉴别特征

项目	新鲜	较新鲜	不新鲜
眼球	眼球饱满，角膜透明清亮，有弹性	眼角膜起皱，稍变混浊，有时由于内溢血而发红	眼球塌陷，角膜混浊，虹膜和眼腔被血红素浸红

续表

项目	新鲜	较新鲜	不新鲜
鳃部	鳃色鲜红，黏液透明，无异味或海水味（淡水鱼可带土腥味）	鳃色变暗呈淡红、深红或紫红，黏液带有发酸气味或稍有腥味	鳃色呈褐色、灰白色，有混浊的黏液，带有酸臭、腥臭或陈腐味
肌肉	坚持有弹性，手指压后凹陷立刻消失，无异味，肌肉切面有光泽	稍松软，手指压后凹陷不能立刻消失，稍有腥酸味，肌肉切面无光泽	松软，手指压后凹陷不易消失，有霉味和酸臭味，肌肉易与骨骼分离
鱼体表面	有透明黏液，鳞片完整有光泽，紧贴鱼体，不易脱落	黏液多不透明，并有酸味，鳞片光泽较差，易脱落	鳞片暗淡无光泽，易脱落，表面黏液污秽，并有腐败味
腹部	正常不膨胀，肛门紧缩	轻微膨胀，肛门稍突出	膨胀或变软，表面发暗色或淡绿色斑点，肛门突出

（2）微生物学方法　用检测鱼体表皮或肌肉细菌数的多少作为判断鱼类腐败程度的鲜度鉴定方法。细菌数检测采取平板培养测定菌落总数的方法进行，操作较烦琐，培养需要时间，故较多用于研究工作。

（3）化学方法　利用鱼类死后在细菌作用下或由生化反应生成物质的测定进行鲜度鉴定。

①挥发性盐基氮（VBN 或 TVB-N）法：利用鱼类在细菌作用下生成的挥发性氨和 TMA 等小分子胺类化合物，测定其总含氮量作为鱼类的鲜度指标。

②三甲胺（TMA）法：多数海水鱼肉中含有的 TMAO 在细菌腐败分解过程中被还原成 TMA，TMA 可以作为海水鱼的鲜度指标。但淡水鱼类不适用，因为 TMAO 含量很少。

③K 值法：利用鱼类肌肉中 ATP 在死后初期发生分解（图 8-9），测定其最终分解产物（次黄嘌呤核苷和次黄嘌呤）所占的百分数即为鲜度指标。

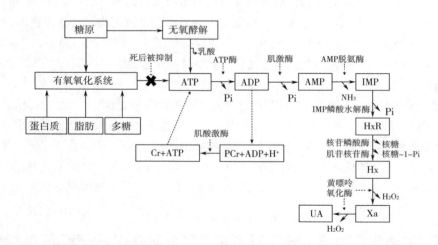

图 8-9　宰杀后鱼肉 ATP 降解途径

资料来源：Hong H., Regenstein J. M., & Luo Y.（2017）.

鱼类鲜度指标 K 值的表示如下：

$$K=\frac{HxR+Hx}{ATP+ADP+AMP+IMP+HxP+Hx}\times100\% \tag{8-1}$$

K 值所代表的鲜度和一般与细菌腐败有关的鲜度不同，是反映鱼体初期鲜度变化和与品质风味有关的生化质量指标，也称鲜活质量指标。一般采用 K 值≤20%作为优良鲜度指标（日本用于生食鱼肉的质量标准），K 值≤60%作为加工原料的鲜度标准。测定方法有高效液相色谱法、柱层析法以及应用固相酶或简易试纸等测定方法。也有采用测定 pH、组胺、挥发性还原物质等鲜度检测方法，但使用不多。

（4）物理方法　根据鱼体物理性质变化进行鲜度判断的方法。有测定鱼体硬度、鱼肉电阻、眼球水晶体浑浊度等法，也有鱼肉压榨汁液黏度测定法。有些方法极其简便，但因鱼种、个体不同有很大差异，所以还不是通用的鲜度鉴定方法。

3. 鲜度等级

各种鱼类鲜度等级标准见表8-11。

表8-11　　　　　　　　　　　鱼类鲜度等级标准

品种	TVB-N/（mg/g）		细菌总数/（cfu/g）	
	一级	二级	一级	二级
黄鱼	≤1300	≤3000	≤10000	≤10^5
带鱼	≤1800	≤2500	≤10000	≤10^6
乌贼	≤1800	≤3000	—	—
蓝圆鲹	≤1300	≤2500	≤30000	≤10^6
鲱	≤1500	≤3000	≤5000	≤50000
鳇	≤1000	≤1500	≤1000	≤10000
青鱼、草鱼、鲢、鲤、鳙	≤1300	≤2000	≤10000	≤10^6
鲐	≤1500	≤3000	≤30000	≤10^6
鲳	≤1800	≤3000	≤10000	≤10^7
鲚	≤1500	≤3000	≤5×10^5	≤2×10^7

资料来源：国家和水产行业标准（GB 2733—2015，SC/T 3101—2010，SC/T 3108—2011）；农业部渔业局国家水产品质量监督检验中心，《水产品标准与法规汇编》，1996。

注："—"无数据报道。

（六）鱼类的流通特性

1. 活鱼运输

活鱼运输是把正常活着的鱼类从一地运到另一地。我国活鱼销售价格最高，也最受消费者青睐。养殖活鱼运输，除了向市场提供鲜活食用鱼外，还向生产单位提供引种和放养所需的苗种和亲鱼。影响运输成活率的因素有溶氧、水温、水质和鱼的体质等。运输方法通常有开放式运输和密封充氧运输两类。

开放式运输是盛鱼于帆布袋箱、木桶等敞口容器中，盛鱼密度依水温、运程、鱼的种类、鱼的规格、鱼的体质和运输技术而定，运输途中如鱼浮头严重，或水面泡沫过多，表示水质恶化，应立即换加含氧量较高的新水。

密封充氧运输是以聚乙烯薄膜袋或硬质塑料桶作盛鱼容器，将水和鱼装入袋后充氧密封，用纸板盒包装。途中无须任何操作，可作货物托运。运输用水必须清新，运输中要防止破袋漏气。为提高安全系数，可使用双层袋。避免太阳曝晒原料和靠近高温处。

海洋活鱼大多用专用的活鱼运输船，由于运输时间长，通常为10h至3d，鱼水比要比淡水鱼大得多。如运输石斑鱼时，鱼水比为1∶15（淡水鱼为1∶4~1∶3），一般成活率在95%以上。活鱼成活的时间主要取决于水质、水温，故通常装有增氧、净水、降温等设备。

2. 鱼类低温保鲜

鱼类流通过程中，除活鱼运输外，要用物理或化学方法延缓或抑制其腐败变质，保持它的新鲜状态和品质。保鲜的方法有低温保鲜、化学保鲜、气调保鲜、辐射保鲜等，其中使用最早、应用最广的是低温保鲜。鱼的腐败变质是由体内所含酶（组织酶）及体上附着的细菌共同作用的结果。无论是组织酶还是细菌繁殖的作用，其生理生化作用都要求适宜的温度和水分，在低温和不适宜的环境下难以进行。鱼体上附着的腐败细菌主要是嗜冷微生物，在0℃左右生长缓慢；0℃以下，温度稍有下降，即可显著抑制细菌生长、繁殖；温度降至-10℃以下，则细菌繁殖完全停止。

鱼类低温保鲜的方法主要有：冰藏保鲜、冷海水保鲜、微冻保鲜和冷冻保鲜等。

（1）冰藏保鲜 冰藏保鲜是以冰为介质，将鲜鱼的温度降低至接近冰的熔点进行低温保鲜的一种方法。冰与鱼体接触，融化时吸收融解热，使鱼体温度下降，抑制微生物和酶的活动；融化的冰水还可湿润鱼体，防止干耗。因冰藏鱼最接近鲜活水产品的生物特性，故至今仍是世界范围广为采用的一种保鲜方法。保鲜期因鱼种而异，通常3~5d，一般不超过1周，主要用于渔船上的保鲜。

（2）冷海水保鲜 冷海水保鲜是将捕获的鱼类浸在温度为-1~0℃的冷却海水中进行保鲜的一种方法，属于深度冷却保鲜。其优点是冷却速度快，短时间内可处理大量渔获，适用于渔获量高度集中、品种较单一、圆网捕获的中上层鱼类的保鲜运输。其保鲜期一般为10d，比冰藏保鲜能延长5d左右。

（3）微冻保鲜 微冻保鲜是将鲜鱼的温度降至略低于其细胞汁液的冻结点，并在该温度下进行保藏的一种保鲜方法。鱼类在-3~-2℃的微冻温度下保藏时，鱼体内部分水分发生冻结，改变了微生物细胞的生理生化过程，有些不能适应的细菌发生死亡，大部分嗜冷菌虽未死亡，但其活动受到抑制，几乎不能繁殖。微冻使鱼类的保鲜期得到显著延长，根据鱼种不同大致为20~27d，比冰藏保鲜延长1.5~2倍。

（4）冷冻保鲜 利用低温将鲜鱼中心温度降至-15℃以下，使鱼体组织水分绝大部分冻结，然后在-18℃以下进行贮藏和流通的低温保鲜方法。由于采用快速冻结方法，并在贮藏、流通过程中保持连续恒定的低温，可在数月至接近1年的时间内有效地抑制微生物和酶类引起的腐败变质，使鱼体能长时间、较好地保持其原有的色香味和营养价值。

3. 冷链

冷链亦称冷藏链。水产品冷链是指水产品从捕捞起水后，在海上或陆地贮存、运输到销售等各个环节，都连续保持在规定的低温下流通，以保持其鲜度和质量的低温流通体系。根据对水产品不同的质量要求和相应的货架期，我国水产品冷链主要有2种：水产品保持在0~2℃的冰冷链和保持在-18℃以下的低温冷链。

二、各种常见鱼类

（一）海洋鱼类

一部分鱼类由于肌红蛋白、细胞色素等色素蛋白的含量较高，肉色带红，称为红肉鱼类。许多洄游性鱼类，如金枪鱼、鲐、沙丁鱼等属此类。而肌肉中仅含少量色素蛋白，肉色近乎白色的鱼类，称为白肉鱼类，如鳕、鲷等游动范围小的鱼类属于此类。现将海洋鱼类分成这两大类介绍。

1. 白肉鱼类

（1）带鱼 带鱼（*Trichiurus lepturus*）又称刀鱼、牙鱼、白带鱼，属脊索动物门，硬骨鱼纲，鲈形目，带鱼科，带鱼属，是暖温性近底层鱼类，分布很广，我国以东海、黄海的分布密度较大。多年来带鱼是我国高产的经济鱼种，也是我国海产主要经济鱼类之一，但由于捕捞过度，20世纪80年代以来资源渐趋恶化。形态特征是鱼体长而侧扁，后方逐渐纤细而成一线，呈带状。无尾鳍与腹鳍，无鳞，但有明显的侧线。背鳍起于后头部，向后延伸至尾端，无硬棘软条之分。体呈银白色，背面略呈暗灰色，背鳍与胸鳍呈淡白色，体长一般为60～120cm（图8-10）。属于外洋性洄游鱼类，常在晨昏时，游近沿岸追捕小鱼，喜灯火，为贪食凶猛的鱼类。主要捕渔期为春、冬两个汛期。北方海域以6月份为旺汛期，东海各渔场以11月至翌年2月份为旺汛期。带鱼为多脂鱼类，肉味鲜美，经济价值很高。除鲜销外，可加工罐头、鱼糜制品、腌制品和冷冻小包装。嘌呤含量高，痛风患者慎食。

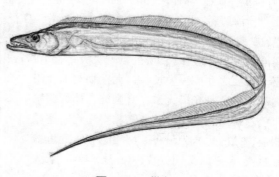

图8-10 带鱼

（2）大黄鱼 大黄鱼（*Larimichthys crocea*）又称大鲜、大黄花，属脊索动物门，硬骨鱼纲，鲈形目，石首鱼科，黄鱼属。形态特征是体长而侧扁，尾部较细长，头大而钝，口裂大而倾斜，牙尖细，背鳍具一缺刻口而分成2部，尾鳍稍呈楔形，侧线伸达尾鳍末端。体黄褐色，腹面金黄色。一般成鱼体长30～40cm，大的个体体长50cm，体重1.6kg（图8-11）。大黄鱼为暖温性近海集群洄游鱼类，主要栖息于80m以内的沿岸和近海水域的中下层，分布于黄海中部以南至琼州海峡以东的我国大陆近海及朝鲜西海岸。我国捕捞大黄鱼已有1700年的历史。该鱼的种群资源量虽然较大，但近数十年来，由于过度捕捞，该鱼野生资源几乎陷于枯竭境地。浙江、福建沿海和广东琼州海峡东部全年均能见到。在浙江、福建沿海其渔汛旺季，每年4—6月为主。广东沿海则是10月至12月上旬为主要捕渔期。大黄鱼肉质鲜嫩，可鲜销或加工成黄鱼鲞（xiǎng）。目前绝大部分为鲜销，是上等佳肴，大黄鱼的鱼鳔，能干制成名贵的食品——鱼肚。

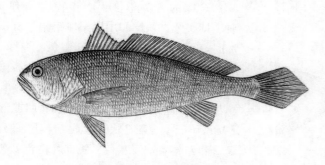

图8-11 大黄鱼

（3）小黄鱼　小黄鱼（*Larimichthys polyactis*）又称黄花鱼、小鲜，属脊索动物门，硬骨鱼纲，鲈形目，石首鱼科，黄鱼属。小黄鱼的外形与大黄鱼很像，主要区别是：小黄鱼的鳞较大黄鱼大，而尾柄较短。此外，小黄鱼的鱼体较小，一般体长 16～25cm，体重 200～300g，最大一般为 35cm，重 0.7kg（图 8-12）。小黄鱼是温水性底层或近底层鱼类，分布于黄海、渤海、东海、台湾海峡以北的海域。与大黄鱼状况相同，该鱼野生资源也趋于枯竭。每年 3—5 月份为春汛期，9—12 月

图 8-12　小黄鱼

份为秋汛期。小黄鱼肉味鲜美，可供鲜食或腌制，但由于个体较小，其利用价值不及大黄鱼。

（4）海鳗　海鳗（*Muraenesox cinereus*）又名狼牙鳝、门鳝，属脊索动物门，硬骨鱼纲，鳗形目，海鳗科，海鳗属，凶猛肉食性鱼类，广泛分布于非洲东部、印度洋及西北太平洋，主要摄食虾、蟹、鱼类及部分头足类。我国沿海均产，主要产于东海。形态特征是体呈长圆筒形，尾部侧扁，一般体长 50cm 以上，大者长 100cm 以上，重达 10～20kg（图 8-13）。尾长大于头和躯干长度之和。头尖长，口大，吻突出，眼椭圆形。全身光滑无鳞，有侧线，体背侧暗灰色，腹侧近乳白色。背鳍和臀鳍均与尾鳍相连，鳍的边缘为黑色。海鳗为暖水性近低层鱼类。主要渔期是 7—12 月，在广东为 10 月至翌年 2 月。海鳗肉厚、质细、味美、含脂量高，可供鲜食、制咸干品或罐制品。海鳗肉与其他鱼肉混合制成鱼丸和鱼香肠，味更鲜美而富有弹性。晒干品"鳗鱼鲞"和干制海鳗鳔均为食用佳品。海鳗还可加工

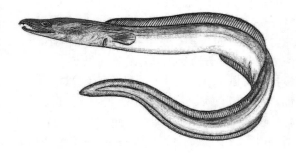

图 8-13　海鳗

罐头以及作为鱼丸、鱼香肠的原料，用鳗鱼制作的鱼糜制品不但味美且富有弹性。海鳗的肝脏可作生产鱼肝油的原料。

（5）鲳　鲳（*Stromateidae*）是鲳属鱼类的总称，属脊索动物门，硬骨鱼纲，鲈形目，鲳科，是近海洄游性中上层鱼类，我国沿海均产。鲳的种类不多，产于我国的有 3 种，即银鲳、灰鲳和中国鲳。银鲳（*Stromateoides argenteus*）又名车扁鱼、白鱼、镜鱼。鲳的形态特征是体卵圆形，甚侧扁，尾柄短，眼、口均小，体被小圆鳞，侧线上侧位。银、灰鲳的背鳍和臀鳍前部鳍条延长，呈镰刀状，无腹鳍，尾鳍分叉。银鲳体背部青灰色，腹部乳白色，各鳍浅灰色（图 8-14）。灰鲳（*Stromateoides cinereus*）体灰黑色。中国鲳（*Stromateoides*

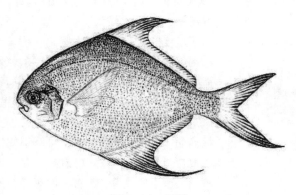

图 8-14　银鲳

chinensis）背鳍和臀鳍后缘呈截形，体暗灰色。3 种鱼的鳍均呈暗灰色。一般体长 20cm 左右、体重 200~400g。渔期自南往北逐渐推迟，广东及海南岛西部渔场为 3—5 月份；闽东渔场 4—8 月份；舟山及吕泗渔场 4—6 月份；渤海各渔场为 6—7 月份。鱼的肉味鲜美，是上等海产经济鱼类，一般鲜销，也可加工罐头。银鲳可加工成糟鱼。

（6）绿鳍马面鲀 绿鳍马面鲀（*Navodon septentrionalis*）俗称橡皮鱼、剥皮鱼，属脊索动物门，硬骨鱼纲，鲀形目，单角鲀科，马面鲀属。它是暖水性中下层鱼类，有季节性洄游习性，

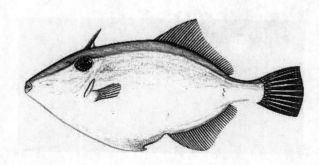

图 8-15 绿鳍马面鲀

我国沿海均产。马面鲀是 20 世纪 70 年代开发的鱼种，是我国主要加工对象之一。形态特征是体甚侧扁，呈长椭圆形，体长一般 12~29cm，体长为体高的两倍多。头短而吻长，口小，牙呈门齿状。鳞细小，具小刺，无侧线（图 8-15）。第一背鳍有两鳍棘，第一鳍棘粗大，后缘两侧有倒刺，腹鳍退化成一短棘。体呈蓝灰色，鳍膜绿色。渔期为 2~4 个月，2 月下旬到 3 月下旬为旺季。马面鲀肉质结实，为我国重要的海产经济鱼类之一，其年产量仅次于带鱼。营养丰富，除鲜食外，经深加工制成美味烤鱼片畅销国内外，是出口的水产品之一。鱼肝占体重 4%~10%，含油率较高且出油率高，可作为鱼肝油制品的原料。

（7）大眼鲷鱼 大眼鲷鱼（Purple-spotted bigeye）是大眼鲷科鱼类的总称，属脊索动物门，硬骨鱼纲、鲈形目，大眼鲷科，为暖水性中小型近底层经济鱼类。我国现有的大眼鲷鱼类中，具有经济价值的有短尾大眼鲷（*Priacanthus macrocanthus*）（图 8-16）和长尾大眼鲷（*Priacanthus tayenus*）2 种。该鱼分布广，在我国主要产于南海及东海南部、北部湾全年均产。一般体长 12~16cm，大者可达 25cm。吻短，体红色，眼甚大，约占头长的一半，故得名大眼鲷。以 12 月至翌年 2 月为渔汛旺季；浙江南部的温台渔场外海及福建的闽东、闽中渔场的渔汛旺季为夏季。大眼鲷类的肉质嫩，味鲜美，可鲜食或加工成腌制品。

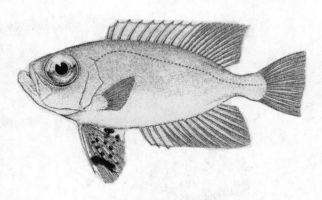

图 8-16 短尾大眼鲷

（8）鳕鱼 鳕鱼（Cod）属辐鳍鱼纲，鳕形目，鳕科。鳕鱼类种类众多，其中太平洋鳕及狭鳕最为有名。太平洋鳕（*Gadus macrocephalus*），又名大头鳕（图 8-17），是冷水性底层鱼类，广泛分布于朝鲜、白令海峡北部、阿拉斯加湾及美国洛杉矶海域，我国产于黄海和东海北部。体长，稍侧扁，尾部向后渐细。头大，下颌较上颌短。侧线不明显。背部褐色或灰褐色，腹部白色，散有许多褐色斑点。体长一般 20~70cm，也有长达 1m 的。鱼肉色白，脂肪含量低，是代表性的白色肉鱼类。冬季味佳，除鲜销外，可加工成鱼片、鱼糜制品、干制品、咸干鱼、罐头等。狭鳕是底层鱼类中产量最大的鱼种，广泛分布于朝鲜海域、北海道

周围、鄂霍次克海、白令海、阿拉斯加以及加利福尼亚等北美洲沿海。俄罗斯、美国、日本是主要生产国。体形较太平洋鳕细长，体长达 60cm。渔期有冬、夏两汛，冬汛是 12 月至翌年 2 月份；夏汛为 4—7 月份。肉色与太平洋鳕相比，略带黑。狭鳕肉主要作为冷冻鱼糜或鱼糜制品的原料，也可加工成冷冻鱼片或成干制品（图 8-17）。

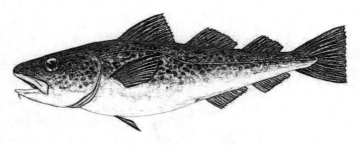

图 8-17　太平洋鳕

（9）鳓　鳓（lè, *Ilisha elongata*）又称曹白鱼、鲞鱼、力鱼。属脊索动物门，硬骨鱼纲，鲱形目，鲱科，鳓属。暖水性中上层经济鱼类。形态特征是鱼体甚侧扁、背窄，腹缘具锯状棱鳞，头部背面通常有 2 条低的纵行隆起脊。眼大，口向上。两颌腭骨及舌上均具细牙，鳃孔大，无侧线，体被薄圆鳞。背鳍短，腹鳍小（图 8-18）。分布于印度洋和太平洋西部。我国南海、东海、黄海和渤海均产，渔期为 5~7 月。体呈银白色，体背、吻部、背鳍和尾鳍呈淡黄并带绿色。体长一般 35~44cm，体重 400~1000g。肉质肥美，除鲜销外，大都加工成咸干品，如广东的"曹白鱼鲞"和浙江的"酒糟鲞"都久负盛名，少数也加工罐头远销国外。

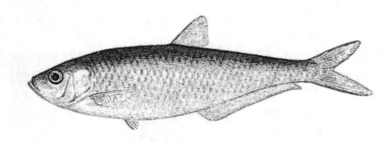

图 8-18　鳓（曹白鱼）

图 8-19　红鳍东方鲀

（10）鲀　鲀（*Tetraodontidae*）是鲀科鱼类的总称，以东方鲀属为典型代表，俗称河豚，属脊索动物门，硬骨鱼纲，鲀形目，鲀科。广泛分布于各大洋的温带、亚热带和热带海域。我国沿海常见的有红鳍东方鲀（*Fugu rubripes*）（图 8-19）、假睛东方鲀（*Takifugu pseudommus*）、暗纹东方鲀（*Takifugu obscurus*）等。形态特征是体形短粗肥满，呈椭圆筒形，头、背宽圆。体表光滑无鳞或有小刺。背鳍一个，与臀鳍相对，无腹鳍，尾鳍圆形、截形或新月形。有气囊，且发达，遇敌害时，能使胸腹部膨胀如球。背部一般呈茶褐色或黑褐色，腹部白色。鲀类体长一般在 15~35cm，大者可达 1m。鲀类栖息于近海底层或河口半咸水区，少数品种也能进入江河湖泊等淡水中产卵。幼鱼在淡水中成长后，重返海洋。我国沿海鲀类资源较为丰富，年产达数万吨。渔期为 5 月中旬至 8 月初。河豚肉味鲜美，除少数种类完全无毒外，多数种类的内脏含有剧毒的河豚毒素，人误食后会中毒，甚至身亡。因此，我国对食用河豚有规定，河豚必须经专人做严格的去毒处理，方可食用或加工，整鱼不得上市出售。除毒的河豚可加工成腌制品、熟食品（如鱼松）和罐头等。在日本，河豚鱼肉由受过严格训练、考试合格的厨师加工成生鱼片，为价格昂贵的高档食品。由于河豚的毒素含量因种类、部位而异，即使同一种类也会因性别、季节和地理环境而变化，含毒情况复杂，对其食用、加工必须经过有效除毒处理，绝不可掉以轻心。曾有因食用除毒处理不善的成品河豚鱼片中毒的事件，加工业者应引以为戒。

（11）鲈鱼 我国有许多种鱼类都可以被称为鲈鱼（Perch），其中最常见的有四种，分别是：海鲈鱼（*Lateolabrax japonicus*）（图 8-20），学名日本真鲈，分布于近海及河口海水淡水交汇处；松江鲈鱼，也称四鳃鲈鱼，属于降海洄游鱼类，最为著名；大口黑鲈（*Micropterus salmoides*），也称加州鲈鱼，从美国引进的新品种；河鲈（*Perca fluviatilis*），也称赤鲈、五道黑，原产新疆北部地区。海鲈鱼喜栖息于河口咸淡水，也能生活于淡水，

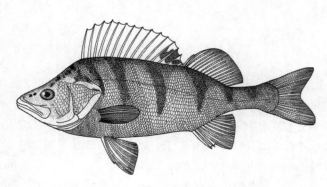

图 8-20 海鲈鱼

主要分布于太平洋西部、我国沿海及通海的淡水水体中均产，东海、渤海较多。性凶猛，以鱼、虾为食。为常见的经济鱼类之一，也是发展海水养殖的品种。主要产地是青岛、石岛、秦皇岛及舟山群岛等地。渔期为春、秋两季，每年的 10—11 月份为盛渔期。

图 8-21 鲽鱼（比目鱼）

（12）鲽鱼 鲽鱼（*Paralichthys olivaceus*）又名比目鱼（图 8-21），为脊索动物门，辐鳍鱼纲，鲽形目，鲽亚目，鲽科的其中一种，分布于欧洲北海海域及半咸水域，栖息深度 0~200m，栖息在沙泥底质底层水域、河口区，会进行洄游，夜行性，以软体动物、多毛类等为食。体甚侧扁，呈长椭圆形、卵圆形或长舌形，最大体长可达 5m。成鱼身体左右不对称。两眼均位于头的左侧或右侧。口稍突出。鳍一般无鳍棘。背鳍和臀鳍基底长，与尾鳍相连或不连。广泛分布于各大洋的暖热海域中，主要以底栖无脊椎动物和鱼类为食。鲽鱼一般以餐饮销售为主。

（13）沙丁鱼 沙丁鱼（Sardine）属脊索动物门，硬骨鱼纲，鲱形目，鲱科，包括远东拟

沙丁鱼（*Sardinops melanostictus*）、脂眼鲱（*Etrumeus micropus*）和日本鳀（*Engraulis japonicus*）。远东拟沙丁鱼（图 8-22），体形扁平，沿体侧面有 7 个黑点，2 年成鱼，体长 18~25cm，主食植物性浮游动物，沿海岸表层面群体洄游，春季产卵主要分布在东海、日本沿海、朝鲜东部沿海等。

图 8-22　远东拟沙丁鱼

脂眼鲱（*Etrumeus sadina*）眼泡肿大，体呈圆形，2 年成鱼，体长可达 30cm，背鳍比腹鳍长得靠前很多，主食动物性浮游生物。产卵期 4—6 月，虽群体洄游，但结群比拟沙丁鱼要小，主要分布在朝鲜、我国、澳大利亚、南非等沿海。

小沙丁鱼可用于制作煮干品、鱼露；成鱼可加工生鱼片、酒渍鱼、罐头、熏制品、鱼糜制品等；鱼油可提取 EPA、DHA。

（14）石斑鱼　石斑鱼（Grouper）属脊索动物门，辐鳍鱼纲，鲈形目，鮨科。体长椭圆形稍侧扁。口大，具辅上颌骨，牙细尖，有的扩大成犬牙。体被小栉鳞，有时常埋于皮下。背鳍和臀鳍棘发达，尾鳍圆形或凹形，体色变异甚多，常呈褐色或红色，并具条纹和斑点（图 8-23），为暖水性的大中型海产鱼类。石斑鱼生活在海边石头缝隙，有海中鲤鱼之称，为肉食性凶猛鱼类，以突袭方式捕食底栖甲壳类、各种小型鱼类和头足类。石斑鱼喜静怕浪，喜暖怕冷，喜清怕浊。在 10~15m 深的海底，尤其在多岩礁洞穴和珊瑚地带多见。个体小的，活跃在浅水域，好动，易钓。个体大的，喜静卧，深居简出，经常待在洞穴里或深水域。石斑鱼营养丰富，肉质细嫩洁白。石斑鱼是一种低脂肪、高蛋白的上等食用鱼，被港澳地区推为我国四大名鱼之一。

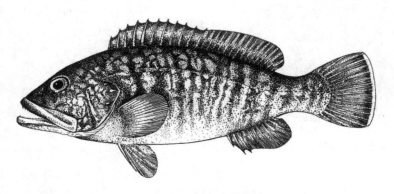

图 8-23　暗色石斑鱼

2. 红肉鱼类

（1）鲐鱼　鲐鱼（*Pneumatophorus japonicus*）又称日本鲐，属脊索动物门，硬骨鱼纲，鲈形目，鲭科，鲐属。鲐为暖水性外海中上层集群洄游性鱼类。我国沿海一带均有分布，是我国重要的经济鱼类之一。一般体长 20~40cm、体重 150~400g。其形态特征是鱼体呈典型的纺锤形，粗壮微扁，口吻呈圆锤形，背面有青黑色形状复杂的斑纹，腹部呈银白色，微带黄色（图 8-24）。狭头鲐又名圆头鲐或胡麻鲐，形态与鲐非常相似而稍圆，背面的花纹比较简单。以上两种鱼在东海混栖，渔期在辽宁、山东和浙江沿海，夏、秋、冬季均有捕获，以冬至前后为旺季。鲐产量较高，鱼肉结实，肉味可口，除鲜食外，是水产加工的主要对象之一。加工产品有腌制品、罐制品（水煮、调味、茄汁或油渍）等。与其他红色肉鱼类一样，肌肉中含有多量游离组氨酸，当受到能产生组氨酸脱羧酶的细菌污染时，组氨酸会被分解而产生有毒的组胺，导致食用者发生过敏性食物中毒，出现脸部潮红、头痛、荨麻疹、发热等症状。组胺的产生与鲜度有关，非常新鲜的鲐，一般不会产生较多的组胺。

图 8-24　日本鲐

（2）鲱　鲱（*Clupea pallasi*）又称青鱼、青条鱼，属脊索动物门，硬骨鱼纲，鲱形目，鲱科，鲱属，是世界上重要的中上层经济鱼类。体形较远东拟沙丁鱼大，体长而侧扁，腹部近圆形，眼具脂眼睑，口较小，体被圆鳞，易脱落。无侧线，背鳍中位，始于腹前方，尾鳍深叉形。背部灰黑色，体长一般 25~36cm，两侧及下方银白色（图 8-25），分布于北太平洋西部。我国产于黄海、渤海，有数百年的捕捞历史，但资源变动较大。20 世纪 80 年代后由于资源补充量小，产量逐年下降。鱼肉质细嫩，脂肪含量较高。除鲜销外，可加工成熏制品、干制品、罐头、鱼油等。盐制鲱鱼子在日本视为佳肴。

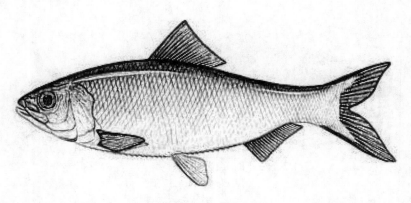

图 8-25　鲱

（3）蓝点马鲛 蓝点马鲛（*Scomberomorus niphonius*）又称鲅、马鲛鱼、燕鱼，属脊索动物门，硬骨鱼纲，鲈形目，鲭科，马鲛属，为暖温性上层经济鱼类，分布于北太平洋西部。我国产于黄海、渤海、东海近海水域。其形态特征是体延长，侧扁，尾柄细，每侧有 3 隆起嵴，中央长而高，两侧短而低。口大，稍倾斜，牙坚而大。体被细小圆鳞，背鳍具 19~20 鳍棘，15~16 鳍条。体背部呈蓝黑色，腹部银灰色，体侧中央有数列黑斑（图 8-26）。体长一般 26~52cm，大者可达 1m 以上。盛渔期在 5~6 月份。马鲛鱼肌肉结实，含脂丰富，主要鲜食，也可腌制和加工罐头。鱼肝含维生素 A、维生素 D 较高，为我国北方地区生产鱼肝油制品的主要原料之一，但是，马鲛鱼肝和鲨鱼肝一样，其脂肪也会产生鱼油毒，鲜食时会引起中毒事故。症状多为眩晕、头痛、恶心呕吐、体温升高、口渴、唇干和剥脱性皮炎。中毒严重者还会脱发、脱眉，病程可持续 1~2 周，甚至 1 个月。然而，用马鲛鱼肝制作的鱼肝油制品，因加工过程中其脂肪经过专门处理，因而不会发生中毒现象。

图 8-26 蓝点马鲛（鲅鱼）

（4）大眼金枪鱼 大眼金枪鱼（*Thunnus obesus*）是金枪鱼类的一种，属脊索动物门，硬骨鱼纲，鲈形目，鲭科，金枪鱼属，为暖水大洋性中上层鱼类。广泛分布于世界热带、亚热带海域，我国见于南海和东海。其形态特征是体纺锤形，较高，被细小圆，胸部鳞片较大，形成胸甲。眼大，口中大，吻尖圆，上下颌各具小型锥齿 1 列，背鳍 2 个，第二背鳍和臀鳍后方各具 8~9 个分离小鳍，胸鳍长，末端达第二背鳍后端（图 8-27）。体长可达 2m，体重一般 80kg 以下，是远洋延绳钓渔业的主要渔获物。印度洋的东部海域 6~9 月为盛渔期。金枪鱼类肉味美，在日本用金枪鱼肉制作的生鱼片，被视为上等佳肴。冷冻品大多用于加工罐头，如油浸金枪鱼罐头、盐水金枪鱼罐头、茄汁金枪鱼罐头等。

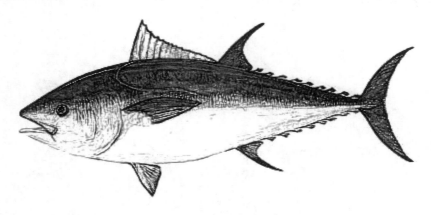

图 8-27 大眼金枪鱼

（5）大西洋鲑鱼　大西洋鲑鱼（*Salmo salar*）俗称大马哈鱼，又名三文鱼，属脊索动物门，辐鳍鱼纲，鲑形目，鲑科，鲑属。鲑鱼出生在淡水里，根据它成长的速率，鲑鱼会花 1~4 年的时间在海里度过，之后回到它的出生地产卵。大西洋鲑鱼（图 8-28）是鲑鱼的一种，体长 50~100cm，平均体重 2~10kg，鱼鳞小，刺少，肉色橙红，肉质细嫩鲜美，既可直接生食，又能烹制菜肴。加工品有新鲜、冷冻、烟熏、腌渍、风干以及罐装等制品。鱼的新鲜和冷冻加工品有整条的，或是鱼排、一片段，或是无骨的切片。烟熏的鲑鱼通常用塑料袋密封或冷藏。鲑鱼卵通常腌渍后用玻璃罐包装食用。

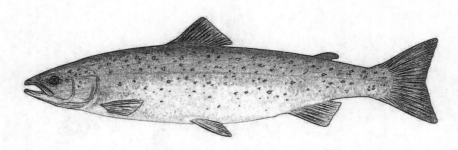

图 8-28　大西洋鲑鱼

（二）淡水鱼类

（1）青鱼　青鱼（*Mylopharyngodon piceus*）又称黑鲩、乌青、螺蛳青，属脊索动物门，硬骨鱼纲，鲤形目，鲤科，青鱼属。青鱼是生活在我国江河湖泊的底层鱼类，分布以长江以南为多，是我国主要养殖鱼类之一。形态特征是体长筒形，尾部侧扁，腹圆无棱，口端位，吻端较草鱼为尖。下咽齿 1 行，呈凹齿状，光滑而无槽纹。体色青黑，背部较深，腹部较淡。胸鳍、腹鳍和臀鳍均为深黑色（图 8-29）。青鱼以浮游动物为食，生长快，鱼体大者可达 50kg 以上，食用青鱼的商品规格为 2.5~3kg，养殖周期为 3~4 年。繁殖季节为 5~7 月。2~3 岁龄可达 3~5kg，最大个体可达 70kg，长江中常见的个体重 15~20kg。雌鱼成熟个体一般长约 1m，重约15kg。雄鱼成熟个体一般长约 900mm，重约 11kg。青鱼肉厚刺少，富含脂肪，味鲜美，除鲜食外，也可加工成糟醉品、熏制品和罐头食品。青鱼胆经泡制后可入药，但民间误传生吃青鱼胆可"明目"，结果引起中毒。症状是初期表现为急性肠胃炎，最后因急性肾功能衰竭而死亡。

图 8-29　青鱼

（2）草鱼　草鱼（*Ctenopharyngodon idellus*）又称鲩、草青、棍鱼，属脊索动物门，辐鳍鱼纲，鲤形目，鲤科，草鱼属。草鱼生活在我国江河湖泊水体的中下层，以水生植物为食，是我国主要养殖鱼类之一。形态特征是体长筒形，尾部侧扁，腹圆无棱。口端位，吻端较青鱼为钝。下咽齿2行，齿梳形，齿面呈锯齿状，两侧咽齿交错相间排列（图8-30）。体茶黄色，背部带青灰，腹部白色，胸鳍、腹鳍灰黄色。繁殖季节为4—7月，比较集中在5月间。草鱼生长快，鱼体大的可达30kg左右，食用草鱼的规格为1.5~2kg，长江流域草鱼养殖周期一般为2~3年，珠江流域为2年，东北地区则为3~4年。草鱼的加工食用与青鱼相似，唯口味稍逊。

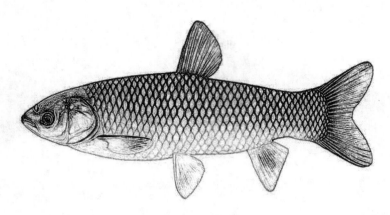

图8-30　草鱼

（3）鲢　鲢（*Hypophthalmichthys molitrix*）又名白鲢、白鱼，属脊索动物门，硬骨鱼纲，鲤形目，鲤科，鲢属。鲢自然分布于我国东北部、中部、东南、南部地区江河中，但长江三峡以上无鲢自然分布。鲢是生活在江河湖泊中的上层鱼类，与青、草鱼一样，是我国主要养殖鱼类之一。鲢的体形侧扁，稍高，腹部狭窄隆起似刀刃，自胸部直至肛门，称为腹棱。头长约为体长的1/4。体色银白，背部稍带青灰。鳞细小，胸鳍末端深达腹鳍基部，口宽大，吻纯圆，眼较小，口腔后上方具螺旋形鳃上器。鳃耙密集联成膜质片，利于滤取微细食物（图8-31）。鲢生长快，个体大的可达10kg，食用的商品规格为1~2kg，每年4—5月产卵。养殖周期为2年。鲢以鲜食为主，也有加工罐头、熏制品或咸干品。

（4）鳙　鳙（*Aristichthys nobilis*）又名花鲢、胖头鱼，属脊索动物门，硬骨鱼纲，鲤形目，鲤科，鳙属。鳙分布于我国中部、东部和南部地区的江河中，但长江三峡以上和黑龙江流域则无鳙的自然分布。栖息于江河湖泊的中上层，以食各类浮游生物为主，生长快，人工饲养简便，是主要的经济鱼类。鳙与青鱼、草鱼、鲢一起合称为我国四大家鱼。鳙的外形似鲢，但腹部自腹鳍后才有棱。头特别大，头长约为体长的

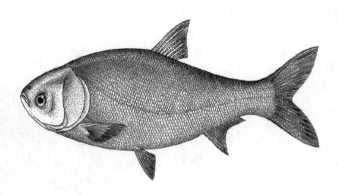

图8-31　鲢鱼

1/3。体色稍黑，有不规则的黑色斑纹，背部稍带金黄色，腹部呈银白色。鳞细小，胸鳍末端超过腹鳍基部1/3~2/5。口大而斜，咽齿1行，齿面光滑（图8-32），口腔后上方具螺旋形鳃上

器，鳃耙排列细密如栅片，但彼此分离。个体大的可达 35~40kg，食用鳙的商品规格为 1.5~3kg。每年 4 月下旬至 7 月上旬，于 5—7 月在江河水温为 20~27℃时于急流有泡漩水的江段繁殖，养殖周期为 2 年。鳙以鲜食为主，特别是鱼头，大而肥美，可烹调成美味佳肴。

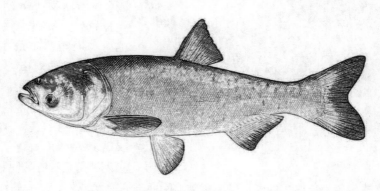

图 8-32　鳙鱼

（5）鲫　鲫（*Carassius auratus*）又名喜头，属脊索动物门，硬骨鱼纲，鲤形目，鲤科，鲫属。鲫为我国广泛分布的杂食性鱼类，喜在水的底层活动。鲫对环境的适应能力很强，在我国西北、东北盐碱性较重的湖泊中也能正常生长发育。对低氧的适应能力也很强。个体小，一般体长 15~20cm，体侧扁而高，无须，腹线略圆，吻钝。口端位，斜裂，鳃耙细长，排列紧密，咽齿 1 行，圆鳞，鳔 2 室，背部蓝灰色，体侧银白色或金黄色（图 8-33）。腹膜黑色，肠长为体长的 2.7~3.1 倍。20 世纪 80 年代以来，由于移植银鲫，育成异育银鲫，又从日本引入白鲫，通过实践发现，养殖鲫也能获得较高群体产量和较好的经济效益。还可以与草鱼、鲢、鳙、鲂、鲤等鱼种混养，清除

图 8-33　鲫鱼

池中的残饵，对改善池塘水质条件有较大作用。全国各地水域常年均有生产，以 2—4 月份和 8—12 月份的最肥美。食用鲫的规格为 250~300g，一般都以鲜食为主。可煮汤，也可红烧、葱烤等烹调食用。

（6）团头鲂　团头鲂（*Megalobrama amblycephala*）又名武昌鱼，属脊索动物门，硬骨鱼纲，鲤形目，鲤科，鲂属。团头鲂是温水性鱼类，原产我国湖北省和江西省，在湖泊、池塘中能自然繁殖，现已引种到我国各地，以江苏南部、上海郊区养殖较多。团头鲂栖息于底质为淤泥、有深水植物生长的敞水区中下水层，能在淡水和含盐量 5% 左右的水中正常生长，耗氧率较高。在池塘混养条件下，如遇池水缺氧，为首先浮头的鱼类之一。团头鲂体高而侧扁，长菱形。腹棱限于腹鳍至肛门之间，尾柄长度小于尾柄高。头短小，吻短而圆钝。口前位，上下颌等长，鳃耙短而侧扁，略呈三角形，排列稀疏。体被较大圆鳞（图 8-34）。体长 120~230mm，最大个体可达 3kg 左右。鳔分 3 室，中室最大呈圆形，后室最小。团头鲂体背侧灰黑色，腹部

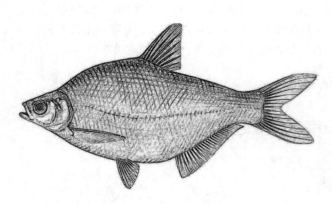

图 8-34 团头鲂（武昌鱼）

灰白色，各鳍青灰色，腹膜黑色。团头鲂在 5~6 月间，成鱼集群于流水场所进行繁殖。在鱼苗和幼鱼阶段食浮游动物，成鱼以草类为食料，生长较快，抗病力强，已成为我国池塘和网箱养殖的主要鱼类之一。食用团头鲂的规格为 350~700g，一般都以鲜食为主，有清蒸、红烧、葱油等烹调方法。

（7）鲤　鲤（*Cyprinus carpio*）又名鲤拐子，属脊索动物门，硬骨鱼纲，鲤形目，鲤科，鲤属。鲤是我国分布最广、养殖历史最悠久的淡水经济鱼类，除西部高原水域外，广大的江河、湖泊、池塘、沟渠中都有分布。在世界上的分布遍及欧、亚、美三大洲。鲤是底栖性鱼类，对外界环境的适应性强，食量大，觅食能力强，能利用颌骨挖掘底栖生物。在池塘中，能清扫塘内的残余饵料。体长稍侧扁，腹圆无棱，口端位，呈马蹄形，须 2 对，吻须短。背部在背鳍前隆起。背鳞长，臀鳍短，两结都具带锯齿的硬刺（图 8-35）。咽齿 3 行，内侧齿呈臼状，体背部灰黑色，侧线下方呈金黄色，腹部白色，臀鳍和尾鳍下叶为橘黄色。鲤以食动物性饵料为主。在自然条件下，主要摄食螺蛳、黄蚬、幼蚌、水生昆虫及虾类等，也食水生植物和有机碎屑。鲤经自然条件下变异，以及人工选育和杂交形成了许多亚种和杂种，杂交的一代都有生长快、体型好、产量高的优势。北方地区视鲤为喜庆时的吉祥物，长度平均 35cm 左右，但最大可超过 100cm，重 22kg 以上。食用的商品规格为 0.75~2kg。鲤鱼可鲜食，也可制成鱼干。

（8）罗非鱼　罗非鱼（*Oreochroms mossambcus*）俗称非洲鲫，属脊索动物门，辐鳍鱼纲，鲈形目、丽鱼科、罗非鱼属（图 8-36）。罗非鱼为一种中小形鱼，现在它是世界水产业的淡水养殖鱼类，且被誉为未来动物性蛋白质的主要来源之一。原产于非洲，属于慈鲷科之热带鱼类，和鲈相似。通常生活于淡水中，也能生活于不同盐分含量的咸水中，可以存活于湖、河、池塘的浅水中。它有很强的适应能力，且对溶氧较少的水有极强的适应性。

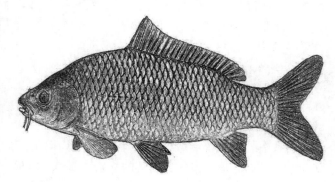

图 8-35 鲤鱼

绝大部分罗非鱼是杂食性，常吃水中植物和碎物，甚贪食，摄食量大，生长迅速，尤以幼鱼期生长更快，罗非鱼生长与温度有密切关系，生长温度 16~38℃，适温 22~35℃。此鱼在面积狭小的水域中亦能繁殖，甚至在水稻田里能够生长。罗非鱼加工主要有冰冻全鱼（去鳞、去内脏、去鳃）、冷冻罗非鱼鱼片和冰冻鲜鱼片，受欧美消费者青睐。罗非鱼加工后下脚料多，可进一步加工利用。

（9）斑点叉尾鲴　斑点叉尾鲴（*Letalurus punetaus*）亦称美洲鲶、沟鲶、河鲶，属脊索动物门，硬骨鱼纲，鲶形目，鮰科，真鮰属（图 8-37）。为淡水温水性鱼类，具有适应范围广（适合淡水与 8% 以下的咸淡水水体条件）、食性杂、适温广、抗病力强、生长快、产量高、易饲养、容易捕捞等特点，无鱼鳞、肉质鲜嫩，具有催乳、滋补等功效，具有明显的经济优势及产业化发展优势。斑点叉尾鮰重 750～1500g，出肉率高，尤其是肌间无肉刺，食用、加工十分方便、快捷，可鲜销或加工成鱼片、鱼肚、液熏型鮰肉等方便食品。

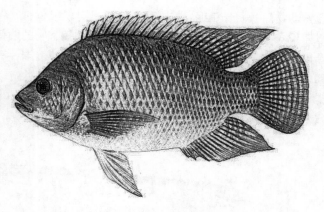

图 8-36　罗非鱼

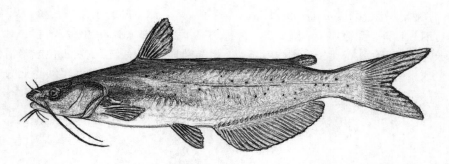

图 8-37　斑点叉尾鮰

（10）凤鲚　凤鲚（*Coilia mystus*），又名凤尾鱼、黄鲚，属脊索动物门，幅鳍鱼纲，鲱行目，鳀科，鲚属（图 8-38）。雌体也称籽鲚、拷籽鱼，雄体亦称小鲚鱼。体延长侧扁，向后渐细长，鳞呈圆形，无侧线。腹部棱鳞显著。体背淡绿色，两侧及腹部银白色。雌体体长一般 15～18cm，雄体长一般 10～13cm。凤尾鱼是洄游性小型鱼，平时栖息于浅海，春末夏初由海集群游向河口产卵，形成鱼汛。渤海、黄海、东海均有分布，为我国河口区的主要经济鱼类，它与银鱼、鲥鱼等同属海淡水洄游性经济鱼类。凤尾鱼怀卵饱满，美味可口，除鲜销外，多用于冷冻小包装、罐头制品等，上海鱼品厂的凤尾鱼罐头驰名于国内外市场。

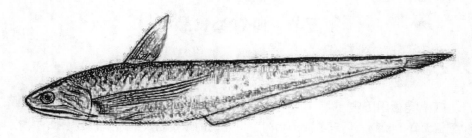

图 8-38　凤鲚

（11）太湖新银鱼　太湖新银鱼（*Neosalanx taihuensis*），又名小银鱼、面丈鱼、面条鱼，属脊索动物门，硬骨鱼纲，鲑形目，银鱼科，新银鱼属（图8-39）。个体小，细长近圆筒状，一般体长6~8cm，体裸出透明。头甚平扁，吻短，吻的两侧稍向内凹。眼小，似嵌在鱼体上的两个黑点。侧线平直，背鳍位于臀鳍和腹鳍中间的上方，有一极小脂，尾鳍叉形。银鱼分布于长江中下游及附属湖泊，如太湖、洪泽湖、鄱阳湖、巢湖、洞庭湖，以及云南滇池，产季多在5~8月份。银鱼个体小但繁殖力强，产量大。无骨无刺，100%可食，味鲜美。鲜鱼多与鸡蛋同炒或氽汤。冻品和淡干品都畅销国内外。

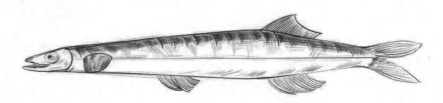

图8-39　太湖新银鱼

（12）泥鳅　泥鳅（*Misgurnus anguillicaudatus*），又名鳅、鳝、土溜、长鱼，属脊索动物门，硬骨鱼纲，鳅科，泥鳅属。体圆筒形，后部侧扁，腹部圆（图8-40）。须有5对，口须最长。鳞小，理于皮下，头部无鳞。侧线不显著，尾鳍圆形、体背及两侧灰黄色或暗褐色，体侧下半部白色或浅黄色。头、体及各鳍均有许多不规则的黑色斑点，背鳍及尾鳍膜上的斑点排列成行。泥鳅除西部高原外，各地淡水水域中均产，以南方河网地带较多。一年四季均可捕到，春季较多。泥鳅肉质细嫩，营养价值很高。家常食用红烧、打卤、炖豆腐均宜。

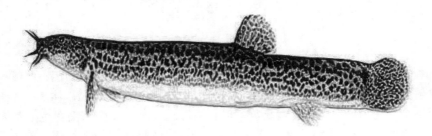

图8-40　泥鳅

第三节　虾蟹类食品原料

一、虾蟹类食品原料的特点

（一）虾蟹类食用历史

虾和蟹是无脊椎动物，属于节肢动物门，甲壳纲的十足目。虾蟹类广泛分布于淡水和海洋中，是甲壳类中经济价值高的一个类群。虾和蟹的身体上都包裹着一层甲壳，虾的甲壳软而韧，蟹的甲壳坚而脆。它们一生中要蜕壳多次，否则会限制其身体的继续生长。只有在蜕去旧壳后，新壳尚未硬化前，身体的体积增大。虾蟹类由于肉味鲜美，又具有较高的营养价值，是人们十分喜爱的高档水产品。虾类大多为海产，少数生活在淡水中。小者不到2cm，晒干后外观仅见皮壳，俗称"虾皮"；大者20~25cm，重达100g以上。黄海、渤海海域的我国对虾，就是我国特产。它个体大，肉色透明，肥嫩鲜美，为虾中珍品。"对虾"这个名称来历并不是因雌、雄虾相伴而得名，而是因为我国北方市场上，人们常以"一对"作为出售单位而流传下来。虾肉富含蛋白质，鲜虾中的含量达18%左右，虾干中的含量高达50%以上。脂肪和碳水化合物的含量不高，一般在3%左右。矿物质和维生素含量丰富，虾皮中矿物质含量更高。蟹类广泛分布于海洋和淡水中，有的种类具有较高的经济价值。三疣梭子蟹是我国蟹类中产量最大的食用蟹。中华绒螯蟹是我国主要食用的淡水蟹，其肉质鲜美，尤以肝脏和生殖腺最肥，有食河蟹后"百菜无味"之说。根据考古发现，在距今七八千年前的江西万年洞遗址、广西柳州的大龙潭鲤鱼嘴新石器早期的贝丘中，都有出土的螃蟹遗骸。这样推算，人类吃螃蟹的历史已有七八千年了。根据《汲冢周书》记载，周成王时，海阳曾献蟹入贡，那时宫廷已将蟹列为御膳了。蟹肉蛋白质含量较高，为15%左右，脂肪含量较低，为2.6%~5.6%，碳水化合物含量为5%~8%，矿物质和维生素含量也很高。虾蟹类也是容易变质的易腐食品，以对虾为例，在生产运输过程中如果保藏不好，容易失去原有的鲜度，变黑发红、腐败变质，从而降低产品的质量。因此，必须采取措施，做好保鲜工作，才能向消费者提供优质的虾蟹类食品原料。

（二）虾蟹类的生产概况

虾类全世界约2000种，但有经济价值的种类只有近400种。虾类主要为海产，淡水种类较少。自20世纪70年代以来，世界虾类生产呈上升趋势，2010年为499.3万t，2016年为705.0万t。在虾类中以对虾类的产量最大，经济价值也最高。对虾的种类有产于墨西哥湾的褐对虾、白对虾和桃红对虾，产于西太平洋的墨吉对虾、中国对虾和斑节对虾等，其中绝大多数种类已发展成为养殖种类。此外鹰爪属、赤虾属等产量也较大。毛虾属为一群小型虾类，种类不多，但大量密集成群，成为热带浅海，特别是东南亚一带最重要的经济虾类之一。淡水虾的种类较少，有长臂虾科的青虾、罗氏沼虾、白虾，还有螯虾类等。

虾类的粗放型或蓄养型的养殖已有二三百年历史。亚洲，特别是东南亚地区历史较早，欧洲和美洲历史较短。在人工控制条件下的半精养、精养类型的虾类养殖，于20世纪60年代才逐渐发展起来。由于虾类有较大的经济价值，特别是对虾，市场需求大，国际市场价格高，对虾生长期又短，经济效益和社会效益显著，到20世纪80年代对虾养殖已迅速发展。我国养虾产量居世界首位，其他国家主要有厄瓜多尔、印度尼西亚、泰国、菲律宾、印度、越南、墨西哥、孟加拉、秘鲁、马来西亚、日本等，虽然对虾养殖仍有很大潜力，但也面临着疾病防治、饵料开发、良种选育等诸多问题。淡水虾类如青虾、罗氏沼虾、克氏原螯虾等养殖品种都有发展，但因繁殖力较低，产量亦低，在虾类养殖业中还是一个薄弱环节。

蟹类全世界有4500多种，我国有800多种。蟹类中约90%为海产，主要品种有产于我国、日本近海的三疣梭子蟹、远海梭子蟹，产于大西洋沿岸的束腰蟹，产于印度-西太平区的青蟹，产于大西洋的滨蟹以及分布在各海域的黄道蟹，产于太平洋北部的鳕蟹等。我国的食用蟹主要有海水产的三疣梭子蟹、远海梭子蟹、青蟹、日本鲟及淡水产的中华绒螯蟹等。2017年我国养殖蟹类总产量达到93.7万t。

（三）虾蟹类的食用价值

1. 营养价值

虾蟹类作为食品原料，不但有其独特风味，而且富有较高的营养价值。其肉富含蛋白质，脂肪含量较低，矿物质和维生素含量较高。以对虾为例，虾肉含蛋白质 20%～21%，脂肪仅 0.5%～1%，并含有多种维生素及矿物质，是高级滋补品，参见表 8-12。

表 8-12 虾蟹类的营养成分

名称	每 100g 可食部分含有的营养成分												
	水分 /g	蛋白质 /g	脂肪 /g	碳水化合物 /g	热量 /kJ	灰分 /g	钙 /mg	磷 /mg	铁 /mg	维生素 A/IU	维生素 B₁/mg	维生素 B₂/mg	维生素 B₃/mg
三疣梭子蟹	80.0	14.0	2.6	0.7	343	2.7	141	191	0.8	230	0.01	0.51	2.1
中华绒螯蟹	71.0	14.0	5.9	7.4	582	1.8	129	145	13.0	5960	0.03	0.17	2.7
对虾	77.0	20.6	0.7	0.2	377	1.5	35	150	0.1	360	0.01	0.11	1.7
青虾	81.0	16.4	1.3	0.1	327	1.2	99	205	1.3	260	0.01	0.07	1.9
龙虾	79.2	16.4	1.8	0.4	348	2.2	—	—	—	—	—	—	—

资料来源：中国医学院卫生研究所，《食物成分表》。

注："—"无数据报道。

2. 虾蟹类加工利用

虾蟹类生鲜品除直接食用外，可加工成冷冻品、罐头食品；虾也可加工成虾干。虾蟹类在加工之前，一定要把好原料的质量关，经过感官质量标准检验后，才可按加工的正常程序进行加工。虾蟹类原料鲜度的感官鉴定，以对虾和梭子蟹为例说明，分别见表 8-13 和表 8-14。

表 8-13 对虾的感官鉴定

新鲜	不新鲜
色泽、气味正常，外壳有光泽，半透明，虾体肉质坚密，有弹性，甲壳紧密附着虾体	外壳失去光泽，甲壳黑变较多，体色变红，甲壳与虾体分离。虾肉组织松软，有氨臭味。
带头虾头胸部和腹部联结膜不破裂	带头虾头胸部和腹部脱开，头部甲壳变红、变黑
养殖虾体色受养殖底质影响，体表呈青黑色，色素斑点清晰明显	

表 8-14 梭子蟹的感官鉴定

新鲜	不新鲜
色泽鲜艳，腹面甲壳和中央沟色泽洁白有光泽，手压腹面较坚实，螯足挺直	背面和腹面甲壳色案，无光泽，腹面中央沟出现灰褐色斑点和斑块，甚至能见到黄色颗粒状流动物质。开始"散黄"变质，螯足与背面呈垂直状态

虾蟹类还有药用价值。对虾肉与其他药物配伍、煎服，可治神经衰弱、手足抽搐等疾病。对于皮肤溃疡，可将等量的鲜虾肉和牡蛎肉捣成膏状，外涂患处。中医认为，蟹味咸、性寒，

有散结化瘀、通经脉、退诸热等功效，可用于跌打损伤、骨折筋断、瘀血肿疼等症。虾蟹类还有大量不可食部分，如虾壳、蟹壳过去常被废弃，成为腥臭不堪的垃圾，通过综合利用，可将其制成甲壳素及其衍生物，成为纺织、印染、人造纤维、造纸、食品、塑料等工业及医药方面的重要原料，用途十分广泛。

二、 各种常见虾蟹类

（一）虾类

1. 对虾类（Prawn）

对虾在分类上属节肢动物门，甲壳纲，十足目，对虾科，对虾属。对虾体躯肥硕，体形细长而侧扁，体外被几丁质外骨骼。身体分头胸部和腹部。头胸部较短，腹部强壮有力，适于游泳活动，虾体透明，微呈青蓝色，胸部及胸部肢体略带红色，尾肢的末端为深棕蓝色并夹带红色。通常雌虾大于雄虾，雌虾生殖腺成熟前呈豆瓣绿色，成熟后呈棕黄色，雄虾体色较黄。对虾属的种类多、分布广。在黄海、渤海有中国对虾（*Fenneropenaeus chinensis*）（图8-41）；台湾海峡有长毛对虾（*Penaeus penicillatus*）；南海有墨吉对虾（*Penaeus merguiensis*）。

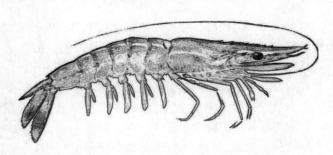

图8-41 中国对虾

对虾喜温惧寒，随季节做洄游移动，越冬场在黄海南部。春季随着水温回升，对虾性腺（雌）逐渐发育，分散在越冬场的对虾开始集群。3月对虾开始大规模的生殖洄游，主群北上，绕过山角后分成两支：一支游向辽东半岛东岸、鸭绿江口一带；另一支通过渤海海峡后，分别游向辽东湾、渤海湾和莱州湾各河口附近产卵。对虾产卵后，亲虾大多死亡，幼虾在河口附近觅食成长，并逐渐游向深水。10月中旬幼虾性成熟，开始交配。11月中、下旬按原洄游线越冬洄游，返回越冬场。成熟雌虾平均体长 18~19cm，体重 75~85g，雄虾平均体长 14~15cm，体重 30~40g，对虾体形较大，繁殖力强，生长期快，产量较高，2018 年我国捕捞产量 5.6 万 t。

南美白对虾是世界养殖产量最高的三大优良品种之一。南美白对虾壳较薄，正常体色为青蓝色，全身没有斑纹，形态与中国对虾相似，自然栖息在水深 0~70m 的海域，属杂食性，具有适应性强、生长速度快、抗病能力强等三大特点，只要饵料中蛋白质比率占 20% 以上就能生长。南美白对虾肉质鲜美、出肉率高，广盐性、耐高温，其幼苗经 100 多天的培养即可长成成体，体长可达 24cm。1999 年，广东省深圳市正式引进美国无特定病原（SPF）南美白对虾种虾和繁育技术，由于优良的养殖特性，南美白对虾养殖业发展迅速，在我国养殖产量超过中国对虾，2018 年产量超过 112 万 t。

2. 鹰爪虾

鹰爪虾（*Trachypenaeus curvirostris*）是一种多年生小型经济虾类，体长约 6cm，甲壳厚而粗糙，呈棕红色。腹部弯曲时像鹰爪，故而得名。虾的额角发达，雄虾末部向上扬起，如一把弯刀（图8-42），雌虾则平直而短。头胸甲眼眶后方有一条短的纵缝。尾柄粗壮，背面中央沟宽且深，侧缘自基部起 3/5 处有一可动刺，其后另有两个较小可动刺，鹰爪虾大量分布于我国沿

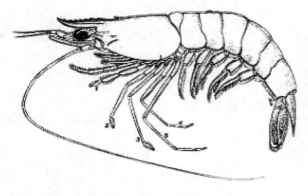

图8-42 鹰爪虾

海，在黄海、渤海也是一种长距离洄游的种类，4月上旬至5月上旬在山东半岛沿海形成鹰爪虾渔业。捕捞群体体重范围为0.4~15g。鹰爪虾出肉率高，肉味鲜美。其体长一般6~10cm，是一种中型经济虾类。产区以鲜销为主，运销内地则多数加工成冻虾仁。鲜食可清蒸、油炸，还可包水饺、做汤，色味俱佳。除鲜食还可加工成"海米"。

3. 沼虾类

沼虾（Freshwater prawn）是沼虾属的总称，又称青虾，属节肢动物门，甲壳纲，十足目，长臂虾科，是温带、热带淡水中重要的经济虾类。沼虾绝大多数生活于淡水湖泊中，有时也出现于低盐度河口水域。我国已知沼虾20多种，其中以日本沼虾（Macrobrachium nipponense）最为常见（图8-43）。沼虾体侧扁，额角发达，上下缘均具齿，体青蓝色，透明带棕色斑点，故名青虾。头胸部较粗大，具1肝齿和1触角刺，无鳃甲刺。头胸甲的角具较多颗粒状突起，雄者尤显著。5对步足中，前2对呈钳状，第2对粗壮，雄性特别粗大，通常超过体长（体长在60~90mm），沼虾生命力强，易保鲜，肉味美，烹熟后周身变红，色泽好，并且营养丰富，一年四季均可上市，是我国人民历来喜爱的风味水产品。特别是怀卵的青虾在渔业上称为"带子虾"，其味特别鲜美，颇受消费者青睐。虾卵可用明矾水脱下，晒干后销售。虾体晒干去壳后称为虾米，亦称"湖米"，以区别海产的虾米。

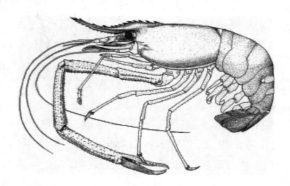

图8-43 日本沼虾

4. 克氏原螯虾

克氏原螯虾（Procambarus clarkii，图8-44）俗称小龙虾、大头虾、螯虾，或淡水龙虾，节肢动物门，软甲纲，十足目，蝲蛄科，原蝲蛄属。原产于北美，由于自然界里天敌在我国范围内还没有形成，经几十年的扩散，已形成全国性最常见的淡水经济虾类。它属于广温性生物，最适温度十分宽广，可在水温10~31℃范围内正常生长发育。亦能耐高温严寒，可耐受40℃以上高温，可在气温为-14℃的情况下以掘洞形式越

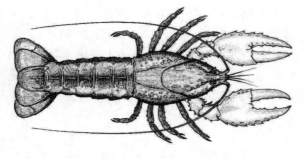

图8-44 克氏原螯虾（小龙虾）
（资料来源：https://vfa.vic.gov.au/）

冬。克氏原螯虾生长迅速，在适宜的温度和充足的饵料供应情况下，经 2 个多月的饲养可达到性成熟，并达到商品虾规格，一般雄虾生长快于雌虾，商品虾规格也较雌虾大。跟其他甲壳动物一样，克氏原螯虾的生长也伴随着蜕壳，蜕壳后最大体重增加量可达 95%，一般蜕壳 11 次即可达到性成熟，性成熟后也需蜕皮生长。克氏原螯虾食性相当广泛，这也是它得以快速推广的重要原因之一，它以杂食性为主，主要以水底的有机碎屑，也捕食水生动物，如小型甲壳类、水生昆虫等。克氏原螯虾成虾的加工出肉率约 20%，含蛋白质 16%～20%，干虾米含有 50% 的蛋白质。其肉味鲜美，营养丰富，已成为城乡居民餐桌上廉价的河鲜。除鲜食外，螯虾加工产品从 20 世纪 90 年代初就开始进入欧美市场，其中冻整龙虾、冻虾仁、冻虾尾、冻虾黄、虾露、虾味素等系列产品出口都比较高。用蟹虾壳提取甲壳素是投资少、效益高的项目。

2018 年，我国小龙虾产业加快发展，养殖面积突破 66.7 万 hm^2，产量突破 100 万 t，经济总产值突破 2600 亿元。中国小龙虾产业从最初的"捕捞＋餐饮"起步，逐步形成了集苗种繁育、健康养殖、加工出口、精深加工、物流餐饮、文化节庆于一体的完整产业链。2018 年全国小龙虾全社会经济总产值约 3690 亿元，比 2017 年增长 37.5%。其中，养殖业产值约 680 亿元，以加工业为主的第二产业产值约 284 亿元，以餐饮为主的第三产业产值约 2726 亿元，分别占全社会经济总产值的 18.4%、7.7%、73.9%。湖北产量约占全国总产量的一半（49.58%）。

5. 虾蛄

虾蛄（*Oratosquilla oratoria*）又名皮皮虾、虾爬子、虾公驼子、东方虾蛄，节肢动物门，甲壳纲，口足目，虾蛄科（图 8-45）。头部与腹部的前四节愈合，背面头胸甲与胸节明显。腹部 7 节，分界亦明显，而较头胸两部大而宽，头部前端有大型的具柄的复眼 1 对，触角 2 对。第 1 对内肢顶端分为 3 个鞭状肢，第 2 对的外肢为鳞片状。胸部有 5 对附肢，其末端为

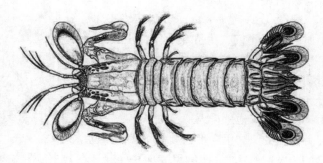

图 8-45　虾蛄（皮皮虾）

锐钩状，以捕挟食物。胸部 6 节，前 5 节的附属肢具鳃，第 6 对腹肢发达，与尾节组成尾扇。虾蛄雌雄异体，是沿海近岸性品种。虾蛄喜栖于浅水泥沙或礁石裂缝内，我国南北沿海均有分布。虾蛄为渤海湾特有品种，产量较多，产期为每年 4—5 月。虾蛄味道鲜美，价格低廉，为沿海群众喜爱的水产品，现在也成为沿海城市宾馆饭店餐桌上受欢迎的佳肴。

（二）蟹类

1. 梭子蟹

梭子蟹（*Portunus trituberculatus*）在分类上属节肢动物门，甲壳纲，十足目，梭子蟹科，梭子蟹属，是一群温、热带能游泳的经济蟹类。广泛分布于太平洋、大西洋和印度洋。我国沿海均有分布，群体数量以东海居首，南海次之，黄海、渤海最少。我国沿海梭子蟹约有 18 种，其中三疣梭子蟹是经济价值高、个体最大的一种，俗称枪蟹、蓝蟹（图 8-46）。通常体宽近20cm，重约 400g。背面呈茶绿色，螯足及游泳足呈蓝色，腹部为灰白色。头胸甲呈菱形，前侧缘各具 9 个锯齿，最后一锯齿特别长大，并向左右延伸，使整个体形呈梭形，头胸甲背面有 3 个隆起，其上面的颗粒较其他部分密集，故称三疣梭子蟹。额缘具 4 个小齿，螯足特别发达，末端呈钳状。第 4 对步足呈浆状，为游泳足。雄性腹部呈三角形，雌性腹部呈圆形，并有硬毛

图 8-46 三疣梭子蟹

用以附着卵子。

　　三疣梭子蟹通常生活于 3%～3.3% 盐度范围的近海，有昼伏夜出的习性。白天匍匐于海底，夜间活动、觅食。属杂食性蟹类，在饵料生物中，以海底栖生物为主，也摄食鱼类的尸体、虾类、乌贼和水藻的嫩芽等。梭子蟹是我国沿海重要的经济蟹类，传统的名贵海产品，肉味鲜美，营养丰富，可直接烹调成各美味佳肴，深受国内外消费者喜爱，是重要的出口产品。梭子蟹商品价值高，除活蟹直接供内、外销外，还可加工成冻蟹肉块、冻蟹肉等冷冻小包装产品，也可加工成烤蟹、炝蟹、蟹肉干、蟹酱、梭子蟹糜、蟹肉罐头等食品。蟹壳经提取甲壳素，可广泛应用于医药、化工、纺织、污水处理等行业中。

　　2. 青蟹

　　青蟹（*Scylla serrata*）学名锯缘青蟹，分类上属节肢动物门，甲壳纲，十足目，梭子蟹短科，青蟹属（图 8-47）。天然分布于温带、亚热带和热带的浅海域内，我国浙江以南的沿海均有分布。由于青蟹的天然产量有限，现已在广东、海南、台湾等地进行人工养殖。

　　青蟹的头胸甲扁平，形似卵圆，绿色，其长度约为宽度的 2/3，头胸甲表面稍隆起，在其中央呈明显的 "H" 状凹痕，两侧无长棘。头胸甲的前侧缘左右各具 9 个等大的三角形齿凸，其形状似锯齿状，故得名锯缘青蟹。螯足呈钳状，左右不对称，主要用于捕食和御敌。第 2 至 4 对附

图 8-47 青蟹

肢呈尖爪型用于爬行，称为步足。第 5 对附肢扁平呈桨状，适于游泳，称为游泳冰足。青蟹是以肉食性为主的甲壳动物，在天然环境中常以小牡蛎、贝、蛤、鱼、虾、蟹等为食，也食腐肉、刚脱壳的蟹类以及藻类等。青蟹在受到强烈刺激、机械损伤或脱壳受阻时，常会发生丢弃胸足的自切现象，这是一种保护性的本能。青蟹在脱壳后体重大幅度增加，例如壳宽 8.8cm、壳长 6.6cm 的青蟹，体重由临蜕壳前的 150～160g 增加到 210～220g，增重率 41%，这是因为青蟹在蜕壳后甲壳未硬化时，能大量吸收水分而使个体显著增大之故。青蟹成蟹个体可达 2kg，是我国名贵海鲜，是传统的出口产品。其肉鲜味美，营养丰富，可食率达 70%。蟹肉具有滋补强身、消肿的功能，蟹壳有活血化瘀的作用，为产妇、老幼和体弱者滋养疗身的高档食品。青蟹肉也可加工成蟹肉干、冷冻蟹肉及蟹肉罐头。青蟹壳可经加工而成甲壳素及其衍生物。

　　3. 中华绒螯蟹

　　中华绒螯蟹（*Eriocheir sinensis*）俗称大闸蟹、河蟹、毛蟹，属节肢动物门，软甲纲，十足

目，方蟹科，绒螯蟹属（图8-48）。中华绒螯蟹是我国一种重要的水产经济动物，分布较广，北起辽宁，南至福建均有，长江流域产量最大，在淡水捕捞业中占有相当重要的位置。

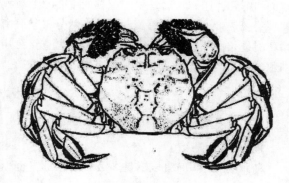

图8-48　中华绒螯蟹（大闸蟹）

中华绒螯蟹身体分头胸部和腹部两部分。头胸部背面覆一背甲，俗称"斗"，一般呈黄色或绿色，腹部为灰白色，胸部有8对附肢，前3对为颚足，是口腔的辅助器官，后5对为胸足，其中第一对为螯足，俗称蟹钳。成熟的雄性中华绒螯蟹整足壮大，掌部绒毛浓密，由此得名。成熟雌蟹的整足略小，绒毛亦较稀，是分辨中华绒螯蟹雌雄较直观的特征。中华绒螯蟹的足关节只能上下而不能前后移动，所以横向爬行。

中华绒螯蟹常穴居于水质清澈、水草丰盛、螺蚌类繁生的江河、湖荡两岸的黏土或芦苇丛生的滩岸地带。它是杂食性的甲壳动物，广泛摄食水草、螺、贝类、小虾、死鱼、水生昆虫及其幼虫、谷类、薯类、饼渣类及居宰场的动物下脚料等。中华绒螯蟹昼伏夜出，性凶猛，缺食时自相残食，并有自切现象。中华绒螯蟹的体重一般为100~200g，可食部分约占1/3。其肉质鲜美，尤以肝脏和生殖腺最肥，因此生殖洄游季节正是捕捞时节。中华绒螯蟹是我国重要的出口水产品。阳澄湖的"清水大闸蟹"驰名中外，每年有数百吨销往我国港澳地区，海外市场潜力很大。20世纪80年代起，中华绒螯蟹的人工养殖业蓬勃发展，前景十分广阔。

第四节　其他水产食品原料

一、概况

我国的水产食品原料种类众多，主要门类除鱼类、甲壳动物类外，还有软体动物类、藻类等。世界上软体动物类种类繁多，有10万余种，其中一半以上生活在海洋中。可捕捞的主要种类是头足类的柔鱼、乌贼等。还有很多种类既可采捕，又能进行人工养殖，如双壳类的牡蛎、贻贝、蛏、蚶等。据统计，世界海洋软体动物产量每年约500万t，其中鲍、干贝（扇贝的闭壳肌）等都是珍贵的海产食品原料。很多种贝壳具有独特的形状和花纹，有丰富的色彩和光泽，可制成人们喜爱的观赏品和日用品。从双壳类育出的珍珠，更是珍贵的装饰品和药物。

世界上藻类植物约有2100属，27000种。藻类对环境条件适应性强，不仅能生长在江河、溪流、湖泊和海洋，也能生长在短暂积水或潮湿的地方。藻类的分布范围极广，从热带到北极，从积雪的高山到温热的泉水，从潮湿的地面到浅层土壤内，几乎都有藻类分布。经济海藻主要以大型海藻为主，已利用的有100多种，列入养殖的只有5属，即海藻、裙带菜、紫菜、江篱和麒麟菜属。海带养殖技术是我国最早开发的，2018年产量达152.3万t，居世界首位。裙带菜以朝鲜和日本分布较广，我国仅分布于浙江嵊山岛。世界上的三大紫菜养殖国家是日本、朝鲜和我国。江蓠是生产琼胶的主要原料，我国常见的有 10 余种，2018 年产量约 33.0 万 t。麒麟菜属热带、亚热带海藻，我国自然分布于海南的东沙和西沙群岛及台湾海域，近年还从菲律宾引进长心麒麟菜进行养殖。藻类除可直接食用外，藻胶是食品工业上的主要利用成分，单细胞藻类作为饲料蛋白质源也具有重要意义。

二、 软体动物类

（一）头足类

1. 乌贼类

乌贼类（Cuttlefishes）是乌贼科的总称，也称墨鱼，属软体动物门，头足纲，乌贼目（图8-49）。我国主要捕捞乌贼类有东海的曼氏无针乌贼（*Sepiella maindroni*）、黄海和渤海的金乌贼（*Sepia esculenta*）。乌贼体呈袋形，左右对称。背腹略扁平，侧缘绕以狭鳍，头发达，眼大。触腕 1 对，与体同长，顶端扩大如半月形勺，上生许多小吸盘，其他 8 腕较短，上生 4 列吸盘，均有角质齿环。介壳呈舟状，很大，后端有骨针（少数种类无骨针），埋没外套膜中，通称"乌贼骨"，中药称"海螵蛸"，乌贼体色苍白，皮下有色素细胞，因而出现色泽不同的各种斑点。体内墨囊发达，喷墨行为突出，在受到外界刺激，特别是避强敌时不断放墨，形成墨云，掩护自己急速退却而逃避。墨中含有生物碱，有麻痹动物嗅觉的作用。

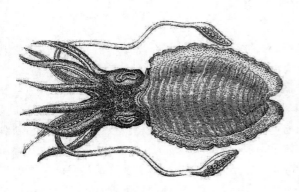

图 8-49　乌贼

乌贼的生命期很短，生长迅速，1 年达性成熟，五六月间产卵于海藻及其他物体上，生殖后亲体大多死亡。乌贼为凶猛的肉食动物，主要捕食栖水层的虾蛄、对虾、扇蟹、箭虫、磷虾、幼鱼、双壳类、蛸类等。乌贼类体大肉肥厚，金乌贼最大胴长约为 21cm，最大体重可达 2kg；曼氏无针乌贼最大胴长约为 19cm，最大体重约为 0.7kg。乌贼营养丰富，每 100g 肉中含蛋白质 12~14g、脂肪 0.5~1g、碳水化合物 1~2g、灰分 0.5~1g（灰分中含有钙、磷、铁等矿物质），还含有维生素 B_1、维生素 B_2 等。乌贼可鲜食，也可干制、加工罐头。由金乌制成的淡干品称为墨鱼干或北鲞；由曼氏无针乌贼制成的淡干品，俗称暝鲞或南鲞，均为有名的海味。雌乌贼产卵腺的腌制品，俗称乌鱼蛋，为海味中的珍品。内壳（海螵蛸）是重要的中药原料，主治胃病、气管炎、疟疾、中耳炎等。由墨囊制成的干粉，对抑制内出血有良好的疗效。

2. 柔鱼类

柔鱼（Squid）又名鱿鱼，属软体动物门，头足纲，枪形目，柔鱼科。柔鱼类是柔鱼科的总称。它是重要的海洋经济头足类，广泛分布于太平洋、大西洋、印度洋各海域。柔鱼类的种类很多，已开发利用的主要有柔鱼（*Todarodes pacificus*），又称巴氏柔鱼、赤鱿、茎柔鱼、太平洋褶柔鱼（图 8-50）等。

柔鱼体稍长，左右对称，分为头、足和胴部。头部两侧眼较大，眼眶外不具膜。头部和口周具 10 只腕，其中 4 对较短，腕上具 2 行吸盘，吸盘角质环具齿；另 1 对腕较长，为触腕，顶部为触腕穗，穗上具 4~8 行吸盘。胴部圆锥形，狭面长。肉鳍短，分列胴部两侧后端，并相合呈横菱形。有的种类具发光器，位于皮下或直肠附近。如柔鱼皮下具发光组织，而太平洋褶柔鱼无发光组织。

柔鱼类为凶猛的肉食性动物，主要捕食甲壳类（磷虾、糠虾、对虾、蟹类的大眼幼体）、鱼类（沙丁鱼、秋刀鱼、颌针鱼、飞鱼等）、头足类（柔鱼类、晶乌贼、爪乌贼等），垂直

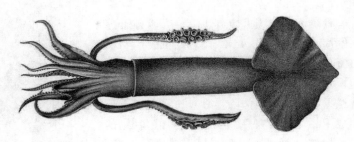

图 8-50 太平洋褶柔鱼

活动能力很强，范围从表层至几百米，甚至千米深处。一般白天栖息深，夜间栖息浅。近年来世界各海域柔鱼类的总渔获量在不断增加，是具有资源潜力的类群。每100g肉中含蛋白质15~18g。柔鱼除鲜食外，因其肉质较硬，经过干制、熏制或冷冻发酵加工，其产品甚佳。如香辣鱿鱼丝、鱿鱼干、冷冻鱿鱼卷、油炸鱿鱼卷等，风味独特，味道鲜美。副产品的利用有眼球提炼维生素 B_1，肝脏提炼鱼肝油，其他内脏制作酱油，墨囊制作颜料或染料，以及提取黑色素作化妆品等。

3. 章鱼

章鱼（Octopus），为章鱼科 26 个属 252 种海洋软体动物的统称，软体动物门，头足纲，八腕目，章鱼科。身体一般很小，八条触手又细又长，故又有"八爪鱼"之称（图 8-51）。章鱼类为凶猛的肉食性动物，主要捕食甲壳类动物、多毛类蠕虫、海螺和蛤类、对虾、鱼类和其他头足类动物。章鱼含有丰富的蛋白质、矿物质等营养元素，并还富含抗疲劳、抗衰老，能延长人类寿命等重要保健因子——天然牛磺酸。章鱼是一种营养价值非常高的食品，不仅是美味的海鲜菜肴，也是民间食疗补养的佳品。

（二）贝类

贝类是软体动物的别称，其身体全由柔软的肌肉组成，外部大多数有壳。贝类现存种类很多，有1.1万种，分为海产贝类和淡水产贝类2大类，其中海产贝类占80%。海产贝类比较普遍的有牡蛎、贻贝、扇贝、蚶、蛤、蛏、香螺等。淡水产贝类主要有螺、蚌和蚬等。

1. 牡蛎

牡蛎（Oyster）俗称蚝、海蛎子，属软体动物门，双壳纲，珍珠贝目，牡蛎科。牡蛎在我国沿海分布很广，约有 20 种，常见的有褶牡蛎（*Ostrea plicatula*）、近江牡蛎（*Ostrea rivularis*）、密鳞牡蛎（*Ostrea denselamellosa*）、大连湾牡蛎

图 8-51 章鱼

（*Ostrea talienwhanensis*），并已成为养殖的主要品种。牡蛎的壳形不规则，大小、厚薄因种类而异。褶牡蛎贝壳小而薄，体形多变化，但大多呈三角形（图 8-52）或长条形。右壳（或称"上壳"）薄而脆，平如盖，表面有同心环状鳞片多层。左壳较大，凹陷很深，具粗壮放射助，无足及足丝。右壳壳面多为淡黄色，杂有青色及紫褐色条纹；左壳颜色大多比右壳淡，壳内面

灰白色。

牡蛎肉味鲜美，营养丰富。其软体部分（干重）含蛋白质 45%～57%、脂肪 7%～11%、多糖 19%～38%，碘含量高于牛乳、鸡蛋。此外尚含有多种维生素及铁、铜、锰等微量元素。牡蛎肉除生食、烹食外，也可制成干品"蚝豉"或罐头食品，加工牡蛎的汤可提炼"蚝油"。据《本草纲目》记载，牡蛎可作药用，多食能细洁皮肤、治虚弱、解丹毒。贝壳可作为烧石灰、水泥、乙炔的原料。

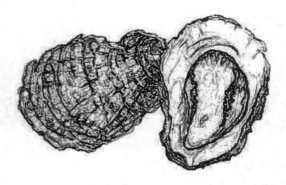

图 8-52　褶牡蛎

2. 贻贝

贻贝（Sea mussel）是贻贝属贝类的总称，俗称淡菜或海红，属软体动物门，双壳纲，贻贝目，贻贝科。贻贝是重要的海产贝类，我国主要的经济品种有紫贻贝（*Mytilus edulis*）、翡翠贻贝（*Perna viridis*）、厚壳贻贝（*Mytilus coruscus*），并已人工养殖。紫贻贝主要产地在辽宁、山东沿海，厚壳贻贝产于辽宁、山东、浙江、福建，翡翠贻贝主要产于广东和福建。贻贝贝壳略呈长三角形。紫贻贝壳薄，外壳紫黑色，有光泽。厚壳贻贝壳较紫贻贝厚重，壳表为棕黑色。翡翠贝壳大，壳表呈翠绿色，有光泽，生长纹细密，壳内面瓷白色（图 8-53）。翡翠贻贝最大个体壳长可达 20cm，壳长与壳高之比为 2.2～2.5。贻贝软体部分左右对称，前闭壳肌小，后闭壳肌大；有棒状足，不发达，由足丝腺分泌足丝，附着在澄清的浅海海底岩石上。胎贝软体富含蛋白质等营养成分，肉味鲜美，是珍贵的海产食品。除鲜食外，也可加工成干制品，称为"淡菜"。

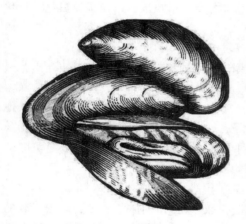

图 8-53　翡翠贻贝

此外，还可做饲料和钓饵。

3. 扇贝

扇贝（Scallop）属软体动物门，双壳纲，珍珠贝目，扇贝科。世界扇贝及近缘种达 300 余种，广布全世界。我国沿海有 10 余种，主要是：栉孔扇贝（*Chlamys farreri*），产于辽宁、山东沿海；华贵栉孔扇贝（图 8-54），产于广东、广西沿海。扇贝因其背壳似扇面而得名，前端具有足孔丝。壳顶前后有耳，前大后小，右壳较平，放射肋细而多；左壳稍凸，放射肋粗，约 10 条；肋上有棘状突起。壳面褐色，有灰白至紫红色纹彩，极美丽。栖息于水流较急、水质清的浅海底，以足丝附着于岩礁上。扇贝闭壳肌发达，壳开闭时能发出清脆的声响，略能游动。扇贝软体部分

图 8-54　华贵栉孔扇贝

肥嫩鲜美，营养丰富，属高档水产品，亦有一定药用价值。扇贝的闭壳肌发达，做成干制品称"干贝"，味道鲜美，是名贵的海产食品。

4. 中国圆田螺

中国圆田螺（*Margarya melanioides*）又称螺蛳，属腹足纲，节鳃目，田螺科（图8-55）。中国各淡水水域均有分布。中国圆田螺是贝壳大、个体小的种类。壳质薄而坚，陀螺形，有6~7螺层，壳面凸，缝合线深。壳顶尖锐，体螺层膨大。壳表光滑，无肋，黄褐色或绿褐色。壳口卵圆形，周边具有黑色框边。厣为角质的薄片，小于壳口，具有同心圆的生长纹，厣核位于内唇中央。田螺肉味美，营养价值高。含蛋白质、脂肪、糖、无机盐、维生素 B_1 和维生素 B_2。螺肉还有利尿通便、消暑解渴及治黄疸等功用。田螺还是青鱼、鲤的天然优质饵料，亦可作禽畜的饲料。田螺肉可冷冻后出口。

图8-55 中国圆田螺

5. 蚌类

蚌类（Unionids）是蚌科的总称，属软体动物门，双壳纲、蚌目，蚌科，为经济价值较高的淡水贝类。我国各江、河、湖泊、池沼均有分布。蚌类有2枚贝壳，在背面以韧带或齿相纹合。有些种类只有带而无纹合齿，属于无齿蚌亚科，如河蚌（图8-56）；有些种类既有韧带也有纹合齿，属于珠蚌亚科。蚌壳的形状多种多样，有椭圆形、卵圆形、楔形、猪耳形等。壳面黄褐色或绿褐色，有的个体有从壳顶射向腹缘的绿色放射线。蚌的肉体腹缘有一肉质的足，其状如斧，亦称斧足。蚌就是靠斧足爬行。蚌栖息于河底，不常爬行，滤食水中的微小

图8-56 河蚌

生物和有机碎屑物。蚌肉营养丰富，含蛋白质、脂肪、糖类和维生素 A、维生素 B_1、维生素 B_2 及钙、镁、铁等元素，不仅可食用，且有止渴、解毒、祛热等药用功效。蚌亦可为禽类、鱼类的天然饵料和家畜、家禽的饲料，壳可作中药珍珠母。有的种类可为淡水育珠蚌。

6. 鲍鱼

我国的鲍鱼（Abalone）主要有皱纹盘鲍、耳鲍和杂色鲍3种。

（1）皱纹盘鲍 皱纹盘鲍（*Haliotisdiscus hannai*）又名鲍鱼、紫鲍。属于软体动物门，腹足纲，原始腹足目，鲍科，鲍属。皱纹盘鲍贝壳大，椭圆形，较坚厚（图8-57）。螺纹向右旋，螺层3层，缝合不深，螺旋部极小。壳顶钝，微突出于贝壳表面，但低于贝壳的最高部分。从第二螺层的中部开始至体螺层的边缘，有一排以20个左右凸起和小孔组成的旋转螺肋，其末端的4~

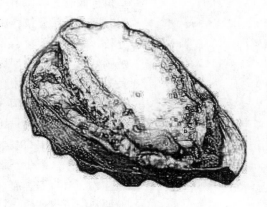

图8-57 皱纹盘鲍

5 个特别大，有开口，呈管状。壳面被这排突起和小孔分为右部宽大、左部狭长的两部分。壳口卵圆形，与体螺层大小相等。足部特别发达肥厚，腹面大而平，适宜附着和爬行。壳表面深绿色，生长纹明显。壳内面银白色，有绿、紫、珍珠等彩色光泽。皱纹盘鲍分布于我国北部沿海，山东、辽宁产量较多。产季多在夏秋季节。近年人工养殖发展，威海、长岛及长山岛等地已成为鲍鱼养殖基地，一年四季出产。

（2）耳鲍　耳鲍（*Haliotis asinine*）又名海耳，鲍科，贝壳狭长，螺层约 3 层，螺旋部很小，体螺层大，与壳口相适应，整个贝壳扭曲成耳状。壳面左侧有一条螺肋，由一列约 20 个左右排列整齐的突起组成，其中 5~7 个突起有开口。肋的左侧至贝壳的边缘具 4~5 条肋纹。壳表面光滑，为绿色、黄褐色，并布有紫色、褐色、暗绿色等斑纹，生长纹细密。壳内银白色，具珍珠光泽。足极发达，不能完全包于壳中。主要产于我国台湾、海南等地，产季多在夏秋季。

（3）杂色鲍　杂色鲍（*Haliotis diversicolor*）又名九子螺、九孔鲍，鲍科，贝壳坚硬，螺旋部小，体螺层极大。壳面的左侧有一列突起，20 余个，前面的 7~9 个有开口，其余皆闭塞。壳口大，外唇薄，内唇向内形成片状边缘。壳表面绿褐色，生长纹细密，生长纹与放射肋交错使壳面呈布纹状。壳内面银白色，具珍珠光泽。足发达。杂色鲍分布在我国东南沿海，以海南岛及广东的硇州岛产量较多，产期多在秋季。不少地方已进行人工养殖。

鲍鱼肉特别鲜美，多用于高档宴席及鲜销，亦可加工罐头及干制品。皱纹盘鲍是我国所产鲍中个体最大的种类，鲍肉肥美，为海产中的珍品；耳鲍、杂色鲍虽不及皱纹盘鲍口感好，但也是鲍中较好的品种。鲍贝壳即有名的中药石决明，也是制作贝雕的重要材料。

三、藻类

藻类生长在淡水、海水中，少数在陆上，无胚，以孢子进行繁殖，是能自养的单细胞或多细胞的一类群低等植物。藻类植物的种类繁多，目前已知有 3 万种左右。根据所含色素、细胞结构和繁殖方式等，藻类分为 11 个门。经济海藻主要以大型海藻为主，如海带、紫菜、裙带菜、石花菜、石莼、礁膜等。淡水藻类有莼菜（又名蓴菜、马蹄菜、湖菜等）、地木耳（地衣）、发菜等。

1. 海带

海带（Kelp）是海带属海藻的总称，属褐藻门，褐藻纲，海带目，海带科。海带在日本称

为昆布。海带属的种类很多，全世界约有 50 种，东亚约 20 种。辽宁大连、山东烟台、浙江舟山及福建莆田等地为我国的主要产区。海带藻体呈褐色而有光泽，由"根"（固着器）、柄、叶三部分组成（图 8-58）。固着器有叉状分枝，用以固着在海底岩石上。成长的藻体叶片带状，五分枝，表皮上面覆盖着胶质层。叶片边缘呈波褶状，薄而软。柄部粗，短圆柱状，生长后期逐渐变为扁圆形。海带是二年生的寒带性藻类，生长于水温较低的海中，过去多在我国北方海域养殖，目前已成功地将海带移到南方养殖。海带是一种特殊蔬菜，除含有一般蔬菜的营养成分外，还是一种含碘量比较高的食品，可有效地防止甲状腺肿大。鲜海带平均含蛋白质 1.68%、碳水化合物 9.57%、脂肪 0.56%、灰分 0.66% 及多种维生素。海带不仅可食用或加工成干制品，还可制成海带酱油、海带味粉、海带酱、海带丝等系列食品。同时又是一种经济价值很高的工业原料，可提取碘、褐藻胶、甘露糖醇等，在食品工业、纺织工业、医

图 8-58　海带

药等方面用途很广。

2. 紫菜

紫菜（Laver）是紫菜属藻类的总称，属红藻门，褐藻纲，紫菜目，红毛菜科。紫菜属有70余种，广泛分布于世界各地，但较多集中于温带。我国紫菜有10多种，广泛分布于沿海地区，较重要的有甘紫菜（*Porphyra tenera*）、条斑紫菜（*Porphyra yezoensis*）、坛紫菜（*Porphyra haitanensis*）等。紫菜是由单层或双层细胞组成的膜状体，形状因种类而异，基部有不明显的固着器（图8-59）。藻体的边缘细胞形状分锯齿状、退化缩小、平滑3种类型。紫菜的颜色有绿色、棕红色以及其他鲜艳色，因所含叶绿素 a 和 b、胡萝卜素、藻红素和藻蓝素的含量及相互间的比例不同而变化。紫菜的生长有两个阶段：一个是叶状体，一个是丝状体。紫菜是一种营养价值较高的食用海藻，其营养价值和药用疗效在藻类中具有独特的地位。鲜紫菜平均含有蛋白质5.81%、碳水化合物5.11%、脂肪0.28%，此外还富含有碘、多种维生素和无机盐类物质，亦含有可辅助降低胆固醇的成分。紫菜可加工成干紫菜、调味紫菜、紫菜酱等产品。成熟的叶状体含琼胶量多，可用作提取琼胶的原料。

图8-59　紫菜

3. 裙带菜

裙带菜（*Undaria pinnarifida*）又称和布、若干、异名翅藻，属褐藻门，褐藻纲，海带目，翅藻科，裙带菜属。裙带菜是一年生的一种大型食用经济海藻，也是北太平洋西部特有的暖温带海藻。我国分布于浙江舟山、嵊泗列岛。经人工移植，大连、青岛、烟台、荣成、威海、长岛等地已有自然分布。裙带菜藻体褐色，分为固着器、柄和叶片3部分。内部构造大致与海带相似。成藻体长1～1.5m。叶片有明显中肋，边缘作羽状分裂（图8-60）。柄扁圆柱形，两侧有呈木耳状的翼状膜。固着器由多次叉状分支的假根组成，末端略膨大，呈小吸盘状，借以固着于岩礁上。裙带菜是一种味道鲜美、营养丰富和经济价值比较高的食用海藻。新鲜裙带菜含碳水化合物9.14%、蛋白3.03%、脂肪0.64%、灰分1.2%，灰分中含有多种矿物质，藻体中也含有一些维生素。它还具有降低血压和增强血管弹性的作用。裙带菜在我国还没有被普遍食用，但在朝鲜、日本已被广泛食用。食用方法多种多样，可生拌、煮或加工成调味裙带菜丝等，日本将其作为酱汤、饭团的配料。

图8-60　裙带菜

四、 其他水产食品原料

1. 海参

海参（Sea cucumber）属于无脊椎动物，棘皮动物门，海参纲，种类繁多，全球有900多种，我国约有140种。常见食用种类多为较粗壮的圆筒状，例如海参属、刺参属、仿刺参属等。我国主要产刺参（*Stichopus japonicus*）（图8-61）。体圆柱形，长20～40cm，似黄瓜。

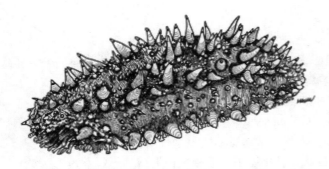

图 8-61 刺参（来源：http://www.fao.org）

前端口周生有 20 个触手，背面略隆起，有圆锥形肉刺排列成 4~6 不规则行。腹面有 3 行管足，体色为黄褐色、黑褐色或绿褐色，常栖息于水流缓慢、海藻丰富的细沙底或岩礁底。我国北方沿海产量较高，目前人工养殖刺参发展很快。海参干制品是名贵海味，经济价值高，也可加工罐头。从刺参中提取的多糖，具有抗肿瘤作用。

2. 海蜇

海蜇（Jellyfish）又名水母，属无脊椎动物，刺胞动物门，钵水母纲，根口水母目，根口水母科，海蜇属。海蜇全身分伞体和口腕两部。伞体半球形，伞径一般为 30~45cm，大者可达 1m；口腕在伞体的下面，依靠口腕上的吸口及周围的小触指捕食。体色变化很大，多为青蓝色，也有呈暗红色或黄褐色，触指呈白色（图 8-62）。暖水性，生活在河口附近，自泳能力很小，常随潮汐、风向和海流而漂流。我国沿海均产，广东渔期为 4—6 月，福建、浙江、江苏为 6—8 月，山东、河北、辽宁为 8—9 月。由于新鲜海蜇体内水分高，一般在 90% 以上，渔期又在气温较高的夏秋季节，因此必须用强力脱水剂明矾和食盐混合腌渍，腌渍三次者，称之为三矾海蜇。加工后的伞体部分叫海蜇皮，口腕部分叫海蜇头。海蜇皮是国内外市场的畅销产品。

图 8-62 海蜇

🔍 复习思考题

1. 阐述我国水产食品原料及其加工特性。

2. 我国水产食品原料主要生产省区有哪些？在分布上有什么特点？

3. 简述鱼类的营养价值。

4. 鱼类的鲜度鉴定方法有哪些？

5. 为什么水产动物肉比陆生动物肉更容易腐败变质？

6. 常见虾蟹类有哪些品种？并举 1~2 例说明其形态和食用特征。

7. 水产品中软体动物包括哪些？有何特点？

8. 简述世界藻类的分布、种类和利用特征。

参 考 文 献

［1］田勇．大国崛起：中国海洋之路．北京：河北科学技术出版社，2013.

［2］李里特．食品原料学（第二版）．北京：中国农业出版社，2011.

［3］徐幸莲，彭增起，邓尚贵．食品原料学．北京：中国计量出版社，2006.

［4］章超桦，薛长湖．水产食品学（第二版）．北京：中国农业出版社，2010.

［5］章超桦，解万翠．水产风味化学．北京：中国轻工业出版社，2012.

［6］胡爱军，郑捷．食品原料手册．北京：化学工业出版社，2012.

［7］陈大刚，张美昭．中国海洋鱼类．青岛：中国海洋大学出版社，2015.

［8］黄宗国，林茂．中国海洋生物图集（第八册）．北京：海洋出版社，2012.

［9］吕海航，汤俊一．经济动物养殖．北京：科学出版社，2015.

［10］严泽湘．水产食品加工技术．北京：化学工业出版社，2014.

［11］铃木平光．吃鱼健脑．叶桂蓉译．北京：中国农业出版社，1991.

［12］夏文水，罗永康，熊善柏等．大宗淡水鱼贮运保鲜与加工技术．北京：中国农业出版社，2014.

［13］农业标准出版分社．中国农业行业标准汇编水产分册．北京：中国农业出版社，2018.

［14］中华人民共和国国家统计局．中国渔业统计年鉴．北京：中国统计出版社，2010—2020.

［15］农业农村部渔业渔政管理局．2019年中国小龙虾产业发展报告．北京，2019.

［16］张慜，陈卫平．水产类调理食品加工过程品质调控理论与实践．北京：中国医药科技出版社，2013.

［17］翟璐，刘康，韩立民．我国"蓝色粮仓"关联产业发展现状、问题及对策分析．海洋开发与管理，2019，36（1）：93~99.

［18］王煜坤，李来好，郝淑贤等．不同部位西伯利亚鲟鱼肉的营养成分分析．食品工业科技，2018，39（21）：207~211.

［19］高露姣，楼宝，毛国民等．不同饵料饲养的褐牙鲆肌肉营养成分的比较．海洋渔业，2009，31（3）：293~299.

［20］Bernstein Aaron S, Oken Emily, de Ferranti Sarah. Fish, shellfish, and children's health：an assessment of benefits, risks, and sustainability. Pediatrics, 2019, 143（6）：e20190999.

［21］Food & Agriculture Organization of the United Nations. State of World Fisheries and Aquaculture 2018.

［22］Hong Hui, Regenstein Joe M, LuoYongkang. The importance of ATP-related compounds for the freshness and flavor of post-mortem fish and shellfish muscle：A review. Critical Reviews in Food Science and Nutrition, 2017, 57（9）：1787~1798.

［23］Hong Hui, Fan Hongbing, Wang Hang, et al. Seasonal variations of fatty acid profile in different tissues of farmed bighead carp (*Aristichthys nobilis*). Journal of Food Science and Technology, 2015, 52（2）：903~911.

［24］Yang Zhengyong, Li Sheng, Chen Boou, et al. China's aquatic product processing industry：Policy evolution and economic performance. Trends in Food Science and Technology, 2016, 58：149~154.

［25］Cao Ling, Naylor Rosamond, Henriksson Patrik, et al. China's aquaculture and the world's wild fisheries. Science, 2015, 347（6218）：133~135.

第九章

CHAPTER

9

功能性食品原料

第一节 概 论

一、 功能性食品的概念

"功能性食品"（简称功能食品）一词最早于 20 世纪 80 年代在日本使用。至今，不同国家、组织和学术团体对于功能性食品的定义不同，根据日本政府 1991 年颁布的特定健康食品法，日本的功能性食品被称为特定保健用食品（Food of specified health use，FOSHU），是指"通过调节人体特定健康状况影响人体结构和功能的一类特殊健康用途食品"。加拿大卫生部将功能性食品定义为"在外形上与普通食品相似，可作为正常饮食的一部分，除基础营养功能外可提供降低慢性疾病发生等生理益处的食品"。1999 年，美国饮食协会定义功能性食品为"一类以全面、强化、丰富或增强形式存在的食品，定期食用达到有效剂量后可提供功能益处或超出基础营养的健康功效"。在美国，功能性食品的范畴主要包括天然健康食品（Natural health food）、营养用食品（Nutriceutical food）和膳食补充剂（Dietary supplement）等。在我国，功能性食品是指"调节人体生理功能，适宜特定人群食用，不以治疗疾病为目的的一类食品"。这类食品除了具有一般食品都具备的营养功能和感官功能（色、香、味）外，还具有一般食品所没有或不强调的调节人体生理活动的功能。我国的保健食品是功能性食品中的一类，根据1996年卫生部"保健食品管理办法"，主要分为两大类：一类是具有明确健康功能的功能性食品，定义为具有已被证实的单一或多重调节人体生理状况的功能、适宜于特定人群、不以治疗疾病为目的的、为食品或食品一部分的产品；另一类是营养素补充剂，定义为单纯以一种或数种经化学合成或从天然动植物中提取的营养素为原料加工制成的食品，虽然没有功能声称，但纳入功能性食品法规管理。尽管各国对于功能性食品的定义不同，但是功能性食品应具备基本的食品属性，无毒、无害，安全性高，符合营养要求，同时具备功能属性，即含有明确结构的功能因子并且能够在食品中稳定存在，如维生素、矿物质、天然动植物提取物（如大豆异黄酮、原花青素、银杏提取物、EPA、DHA等）以及药食兼用食品原料（如阿胶、人参、杏仁、白果等），以赋予食品明确的健康功效。

二、　功能性食品原料的分类

功能性食品原料是具有某些特定健康和生理功能活性的食品原料、药食同源原料、食品添加剂等，是开发和生产功能性食品的基础物质。功能性食品原料主要有3个来源。

（一）食品原料

主要包括《中国食物成分表》中所涉及的食品，如谷物、蔬菜、水果、食用菌、茶叶、肉、蛋、乳制品、水产品等，同时也包括一些新食品原料，如益生菌、低聚糖、活性肽、叶黄素酯等。

（二）药食同源原料与中草药材

据统计，目前已获批准使用的药食同源原料共有110种，如火麻仁、当归、砂仁、枸杞子、胖大海等，另外中药药材有113种。

（三）部分天然产物、动植物提取物和部分食品添加剂等

如各类花青素、叶黄素、甜味剂、香精等。

我国中医药的影响力巨大，传统中药材种类繁多，各类新兴功能性食品原料和新食品原料的应用越来越广泛，这些原料提供的功效或标志性成分赋予了功能性食品特有的健康功能，这也成为我国功能性食品产业的一大特色。

目前我国功能性食品原料中普通食品原料占较大比例。这一现象使我国功能性食品原料领域具有一些独特的优势：首先，大部分食品原料为消费者大量长期食用，其安全性是经过有效验证的，因此，使用食品原料可使功能性食品的安全性得到有效保障；其次，部分食品原料的直接使用可导致产品的形态和剂型发生变化，脱离现有的以丸散膏丹为主要剂型的局面，保持产品的食品属性；最后，使我国的食品和农产品加工产业得到延伸，显著提高产品的附加值。

三、　功能性食品原料应用现状

随着工业化进程的加快、人口老龄化以及居民生活方式的改变，人们对于健康、营养、安全的需求日益提高，居民食品消费发生快速升级，功能性食品成为食品消费新的增长点。国内外功能性食品市场发展迅猛，全球功能性食品销售总额超过2000亿美元，其中，美国占750亿

美元，其拥有功能性食品生产企业 600 多家，生产的功能性食品品种多达 1000 多种；日本的功能性食品生产企业现有 400 多家，但产品品种多达 2000 多种；德国、法国、英国、瑞士等欧洲国家都是功能性食品生产大国，其功能性食品销售额保持每年 15% 的速度稳定增长。近 20 年，我国的功能性食品产业发展迅猛，生产企业超过 4000 家，功能性食品的类型多样，包括口服液、胶囊、片剂、饮料、冲剂和粉剂等，其功能主要以抗疲劳、免疫调节、血脂调节等为主。功能性食品原辅料主要包括普通食品原料、食品添加剂、新食品原料以及药食兼用食品原料等。谷物、豆类、蔬菜、水果、干果、食用菌、茶、畜禽产品、水产品、蛋、乳等普通食品原料常以其固有形态或制品形式应用于功能性食品，然而由于普通食品原料中功效因子含量低，质量控制困难，且量效关系证据不足等因素，普通食品在功能性食品中使用频率较低；枸杞及其制品，如枸杞多糖提取物、枸杞粉、枸杞浓缩物、枸杞籽油等是功能性食品中较为常用的药食兼用食品原料。此外，荷叶及其提取物、魔芋粉及其提取物、茶油、黑芝麻及其提取物、薄荷、莲子粉及其提取物等药食兼用食品原料亦常用于功能性食品。食品添加剂主要作为功效因子用于功能性食品，如维生素、必需脂肪酸、木脂素、膳食纤维等，此外，食品添加剂以甜味剂、着色剂等辅料形式在功能性食品中有较高使用频率。由于新食品原料如茶叶籽油、牛奶碱性蛋白等大部分含有健康功效显著的标志性成分，因此常作为功能性食品的主要原料且具有较高的使用频率。

由于目前多数功能性食品及功能性食品原料生产企业技术力量薄弱，在产品研发、功能活性分析以及质量标准提高等方面科学研究投入不足，功能性食品及功能性食品原料的保健功能不清，作用机理不明，如大量功能性食品将"总黄酮""总皂苷""粗多糖"等少数几种组分作为产品功效/标志性成分，功能性食品功效/标志性成分过分集中，造成市场上的功能性食品及功能性食品原料产品良莠不齐。为了引导功能性食品及功能性食品原料行业健康发展，科学有序进行产业升级，我国政府部门加大了监管力度，国家市场监管总局会同国家卫生健康委制定并发布《保健食品原料目录与保健功能目录管理办法》（以下简称《办法》），推进保健食品注册备案双轨制运行，建立开放多元的保健食品目录管理制度，以原料目录和功能目录为抓手，进一步强化产、管并重，社会共治。该《办法》已于 2019 年 10 月 1 日起正式实施。《办法》专门制定了保健食品原料目录，规定除维生素、矿物质等营养物质外，纳入保健食品原料目录的原料应当符合下列要求：①具有国内外食用历史，原料安全性确切，在批准注册的保健食品中已经使用；②原料对应的功效已经纳入现行的保健功能目录；③原料及其用量范围、对应的功效、生产工艺、检测方法等产品技术要求可以实现标准化管理，确保依据目录备案的产品质量一致性。同时还规定有以下情形的不得列入保健食品原料目录，即：①存在食用安全风险以及原料安全性不确切的；②无法制定技术要求进行标准化管理和不具备工业化大生产条件的；③法律法规以及国务院有关部门禁止食用，或者不符合生态环境和资源法律法规要求等其他禁止纳入的。

随着功能性食品产业的蓬勃发展，功能性食品原料的范围也在不断拓宽，不仅包括传统意义上的药食同源食品原料、天然产物和动植物提取物等，还包括一些新食品原料，如益生元、益生菌、活性肽等。本章第二至第五节内容将重点介绍四种不同类型的典型功能性食品原料，包括药食兼用食品原料、益生元、益生菌和活性肽，主要涉及不同类型功能性食品原料的物化特性、功能活性、制备、应用等。

第二节 药食同源食品原料

我国传统以食养、食疗以及药膳为基本核心内容的"药食同源"理论是食物营养保健思想的充分反映。字面上看，"药食同源"是指食物与药物之间没有绝对的界限，如生姜、大枣、大蒜、山药、桑葚等，既是食物也是药物，同样可用于疾病防治。随着社会的发展，人们对于食物和药物的界限以及对于"药食同源"思想的理解和认识不断加深。人们希望更加有效地利用那些既有特定功能，又安全并且可以长期食用的食材。因此，出现了一些新的名词和概念，如"功能性食品""健康食品""药用食品""膳食补充剂""植物营养剂"以及"疗效食品"等。细究这些名词、概念和本质，仍属于"药食同源"的大范畴之内，旨在通过日常摄入达到健康的目标。可见，"药食同源"是发展趋势，具有非常重要的现实意义，它要求食材既要有药物与食品的综合作用，又能满足营养与保健的需求，是具有药物功效和食品美味的能治病、强身、抗衰老的特殊食品。

一、药食同源（兼用）食品原料现状

尽管"药食同源"肯定了食物与药物的共性，但是出于安全和健康的考虑，食物与药物之间必须加以区别，明确界限。2009年修订的《中华人民共和国药品管理法》规定，药品是指用于预防、治疗、诊断人的疾病，有目的地调节人的生理机能，并规定有适应证或者功能主治、用法和用量的物质，包括中药材、中药饮片、中成药、化学原料药及其制剂、抗生素、生化药品、放射性药品、血清、疫苗、血液制品和诊断药品等。《中华人民共和国食品安全法》（2009年）规定，食品指各种供人食用或者饮用的成品和原料，以及按照传统既是食品又是药品的物品，但是不包括以治疗为目的的物品。2014年国家卫生和计划生育委员会将"按照传统既是食品又是药品的物品"更改为"按照传统既是食品又是中药材的物质"，即具有传统饮食习惯，且列入《中华人民共和国药典》及相关中药材标准中的动物和植物可食用部分，包括食品原料、香辛料和调味品。2002年，原卫生部公布的"既是食品又是药品的物品名单"有87种，包括丁香、八角茴香、刀豆、小茴香、小蓟、山药、山楂、马齿苋、乌梢蛇、乌梅、木瓜、火麻仁、代代花、玉竹、甘草、白芷、白果、白扁豆、白扁豆花、龙眼肉（桂圆）、决明子、百合、肉豆蔻、肉桂、余甘子、佛手、杏仁（甜、苦）、沙棘、牡蛎、芡实、花椒、赤小豆、阿胶、鸡内金、麦芽、昆布、枣（大枣、酸枣、黑枣）、罗汉果、郁李仁、金银花、青果、鱼腥草、姜（生姜、干姜）、枳椇子、枸杞子、栀子、砂仁、胖大海、茯苓、香橼、香薷、桃仁、桑叶、桑葚、橘红、桔梗、益智仁、荷叶、莱菔子、莲子、高良姜、淡竹叶、淡豆豉、菊花、菊苣、黄芥子、黄精、紫苏、紫苏籽、葛根、黑芝麻、黑胡椒、槐米、槐花、蒲公英、蜂蜜、榧子、酸枣仁、鲜白茅根、鲜芦根、蝮蛇、橘皮、薄荷、薏苡仁、薤白、覆盆子、藿香。此名单的公布促进了行业的发展，但同时也存在一些问题，如名单中所涉及的物质没有具体的来源、品种、部位、使用范围和剂量等的限定，同时与其他标准的变更衔接不足，如金银花、葛根等。随着研究的深入，一些新的药食两用品种未能及时纳入。因此，2014年新增了15种"药食同源"食品，包括人参、山银花、芫荽、玫瑰花、松花粉、粉葛、布渣叶、夏枯草、当归、山柰、西红花、草果、姜黄、荜茇。2018年新增9种中药材物质作为按照传统既是食品又

是中药材名单，包括党参、肉苁蓉、铁皮石斛、西洋参、黄芪、灵芝、天麻、山茱萸、杜仲叶，但须在限定使用范围和剂量内才能作为药食两用。此外，卫计委规定，目录名单以外的物质如需开发作为食品原料，应当按照《新食品原料安全性审查管理办法》有关规定进行安全性评估并申报，此规定充分体现了安全性原则，在药品和食品之间搭建了一个衔接和过渡。本章节选择目录名单中20种常见的药食同源食品对其分布和生产、性状和成分以及用途进行介绍。

二、代表性药食兼用食品原料的特性与功能

（一）丁香

丁香（Clove），玄参目木樨科丁香属（*Syringa*）的小乔木或落叶灌木，如图9-1所示。通常所说的丁香是丁香的花蕾，又名公丁香、丁子香、支解香、雄丁香等。丁香成熟果实干燥后呈卵圆形或椭圆形，称为母丁香。

图9-1　丁香

1. 分布和生产

丁香的种植历史悠久，分布广泛。丁香原产于印度尼西亚，目前在印度尼西亚、桑给巴尔、马达加斯加岛、印度、巴基斯坦、斯里兰卡、日本、朝鲜、欧洲东部以及我国东北、西北及华北地区皆有种植。目前世界上种植的丁香种类超过40种，丁香的种类主要包括：暴马丁香（*Syringa amurensis* Rupr.）、紫丁香（*Syringa oblata Lind* L.）、小叶丁香（*Syringa microphylla* Diels.）、辽东丁香（*Syringa wolfii* Schneid）、朝鲜丁香（*Syringa pubescens* Nakai.）、洋丁香（*Syringa vulgaris* L.）和关东丁香（*Syringa velutin* Kom）等。由于丁香花香气宜人，可作为城市绿化树种，但暴马丁香和小叶丁香的种植数量较少。

2. 性状和成分

丁香中挥发油含量可达20%，目前已鉴定的化合物有30种，主要成分为丁香酚，含量可达挥发油的95%，此外还包括异丁香烯、乙酸丁香酚酯、β-石竹烯、α-石竹烯、α-蛇麻烯、杜松烷-1（10）-4-二烯等。除挥发油外，丁香中富含黄酮类、色酮苷以及三萜类等非挥发性成分。此外，丁香中亦含有维生素以及 Fe、Cu、Zn 等微量元素。

3. 用途

丁香可用于烹饪、制茶、焚香添加剂等。在食品工业中主要用于甜食、糕饼、腌制食品、蜜饯、饮料的调味，也可作为香烟添加剂。丁香油常用于酱油保鲜，可增加独特的香味。丁香的甲醇、丙酮提取物可用于果蔬保鲜，对于果蔬采摘后的褐变、硬度变化、失水等有良好的抑制作用，有利于保持果蔬的良好品质。此外丁香提取物还可用于禽肉保鲜及粮食贮藏。丁香油可用于调配香水以及花露水，具有良好的抗菌效果。丁香常用于治疗脾胃虚寒、呃逆呕吐、食少吐泻、心腹冷痛、肾虚阳痿、宫寒等（中国兽药典委员会，2016）。现代药理学研究表明，丁香具有抗菌、驱虫、杀螨、消炎、镇痛、抗氧化、抗癌、抗衰老以及预防心血管疾病等生理活性。

（二）八角

八角（Star anise），又名八角茴香、大料和大茴香，为木兰科植物（Magnoliaceae）八角属（*Illicium verumLinn*）的干燥成熟果实，如图9-2所示。

1. 分布和生产

世界范围内，八角属植物50余种，主要分布于北美洲及东南亚地区。在我国，八角种植区域主要分布在广西、广东、福建、云南、贵州等省区。我国种植和采摘加工八角的历史已有三百多年，目前其产量约占世界总产量的90%，居首位。八角茴香果实为聚合果，多由6~8个蓇葖果组成，呈星形，红棕色，气味芳香，味道辛甜，果实成熟期为9—10月。

图9-2　八角

2. 性状和成分

八角的品质以个大、均匀、色泽棕红、鲜艳有光泽为佳，果实晒干后亦可磨粉。八角中主要含茴香油、倍半萜内酯及其衍生物、黄酮类化合物、苯丙烷、木脂素类功能成分。茴香油中的茴香脑和单萜类成分是构成八角香气的特征性成分，其中反式茴香脑含量高达80%，此外还含有柠檬烯、草蒿脑、β-石竹烯、α-香柠檬烯等香气成分。目前已从八角中鉴定出超过30种氧化程度较高的倍半萜内酯及其衍生物，而八角中的黄酮类化合物主要为山柰酚及其糖苷、槲皮素及其糖苷等。莽草酸是从八角茴香中提取的一种单体化合物，有抗炎镇疼作用，是抗癌药物中间体，莽草酸可通过影响花生四烯酸代谢来抑制血小板聚集，抑制动、静脉血栓及脑血栓形成。从八角中提取的莽草酸成分是合成治疗禽流感H5N1病毒特效药达菲（磷酸奥塞米韦）的重要中间体。

3. 用途

八角常作为中国菜以及东南亚地区菜肴的调味料，有去腥增香之用，主要用于卤、煮、炸、酱及烧等烹调加工中，也是加工五香粉的主要原料。此外，八角被广泛用于牙膏、罐头、香皂、化妆品、烟草等方面。医学研究表明，八角具有开胃下气、温阳散寒、暖肾止痛、抑菌杀虫、抗抽搐、抗氧化、抗血栓等生理功效。

（三）小茴香

小茴香（Fennel），又名小怀香、土茴香、谷香、香丝菜等，是多年生草本伞形科的开花植物茴香（*Foeniculum vulgare* Mill.）的干燥成熟果实。茴香全株具有强烈香气，被覆白粉，其果实、根、茎、叶均可药用，如图9-3所示。

1. 分布和生产

小茴香原产于地中海沿岸及西亚地区，现世界各地均有分布，我国小茴香原主要产自内

图9-3　小茴香

蒙古、宁夏、山西、陕西等地，现今南北各地均有种植，其中以我国北方地区小茴香的种植较为普遍，且大多自产自销，亦有少量出口。茴香为多年生草本植物，高 50～150cm，茎直立，光滑，灰绿色或苍白色，叶互生，叶柄长 3.5～4.5cm，复伞状花，花期 6—9 月，果期为 10 月。

2. 性状和成分

小茴香果实成熟后，晒干，外观为长圆柱形，两端尖，长 4～8mm，宽 2～4mm，黄绿色或淡黄色，表面光滑，无毛，具有特异甜香。小茴香中主要含有脂肪油、挥发油、有机酸、甾醇及其糖苷、黄酮、生物碱、三萜、鞣质、强心苷、皂苷、维生素、无机盐等成分。小茴香果实中脂肪油含量为 18%，主要为洋芫荽子酸。挥发油占果实质量的 3%～6%，主要成分为茴香醚（50%～60%）和小茴香酮（18%～20%）。小茴香茎叶中含丰富的有机酸，如桂皮酸、阿魏酸、咖啡酸等。小茴香果实中的甾醇类化合物主要以植物甾醇基-β-呋喃果糖苷、谷甾醇、豆甾醇、菜油甾醇为主。此外，小茴香含有丰富的维生素 E、维生素 B_1、维生素 B_2 及胡萝卜素，且微量元素 Fe、Cu、Zn、Mn、Se 的含量较高。

3. 用途

小茴香的茎部及嫩叶可作菜蔬直接食用，我国饮食习惯中主要将其作为馅料。小茴香干燥果实以颗粒饱满、色绿、味甜为佳。而小茴香果实成熟干燥后可直接用于烹调和制作调味品，如肉制品和焙烤食品的加香等。小茴香也是常用的中药之一，其味辛，性温，归肝、肾、脾、胃经，具有散寒止痛、理气和胃的功能。现代药理学研究表明，小茴香具有抗炎、镇痛抗菌、祛风、抗氧化等功效，可用于治疗慢性咽炎、大肠炎、腹胀腹泻、肝硬化、肝腹水等，其对于女性的原发性痛经亦有很好的疗效。

（四）山楂

山楂（Chinese haw），又名山里红、山果果，落叶乔木，蔷薇科山楂属（*Crataegus Crataegus* L.）植物。山楂果实、花、叶及核均可作为药用，如图 9-4 所示。

1. 分布和生产

图 9-4　山楂

山楂果树原产于我国，在我国已经有 3000 多年的栽培历史，而作为中药材，山楂已有 2000 多年的药用历史。山楂广泛分布在北半球的亚洲、欧洲和美洲地区。我国山楂种植主要分布于山东、陕西、山西、河南、江苏、浙江、辽宁、吉林、黑龙江、内蒙古、河北等地。据统计，2017 年我国山楂总产量达 250 余万 t，其中河北承德山楂种植面积达 2 万 hm^2，年产山楂 50 余万 t，占全国山楂总产量的 20% 左右。山楂为核果类水果，果肉薄，味酸微涩，果皮深红色，有浅色斑点，近梨形或球形，直径 1～1.5cm，核具棱，两侧平滑，数量 3～5 个，果期 8—10 月。

2. 性状和成分

山楂果实中营养成分丰富，其含有多种有机酸类成分，如熊果酸、山楂酸、绿原酸、枸橼酸、齐墩果酸等，其中山楂酸含量在 20.1～26.7mg/100g。有机酸类成分可保护山楂中的维生素

C 等不被破坏。山楂中还含有黄酮类化合物，目前已分离得到 60 多种，主要包括异槲皮素、金丝桃苷、芦丁、槲皮素、牡荆素以及原花青素等，其中金丝桃苷、芦丁、槲皮素的总含量占黄酮类化合物含量的 65%。山楂中富含果胶类山楂多糖成分，其果胶含量居所有水果之首，可达 6.4%。此外，山楂中还含有蛋白质、脂肪、维生素、矿物质、烷及其聚合物类、三萜类等营养成分。

3. 用途

山楂果实可鲜食或者加工成果脯，也可加工成干制品、罐藏制品、糖制品、酒类以及液态和固态饮料等，如糖葫芦、果丹皮、山楂饼、山楂糕、山楂饮料等食品。作为药膳材料，山楂做成粥、汤、茶、酒等形式，在降血脂、软化血管，以及心脑血管疾病的防治方面具有一定的作用。山楂也可以入药，其味酸、甘，性微温，归脾、胃、肝经，具有消食健胃、行气散瘀、化浊降脂之功效。现代药理学研究表明，山楂具有调节血脂、保护肝脏、强心、降压、调节胃肠道、抗氧化、抗肿瘤、抗菌、免疫调节等生理功效。

（五）木瓜

木瓜（Chinese quince），又称榠楂、木李、海棠等，蔷薇科（Rosaceae）木瓜属（*Chaenomeles Lindl.*）多年生落叶灌木或小乔木，果实如图 9-5 所示。我国木瓜属分为 5 个野生种，分别为皱皮木瓜（*Chaenomeles speciosa*）、西藏木瓜（*Chaenomeles tibetica*）、光皮木瓜（*Chaenomeles sinensis*）、木瓜海棠（*Chaenomeles cathayensis*）以及日本木瓜（*Chaenomeles japonica*）。

1. 分布和生产

木瓜属植物的栽培历史悠久，最早可追溯至 3000 多年以前，主要分布在中国、韩国及日本等地。在我国，皱皮木瓜的种植面积广阔，在云南、重庆、浙江、安徽、湖北等地均有种植。光皮木瓜原产于中国，在我国安徽、湖北、江苏、陕西、山东、浙江、江西、广西等地均有分布，在日本、韩国也有种植。我国木瓜资源丰富，但木瓜种植管理相对粗放，导致木瓜品质参差不齐。皱皮木瓜为木瓜的药用植物来源，其外形呈球形或卵球形，直径 4~6cm，果实一般呈黄色或黄绿相间，味道清香，果期为 9—10 月。

图 9-5　木瓜

2. 性状和成分

皱皮木瓜剖开后晒干即可作为药用，外表为紫色或红棕色，有不规则皱纹。皱皮木瓜中含有丰富的多酚类化合物，其中以原花青素为主，此外还含有绿原酸、儿茶素、表儿茶素、原儿茶素、没食子酸、香茶酸、丁香酸等。不同品种木瓜中多酚类物质含量差异显著，其中总酚含量为 3.34~35.01mg/g，而总黄酮含量为 6.66~40.84mg/g。木瓜中多糖含量大于 2.51%，且多糖含量随采收时间变化而变化，7 月上旬木瓜中的多糖含量达到最高，为 5.08%。此外，木瓜中还含有木瓜碱、蛋白酶、多糖、维生素 C、17 种以上氨基酸、黄酮类、香豆素类、萜类、挥发油、植物甾醇、鞣质、生物碱、有机酸等营养成分，其中黄酮类主要为芦丁、槲皮素、柚皮素、儿茶素等。

3. 用途

木瓜作为重要的食材，可以作为水果直接食用，或者用于煲汤等。此外，木瓜可加工果脯、果酱、果酒、果汁等食品，木瓜果肉可用于加工木瓜酱菜、木瓜肉丸、木瓜冰激凌、木瓜奶片、木瓜软糖等。木瓜中的蛋白酶及甘露聚糖酶可作为食品加工生产的重要添加剂。木瓜中的木瓜素、木瓜籽油、皂苷等提取物还可作为保健品及化妆品等的原料。中医认为木瓜具有舒筋络、和脾胃、益筋血的药理作用。在中医临床实践中，皱皮木瓜被广泛应用于腰膝关节酸痛、脚气水肿炎症、腹泻、消化不良等胃肠道疾病的治疗。现代医学研究表明，皱皮木瓜中含有丰富的多酚类、有机酸类、三萜类等活性成分，表现出多种有益人体健康的生理活性，如肝脏保护、抑菌抗炎、抗肿瘤、降血糖、降血脂、镇痛等。

（六）白果

白果（Silver apricot），又称鸭脚子、灵眼、佛指柑、银杏果，是白垩纪时期的子遗裸子植物银杏（*Ginkgobiloba* L.）的种核，为银杏科（Ginkgoaceae）银杏属（*Ginkgo*）植物的果实，如图9-6所示。

1. 分布和生产

图9-6　白果

银杏树被誉为植物界的"活化石"，其生长速度缓慢，寿命极长。银杏种植主要分布在中国、韩国和日本，在我国银杏被当作"宝树"，因此我国也是世界公认的"世界银杏最后的天然产地"。我国已成为银杏种植和白果加工利用的大国，全国共有23个省有银杏古树，而银杏种植范围更广，种植面积和白果产量均居世界首位，主要分布于山东、江苏、安徽、湖北、河南、浙江、四川、贵州、广东、广西、江西等地。全球白果总产量约为1.4万t，我国白果产量占世界总产量的90%以上，约1.3万t，其中江苏泰兴年产白果3000t。白果为倒卵形或椭圆形，长2.5~3cm，淡黄色，表面有白粉状蜡质。白果外种皮肉质，有臭气，内种皮灰白色，骨质，两侧有棱边。白果果期为7—10月。

2. 性状和成分

白果富含蛋白质、脂肪、淀粉等营养素。其中，粗蛋白占9%~13%，主要为水溶性（42%）和盐溶性蛋白（48%）。白果脂肪含量占其质量的4.32%~7.58%，其中不饱和脂肪酸约占90%，主要为油酸及亚油酸（71%~75%）。白果中淀粉含量高达60%~70%，其中直链淀粉约占30%。白果中银杏萜内酯可分为银杏内酯和白果内酯两类，其含量约为2.36mg/g。白果中多糖为D-甘露糖组成的均一水溶性多糖，分子质量为$1.86×10^5$u，其含量可达4.87%。此外，白果中还含有银杏酸、银杏酚、银杏醇、银杏黄素、银杏黄酮、内酯、胆固醇、聚戊醇等活性成分。

3. 用途

白果品味甘美，口感香糯，口味清新，并且营养丰富，为上等干果，其作为食疗、滋补、保健食品应用已有1000多年的历史。白果可直接食用或加工成干果、干粉、罐头、蜜饯、果脯、饮料、酒类、药膳、菜肴等产品。白果味甘，平，性寒，可敛肺气，定喘嗽，止带浊，缩小便。现代医学研究表明，白果具有抗氧化、抗菌、抑制肿瘤生长、抵抗血小板活化因子、降血脂、抗衰老、抗炎、降血压、提高免疫力、治疗心血管疾病等多种有益人体健康的生理功效。

（七）百合

百合（Lily），多年生草本百合科（Liliaceae）百合属（*Lilium*）植物的总称，如图9-7所

示。《中华人民共和国药典》中规定百合
科植物卷丹（*Lilium lancifolium* Thunb.）、
百合（*Lilium brownii* F. E. Brown var. viri-
dulum Baker）或细叶百合（*Lilium umilum*
DC.）的干燥肉质鳞茎可作为药用。

1. 分布和生产

百合主要分布在亚洲、北美洲、欧洲
等北半球的亚热带、温带与寒带地区，少
数分布在热带高海拔地区。我国百合资源
丰富，资源广泛，约有 46 种 18 个变种，
占全世界百合总数（90 多种）的一半以
上。陕西、湖南、四川、江苏、湖南、浙
江及云南等省是我国百合的主要产区。

2. 性状和成分

百合鳞茎由数十枚肉质肥厚、卵匙形

图 9-7　百合

的鳞片组成，先端常开放如莲座状，形状为球形，扁球形、卵形、椭圆形等，颜色随品种不同
而变化，多为淡白色。百合鳞茎周径 6~35cm，质量 10~350g。研究发现，百合中含有丰富的淀
粉、果胶、蛋白质、磷脂、矿物质、氨基酸等营养成分。淀粉是百合中最主要的营养成分，其
含量为 12.5%~36.8%。百合中蛋白质含量受品种影响较大，其含量最高可达 34mg/g，最低仅
为 4.3mg/g。百合中氨基酸种类齐全且含量较高，包含 16 种氨基酸且其含量为 11.9~18.6mg/
g，其中人体必需氨基酸含量占 7.9%~9.0%。百合所含活性物质分布在花、叶、鳞茎等部位，
包括甾体皂苷类、多糖、苯丙酸甘油酯类、多酚类化合物、生物碱、黄酮、氨基酸、磷脂及其
他烷烃等有益人体健康的功效成分。

3. 用途

百合鳞茎食用方式多样，可鲜食，也可蒸、煮、炒、炖、拌、做汤、制粥、调馅等。百合
中淀粉含量高，可加工制成百合淀粉。百合亦可加工成百合汁、百合粉、百合干、百合罐头、
百合晶或与其他食品原料配合制成保健饮品。百合味甘性平，归心、肺经，具有养阴润肺止
咳、清心安神的功效，临床用于止咳平喘、腹胀心痛、虚烦惊悸、失眠多梦、精神恍惚、利大
小便、补中益气等。药理研究表明，其具有抗肿瘤、抗抑郁、抗氧化、降血糖、抗疲劳、耐缺
氧、免疫调节、抗炎、抑制 Na^+/K^+ ATP 酶等作用。

（八）杏仁

杏仁（Apricot kernel），蔷薇科（Rosaceae）落叶李亚科（Prunoideae）杏属植物
（*Armeniaca* Mil.1）干燥后的种仁，如图 9-8 所示。杏仁可分为甜杏仁和苦杏仁两种，其中栽培
杏所产杏仁主要为甜杏仁（*Prunus armeniaca* L.），苦杏仁则来自于山杏（*Prunus armeniaca*
L. varansu Maxim.）、西伯利亚杏（*Prunus sibirica* L.）、东北杏（*Prunus mandshurica*（Maxim.）
Koehne）或杏（*Prunus armeniaca* L.）。

1. 分布和生产

我国是杏属植物的资源宝库，共有 9 个种，13 个变种，2000 多个品种，占世界资源总量的
三分之二。全世界杏仁产地分布广，在亚洲、美洲、欧洲和非洲等都有生产，其中亚洲的产量
最大。杏在我国分布范围较宽，主产于新疆、河北、山东、山西、河南、陕西、甘肃、青海、

辽宁、内蒙古、吉林等地。2014 年，全世界杏仁的总产量达到 300 多万 t，而美国杏仁生产和出口量居世界首位，我国杏的栽培面积较高，但单产较低，主要以生产鲜食杏、加工杏为主。

图 9-8　杏仁

2. 性状和成分

杏仁长 1~1.7cm，宽约 1cm，厚 0.4~0.6cm，种皮呈棕色至暗棕色，顶端尖，基部钝圆，呈扁圆锥形或扁心脏形。内有两枚肥厚子叶，白色，富有油性。杏仁中含有丰富的脂肪、蛋白质、多种维生素和矿物质等营养素。甜杏仁区别于苦杏仁的特点是其中所含的苦杏仁苷含量低（<0.1%），且氢氰酸的含量亦较低，约为苦杏仁的三分之一，而甜杏仁的含油量较高。杏仁蛋白质含量可达 25%，仅次于大豆蛋白，且氨基酸搭配平衡合理。杏仁中脂肪含量高达 35%~50%，其中以亚麻酸、亚油酸等不饱和脂肪酸为主。杏仁中非金属元素硒的含量为各类仁果之冠，分别是核桃仁、花生仁和葵花仁的 3.39 倍、3.97 倍和 12.93 倍，杏仁含有多种微量元素，如 Mg、Fe、Ca、Cu、Mn、Zn、P 等，还含有丰富的维生素 E、维生素 A、维生素 B_1、维生素 B_2、维生素 C 等。此外杏仁中还含有多种酚类功能性成分，如黄烷醇、黄酮醇苷、黄酮醇苷元、黄酮苷、黄酮苷元等。

3. 用途

甜杏仁主要用于鲜食或作为食品加工原料，国产杏仁除少量出口外，大多以榨油为主，少量加工成坚果干货、杏仁罐头、杏仁露等。苦杏仁主要作为药物使用，其味甘苦、性温、冷利，入肺、大肠二经，有苦泄降气、止咳、平喘、润肠缓泻的功效，主要用于治疗呼吸及消化系统疾病。现代医学研究表明，苦杏仁有明显降血脂及防止动脉硬化和护肝保肝作用。苦杏仁中的苦杏仁苷和硒具有抗癌的功效，可降低前列腺癌、肺癌、结肠癌、直肠癌的发病率。此外，苦杏仁还具有抗疲劳、调节激素分泌降胆固醇、调节脂肪代谢、抗菌、抗氧化、降血压、免疫调节等多种生理功效。

（九）沙棘

沙棘（Sea buckthorn），又称沙枣、醋柳、黄酸刺、酸刺、黑刺、海鼠李、吉汉（维吾尔名）、其察日嘎察（蒙名）、达普（藏名）等，属胡颓子科（Elaeapnacae）沙棘属（Hippophae）落叶灌木或小乔木，枝条带有棘刺，属小浆果类果树，如图 9-9 所示。

1. 分布和生产

沙棘起源于东亚，广泛分布于亚欧大陆的温带、寒温带及亚热带 1 月份 10℃ 等温线以北地区。沙棘抗逆能力强，适应性广，可生长于干旱、半干旱地区，世界上沙棘资源主要分布于中国、俄罗斯、蒙古国、芬兰、保加利亚、波兰及尼泊尔等国家，其中苏联是世界上最早进行沙棘栽培的国家。我国沙棘资源丰富，在西北、华北、东北、西南各省均有沙棘分布，

图 9-9　沙棘

沙棘资源面积总量达 270 万 hm²。沙棘喜光喜湿，枝条粗壮，顶生或侧生，嫩枝银白色或带褐色鳞片或具白色星状柔毛，老枝灰黑色，粗糙；芽大，金黄色或锈色。沙棘属雌雄异株植物，在一年生枝条上产生花芽，螺旋状排列于枝条上，花芽为闭合形，有肉质鳞片。沙棘果实为假果实，由花萼筒肉质化发育而成而非子房发育，果实圆球形或近扁圆形，果实颜色橙黄色或橘红色或杂合型颜色，通常只含 1 粒种子，种皮坚硬如核，果柄长度 1~7mm。

2. 性状和成分

沙棘全身是宝，其根、茎、叶、花、果利用价值都很高。沙棘果实营养较为丰富，富含维生素、黄酮类化合物、三萜、甾体类化合物、沙棘油、酚类、有机酸类、鞣质（单宁）、5-羟色胺、多糖、微量元素等。沙棘中含有丰富的植物甾醇，其含量为 1.76~2.22g/kg，其中以谷甾醇为主，分别占沙棘种子及果肉果皮中甾醇含量的 57%~76% 和 57%~83%。沙棘果实含油量为 2%~5%，脂肪酸主要由棕榈脂酸、棕榈油酸、油酸、亚油酸和亚麻酸组成。沙棘果实富含维生素，是维生素宝库，其中维生素 C（275mg/100g）、维生素 A（432.4IU/100g）、维生素 E（3.54mg/100g）、维生素 B_6（1.12mg/100g）、维生素 B_2（5.4mg/100g）、维生素 B_2（1.45mg/100g）、维生素 B_3（68.4mg/100g）和维生素 B_5（0.85mg/100g）等含量高于其他常见水果。沙棘中黄酮类化合物主要为异鼠李素、槲皮素、杨梅素和儿茶素及这四种苷元构成的苷类化合物。沙棘果中可分离出熊果酸、齐墩果酸、谷甾醇、豆甾醇、洋地黄苷、香树精等三萜和甾体类化合物。沙棘中富含乌索酸、香豆素、β-香豆素、酚酸等多酚类成分。

3. 用途

由于沙棘富含多种营养及生物活性成分，其根、茎、叶、花、果实被广泛食用。作为食品原料，沙棘可制作成功能性食品、饮料、酒类以及具有治疗和保健功能药物，如采用沙棘嫩叶制成的复方沙棘茶、利用沙棘果汁制成的保健型低度沙棘白酒、利用沙棘果实制得的食品调味料沙棘油等。我国古代蒙医和藏医利用沙棘作为常用药物，其具有法痰、利肺、健脾、养胃、活血祛癖的药理功效。现代药理学研究证实，沙棘中富含的黄酮类化合物具有抗氧化及清除自由基、增强机体免疫力、抗炎、抗肿瘤、糖尿病防治、保护心血管系统等生理活性。沙棘油中含有的甾醇类化合物可降低人体血清胆固醇的水平并能显著减少患心脏病的风险。沙棘油中的脂肪酸可治疗心血管疾病、降低肝毒性、抗氧化。沙棘中含有 5-羟色胺，是一种植物中的罕见成分，有抗强烈辐射、抗传染病、抗癌、促凝血等功效。

（十）花椒

花椒（Chinese prickly ash），又名大椒、山椒、秦椒，属芸香科（Rurtaeeae）花椒属（Zanthoxylumlinn）植物，是青椒（Zanthoxylum schinifolium Sieb. et. Zucc.）或花椒（Zanthoxylum Bungeanum Maxim.）的干燥成熟果皮，如图 9-10 所示。

1. 分布和生产

花椒种植主要分布于亚洲、美洲、非洲及大洋洲的热带和亚热带地区。亚洲花椒主要分布于喜马拉雅山脉地区以及亚洲的东部、中部、南部和西南部。花椒作为香辛料在我国有着悠久的食用

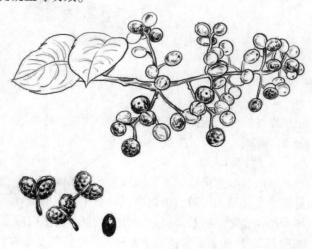

图 9-10 花椒

历史，我国花椒种植面积广，资源丰富，常见于四川、陕西、河南、云南等地区，其中以四川产花椒的质量最好。由于花椒的优良风味及其健康功能，花椒在我国的市场前景广阔，其种植面积已超过 12 万 hm²，产量达 12 万 t，年产值达 15 亿元人民币，且以每年 20%～30%速率增长。花椒属落叶灌木，茎干通常有皮刺；枝灰褐色，奇数羽状复叶，喜光，耐寒，耐旱但不耐涝。花椒球形，外果皮棕红色或红褐色，直径 4～5mm，密生瘤状突起的腺点，内果皮光滑，淡黄色，薄革质，内含种子一粒，圆形，有光泽。花椒采收期一般为 6—7 月，采收后晒干呈黑色，有龟裂纹，顶端开裂。

2. 性状和成分

花椒果皮中主要含有挥发油、酰胺类物质、生物碱、木脂素、脂肪酸以及香豆素等化学成分。花椒挥发油中含有的烯烃类、醇类、酮类、环氧化合物类及酯类化合物构成了花椒特有的香气特征，其含量为 0.7%～0.9%。花椒中的酰胺类物质是花椒的主要呈麻味物质，也称作花椒麻味素。此外，花椒中还含有少量的次生代谢产物，如烃类、甾醇及黄酮类等。

3. 用途

花椒在我国主要作为香辛料食用，一般采收晒干后直接食用，或经简单加工制成花椒粉等，抑或加工制成花椒制品，如调味油、花椒精油、花椒籽仁油。花椒作为传统中药材历史悠久，其味辛，性温，归脾、胃、肾经，有祛寒散湿、解郁闷、促消化、温脾胃、补双肾、杀蛔虫、止泄等作用。现代医学研究表明，花椒具有抗菌、杀虫、抗氧化、抗肿瘤、抗炎、抑制血小板凝集、镇痛、镇静以及治疗心血管系统疾病的效果。

（十一）阿胶

阿胶（Donkey-hide gelatin），又称阿井胶、陈阿胶、驴皮胶、传致胶，是马科动物驴（*Equus asinus* L.）的干燥皮或鲜皮经煎煮、浓缩制成的固体胶，与人参、鹿茸并称为"滋补三宝"，如图 9-11 所示。

1. 分布和生产

阿胶原产山东省古东阿县（今天的阳谷县阿城镇古阿井），为我国传统中药材，已有超过 2500 年的食用历史。2002 年，卫生部发布的《关于进一步规范保健食品原料管理的通知》将阿胶列为药食同源食品。阿胶的制作工艺复杂，其中关键工序

图 9-11　阿胶

包括原料挑选、泡皮、刮毛、焯皮、化皮、澄清过滤、打沫、挂珠、挂旗、发泡、吊猴、凝胶、切胶、晾胶、翻胶、擦胶、包装等。

2. 性状和成分

阿胶呈长方形块、方形块或丁状。黑褐色，有光泽。质硬而脆，断面光亮，碎片对光照射呈棕色半透明状。阿胶中蛋白质含量丰富，在 60%～80%，主要为血清白蛋白、胶原蛋白以及两者的结合物。阿胶含有相对分子质量小的蛋白质水解产物多肽及氨基酸。阿胶中含有 18 种氨基酸和 27 种微量元素，其中 8 种人体必需氨基酸在阿胶中均有发现。此外阿胶中亦发现有硫酸皮肤素、透明质酸等糖类及其降解或结合产物。

3. 用途

阿胶作为重要的功能性食品原料，可加工成阿胶糕、阿胶饮料、阿胶口服液、阿胶饼干、阿胶粥等食品，或与核桃、红枣、芝麻、红糖等其他食品原料配合食用。阿胶中蛋白质可经酶解制成阿胶肽，用于活性肽类功能性食品的生产。阿胶味甘、性平，归肺、肝、肾经。具有补血滋阴、润燥、止血之功效，可用于血虚萎黄、贫血心悸、肌痿无力、肺燥咳嗽、尿血吐血、先兆流产、妊娠胎漏，是中医临床常用的一种补益药。现代药理研究表明，阿胶具有多种生理功效，包括补血止血、免疫调节、抗癌、促进钙的吸收、抗疲劳、抗衰老、增强记忆力、伤骨愈合、美容美颜、卵巢保护、抗炎、改善妇科疾病和抗氧化等。

（十二）枣

枣（Chinese date），又称中国枣、红枣、大枣、刺枣、贯枣，温带落叶小乔木，属鼠李科（Rhamnaceae）枣属（*Ziziphus* Mill.）植物的干燥成熟果实，是原产于我国的特有传统果树，与桃、李、杏和板栗并称为"古代五果"，如图9-12所示。

1. 分布和生产

枣原产于中国大陆中南部，在世界范围内广泛栽培，如朝鲜半岛、黎巴嫩、伊朗、巴基斯坦、印度、孟加拉等。枣树在我国分布范围广泛，主要分布于山西、河北、山东、河南、陕西等黄河中下游地区和新疆南疆地区，其中山东金丝小枣、新疆和田枣、哈密大枣较为有名。此外，江苏、河北、山西、浙江出产的枣也比较优质。枣树为暖温带阳性树种，抗逆性抗胁迫性较强，耐寒、耐旱、耐盐碱，一般生长于海拔1700m以下的山区、丘陵或平原地带。枣为我国最重要的特色经济林树种。林业统计数据显示，2016年我国枣栽培种植面积约为134万 hm²，枣的年总产量为624万 t，总产值达到1080亿元。枣花颜色黄绿、朵小，多蜜。枣果实为长卵圆形或矩圆形，长 2～3.5cm，直径 1.5～2cm，枣成熟过程由青绿色变成红色或红紫色。按照枣的用途划分，可分为鲜食枣、制干枣、蜜枣和兼用品种四大类。我国枣种质资源丰富，

图9-12　枣

共700多个品种，其中鲜食枣261种，制干枣224种，蜜枣56种，其余为兼用品种。

2. 性状和成分

枣肉肉质肥厚、味甜，内含扁椭圆形种子，长约1cm，直径约8mm。枣含有丰富的营养成分，如糖类、蛋白质，还含有三萜酸类、皂苷、环核苷酸类、生物碱类、黄酮类、多酚类、枣多糖类、脂肪酸类、矿物质元素、氨基酸类、维生素类等多种功能活性成分。大枣中脂肪含量为0.6%～1.4%，蛋白质含量为2.92%，粗纤维含量1.95%～3.10%。大枣的糖类含量为51.4%～66.5%，其成分包括以葡萄糖、果糖和蔗糖为主的单（双）糖和可溶性多糖。目前枣中已鉴定的三萜酸类成分主要包括五环三萜类的羽扇豆烷型、乌苏烷型、齐墩果烷型及美洲茶烷型。芦丁、槲皮素、当药黄素、棘苷、酰化黄酮苷等是枣中主要的黄酮类化合物。大枣中富含环核苷酸类成分，如环磷酸腺苷、环磷酸鸟苷等。枣中富含多种维生素，其中维生素C含量高达（600～800mg)/100g，有"天然维生素丸"之称。

3. 用途

枣味美甘甜，可作为食品、保健品以及食品配料使用，常被制成蜜枣、红枣、熏枣、黑枣、酒枣及牙枣等蜜饯和果脯，还可以作枣泥、枣面、枣酒、枣醋等。枣为我国传统的中药材，具有养肝排毒、止咳润肺、补血养颜、安肾助眠、血管通畅等功效，可治疗身体虚弱、神经衰弱、肠胃消化不良、贫血、消瘦等症状。现代医学研究证实，枣具有抗癌、免疫调节、降血压、降低胆固醇、抗炎、护肝、胃肠保护、预防骨质疏松、补血、预防心血管疾病、预防胆结石、强智延年等多种生理功能。

（十三）鱼腥草

鱼腥草（Fish mint），学名蕺菜，又称折耳根、猪鼻孔、颤儿根、臭根草、鱼鳞草、狗心草等，为多年生草本三白草科（Saururaceae）蕺菜属（Houttuynia）植物（Houttuynia cordata Thunb.）全草，见图9-13。

图9-13 鱼腥草

1. 分布和生产

鱼腥草主要分布于中国、马来西亚、印度、泰国、日本及印度尼西亚等国。在我国中部、东南、西南及台湾等地分布广泛，尤其以湖南、贵州、湖北、四川、云南等省居多。鱼腥草为野生植物，由于其食用价值较高，鱼腥草的需求量迅速增加，现已开始进行人工种植。鱼腥草一般生长于潮湿环境、不耐旱、霜冻和水涝。鱼腥草全株高15~50cm，茎上部分直立，茎下部分伏地蔓生，节上轮生根。叶对生，叶柄长1~3.5cm。顶端有淡黄色穗状花序，长约2cm，花小，无花瓣，花期5—8月。蒴果近球形，直径2~3mm，种子呈卵形，果期7—10月。

2. 性状和成分

鱼腥草略带鱼腥味，因而得名。鱼腥草中化学成分主要包括挥发油、黄酮类、生物碱及多糖等，此外还含有甾醇类、有机酸、维生素等成分。挥发油为鱼腥草的主要药效成分，其中癸酰乙醛和月桂醛都具有特殊臭气，此外还含有甲基正壬基甲酮、乙酸龙脑酯、α-蒎烯、樟烯、月桂烯、芳樟醇、柠檬烯、丁香烯等功效成分。从鱼腥草中鉴定的黄酮类化合物主要有槲皮素、金丝桃苷、槲皮苷、阿芙苷、异槲皮苷、瑞诺苷、芦丁等。目前从鱼腥草中共鉴定出7种生物碱类物质，其中马兜铃酸内酰胺对肾脏具有一定毒性。鱼腥草中含吡喃糖构成的中性多糖，具有重要的生理活性。

3. 用途

春夏季节，鱼腥草生长茂盛，可取其茎叶嫩芽煸炒或凉拌食用，而秋冬季节，则可取鱼腥草地下根状茎部分熬汤或炒食。作为食品原料，鱼腥草可加工制成鱼腥草茶、鱼腥草酒等鱼腥草食品。中医将鱼腥草的新鲜全草或干燥地上部分入药，其味辛，性微寒，归肺经。具有清热解毒、消痈排脓、利尿通淋的功效，临床上主要用于治肺炎、腹泻、肾炎、宫颈糜烂以及肺癌等。现代药理学研究证实，鱼腥草具有抗菌、抗病毒、免疫调节、抗过敏、抗炎、抗氧化、解热、抗抑郁、改善胰岛素抵抗、降糖、平喘镇咳、利尿等多种生理功效。

（十四）姜

姜（Ginger），又称生姜、均姜、地辛、白姜、百辣云，是多年生宿根草本姜科（Zingiber-aceae）植物姜（*Zingiber officinale* Rosc.）的根茎，如图 9-14 所示。

1. 分布和生产

姜原产于中国及东南亚地区，目前世界上主要分布在中国、日本、印度、泰国、印度尼西亚、马来西亚等国，欧美国家姜的种植较少。我国姜分布广泛，除东北、西北等高寒地区外，全国各地都有种植，以长江以南的广东、广西、江西、浙江、安徽、湖南等地，西南的四川、云南、贵州，长江以北的山东、河南、陕西等地种植较多。其中江苏宜兴、山东莱芜、安徽铜陵、浙江临平所产姜较为著名。由于姜产量高、经济效益好，且易管理，我国姜的种植面积逐年扩增，且我国是姜主要的出口国之一，主要出口日本、美国、韩国、俄罗斯等国家，年出口量占世界总出口量的 40%。姜整体株高

图9-14 姜

0.5~1m，根茎肉质肥厚、扁平、多分枝，有独特的芳香及辛辣味。

2. 性状和成分

姜的营养成分丰富，主要有姜精油、姜辣素、淀粉、膳食纤维、蛋白质、糖及微量矿物质等。姜中淀粉含量占鲜重 5%~8%，蛋白质占 8%~10%，糖占 2%~5%。姜精油一般为透明、浅黄色或橘黄色液体，占姜重的 1.5%~2.5%。姜精油中化学成分复杂，主要为萜类物质。姜辣素是 3-甲氧基-4-羟基苯基官能团成分的总称，是姜辣味的物质基础，主要分为姜酚类、姜烯酚类、姜酮类、姜油酮类、姜二酮类、姜二醇类六种类型。

3. 用途

姜在日常生活中广泛用作调味料，对肉类具有增味、嫩化、去腥、增鲜、护色、清口等作用。姜亦可作为食品原料加工制成姜产品，如腌渍姜、姜糖、姜末、姜粉、姜汁茶、姜醋饮料、姜汁啤酒、姜汁凝乳等。生姜中的蛋白酶具有健胃益脾的功效，可用于肉类的嫩化等，同时赋予了食品产品新的营养风味，并提高食品的加工适应性及产品稳定性。另外，生姜中的膳食纤维、姜油树脂等可作为功能性食品原料或调味料等应用于食品。中医认为姜味辛、微热，归脾、胃、肾、心、肺经，具有散寒解表、温中止吐、回阳通脉、燥湿消痰、助消化、利分泌、解毒等功效。现代药理学研究表明，姜中重要的功效成分姜辣素具有保肝利胆、止呕、健胃及抗胃溃疡、抗凝血、抗肿瘤等多种生理功效。此外，姜提取物可保护消化系统，具有提高机体免疫力、抗氧化、降胆固醇等生理功能。

（十五）菊花

菊花 [*Chrysanthemum morifolium*（Ramat.）Tzvel.]，又称黄花、寿客、金英、黄华、秋菊、陶菊、日精、女华等，为菊科（Composetea）菊属（*Chrysanthemum* L.）多年生草本植物菊的干燥头状花序，如图 9-15 所示。

1. 分布和生产

菊花在全世界范围内广泛栽培，目前全世界菊花品种有 2 万多种，我国自行选育品种有 4000 多种。菊花在我国主要分布在浙江、安徽、河北、江苏、河南、山东、四川等省。根据菊

花的产地及加工方法，可将菊花分为亳菊、滁菊、贡菊、杭菊和怀菊五种，目前浙江桐乡所产杭白菊的年产量为 6000 多 t，占全国杭白菊总产量的 70%~80%。

图 9-15　菊花

2. 性状和成分

菊花一般高 20~150cm，茎直立，分枝或不分枝，被柔毛，颜色为嫩绿色或褐色。叶互生，叶片为卵圆形或长圆形，有短柄，边缘有锯齿，头状花序顶生或腋生。菊花品种不同，其头状花序形色各异，花色有红、黄、白、橙、紫、粉红、暗红等。菊花功能成分复杂，因品种、产地、采摘期等因素的影响，其功能成分的含量及种类存在差异。黄酮类化合物、挥发油和三萜类化合物是菊花中所含主要功效成分。目前已从菊花中分离得到 78 种黄酮类化合物，主要包括黄酮及其苷、黄酮醇及其苷和二氢黄酮类化合物。菊花中的三萜类化合物主要为蒲公英赛烷型、齐墩果烷型、乌苏烷型和羽扇豆烷型的五环三萜，以及环阿屯烷型、达玛烷型、葫芦烷型、甘遂烷型和羊毛脂烷型的四环三萜。菊花中挥发油含量占 0.05%~0.6%，其中主要为单萜烯类、倍半萜烯类及其含氧衍生物。除上述功效成分外，菊花中亦含有丰富的蛋白质、鞣质、维生素、有机酸、氨基酸、微量元素、多糖、水苏碱等化学成分。

3. 用途

我国很多地区有食用菊花的习惯，且菊花的食用方式多样，可鲜食、干食、生食、熟食，焖、蒸、煮、炒、烧、拌等，制成菊花肉、菊花鱼片粥、菊花羹等各类菜肴。菊花广泛应用于茶饮，为仅次于茶叶和咖啡的第三大饮品。此外，菊花可用于制作菊花糕、菊花糖、菊花酒、菊花饼、菊花蛋卷、菊花月饼、菊花肉丸、菊花鱼丸、菊花饺等加工食品。中医认为菊花味甘苦，性微寒，归肺、肝经。菊花具有散风降压、清热解毒、清肝明目之功效，可用于治疗风热感冒、头痛眩晕、目赤肿痛、眼目昏花、肠炎、高血压、疟疾等疾病。现代药理学研究表明，菊花具有保肝、保护神经、抗氧化、抗肿瘤、抗炎、免疫调节、抗寄生虫、抑菌、抗病毒、保护心血管系统、驱铅等生理功效。

（十六）葛根

葛根（*Lobed Kudzuvine* Root），又称甘葛、野葛、葛藤等，为多年生草质藤本豆科葛属植物葛[Puerarialobata（Willd.）Ohwi]的地下块根。一般采挖季节为秋冬季，新鲜葛根经切片或块后，干燥即得葛根，如图 9-16 所示。

1. 分布和生产

全世界葛属植物约 30 种，主要分布在亚热带地区。我国有 9 种，其中只有野葛和粉葛（*Pueraria thomsonii* Benth.）可药用。我国葛资源丰富，分布于除新疆、西藏、青海以外的大部分地区，主要分布于辽宁、河北、河南、山东、安徽、江苏、浙江、福建、台湾、广东、广西、江西、湖南、湖北、重庆、四川、贵州、云南、山西、陕西、甘肃等地，一般生长于海拔 1700m 以下的

图 9-16　葛根

较温暖的山坡草丛中或路旁及较阴湿的地方。湖北钟祥、江苏句容茅山、宝华山地区及连云港云台山地区出产的葛根品质上乘，较为著名。

2. 性状和成分

葛地上藤长超 10m，开花，颜色为紫红，花期 7—8 月，花可入药，地下块根为圆柱形。葛根营养成分丰富，含有丰富的淀粉（20%左右）、膳食纤维、氨基酸及微量元素。黄酮类化合物和皂苷是葛根中主要的功能活性成分，其中葛根中总黄酮含量为 4%~12%。此外，葛根还含有多种功能成分，如香豆素类、芳香类、三萜类、生物碱等。葛根中的香豆素多为苯肼二氢呋喃衍生物，为葛根中异黄酮类化合物的最高氧化产物。

3. 用途

葛根在食品中应用广泛，葛根粉可单独或与魔芋粉、绿豆粉等混合用于直接冲饮。此外，葛根粉可作为食品辅料用于制作桃酥、饼干、米粉、发酵乳制品、植物饮品等加工食品。除作为普通食品食用外，葛根可加工含葛根素、葛根总黄酮或葛根提取物的功能性食品。葛根为我国传统中药材，其性平、味甘辛，具有解肌退热、生津止渴、透疹、升阳止泻、通经活络、解酒毒的功效，主治外感发热头痛、项背强痛、口渴、消渴、麻疹不透、热痢、泄泻、眩晕头痛、呕逆吐酸、吐血、中风偏瘫、胸痹心痛、酒毒伤中等症状。现代医学研究表明，葛根在改善心脑血管疾病、提高学习记忆能力、免疫调节、抗氧化及清除自由基、抗炎、降血糖、血脂及血压、保护肝脏、解酒、抗肿瘤等方面具有一定的效果。

（十七）蜂蜜

蜂蜜（Honey），是由蜜蜂（*Apis mellifera*）从蜜源植物采集的花蜜或蜜露经蜜蜂体内发酵并贮存于蜂巢内的巢脾中，后经充分酿造而成的甜味物质，如图 9-17 所示。

1. 分布和生产

我国是世界养蜂大国，现有蜂以意大利蜜蜂（*Apis mellifera Linnaeus*）和中华蜜蜂（*Apis cerana Fabricius*）为主。同时我国也是世界蜂产品的生产和出口大国，主要的蜂蜜种类包括洋槐蜜、油菜蜜、枣花蜜、椴树蜜、荆条蜜、龙眼蜜、紫云英蜜、棉花蜜、乌桕蜜、芝麻蜜。我国蜂蜜产品年出口额超过 1 亿美元，占世界出口总量的 20%，主要出口日本、美国、欧盟等国家和地区。

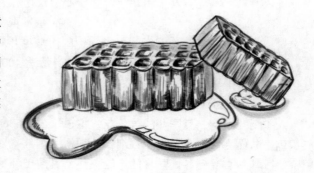

图 9-17 蜂蜜

2. 性状和成分

蜂蜜气芳香，味极甜，为透明或半透明、带光泽、浓稠的液体。由于蜜源差异，蜂蜜的基本色调为琥珀色，颜色为白色至淡黄色或橘黄色至黄褐色，放久或遇冷渐有白色颗粒状结晶析出，相对密度为 1.401~1.443g/cm³。蜂蜜的组成复杂，其中富含糖类物质，占总质量的 65%~80%，其中葡萄糖占总糖的 33%~40%，果糖占 38%~42%，蔗糖占 5%左右，其他糖包括麦芽糖、海藻糖、松三糖、曲二糖、昆布二糖、异麦芽糖、1-蔗果三糖、松二糖、黑曲霉二糖、龙胆二糖、潘糖、四没食子酰基葡萄糖等。蜂蜜还含有氨基酸、有机酸、蛋白质、矿物质、维生素、色素、芳香物质、蜂花粉、激素等化学成分。另外蜂蜜中还含有多种酶类，如淀粉酶、氧化酶、还原酶、转化酶等。蜂蜜中各化学成分的含量和组成受蜜源、地理环境、气候条件等影响较大。

3. 用途

蜂蜜可以泡水饮用，也可直接食用或用于调味，其与牛乳、柠檬、生姜、雪梨等食物搭配食用效果更佳。作为重要的食品加工原料，蜂蜜广泛应用于果品及蔬菜的腌制，如蜜枣、橘饼、杏脯等传统果脯蜜饯类食品；蜂蜜常用于制作面包、蛋糕、月饼、饼干、桃酥等焙烤食品；在冰棍、雪糕、各种饮料以及糖果、果汁、果酱、水果罐头等产品中添加蜂蜜可使食品口味营养俱佳；此外，蜂蜜还可加工成蜂蜜块、蜂蜜粉等产品用于冲服或作为食品添加剂。中医认为蜂蜜性味甘、平，对腹痛、干咳、便秘等有疗效。现代药理学研究证实，蜂蜜中富含的多种酶和非酶抗氧化剂赋予了蜂蜜强抗氧化性。此外蜂蜜中的槲皮素、山奈酚及高良姜素等具有降低心血管疾病风险的功效。由于蜂蜜为高糖高渗溶液，且具有高酸性 pH，其具有较好的抗菌效果。蜂蜜对胃具有很好的保护作用，可减少胃损伤和腔内出血，降低血管通透性。

（十八）人参

图 9-18　人参

人参（Asian ginseng），又称圆参、黄参、棒槌、人衔、鬼盖、神草等，为多年生五加科草本植物人参（*Panax ginseng* C. A. Mey.）的干燥根和根茎，被称为"百草之王"，如图 9-18 所示。

1. 分布和生产

人参多生长于北纬 40°～45°，东经 117.5°～134°范围内，主要分布于中国东北部、韩国、朝鲜、日本以及俄罗斯远东地区。我国主要分布于黑龙江、吉林、辽宁三省，此外河北省北部和内蒙古部分地区也有少量发现。我国的人参应用历史悠久，且在世界范围内最早开展人参栽培、加工等，人参产量居世界首位，占世界总产量的 80%～90%，年均人参产量达 4000 余 t，其中吉林长白山人参在国内外享有盛誉，占全国总产量的 85% 左右。

2. 性状和成分

人参复叶掌状，夏季开淡黄色花，主根长 30～60cm，圆柱形或纺锤形，肉质肥厚，表面呈灰黄色，断面为黄白色，生多数细长的须根，茎部直立，圆柱形，不分枝。由于人参珍贵的药用价值，其一直受到各国学者的广泛关注，目前已经从人参中分离得到 300 多种功效成分，主要为人参皂苷和人参多糖。人参皂苷含量占干燥人参根的 3%～7%，目前已鉴定结构的人参皂苷有 50 多种，其中以人参皂苷 Rb1、Rb2、Rc、Rd、Re 和 Rg1 为主，占人参总皂苷的 90% 以上。人参多糖中 80% 为淀粉，其余为人参果胶和少量糖蛋白，其中人参果胶为主要的药理活性成分。此外人参中还含有挥发油类、有机酸、黄酮类、木脂素类、甾醇类、氨基酸、多肽、蛋白质、维生素、微量元素等化学成分。

3. 用途

人参除炖服和直接嚼食外，在食品及功能性食品领域应用广泛，可制成人参酒、人参茶、人参粉、人参蜜、人参胶囊、人参含片、人参冲剂、人参口服液等。中医认为人参味甘、苦、微温，归脾、肺、心、肾经，可补气、固脱、生津、安神、益智。人参皂苷具有促进肿瘤细胞凋亡、抑制肿瘤生长、抑制肿瘤血管生成及调节免疫功能、平衡兴奋神经的促进与抑制作用、促进神经细胞增殖、调控心律失常、抑制血管细胞凋亡、改善心肌缺血、延缓衰老、保护心功能、清除自由基、舒张血管、抗休克、抗脑缺血、保护脑损伤、抗心律失常等多种药理作用。人参多糖对机体的免疫功能、造血功能以及在抗肿瘤、抗辐射、抗黏附和降血糖等方面均有较好效果。近年来人参用于美白、抗皮肤衰老类化妆品中，主要有人参美白霜、人参乳液、人参眼霜、人参育发液、人参沐浴液、人参爽肤水、人参面膜等。

（十九）芫荽

芫荽（Chinese parsley），又称胡荽、香荽、香菜、盐须、芫荽等，为一年生或两年生伞形科（Umbelliferae）芫荽属（*Coriandrum* L.）草本植物（*Coriandrum sativum* L.），有特殊香味，为香叶类蔬菜，如图9-19所示。

1. 分布和生产

芫荽原产于地中海地区，在中东、地中海、印度、拉丁美洲、北非、中欧、中国和东南亚等均有栽培。芫荽在我国的食用历史已有2000多年，全国各地均有种植，主要分布于东北三省、江苏、安徽、山东、河北、江西、贵州、广西、浙江、西藏、新疆等地。芫荽属低温、长日照植物，耐寒不耐热，对土壤的酸碱适应范围为pH 6.0~7.6。

图9-19 芫荽

2. 性状和成分

芫荽株高20~100cm、无毛、有强烈特殊香气。根纺锤形、细长，茎圆柱形、直立、多分枝、有条纹、通常光滑。叶片为回羽状全裂，叶柄长2~8cm。伞形花序顶生或与叶对生，花白色或淡紫色，花柱幼时直立，果熟时向外反曲。果实圆球形，直径约1.5mm，花果期为4—11月。芫荽以色泽青绿、香气浓郁、质地脆嫩、无黄叶烂叶者为上品。作为深受喜爱的食品，芫荽中富含多种蛋白质、氨基酸、纤维素、淀粉、糖及矿物质等营养成分。此外芫荽中还含有多种功效成分，如黄酮类化合物、多酚、萜类化合物、芳樟醇、芫荽油树脂等。

3. 用途

芫荽可入菜，我国主要食用芫荽叶子，而芫荽果实与根也可食用。作为香辛料，芫荽的特殊香气可掩盖食品不良风味，芫荽挥发油可用于果脯、烹饪、香水、饮料和烟草行业。芫荽根、莲、叶、籽皆可入药，其全草具有解表、祛风、透疹、镇咳、平喘、祛疲之效，还能促进胃肠腺分泌、胆汁分泌，主要用于麻疹、流行性感冒、消化不良、发热、头痛、食欲不振以及高血压的治疗，外用具有镇痛的效果。现代药理学研究证实，芫荽具有抗菌、镇痛、抗癌、抗氧化及清除自由基、抗焦虑、降血糖、降血脂、保护心血管系统、免疫调节、增强记忆等功能活性。

（二十）铁皮石斛

铁皮石斛（*Dendrobium officinale*），又称铁皮兰、黑节草、云南铁皮、铁皮斗等，为多年生兰科石斛属草本植物铁皮石斛（*Dendrobium officinale* Kimura et Migo）的干燥茎，因其表皮呈铁绿色而得名，如图9-20所示。

1. 分布和生产

铁皮石斛对其生长环境条件要求苛刻，一般生长于海拔100~3000m的湿度较大、散射光充

图 9-20 铁皮石斛

足的山地半阴湿岩石上，喜温暖湿润、不耐热、亦不耐寒。野生铁皮石斛大多分布在东亚、东南亚及澳大利亚等国家和地区，我国的铁皮石斛资源主要分布在浙江、安徽、广东、广西、四川、云南、贵州、湖南、福建、台湾等地。随着植物组织及细胞培养技术的发展，我国铁皮石斛的种植发展迅速，铁皮石斛组培苗生产企业超过50 家，年产量超过 5000 万瓶。据第十届中国（龙陵）石斛产业发展论坛（2016 年）初步统计，全国各类石斛种植总面积为 1.46 万 hm^2，年产量高于 3 万 t。

2. 性状和成分

铁皮石斛茎直立、圆柱形、长 10~50cm、直径 2~8mm。叶互生、无柄、长圆状披针形、稍带肉质、长 3~7cm、宽 8~20mm、叶鞘常具紫斑。铁皮石斛为总状花序、2~5 朵花、淡黄绿色、有香气、直径 3~4cm、花期 3—6 月、实为蒴果。铁皮石斛的主要化学成分包括多糖和生物碱，其中多糖为铁皮石斛的主要功效成分，含量为 30% 以上。目前已从铁皮石斛中分离鉴定了 33 种生物碱，主要可分为倍半萜类生物碱、四氢吡咯类生物碱、苯酞四氢吡咯类生物碱、吲哚联啶类生物碱以及咪唑类生物碱。此外铁皮石斛中还含有丰富的氨基酸、矿质元素、菲类、联苄类、黄酮类化合物等化学成分。

3. 用途

铁皮石斛广泛应用于功能性食品中，产品形式包括颗粒、胶囊、浸膏、口服液以及含片等，主要涉及增强免疫力、缓解疲劳、抗氧化、清咽、辅助降血压、血糖调节等功能。铁皮石斛在时尚即食性食品中的应用逐渐受到关注，如复合饮料、酒、酱菜、茶、复合米、原浆饮料、酸乳、豆羹、奶片、豆浆、果酱、饼干等。铁皮石斛为我国传统名贵中药材，其药用部分为干燥茎，其性味甘、微寒，归胃、肾经。铁皮石斛有益胃生津、滋阴清热、免疫调节、延缓衰老等功效，常用于阴伤津亏、口干烦渴、胃阴不足，食少干呕、病后虚热不退，目暗不明，筋骨痿软。现代药理学研究证实，铁皮石斛多糖具有降血糖、抗肿瘤、抗氧化和清除自由基、增强免疫力等生物活性；生物碱具有抗肿瘤活性，其对心血管及胃肠道疾病具有显著抑制作用。从石斛中分离出来的芪类化合物如联苄、二氢杂菲等具有抗肿瘤活性。

第三节 益 生 元

一、 益生元的概念

"益生元" 概念的提出是与肠道菌群联系在一起的。20 世纪 80 年代，研究人员发现并广泛接受"双歧杆菌能够调节人体肠道平衡"这一说法。1989 年，日本科学家首次提出了"双歧杆菌生长刺激因子"的概念。随后，英国剑桥大学 Gibson 教授和比利时鲁汶大学 Roberfroid 教授等研究发现菊粉可以直达结肠，选择性地刺激双歧杆菌的生长，并于 1995 年首次提出了益生元的概念，即益生元是指能够通过选择性地刺激已存在于结肠中的一种或少数几种细菌的生长和/或活性而对宿主健康产生有益影响的不易消化的食物成分。早期研究表明，肠道内乳酸杆菌和双歧杆菌可能对宿主健康产生促进作用，因此早期主要以它们的变化作为调节肠道微生物群的指标。2004 年 Gibson 等又对"益生元"的定义做了进一步修改，即将具有以下三方面特征的食品成分定义为益生元：①抗胃酸、抗哺乳动物酶水解和胃肠道吸收；②由肠道菌群发酵；③选择性地刺激与健康有关的肠道细菌的生长和/或活动。2016 年，国际益生菌与益生元科学协会（International Scientific Association for Probiotics and Prebiotics，ISAPP）将益生元的定义又进行了修改，即益生元是指能够被宿主微生物选择性利用并对宿主具有健康作用的物质。在这一最新定义中，"选择性"被认为是益生元新定义的核心，且益生元的范围也在原有的基础上有较大的延伸。国内在"益生元"领域，无论是基础研究还是应用研究都紧跟国际前沿，基本与国际保持同步，近年来其社会认可度不断提升，新型益生元类产品不断涌现，应用范围越来越广泛。

二、 益生元的来源及市场

早期益生元的种类较少，仅仅局限于部分膳食纤维和低聚糖。功能性低聚糖又称功能性寡糖（Functional oligosaccharides），是研究和应用最为广泛的一类益生元，大量研究表明功能性低聚糖能够有效促进肠道益生菌的增殖，具有调节肠道菌群平衡和提高机体免疫力等功效，在预防便秘、动脉粥样硬化、糖尿病、肥胖等慢性疾病、调节人体亚健康等方面具有重要作用，且不同来源及组成的功能性低聚糖一般具有一些自身特殊的功能。随着科学研究的不断深入和人们认识的提升，益生元的范围也在随之不断拓宽和延伸，除了公认的益生元如菊粉、膳食纤维、低聚果糖、低聚半乳糖、低聚异麦芽糖、低聚木糖和大豆低聚糖等之外，抗性淀粉、果胶、全谷物、各种膳食纤维和调节肠道微生物菌群的非碳水化合物如多酚和抗性蛋白等现在也被认为是益生元。近期，一些研究人员开始把部分具有特定功能活性的脂肪酸也列入益生元的范畴。

目前，已实现工业化生产和应用的益生元主要是膳食纤维和一些功能性低聚糖类。膳食纤维（Dietary fiber）的定义是植物细胞壁中的抗消化性成分，一般是指可食性植物细胞壁物质及与之缔合的相关物质，主要成分有纤维素、半纤维素、果胶、木质素等，但是人们通常所说的膳食纤维主要是指纤维素和半纤维素。膳食纤维难以被人体消化吸收、热量低，具有预防高血压、冠心病、动脉硬化等心血管疾病以及润肠通便、改善便秘等功能。研究表明，适量摄入膳食纤维还有助于降低结肠癌、乳腺癌等癌症的发生风险。许多发达国家已经将膳食纤维列为"第七大营养素"。膳食纤维种类多样、来源广泛，依据其来源进行分类，膳食纤维可分为谷物类膳食纤维、豆类膳食纤维、水果膳食纤维、蔬菜膳食纤维等。按照其溶解性又可以分为水可溶性膳食纤维和水不溶性膳食纤维。人们日常消费的大麦、燕麦、燕麦糠、豆类、亚麻籽、胡萝卜、芹菜和柑橘等食物中均含有丰富的可溶性膳食纤维。可溶性膳食纤维加工性能良好，且可以一定程度调控人体胆固醇和血糖水平，有利于预防心脏病和糖尿病等慢性疾病。因此，近年来可溶性膳食纤维作为功能活性成分或增稠剂等在食品加工中应用越来越广泛。

20 世纪 70 年代初，日本和德国最早研究功能性低聚糖的营养价值。之后，日本先后实现了多种功能性低聚糖的工业化生产，并将其成功应用于食品等行业中。近年来，功能性低聚糖作为健康食品配料或膳食补充剂在美国、日本、欧洲等发达国家或地区已开始流行和食用。迄今已有大量功能性低聚糖的相关研究报道，已发现的功能性低聚糖大约有1000余种，然而产业化的品种相对较少，目前全世界仅有20多种，主要有低聚麦芽（异麦芽）糖、低聚半乳糖、低聚果糖、低聚木糖、低聚乳果糖、乳酮糖、大豆低聚糖、棉籽糖、人乳寡糖等（图9-21）。我国功能性低聚糖相关研究起步较晚，直至20世纪90年代中后期才成立了第一家功能性低聚糖生产企业，发展至今低聚糖的品种仍不足10种，且主要以低聚异麦芽糖、低聚果糖和低聚木糖为主。

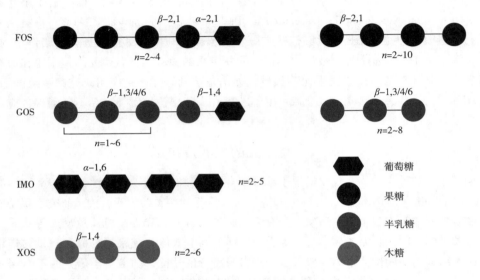

图9-21　几种常见的功能性低聚糖及其结构示意图

（FOS—低聚果糖；GOS—低聚半乳糖；IMO—低聚异麦芽糖；XOS—低聚木糖）

目前，一些功能性低聚糖已经被我国列入新食品原料或国家标准GB/T 20881—2007《低聚异麦芽糖》。其中低聚果糖、低聚半乳糖等许多产品已被国家公众营养与发展中心推荐为"营养健康倡导产品"。我国功能性低聚糖的研发与应用尚处于发展初期，市面上产品种类不多，市场推广较好的主要有低聚异麦芽糖、低聚果糖和低聚木糖，仅这三类已占功能性低聚糖市场份额的70%左右。目前功能性低聚糖主要应用于食品、药物及饲料等行业，应用领域正在不断拓宽。

随着人们生活水平的提高，健康意识不断增强，益生元作为具有独特生理功能的功能性食品或配料，受到了前所未有的关注。在国家"大健康产业"战略的引领和推动下，益生元产业作为其重要的组成部分之一发展迅猛。据统计，到2020年益生制品市场额预计将达到4500亿元。为更好地促进新形势下益生菌、益生元、合生元、活性肽等益生制品行业的技术进步，引导行业健康、有序和可持续发展，中国生物发酵产业协会于2018年4月在上海召开"2018益生制品创新发展论坛"，从技术研发、生产工艺、产品应用等方面进行全方位多角度的交流，同时成立了"中国生物发酵产业协会益生制品分会"。

三、 益生元的益生活性

益生元（Prebiotics）的益生活性通常是指益生元对益生菌生长、增殖的促进能力，用以衡量益生活性的指标很多。单一菌株与益生元共同发酵后，迅速增殖，发酵液中菌体含量升高，可通过测量发酵液菌体浓度（在600nm处的吸光值，OD_{600}）、对数菌落数（logCFU/mL）和微生物生长曲线（Microbial Growth Curve）评价益生元的益生活性。多菌株混合发酵时，可用益生指数（Prebiotic Index，PI）衡量益生元的益生活性。益生指数综合考量了益生元对有益微生物（双歧杆菌属和乳酸杆菌属微生物）和有害微生物（拟杆菌属和梭菌属微生物）的增殖作用，能够有效反映出益生元对有益菌的增殖效果和对有害菌的抑制效果，是评价混合菌株发酵过程中益生元益生活性的重要指标。此外，益生菌利用益生元发酵产生多种短链脂肪酸（Short Chain Fat Acids，SCFAs），导致发酵液pH降低，也可通过测定发酵液pH变化和发酵液中短链脂肪酸含量变化衡量益生元的益生活性。单一指标并不能充分代表益生元的益生活性，最好通过多个指标共同揭示益生元的益生活性。通常，益生元的益生活性越强，表明益生元越容易被益生菌利用，越能促进益生菌的生长增殖。

益生活性的早期研究中，研究人员常采用单一菌株接种到培养基中进行纯培养的方法，这种分析方法虽然比较容易实现，但是得到的结果可能不够准确，因为肠道是很多种微生物共同生存的非常复杂的环境。之后，研究人员倾向于采用粪便肠道菌群发酵研究益生活性，即直接将粪便中的肠道微生物作为菌种接种到培养基中，然后测定培养前后菌群的变化情况。为了更好地模拟肠道内菌群动态变化情况，还开发出了能够控制pH的粪便肠道菌群发酵设备。最新的肠道模型有由比利时根特大学与ProDigest公司联合研制开发的连续胃肠道模拟模型SHIME（Ghent University-Prodigest，Belgium）和由荷兰开发的连续胃肠道模拟模型TNO。

SHIME模型系统包括5个双套容器，模拟胃、肠和三个结肠区（图9-22）。这些容器温度保持在37℃、搅拌并持续通入氮气保持厌氧环境。每个结肠区均接种一个健康志愿者的粪便肠道微生物。分别在胃和小肠容器中加入140mL营养培养基和60mL胰液，每天添加三次。在测试开始时使两个平行的SHIME环境获得相似的微生物菌群。初始2周是一个稳定期，粪便微生物开始适应体外环境并形成结肠区的特有微生物菌群，稳定期结束时菌群趋于稳定状态。随后是对照期（1~14d，环境条件与稳定期相同）和处理期（15~35d），在处理期降低营养培养液中淀粉的含量，分别添加需要分析或比较的待测益生元。最后，在洗出期间（36~49d）添加与稳定期相同的营养液。分别在对照期、处理期和洗出期取样分析代谢活性及菌群组成。粪便样本一般取自3名及以上健康志愿者，要求他们在过去6个月内一直按照常规饮食习惯进食，并且没有服用过抗生素。粪便样本收集在塑料袋中，去除空气后密封冷藏运输，进入实验室后立即放入厌氧室。

益生菌与肠道菌群对功能性低聚糖的代谢机理及构效关系是近年来益生元领域研究的热点之一。通过构效关系的研究，可以明确具有某种结构类型的寡糖具有哪些特定的益生效果，进而可以通过发掘特异性水解酶，或改造已有相关水解酶以改变酶的水解特性，优选合适的底物，生产出具有某些特定益生作用的益生元。研究益生元的代谢机理也有助于更深入地理解不同类型益生元在肠道内的代谢机制（图9-23）。益生菌对寡糖的代谢机理研究，在菌株水平上通常围绕寡糖的转运系统和菌株内水解酶两方面展开。

由于肠道菌群的复杂性，益生元益生活性评价迄今仍主要局限于简单的益生菌生长调节、pH变化以及短链脂肪酸含量测定等。如研究人员发现乙酰低聚木糖对鲟鱼的健康具有促进作

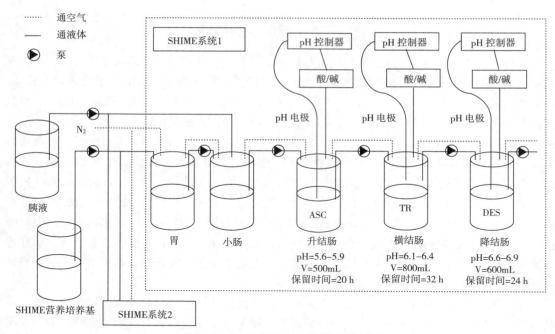

图 9-22　SHIME 体外连续消化模型图

资料来源：Abbeele et al. , 2013。

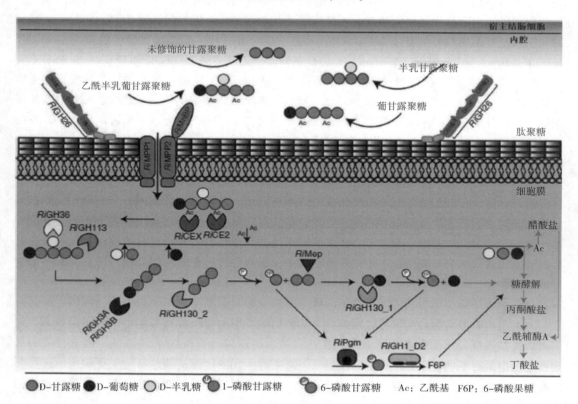

图 9-23　组学方法探究肠道罗斯拜瑞氏菌降解和利用甘露聚糖示意图

资料来源：Rosa et al. , 2019。

用，饲喂含 2%乙酰低聚木糖的鱼饲料能够有效提高鲟鱼肠道中短链脂肪酸含量，增强免疫功能并促进鲟鱼生长。进一步的人体实验表明，富含乙酰低聚木糖的膳食能增加受试者粪便中乙酸、丙酸及丁酸含量，并且粪便中双歧杆菌增殖显著。通过对鲟鱼饲料中添加不同结构的乙酰低聚木糖后发现，聚合度较高的乙酰低聚木糖（DP = 32，阿拉伯糖取代度为 0.3）能够更好地刺激鲟鱼肠道中乳酸菌及梭状芽孢杆菌的生长，表现出更好的益生及免疫调节活性。关于肠道菌群酵解利用益生元的机制研究相对较少，且许多益生元构效关系仍然不明晰。目前国际上关于益生元构效关系相关研究主要侧重于基础结构研究，如 DP（聚合度）、取代度、分子结构解析等，国内相似的工作也已经开展。

四、 几种常见的益生元

益生元的来源及种类很多，通常所说的益生元主要是指一些功能性低聚糖和膳食纤维。下面简单介绍目前具有代表性的几类功能性低聚糖和膳食纤维的主要特征、应用、功能活性及其制备方法。

（一）低聚果糖

低聚果糖（Fructooligsacchride，FOS），分子式为 GF_n（n 为 2~5，G 为葡萄糖，F 为果糖），是由蔗糖和 1~4 个果糖基通过 β-1，2 糖苷键与蔗糖中的果糖基结合而成的蔗果三糖（GF_2）、蔗果四糖（GF_3）、蔗果五糖（GF_4）和蔗果六糖（GF_5）等碳水化合物的总称。此外，FOS 中还有一部分结构式为 F_n 型的低聚糖，它主要是通过 β-1，2 糖苷键连接而成。GF_n 型和 F_n 型具有非常相似的物化性质，其化学式如图 9-24 所示。

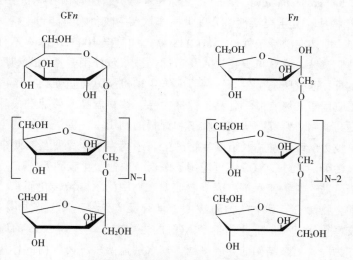

图 9-24　低聚果糖的化学结构式

FOS 的甜味近似蔗糖，黏度与高果糖浆差别不大，并随温度的上升而降低。FOS 具有较好的耐热性和溶解性，但在酸性条件下容易分解。FOS 为非还原糖，不易发生美拉德反应，因此可广泛应用于饮料、面包、冰淇淋、火腿等食品中。FOS 不能被消化道直接吸收利用，可直接进入大肠，被肠道菌群发酵后产生醋酸、丙酸、丁酸等短链有机酸，降低肠道 pH，从而改善肠道菌群的平衡，促进肠道中双歧杆菌和乳酸菌的增殖，同时抑制有害细菌和病原菌的生长繁殖，减少毒素和腐败物质的产生和积累。FOS 还能够促进肠道蠕动，起到缓解便秘和腹泻的作用。此外，FOS 还具有增强机体免疫、改善脂肪代谢、促进矿物质吸收等功能。

FOS 的生产方法主要有两种：一种方法是以蔗糖为原料，通过 β-果糖转移酶在蔗糖的果糖残基上结合 1~3 分子果糖来生产 FOS，但产品中的副产物（葡萄糖和蔗糖）相对较多，反应较难控制；另外一种方法是以菊粉为底物，利用菊粉内切酶水解菊粉生产，该方法原料廉价，酶解产物为低聚果糖和少量果糖，纯度较高。两种方法相比较，β-果糖转移酶生产的蔗糖基 FOS 纯度不高，产物中有较多的葡萄糖（25%~35%）和蔗糖（13%~25%），影响其在一些特殊人群中的应用；菊粉基 FOS 纯度相对较高，是当前主要的 FOS（图 9-25）。

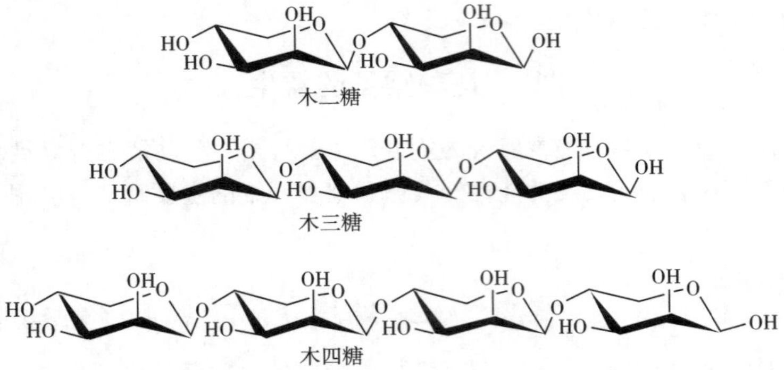

图 9-25　低聚木糖主要组分的结构示意图

（二）低聚木糖

低聚木糖（Xylooligosacchaeides，XOS），又称为木寡糖，通常由 2~10 个 D-木糖分子通过 β-1，4 糖苷键连接构成，其主要活性组分以木二糖、木三糖和木四糖为主（如图 9-25）。XOS 对酸、热稳定性好，即使在酸性条件下（pH 2.5~7）加热至 100℃ 也基本不分解，此外，其也是有效用量最低的低聚糖。XOS 可直接进入肠道优先被双歧杆菌等益生菌利用并快速增殖，从而抑制有害菌的生长，改善肠道微生态，调节人体生理机能，防止便秘、腹泻等疾病。这些优良的特性使其广泛应用于焙烤食品、乳品、保健食品、饮料制品、果脯蜜饯等中。XOS 也可应用于饲料中，以提高动物对营养物质的吸收率和饲料的利用率、促进动物的生长、提高动物抗病力、增强机体免疫力、改善动物肠道微生物的生态平衡、减少粪便及粪便中氨气等腐败物质的产生、减少环境污染。此外，XOS 还可应用于医药、农业、化妆品等领域。

XOS 主要由玉米芯、甘蔗渣和棉籽壳等农业副产物中的木聚糖转化而来，转化方法主要有物理法、化学法和生物酶法。其中生物酶法由于具有反应条件温和、产物易控制、转化率高、副产物少和环境友好等优点，是工业化生产 XOS 的主要方法。生产 XOS 的原料是生物质中的木聚糖，木聚糖作为一种复杂结构的异质多糖，其水解需要多种酶的协同作用，其中木聚糖酶主要水解木聚糖的主链，是制备低聚木糖的关键酶。已发现的木聚糖酶分属于糖苷水解酶（GH）5、8、10、11、30 和 43 家族，其中 10 和 11 家族木聚糖酶具有相对较宽的底物特异性，是目前已报道制备 XOS 的合适用酶。

不同来源的木聚糖在化学结构上存在较大的差异，因此由其转化而来的 XOS 在结构及功能活性上也有明显不同。如阿拉伯木寡糖（AXOS）可以促进双歧杆菌、乳酸菌等肠道益生菌的增殖，提高肠道益生菌代谢终产物短链脂肪酸的合成。AXOS 还能够有效抑制蛋白质在结肠内的发酵，减少蛋白质发酵有毒代谢物的生成。由小麦麸皮中分离得到的 AXOS 能够促进小鼠和大鼠盲肠部位双歧杆菌的增殖，抑制大肠杆菌、链球菌及葡萄球菌的生长。

（三）低聚甘露糖

低聚甘露糖/甘露寡糖（Manno-oligosaccharides，MOS）由 2~7 个甘露糖通过 β-1，4-糖苷键连接而成，具有低热量、稳定、安全无毒等理化性质。MOS 还具有很多重要的生理功能或活性，包括：①抗消化性，MOS 由于糖苷键的连接方式［多数是 β（1-4）或 β（1-3）糖苷键］和糖基组成等原因，通常难以被人体消化酶水解；②肠道菌群的调节作用，MOS 可促进一些有益菌的生长繁殖，对一些致病菌则有抑制作用，MOS 还可以通过对病原微生物的识别、黏附和排除作用来调节非免疫防御系统；③其他生理活性，除了调节肠道菌群外，MOS 还具有类似于膳食纤维的生理活性，如通过黏附在小肠壁上阻碍脂肪等营养物质的消化吸收，进而调节营养物质代谢，降低血糖、血脂和胆固醇，调节肠道功能、改善便秘等。MOS 也可作为饲料添加剂，在部分替代抗生素、提高动物生长、促进动物健康等方面发挥作用。

MOS 主要是利用魔芋粉、瓜尔豆胶、田青胶、咖啡渣、椰子壳、棕榈粕等原料中的甘露聚糖水解得到的。不同来源甘露聚糖有直链甘露聚糖、葡甘露聚糖、半乳甘露聚糖和半乳葡甘露聚糖之分（图 9-26），其中特异性的甘露聚糖酶是酶法生产 MOS 的关键。皂荚胶、魔芋胶和槐豆胶等天然植物胶是生产 MOS 的常用原料。一些富含甘露聚糖（>30%）的农业副产物也是制备 MOS 的重要原料，如咖啡渣、椰子粕和棕榈粕等。MOS 的生产方法较多，包括酸碱降解、辐照降解、酶法降解及超声波和微波降解，其中最主要的方法是化学法和酶法。酶法生产 MOS 是一种高效、特异性强、环境友好的方法，具有很多优点，如反应条件温和、不破坏低聚糖组成单元的化学结构、产物均一、能耗低、无污染等。

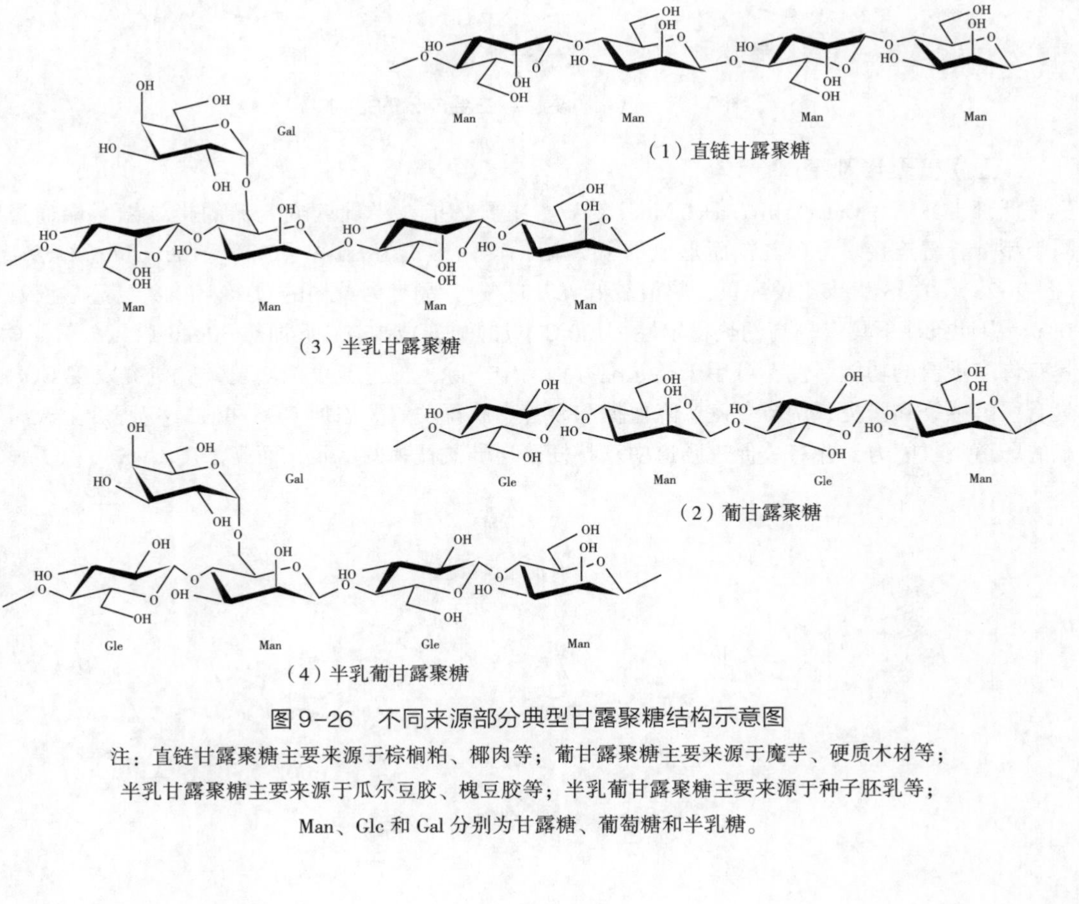

图 9-26　不同来源部分典型甘露聚糖结构示意图

注：直链甘露聚糖主要来源于棕榈粕、椰肉等；葡甘露聚糖主要来源于魔芋、硬质木材等；

半乳甘露聚糖主要来源于瓜尔豆胶、槐豆胶等；半乳葡甘露聚糖主要来源于种子胚乳等；

Man、Glc 和 Gal 分别为甘露糖、葡萄糖和半乳糖。

（四）低聚异麦芽糖

低聚异麦芽糖（Isomaltooligosaccharide，IMO）是由葡萄糖分子通过 $\alpha-1$，6 糖苷键连接起来的聚合度在 2~7 的低聚糖（图 9-27）。IMO 的甜度为蔗糖的 45%~50%，在食品中加入等量 IMO 可降低食品甜度，其甜味醇美、柔和，对味觉刺激小，甜度随三糖、四糖、五糖等聚合度的增加而逐渐降低。IMO 的加工特性良好，具有很强的耐酸、耐热特性。IMO 具有以下功能：①双歧杆菌增殖，IMO 对长双歧杆菌、青春双歧杆菌、短双歧杆菌有促进增殖作用；②抗龋齿特性，IMO 中的潘糖和异麦芽糖是抗龋齿效果最显著的低聚糖组分；③润肠通便，IMO 在很多方面与膳食纤维有较为相似的作用，每日摄入 10g IMO 有助于增加排便次数及促进结肠中微生物的活动，并且没有任何副作用；④调节血脂，有研究证实补充 IMO 能够降低健康年轻人群的血清胆固醇浓度。此外，IMO 也可以改善血清中电解液浓度。

工业化生产 IMO 主要是以淀粉水解制得的高浓度葡萄糖浆为底物，通过 α-葡萄糖苷酶催化 α-葡萄糖基转移反应进行制备。目前生产过程中采用的 α-葡萄糖苷酶主要来源于黑曲霉和米曲霉等菌株，IMO 的转化率超过 60%。

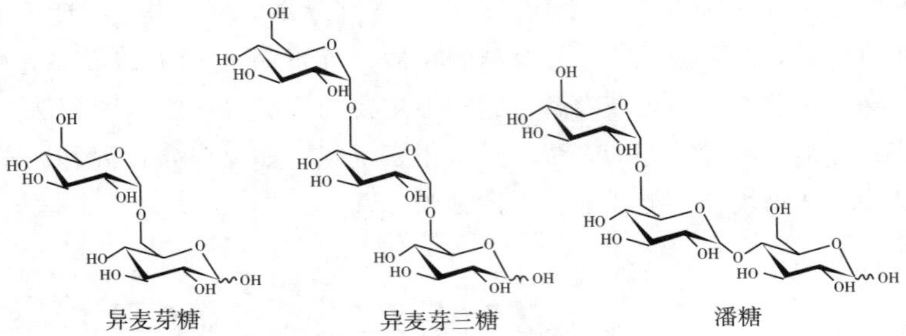

异麦芽糖　　　　异麦芽三糖　　　　潘糖

图 9-27　低聚异麦芽糖主要成分的结构式

（五）低聚半乳糖

低聚半乳糖（Galactooligosaccharide，GOS）主要是指在半乳糖或乳糖的半乳糖一端通过不同类型糖苷键连接多个半乳糖而形成的低聚糖，其化学式为 Gal-$[\text{Gal}]_n$-Gal/Glu（$n=0~6$）（图 9-28）。GOS 甜味比较纯正，热值较低（7.1J/g），甜度为蔗糖的 20%~40%，保湿性极强。在 pH 中性条件下具有较高的热稳定性，100℃下加热 1h 或 120℃下加热 30min 后无分解。GOS 具有许多重要的功能活性，可用于婴儿配方食品中。除了促进益生菌增殖外，研究发现 GOS 还具有缓解感染和肠炎、调节免疫、降血糖和改善皮肤等功效。添加 GOS 可在一定程度上改善大鼠的肠道吸收能力，并有效促进肠道中双歧杆菌与乳酸杆菌的增殖，而高浓度 GOS 可以更显著

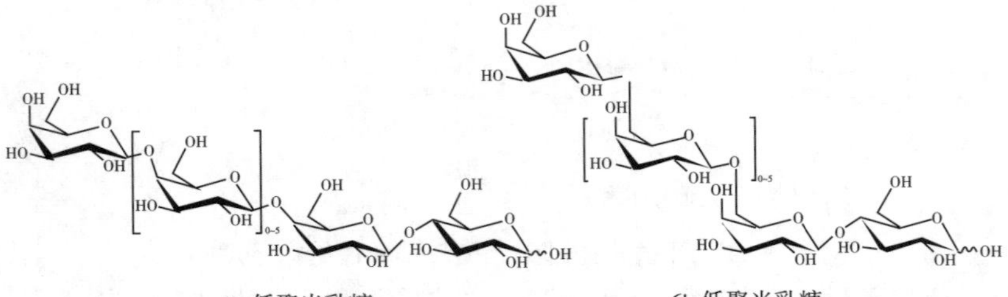

4'-低聚半乳糖　　　　6'-低聚半乳糖

图 9-28　低聚半乳糖的结构式

地改善肠道菌群。5% 和 10% GOS 改善肠道菌群的能力相较于 10% FOS 存在一定优势。

GOS 的制备主要是利用乳清或其乳糖通过 β-半乳糖苷酶催化转糖苷反应来实现的。目前，已经有多种来自于酵母（乳酸克鲁维酵母和脆壁克鲁维酵母）、丝状真菌（米曲霉）、细菌（环状芽孢杆菌和两歧双歧杆菌）等 β-半乳糖苷酶应用于 GOS 的生产。近年来，由于不断开发特异性 β-半乳糖苷酶和高效表达技术，GOS 的生产成本逐渐降低。此外，随着 β-半乳糖苷酶的结构与功能之间关系认识的不断深入，理论上通过定向改造 β-半乳糖苷酶可以定向合成特定功能活性的 GOS 组分。

（六）大豆低聚糖

大豆低聚糖（Soybean Oligosaccharides，SOS）是指大豆中所含有的低聚糖类的总称，其主要成分是水苏糖、棉籽糖、蔗糖。此外，大豆低聚糖中还含有少量的葡萄糖、果糖、半乳糖肌醇甲醚和右旋肌醇甲醚。水苏糖和棉籽糖的化学结构式如图 9-29 所示，其分别在蔗糖分子上以 α-1，6 糖苷链结合两个和一个半乳糖分子。

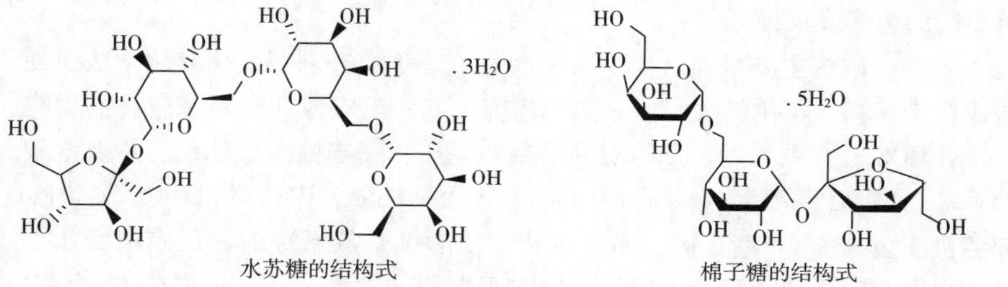

水苏糖的结构式　　　　　棉子糖的结构式

图 9-29　大豆低聚糖主要组分的化学结构式

大豆低聚糖甜度约为蔗糖的 70%，其黏度高于蔗糖，低于麦芽糖，是一种功能性低聚糖和甜味剂，可应用于功能性食品或低能量食品中。与其他糖浆一样，提高温度可使其黏度降低。相比于蔗糖，大豆低聚糖的吸湿性和保湿性较差。大豆低聚糖热稳定性良好，在 140~160℃ 短时间加热后其主要成分不会被破坏。其耐酸特性也非常突出，在 pH 3，20℃ 下贮存 120d，主要成分残存率在 85% 以上。大豆低聚糖具有多种生理活性，其被人体食用后不能被小肠吸收直接进入大肠，能促使双歧杆菌增殖，抑制有害菌生长和肠道内有害物质的产生，从而起到调节肠道菌群、改善肠道菌群平衡和防止便秘的作用。除此之外，大豆低聚糖还具有降低血清胆固醇和血脂浓度、保护肝脏、增强机体免疫力、抑制肿瘤细胞生长等生理活性。因此，大豆低聚糖可广泛应用于功能性食品中。大豆低聚糖作为大豆食品和蛋白生产的副产品，对生产综合利用非常重要。目前大豆低聚糖的生产主要采用浸提法或超滤法，但是目前这两种方法制备的产品纯度和得率均相对较低。

（七）壳寡糖与几丁寡糖

壳寡糖（Chitioligosaccharide，COS）是一种由 2~10 个氨基葡萄糖经 β-1，4 糖苷键连接而成的寡糖聚合物。COS 天然无毒，相对分子质量相对较低，水溶性好，易于吸收，且具有良好的生物相容性。此外，COS 还具有良好的生理活性，如抗肿瘤、抗炎、免疫调节、抗菌、改善糖脂代谢紊乱、保护神经损伤等。COS 优良的物化特性和独特的生理活性使其在食品、医学、农业生产等领域具有广泛的应用前景。

COS 的制备通常是采用化学法或酶法降解壳聚糖（几丁质分子脱去乙酰基团后即为壳聚

糖）制备。通过化学或酶降解等方法可切断氨基葡糖之间的 $\beta-1$，4 糖苷键，从而制备不同聚合度的 COS。用于水解壳聚糖制备 COS 的化学试剂主要有酸（如盐酸等）和氧化还原剂（如过氧化氢等）。其中盐酸最为常用，酸的浓度、处理时间、处理条件（温度）等对 COS 的相对分子质量和脱乙酰度等物理特性影响较大。由于其操作简单、条件可控且成本较低等因素，化学降解尤其是酸降解在工业上应用广泛，但是化学法存在一些不足，如环境污染、壳聚糖水解产物成分复杂、分离纯化和质量控制难度较大等。因此，采用酶催化水解壳聚糖制备 COS 具有反应条件温和、特异性强、产物组成稳定等优点，是 COS 制备的主要发展方向。除了特异性的壳聚糖酶用于水解壳聚糖外，一些蛋白酶、纤维素酶等非专一性酶也具有水解壳聚糖的作用。

几丁质是由 $\beta-N-$乙酰-D-氨基葡萄糖通过 $\beta-1$，4 糖苷键连接而成的高分子聚合物，是自然界中含量除纤维素外的第二大天然多糖，广泛存在于虾蟹贝壳、昆虫的外骨骼和真菌细胞壁。几丁寡糖（N-acetyl chitooligosaccharide，N-acetyl COS）是指由几丁质降解而来的聚合度在 $2 \sim 10$ 的产物。N-acetyl COS 不仅具有优良的加工特性，如水溶性、温度和 pH 稳定性等，而且还具有重要的生理活性，如抗菌、抗肿瘤、降血糖等活性，可广泛用于农业、食品和制药等行业，具有广阔的市场发展前景。

目前 N-acetyl COS 主要是通过化学法（酸水解几丁质）获得，但是化学法所使用的浓酸会对环境造成污染。相比于化学法，酶法制备环境友好、反应温和且具有较高的得率，已经成为制备 N-acetyl COS 的有效手段。几丁质酶是目前生产几丁寡糖主要的酶，主要水解几丁质糖链结构中的 $\beta-1$，4 糖苷键产生 N-acetyl COS。几丁质酶还分为内切型和外切型，内切几丁质酶在糖链内部随机断裂 $\beta-1$，4 糖苷键，而外切几丁质酶则是从糖链的非还原端以几丁二糖为单位依次降解。由于几丁质酶降解几丁质的产物主要为几丁二糖，因此几丁寡糖主要以几丁二糖为主。几丁寡糖也可由其他类型酶水解几丁质制备，如采用商品牛胃蛋白酶水解 α-几丁质制备 N-乙酰氨基葡萄糖、几丁二糖和几丁三糖。一些几丁质降解酶还具有转糖苷活性，这为获得聚合度更高的几丁寡糖提供了可能。例如有报道利用几丁三糖作为起始物质，通过溶菌酶介导的转糖苷反应合成高聚合度（DP 6~15）的 N-acetyl COS。目前酶法制备的 N-acetyl COS 主要包括几丁二糖和 N-乙酰氨基葡萄糖。高聚合度 N-acetyl COS 能够通过几丁质酶水解和转糖苷反应制备，但是得率仍较低。因此，发掘高效的几丁质降解酶具有重要的意义。

（八）β-葡聚糖

β-葡聚糖（β-Glucan）主要存在于大麦和燕麦的胚乳和糊粉层细胞壁中，是一种由 β-D-吡喃葡萄糖通过 $\beta-1$，3-糖苷键和 $\beta-1$，4-糖苷键连接而成的高分子非淀粉多糖。大麦和燕麦来源的 β-葡聚糖中，两种糖苷键的分布并不是完全有序，但也非完全无序，通常每 $2 \sim 3$ 个 $\beta-1$，4-糖苷键连接有一个 $\beta-1$，3-糖苷键，其 $\beta-1$，4-糖苷键和 $\beta-1$，3-糖苷键的比例约为 $2.4 : 1$。此外，酵母细胞壁中也存在 β-葡聚糖，其组成单体也为 β-D-吡喃葡萄糖，主链通过 $\beta-1$，3-糖苷键相连，还含有通过 $\beta-1$，6-糖苷键相连的侧链。

β-葡聚糖是一种胶黏、水化的物质，由于它溶于水后形成高黏度的溶液，并具有很高的持水性，通常将 β-葡聚糖作为食品增稠剂、悬浮剂、胶凝剂和稳定剂等使用。β-葡聚糖的黏度主要取决于相对分子质量、分子结构和使用浓度。研究表明，受来源、品种、产地、提取方法等多种因素的影响，β-葡聚糖的分子质量通常在 $4.4 \times 10^4 \sim 3.0 \times 10^8$ u。

目前，已经证实 β-葡聚糖具有多种生理功能，如降低胆固醇、降低血糖、预防糖尿病等。许多研究表明，β-葡聚糖对高血脂人群有明显的降低胆固醇作用，这可能是由于 β-葡聚糖能够促进胆汁酸排泄，增加血液胆固醇的消耗，促进低密度脂蛋白胆固醇的异化作用。摄入 β-葡聚糖可以有效降低人体餐后血糖和血胰岛素水平，这是由于提高肠道内食糜的黏度，导致葡萄糖吸收延迟，从而达到调节血糖的作用；β-葡聚糖还可以有效改善糖尿病患者的葡萄糖耐量和胰岛素敏感性，对胰岛素依赖型（Ⅰ型）和非胰岛素依赖型（Ⅱ型）糖尿病均具有良好控制血糖的作用。此外，β-葡聚糖还具有免疫调节的作用，能够有效调节肠道环境，增强机体免疫力。

燕麦 β-葡聚糖是使用最为广泛的 β-葡聚糖之一，其生产原料主要为燕麦麸皮（燕麦加工过程中的副产品），其中含有 5%~13% 的 β-葡聚糖。燕麦麸皮具有较好的可溶性，可溶部分占 65%~95%，因此燕麦 β-葡聚糖一般从燕麦麸皮中通过溶剂提取法制备。

（九）菊粉

菊粉（Inulin）是果糖通过 β-1，2 糖苷键链接而成的一种天然线性果糖聚合物，聚合度在 2~60，平均分子质量约为 5500u，其中聚合度较低时即为低聚果糖（上文中已提到）。菊粉是一种膳食纤维，物理状态为白色无定形粉末，短链菊粉比长链菊粉易溶于水，菊粉的溶解度会随着温度的升高而明显提高，普通菊粉在 10℃ 的溶解度约为 6%，在 90℃ 时约为 33%。短链菊粉的甜度为蔗糖的 30%~50%，普通菊粉略带甜味，约为蔗糖甜度的 10%，长链菊粉几乎没有甜味。当菊粉溶液浓度达到 10%~30% 时开始形成凝胶，浓度达到 40%~50% 即可以形成坚实凝胶。菊粉还具有很强的吸湿性。菊粉既有一定的甜度，又不被人体吸收而影响血糖水平，且热量低。大量研究结果表明，菊粉被人体摄入后不能被胃和小肠吸收，但会被结肠中的双歧杆菌、乳酸菌发酵，从而促进肠道益生菌的增殖，具有双歧杆菌增殖因子的作用。此外，还具有降血脂、降胆固醇、减肥和保护肝脏、预防癌症和促进维生素及矿物质吸收等多种生理功能。

菊粉是目前研究最为深入、应用最为广泛的膳食纤维之一，日本早在 20 世纪 90 年代初就已经批准菊粉为 "特殊保健食品"。FDA 于 2000 年已经明确指出菊粉作为功能性食品，已达到公认安全级。我国卫生部于 2009 年将菊粉确定为新食品原料。迄今世界上已有 40 多个国家将其列为食品的营养补充剂或功能性食品。菊粉主要来源于植物，据报道世界上有 3000 多种植物中富含菊粉，其中含量较多适用于菊粉生产的主要是菊芋和菊苣。菊粉在菊芋与菊苣中的含量分别在 14%~19% 和 15%~20%。欧洲地区菊粉的生产原料主要以菊苣为主，而我国则多以菊芋为主。

（十）部分水解瓜尔胶

瓜尔胶（Guar gum）是从印度和巴基斯坦广泛种植的豆科植物瓜尔豆中提取的一种天然多糖，其主链由 β-D-（1-4）糖苷键连接的甘露糖组成，侧链为 α-1，6-糖苷键连接的半乳糖且甘露糖与半乳糖比率（M：G）约为 2：1。瓜尔胶常作为增稠剂和乳化剂广泛应用于食品工业。然而，瓜尔胶通常具有很高的黏度，在食品中添加过多会破坏食物口感，甚至会阻碍营养物质的消化和吸收。部分水解瓜尔胶（Partially Hydrolyzed Guar Gum，PHGG）是瓜尔胶经酶解得到的一类水溶性膳食纤维。降解后，PHGG 溶液黏度显著降低，但总膳食纤维含量没有明显改变，可作为膳食纤维补充剂用于食品的加工、生产。PHGG 中聚合度小于 200ku 的组分含量大于 80%，产品平均分子质量通常在 2.0×10^4~3.0×10^4u，具有良好的热稳定性和 pH 稳定性。

PHGG 同样也是一种研究和应用较为广泛的膳食纤维，其安全性已得到充分验证。美国食品与药品监督管理局将 PHGG 视为一种 "公认为安全的（Generally Recognized as Safe）" 食品添加剂。我国也已颁布 PHGG 相关国家标准《食品安全国家标准 食品添加剂 半乳甘露聚糖》（GB 1886.301—2018），批准它作为一种食品添加剂可用于食品加工。目前，日本已实现 PHGG 的商业化，由太阳株式会社生产的 Sunfiber® 在日本、中国、欧美等国均有销售；我国也已经有 PHGG 产品面市，如北京瓜尔润科技股份有限公司生产的 Guarfiber®。PHGG 在食品领域应用广泛，常用于饮料生产中以增加果汁的黏稠度，改善饮料的质地和口感。此外 PHGG 也可应用于肉制品、焙烤食品、色拉酱、淀粉糖浆、乳制品及食品蛋白质乳浊液体系中。

目前，已证实 PHGG 具有多种功能活性。PHGG 可以用于治疗肠道易激综合征（Irritable Bowel Syndrome，IBS），能够有效增加粪便含水率及粪便体积，使慢性便秘患者自主排便的次数明显增加，同时它具有较强的持水力，能够增加粪便中固形物含量，有效抑制由麦芽糖醇和乳糖醇引起的急性腹泻。PHGG 可以有效控制健康成年人的餐后血糖水平，有效改善 II 型糖尿病患者的代谢水平。此外，PHGG 可以有效清除血浆中的 O^{2-}、H_2O_2、$HOCl$ 等过氧化物质，能够有效延缓小鼠颈动脉 $FeCl_3$ 诱导形成血栓的时间，还能够有效促进缺铁性贫血大鼠肠道对铁元素的吸收。PHGG 能够显著降低晚期糖基化终末产物（AGEs）、一氧化氮（NO）、诱生型一氧化氮合酶（iNOS）以及乳酸的水平；显著提高脑组织中抗氧化酶的活力，改善 D-半乳糖膳食引起的小鼠脑组织中氧化应激相关关键基因的表达和肠道菌群失衡，提高衰老小鼠肠道中的乙酸、丙酸、丁酸及乳酸的含量。PHGG 具有肝保护作用，可修复抗氧化酶释放，抑制酒精损伤引起的细胞凋亡，调节 CYP2E1 蛋白表达抑制活性氧自由基产生，保护肝脏细胞免受酒精引起的肝脏损伤。

五、 益生元的应用与展望

目前，益生元的概念与作用已逐渐被大众普遍接受和认可。科学研究发现益生元不仅能够赋予食品特殊的功能活性，还能够有效改善食品的品质，如感官、结构、质构、松脆性、保质期以及流变学特性等。益生元已广泛用于发酵乳、焙烤食品、饮料、婴儿配方乳粉、肉制品、糖果、巧克力等 400 多种食品的加工生产。

（一）益生元在发酵乳中的应用

发酵乳制品是原料乳通过乳酸杆菌发酵或乳酸杆菌与其他微生物（酵母菌、双歧杆菌等）共同发酵制成的酸性乳制品。发酵乳是一类乳制品的综合名称，种类很多，主要包括酸乳、开菲尔、欧默、发酵酪乳、酸奶油和乳酒等。在发酵乳制品中添加益生元，可以促进产品中乳酸杆菌等特征菌的快速生长，并增强保质期内产品中特征菌的活性。此外，在发酵乳中添加益生元，对产品的风味、质构与口感都有明显的影响。通过发酵乳中乳酸杆菌、双歧杆菌等微生物的发酵，益生元被代谢为多种不同的代谢产物，从而对发酵乳的风味产生影响。一些低聚糖类益生元具有甜味，在发酵乳中添加一定量的益生元，能够降低酸乳中的糖用量，并进一步平衡酸乳中的酸甜比例。膳食纤维类益生元能够延缓发酵乳的后酸化，并增加产品的黏度，同时能够加强发酵乳中的蛋白质网状结构，从而使发酵乳的持水力增加。

（二）益生元在焙烤食品中的应用

焙烤食品是以小麦等谷物粉料为基本原料，通过发酵、高温焙烤过程而熟化的一大类食品。焙烤食品范围广泛，品种繁多，主要包括面包、糕点、饼干三大类产品。低聚糖类益生元通常具有柔和的甜味，且甜味不在口腔内滞留。膳食纤维类益生元能够将焙烤食品中的淀粉颗粒包裹，从而降低淀粉在消化道内的消化速率。在烘焙过程中，益生元会与面团中的蛋白质发生美拉德反应，从而对焙烤食品中挥发性化合物和脂质氧化物的生成以及产品的色泽产生影响。同时，益生元能够软化面团，并有效提高面团延展性和持油性，从而改善焙烤食品的硬度、比容等质构，提高焙烤食品的口感。此外，添加益生元可以增强焙烤食品的通便作用，缓解摄入过多碳水化合物导致的便秘。

（三）益生元在饮料中的应用

饮料是经过定量包装，供直接饮用或按一定比例用水冲调或冲泡饮用的制品，可以分为含酒精饮料和无酒精饮料（又称软饮料）。在饮料中，益生元可以作为糖的替代品，从而减少饮料中蔗糖的用量。益生元还能够起到稳定泡沫、改善口感的作用。益生元在饮料加工过程中具有良好的稳定性，且能够形成澄清的溶液，不会改变饮料的黏度。此外，饮料中加入益生元后，还可以通过接种长双歧杆菌、嗜酸乳酸杆菌、干酪乳杆菌等益生菌制成发酵饮料，益生元为上述微生物的生长提供充足的养分。

（四）益生元在婴儿配方乳粉中的应用

婴儿配方乳粉又称母乳化乳粉，是指以乳牛或其他动物的乳汁，或其他动植物提取成分为基本组成成分，并适当添加营养素，使其成为能供给婴儿生长和发育所需营养的人工食品，主要包括乳基婴儿配方乳粉和豆基婴儿配方乳粉。为使婴幼儿配方乳粉的营养与母乳相似，除需要调整乳粉中主要成分的配比外，通常还需要在乳粉中加入益生元，以此代替母乳中能够刺激婴儿肠道微生物生长的人乳寡糖组分。我国《食品安全国家标准 食品营养强化剂使用标准》（GB 14880—2012）中规定，在婴幼儿配方乳粉中允许使用的益生元包括低聚半乳糖（乳糖来源）、低聚果糖（菊苣来源）、多聚果糖（菊苣来源）、棉子糖（甜菜来源）以及聚葡萄糖。

（五）益生元在肉制品中的应用

在肉制品（如香肠、火腿、培根、酱卤肉等）中添加益生元，不仅可以赋予肉制品相关功能活性，还可以改善肉制品的结构与品质。将膳食纤维类益生元加入香肠中，可以有效提升香肠的硬度、咀嚼性以及脂肪和水分的结合性；膳食纤维类益生元能够显著降低烹饪过程中汉堡牛肉饼烹饪损失，同时不影响牛肉饼的质地与风味。此外，在熟香肠中添加低聚果糖等低聚糖类益生元，可以有效降低产品的热量，但不会造成产品质量和水分损失。

（六）益生元在干酪中的应用

干酪又名奶酪，是一种发酵乳制品。与酸乳相比，干酪的浓度比酸乳更高，近似固体食物，营养价值更加丰富。干酪可以分为新鲜干酪和再制干酪两大类。在新鲜干酪制作过程中添加益生元，能够有效促进干酪中嗜酸乳酸杆菌和动物双歧杆菌的生长，并提高成熟期干酪中亚油酸的含量。在再制干酪制作过程中添加益生元，能够有效降低钠和脂肪的含量，有利于高血压和肥胖病人群食用。益生元作为脂肪的替代品在保证干酪咀嚼性和黏性不变的同时，能够有效降低干酪中脂肪球的含量，同时提升干酪的口感、质地、纹理以及膳食纤维含量。

（七）益生元其他应用

在鲜食果蔬产品中，可以通过一些新型可食性果蔬包装材料将益生元包裹在新鲜果蔬表面，从而增强鲜食果蔬的营养价值。在巧克力产品中，益生元主要用于改善产品的耐热性，同时可替代白糖，用于生产低能量巧克力产品。在冰激凌产品中，由于可以减少产品的颗粒感，并为咀嚼提供润滑的口感，菊粉、β-葡聚糖、低聚果糖、低聚半乳糖等益生元常用作脂肪的替代品。

与 30 年前相比，益生元的研究已取得了长足进步，开发出了多种多样的益生元产品。然而，随着人们消费水平的不断提高和健康意识的深入，现有益生元产品仍无法满足人们日益增长的消费需求。因此，开发一系列益生元生产专用酶制剂，将我国产量巨大、成本低廉的农副产品和加工副产物（如玉米芯、棕榈粕、乳清粉等）转化为高附加值的益生元产品具有重要的经济和社会意义。虽然，目前许多研究都表明各种益生元均具有非常重要的生理功能，但对益生元分子结构及其功能活性的构效关系的研究仍然薄弱。随着对益生元的构效关系深入研究，有助于有目的地发掘新型的益生元，并对人工合成具有特定功能的益生元如人乳寡糖提供指导。可以预见的是，人工设计并合成具有特殊功能活性的专用益生元将成为可能。此外，随着益生元、肠道微生物菌群与人类健康之间的特殊关联逐渐被揭开，未来可实现针对不同人群需求靶向调控人类肠道微生物菌群的益生元产品的"量身定制"。通过摄入特定的益生元，实现人体肠道微生态的重建以及肠道微生物菌群组成的优化，达到促进人类健康的目的。

第四节　益　生　菌

一、　益生菌的概念

益生菌（Probiotics）的概念最初是由 Lilly 和 Stillwell 于 1965 年提出的，为"由一种纤毛原生动物分泌的可以刺激另一种纤毛虫生长的物质，是与抗生素作用相反的物质"。此后，随着对益生菌研究的深入，这个定义进行了多次修订。1974 年，Parker 把益生菌定义为："有助于肠道微生物平衡的微生物或者物质"，在这个定义里既包含了活的微生物也包括了没有活性的物质。1989 年，益生菌的概念被 Fuller 进一步限制在活的微生物制剂范围内，其主要功能在于改善肠道内的菌群生态平衡。1992 年 Havenaar 等进一步明确这一定义为"通过改善肠道内源性微生物，对动物或人类施加有益影响的单一或混合的活微生物"。FAO 与 WHO 于 2001 年 10 月联合专家委员会就食品益生菌营养与生理功能召开第一次会议，并制定了一套系统评价食品用益生菌的方法和指南。FAO/WHO《食品益生菌评价指南》明确规定，食品用益生菌是指"当摄取适当数量后，对宿主健康有益的活的微生物"。欧洲权威机构食品与饲料菌种协会（EFFCA）于 2002 年给出了最新的定义："益生菌是活的微生物，摄入充足的数量后，对宿主产生一种或多种特殊且经过论证的有益健康的作用"。近年来，随着生物技术的进步和肠道菌群与健康研究的深入，益生菌的研究越来越引起微生物学家、免疫学家、营养学家的关注和重视，益生菌的定义日趋完善，形成了目前较为共识的定义，即："益生菌是具有生理活性的微生物，当被机体经过口服或其他给药方式摄入适当数量后，能够定植于宿主并改善宿主微生态平衡，从而发挥有益作用"。

二、　常用益生菌的微生物种属

益生菌主要来源于乳杆菌属、双歧杆菌属和部分革兰阳性球菌，另外也包括一些具有益生作用的芽孢杆菌、肠杆菌和酵母菌。具体分类见表 9-1。

（一）乳杆菌

乳杆菌（*Lactobacillus* spp.）不产生芽孢，具体形态呈杆状（图 9-29）。它们是一类具有复杂的营养需求，而且为严格发酵性、耐氧或严格厌氧、耐酸或嗜酸的细菌。乳杆菌大多生长在营养丰富、富含糖类的基质中，如人和动物黏膜细胞、植物体或以植物为原料的基质、乳制品、污水以及腐败食品。乳杆菌属内种间差异较大，由一系列在表型形状、生化反应和生理特征方面具有明显差异的种组成，常用作益生菌的乳杆菌见表 9-1。

（二）双歧杆菌

双歧杆菌（*Bifidobacterium* spp.）是人和动物肠道菌群的重要组成成员之一，广泛存在于人和动物的消化道、阴道和口腔等生理环境中，对人体健康具有生物屏障、营养作用、抗肿瘤作用、免疫增强作用、改善胃肠道功能、抗衰老等多种重要的生理功能。双歧杆菌不运动，不产生孢子，是一种革兰氏阳性菌、细胞呈杆状、一端有时呈分叉状（图9-30）、严格厌氧的细菌属。双歧杆菌属中常用于益生菌的种如表9-1所示，这些益生菌能选择性地促进肠道微生物活性和抑制病原微生物，降低宿主染病的机会，并起到助消化、促生长的作用。

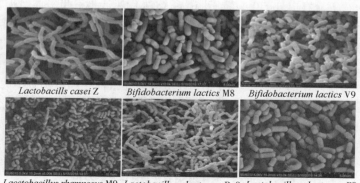

Lactobacills casei Z　　Bifidobacterium lactics M8　　Bifidobacterium lactics V9

Lacctobacillus rhamnosus M9　Lactobacillus plantarum P-8　Lactobacillus plantarum P9

图9-30　经验证具有不同益生特性的益生菌电镜照片

表9-1　　　　　　　　　　　　常用作益生菌的微生物

乳杆菌属 （*Lactobacillus* spp.）	双歧杆菌属 （*Bifidobacterium* spp.）	其他
嗜酸乳杆菌（*L. acidophilus*）	动物双歧杆菌（*B. animalis*）	嗜热链球菌（*Streptococcusthermophilus*）
保加利亚乳杆菌（*L. bulgaricus*）	两歧双歧杆菌（*B. bifidum*）	屎肠球菌（*Enterococcus faecalis*）
干酪乳杆菌（*L. casei*）	短双歧杆菌（*B. breve*）	粪肠球菌（*Enterococcus faecium*）
卷曲乳杆菌（*L. crispatus*）	婴儿双歧杆菌（*B. infantis*）	蜡样芽孢杆菌（*Bacillus cereus*）
发酵乳杆菌（*L. fermentum*）	乳酸双歧杆菌（*B. lactis*）	大肠杆菌Nissle（*Escherichia coli* Nissle）
格氏乳杆菌（*L. gasseri*）	长双歧杆菌（*B. longum*）	布拉式酵母（*Saccharomyces boulardi*）
约氏乳杆菌（*L. johnsonii*）		
乳酸乳杆菌（*Lc. Lactis*）		
植物乳杆菌（*L. plantarum*）		
罗伊氏乳杆菌（*L. reuteri*）		
鼠李糖乳杆菌（*L. rhamnosus*）		

（三）其他益生菌

大肠杆菌Nissle 1917（*E. coli* Nissle）也是目前广泛应用的一种益生菌，对各种胃肠功能紊乱和免疫性疾病都具有良好的效果，对机体正常功能的发挥具有重要作用。

三、益生菌与健康

从梅契尼科夫提出食用发酵乳制品能够"保护"肠道，酸乳与保加利亚人的长寿密切相关时，人们逐渐开始关注益生菌对健康的意义。益生菌是肠道菌群的短期成员，它们进入肠道后被吸收，经过一定时间大部分被排出。益生菌停留在肠道细胞壁的边缘，通过占位与有害的细菌竞争结合位点，增强身体抵抗病原菌侵入的能力，同时，益生菌也会被机体免疫系统当作"假想敌"，能够调整免疫系统对更加危险的微生物做出反应的能力，从而强化肠道屏障功能。益生菌有益作用的发挥大概包括以下几个方面：①促进细胞壁顶端分泌黏液，来保护机体免受不必要的侵害；②诱导肠道细胞释放防御素，对抗入侵的细菌、真菌和病毒；③益生菌通过代谢膳食纤维、低聚糖等食物成分产生短链脂肪酸等次级代谢产物参与机体生理和免疫过程。但是，同一个益生菌对不同个体的作用效果不同，甚至对同一个人不同时间的作用也不尽相同。这是因为益生菌的效用是通过和肠道菌群互作实现的，宿主肠道固有菌群的结构和组成决定了益生菌的作用。然而，个体的肠道菌群是独一无二的，且微生物每天都在变化，特定的益生菌对个体肠道微生物产生怎样的影响，在没有了解肠道常驻菌群组成的前提下是不能够预测的。因此，未来益生菌对宿主健康的影响，应该在全面解析宿主肠道菌群的基础上做出判断。随着人们对肠道微生物认识的增加，益生菌对人体健康的作用正变成一个更加严肃的科学探索领域，需要大量的研究来确定益生菌有利于健康的确切机制。

四、 益生菌的代谢产物及其功能

肠道代谢物在人体各项生理活动过程中发挥着重要作用，包括促进能量代谢、传递细胞间信号及调节机体免疫，其中肠道益生菌代谢物在整个肠道代谢物中占据着举足轻重的地位。目前研究最多的益生菌代谢物包括细菌素、胞外多糖、短链脂肪酸、氨基酸、胆汁酸及次级胆汁酸等。

（一）细菌素和胞外多糖

细菌素和胞外多糖是益生菌自身合成的代谢物。细菌素是细菌在代谢过程中通过核糖体合成的具有生物活性的蛋白质、多肽或前体多肽，用于抑制或杀死与之相同生理环境的其他微生物。最典型的一类产细菌素的革兰氏阳性菌为乳酸菌。乳酸菌细菌素对食品中常见的致病菌和腐败菌的生长有很好的抑制作用，而且在治疗某些细菌感染上，细菌素和抗生素药物的协同使用效果更明显。胞外多糖，是微生物在生长代谢过程中分泌到细胞壁外、易与菌体分离的水溶性多糖，属于微生物的次级代谢产物。近年来，乳酸菌胞外多糖被广泛研究，其功能包括预防肠道炎症、刺激机体免疫、降血压、降血脂、抗氧化等。

（二）短链脂肪酸

益生菌在代谢机体摄入的外源性物质时，也会产生有益生功能的代谢物。短链脂肪酸是结肠中微生物发酵不易消化吸收的碳水化合物产生的碳链中碳原子数小于 6 个的有机脂肪酸，主要包括乙酸、丙酸和丁酸。大部分短链脂肪酸在结肠中发挥功能，包括给肠黏膜细胞活动提供能量，调节结肠环境内的酸碱度，刺激肠神经元和肠蠕动。近年来许多研究发现短链脂肪酸不仅对各种结肠炎症反应具有缓解作用，还能拮抗结肠癌细胞的定植、分化和迁移，起到抗肿瘤的功效。小部分短链脂肪酸还可以进入血液循环系统与脑、肝、肺、胰脏等器官和组织直接相互作用，产生一系列对机体健康有益的影响。

（三）氨基酸

肠道益生菌在接触饮食中的蛋白质时，也可以通过发酵蛋白产生各种氨基酸及氨基酸衍生物。色氨酸是常见蛋白类食物中的必需氨基酸，肠道益生菌代谢色氨酸后会生成吲哚-3-乙酸、吲哚酚-3-硫酸、吲哚-3-丙酸、吲哚-3-乙醛等衍生物，这些衍生物可以激活芳香烃受体，刺激相关免疫细胞和信号传导，从而减少炎症。除了食物中的蛋白质，肠道益生菌还可以将食物中的黄酮类化合物代谢成脱氨基酪氨酸，脱氨基酪氨酸能增强干扰素信号，从而防止流感病毒。

（四）胆汁酸及次级胆汁酸

肠道益生菌除了参与机体摄入的外源性物质代谢，还参与机体内源性物质的代谢。肝脏产生的胆汁酸可以被肠道菌群代谢生成非结合胆汁酸及次级胆汁酸，促进胆汁酸受体和转运体的活化，调控宿主代谢通路和炎症应答。同时胆汁酸可调节肠道菌群的组成，并在脂质平衡、碳水化合物代谢、胰岛素敏感性及先天性免疫疾病中发挥重要作用。

肠道益生菌及其代谢物，作为一个整体，维持着身体正常的生理动态平衡。代谢组学技术、同位素示踪法和荧光探针技术的快速发展不断推动了益生菌代谢物的发现及其功能与健康作用机制的研究。

五、 益生菌的安全性评价

近年来，伴随着益生菌产业的蓬勃发展，应运而生的产品日益增多。与此同时，益生菌的安全性受到越来越多的关注。如何对益生菌安全性进行科学评价，成为公众、企业和政府部门关注的焦点。

（一）益生菌的安全性

一般情况下，益生菌的诞生都要遵循安全性评价原则。欧盟规定，1997 年 5 月后开发的菌种，经过安全性评价合格后方可使用。在美国，如果益生菌新产品用于临床研究，需要经过 FDA 生物制品评价和研究中心进行安全性评价。根据 FAO 与 WHO 制定的《用于食品的益生菌安全性评价指导原则》，益生菌存在的可能危害包括：①益生菌进入血液引起人体全身性感染；②益生菌产生有害代谢产物对人体产生不良反应；③食用益生菌制剂后对敏感个体的免疫刺激作用；④益生菌在长期使用后携带的耐药基因转移。

伴随着大量抗生素新品种的问世和广泛使用，益生菌耐药基因转移引起的致病菌耐药性问题日益凸显。现今针对耐药性建立的理论普遍认为：耐药基因转移的可能性与抗生素抗性的遗传学基础密切相关，即该类抗性的产生是与生俱来的或是通过水平基因转移事件获得。此外，不容忽视的一点是，由于染色体关联突变的积累使其对抗生素的抗性增强，特别是在进入人和动物有机体肠道之后，这可能成为致病菌抗生素抗性基因潜在来源。近年的研究表明，益生菌基因组在适应抗生素环境过程中比较稳定。抗生素抗性增强多与应激反应关联的基因表达量增加密切相关。这些基因不会发生水平基因转移，不存在安全风险。

（二）益生菌的安全性评价

我国关于益生菌安全性评价的研究起步较晚。按照 2005 年国家食品药品监督管理总局（China Food and Drug Administration，CFDA）《益生菌类保健食品申报与审评规定（试行）》，益生菌菌种必须来自人体正常菌群的成员，并且规定了 10 种可用于保健食品的益生菌菌种。2010 年，国家卫生部《可用于生产使用普通的菌种名单》，列入使用名单的原则包括：①菌种为人体消化道的正常菌群或食品中经常能分离到的菌种；②在各国有长期安全使用的历史；③已列入部分国家的推荐名单；④部分菌株在保健食品名单或已通过新资源食品评审。为了规范益生菌保健食品的申报与审评，强化安全监管力度，2019 年 3 月 20 日，国家市场监督管理总局组织起草了《益生菌类保健食品申报与审评规定（征求意见稿）》，拟规定利用微生物菌种死菌和代谢产物生产时，不得以益生菌命名；益生菌保健食品在保质期内每种菌的活菌数目不得少于 10^6 CFU/mL（g）。

参考世界各国益生菌评价原则，安全性评价可划分为三个阶段。首先，利用多项分类方法对菌株做出准确的鉴定。其次，运用体外试验和动物试验对益生菌进行评价，例如：抗生素抗性试验、毒性代谢产物生成试验、患病动物模型中益生菌感染特性等。最后，通过人体试验或者临床试验对益生菌进行系统评价。鉴于我国目前益生菌产业的发展方兴未艾，所面临的安全性问题也备受关注。因此，尽快出台制定益生菌安全性评价标准和法规已成为不时之需。

六、 益生菌在食品中的应用

食物成分可影响益生菌对宿主的有益作用。乳是益生菌生长的良好载体，具备其生长所需全部营养物质，在乳中可通过增殖代谢产生对人体有益的代谢物。益生菌广泛应用于乳制品中且应用历史悠久，尤其以牛乳发酵类制品为主，在其他发酵食品中的应用越来越广泛。目前主要的应用有：

（一）益生菌在酸乳中的应用

益生菌酸乳制品被认为是最具潜力的乳制品种类之一。长期以来，酸乳一直与人们的长寿和健康联系在一起。添加益生菌可增加传统酸乳额外的有益特性、食用价值、独特风味、感官特性、足够数量益生菌活菌数和更大的商业价值。目前常用于酸乳制作的益生菌有双歧杆菌、干酪乳杆菌、植物乳杆菌、瑞士乳杆菌和鼠李糖乳杆菌等，或与传统发酵剂复合使用，或几种益生菌同时接种发酵，在产品货架期均能有较好活性和较高含量。

（二）益生菌在干酪中的应用

干酪是常见乳制品之一，在西方国家深受消费者喜欢。其具有更高 pH、更低滴定酸度、更高缓冲能力、更高固体稠度、相对较高脂肪含量、更高营养吸收性和更低氧含量。在干酪中加入益生菌能提高产品质量，改善摄入者健康状况。因其特殊的化学和物理特性，可保护益生菌细胞免受周围介质环境影响，保护益生菌到达肠道。

（三）益生菌在发酵乳饮料、乳清饮料和酪乳乳清中的应用

益生菌发酵乳饮料通常使用单一益生菌发酵，活菌数含量较高，一般高于 $10^8 CFU/mL$，有调节肠道作用，可改善排便频率和粪便质量，增加健康摄入者大肠内双歧杆菌丰度作用。乳清蛋白是干酪制作的副产物，也是益生菌生长的理想营养来源。益生菌饮料的高附加值产品的原料，含有可溶性蛋白、矿物质和乳糖等物质，为其生长提供了合适的营养物质，研究表明摄入乳清蛋白饮料可起到降血压效果。酪乳乳清是酪乳加工中的副产物，相比乳清产量较低。目前实际应用较少，多处于实验室阶段。

（四）益生菌在乳粉中的应用

益生菌乳粉中主要有婴幼儿配方乳粉、青少年配方乳粉和中老年乳粉，尤其以婴幼儿配方乳粉最为普及。目前可用于婴幼儿配方乳粉中益生菌菌种较少，为补充益生菌、促进肠道健康等，主要添加国外知名菌株。

（五）益生菌在其他乳制品中的应用

此外还有经过特殊复杂工艺处理后接种嗜酸乳杆菌制成的功能性嗜酸菌酸乳，此类型发酵乳富含短链脂肪酸，功能性物质含量较高；经过巴氏杀菌的牛乳中添加益生菌短乳杆菌，货架期内酸度接近牛乳，益生菌活菌数变化较小，国外已有相关产品，国内还处于研究阶段。

（六）益生菌在非乳品发酵食品中的应用

益生菌广泛用于肉制品和植物性食品的发酵中，如腊肉、火腿、泡菜等食品的发酵。其作用主要有：①保证食品安全，延长货架期。益生菌可以竞争性地抑制致病菌和腐败菌的生长，起到杀菌的作用；②改善食品风味，增进口感。益生菌在发酵过程中可以分解蛋白质产生大量

的风味物质如酸类和醇类等；③色泽美观，不易变色。益生菌发酵可以防止食品氧化变色。

七、 益生菌在其他方面的应用

除了在食品中的应用，益生菌也广泛应用于养殖业、药品和日化用品等行业。

（一）益生菌在养殖业中的应用

在畜禽和水产养殖中使用益生菌，不但可以有效提高动物生产性能，显著增加经济效益，而且还可以在一定程度上缓解目前养殖业中滥用抗生素的现象。研究发现，奶牛日粮中添加复合益生菌，能够控制牛乳中体细胞数和细菌总数，增强奶牛抗应激能力，提高饲料转化率，提高产乳量并提高牛乳中免疫因子的含量（免疫球蛋白 G、乳铁蛋白、溶菌酶、过氧化物酶等），有效改善肠道菌群结构；在肉鸡养殖中使用益生菌可以加速肉鸡肠道菌群成熟，减少抗生素残留，提高肉鸡免疫力，降低死亡率；水产养殖中使用益生菌可以部分代替抗生素，降低死亡率，提高养殖收益。此外，益生菌还可以用于青贮饲料的发酵。添加益生菌发酵可以改善青贮饲料的发酵品质，提高干物质消化率，提高青贮饲料启窖后的稳定性。

（二）益生菌在药品中的应用

益生菌药品主要用于治疗肠道疾病，如腹泻和便秘等。但是，随着对益生菌研究的不断深入，研究发现益生菌还可能对多种疾病具有显著的作用。因此，相信围绕益生菌相关药物的开发一定会成为未来医学研究的热点。

（三）益生菌在日化用品中的应用

由于部分益生菌，如双歧杆菌等，具有护肤和促进皮肤再生的作用，所以益生菌也常被添加在护肤品中使用。目前已经有益生菌面膜等益生菌护肤品上市销售。

第五节 功 能 性 肽

一、 功能性肽的概念

功能性肽是一类对机体生命活动有益或具有特殊生理功能的肽类物质，通常是由 2～20 个氨基酸构成，且具有安全性高、稳定性好、易吸收等特点，因此功能性肽在食品和医药等行业有着广阔的应用前景。根据其序列的不同，功能性肽通常具有抗氧化、降血压、降血糖、促进矿物质吸收以及改善记忆作用等功效，其中肽的抗氧化以及降血压活性是目前功能性肽研究最为广泛的两种活性。

二、 功能性肽的制备

功能性肽通常是通过蛋白酶水解或者微生物发酵的方式将蕴藏在蛋白原料的活性片段释放出来。蛋白原料、蛋白酶的种类以及酶解条件等因素均会影响蛋白酶水解产物及其多肽的活性。为了选择合适的蛋白原料、蛋白酶以及酶解条件，通常以活性为导向进行工艺条件的优化。蛋白原料通常是一些富含蛋白质的食品原料（如蛋白类、海洋鱼贝类、肉类、大豆、花生、小麦等）及其加工副产物等。蛋白酶可以选用胃肠道消化酶、微生物蛋白酶或植物蛋白酶等，常用蛋白酶如表 9-2 所示。根据蛋白水解产物的水解度、蛋白回收率以及活性来筛选合适的蛋白酶。在水解过程中，反应温度、pH、底物浓度、酶浓度及水解时间等条件均会影响酶的水解效率，从而影响水解产物的功能活性。

表 9-2　　　　　　　　　　　常用蛋白酶信息

名称	类型	来源	酶切位点[1]
碱性蛋白酶	内切蛋白酶	地衣芽孢杆菌	广泛
中性蛋白酶	内切蛋白酶	枯草芽孢杆菌	广泛
风味蛋白酶	内切与外切蛋白酶的混合酶	米曲霉	广泛
木瓜蛋白酶	内切蛋白酶	木瓜	广泛
菠萝蛋白酶	内切蛋白酶	菠萝	广泛
胃蛋白酶	内切蛋白酶	胃	芳香族或疏水性氨基酸残基
胰蛋白酶	内切蛋白酶	胰脏	Arg 及 Lys 的 C 端
胰凝乳蛋白酶	内切蛋白酶	胰脏	Tyr，Trp，Phe 及 Leu 的 N 端

①来源于 Enzymedatabase。

除了以活性为导向的传统制备方法，近年来越来越多的研究者基于功能性肽的构效关系，利用生物信息学及计算机辅助分析的方法试图从食物蛋白源中筛选出最有潜力的蛋白原料和蛋白酶用于制备功能性肽。虽然计算机模拟水解可以提高功能性肽或蛋白原料的筛选效率，但往往计算机模拟与实际情况并不完全相符。这主要是由于计算机模拟水解中，根据蛋白酶的酶切位点，水解所有可能的肽键，而实际中蛋白酶只能进行部分水解，且受水解条件影响。另外，蛋白质具有空间结构，而模拟水解并未考虑这个因素。因此，在利用计算机模拟水解方式筛选原料和蛋白酶时，还需要通过实际蛋白水解技术进行验证从而制备功能性肽。

三、 功能性肽的吸收利用

功能性肽需经过胃肠道消化，并在小肠上皮细胞吸收后才能在机体内发挥作用，但是胃肠道中的一些蛋白酶如胃蛋白酶、胰蛋白酶、胰凝乳蛋白酶等均会使其降解，从而限制了其吸收利用。酸碱性、疏水性以及 C/N 氨基酸组成均会影响肽的胃肠道消化稳定性。含有较多酸性氨基酸的肽比含有中性或碱性的肽类具有更好的稳定性，序列中含有较高含量的 Pro 也更耐受胃肠道消化，但是具有强疏水性的肽其消化稳定性较差。此外，C 端若含有 Lys 或 Arg，也更易于被降解。

表 9-3　　　　　　　　　　部分已报道的肽段在大鼠体内吸收情况

序列	血浆中达到的最大浓度/（nmol/L）	血浆中达到最大浓度所需时间/h	半衰时间/h
Trp-His	28.7±8.9	1.0	2.8
His-Trp	1.1	1.0	1.9
Val-Tyr	4.11±1.13	1.5	4.1
Met-Tyr	0.38±0.09	2.0	4.1
Leu-Tyr	0.54±0.2	1.5	4.1

续表

序列	血浆中达到的最大浓度/（nmol/L）	血浆中达到最大浓度所需时间/h	半衰时间/h
Ile-Pro-Pro	12±3	0.14	0.16
Leu-Pro-Pro	11±3	0.12	0.25
Val-Pro-Pro	9±2	0.15	0.2
His-Leu-Pro-Leu-Pro	35	0.2	n. a.

注：n. a. 表示没有。

经过消化后，肽的吸收主要通过三种方式，PepT1 转运体吸收、旁路吸收以及内吞作用。二肽及三肽主要通过 PepT1 转运体吸收，而更长的肽（>四肽）则主要通过旁路转运。Shen 等人总结了部分已报道的肽在大鼠体内的吸收情况（表 9-3），肽在血浆内存在的最大浓度通常为纳摩尔（nmol/L）级别。与其他肽相比，胶原肽在体内的浓度可以达到微摩尔（μmol/L）级别，其中 Pro-Hyp 是摄取胶原肽后血液中检测到含量最高的一种胶原肽。

四、 功能性肽的分类

（一）降血压肽

高血压是以收缩压≥140mmg Hg，舒张压≥90mmHg 的动脉血压增高为主要特征的一种慢性疾病，同时也是各种心脑血管疾病最主要的诱发因素。目前血管紧张素转化酶（ACE）抑制剂被广泛用于治疗降血压，能够抑制 ACE 催化血管紧张素 I 转化成具有强烈收缩血管作用的血管紧张素 II，从而达到降血压作用。越来越多的动植物蛋白尤其是乳蛋白来源的肽段被报道具有很强的 ACE 抑制活性。例如在由瑞士乳杆菌（*Lactobacillus helveticus*）发酵牛乳中发现了两条三肽 IPP（Ile-Pro-Pro）和 VPP（Val-Pro-Pro），具有很强的 ACE 抑制活性，且经大鼠及人体临床试验均被证实具有降血压活性，临床试验表明每日需摄入 3.07~52mg 的剂量可以有效降低血压。另外，来源于酪蛋白的 FFVAPFPEVFGK（Phe-Phe-Val-Ala-Pro-Phe-Pro-Glu-Val-Phe-Gly-Lys），来源于沙丁鱼的 VY（Val-Tyr）以及来源于鲣鱼的 LKPNM（Leu-Lys-Pro-Asn-Met）均被证实具有降血压作用，且均已开发成产品。肽的序列和长度均会影响其 ACE 抑制活性。ACE 更易与 C 端具有 Tyr、Trp、Phe、Pro 等疏水性氨基酸残基的短肽相结合，因此具有这一结构特点的肽通常具有较强的 ACE 抑制活性。

（二）降血糖肽

糖尿病是一种以高血糖为特征的慢性代谢疾病，是由于胰岛素分泌不足或胰岛素抵抗引起的。糖尿病可能会导致一系列严重的并发症，特别是对足、肾、眼、心脏、血管、神经的慢性损害和功能障碍。据国际糖尿病联合会（IDF）统计，2017 年我国糖尿病患者达到 1.144 亿，也就是每 11 个成年人中就有一个糖尿病患者。因此寻找食源性的活性物质，特别是活性肽用于辅助治疗糖尿病具有巨大的应用前景。

近年来，临床及动物试验表明某些食物蛋白或其水解物具有降血糖的功效，如乳清蛋白、酪蛋白、胶原肽、玉米蛋白、猪皮及鱼皮明胶等。这些蛋白及其水解物中的某些氨基酸（如 Leu 及 Phe）能够促进胰岛素的分泌或其中某些特定的肽段在机体内能够抑制二肽基肽酶-IV（DPP-IV）对内源性肠促胰岛素激素（主要是 GLP-1）的降解，提高 GLP-1 浓度，从而促进胰腺细胞释放胰岛素，也可以通过增加胰岛素敏感性以及抗氧化作用达到降血糖的作用，其中肽的 DPP-IV 抑制活性研究最为广泛。目前已报道 400 多条肽段具有 DPP-IV 抑制活性，主要是由 2~10 个氨基酸组成的寡肽，通常 N 端具有 Trp 或第二位置具有 Pro/Ala，其中活性最强的肽是一条牛乳蛋白来源的三肽 IPI (Ile-Pro-Ile，IC_{50} 值为 3.5μmol/L)。此外，IPIQY (Ile-Pro-Ile-Gln-Tyr)、WR (Trp-Arg)、INNQFLPYPY (Ile-Asn-Asn-Gln-Phe-Leu-Pro-Tyr-Pro-Tyr) 及 WK (Trp-Lys) 等肽也表现出较强的 DPP-IV 抑制活性 (IC_{50} 值均小于 50μmol/L)。此外，Uenishi 等人发现一条来源干酪的七肽 LPQNIPPL (Leu-Pro-Gln-Asn-Ile-Pro-Pro-Leu) 不仅在体外具有 DPP-IV 抑制活性，在大鼠体内以 300mg/kg 的剂量灌胃后，也能显著降低其餐后血糖。在众多食物蛋白原料中，酪蛋白和胶原蛋白由于富含 Pro，是制备 DPP-IV 抑制肽两种最有潜力的原料。虽然目前已有大量研究证实了 DPP-IV 抑制肽的体外活性，且其结构特征也较清楚，但其体内的吸收利用情况以及降血糖活性研究不多。

（三）降尿酸肽

尿酸是人体嘌呤代谢的产物，当血尿酸水平过高时，将会导致高尿酸血症，继而导致尿酸盐结晶析出并沉积在关节处，引起痛风。国际上将男性血尿酸浓度超过 420μmol/L、女性超过 357μmol/L 时定义为高尿酸血症。人体尿酸水平的升高通常与人体嘌呤代谢异常或肾脏排泄异常息息相关。研究表明，食源性多肽能够通过抗炎或抑制黄嘌呤氧化酶 (XOD) 的活性从而降低尿酸水平达到抗痛风的作用。如 Dalbeth 等人在脱脂乳粉中鉴定出糖巨肽和 G600 乳脂提取物两种有效成分，在急性痛风研究模型中被证明具有抗炎效果，能有效减少急性痛风的发作频率，并能起到预防痛风发生的作用。Murota 等人发现静脉注射来源于鲨鱼软骨 Alcalase 水解物的两条肽 Tyr-Leu-Asp-Asn-Tyr 和 Ser-Pro-Pro-Tyr-Trp-Pro-Tyr，能抑制 XOD 活性 (IC_{50} 值为别嘌呤醇的 13~23 倍)，有效降低小鼠血尿酸水平。虽然这条肽在体外并不具备 XOD 抑制活性，但来源于这条肽的一些二肽或者三肽如 Asp-Asn 却具有很好的 XOD 抑制活性，这说明 Tyr-Leu-Asp-Asn-Tyr 等小分子肽被消化吸收后降解成小分子肽段，从而在血液中发挥了 XOD 抑制活性或诱导了内源性 XOD 抑制剂的活性。

（四）抗氧化肽

通常情况下，人体内自由基的产生和清除处在动态平衡状态。但是当体内自由基过量时，内源性的防护体系无法防御体内产生的活性自由基，就会导致氧化应激的发生，从而促使多种慢性疾病的发生，如糖尿病、癌症、炎症及心血管疾病等。因此通过外源性补充一些天然安全的抗氧化剂来防止或降低体内氧化应激的发生尤为重要。大量研究结果表明食源性多肽可以通过清除自由基、螯合金属离子、抑制脂质氧化、提高体内抗氧化酶系的水平达到抗氧化的作用。

目前发现的抗氧化肽大多含有 2~15 个氨基酸残基，其抗氧化活性强弱主要与其氨基酸组成有关，而氨基酸排列顺序、相对分子质量大小、肽键及肽的空间结构对其活性也有一定影响。肽的序列中含有能够供电子或供氢能力的 Tyr、Trp、Cys 及 Met 等氨基酸残基，通常具有较强的自由基能力，疏水性的氨基酸残基能够增强其抑制脂质过氧化的能力，而酸性及碱性的氨基酸残基具有螯合金属离子的能力。如 Zheng 等通过合成一系列二肽，发现一些具有 Tyr、Trp、Cys 及 Met 等氨基酸残基的二肽具有比 Trolox 以及谷胱甘肽 (GSH) 等标准抗氧化剂更强的活性。Gomez-Ruiz 等从酪蛋白水解产物中鉴定出一条抗氧化肽 HPHPHLSF (His-Pro-His-Pro-His-Leu-Ser-Phe)，发现该肽能够抑制亚油酸过氧化，并指出该肽的抗氧化能力不仅与序列中 His 残基有关，也与其序列中含有大量的 Leu、Pro 及 Phe 等疏水性氨基酸有很大关系。虽然肽的体外抗氧化活性被广泛证实，且其构效关系较清楚，但是其在体内的抗氧化活性研究不多。

（五）改善记忆肽

记忆是神经系统通过复杂的活动对学习获得的信息在脑内进行接受、存储和提取的一系列过程。由于生活节奏过快、学习工作压力增加、失眠或睡眠不足、抑郁及自然衰老等都会导致学习记忆功能衰退。这主要是由突触可塑性下降、神经细胞受损、胆碱能系统紊乱、氧化应激及炎症等所致。因此，开发具有预防、改善记忆下降及认知功能退化的食源性活性物质非常重要。

人体内存在许多内源性肽都与学习记忆密切相关，如生长抑素、促皮质激素释放因子、加压素、催乳素、脑啡肽及内啡肽等。除天然存在的内源性神经肽以外，许多研究表明食源性多肽也具有保护神经及改善记忆的作用，如来源于猪脑、海洋鱼、牡蛎、水飞蓟、核桃、大豆和腰果等。这些肽改善记忆的功效可能与其乙酰胆碱酯酶（AchE）抑制活性、抗氧化活性、神经营养或神经保护作用有关。其中，来源于猪脑的脑活素已被广泛开发用于治疗临床上的神经系统疾病，脑活素由80%左右的游离氨基酸和20%左右的小分子肽组成。但是有学者研究发现，采用与脑活素氨基酸组成和比例相同的混合液却起不到相同的改善作用。该结果说明，多肽可能对于记忆改善的贡献更为重要。Wang等研究发现核桃蛋白酶解物能够通过减轻睡眠剥夺大鼠的氧化应激态，从而提高睡眠剥夺大鼠的空间学习和记忆能力。Su等发现凤尾鱼蛋白酶解产物能够通过抑制AchE的活性，调控胆碱能系统功能，从而具有改善东莨菪碱诱导的小鼠记忆损伤的作用。虽然，目前已有大量研究证实动植物蛋白水解肽在动物体内具有一定的记忆改善作用，但肽的结构特点与其在体内功效的关系研究相对较薄弱。

（六）改善睡眠肽

人生命中有三分之一的时间是在睡眠中度过，睡眠与人们生理心理功能密不可分。2018年一项商业全球性睡眠认知问题调查，结果显示全球成年人中有61%左右存在某种影响睡眠的问题。因此，世界各国对于睡眠改善的研究投入正在显著增加。常用的治疗失眠或睡眠障碍的药物有苯二氮卓类及褪黑素等，主要是通过五羟色胺能系统的抑制作用和多巴胺系统的兴奋作用调节睡眠-觉醒机制。虽然药物见效快，但副作用强，易成瘾。

20世纪90年代法国科学家从牛乳中提取出一种可以让婴儿具有"宁静的睡眠状态"的酪蛋白水解产物α-casozepine，其主要成分是十肽YLGYLEQLLR（Tyr-Leu-Gly-Tyr-Leu-Glu-Gln-Leu-Leu-Arg）。该肽的两个Tyr芳香环的中心之间的距离胶束介质与苯二氮卓硝西泮的芳环类似，因此具有苯二氮卓活性，即对γ-氨基丁酸A型（GABAA）受体的苯二氮卓位点具有亲和力（虽然比地西泮的苯二氮卓位点低10000倍，但无成瘾依赖性），从而显示出抗焦虑样及镇静安眠活性。之后，经大量动物及临床试验验证，该肽还显示出能够诱导神经母细胞瘤细胞培养物中GABAA受体介导的氯（Cl）流入增加，诱导c-FOS基因调节神经元的活动，促进"睡眠开关"——GABA亚型受体基因表达。

除酪蛋白水解物以外，乳清蛋白及小麦中的类阿片活性肽也具有镇静作用，而此类发挥阿片活性的肽段主要结构特征是氨基末端存在Tyr，且第三位或第四位存在芳香族残基，如Phe或Tyr，适合于阿片受体的结合位点。猪脑多肽等哺乳动物脑组织中提取的多肽也可通过诱导δ波睡眠机制发挥作用。但是，目前食源性改善睡眠肽与情绪、记忆调节等方面研究仍较少，因此有待科学家们更多地关注和研究。

（七）促进矿物质吸收肽

矿物质，尤其是一些金属元素是维持机体的生长、发育、繁衍等生命活动必不可少的物质，长期缺乏或摄入不足会引起相应的营养缺乏症和疾病发生。研究表明，蛋白水解物和多肽可以螯合矿物质，从而改善其溶解性和稳定性，促进矿物质吸收，提高其生物利用度。1950年，

Mellander 首次从酪蛋白的胰蛋白酶水解产物中分离到酪蛋白磷酸肽（Casein Phosphopeptides，CPPs），其在生理 pH 下具有较好的溶解性，比自然状态的钙能更有利于机体吸收利用。目前，科学研究证实，CPPs 不仅可以抵抗消化道中各种酶的水解，还可以与钙结合成可溶物，有效地防止钙在小肠中性或偏碱性环境中形成磷酸钙沉淀，增加钙在体内的滞留时间，促进小肠对钙的吸收。同时，CPPs 可以直接促进成骨细胞样细胞生长，还能促进铁、锌、硒等矿物质的吸收利用。

除了酪蛋白磷酸肽以外，大量动植物来源的活性肽也被报道具有促进矿物质吸收的能力，如蛋黄、明胶、胶原蛋白、大米、大豆、麦芽等。这主要是由于多肽的 N-端氨基、C-端羧基、氨基酸侧链以及肽链中的羰基和亚氨基与金属配位形成金属螯合物，借助肽类在机体内的吸收机制，促进金属离子在体内的吸收和生物利用度。

五、 功能性肽的应用

根据《中华人民共和国食品安全法》和《新资源食品管理办法》有关规定，以可食用的动物或植物蛋白质为原料，经《食品添加剂使用标准》规定允许使用的食品用酶制剂酶解制成的物质作为普通食品管理。因此，通过食品用的酶制剂制备的食源性功能性肽可以作为普通食品食用。此外，由于功能性肽具有抗氧化、降血压、降血糖、免疫调节等生理活性，且具有吸收快、效率高等优点，因此功能性肽在功能保健食品以及特殊医药食品方面均具有广阔的应用前景。目前日本及一些欧美国家已生产出具有降血压、舒缓压力、促进矿物质吸收或免疫调节等功能的食品，如酸乳、饮料、能量棒及咀嚼片等。此外，将功能性肽添加到动物饲料中，不仅能发挥营养作用，还具有生理调节作用，如抗菌肽能够改善仔猪的生产性能、肠道菌群结构、机体脂质和蛋白质代谢情况、提高免疫力等。因此对提高动物生产性能具有重要的意义。

越来越多的研究表明功能性肽具有对人类健康有益的生理调节作用，在功能性食品以及特殊医药食品方面均具有广阔的应用前景。但是目前大部分功能性肽仍处于实验阶段，相关研究主要关注功能性肽的序列鉴定及构效关系，而关于功能性肽在人体内的吸收利用情况以及在动物体内的功效甚至是人体临床试验的研究较少。随着生物技术的不断发展，功能性肽的功效及其功能因子进一步明确，必将为功能性肽的开发和利用带来更广阔的前景。

🔍 复习思考题

1. 功能性食品原料包括哪些种类？
2. "药食同源"食品的应用有哪些？
3. 益生元的定义是什么？
4. 目前市场上常见的益生元有哪些类型？常用的制备方法有哪些？
5. 益生元主要有哪些益生活性？
6. 益生菌的定义是什么？常用于益生菌的微生物种属有哪些？
7. 益生菌的安全性评价包括哪些方面？
8. 益生菌在食品中的应用主要体现在那些方面？
9. 功能性肽的定义是什么？具有什么特点？
10. 制备功能性肽常见的蛋白酶有哪些？
11. 根据功能分类，功能性肽有哪些种类？
12. 功能性肽的吸收途径有哪些？

参 考 文 献

［1］单峰，黄璐琦，郭娟等．药食同源的历史和发展概况．生命科学，2015，27（8）：1061~1069．

［2］朱建平，邓文祥，吴彬才等．"药食同源"源流探讨．湖南中医药大学学报，2015，35（12）：27~30．

［3］屠寒，江汉美，卢金清等．丁香药理作用研究进展．香料香精化妆品，2015（5）：59~62．

［4］王婷，苗明三，苗艳艳．小茴香的化学、药理及临床应用．中医学报，2015，30（205）：856~857．

［5］姚园，崔丽贤，刘素稳等．山楂功能成分及加工研究进展．食品研究与开发，2017，38（15）：211~215．

［6］尹震花，赵晨，张娟娟等．光皮木瓜的化学成分及药理活性研究进展．中国实验方剂学杂志，2017，23（9）：221~229．

［7］赵珮妮，和法涛，宋烨等．白果的特异生物活性和药理作用研究进展．化工进展，2017，36（S1）：366~371．

［8］刘鹏，林志健，张冰．百合的化学成分及药理作用研究进展．中国实验方剂学杂志，2017，23（23）：201~211．

［9］杨国辉，魏丽娟，王德功等．中药苦杏仁的药理研究进展．中兽医学杂志，2017（4）：75~76．

［10］白生文，汤超，田京等．沙棘果渣总黄酮提取工艺及抗氧化活性分析．食品科学，2015，36（10）：59~64．

［11］梁辉，赵镭，杨静等．花椒化学成分及药理作用的研究进展．华西药学杂志，2014，29（1）：91~94．

［12］张飘飘，阎晓丹，杜鹏程等．阿胶的化学成分及其药理毒理学研究进展．山东医药，2016，56（9）：95~97．

［13］丁胜华，王蓉蓉，吴继红等．枣果实中生物活性成分与生物活性的研究进展．现代食品科技，2016，32（5）：332~348．

［14］苏杰，李娜，惠伯棣等．鱼腥草作为保健食品原料潜力的概述．食品工业科技，2017，38（6）：391~396．

［15］项佳媚，许利嘉，肖伟等．姜的研究进展．中国药学杂志，2017，52（5）：353~357．

［16］戴思兰，温小蕙．菊花的药食同源功效．生命科学，2015，27（8）：1083~1090．

［17］黄晓巍，张丹丹，王晋冀等．葛根化学成分及药理作用．吉林中医药，2018，38（1）：87~89．

［18］李昕，潘俊娴，陈士国等．葛根化学成分及药理作用研究进展．中国食品学报，2017，17（9）：189~195．

［19］吴国泰，武玉鹏，牛亭惠等．蜂蜜的化学、药理及应用研究概况．蜜蜂杂志，2017（1）：3~6．

［20］宋齐．人参化学成分和药理作用研究进展．人参研究，2017（2）：47~54．

［21］孙恒，胡强，金航等．铁皮石斛化学成分及药理活性研究进展．中国实验方剂学杂志，2017，23（11）：225~234．

［22］Aachary Ayyappan Appukuttan, Prapulla Siddalingaiya Gurudutt. Xylooligosaccharides（XOS）as an emerging prebiotic：microbial synthesis, utilization, structural characterization, bioactive properties, and applications. Comprehensive Reviews in Food Science and Food Safety, 2011, 10（1）：2~16．

［23］Abbeele P. van den, Venema K, Wiele T. Van de, et al. Different human gut models reveal the distinct fermentation patterns of arabinoxylan versus inulin. Journal of Agricultural and Food Chemistry, 2013, 61（41）: 9819~9827.

［24］Chi Won-Jae, Chang Yong-Keun, Hong Soon-Kwang. Agar degradation by microorganisms and agar-degrading enzymes. Applied Microbiology and Biotechnology, 2012, 94（4）: 917~930.

［25］Kittana Hatem, Quintero-Villegas Maria I, Bindels Laure B, et al. Galactooligosaccharide supplementation provides protection against citrobacter rodentium-induced colitis without limiting pathogen burden. Microbiology, 2018, 164（2）: 154~162.

［26］Liu Xueqiang, Liu Yu, Jiang Zhengqiang, et al. Biochemical characterization of a novel xylanase from *Paenibacillus barengoltzii* and its application in xylooligosaccharides production from corncobs. Food Chemistry, 2018, 264: 310~318.

［27］Sabater Carlos, Fara Agustina, Palacios Jorge, et al. Synthesis of prebiotic galactooligosaccharides from lactose and lactulose by dairy propionibacteria. Food Microbiology, 2019, 77: 93~105.

［28］Nieto-Dominguez Manuel, de Eugenio Laura I, York-Duran Maria J, et al. Prebiotic effect of xylooligosaccharides produced from birchwood xylan by a novel fungal GH11 xylanase. Food Chemistry, 2017, 232: 105~113.

［29］La Rosa Sabina Leanti, Leth Maria Louise, Michalak Leszek, et al. The human gut Firmicute *Roseburia intestinalis* is a primary degrader of dietary β-mannans. Nature Communications, 2019, 10: 905.

［30］Sivan Ayelet, Corrales Leticia, Hubert Nathaniel, et al. Commensal *Bifidobacterium* promotes antitumor immunity and facilitates anti-PD-L1 efficacy. Science, 2015, 350（6264）: 1084~1089.

［31］Wu Xia, Wang Jing, Shi Yuqin, et al. N-Acetyl-chitobiose ameliorates metabolism dysfunction through Erk/p38 MAPK and histone H3 phosphorylation in type 2 diabetes mice. Journal of Functional Foods, 2017, 28: 96~105.

［32］Yahfoufi N, Mallet JF, Graham E, et al. Role of probiotics and prebiotics in immunomodulation. Current Opinion in Food Science, 2018, 20（SI）: 82~91.

［33］惠伯棣, 张旭, 宫平. 食品原料在我国功能性食品中的应用研究进展. 食品科学, 2016, 37（17）: 296~302.

［34］卢维奇, 陈便豪, 王佳娜. 菊粉对肠道健康作用的研究进展. 食品安全质量检测学报, 2019, 10（4）: 1004~1008.

［35］王进博, 陈广耀. 对目录管理在保健食品发展中几个关键问题的思考. 中国现代中药, 2018, 20（10）: 1308~1318.

［36］王晓宇, 刘伟娜, 谢响明等. 青霉L1来源具有生产木寡糖应用潜力的高比活GH11木聚糖酶. 生物工程学报, 2018, 34（1）: 68~77.

［37］原旭, 刘洪涛, 杜昱光. 壳寡糖的制备及其在医学和农业生产中的应用. 生物技术进展, 2018（6）: 461~68.

［38］Buriti Flavia CA, Freitas Sidinea C, Egito Antonio S, et al. Effects of tropical fruit pulps and partially hydrolysed galactomannan from *Caesalpinia pulcherrima* seeds on the dietary fibre content, probiotic viability, texture and sensory features of goat dairy beverages. LWT-Food Science and Technology, 2014, 59（1）: 196~203.

［39］Fazilah Nurul Farhana, Ariff Arbakariya B, Khayat Mohd Ezuan, et al. Influence ofprobiotics, prebiotics, synbiotics and bioactive phytochemicals on the formulation offunctional yogurt. Journal of Functional Foods, 2018, 48: 387~399.

［40］Gao Pengfei, Hou Qiangchuan, Kwok Laiyu, et al. Effect of feeding*Lactobacillus plantarum* P-8 on the faecal microbiota of broiler chickens exposed to lincomycin. Science Bulletin, 2017, 62（2）: 105~113.

[41] Gasbarrini Giovanni, Bonvicini Fiorenza, Gramenzi Annagiulia. Probiotics history. Journal of Clinical Gastroenterology, 2016, 50 (2): S116~S119.

[42] Goodarzi A, Hovhannisyan H, Grigoryan G, et al. Acidophilus milk shelf-life prolongation by the use of cold sensitive mutants of *Lactobacillus acidophilus* MDC 9626. Applied Food Biotechnology, 2017, 4 (4): 211~218.

[43] Guo Huiling, Pan Lin, Li Lina, et al. Characterization of antibiotic resistance genes from *Lactobacillus* isolated from traditional dairy products. Journal of Dairy Science, 2017, 82 (3): 724~730.

[44] Hesham EE, Khairuddin M, Roslinda AM, et al. Anaerobic probiotics: the key microbesfor human health. , 2016, 156: 397~431.

[45] Jia Wei, Xie Guoxiang, Jia Weiping. Bile acid-microbiota crosstalk in gastrointestinal inflammation and carcinogenesis. Nature Reviews Gastroenterology & Hepatology, 2018, 15 (2): 111~128.

[46] Kleerebezem Michiel, Binda Sylvie, Bron Peter A, et al. Understanding mode of action can drive the translational pipeline towards more reliable health benefits for probiotics. Current Opinion in Biotechnology, 2018, 56: 55~60.

[47] Koh Ara, De Vadder Filipe, Kovatcheva-Datchary Petia, et al. From dietary fiber to host physiology: short-chain fatty acids as key bacterial metabolites. Cell, 2016, 165 (6): 1332~1345.

[48] Marsland Benjamin J. Regulating inflammation with microbial metabolites. Nature Medicine, 2016, 22 (6): 581~583.

[49] Nwodo Uchechukwu, Green Ezekiel, Okoh Anthonyl. Bacterial exopolysaccharides: functionality and prospects. International Journal of Molecular Sciences, 2012, 13 (11): 14002~14015.

[50] Sarao Loveleen Kaur, Arora M. Probiotics, prebiotics, and microencapsulation: A review. Critical Reviews in Food Science and Nutrition, 2017, 57 (2): 344~371.

[51] Steed Ashley L, Christophi George P, Kaiko Gerard E, et al. The microbial metabolite desaminotyrosine protects from influenza through type I interferon. Science, 2017, 357 (6350): 498~502.

[52] Wang Jicheng, Dong Xiao, Shao Yuyu, et al. Genome adaptive evolution of *Lactobacillus casei* under long-term antibiotic selection pressures. BMC Genomics, 2017, 18: 320.

[53] Xu Haiyan, Huang Weiqiang, Hou Qiangchuan, et al. The Effects of probiotics administration on the milk production, milk components and fecal bacteria microbiota of dairy cows. Science Bulletin, 2017, 62 (11): 767~774.

[54] Zhang Wenyi, Cao Chenxia, Zhang Jie, et al. *Lactobacillus casei asp*23 gene contributes to gentamycin resistance via regulating specific membrane-associated proteins. Journal of Dairy Science, 2018, 101 (3): 1915~1920.

[55] Zhang Wenyi, Guo Huiling, Cao Chenxia, et al. Adaptation of *Lactobacillus casei* Zhang to gentamycin involves an alkaline shock protein. Frontiers in Microbiology, 2017, 8: 2316.

[56] Zmora Niv, Zilberman-Schapira Gili, Suez Jotham, et al. Personalized gut mucosal colonization resistance to empiric probiotics is associated with unique host and microbiome features. Cell, 2018, 174 (6): 1388~1405.

[57] Cosentino Stefania, Gravaghi Claudia, Donetti Elena, et al. Caseinphosphopeptide-induced calcium uptake in human intestinal cell lines HT-29 and Caco2 is correlated to cellular differentiation. The Journal of Nutritional Biochemistry, 2010, 21 (3): 247~254.

[58] Dela Pena Irene Joy I, Kim Hee Jin, de la Pena June Bryan, et al. A tryptic hydrolysate from bovine milk αs1-casein enhances pentobarbital-induced sleep in mice via the GABAA receptor. Behavioural Brain Research, 2016, 313: 184~190.

［59］ Iwaniak Anna, Darewicz Malgorzata, Minkiewicz Piotr. Peptides derived from foods as supportive diet components in the prevention of metabolic syndrome. Comprehensive Reviews in Food Science and Food Safety, 2018, 17 (1): 63~81.

［60］ Lacroix Isabelle M E, Li Chan Eunice C Y. Food-derived dipeptidyl-peptidase IV inhibitors as a potential approach for glycemic regulation-current knowledge and future research considerations. Trends in Food Science & Technology, 2016, 54: 1~16.

［61］ Murota Itsuki, Taguchi Satoko, Sato Nobuyuki, et al. Identification of antihyperuricemic peptides in the proteolytic digest of shark cartilage water extract using *in vivo* activity - guided fractionation. Journal of Agricultural and Food Chemistry, 2014, 62 (11): 2392~2397.

［62］ Nongonierma Alice B, FitzGerald Richard J. Features of dipeptidyl peptidase IV (DPP-IV) inhibitory peptides from dietary proteins. Journal of Food Biochemistry, 2019, 43 (1): e12451.

［63］ Sato Kenji. The presence of food-derived collagen peptides in human body-structure and biological activity. Food &Function, 2017, 8 (12): 4325~4330.

［64］ Shen Weilin, Matsui Toshiro. Current knowledge of intestinal absorption of bioactive peptides. Food & Function, 2017, 8 (12): 4306~4314.

［65］ Yamaguchi Naoya, Kawaguchi Kyosuke, Yamamoto Naoyuki. Study of the mechanism of antihypertensive peptides VPP and IPP in spontaneously hypertensive rats by DNA microarray analysis. European Journal of Pharmacology, 2009, 620 (1~3): 71~77.

［66］ Walters Mallory E, Esfandi Ramak, Tsopmo Apollinaire. Potential of food hydrolyzed proteins and peptides to chelate iron or calcium and enhance their absorption. Foods, 2018, 7 (10): 172.

［67］ Wang Shuguang, Su Guowan, Zhang Qi, et al. Walnut (*Juglans regia*) peptides reverse sleep deprivation - induced memory impairment in rat via alleviating oxidative stress. Journal of Agricultural and Food Chemistry, 2018, 66 (40): 10617~10627.

［68］ Wang Bo, Xie Ningning, Li Bo. Influence of peptide characteristics on their stability, intestinal transport, and in vitro bioavailability: A review. Journal of Food Biochemistry, 2019, 43 (1): e12571.

［69］ Zheng Lin, Zhao Yijun, Dong Hongzhu, et al. Structure-activity relationship of antioxidant dipeptides: Dominant role of Tyr, Trp, Cys and Met residues. Journal of Functional Foods, 2016, 21: 485~496.

第十章

水与食品原料的检验和标准

[学习目标]

1. 学习水的基本特性及通常的水处理方法；
2. 了解水在食品加工中的作用；
3. 熟悉包装饮用水的概念及分类、卫生标准；
4. 掌握主要食品原料的检验程序和标准；
5. 掌握国际及国内重要的现行食品标准、法规。

第一节　水与食品加工

　　水是生命之源，每人每天平均约需 2L 饮用水，按我国 13 亿人口计算，一天就需要 260 万 t 饮用水（不包括日常生活用水）。随着经济的发展，我国工业用水量也持续增长，国家统计局数据显示，2010—2018 年我国工业用水总量在 1200 ~ 1500 亿 m³/年，其中，2018 年工业用水总量为 1285 亿 m³。食品加工的用水量很大，以饮料、酒类、肉制品加工、淀粉生产、食品发酵等最为突出。

　　水占人体体重的 60% ~ 70%，参与人体新陈代谢，是人类和动物（包括所有生物）赖以生存的重要条件。水与蛋白质、碳水化合物、脂肪、微量元素、矿物质一起被称为人体所需的 6 大营养素。水可以转运生命必需的各种物质及排出体内不需要的代谢产物，促进体内生化反应。只有保持良好的水营养，才能有良好的体能和健康。机体如缺少水分，会造成脱水等症状，重则会导致死亡。

　　水是食品原料的重要组分，它的含量、分布、状态影响食品的色、香、味、形、营养、安全等特性。同时，水也是食品加工中的重要辅助原料之一，可以作为糖、盐、有机酸和亲水性大分子（如碳水化合物和蛋白质）的溶剂，使食品呈现出溶液或凝胶状态，决定了食品的流变学特性。从食品原料的组分来看，水对食品的新鲜度、感官特性、耐贮性和加工适应性具有重要作用。从食品加工来看，水起着膨润、浸透、均匀化等功能。从食品贮藏来看，水影响食品微生物的活动，较高的含水量有利于微生物生长繁殖，导致食品腐败变质。在食品体系中，蛋白质变性、淀粉老化、脂肪氧化酸败、维生素损失、香气成分挥发、色素分解、褐变反应、黏度改变等都与水有关。水质的好坏、存在形态等直接影响食品的质量。因此，全面了解水的各种性质、作用及食品加工用水的处理，具有重要意义。

一、 水的分类及主要指标

（一）水的分类

水按来源大致分为四类：地表水、地下水、海水和自来水。其中，地下水和海水属于天然水；自来水是经净化、消毒处理后的水。

1. 地表水

地表水包括江河水、湖水和水库水等。由于地表水是从地面流过，溶解的矿物质较少，这类水的硬度为 0.5~4.0mmol/L。但常含有黏土、砂、水草、腐殖质、钙镁盐类、其他盐类及细菌等。其中杂质的种类和含量因所处的自然条件不同及受外界因素影响不同而有很大差别。不同河流所含杂质不同，即使是同一条河流，其所含杂质也常因上游和下游、夏季和冬季、阴雨和晴天而不同。河水不一定是地表水，也有的是地下水穿过土层而流入大河，所以河水除含有泥沙、有机物外，还有多种的可溶性盐类，我国江河水的含盐量通常为 70~990mg/L。近年来，由于工业的发展，大量含有有害成分的废水排入江河，引起地表水污染，也增加了食品加工用水的困难。

2. 地下水

地下水主要是指井水、泉水和自流井水等。经过地层的渗透和过滤而溶入了各种可溶性矿物质，如钙、镁、铁的碳酸氢盐等，其含量多少取决于流经的地层中的矿物质含量。地下水一般含盐量为 100~5000mg/L。硬度为 1~5mmol/L，有的高达 5~12.5mmol/L。但由于水透过地质层时，形成了自然过滤过程，所以它很少含有泥沙、悬浮物和细菌，水比较澄清。

3. 海水

海水是一种非常复杂的多组分水溶液，世界上已知的 100 多种元素中，80% 可以在海水中找到。海水还是陆地上淡水的来源和气候的调节器，世界海洋每年蒸发的淡水有 450 万 km^3，其中 90% 通过降雨返回海洋，10% 变为雨雪落在大地上，然后顺河流又返回海洋。海水淡化技术正在发展成为产业。有人预计，随着生态环境的恶化，人类解决水荒的最后途径很可能是对海水的淡化。海水的主要特点是含盐量高，在 7.5~43.0g/L。含量最多的是氯化钠（NaCl），约占 83.7%，其他盐类还有 $MgCl_2$、$CaSO_4$ 等。

4. 自来水

自来水是指通过自来水处理厂净化、消毒后生产出来的符合相应标准的供人们生活、生产使用的水。生活用水主要通过水厂的取水泵站汲取江河湖泊等地表水及地下水，由自来水厂按照国家生活饮用水相关卫生标准，经过沉淀、过滤、消毒等工艺流程的处理，最后通过配水泵站输送到各个用户。整个过程要经过多次水质化验，有的地方还要经过二次加压、二次消毒才能进入用户家庭。海水经淡化后也可作为自来水使用，但成本较高。我国目前现行的《生活饮用水卫生标准》（GB 5746—2006）对水源水的卫生指标、供水卫生要求、水质监测和水质检验方法等进行了详细的规定。

（二）水的主要指标

1. 水的 pH 与碱度

（1）pH　水的 pH 即表示水的酸碱性强弱的程度，是指水中含氢离子浓度的大小，pH 的范围在 0~14。我国各地区水的酸碱程度差异很大，水的酸碱性程度可按 pH 划分如下：

pH<5.5 时，水呈强酸性；

pH=5.5~6.5 时，水呈弱酸性；

pH=6.5~7.5 时，水呈中性；

pH=7.5~10 时，水呈弱碱性；

pH>10 时，水呈强碱性。

天然水中通常不含 OH^-，CO_3^{2-} 含量也很少，大多以 HCO_3^- 形式存在。一般饮用水 pH 为 6.5~8.5，少数地区可达 9。

（2）碱度　水的碱度是指水中能与氢离子结合的 OH^-、CO_3^{2-} 和 HCO_3^- 的含量，以 mmol/L 表示，包括：

氢氧化物碱度：OH^- 的含量

碳酸盐碱度：CO_3^{2-} 的含量

重碳酸盐碱度：HCO_3^- 的含量

总碱度：OH^-、CO_3^{2-} 和 HCO_3^- 的总含量

2. 水的硬度

硬度是指水中离子沉淀肥皂的能力，即：

$$硬脂酸钠+钙或镁离子 \longrightarrow 硬脂酸钙或镁 \downarrow$$

（肥皂）　　　　　　　　　（沉淀物）

水的硬度取决于水中钙、镁盐类的总含量。即水的硬度大小，通常指的是水中的钙离子和镁离子盐类的含量。硬度分为总硬度、碳酸盐硬度和非碳酸盐硬度。

碳酸盐硬度（又称暂时硬度），主要化学成分是钙、镁的重碳酸盐，其次是钙、镁的碳酸盐。一经加热煮沸，硬度大部分可除去，故又称暂时硬度。

非碳酸盐硬度（又称永久硬度），表示水中钙、镁的氯化物、硫酸盐、硝酸盐等盐类的含量。这些盐类经加热煮沸，硬度不变，故又称永久硬度。

总硬度是暂时硬度和永久硬度之和。根据水质分析结果，可算出总硬度。

$$总硬度（mmol/L）= [Ca^{2+}]/40.08 + [Mg^{2+}]/24.30 \qquad (10-1)$$

式中　$[Ca^{2+}]$——水中钙离子的含量，mg/L；

$[Mg^{2+}]$——水中镁离子的含量，mg/L。

硬度通用单位为 mmol/L，也可用德国度表示，即 1L 水含有 10mg 氧化钙为硬度 1 度。其换算关系为：1mmol/L=2.804 度=50.045mg/L（以碳酸钙表示）。水的总硬度把水分为以下几种：

0~4 度为极软水；

4~8 度为软水；

8~16 度为中硬水；

16~30 度为硬水；

>30 度为极硬水。

二、 水中的杂质及水处理

（一）水中的杂质

天然水在自然界循环过程中，由于不断地和外界接触，使空气中、陆地上和地下岩层各种物质溶解或混入，大都会受到不同程度的污染。天然水源中的杂质，按其微粒分散的程度，大致可分为 3 类，即悬浮物、胶体物质和溶解物质。

1. 悬浮物质

悬浮物质是指粒度大于 0.2mm 的杂质，这类杂质使水质呈混浊状态，在静止时会自行沉降。悬浮物质包括细菌、藻类、泥沙及其他不溶物质。

2. 胶体物质

胶体物质的大小为 0.001~0.2mm，具有光被散射而混浊的丁达尔现象，由于颗粒之间产生电性斥力，始终稳定在微粒状态而不能自行下沉，形成胶体稳定性。胶体物质包括高分子化合物、硅酸胶体等。

3. 溶解物质

溶解物质的微粒在 0.001mm 以下，以分子或离子状态存在于水中，溶解物主要是溶解气体、溶解盐类和其他有机物。溶解气体包括氧气、氮气、二氧化碳和硫化氢等。溶解盐类主要是钙、镁及钠等的碳酸盐、硫酸盐及氯化物等。天然水中含溶解盐的种类和数量，因地区不同有一定差别。这些无机盐构成了水的硬度和碱度。

（二）水的处理方法

加工用水的水质会直接影响到食品的质量和卫生，因而各类食品工厂大多对水进行不同处理后使用，常用的水处理方法如下。

1. 水的澄清

采用地表水作为水源时需对水进行澄清处理，包括自然澄清法和混凝剂澄清法。

（1）自然澄清　将含有泥沙的浑水，放置于贮水池中，静止适当时间，待其澄清后除去沉淀物，便可得到清水。自然澄清法很简单，但花费的时间较长，一般可除去60%~70%的悬浮物及泥沙。

（2）加入混凝剂澄清　在水中加入混凝剂，使之水解成金属的氢氧化物绒体，混凝剂吸附水中的悬浮物及胶体后下沉，不仅可将水澄清，并可降低水的暂时硬度。常用的混凝剂为铝盐主要是硫酸铝 $Al_2(SO_4)_3 \cdot 18H_2O$ 和明矾 $Al_2(SO_4)_3 \cdot K_2SO_4 \cdot 12H_2O$；铁盐主要是硫酸亚铁 $FeSO_4 \cdot 7H_2O$、硫酸铁 $Fe_2(SO_4)_3$ 及三氯化铁 $FeCl_3$ 等。水流速度与投入的混凝剂量成正比例，按水的混浊度经混凝试验后确定用量。硫酸铁一般用量为 5~10mg/L，硫酸亚铁为 5~20mg/L，硫酸铝为 25~100mg/L。铝盐澄清时要求原水的 pH 为 6.5~7.5，铁盐澄清时要求 pH 为 6.1~6.4，该条件下处理效果最好。

2. 水的软化

水通过澄清和杀菌可达到生活饮用水卫生标准。加工食品时，产品对水的色度、浊度、总硬度、总固形物等指标有不同要求，因此通常进一步对水进行软化。软化方法有加热法、石灰苏打法、离子交换法、电渗析法和快速凝胶法等。

（1）热软化法　随着温度、压力升高，钙、镁的碳酸氢盐，因其发生化学变化，以 $CaCO_3$、$MgCO_3$ 和 $Mg(OH)_2$ 的形式沉淀出来，因此水中大部分 Ca^{2+}、Mg^{2+} 被除去。

（2）加石灰法与碳酸钠法（石灰苏打法）　指对非碱性水（即水中硬度大于碱度）进行沉淀软化的一种处理方法。因为大量的处理水，不可能用加热法来除去暂时硬度，采用石灰苏打法，加石灰可除暂时硬度，加碳酸钠可除永久硬度，适宜于碳酸盐硬度高、非碳酸盐硬度较低、不要求高度软化的水。

具体做法是：石灰先配成饱和溶液，再与碳酸钠一同加入水中搅拌，待盐类沉淀后，再过滤除去沉淀物。通常在总硬度为 9.31 度的水中（其中不含非碳酸盐），按每立方米水加入 161g 石灰，总硬度可以降至 1.13 ~ 2.24 度；如果在总硬度为 10.8 度的水中（其中含非碳酸盐 0.475mmol/L），按每立方米加入 141g 石灰和 125g 碳酸钠，也可以使其总硬度降至上述程度。

石灰苏打法是一种传统且有效的水处理方法。方便、经济、经处理的水质良好。

（3）离子交换法　硬水通过离子交换剂层软化，即得到软水，硬度可降低至 0.005mmol/L 以下。离子交换能力失效后，经过再生可恢复其软化能力。用来软化硬水的离子交换剂有钠离子交换剂、氢离子交换剂。

离子交换剂软化水的原理（图 10-1）：水中的 Ca^{2+}、Mg^{2+} 离子被交换剂的 Na^+、H^+ 离子置换，成为软水。当钠离子交换剂中的 Na^+ 全部被 Ca^{2+}、Mg^{2+} 置换后，交换就失效，这时用 5% ~ 8%食盐溶液进行再生（还原），即用 Na^+ 把交换剂中的 Ca^{2+}、Mg^{2+} 置换出来。经再生以后，离子交换剂又恢复了置换 Ca^{2+}、Mg^{2+} 的能力。经钠离子交换软化的水，不能除碱，碱度没有变化。同理，硬水经氢离子交换剂 R-H 处理后，硬水中的 Ca^{2+}、Mg^{2+} 被 H^+ 置换，使水软化。氢离子交换剂失效后，用 1% ~ 1.5%硫酸液再生。软化的

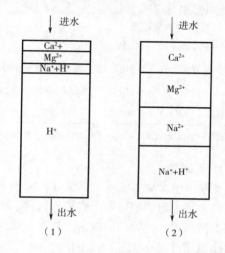

图 10-1　离子交换器内开始进水时（1）和交换器失效时（2）离子分布情况

水生成相应的酸，酸度不变。为了得到呈中性反应的软水，改变水的酸碱度，可用 H-Na 离子交换剂装置使酸碱中和，而得到呈中性反应或酸碱适宜的软水。

（4）电渗析法　电渗析是在外加直流电场的作用下，使水中的离子做定向迁移，有选择地通过带有不同电荷的离子交换膜，从而达到溶质和溶剂分离的一种物理化学过程（图 10-2）。但水中的不带电杂质不能除去。电渗析法处理水成本较高，1t 原水经处理后只能得 0.5 ~ 0.6t 软水。

（5）快速凝胶法　在水的澄清处理中加入的混凝剂多为铁或铝盐，可使水中的碳酸盐和硫酸盐生成氢氧化铁或氢氧化铝等，它们均为多种结构的绒状胶体。为了促进絮团的形成和加速老化，应添加聚合物电解质，如无毒的丙烯酰胺或淀粉。在水处理时，原水进入处理池即与形成絮团的高浓度浆液和新添入的化学剂接触，可立即在絮团粒子表面形成胶结，混合物经 2 次连续反应循环，再以相对的速度将澄清处理过的水分离，即可达到生产用标准水质。用此种方法处理水比一般的胶结法快 1 倍，即处理水时间可由 4h 缩短为 2h。

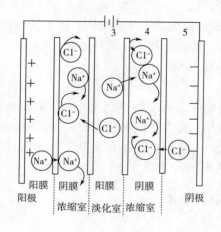

图 10-2　电渗析过程原理示意图

（三）水的消毒

消毒是指杀灭水中的致病菌，防止因致病菌导致消费者发生疾病，但并非能杀死所有微生物。消毒方法主要有氯、臭氧、紫外线等。GB 5749—2006《生活饮用水卫生标准》中关于饮用水中消毒剂常规指标及要求如表 10-1 所示。

表 10-1　　　　　　　　饮用水中消毒剂常规指标及要求

消毒剂名称	接触时间	出厂水中限值	出厂水中余量	管网末梢水中余量
氯气及游离氯制剂（游离氯）/（mg/L）	与水接触至少 30min 出厂	4	≥0.3	≥0.05
氯胺（总氯）/（mg/L）	与水接触至少 120min 出厂	4	≥0.5	≥0.05
臭氧（O₃）/（mg/L）	与水接触至少 12min 出厂	0.3		0.02；如加氯，总氯≥0.05
二氧化氯（ClO₂）/（mg/L）	与水接触至少 30min 出厂	0.8	≥0.1	≥0.02

资料来源：GB 5749—2006《生活饮用水卫生标准》。

1. 氯消毒

氯在水中反应可生成次氯酸（HOCl）和次氯酸根（OCl⁻），次氯酸是一种电中性分子，可扩散到带负电荷的细菌表面并进入内部，由于其强氧化作用，破坏了菌体内部重要的酶系统，导致细菌死亡。使用的消毒剂为氯胺、漂白粉、二氧化氯等。按水质标准规定，在管网末端自由性余氯保持在 0.05~0.3mg/L，一般总投入氯量为 0.5~2.0mg/L。

2. 臭氧消毒

臭氧（O₃）为常温下略带蓝色的气体，稳定性较差，有腐蚀性，成本高。臭氧是极强的氧化剂，杀菌作用比氯高 15~30 倍，水中的有机、无机及微生物均易被臭氧所氧化。臭氧作为饮用水消毒剂可以迅速杀灭各种病菌、病毒和原虫等微生物，目前臭氧消毒已经成为一种重要的消毒方式。但对于饮用水生产企业，当水源中存在一定量的溴化物，同时采用臭氧消毒时，臭氧的强氧化作用就会形成对人体有害的溴酸盐，溴酸盐被国际研究机构定为 2B 级致癌物，在达到一定含量时具有一定的 DNA 和染色体遗传毒性。GB 5749—2006《生活饮用水卫生标准》对无机物亚硝酸盐、有机物及溴酸盐等物质的限量值做出限定，在使用臭氧消毒时，水质溴酸盐含量的限值为 0.01mg/L，该标准等同于世界卫生组织与美国国家环保局<10μg/L 的标准。GB 19298—2014《包装饮用水卫生标准》增加了饮用水中溴酸盐限量为 ≤10μg/L。同时原 GB 8537—2008《天然饮用矿泉水》中也增加了溴酸盐项目，限量为 0.01mg/L。

3. 紫外线消毒

微生物受紫外线照射后，蛋白质和核酸吸收紫外光谱能量，导致蛋白质变性，引起微生物死亡。对清洁透明的水，具有一定的穿透能力，起到消毒作用。其杀菌效果受介质温度的影响，故采用紫外线高压汞灯。高压汞灯数量一定时，水处理量增加，杀菌力降低，因而采用灯管数应根据处理量的大小而定。紫外线消毒的时间短，杀菌力强，设备简单，操作管理方便，便于自动控制。

三、食品及食品原料中的水

（一）水的存在状态

根据水与非水物质之间的缔合程度来划分，可将食品体系中的水分为自由水和结合水。自由水，又称游离水，可以自由流动，被微生物利用，与食品腐败变质有重要关系；同时，保持溶剂功能，在低于 0℃ 时开始结冰，易于从食品体系中去除；食品是否容易被微生物污染主要取决于食品中自由水的含量。结合水，又称束缚水，可以与食品中蛋白质和碳水化合物的游离氢氧基发生很强的缔合作用，是构成凝胶体系的重要组成部分，不能起到溶剂作用，在 -40℃ 不会结冰，对食品品质和风味有较大影响；结合水不是完全静止不动的，它可以同邻近的水分子进行位置交换，交换作用随缔合程度的减弱而增强。

一般通过以下性质区分食品中的自由水和结合水：①结合水含量与食品中有机大分子极性基团的数量成比例，例如每 100g 蛋白质可结合的水平均高达 50g，每 100g 淀粉可以结合 30～40g 水；②结合水的蒸汽压显著低于自由水，所以在 100℃ 下无法通过蒸发作用从食品中分离；③结合水不易结冰，因此，植物种子和微生物孢子可以在很低的温度下仍保持生命力，但无法支持微生物生长繁殖。

目前，也有通过差示量热扫描法（DSC）和核磁共振法（NMR）分析食品体系中水分的存在状态，通过核磁共振成像（MRI）观察食品中水分的分布情况。研究原料及加工过程中水的存在状态及迁移和分布情况，对于改进食品加工工艺、提高产品品质具有重要意义。

（二）食品及原料中的水分

水是食品原料和加工食品的重要组成成分，除油脂外，大多数食品中都含有水，一些食品及原料的水分含量如表 10-2 所示。

表 10-2　　　　　　　　　　　　　一些食品及原料中的水分含量

食品	水分含量/%	食品	水分含量/%
乳及乳制品		谷物及制品	
鲜乳	87～91	面粉	10～13
鲜奶油	60～70	饼干	5～8
干酪	40～75	面包	35～45
乳粉	4	燕麦片	<4
冰激凌	65	大米	12
水果/蔬菜		畜产品	
鳄梨	65	鲜蛋	70～74
番茄	95	鲜猪肉	53～60
柑橘	87	鲜鸡肉	74
香蕉	75	鲜牛肉	50～70
苹果	87	高脂食品	
黄瓜	96	人造奶油	15
马铃薯	78	蛋黄酱	15
芹菜	79	沙拉酱	40
萝卜	78	黄油	16
生菜	95	其他	
茄子	92	巧克力	<1
西蓝花	91	蜂蜜及其制品	20～40
		果酱	28
		生坚果	3～5

资料来源：迟玉杰，《食品化学》，2012。

水分含量的测定是食品品质分析中非常重要的一个环节，测定方法分为直接法和间接法。直接法是指利用水分自身的物理、化学性质，将水分直接从待测物质中分离出来进行测定，具体又分为重量法和化学法。重量法是最常用的水分含量测定方法，如直接干燥法、减压干燥法、红外线干燥法、微波干燥法、冷冻干燥法和蒸馏法等。化学法常用卡尔·费休法（Karl Fisher），即利用水分定量参与碘氧化二氧化硫的反应测定水分含量。此方法广泛用于各种挥发性较强的液体、固体食品中水分含量的测定，也可用此方法校正其他的测定方法。根据食品安全国家标准（GB 5009.3—2016），直接干燥法适用于蔬菜、谷物制品、水产品、豆制品、乳制品、肉制品、卤菜制品、粮食（水分含量低于18%）、油料（水分含量低于13%）、淀粉及茶叶等食品；减压干燥法适用于高温易分解且水分含量较高的食品，如食糖、味精等；直接干燥法和减压干燥法都不适用于水分含量小于 0.5g/100g 的食品。蒸馏法适用于水分含量较高且具有较多挥发性成分的水果、香辛料、肉制品等食品，不适用于水分含量小于 1g/100g 的食品。卡尔·费休法适用于测定含有微量水分的食品，如食用油脂（水分含量大于 1×10^{-3} g/100g），不适用于含有氧化还原剂、氢氧化物、碳酸盐、硼酸等食品。间接法测定水分含量是根据水分子本身的物理和光学性质，通过建立相应的物理参数与含水量之间的函数关系，快速测定食品中水分含量，包括密度计法、偏振光法、折射计法、核磁共振法、微波法、近红外光谱法等。

（三）食品及原料的水分活度

1. 水分活度的定义

虽然食品的水分含量和腐败之间存在一定关系，但由于水与非水成分缔合强度不同，参与强缔合的水比弱缔合的水在较低程度上支持微生物生长活动，因此，不能单纯地依据水分含量评价食品的质量稳定性。水分活度（a_w）表示水与食品的结合或游离程度，能够反映水与各种非水成分缔合的强度，是指示食品质量稳定性和微生物安全性的重要参数。在室温时，根据平衡热力学定律，水分活度是食品中水的蒸汽压与同温下纯水的饱和蒸汽压的比值，可用下式表示：

$$a_w = p/p_o \qquad (10-2)$$

式中　a_w——水分活度；

　　　p——食品在密闭容器中达到平衡时水的蒸汽分压；

　　　p_o——在相同温度下纯水的饱和蒸汽压。

若将纯水作为食品来看，$p = p_o$，故 $a_w = 1$；然而，一般食品不仅含有水，还有其他组分，食品的蒸汽压小于纯水的蒸汽压，故 $0 < a_w < 1$。食品水分活度的测量方法主要有扩散法、溶剂萃取法、冰点法、平衡相对湿度法，其中根据平衡相对湿度法设计的水分活度测定仪是观察食品货架期内水分活度变化最常用的方法。

2. 水分活度与食品贮藏

食品质量与水分活度密切相关，食品的水分活度决定了微生物在食品中的萌发时间、生长速率及死亡率。不同微生物在食品中繁殖时对水分活度要求不同，只有当水分活度大于某一临界值时，特定的微生物才能生长。食品中微生物生长的水分活度范围见表10-3。当水分活度低于 0.91 时，除了一些嗜盐细菌外，大多数细菌的生长受到抑制；水分活度在 0.60～0.91 时，引起食品腐败变质的酵母菌和霉菌生长占优势；当水分活度低于 0.6 时，绝大多数微生物不生长。另外，食品中微生物生长对水分的要求还受到 pH、营养物质、氧气等因素的共同影响。因此，在控制食品水分活度时，应根据具体情况进行适当调整。

表 10-3 食品中微生物生长的水分活度值

a_w 值	微生物	在此 a_w 范围内的食品
1.00~0.95	假单胞杆菌、大肠杆菌、芽孢杆菌、克雷伯氏菌属、志贺氏菌属	新鲜蔬菜、水果、肉、鱼、牛乳、面包、含 40% 蔗糖和 7% NaCl 的食品
0.95~0.91	沙门氏杆菌属、肉毒梭状芽孢杆菌、沙雷氏杆菌、乳酸杆菌属、毕赤酵母	干乳酪、腌制肉、含 55% 蔗糖和 12% NaCl 的食品
0.91~0.87	多数酵母	发酵香肠、人造奶油、含 65% 蔗糖和 15% NaCl 的食品
0.87~0.80	多数霉菌、金黄色葡萄球菌、德巴利氏酵母菌	浓缩果汁、炼乳、糖浆、面粉、米、含 15%~17% 水分的豆类制品
0.80~0.75	大多数嗜盐细菌、产真菌毒素的曲霉	果酱、酥糖
0.75~0.65	耐干性霉菌	燕麦片、牛轧糖、棉花糖、果冻、坚果
0.65~0.60	耐高渗透压酵母	含 15%~20% 水分的果干、蜂蜜、焦糖
0.60~0.20	微生物不繁殖	含 10% 水分的调味料、含 3%~5% 水分的饼干、含 2%~3% 水分的全脂奶粉、含 5% 水分的脱水蔬菜等

资料来源：王璋、许时婴、杨坚，《食品化学》，2015。

在食品加工和贮藏过程中，食品组分容易发生一些酶促和非酶促反应影响食品品质，而水分活度对这些反应影响较大。水分活度在 0.2~0.3 时，食品中脂质氧化速率最小，因为水分子可以与氢过氧化物结合，阻止其分解；水分子还可以与催化脂质氧化的金属离子发生水合作用，降低金属离子的催化活性。对于非酶褐变反应而言，当水分活度在 0.2 以下时，反应停止；随着水分活度的升高，反应速率加快，当水分活度在 0.6~0.7 时，反应速率最快。而对于酶促褐变反应而言，当水分活度低于 0.8 时，大多数酶的酶活力受到抑制，当水分活度为 0.25~0.30 时，淀粉酶、氧化酶、过氧化物酶丧失活力，酶促褐变反应受到抑制或阻止。由此可见，在中等和较高水分活度值（0.7~0.9）时，食品化学反应速率最大，降低食品贮藏稳定性。另外，水分活度对干燥和半干燥食品的质构品质也有一定影响。饼干、爆米花、马铃薯片必须在较低的水分活度值才能保持松脆。为了防止颗粒状蔗糖、乳粉、速溶咖啡的结块以及硬糖的黏结现象发生，较低的水分活度值是十分必要的。室温条件下，干燥食品的水分活度值应控制在 0.35~0.50，以保证感官品质。

四、 食品加工用水

食品加工过程中，从原料清洗、浸渍、调湿、溶解、去皮、浮选、输送、漂烫、预煮、糖化、发酵、调味液配置到杀菌、冷却等都需要大量用水，因此水质好坏对产品质量有很大影响。许多食品质量问题，如变色、异味、沉淀、腐败等都与水质有关（表 10-4）。为了保证食品质量，食品加工用水必须符合 GB 5749—2006 生活饮用水的卫生标准，严格管理净化处理。另外，不同生产环节对水的要求不同，主要取决于加工制品的质量、性质和等级等不同要求。下面围绕液态食品、面条制品、速食谷物食品、肉制品、烘焙食品、冷冻食品进行说明。

表 10-4　　　　　　　　　　　　　水质对食品质量的影响

水的成分	对食品的影响
游离氯	变色，产生异臭、异味
溶解氧	变色，产生异味，促进金属包装罐内壁氧化
硝酸盐	产生异臭，促进金属包装罐子内壁腐蚀
有机物	易使碳酸饮料产生喷涌
重金属	变色，产生异味、沉淀，促进氧化酸败
微生物	腐败、变质

（一）液态食品加工用水

1. 酿酒

酒中尤以啤酒、白酒、黄酒对水质要求较高。可以使用地表水和地下水，其水质必须符合酿造用水质量要求。

（1）啤酒　啤酒酿造用水主要指糖化用水、洗糟用水和啤酒稀释用水。其中糖化用水最为重要，直接影响啤酒质量。在制作淡色和深色啤酒时，糖化用水要求的水质见表 10-5。糖化用水的处理主要是提高酸度和除硬软化，一般按 100~150g/t 加入硫酸钙或其他酸类（主要是乳酸）来维持麦汁适宜的酸度，或采用氢型阳离子交换树脂除去水中的阳离子，流出液的 pH 下降，达到稳定糖化酶最适 pH 的要求。酵母洗涤用水需要除菌，稀释用水还要进一步除氧和充入二氧化碳。

表 10-5　　　　　　　　　　淡色和深色啤酒糖化时对水质的要求

项目	种类	
	淡色啤酒	深色啤酒
硬度	碳酸盐硬度低，非碳酸盐硬度适量	适量的碳酸盐硬度可改善颜色和风味
pH	中性或微碱性	
铁盐	0.2~0.5mg/L	
氯化物	10~20mg/L，使啤酒味柔和，对酶活力有促进作用	
余氯量	不含氯，>0.3mg/L 时应脱氯	
硅酸盐	10~30mg/L	
氨态氮	<0.5mg/L	
硝态氮和亚硝酸氮	蛋白酶变性，遗传改变，造成糖化反常	
水质性状	无色、透明、无悬浮物或沉淀物，口尝清爽、无异味	
细菌总数	细菌总数<100 个，不应有大肠杆菌	
铁	0.1mg/L	
锰	0.1mg/L	
钙	100~200mg/L	

资料来源：李里特，《食品原料学》，2011。

（2）白酒　通常符合国家卫生标准的中硬度以下的饮用水都可以作为白酒酿造用水。具体对硬度、碱度及卫生指标的要求如下。

①硬度：水中碳酸钙含量较高，多属甜水，适于酿酒。水中硫酸镁、氯化镁含量较多属苦水，氯化钠和氯化钙含量较高的多属咸水。上述中性盐含量较高的苦水、咸水，对酒精发酵有阻碍作用，以氯化钠的阻碍作用最大。凡硬度较大的水用于白酒的勾兑加浆时，容易产生白色沉淀，所以用硬水勾兑酒时，必须先加浆，再贮存，最后装瓶。

②碱度：作为酿造用水，适当的碱度对降低酒醅酸度有利，可起到中和酒醅酸性的作用。一般来说，立茬用水和清茬发酵的大茬（指一次发酵）用水可选用偏酸性水，以调整酒醅酸度；续茬发酵（指二次发酵）用水可选用偏碱性水，以中和酒醅酸度；液态发酵煮料用水应用微酸性水。但酸性水应禁止作为锅炉供水，以免腐蚀炉壁。

③卫生指标：酿造用水的主要卫生指标有亚硝酸盐、氰化物、重金属、硫化物、砷化物等物质含量。这些有毒物质如超过国家规定的卫生指标，用于酿酒或勾兑用水，将直接影响人体健康。硫化物含量较高的水，变质发黑，将给白酒带来异味，不能用于酿造或加浆。

（3）黄酒　我国素有"名酒产自名水"的说法，闻名中外的绍兴酒在酿造时采用的鉴湖水，源自良好的自然环境。黄酒酿造用水的要求是盐分低、硬度低、中性至微酸性（pH 6.8~7.2）、无沉淀、无悬浮物等杂质、无有机物杂质或有毒物质污染、无病原体、无色、无臭、无味、清亮透明。如天然水的水质较好，则尽量采用天然水；如质量较差，需采用适当的水处理技术，以达到酿造用水的要求。黄酒生产上根据用途分为制曲用水和酿造用水等，对水的要求均较高。

2. 饮料

饮料用水包括饮料生产用水、辅助用水、冷却用水等。其中对生产用水要求较高，不仅要符合生活饮用水标准，还需要对水进行软化，去除水中的溶解盐类。因为水中溶解的盐类会影响饮料中固形物的结合形态和风味。在果蔬汁生产中，果蔬中的花青素与 Ca^{2+}、Mg^{2+}、Fe^{2+}、Fe^{3+}、Al^{3+}、Mn^{2+} 等离子形成蓝色络合物；茶和咖啡浸提用水的水质对浸提液的色泽和风味也会产生影响。

此外，饮料用水的硬度一般要求小于 8.5 度。总硬度过高对茶汤的色泽和滋味不利，氢氧化钙等与有机酸反应生成沉淀；非碳酸盐硬度过高会使饮料呈现盐味。碱度对饮料也有一定的影响，碱度过高会降低酸度，促进微生物生长；碱还会与金属离子反应生成水垢、与有机酸反应改变风味、影响二氧化碳溶解度等。水的浊度、色度也会对饮料品质产生影响，饮料用水标准见表 10-6。

表 10-6　　　　　　　　　　　　饮料用水标准

项目名称	指标	项目名称	指标
浊度/度	<1	味及臭气	无味无臭
色度/度	<5	总碱度（以 $CaCO_3$ 计）/（mg/L）	<50
总固形物/（mg/L）	<500	游离氯/（mg/L）	<0.005
总硬度（以 $CaCO_3$ 计）/（mg/L）	<100	细菌总数/（个/L）	<100
铁/（mg/L）	0.1	致病菌	不得检出
锰/（mg/L）	0.1	溴酸盐（使用臭氧时）/（mg/L）	<0.01
高锰酸钾消耗量/（mg/L）	<1.0	甲醛（使用臭氧时）/（mg/L）	<0.9

3. 罐头及其他食品加工用水

罐头产品的质量与水质的优劣有着密切的关系，特别是那些不加调味汤汁的清水蔬菜罐头，它们的风味受水质的影响更大。达到"生活饮用水水质标准"的水，往往残留着微量的化学成分，产生令人不快的气味，比如微量的酚和氯，可以产生具有异臭的氯酚。为了确保清水类蔬菜罐头的良好风味，水还可再经活性炭吸附法、离子交换法和电渗析法等处理。罐头制造中对水的要求如下：pH>7.5，总硬度（以 $CaCO_3$ 计）50~85mg/L，余氯 0.1mg/L，硝态氮 1mg/L，铁 0.2mg/L，锰 0.2mg/L。另外，为了保证一些产品的脆度或硬度，如腌渍蔬菜制品中的咸菜、泡菜等以及蜜饯类制品，水最好为 16 度以上的硬水。

（二）面制品加工用水

在面制品生产中，从配料加水至干燥脱水，水都起着非常重要的作用。在调制面团过程中，水不但可以溶解物料使其在面团中均匀分布，还可以与面粉中的蛋白质作用形成面筋网络结构。与搅拌时间、加水温度、水的特性相比，加水量对该网络结构强度及所形成的面团流变学特性影响较大。此外，加水量对面团蛋白质的二级结构也有显著影响，随着加水量的增大，β-折叠和无规则卷曲结构含量先减小后增大，而 β-转角结构含量先增大后减小，这些变化有利于蛋白质网络结构固定化。在面条加工中，加水量对面条特性影响很大，加水量过低，面团偏硬，压制面条的条纹不均匀；加水量过高，面团极易黏辊，不利于成型和切条。加水量还影响干燥后面条的韧性和强度，影响面条烹煮损失等。各种面制品加工用水的水质指标如表 10-7 所示。

表 10-7　　　　　　　　　　面制品加工用水的水质指标

指标	面包	面条	糕点	其他
pH	—	5.0~6.0	6.0~7.0	—
总硬度（以 $CaCO_3$ 计）/（mg/L）	100	20	200	200
余氯量/（mg/L）	0.1	0.1	—	0.1
硝态氮/（mg/L）	5	5	4.5	—
铁/（mg/L）	0.2	0.1	0.2	0.2
锰/（mg/L）	0.2	0.1	0.2	0.2

注 "—"表示不作具体要求。

干燥是挂面、意大利面等面条制品生产中的关键工序之一，它利用热空气将面条中的水分蒸发去除，降低水分活度，抑制微生物生长繁殖，有效延长面条制品的货架期。水分的迁移、重新分布、状态变化，以及与蛋白质、淀粉等大分子物质的结合情况都是影响干燥食品品质的关键因素。在干燥初期，面条中的自由水和结合水含量都持续下降，但自由水的蒸发速率远大于结合水的蒸发速率；同时，面条表面水分汽化速率远高于内部水分向外扩散速率，表面区域形成了陡峭的水分梯度。随着干燥时间的增加，面条表层形成了干燥的外壳，阻碍水分传输，自由水和结合水的蒸发速率也趋于平稳。最终，面条中的水分基本是通过化学键、吸附、渗透压、机械力等作用与非水成分结合的结合水。因此，面条中的水分迁移速度和分布状态是影响面制品干燥速率的重要因素。

（三）速食谷物食品加工用水

速食谷物食品主要是以玉米、黑米、荞麦、大米、小麦、燕麦等为主要原料，经挤压加工，物料发生熔融变性，形成具有一定形状和结构的食品。在挤压过程中，水浸润软化物料，促使淀粉糊化和蛋白质变性，降低熔融物料黏度和蛋白质变性温度，使混合物料形成相容体系，易于挤压加工，最终形成具有理想结构和形态特征的产品。

挤压过程中物料含水率不同，水与物料的亲和、扩散程度以及水在物料中的运动和分布不同，物料发生的反应和变化则不同，最终影响挤出产品的形态结构。水是维持物料挤压体系的塑化剂，可以降低物料的机械损耗和玻璃化转变温度，改变物料流变学特性。同时，谷物挤压加工过程中，水对谷物中的淀粉理化性质改变和蛋白质纤维状结构形成具有重要作用。维持蛋白质分子空间构象的作用力主要有氢键、疏水作用、离子键、范德华力、静电作用、二硫键等。蛋白质在挤压过程中发生熔融、聚合、交联等变性反应，而它的变性温度主要取决于体系中的含水率，且蛋白质之间的作用类型随含水率不同而变化。除蛋白质相互作用外，蛋白质二级结构变化也受含水率影响。挤压过程中水分的增加可以促进 α-螺旋和 β-折叠分别向 β-转角和无规则卷曲转变，对蛋白质组织化结构形成有重要作用。另外，水对挤出物的理化特性具有一定影响。随物料含水率增加，挤出产品的硬度、咀嚼度、黏着性、膨化度、脆性下降，密度增大。因此，速食谷物食品品质受挤压过程中物料含水率的影响。

（四）肉制品加工用水

在肉制品生产加工中，加入适量的水，可以改变肉制品的感官性状、成分组成比例、营养物质浓度。同时，水可以溶解肉制品加工中所需的香辛料，使其均匀分布于肉制品中。肉制品中含有大量蛋白质，许多蛋白质在无水状态时熔融温度高于热分解温度，不具有功能特性，因此，水是蛋白质发挥理化（如水溶性、带电性）、界面和功能特性（如乳化性、起泡性）的先决条件。在肉制品加工中，蛋白质的凝胶特性发挥着重要作用，并已在火腿肠、西式火腿等肉制品加工中广泛应用。它是指高温条件下适度变性的蛋白质分子通过羧基、羟基、羰基等亲水基团与水分子构成氢键，聚集形成规则的空间网状结构，其实质是蛋白质溶液与蛋白质沉淀的中间状态。水分子可以直接进入蛋白质凝胶内部，凝胶中高分子链发生松弛，之后整个高分子链在水中伸展，凝胶网络溶胀，改善肉制品品质。蛋白质凝胶中水分含量极高，吸水量可高达干物质的百倍，对于增强食品多汁口感、均匀混合香辛料等方面具有积极作用。蛋白质凝胶不仅可以改变肉制品的形态和质地，而且在提高肉制品持水力、增稠、黏结等方面发挥着重要作用。

（五）烘焙食品加工用水

水是烘焙食品生产的主要原料之一，用量占面粉的50%以上，主要通过淀粉糊化和老化影响烘焙食品品质。在糊化过程中，淀粉颗粒吸水胀大，晶体熔融，淀粉糊黏稠，透明度增加，水起到增稠稳定的作用，还可赋予烘焙食品特定的组织结构和外观。当水分含量较少（低于50%）时，由于淀粉糊化时吸收的水分有限，淀粉颗粒内部之间的氢键断裂不完全，导致淀粉颗粒无法完全糊化；而当水分含量高达75%～80%时，淀粉颗粒完全吸水膨胀，糊化基本完全，经高温烘烤，赋予烘焙食品松软口感。不同淀粉糊化所需的水分含量不同，这与淀粉颗粒大小、内部晶体结构及磷酸酯基团有关。例如，马铃薯淀粉颗粒较大，内部结构松散，破坏分子间氢键所需的能量较低，且直链淀粉含量较高；同时，马铃薯淀粉中的磷酸酯基团因负电荷之间的相互排斥作用，可加快淀粉颗粒膨胀吸水，因此，马铃薯淀粉糊化所需水分含量较低。

糊化淀粉随着时间的推移发生一系列内在变化，分子运动减慢，淀粉分子间又以氢键形式相互作用，重新排列形成低能态有序化的晶体结构，面筋与淀粉发生交联作用，即发生淀粉老化。淀粉老化不仅降低烘焙食品的营养价值，也严重损害食品的感官特性，如面包由松软变得硬脆。当水分含量在 60%~75% 时，淀粉不易发生老化。因为水分含量较低时，淀粉分子链迁移困难；水分含量较高时，虽然迁移速率加快，但由于浓度较低，淀粉分子间发生交联和聚合反应的机会减少。因此，水分含量过高和过低都能够延缓淀粉老化的发生。

（六）冷冻食品

冷冻食品是指符合质量要求的食品原料经适当的加工处理，在低温下冷冻、包装、贮藏、流通的食品，具有货架期长、不易腐败、保护营养成分、食用方便等特点。冷冻过程中，食品中的水分子通过氢键有序排列冻结成冰晶，冰晶的大小直接影响冷冻食品的质量。冰晶大小和结晶速率受溶质、温度、降温速率等因素控制。冷冻可以分为速冻和缓冻。速冻是在 -30℃ 以下，食品中的水分在 30min 内迅速形成冰晶，且冰晶粒度小于 100μm。由于冻结速率快，水分子可以形成大量小颗粒冰晶，均匀分布于食品组织中，且膨胀力极小，对组织破坏性很小，食品解冻后基本能保持原有的风味和营养价值。而在缓冻时，水分子在冰点温度有足够的时间发生异相成核，形成粗大的晶体结构，使食品组织受到机械性损伤，造成食品解冻后内部营养物质损失，汁液流失，影响感官品质。在冷冻食品中，水分对食品品质的影响也取决于温度的变化。温度升高时，已冻结的小冰晶融化，温度再次降低时小冰晶融化的水将会扩散并附着在较大的冰晶体表面，发成再结晶，冰晶体积增大，严重破坏食品的组织结构。因此，在冷冻食品制备和贮运时，应尽量控制温度的恒定。

冰冻浓缩效应是水对冷冻食品品质影响的另一个重要方面。在水冻结成冰后，食品中非冻结相中非水成分的浓度升高，引起食品体系理化性质的改变，如 pH、离子强度、渗透压、黏度、界面张力等，同时大分子紧密聚集，相互作用，进而改变冷冻食品品质。研究证实，冰冻浓缩效应可以导致蛋白质絮凝、鱼肉质地变硬、化学反应速率增加等不良变化。因此，水对冷冻食品的理化性质、感官特性、营养价值具有重要影响。

五、 包装饮用水

随着人类文明的发展，人类从最初以泉水、井水、河流、湖泊为可靠的清洁水源，到目前市政供水和包装饮用水成为主要饮用水来源。基于人们对水质口感及便利性的追求，包装饮用水的销量在世界各国稳步增长。

（一）包装饮用水的分类

包装饮用水是以直接来源于地表、地下或公共供水系统的水为水源，经加工制成的密封于容器中可直接饮用的水。市场上包装饮用水种类繁多，如何明确和区分不同种类的包装饮用水，各国已有相关法规标准（表10-8）。在我国，根据 GB/T 10789—2015《饮料通则》，包装饮用水主要分为饮用天然矿泉水、饮用纯净水、饮用天然泉水、饮用天然水和其他饮用水，GB 19298—2014《包装饮用水》规定了它们的含义及技术性指标。我国对饮用天然矿泉水的水源有严格要求，根据《饮料生产许可审查细则（2017 版）》，饮用天然矿泉水的水源应有水源评价报告、《采矿许可证》（根据各地政策执行）、水源水质跟踪监测报告，并由 GB 8537—2018《饮用天然矿泉水》规定其含义及技术性指标。在生产饮用纯净水时一般用 GB 17324—2003《瓶（桶）装饮用纯净水卫生标准》作为产品的执行标准。在生产其他包装饮用水时，采用 GB 17324—2003《瓶（桶）装饮用纯净水卫生标准》、GB 19304—2018《食品安全国家标准 饮用水生产卫生规范》、GB/T 10789—2015《饮料通则》作为产品的执行标准。

表 10-8　　　　　　　　　　　国内外包装饮用水分类及相关标准

国别	包装饮用水分类	相关标准
中国	饮用天然矿泉水	GB 8537—2018《饮用天然矿泉水》
	瓶（桶）装饮用纯净水	GB 17324—2003《瓶（桶）装饮用纯净水卫生标准》
	饮用天然泉水	GB 5749—2006《生活饮用水卫生标准》
	饮用天然水	GB 19304—2018《食品安全国家标准　饮用水生产卫生规范》
	其他饮用水	GB/T 10789—2015《饮料通则》
美国	矿泉水	21CFR 165.110
	纯净水	21CFR 129
	泉水	
	自流井水	
	充气瓶装水	
	地下水	
	无菌水	
	井水	
欧盟	矿泉水	Council Directive 2009/54/EC
	泉水	Council Directive 98/83/EC
	其他饮用水	
澳大利亚和新西兰	矿泉水	Standard 2.6.2
	泉水	
	包装饮用水	
日本	天然矿泉水	日本农林渔部（MAFF）制定的《产品质量标识导则》
	天然水	
	矿泉水	
	饮用水/瓶装水	

注：美国联邦行政法典（Code of Federal Regulations, CFR）对包装饮用水标准进行了规定；欧盟制定了《关于天然矿泉水的开发和营销》的 Council Directive 2009/54/EC 指令，涵盖了定义、开采条件、处理、微生物标准、包装和标签要求，而泉水和其他饮用水须符合 Council Directive 98/83/EC《关于人类饮用水水质的理事会指令》；澳大利亚和新西兰通过标准 2.6.2《非酒精饮料和酿造饮料》规定了包装饮用水的组成要求、标签要求、添加物质要求等。

　　如表 10-8 所示，其他国家或组织对包装饮用水分类时，一般将饮用天然矿泉水单独分为一类进行规定，将其他包装饮用水另归为一类。这是由于饮用天然矿泉水源都于地下水，无论自然涌出还是钻孔采集，水源都需要受到保护，且其化学成分、流量、水温等动态指标在天然周期波动范围内应保持相对稳定。这类水只需要进行简单的不改变原水物理化学特性的处理，就可保证消费。为了保证质量的一致性，其重点不在于处理，而在于保护水源的原始状态，不受污染。而其他包装饮用水，其水源可以是来源于非公共供水系统（地表水或地下水），也可以来源于公共供水系统。公共供水系统的水需经过集中处理，避免污染。非公共供水系统的水直接来源于自然，主要作为天然水或天然泉水的水源，虽然各国法规规定不得对水源造成任何物理、化学和微生物污染，但实际上该类水源的不可控因素相对较多，水源指标不稳定，存在较大波动。这类包装饮用水的卫生指标只能通过改变化学和微生物状况才能得到保证。根据供水性质、现有技术及质量要求，对水处理程度的要求有所不同。因此，总体来说，形成了两种确保水质的标准体制。一种为通过保护水源而得到的天然卫生的水，经过未改变水的基本物理化学性质的处理，在抽水和装瓶过程中应采取确保其不受化学或微生物污染的预防措施。另一种为质量可疑的水，在加工过程中经过处理，以确保在消费时符合相应的感官、理化及微生物标准。

（二）天然矿泉水

天然矿泉水是从地下深处自然涌出的或经钻井采集的，含有一定量的矿物质、微量元素或其他成分，在一定区域未受污染并采取预防措施避免污染的水。从水源特性上来看，仅美国规定了矿泉水中的最低矿物质含量，其总可溶性固形物（TDS）含量应不少于250mg/L。我国和欧盟等国规定天然矿泉水在天然周期波动范围内具有相对稳定的矿物质组成即可。GB 8537—2018《饮用天然矿泉水》中规定的界限指标包括锂、锶、锌、硒、偏硅酸、游离二氧化碳和溶解性总固体，矿泉水中必须有一项或一项以上达到界限指标的要求，大部分矿泉水属于锶（Sr）型和偏硅酸型，同时也有其他矿物质成分的矿泉水（表10-9）。

表10-9　　　　　　　　　饮用天然矿泉水的界限指标　　　　　　　　单位：mg/L

项目	要求
锂	≥0.20
锶	≥0.20（含量在0.20~0.40mg/L时，水源水温应在25℃以上）
锌	≥0.20
偏硅酸	≥25.0（含量在25.0~30.0mg/L时，水源水温应在25℃以上）
硒	≥0.01
游离二氧化碳	≥250
可溶性固形物	≥1000

资料来源：GB 8537—2018《饮用天然矿泉水》。

从生产工艺来看，各个国家总的原则是不改变水的基本物理化学特性，采用曝气、倾析、过滤等方法除去铁、锰、硫、砷等不稳定组分。不过对于紫外线消毒（物理法）和臭氧化作用消毒，各国态度不一。我国允许紫外线处理和臭氧化处理，认为其不会改变水的基本物理化学特征，且不需要在标签上标明产品的处理工艺。美国对于产品的处理工艺没有特别规定。欧盟对天然矿泉水的处理工艺及标签标示规定得更为具体，可以使用倾析、过滤和臭氧处理，但禁止使用任何类似用以改变天然矿泉水菌落总数的处理手段，必须保留天然矿泉水的"天然性"。日本和韩国规定可以使用热处理进行消毒。

在标签声称方面，各国规定需要在产品标签上标示特征性指标或相关分析成分。在美国，高矿物质含量（TDS>500mg/L）和低矿物质含量（TDS<500mg/L）必须明确标明。欧盟规定禁止使用预防、缓解和治疗疾病的声称，不过欧盟法规在附件中专门规定了若指标符合相关要求，可以进行相应的声称，如低矿物质含量（矿物质盐≤500mg/L）、含钙（钙含量>150mg/L）等。若符合相应的临床和药理分析要求，可以声称诸如利尿、通便、适合婴幼儿食品等。欧盟和韩国还规定需要在产品标签上标示对天然矿泉水进行的加工处理方式。日本的矿泉水分为天然矿泉水和矿泉水，天然矿泉水不允许化学消毒，如臭氧化作用，可以标示"自然""天然"。而矿泉水则可以使用化学消毒，在标签上不允许标示"自然""天然"及相关用词。这种区分方式，可使消费者更清晰地认识矿泉水的实际属性。

（三）功能水

水虽然是极普遍、分子式为 H_2O 的简单的化合物，然而，由于它的一些特异性质，以及对食品物性的影响，近年受到科学家的格外重视。除天然矿泉水外，自 20 世纪 90 年代以来，各种功能水受到广泛关注。功能水是指"利用电磁场、远红外、压力场等处理方法，改变水的分子团构造，进而改变水的物性，使其具有某些特殊性质，或具有新的功能"。功能水的特征目前主要有以下几个方面，各种类型的功能水如表 10-10 所示。

（1）pH 发生了变化。

（2）表面张力降低，产生了表面活性效果。

（3）黏度发生变化。

（4）氧化还原电位、氧的溶解度等发生改变。

表 10-10　　　　　　　　　　　各种功能水

物理化学处理水	物质添加水	物质除去水	其他功能水
电生功能水	富氢水	脱气水	海洋深层水
磁化水	富氧水	膜处理水	纳米水
电子水	Xe 汽水	脱氯素水	
磁共振水	添加矿物质水	超纯水	
高频波还原水	添加发酵萃取物水		
远红外处理水			
超声波处理水			
麦饭石处理水			

第二节　食品原料检验的程序和内容

食品质量及卫生状况的好坏，与消费者的健康密切相关，而食品原料包括粮食和油脂食品原料、果蔬食品原料、畜产食品原料、水产食品原料等，是食品质量最重要的物质基础，为了确保质量和安全，必须对原料进行标准化检验。随着科学的进步和生产的发展，检验在质量管理中占有重要的地位，在收购、运输、加工各个环节都应认真地执行。食品检验根据国家及地方、行业、团体等规定的标准执行，对食品原料、辅料、半成品以及成品自身品质和卫生质量进行分析、检测。

一、　食品原料的检验程序

食品检验的一般程序包括如下几个步骤。

（一）采样及样品制备、保存

1. 采样

采样就是在待检样品（原料或半成品或成品）中，抽取少量具有代表性的样品对其分析检验，检验结果代表整批原料的结果，因此采样具有代表性就特别重要，否则检验结果无价值，甚至得出错误的结论。抽样方法及数量在各类标准检验条款中有具体的规定，如 GB/T 10651—2008《鲜苹果》的抽样规定："以一个检验批次作为相应的抽样批次。抽取样品必须具有代表性，应在全批货物的不同部位抽样。50 件以内的抽取 1 件，51~100 件的抽取 2 件，101 件以上者以 100 件抽取 2 件作为基数，每增 100 件增抽 1 件，不足 100 件者以 100 件计。分散零担收购的苹果，可在装果容器的上、中、下各部位随机抽取，样果数量不得少于 100 个。"样品的检验结果适用于整个检验批。

2. 样品的制备

采集到的样品在经过感官鉴定之后，剔除非可食部分，然后经过必要处理后用于分析检验（若要进行微生物检验就进行无菌包装），这个过程称为样品的制备，其目的是保证样品的均匀性，分析时取制备样的任何一部分能代表全部被检物的成分。如水果应去除果皮、果核、种子，然后捣碎；肉禽类应先剔除骨头；蔬菜应剔除老、黄、烂叶及根系等。

3. 样品的保存

制备的样品如不立即进行检验就要进行保存，保存的原则应在干燥、低温、避光、密封的条件下保存，特殊情况要将样品保存于超低温（-80℃）冰箱中。

（二）感官检验

通过对样品色泽、气味、滋味、外形等指标的观察，判定样品是否达到标准的要求，如粮食应具有其正常的色泽和气味，不得有发霉变质现象；食用植物油应具有其正常色泽、透明度、气味和滋味，无焦臭和酸败及其他异味等。

（三）理化检验

理化检验主要包括重金属、农药、毒素等指标检测，各种原料的样品检测指标有差异，如粮食需测定重金属砷、汞含量；农药残留，包括敌敌畏、乐果、毒死蜱、氯氟氰菊酯类、六六六、滴滴涕的测定；黄曲霉毒素 B_1、呕吐毒素等。果品因糖、酸含量直接涉及品质，因而理化指标中包括可溶性固形物、总酸量的含量，有的果品需测定硬度（苹果、梨等）。

（四）微生物学检验

微生物学检验主要是判定细菌污染的种类和程度。因为植物性原料，在加工过程中经过洗涤、加热、杀菌等处理，因此对该项指标的要求不如动物性原料高。动物性原料如肉、禽、鱼、虾等以镜检球、杆菌或细菌总数，作为新鲜度判断的参考指标。加工食品在贮藏库或货架上，因包装、杀菌的不严，有些产品会造成微生物的再次污染，出现腐败。因而在出厂或销售中，也应注意检查。

二、 各类食品原料的检验

（一）粮油原料的检验

1. 取样

按 GB/T 5491—1985《粮食、油料检验 扦样、分样法》进行取样。

2. 粮食、油料的感官及物理检验

粮食、油料色泽、气味、口味鉴定法见标准 GB/T 5492—2008，其他检验见表 10-11。

表 10-11　　　　　　　　　　　　　　粮食、油料检验标准

检验项目	标准检验方法	双试验结果允许差	检验结果的表示
杂质	GB/T 5494—2019 粮食、油料检验杂质，不完整粒检验法之1	不超过 0.3%	双试验结果的平均值，取小数点后第一位
不完整粒	GB/T 5494—2019 粮食、油料检验杂质，不完整粒检验法之2	大粒、特大粮粒不超过 1.0%；中小粮粒不超过 0.5%	同上
出粮率	GB/T 5495—2008 粮食、油料检验稻谷粗糙率检验法	不超过 0.3%	同上
黄粒米	GB/T 5496—1985 粮食、油料检验黄粒米及裂纹粒检验法之1	不超过 0.3%	同上
爆腰率	GB/T 5496—1985 粮食、油料检验黄粒米及裂纹粒检验法之1	—	—
水分	GB/T 5497—1985 粮食、油料检验水分测定法	105℃恒重法不超过 0.2%；定温定时烘干法不超过 0.2%；隧道式烘箱法 0.5%；2 次烘干法不超过 0.2%；干粒重 50.1g 以上的不超过 0.1g	—
容重	GB/T 5496—1985 粮食、油料检验容重测定法	不超过 3g/L	双试验结果的平均数取小数点后第一位
干粒重	GB/T 5496—1985 粮食、油料检验干粒重测定法	干粒重 20g 以下的不超过 0.4g；干粒重 20.1～50g 的不超过 0.7g；干粒重 50.1g 的不超过 0.1g	双试验结果的平均数
比重	GB/T 5496—1985 粮食、油料检验粮食比重测定法	—	取小数点后第 2 位

3. 粮、油理化检验

（1）粮食　见 GB 2715—2016《食品安全国家标准　粮食》。检测项目包括重金属砷、汞含量；农药残留敌敌畏、乐果、毒死蜱、氯氟氰菊酯类、六六六、滴滴涕的测定；黄曲霉毒素 B_1、呕吐毒素等。

（2）植物油　见 GB 2716—2018《食品安全国家标准　植物油》。理化指标有酸价、过氧化值、极性组分、砷、汞、黄曲霉毒素 B_1 以及棉籽中游离棉酚、浸出油溶剂残留量。

4. 粮、油的卫生

除上述已提到的黄曲霉菌产毒外，粮食的贮藏中，在发热粮堆上还可检测到酵母菌污染，

出现发酵气味，严重时只好改作饲料。在田间收割中有毒种子的混杂，如毒槐籽、毛果茉莉籽等。原粮及豆类仓储害虫，如甲虫类、螨类及蛾类造成原粮变质等。植物油在加工或贮藏条件不宜时会产生酸败，造成游离棉酚及浸出油溶剂残留量高等。上述均直接影响消费者的健康，应特别注意。

（二）果蔬检验

果蔬类种类繁多，有共同性，但差异也较大，所以在已制订的标准中，描述很具体，特别是感官检验部分，都是针对具体某一果品或蔬菜描述。现就其共性问题加以介绍。

1. 抽取样

感官检验的抽样在本节一、1、（1）中已介绍，在做理化检验时，采样大多采用以下 3 种方法。

（1）体积小的水果、蔬菜　如豆荚、豆类、枣、葡萄、山楂等，将多量样品混合后，用"四分法"混合分样，直到所需数量不少于 500g。

（2）体积大的水果、蔬菜　如番茄、茄子、苹果、梨、柑、冬瓜、大白菜等，取样由多个单独样品取样，以消除样品之间的差异。取样方法是一个样品对应面，各切一角，以减少内部差异。

（3）体积膨松叶型蔬菜　如油菜、菠菜、韭菜、小白菜、葱等应由多个单独样品（1 筐、1 捆）取样，分别抽取一定数量，所取总量应在 1000g 以上。

2. 感官检验

鲜食果蔬销售多，主要采用感官评定质量，大多采用集体审评并打分的方法。

（1）外观品质

①大小：果蔬的大小差异很大，表示方法不一。果品用果径表示，即果实最大横切面的直径，亦可用重量表示，体积小者用单位重量的个数；体积大的用单个（蔬菜用株）重量表示。其规格、等级已在第五章中叙述。就品质而言，并非产品越大越好，如柑橘的大小与食用部分的百分比正好呈负相关，但是体积过小，发育不好，品质也差。一般来讲，特别是果品的体积大小和重量有一定关系，多以中等个头的水果，从品质和售价上更易受消费者欢迎。

②形状：果品、蔬菜都应有自己特有的形态，形态本身也体现固有的品种特征。果实类的果形指数用果实的纵径与横径之比值表示，蔬菜类的形态各种类应有特殊描述。

③颜色：蔬菜在适宜采收或果品在成熟时都具有该品种特殊的色泽，表 10-12 所示为 4 种苹果不同等级要求的着色度和硬度。

表 10-12　　　　　　　　　　苹果不同等级要求的最低着色度、硬度

品种	等级					
	优等品		一等品		二等品	
	着色度/%	硬度/（kg/cm²）	着色度/%	硬度/（kg/cm²）	着色度/%	硬度/（kg/cm²）
元帅系	95	6.8	85	5.5	60	5.5
富士系	90	7.0	80	6.5	55	6.5
国光	80	7.0	60	6.5	50	6.5
嘎拉系	80	6.5	70	6.5	50	6.5
青香蕉	绿色不带红晕	8.0	绿色、红晕不超过果面 1/4	7.5	绿色、红晕不限	7.5

资料来源：GB/T 10651—2008《鲜苹果》中等级规定，为简化表格，有合并。

④光泽：果蔬的光泽因种类而异，但果品表皮蜡质层厚度及结构、排列会影响果品表面光滑度。

⑤缺陷：果蔬表面或内部的各种缺陷，常用分级法来表示缺陷的发生率及严重程度，如5级分类法：1级，无症状；2级，轻微症状；3级，症状中等；4级，症状严重；5级，很严重。在分级法中对每一级有详细文字描述，甚至有的有图片对照，以减少误差。

（2）质地　质地包括硬度、纤维度和韧性等。可用硬度计或质地仪进行测定与评价，如TPA质构仪等。针对果品和某些果实类的蔬菜而言，果实去表皮后所承受的压力，可直接用果实硬度计测试，以 kg/cm^2 为单位。果蔬纤维多的食用品质差，韧性针对不同的果蔬具体决定。对可鲜食的果蔬，通过品尝评价果肉的粗细、硬度、脆度、粉质性等。

（3）风味品质　鲜食果蔬应品尝其风味品质，也可用相应的仪器检测，如甜、酸、涩、辣、香、臭味等。

关于苹果感官评价描述词及相应代表分值，参考表 10-13。

表 10-13　　　　　　　　　　　感官评价描述词及相应代表分值

果个大小		果面颜色		果肉质地		风味		汁液		香气	
特大	2	鲜红	3	硬脆	3	酸甜适度	4	多	2	浓	1
大	1.5	粉红	3	松脆	2.5	酸甜	4	中	1	淡	0.5
中	1	浓红	3	硬	2	甜酸	3.5	少	0	无	0
小	0.5	75%	2.5	疏软	1.5	甘甜	3				
特小	0	50%	2	绵软	1.5	甜	2.5				
		25%	1.5	松软	1	淡甜	2				
		绿色	1			酸	1.5				
		绿色果锈	0.5			极酸	1				

注：75%、50%、25%指果面红色覆盖面。

资料来源：毕金峰，刘璇等，《苹果加工品质学》，2016。

3. 理化检验

果蔬应检测六六六、滴滴涕、甲基托布津、多菌灵等农药及汞、镉、氟、砷等重金属。

4. 果蔬卫生

应积极防止果蔬由霉烂变质引起的微生物污染，蔬菜在生食中防止蛔虫卵的感染，以避免其在人体中寄生。

（三）肉品检验参照标准

1. 屠宰过程检验

肉品检验从广义来说，是指对肉用畜禽的宰前检疫和宰后检验，以及肉品在加工和流通过程中的卫生检验和卫生监督管理。《牛羊屠宰产品品质检验规程》（GB 18393—2001）、《畜禽屠宰操作规程　生猪》（GB/T 17236—2019）、《畜禽屠宰操作规程　牛》（GB/T 19477—2018）和《畜禽屠宰操作规程　鸡》（GB/T 19478—2018）等国家标准规定了牛、羊、猪、鸡屠宰加工过程中产品品质检验的程序、方法，包括宰前、宰后检验及处理，可参照执行。此外，还可参照地方标准《鸭鹅屠宰检验操作规程》（DB22/T 2982—2019）及《生猪屠宰厂标准化屠宰检验操作规程》（DB22/T 2739—2017）等。

2. 肉品分级及品质检验

关于畜禽肉的分级及品质检验，可参考本教材第七章第二节肉品原料"四、肉的分级与品质检验"部分，此处不再赘述。

3. 肉品理化检验

各种鲜肉或冻肉已制定卫生标准，如 GB 2707—2016《食品安全国家标准　鲜（冻）畜、禽产品》，对一级、二级鲜、冻肉的感官检验有详细标准，代表了肉品的质量鲜度。理化检验应检测挥发性盐基氮、汞。必要时还可进行以下检验：细菌镜检（球菌和杆菌）、氨、硫化氢、pH、球蛋白沉淀、过氧化物酶、挥发性盐基氮、细菌内毒素等 8 项指标。

（四）乳品、蛋品检验

1. 乳品

（1）抽取样方法　目前我国已颁布乳制品抽样标准及规范共 7 部，其中农业标准 2 部，分别是 NY/T 5344.6—2006《无公害食品　产品抽样规范　第 6 部分农畜产品》和 NY/T 896—2004《绿色食品产品抽样准则》；国家质检总局颁布的产品质量监督实施规范 4 部，分别为 CCGF 114.1—2008《巴氏杀菌乳、灭菌乳》、CCGF 114.2—2008《乳粉》、CCGF 114.3—2008《婴幼儿配方乳粉》和 CCGF 114.4—2008《酸乳》；此外《乳制品生产许可证审查细则》中也对乳制品的抽样方法进行了规定。

NY/T 5344.6—2006 规定的抽样方法为：在贮奶器内搅拌均匀后，分别从上部、中部、底部等量随机抽样，或在运输奶车出料时的前、中、后期等量抽样，抽样量为混合成 8L。NY/T 896—2004 则规定按 GB/T 10111 的方法随机抽样，抽样量按检验项目所需试样量的 3 倍采样。对于包装产品，取样不少于 15 件；对于散装产品最低样品量，取样一般不得少于 3000g。

（2）原料乳质量检验　原料乳质量需进行检验，应符合《食品安全国家标准　生乳》（GB 19301—2010），包括感官指标、理化指标及微生物指标等。具体要求和检验方法可参考本教材第七章第三节乳品原料"三、牛乳的品质管理"部分，此处不再赘述。

2. 蛋品

（1）抽取样方法　鸡蛋的抽样和检验批次进行，同一产地、同一品种、同一生产周期、同一工艺流程所生产的产品为同一批次。SB/T 10638—2011《鲜鸡蛋、鲜鸭蛋分级》规定对于散装的鲜鸡蛋，以同一规格产品为一个批次，每批随机抽样 2%，对于箱装的鸡蛋，按批次等级分别抽样，每百箱随机取样 3 箱，每增百箱增取样 1 箱，尾数不足百箱，但超过 30 箱增取 1 箱，打开被抽样的各箱抽样方法按照散装抽样方法进行。

（2）感官要求　鲜蛋的感官要求应符合表 10-14 的规定。

表 10-14　　　　　　　　　　　　鲜蛋感官要求

项目	要求	检验方法
色泽	灯光透视时整个蛋呈微红色；去壳后蛋黄呈橘黄色至橙色，蛋白澄清、透明，无其他异常颜色	取带壳鲜蛋在灯光下透视观察。去壳后置于白色瓷盘中，在自然光下观察色泽和状态。闻其气味
气味	蛋液具有固有的蛋腥味，无异味	
状态	蛋壳清洁完整，无裂纹，无霉斑，灯光透视时蛋内无黑点及异物；去壳后蛋黄凸起完整并带有韧性，蛋白稀稠分明，无正常视力可见外来异物	

资料来源：GB 2749—2015《蛋与蛋制品》。

（3）污染物含量　应符合 GB 2762—2017《食品安全国家标准　食品中污染物限量》的规定。

（4）理化检验　包括无机砷、铅、镉、总汞、六六六、滴滴涕以及食品添加剂等指标，其中无机砷、铅、镉、总汞、六六六、滴滴涕等指标按照食品行业中的系列标准 GB/T 5009—2008 食品卫生检验方法理化标准检测，检测方法较为成熟；食品添加剂的品种和使用量执行 GB 2760—2014《食品安全国家标准　食品添加剂使用标准》的相关规定。

针对无公害鸡蛋设计的标准 NY 5039—2005《无公害食品　鲜禽蛋》，为保障鸡蛋的安全性，增加了检验的项目，其中理化指标在卫健委的要求上增加了四环素、金霉素、土霉素、磺胺类和恩诺沙星。上述指标除恩诺沙星由 NY 5039—2005 规定检验方法外，其他指标都有明确成熟的检验方法。

（5）微生物检验　微生物检验指标，主要是菌落总数、大肠杆菌和沙门氏菌检验。微生物限量还应符合表 10-15 的规定。

表 10-15　　　　　　　　　　　　　　　　　鲜蛋微生物限量

项目	采样方法[1]及限量				检验方法
	n	c	m	M	
菌落总数[2]/（CFU/g）					
液蛋制品、干蛋制品、冰蛋制品	5	2	$5×10^4$	10^6	
再制蛋（不含糖蛋）	5	2	10^4	10^5	GB 4789.2
大肠菌群[2]/（CFU/g）	5	2	10	10^2	GB 4789.3 平板计数法

①样品的采样及处理按 GB/T 4789.19—2003 执行。

②不适用于鲜蛋和非即食的再制蛋制品。

注：n：同一批次产品应采集的样品件数；c：最大可允许超出 m 值的样品数；m：微生物指标可接受水平的限量值；M：微生物指标的最高安全限量值。

资料来源：GB 2749—2015《蛋与蛋制品》。

（五）水产品检验

1. 抽取样方法

可以按照中华人民共和国出入境检验检疫行业标准 SN/T 2920—2011《进出口冷冻水产品检验规程》及 SN/T 0223—2011《进出口水产品检验规程》进行抽取样。

（1）水产品的感官检验抽样方法为：按每批在 500 件以内的抽取 3 件样品，每增加 500 件增抽 1 件，增加数量不足 500 件的增抽 1 件。

（2）微生物检验抽样方法为：以报验批为检验批，按 SN/T 0330—2012 的规定进行。

（3）理化检验抽样方法为：以报验批为检验批，每批抽取 3 个样品，每个样品不少于 1000g。腹泻性贝类毒素（DSP）和麻痹性贝类毒素（PSP）抽样按 SN/T 0294 和 SN/T 0352 的规定进行。

2. 鲜度等检验方法

包括水产品（鱼类、贝类及虾类等）的规格、鲜度、杂质、微生物、理化、麻痹性贝类毒素、食品添加剂等检验参考 SN/T 2920—2011 进行。一般鱼类鲜度的感官鉴定可通过肉眼进行判断，也可通过细菌学方法、物理及化学方法检验，详见第八章第二节鱼类食品原料"一

（五）鱼类的鲜度、鉴定与等级"。也有采用水煮试验，按一定的鱼水比煮沸 30min，品尝其新鲜度。

关于虾、蟹类原料鲜度的感官鉴定方法可参照本书第八章第三节虾蟹类食品原料表 8-13和表 8-14。

3. 寄生虫检验

主要检验阔节裂头绦虫、裂头蚴、吸虫囊蚴、异型科吸虫囊蚴等。

4. 毒鱼的鉴别

有些鱼体内含有生理毒，人食用即中毒，甚至危及生命。常见毒鱼有：

（1）豚（纯）毒鱼类　含有河豚毒素的河豚，如虎纹河豚、条纹河豚、星河豚等 34 种之多。

（2）肉毒鱼类　肌肉和内脏中含有雪卡毒，这类鱼分布在华南沿海，如鳍科的点线鳃棘鲈和侧牙鲈，海鳝科的黄色裸胸鳝、斑点裸胸鳝、波纹裸胸鳝等 30 余种。

（3）卵毒鱼类　鱼卵含球朊型蛋白毒素，如西北和西南高原地区的鲤科和鲶科的鱼卵有毒。

（4）血毒鱼类　血液中含血毒素，但能被加热和胃酸破坏，熟食不会中毒，如鳗鲡和黄鳝。

（5）肝毒鱼类　因含有丰富的维生素 A、维生素 D 和脂肪，食后可引起维生素过多症。另外，肝油中含有鱼油毒、痉挛毒和麻痹毒，进食可中毒，如鲇科的蓝点马鲛，但肌肉无毒可食用。

（6）含高组胺鱼类　若贮藏不善被细菌污染，组胺分解产生大量秋刀鱼毒素，食用后引起食物过敏性中毒，如竹荚鱼、鲐、蓝圆鲹等，这些鱼具有青皮、红肉特点。

（7）胆毒鱼类　含胆汁毒素，不易被热破坏，如草鱼、青鱼、鲤鱼、鳙鱼和鲢鱼。

（8）刺毒鱼类　具有毒刺和毒腺，但毒液不稳定，易被加热和胃液破坏，熟制可食，如虎鲨类、角鲨类、魟类、鲶类、蟳类和蚰类，在江河主要为鲶类和鳜类。

第三节　食品标准与法规

一、　食品标准

食品标准是食品工业各类标准的总称，涉及食品行业各领域和各阶段，从多个方面规定了食品的技术要求和品质要求。食品标准是国家标准的重要组成部分，也是食品安全卫生的重要保证，关系到广大消费者的健康安全。

（一）我国食品标准的分类

根据国务院印发的《深化标准化工作改革方案》（国发【2015】13 号），改革措施中指出，政府主导制定的标准由 6 类整合精简为 4 类，分别是强制性国家标准、推荐性国家标准、推荐性行业标准、推荐性地方标准；市场自主制定的标准分为团体标准和企业标准。政府主导制定的标准侧重于保基本，市场自主制定的标准侧重于提高竞争力。同时建立完善与新型标准体系配套的标准化管理体制。

1. 按级别分类

（1）国家标准　由国务院标准化行政主管部门制定的需要在全国范围内统一的技术要求。国家标准是我国标准体系中的主体。国家标准一经批准发布实施，与其重复的行业标准、地方标准即行废止。国家标准代号为 GB（强制性标准）或 GB/T（推荐性标准）。

（2）行业标准　由行业主管部门组织制订、审批和发布的，涉及食品方面制订行业标准部门有农业部标准代号 NB、商业部标准代号 SB、轻工部标准 QB、卫生部标准 WB。

（3）地方标准　由省、自治区、直辖市标准化行政主管部门制定，并报国务院标准化主管部门和国务院有关行业行政主管部门备案。代号由 DB 加上省、自治区、直辖市行政区划前两位数字再加斜线组成。

（4）企业标准　由企业法人代表或法人代表授权的主管领导审批发布，由企业法人代表授权的部门统一管理，在本企业范围内适用。企业标准还用于新产品的开发上市，即无章可循就可制订企业标准。在制定标准时，可参考国家、行业或地方标准，并经当地主管部门批准才能执行。企业标准代号 Q/×××（Q 表示汉语拼音企业第 1 个字母，×××为能表示企业名称的 3 个字汉语拼音的第 1 个字母）。

（5）团体标准　团体标准就是由团体按照自行规定的标准制定程序制定并发布，供团体成员或社会组织自愿采用的标准。2018 年 1 月 1 日起施行的《标准化法》，从法律层面规定"标准由国家标准、行业标准、地方标准、团体标准和企业标准组成"，明确了团体标准的法定地位，并鼓励相关社会组织和产业技术联盟制定和执行团体标准。团体标准代号 T/××××××（T 表示汉语拼音团体第 1 个字母，第一个×××为社会团体代号，第二个×××为团体标准顺序号）。

2. 按标准的内容分类

我国食品标准基本上就是按照内容进行分类并编辑出版的。主要分为：食品基础标准、食品安全标准、食品检验方法标准、食品包装材料与容器卫生标准、食品流通标准、食品标签通用标准、食品添加剂标准、食品产品及各类食品标准等。

（二）我国现行食品标准情况

我国食品标准经过几十年的发展，已初步形成门类齐全、结构相对合理、具有一定配套性、基本完整的体系，有力地促进了我国食品的发展和食品质量的提高。在 2009《食品安全法》颁布实施以前我国已有食品、食品添加剂、食品相关产品国家标准 2000 余项，行业标准 2900 余项，地方标准 1200 余项。依据《食品安全法》规定，国务院卫生行政部门应当对现行的食用农产品质量安全标准、食品卫生标准、食品质量标准和有关食品的行业标准中强制执行的标准予以整合，统一公布为食品安全国家标准。截至 2018 年 6 月，我国已完成对 5000 余项食品标准的清理整合，审查修订了 1000 多项标准，并制定发布食品安全国家标准 1260 项。

由于食品的加工品多种多样，对原料的质量要求有所不同，因而食品标准编写规定技术要求中明确提出："为保证食品的质量和安全、卫生，应对产品必用原料和可选用原料加以规定。对直接影响食品质量的原料也规定基本要求。如必用和可选用原料有现有国家标准或行业标准可直接引用，或规定不应低于现行原料标准的要求"。

（三）世界各国的食品标准

1. 国际食品法典委员会

国际食品法典委员会（英文：Codex Alimentarius Commission，简称 CAC），名称源自拉丁文，其中 Codex 意为"表册、簿籍、案卷、法典等"；Alimentarius 意为"卫生者、可供食料者"。国际食品法典委员会是 FAO 和 WHO 于 1963 年联合设立的政府间国际组织，专门负责协调政府间的食品标准，建立一套完整的食品国际标准体系。国际食品法典委员会目前有 180 个成员国，覆盖全球 98% 的人口。中国于 1984 年正式加入国际食品法典委员会，1986 年成立了中国食品法典委员会，由与食品安全相关的多个部门组成，国家食品安全风险评估中心协助国家卫生健康委员会承担中国食品法典委员会秘书处工作，组织国内相关部门参与国际标准制定。2006 年成功申请成为国际食品添加剂法典委员会主持国政府，2011 年成为代表亚洲区域的执委会成员，2013 年再次连任，任期至 2015 年。

国际食品法典委员会已成为全球消费者、食品生产和加工者、各国食品管理机构和国际食品贸易重要的基本参照标准。法典对食品生产、加工者的观念以及消费者的意识已产生了巨大影响，并对保护公众健康和维护公平食品贸易做出了不可估量的贡献。

2. 美国食品标准

美国涉及食品标准管理的机构主要有 4 个，包括美国食品安全和检查局、美国食品和药物管理局（FDA）、美国环境保护署、美国农业市场局。其中食品安全和检查局负责制定肉、禽、蛋制品的安全和卫生标准；环境保护署负责饮用水标准以及食品中的农药残留限量标准；农业市场局负责蔬菜、水果、肉、蛋等常见食品的市场质量分级标准；FDA 负责监管标准和其他所有食品的安全和卫生标准，包括食品添加剂、防腐剂和兽药标准。各部门职责界定清晰，各司其职，有利于标准的顺利实施。以 FDA 为例，FDA 监管标准主要包括 3 项，分别是《动物饲养监管标准》（Animal Feed Regulatory Program Standards，AFRPS）、《加工食品监管标准》（Manufactured Food Regulatory Program Standards，MFRPS）、《自愿性国家零售食品监管标准》（Voluntary National Retail Food Regulatory Program Standards，VNRFRPS）。以《加工食品监管标准》即 MFRPS 为例，MFRPS 是美国用来建立统一的食品安全系统的重要组成部分，目标是基于风险建立一个完整的监管系统，帮助联邦政府和各州政府优化监管行为，以减少食源性疾病发病率。其特点主要包括两个方面：一是统一性。MFRPS 建立了统一的准则以衡量和改善食品生产加工环节的监管行为；二是不断自我完善。通过与监管部门和公共健康合作伙伴之间进行持续交流，不断完善监管程序，加强食品安全监管，维护联邦食品安全。

3. 加拿大食品标准

加拿大食品安全监管职责划分明确且权力集中，设有负责食品安全风险分析和制定标准的卫生部以及负责食品监管的加拿大食品检验署（Canada Food Inspection Agency，CFIA）。卫生部负责制定食品安全政策、食品标准和指南，包括转基因食品的审查及对新食品上市的认证，对食品进行风险分析和评估等，并对食品检验署进行的食品监管的有效性进行评估，但不直接参与食品安全监管。CFIA 的具体职责包括：对食品的加工过程、食品标签进行监督、抽检，对食品企业安全体系进行认证，对食品企业和消费者进行培训教育，对食品安全实施预警并对食品安全突发事件进行应急处置。同时，可联合州政府对食品进行召回并调查，负责监管食品安全及法律执行情况。

加拿大食品标准分为强制性法规和标准。强制性食品技术法规由政府部门组织制定，属性视同法律。这些关于食品的营养质量强制性法规的内容包括：农产品质量技术法规、质量等级、标签标识、安全卫生要求、农兽药、种子、肥料饲料添加剂、植物生长添加剂、农业投入品的生产和使用规定等。加拿大食品安全标准体系当中的食品安全标准是以通用或者反复使用为目的，由公认机构批准，并非强制性遵守，规定了食品加工和生产方法的规则、指南或者特征性文件。加拿大食品安全标准主要是一些食品检验检测的方法标准。

加拿大已形成了较为完善的食品安全法律法规体系，法律覆盖了食品、农产品从种植养殖到餐桌的全过程，包括《加拿大食品安全法》《加拿大农产品法》《食品药品法》《消费品包装和标签法》《有害生物产品控制法》《动物卫生法》《食肉检查法》《饲料法》《谷物法》《种子法》等十几部食品安全法律；以及 40 多部条例，如《食品药品管理条例》《有害生物产品控制条例》等，形成了加拿大食品安全法律法规的基本框架。

4. 欧盟食品标准

欧盟的食品安全监管比较成熟，已形成比较完善的体系。欧盟为统一协调内部食品安全监管规则，制订了多部法律法规。1999 年发布的《食品安全绿皮书》形成了欧盟食品安全监管的基本框架，2000 年发布的《食品安全白皮书》提出了"从田头到餐桌"的全程控制理论，强调对食品安全的全程监管。在此基础上，2002 年发布了 178/2002（EC）号法规，该法规被称为欧盟食品安全的"基本法"，确立了风险评估、保障消费者权益、预警和透明四大原则。此外，欧盟还制订了一系列食品安全规范要求，包括食品卫生条例（EC）852/2004 号条例、动物源性食品特殊卫生规则（EC）853/2004 号条例、人类消费用动物源性食品官方控制组织的特殊规则（EC）854/2004 号条例等。欧盟各成员国也根据本国实际情况，制订了各自的法律制度，形成了一套涵盖整个食品供应链的法律法规体系。食品安全标准体系是食品安全监管体系的一个重要组成部分。欧盟的食品安全标准分类明确，分为产品标准、过程控制标准、环境卫生标准和食品安全标签标准四大类。

5. 日本食品标准

日本食品标准种类较多，形成了国家标准、行业标准、企业标准等较为完善的标准体系。国家标准即日本农林标准（Japanese Agriculture Standard，JAS），以农产品、林产品、畜产品、水产品和油脂为主要对象。行业标准由行业团体、专业协会和社团组织制订，主要是作为国家标准的补充或技术储备。企业标准是各公司制订的操作规程或技术标准。日本于 2003 年对《食品安全基本法》等法律从立法宗旨到实施内容都做了较大的调整，确立了对食品安全风险评估的科学管理理念，成立了直属于内阁府管理的食品安全委员会，承担风险评估职责并对风险监管机构提出政策建议。该法除明确政府部门责任义务外，还重点规定了食品从业者的责任，将保证食品原料安全、实施自主检查、建立食品生产记录等义务化。同时，农林水产省修改了《农药取缔法》，加强了对未登记农药的取缔和处罚。厚生劳动省修改了《食品卫生法》，并以该修订案为依据，开始在农药残留管理中引入"肯定列表制度"，目的是建立科学的农药管理制度。食品安全委员会对农林水产省和厚生劳动省的食品安全管理工作进行协调，一般食品标准（主要是加工、流通环节）的制定由厚生劳动省负责；农林水产省负责生鲜农产品生产环节的安全管理及监督管理等。此外，消费者厅主要负责对标识标准的提案、制修订、执行，以及安全标准的提案、制修订。对一般食品，日本制定了食品的成分规格、制造加工、调理烹饪和保存的标准。对食品标签标识、食品添加剂、农药残留、兽药残留、辐照食品、转基因食品、容器包装、洗涤剂、玩具等制定了较为完善的标准和标识制度，并通过法律形式确定下来。

2019 年 4 月 25 日，日本内阁府消费者厅发布内阁府令第 24 号告示，修改《食品标示标准》中关于转基因食品的部分内容。修改后的标示方法为：混入率为 0%（即未检出）的转基因食品可选择标示为"非转基因食品"等，混入率低于 5% 的转基因食品可选择标示为"使用为防止转基因食品原料混入的区分管理"。同年 9 月 19 日日本消费者厅发布第 317 号通知，修改《食品标示标准》中与食物过敏相关的食品标示内容，将杏仁新设为推荐标示的致敏物质，至此日本推荐标示的致敏物质由 20 种变为 21 种。

二、 食品法律法规

2009 年 2 月 28 日第十一届全国人大常委会第七次会议通过《中华人民共和国食品安全法》，并于 2009 年 6 月 1 日起实施，2018 年 12 月 29 日修订。《中华人民共和国食品安全法》是我国食品法律体系中法律效力层级最高的规范性文件，是制定从属性食品卫生法规、规章及其他规范性文件的依据。我国现已颁布实施的与食品有关的法律有《中华人民共和国农产品质量安全法》《中华人民共和国产品质量法》《中华人民共和国标准化法》（2013）、《中华人民共和国进出口商品检验法》（2018）、《中华人民共和国进出境动植物检疫法》（1992）、《中华人民共和国消费者权益保护法》《中华人民共和国商标法》等。

行政法规分国务院制定的行政法规和地方性行政法规两类，它的法律效力仅次于法律。食品行业管理行政法规是指国务院的部委依法制定的规范性文件，其名称为条例、规定和办法。我国现行的食品行政法规有：《粮食流通管理条例》《农业转基因生物安全管理条例》等；现行的食品部门规章有：《食品添加剂卫生管理办法》《食品生产加工企业质量安全监督管理办法》《出口食品生产企业卫生注册登记管理规定》《有机食品认证管理办法》等。

🔍 复习思考题

1. 食品用水的分类及特性是什么？
2. 水处理的目的是什么？通常水处理方法有哪些？
3. 举例说明食品加工对水有哪些要求。
4. 简述粮油、果蔬、肉品等食品原料检验的步骤与方法。
5. 我国现行食品相关标准有哪些？
6. 简述世界主要国家的食品标准状况。

参 考 文 献

［1］王璋，许时婴，汤坚. 食品化学. 北京：中国轻工业出版社，2015.

［2］迟玉杰. 食品化学. 北京：化学工业出版社，2012.

［3］汪建国，汪崎. 水与黄酒酿造酒质的关系和要求. 中国酿造，2006（4）：60~63.

［4］张书芬，王全林，沈坚等. 饮用水中臭氧消毒副产物溴酸盐含量的控制技术探讨. 水处理技术，2011，37（1）：28~32.

［5］刘苗苗，宁尚勇，云振宇等. 我国乳制品抽样方法及标准现状分析. 农产品加工学刊，2010（3）：11~13.

［6］杨晓宇. 美国食品安全标准管理模式对我国食品安全监管的借鉴启示. 食品安全质量检测学报，2019，10（16）：5556~5560.

［7］陈莹莹. 欧盟食品安全监管法律制度及其对我国的启示. 开封教育学院学报，2018，38（9）：247~249.

［8］贺彩虹，周子哲，李德胜等. 中欧食品安全监管体系比较研究. 食品工业科技，2019，40（19）：

216~220.

[9] 边红彪，焦阳，张锡全等. 日本食品技术标准体系研究. 中国标准化，2012（7）：46~48.

[10] 李佳. 我国团体标准发展现状分析-基于全国团体标准信息平台数据. 标准科学，2017（5）：23~27.

[11] 杨芳，潘思轶. 大豆蛋白凝胶复合体系水分状态的研究进展. 食品科学，2008（10）：680~683.

[12] 周国燕，胡琦玮，李红卫等. 水分含量对淀粉糊化和老化特性影响的表示扫描量热法研究. 食品科学，2009，30（19）：89~92.

[13] 边红彪. 加拿大食品安全监管体系分析. 中国标准化，2017（15）：129~132.

[14] 朱嵩，刘丽，张金闯等. 高水分挤压组织化植物蛋白品质调控及评价研究进展. 食品科学，2018，39（19）：280~286.

[15] 鲍小丹，罗之纲，周泽业. 国内外包装饮用水法规标准综述. 饮料工业，2019，22（3）：62~67.

[16] Ali Salim, Singh Baljit, Sharma Savita. Impact of feed moisture on microstructure, crystallinity, pasting, physico-functional properties and in vitro digestibility of twin-screw extruded corn and potato starches. Plant Foods for Human Nutrition, 2019, 74（4）：474~480.

[17] Diantom Agoura, Carini Eleonora, Curti Elena, et al. Effect of water and gluten on physico-chemical properties and stability of ready to eat shelf-stable pasta. Food Chemistry, 2016, 195：91~96.

[18] Kawai Kiyoshi, Fukami Ken, Yamamoto Kazutaka. Effect of temperature on gelatinization and retrogradation in high hydrostatic pressure treatment of potato starch-water mixtures. Carbohydrate Polymers, 2012, 87（1）：314~321.

[19] Kiani Hossein, Sun Dawen. Water crystallization and its importance to freezing of foods: A review. Trends in Food Science & Technology, 2011, 22（8）：407~426.

[20] Li Man, Zhu Kexue, Sun Qingjie, et al. Quality characteristics, structural changes and storage stability of semi-dried noodles induced by moderate dehydration: Understanding the quality changes in semi-dried noodles. Food Chemistry, 2016, 194：797~804.

杨桃   枇杷   佛手

番荔枝   西番莲   莲雾

番石榴   黄皮   山竹

沙棘   鳄梨   榴莲

红毛丹   番木瓜   菠萝蜜

彩图 5-1 **部分特色或稀有水果**

彩图 6-1　草菇

彩图 6-2　黑木耳

彩图 6-3　毛木耳

彩图 6-4　银耳

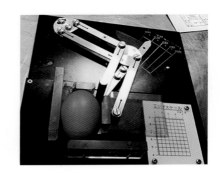

彩图 7-1　蛋形指数测定仪

彩图 7-2　蛋白高度测定仪（左）和哈夫单位测定仪（右）

彩图 7-3　罗氏比色扇

 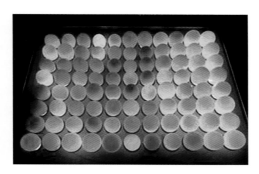

（1）单枚　　　　　　　　（2）多枚

彩图 7-4　**灯光照蛋器**

彩图 7-5　**机械传送照蛋**

彩图 7-6　**电子自动照蛋设备**